Der Nahrungsmittelchemiker
als Sachverständiger.

Der Nahrungsmittelchemiker als Sachverständiger

Anleitung zur Begutachtung
der Nahrungsmittel, Genußmittel und Gebrauchsgegenstände
nach den gesetzlichen Bestimmungen

Mit praktischen Beispielen

Von

Professor **Dr. C. A. Neufeld**

Oberinspektor der Kgl. Untersuchungsanstalt für Nahrungs- und Genußmittel
zu München

Berlin

Verlag von Julius Springer

1907

ISBN-13: 978-3-642-90198-0   e-ISBN-13: 978-3-642-92055-4
DOI: 10.1007/978-3-642-92055-4

Vorwort.

Das vorliegende Buch soll in erster Linie dem angehenden Nahrungsmittelchemiker, dem erfahrungsgemäß die Ausarbeitung von Gutachten mancherlei Schwierigkeiten bietet, den Übergang vom Studium zur Praxis erleichtern. Dies geschieht durch eingehende Besprechung der für die Beurteilung der einzelnen Nahrungs- und Genußmittel maßgebenden Gesichtspunkte, wobei an der Hand praktischer Beispiele in mehr oder weniger ausführlicher Weise gezeigt wird, wie in den einzelnen Fällen das Gutachten aufzubauen ist. Dabei sind neben der neueren Literatur überall die reichs- und landesgesetzlichen Bestimmungen und Verordnungen sowie die gerichtlichen Entscheidungen von prinzipieller Bedeutung berücksichtigt, weshalb das Buch auch dem erfahrenen Fachmann in vielen Fällen zur Orientierung willkommen sein wird. Auch dem Medizinalbeamten, dem Richter und dem Verwaltungsbeamten wird es sich zur Information über technische Fragen bei der Anwendung der Nahrungsmittelgesetze als nützlicher Ratgeber erweisen.

Als ich mich entschloß, dieses Buch zu schreiben, war ich mir der großen Schwierigkeiten meiner Aufgabe wohl bewußt; ich verhehle mir auch nicht, daß nicht alle Fachgenossen mit manchen der von mir hier vertretenen Anschauungen übereinstimmen werden. Es ist ja eine bekannte und in der Natur der Dinge begründete Tatsache, daß sowohl über die Beurteilung der Nahrungs- und Genußmittel nach den Analysenresultaten wie auch über die Zulässigkeit mancher Zusätze und Behandlungsweisen die Ansichten der Sachverständigen vielfach auseinandergehen. In einem Buche, welches eine Anleitung zur Begutachtung geben soll, gilt es daher für den Verfasser, sich in zweifelhaften Fällen für einen bestimmten Standpunkt zu entscheiden.

Bei der Bearbeitung des vorliegenden Buches habe ich mich durchweg auf den Boden der „Vereinbarungen zur einheitlichen Untersuchung und Beurteilung von Nahrungs- und Genußmitteln sowie Gebrauchsgegenständen für das Deutsche Reich" gestellt. Soweit diese lückenhaft oder veraltet sind, wurden meinen Ausführungen die Beschlüsse der Freien Vereinigung Deutscher Nahrungsmittelchemiker, ferner die Kundgebungen des Kaiserlichen Gesundheitsamtes und die Entscheidungen höherer Gerichte zugrunde gelegt.

Der Inhalt des Buches umfaßt alle Nahrungs- und Genußmittel sowie die durch die Gesetzgebung berührten Gebrauchsgegenstände, soweit ihrer Beurteilung das Ergebnis der chemischen Untersuchung zugrunde zu legen ist. Wo dies nicht der Fall ist, wie bei vielen Lebensmitteln animalischen und vegetabilischen Ursprungs, würde deren Aufnahme über den Rahmen des Buches hinausgegangen sein. Auch das Kapitel „Wasser" wurde nicht aufgenommen; denn einerseits kommen bei der Beurteilung des Wassers neben der chemischen Zusammensetzung noch andere wichtige Faktoren in Betracht, wie bakteriologische und biologische Eigenschaften, örtliche Verhältnisse, Bodenbeschaffenheit usw., andererseits bleibt dabei für gewöhnlich eine Anwendung des Nahrungsmittelgesetzes und seiner Begriffe „verfälscht, nachgemacht, verdorben" außer Frage.

Bei der Besprechung der einzelnen Gegenstände werden immer die Analysenresultate als gegeben angenommen; Untersuchungsmethoden werden als bekannt vorausgesetzt und daher im allgemeinen nicht weiter erörtert.

Das Buch ist aus der Praxis heraus geschrieben, auf Grund von Erfahrungen, die ich im Laufe meiner 17 jährigen Tätigkeit an der Königlichen Untersuchungsanstalt für Nahrungs- und Genußmittel zu München gesammelt habe. Ich übergebe es den Fachkreisen mit der Bitte um nachsichtige Beurteilung und mit dem Wunsche, daß es eine freundliche Aufnahme finden und seinen Zweck erfüllen möge.

Zum Schlusse richte ich an die Herren Kollegen noch die Bitte, mich für eine eventuelle Neubearbeitung des Buches durch Zusendung ihrer Jahresberichte unterstützen zu wollen, wie ich überhaupt für alle Winke und Ratschläge sehr dankbar sein werde.

München, im August 1907.

C. A. Neufeld.

Inhaltsverzeichnis.

Allgemeiner Teil.

Spezieller Teil.

Inhaltsverzeichnis.IX

Abkürzungen.

Vereinbarungen = Vereinbarungen zur einheitlichen Untersuchung und Beurteilung von Nahrungsmitteln und Genußmitteln sowie Gebrauchsgegenständen für das Deutsche Reich. 1897. 1899. 1902. Berlin,
Julius Springer.

Cod. al. Austr. = Codex Alimentarius Austriacus (Entwurf).

U. S. S. = United States Standards (Offizielle Normen der Vereinigten Staaten
von Nordamerika).

Forschungsberichte = Forschungsberichte über Lebensmittel und ihre Beziehungen zur Hygiene, über forense Chemie und Pharmakognosie.
München, Dr. E. Wolff.

Zeitschr. f. Unters. d. Nahr.- u. Genußm. = Zeitschrift für Untersuchung der
Nahrungs- und Genußmittel sowie der Gebrauchsgegenstände.
Berlin, Julius Springer.

Zeitschr. f. öffentl. Chemie = Zeitschrift für öffentliche Chemie. Plauen i. V.,
A. Kell.

Zeitschr. f. anal. Chem. = Zeitschrift für analytische Chemie. Wiesbaden,
C. W. Kreidel.

Chem. Zeitg. = Chemiker-Zeitung. Cöthen, (C. Krause) O. v. Halem.

Markth.-Ztg. = Berliner Markthallen-Zeitung.

Ann. Chim. analyt = Annales de Chimie analytique appliquée. Paris, M. Crinon.

Journ. Amer. Chem. Soc. = The Journal of the American Chemical Society.
Easton, Pa. The Chemical Publishing Co.

Jahresbericht d. Untersuchungsamtes Dresden, Nürnberg u. a. = Jahresbericht über die Tätigkeit des Chemischen Untersuchungsamtes
der Stadt Dresden, Nürnberg u. a.

R.G. III. Urt. v. . . . = Reichsgericht, III. Strafsenat, Urteil vom . . .

Allgemeiner Teil.

———

I. Einleitung.

Die Aufgaben der Nahrungsmittelkontrolle.
Der Nahrungsmittelchemiker.

Die Aufgaben der Nahrungsmittelkontrolle sind verschiedener Art.
In erster Linie bezweckt sie

    die Beschaffung gesunder, d. h. in gesundheitlicher Hinsicht
        einwandfreier Nahrung,

    die Beschaffung vollwertiger Nahrung,

    die Beseitigung der Mißbräuche und Auswüchse auf dem Gebiete
        des Verkehrs mit Nahrungs- und Genußmitteln.

Dementsprechend soll die Nahrungsmittelkontrolle Verfälschungen
von Nahrungs- und Genußmitteln aufdecken — sei es, daß ihnen un-
reelle Absicht, sei es, daß ihnen Fahrlässigkeit zugrunde liegt — und
die Behörden und Gerichte bei der Überführung der Täter unterstützen.
In gleicher Weise erstreckt sich ihre Tätigkeit auf den Verkehr mit
verdorbenen, gesundheitsschädlichen und gesundheitsgefährlichen Lebensmitteln und Gebrauchsgegenständen.

Aber auch eine volkserzieherische Aufgabe hat die Nahrungsmittelkontrolle, indem sie die Produzenten, die Händler und das konsumierende
Publikum lehrt, der äußeren und inneren Beschaffenheit der Nahrungsmittel und deren Bedeutung für die Ernährung die erforderliche Aufmerksamkeit zu schenken. Dies geschieht einerseits durch den Hinweis auf die Fehler bei der Produktion und der Aufbewahrung, durch
die Erforschung ihrer Ursachen und Wirkungen, andrerseits durch Ratschläge zu ihrer Vermeidung und Behebung.

Die Nahrungsmittelkontrolle sucht ferner zu verhindern, daß verfälschte, verdorbene oder gesundheitsschädliche Lebensmittel in den
Verkehr gelangen; teils durch direkte Abwehr, teils wiederum durch be-
lehrende Einwirkung auf das Publikum, indem sie dessen Aufmerksamkeit auf die Unterschiede zwischen minderwertigen und vollwertigen
Waren lenkt, besonders solcher, bei denen diese Unterschiede nicht
ohne weitere Übung wahrnehmbar sind.

Weiter obliegt es der Nahrungsmittelkontrolle, Neuerungen auf dem

Gebiete der Nahrungsmittelindustrie daraufhin zu prüfen, ob sie voraussichtlich wirtschaftliche oder sanitäre Schädigungen der Konsumenten zur Folge haben. Sie soll dabei mit völliger Objektivität verfahren und nicht von vornherein jeder Neuerung mißtrauisch oder abwehrend gegenüberstehen; allerdings hat sie aber zugleich die Pflicht, solche neuen Nahrungs- und Genußmittel zu prüfen und ihre Unschädlichkeit festzustellen. Denn es geht nicht an, die Menschen als Versuchsobjekte für allerhand bedenkliche Industrieprodukte zu benutzen, oder gar nach dem Grundsatze „laisser faire laisser aller" solche unbeschränkt im Verkehr zu dulden, solange nicht ihre direkte Schädlichkeit evident nachgewiesen ist.

Dieser Aufgaben der Nahrungsmittelkontrolle eingedenk soll der Nahrungsmittelchemiker in seinem Gutachten stets objektiv im Sinne der bestehenden Gesetze urteilen und peinlich bestrebt sein, sich jederzeit eine von der Industrie und vom Handel unabhängige Stellung zu bewahren.

Der Nahrungsmittelchemiker ist nicht — wie es oft schon gewisse Kreise der Industrie gefordert haben — eine bloße Analysiermaschine, er ist in erster Linie dazu berufen, ein maßgebendes Urteil abzugeben. Denn er hat bei der Erwerbung seines Befähigungsausweises nicht nur die Beherrschung der Untersuchungstechnik darzutun, sondern auch die Kenntnis der Zusammensetzung und Beschaffenheit der Nahrungs- und Genußmittel, der hauptsächlichen industriellen und sonstigen Produktionsverfahren, der Nahrungsmittelgesetzgebung und mancher anderen Gebiete nachzuweisen. Tatsächlich betrachten auch die Behörden und Gerichte den Nahrungsmittelchemiker in diesem Sinne. Für sie ist er nicht lediglich der Analytiker, der ihnen bloß die Zusammensetzung der Untersuchungsgegenstände angibt, sondern sie sehen in ihm den Sachverständigen im weitesten Sinne und verlangen von ihm auf ihre Beweisfragen direkt ein Urteil über die Ware, eine für sie verwendbare Interpretation seines Untersuchungsbefundes.

Bei der Entscheidung der Frage, ob eine Verfälschung vorliegt oder nicht, ist der Sachverständige aus der Praxis, der Fabrikant oder Händler, abgesehen von der ihm meistens anhaftenden Einseitigkeit des Urteils, vielfach, wenn auch unbewußt, befangen, er ist sogar manchmal durch ein gewisses materielles Interesse beeinflußt. Sein Urteil kann daher, auch beim besten Willen, in vielen Fällen nicht leicht objektiv sein. Beim unabhängigen Nahrungsmittelchemiker fällt dieses Bedenken fort.

Selbstverständlich ist es für letzteren notwendig, bei der Beurteilung von Nahrungs- und Genußmitteln und Gebrauchsgegenständen die Verhältnisse der Praxis nach Möglichkeit zu berücksichtigen und Fühlung mit Vertretern des Handels- und Gewerbestandes zu nehmen, sich bei diesen über die Art der Herstellung und Gewinnung eines Produktes, seine Herkunft usw., wie auch über bestehende Orts- oder Handelsgebräuche zu informieren und sich alle erforderliche Aufklärung zu verschaffen. Allerdings sind dabei die Aussagen von Fabrikanten und Händlern, namentlich was die Handelsgebräuche anbelangt, mit Vorsicht aufzufassen. Man soll sie natürlich ohne zwingenden Grund nie als unglaubhaft hinstellen, muß jedoch prüfen, ob die angeblichen Handelsbräuche berechtigt sind oder ob sie Mißbräuche darstellen. Jedenfalls darf man sich aber bei der Untersuchung nicht durch sie beeinflussen lassen.

Über Untersuchungsmethoden und Vereinbarungen.

Wie schon aus dem Vorstehenden hervorgeht, ist die Aufgabe des Nahrungsmittelchemikers als Sachverständiger eine doppelte.

In erster Linie wird von ihm die Untersuchung der Objekte gefordert. Diese auszuführen ermöglichen ihm seine erworbenen Kenntnisse, seine Schulung als Nahrungsmittelchemiker. Je nach der Art der zu beantwortenden Fragen ist diese Untersuchung eine mehr oder weniger eingehende, hat sie sich auf alle oder nur auf einzelne Bestandteile des Gegenstandes zu erstrecken.

Es ist nicht die Aufgabe dieses Buches, auf die Untersuchung der Nahrungs- und Genußmittel einzugehen; über dieses Gebiet ist in den letzten 20 Jahren eine umfassende Literatur entstanden, und eine Reihe trefflicher Zeitschriften registriert fortlaufend die Fortschritte unserer sich in ständiger Entwicklung befindenden Wissenschaft. Die Technik der Untersuchung soll daher im allgemeinen als bekannt vorausgesetzt, und die Besprechung der Art der Beurteilung und Begutachtung nach vorliegenden Untersuchungsresultaten durchgeführt werden.

Um bei der Fülle der zur Verfügung stehenden Untersuchungsverfahren ein einheitliches Arbeiten zu ermöglichen, sind durch Übereinkommen der Fachkreise bestimmte Methoden vereinbart und in der Art ihrer Ausführung präzisiert worden. Diese sind bei Untersuchungen in amtlichen Aufträgen vom Chemiker anzuwenden; sie sind aber auch in anderen Fällen empfehlenswert, damit die auf grund gleicher Arbeitsweise gewonnenen Resultate untereinander vergleichbar seien und zur Beurteilung nach einheitlichen Gesichtspunkten herangezogen werden können. So entstanden die Vereinbarungen zur einheitlichen Untersuchung und Beurteilung von Nahrungs- und Genußmitteln, sowie Gebrauchsgegenständen für das Deutsche Reich unter Mitwirkung des Kaiserlichen Gesundheitsamtes und einer Kommission deutscher Nahrungsmittelchemiker. Die Bestimmungen dieser Vereinbarungen sind allerdings in keiner Weise gesetzlich sanktioniert und für die Ausführung bindend; sie besitzen also nicht den Charakter von amtlichen Anweisungen, wie solche zu den Gesetzen betr. den Verkehr mit Wein, weinhaltigen und weinähnlichen Getränken, betr. den Verkehr mit Butter, Käse, Schmalz und deren Ersatzmitteln, betr. die Schlachtvieh- und Fleischbeschau, erlassen worden sind; aber die dort niedergelegten Methoden sind doch nach eingehenden Beratungen von maßgebenden Fachleuten als die geeignetsten ausgewählt worden, und ihre Anwendung empfiehlt sich aus den angeführten Gründen von selbst.

Allerdings ist nicht zu verkennen, daß gerade auf einem so wenig stabilen Gebiete, wie es die Nahrungsmittelchemie ist, manche Untersuchungsverfahren bald veralten, und es ist deshalb Sache eines jeden Analytikers, sich mit Hilfe der periodisch erscheinenden Fachliteratur auf dem Laufenden zu halten und daraus für seine Untersuchungen die entsprechende Nutzanwendung zu ziehen.

. Auch in einigen anderen Ländern haben die Nahrungsmittelchemiker ähnliche Vereinbarungen bestimmter Untersuchungsmethoden ausgearbeitet. So entstand für die Schweiz das Schweizer Lebensmittelbuch, herausgegeben vom Verein schweizerischer analytischer Chemiker (Bern, 1897). In Österreich verblieb es bisher bei einem unvollendeten Entwurfe zu einem Codex Alimentarius Austriacus. Die Vereinigten Staaten von Nordamerika haben neuerdings ein offizielles Lebensmittelbuch, United States Standards, herausgegeben, dessen Methoden bei amtlichen und gerichtlichen Untersuchungen obligatorisch sind.

Die zweite Aufgabe des Nahrungsmittelchemikers ist die Beurteilung und Begutachtung der untersuchten Gegenstände auf grund der analytischen Befunde, und sie ist, wenigstens für den Anfänger, vielleicht die schwierigere. Denn während die in Betracht kommende Technik durch das praktische Studium erworben wird, ist die richtige Auslegung der Untersuchungsresultate durch die Beurteilung und ihre praktische Verwertung an der Hand der gesetzlichen Bestimmungen durch das Gutachten mehr oder weniger eine Sache der Erfahrung. Um für diesen Teil der Tätigkeit des Nahrungsmittelchemikers die erforderliche Sicherheit zu gewinnen bedarf es jahrelanger Praxis.

Es soll nun der Zweck dieses Buches sein, hierin den Anfängern den Weg zu ebnen und ihnen mit Hilfe von praktischen Beispielen Anhaltspunkte für die Beurteilung und Begutachtung der untersuchten Gegenstände zu bieten. Daß wir dabei nicht alle bestehenden Möglichkeiten in jedem Kapitel erschöpfen können, braucht wohl nicht näher erörtert zu werden. Anderseits ist es aber auch nicht unsere Absicht, eine bestimmte Art von Formulierung für die Gutachten zu geben. Im Gegenteil, wir können nur dringend davor warnen, die in diesem Buche niedergelegten Gutachten als ein Schema zu betrachten, in welches von Fall zu Fall die erhaltenen Befunde mechanisch einzusetzen sind. Unsere Absicht ist vielmehr, den angehenden Praktikern eine Anleitung zur Verwertung ihrer Untersuchungsbefunde zu geben und ihnen zu zeigen, welche Gesichtspunkte in den einzelnen Fällen als maßgebend in betracht kommen. Aus diesem Grunde werden auch nur einzelne Gutachten ausführlich bearbeitet; in anderen Fällen genüge eine Skizzierung der wesentlichen Momente.

Was nun die Beurteilung anbelangt, so werden wir in erster Linie auch hier die in den „Vereinbarungen" aufgestellten Grundsätze zugrunde legen. Dabei müssen wir allerdings auf den Umstand hinweisen, daß die Vereinbarungen auch nur einen Entwurf darstellen, und daß ihre Beurteilungsnormen in sehr vielen Fällen nur in weiten Umrissen angedeutet sind und dem Sachverständigen einen weiten Spielraum lassen. Das hat zum Teil seinen Grund darin, daß zur Zeit der Bearbeitung jener Normen noch viele Fragen offen waren, die inzwischen eine Klärung erfahren haben. Wir werden uns in solchen Fällen an die durch experimentelle Arbeiten begründeten Ausführungen maßgebender Fachgenossen halten.

Wo in diesem Buche auf Untersuchungsmethoden Bezug genommen ist, und deren Resultat als Grundlage für die Beurteilung und Begutachtung dient, da handelt es sich nur um solche Verfahren, die dem derzeitigen Stande unserer Kenntnis entsprechen. Es liegt uns aber fern, diese als absolut richtig und unanfechtbar betrachtet wissen zu wollen. Denn solche in ihrer Zusammensetzung oft so komplizierte und von vielen Umständen verschiedenster Art beeinflußte Körper, wie es die meisten Nahrungs- und Genußmittel sind, lassen sich nicht schematisch in starre Formen zwängen.

Deshalb haben die eingeführten Prüfungsmethoden vielfach nur bedingten Wert und können beim Obwalten außergewöhnlicher Verhältnisse unter Umständen auch versagen. Es gibt eben keine analytischen Dogmen, und man sei deshalb darauf bedacht, die Beurteilung von Nahrungs- und Genußmitteln dem stets fortschreitenden Stande der Wissenschaft und der Praxis anzupassen, dabei aber nie die gebührende wissenschaftliche Vorsicht aus den Augen zu lassen. Nur wirklich bewährte, von verschiedenen Fachleuten erprobte und auf Grund reichen Analysenmaterials als richtig erkannte neue Methoden dürfen zur Beurteilung herangezogen werden. Ebenso wie man sich nicht scheuen soll, wenn nötig, ein zweifelhaft gewordenes oder als auf falscher Voraussetzung beruhend erwiesenes altes Prüfungsverfahren aufzugeben, ebenso hüte man sich aber auch andrerseits vor den noch nicht genügend bewährten, sehr oft bald wieder der Vergessenheit anheimfallenden analytischen Eintagsfliegen.

Über Grenzzahlen.

Besondere Vorsicht ist bei der Anwendung von Grenzzahlen geboten. Während solche früher bei der Beurteilung der Analysenresultate eine große Rolle spielten, ist man immer mehr zu der Erkenntnis gelangt, daß es im allgemeinen nicht angeht, die Zusammensetzung vieler, von allerhand oft schwer kontrollierbaren äußeren Einflüßen abhängiger Naturprodukte an bestimmte Grenzen zu binden. Allerdings läßt sich in vielen Fällen die Aufstellung von Grenzzahlen nicht umgehen, namentlich wo es sich um Qualitätsunterschiede handelt, oder wo besondere technische, wirtschaftliche oder gesundheitliche Gründe mitsprechen.

In solchen Fällen sind aber auch die Grenzwerte nicht so engherzig aufzufassen, daß jede geringste Abweichung von ihnen direkt zu einer Beanstandung berechtige. Für die Größe der zulässigen Latitude der Abweichung von den Grenzzahlen nach unten und oben bestehen keine allgemeinen Regeln; sie muß im einzelnen Falle unter Berücksichtigung der sie verursachenden Umstände beurteilt und entschieden werden.

Unter allen Umständen darf man die Grenzzahlen nur im Gesamtbilde der Untersuchungsbefunde bei der Beurteilung verwerten.

Reichsgesetzlich oder durch Beschlüsse des Bundesrates auf Grund reichsgesetzlicher Ermächtigung sind zurzeit Grenzwerte festgesetzt in den Gesetzen:

> betreffend den Verkehr mit Wein, weinhaltigen und weinähnlichen Getränken;
> betreffend den Verkehr mit Butter, Käse, Schmalz und deren Ersatzmitteln;
> betreffend den Verkehr mit blei- und zinkhaltigen Gegenständen;
> betreffend die Verwendung gesundheitsschädlicher Farben bei der Herstellung von Nahrungsmitteln, Genußmitteln und Gebrauchsgegenständen;

und in der Kaiserlichen Verordnung über das gewerbsmäßige Verkaufen und Feilhalten von Petroleum.

II. Über Gutachten im allgemeinen.

Entsprechend der Verschiedenheit der an den Nahrungsmittelchemiker herantretenden Anforderungen sind auch die Art, die Form und der Inhalt seiner Gutachten je nach ihrem Zwecke verschieden.

Im allgemeinen kann man zwei Klassen von Gutachten unterscheiden, die amtlichen und die privaten. Zu den ersteren zählen alle diejenigen, welche im Auftrage von Behörden und Gerichten, zu den letzteren jene, welche für Private, Produzenten oder Händler erstattet werden.

Amtliche Gutachten.

Bei den amtlichen Gutachten ist ein Unterschied zu machen zwischen solchen im Rahmen der Nahrungsmittelkontrolle und solchen, welche die Beantwortung besonderer Fragen von Behörden und Gerichten zum Gegenstande haben.

Die im Rahmen der Nahrungsmittelkontrolle abzugebenden Gutachten sind meist einfacher Natur. Hier handelt es sich von vornherein nur um eine bestimmte Sache, um die Beurteilung eines gegebenen Gegenstandes auf Grund der Analyse. Dazu genügt gewöhnlich eine kurze Auslegung des Untersuchungsbefundes und die Angabe, ob der Gegenstand den berechtigten Anforderungen und Erwartungen genügt, bezw. auf Grund welcher Umstände er zu beanstanden ist, und eventuell noch, welche gesetzlichen Bestimmungen oder Verordnungen im vorliegenden Falle in Frage kommen.

Soweit es sich dabei um häufiger wiederkehrende Fälle handelt, genügt eine knappe Kürze, eventuell der Hinweis auf frühere Gutachten. Kommt jedoch eine seltener beobachtete oder für den Auftraggeber neue Tatsache in Frage, so muß die Erörterung der Befunde ausführlich gehalten werden, um der Behörde, in deren Auftrage die Nahrungsmittelkontrolle ausgeübt wird, alle zur Einschreitung notwendigen technischen Handhaben zu bieten.

Der amtliche Nahrungsmittelchemiker sei immer eingedenk, daß ein jedes seiner Gutachten seiner Behörde gegenüber als Grundlage zu gesetzlichen Maßnahmen gelten kann. Es genügt daher in einem solchen Falle nicht, einfach zu sagen „das Nahrungsmittel ist wegen seines Gehaltes an diesem oder jenem Stoffe zu beanstanden", weil der Staatsanwalt dann sicherlich die Frage stellen würde „weshalb ist jener Zusatz zu beanstanden? Welche gesetzliche Bestimmung ist dadurch verletzt?" Es ist deshalb für den Sachverständigen notwendig, sich darüber zu äußern, ob Verfälschung, Nachahmung, Verdorbenheit oder Gesundheitsschädlichkeit in Frage kommt.

Bei Gutachten, welche die Beantwortung spezieller Fragen für Gerichte und andere Behörden zum Gegenstande haben, liegen die Verhältnisse meist weniger einfach. Hier ist vor allem wichtig herauszufinden, was durch das Gutachten eigentlich aufgeklärt werden soll. Es geht oft nicht so ohne weiteres klar aus den Akten hervor, worauf es bei dem, was der Richter wissen will, für den Sachverständigen ankommt. Daraus ergibt sich in erster Linie die Notwendigkeit eines gründlichen Studiums der die Sache betreffenden Akten. Man arbeite diese von Anfang bis zu Ende sorgfältig durch und schenke dabei auch scheinbar unwichtigen Nebenumständen Beachtung. Dann halte man sich bei der Beantwortung streng an die Beweisfragen und lege auf jedes Wort derselben Gewicht; denn die Juristen pflegen bekanntlich bei der Stellung solcher Fragen jedes einzelne Wort genau zu erwägen und nicht leicht eins zu viel zu setzen.

Bei der Erstattung aller Gutachten befleißige man sich größter Objektivität, indem man unter Verwertung der in einwandfreier Weise wirklich festgestellten Verhältnisse sein Urteil unparteiisch und in sachlicher, klarer Form abgibt.

Was hier über schriftliche Gutachten in Rechtssachen gesagt ist, gilt auch mutatis mutandis für das mündliche Gutachten vor Gericht. Hier tritt der Nahrungsmittelchemiker als Sachverständiger oder als sachverständiger Zeuge auf.

Gesetzliche Vorschriften über Sachverständige.

Die auf die Sachverständigen bezüglichen Bestimmungen der deutschen Strafprozeßordnung vom 1. Februar 1877 lauten:

§ 72. Auf Sachverständige finden die Vorschriften des sechsten Abschnittes über Zeugen entsprechende Anwendung, insoweit nicht in den nachfolgenden Paragraphen abweichende Bestimmungen getroffen sind.

§ 73. Die Auswahl der zuzuziehenden Sachverständigen und die Bestimmung ihrer Anzahl erfolgt durch den Richter.

Sind für gewisse Arten von Gutachten Sachverständige öffentlich bestellt, so sollen andere Personen nur dann gewählt werden, wenn die besonderen Umstände es erfordern.

§ 74. Ein Sachverständiger kann aus denselben Gründen, welche zur Ablehnung eines Richters berechtigen, abgelehnt werden[1]). Ein Ablehnungsgrund kann jedoch nicht daraus entnommen werden, daß der Sachverständige als Zeuge vernommen worden ist. Das Ablehnungsrecht steht der Staatsanwaltschaft, dem Privatkläger und dem Beschuldigten zu. Die ernannten Sachverständigen sind den zur Ablehnung Berechtigten namhaft zu machen, wenn nicht besondere Umstände entgegenstehen. Der Ablehnungsgrund ist glaubhaft zu machen; der Eid ist als Mittel der Glaubhaftmachung ausgeschlossen.

§ 75. Der zum Sachverständigen Ernannte hat der Ernennung Folge zu leisten, wenn er zur Erstattung von Gutachten der erforderten Art öffentlich bestellt ist, oder wenn er die Wissenschaft, die Kunst oder das Gewerbe, deren Kenntnis Voraussetzung der Begutachtung ist, öffentlich zum Erwerbe ausübt, oder wenn er zur Ausübung derselben öffentlich bestellt oder ermächtigt ist.

Zur Erstattung des Gutachtens ist auch derjenige verpflichtet, welcher sich zu derselben vor Gericht bereit erklärt hat.

§ 76. Dieselben Gründe, welche einen Zeugen berechtigen, das Zeugnis zu verweigern, berechtigen einen Sachverständigen zur Verweigerung des Gutachtens[2]). Auch aus anderen Gründen kann ein Sachverständiger von der Verpflichtung zur Erstattung des Gutachtens entbunden werden.

---

[1]) § 22. Ein Richter ist von der Ausübung des Richteramtes kraft Gesetzes ausgeschlossen:

1. Wenn er selbst durch die strafbare Handlung verletzt ist; 2. wenn er Ehemann oder Vormund der beschuldigten oder der verletzten Person ist oder gewesen ist; 3. wenn er mit dem Beschuldigten oder mit dem Verletzten in gerader Linie verwandt, verschwägert oder durch Adoption verbunden, in der Seitenlinie bis zum dritten Grade verwandt oder bis zum zweiten Grade verschwägert ist, auch wenn die Ehe, durch welche die Schwägerschaft begründet ist, nicht mehr besteht; 4. — —; 5. wenn er in der Sache als Zeuge oder Sachverständiger vernommen ist.

§ 24. Ein Richter kann sowohl in den Fällen, in denen er von der Ausübung des Richteramtes kraft Gesetzes ausgeschlossen ist, als auch wegen Besorgnis der Befangenheit abgelehnt werden.

[2]) § 51. Zur Verweigerung des Zeugnisses sind berechtigt: 1. der Verlobte des Beschuldigten; 2. der Ehegatte des Beschuldigten, auch wenn die Ehe nicht mehr besteht; 3. . . . (wie in § 22, 3).

§ 52. Zur Verweigerung des Zeugnisses sind ferner berechtigt: . . . 3. . . . Ärzte in Ansehung desjenigen, was ihnen bei Ausübung ihres Berufes anvertraut ist . . . wenn sie nicht von der Verpflichtung zur Verschwiegenheit entbunden sind.

Die Vernehmung eines öffentlichen Beamten als Sachverständigen findet nicht statt, wenn die vorgesetzte Behörde des Beamten erklärt, daß die Vernehmung den dienstlichen Interessen Nachteil bereiten würde.

§ 77. Im Falle des Nichterscheinens oder der Weigerung eines zur Erstattung des Gutachtens verpflichteten Sachverständigen wird dieser zum Ersatze der Kosten und zu einer Geldstrafe bis zu 300 Mark verurteilt. Im Falle wiederholten Ungehorsams kann noch einmal eine Geldstrafe bis zu 600 Mark erkannt werden.

Die Festsetzung und die Vollstreckung der Strafe gegen eine dem aktiven Heere oder der aktiven Marine angehörende Militärperson erfolgt auf Ersuchen durch das Militärgericht.

§ 78. Der Richter hat, soweit ihm dies erforderlich erscheint, die Tätigkeit der Sachverständigen zu leiten.

§ 79. Der Sachverständige hat vor Erstattung des Gutachtens einen Eid dahin zu leisten, „daß er das von ihm erforderte Gutachten unparteiisch und nach bestem Wissen erstatten werde".

Ist der Sachverständige für die Erstattung von Gutachten der betreffenden Art im allgemeinen beeidigt, so genügt die Berufung auf den geleisteten Eid.

§ 80. Dem Sachverständigen kann auf sein Verlangen zur Vorbereitung des Gutachtens durch Vernehmung von Zeugen oder des Beschuldigten weitere Aufklärung verschafft werden.

Zu demselben Zwecke kann ihm gestattet werden, die Akten einzusehen, der Vernehmung von Zeugen oder des Beschuldigten beizuwohnen und an diesen unmittelbar Fragen zu stellen.

§ 82. Im Vorverfahren hängt es von der Anordnung des Richters ab, ob die Sachverständigen ihr Gutachten schriftlich oder mündlich zu erstatten haben.

§ 83. Der Richter kann eine neue Begutachtung durch dieselben oder durch andere Sachverständige anordnen, wenn er das Gutachten für ungenügend erachtet.

Der Richter kann die Begutachtung durch einen anderen Sachverständigen anordnen, wenn ein Sachverständiger nach Erstattung des Gutachtens mit Erfolg abgelehnt ist.

In wichtigeren Fällen kann das Gutachten einer Fachbehörde eingeholt werden.

§ 84. Der Sachverständige hat nach Maßgabe der Gebührenordnung Anspruch auf Entschädigung für Zeitversäumnis, auf Erstattung der ihm verursachten Kosten und außerdem auf angemessene Vergütung seiner Mühewaltung.

§ 191. Findet die Einnahme eines Augenscheines statt, so ist der Staatsanwaltschaft, dem Beschuldigten und dem Verteidiger die Anwesenheit bei der Verhandlung zu gestatten.

Dasselbe gilt, wenn ein Sachverständiger vernommen werden soll, welcher voraussichtlich am Erscheinen in der Hauptverhandlung verhindert oder dessen Erscheinen wegen großer Entfernung besonders erschwert sein wird.

§ 193. Findet die Einnahme eines Augenscheines unter Zuziehung von Sachverständigen statt, so kann der Angeschuldigte beantragen, daß die von ihm für die Hauptverhandlung in Vorschlag zu bringenden Sachverständigen zu den Terminen geladen werden und, wenn der Richter den Antrag ablehnt, sie selbst laden lassen.

Den von dem Angeschuldigten benannten Sachverständigen ist die Teilnahme am Augenschein und an den erforderlichen Untersuchungen in so weit zu gestatten, als dadurch die Tätigkeit der vom Richter bestellten Sachverständigen nicht behindert wird.

§ 218. Verlangt der Angeklagte die Ladung von Sachverständigen zur Hauptverhandlung, so hat er unter Angabe der Tatsachen, über welche der Beweis erhoben werden soll, seine Anträge bei dem Vorsitzenden des Gerichts zu stellen.

§ 219. Lehnt der Vorsitzende den Antrag auf Ladung einer Person ab, so kann der Angeklagte die letztere unmittelbar laden lassen. Hierzu ist er auch ohne vorgängigen Antrag befugt.

Eine unmittelbar geladene Person ist nur dann zum Erscheinen verpflichtet, wenn ihr bei der Ladung die gesetzliche Entschädigung für Reisekosten und Versäumnis bar dargeboten oder deren Hinterlegung bei dem Gerichtsschreiber nachgewiesen wird.

§ 220. Der Vorsitzende des Gerichts kann auch von Amts wegen die Ladung von Sachverständigen anordnen.

§ 221. Der Angeklagte hat die von ihm unmittelbar geladenen oder zur Hauptverhandlung zu stellenden Sachverständigen rechtzeitig der Staatsanwaltschaft namhaft zu machen und ihren Wohn- oder Aufenthaltsort anzugeben.

Diese Verpflichtung hat die Staatsanwaltschaft gegenüber dem Angeklagten, wenn sie außer den in der Anklageschrift benannten oder auf Antrag des Angeklagten geladenen Sachverständigen die Ladung noch anderer Personen, sei es auf Anordnung des Vorsitzenden (§ 220) oder aus eigener Entschließung, bewirkt.

§ 222. Wenn dem Erscheinen eines Sachverständigen in einer Hauptverhandlung für eine längere oder ungewisse Zeit Krankheit oder Gebrechlichkeit oder andere nicht zu beseitigende Hindernisse entgegenstehen, so kann das Gericht die Vernehmung desselben durch einen beauftragten oder ersuchten Richter anordnen.

Dasselbe gilt, wenn ein Sachverständiger vernommen werden soll, dessen Erscheinen wegen großer Entfernung besonders erschwert sein wird.

§ 238. Die Vernehmung der Sachverständigen ist der Staatsanwaltschaft und dem Verteidiger auf deren übereinstimmenden Antrag von dem Vorsitzenden zu überlassen. Bei den von der Staatsanwaltschaft benannten Sachverständigen hat diese, bei den von dem Angeklagten benannten der Verteidiger in erster Reihe das Recht zur Vernehmung.

§ 239. Der Vorsitzende hat den beisitzenden Richtern auf Verlangen zu gestatten, Fragen an die Zeugen und Sachverständigen zu stellen. Dasselbe hat der Vorsitzende der Staatsanwaltschaft, dem Angeklagten und dem Verteidiger, sowie den Geschworenen und den Schöffen zu gestatten.

§ 240. Demjenigen, welcher im Falle des § 238 Abs. 1 die Befugnisse der Vernehmung mißbraucht, kann dieselbe von dem Vorsitzenden entzogen werden.

In den Fällen des § 238 Abs. 1 und des § 239 Abs. 2 kann der Vorsitzende ungeeignete oder nicht zur Sache gehörende Fragen zurückweisen.

§ 241. Zweifel über die Zulässigkeit einer Frage entscheidet das Gericht.

§ 247. Die vernommenen Sachverständigen dürfen sich nur mit Genehmigung oder auf Anweisung des Vorsitzenden von der Gerichtsstelle entfernen.

Deutsche Zivilprozeßordnung v. J. 1877.

Achter Titel. Beweis durch Sachverständige §§ 367—378 im allgemeinen identisch mit den analogen Bestimmungen der St.P.O.

§ 379. (Sachverständige Zeugen.) Insoweit zum Beweise vergangener Tatsachen oder Zustände, zu deren Wahrnehmung eine besondere Sachkunde erforderlich war, sachkundige Personen zu vernehmen sind, kommen die Vorschriften über den Zeugenbeweis zur Anwendung.

Das mündliche Gutachten vor Gericht.

Der Sachverständige darf sich nie verleiten lassen, für oder gegen den Angeklagten in irgendeiner Richtung Partei zu nehmen. Die Gewohnheit mancher von der Staatsanwaltschaft aufgestellten Sachverständigen, für jeden Anklagesatz bekräftigende und gegen jede entlastende Zeugenaussage belastende Momente anzuführen, ist ebenso bedenklich wie das entgegengesetzte Bestreben vieler von der Verteidigung zugezogener Gutachter. Der Sachverständige ist Gehilfe des Richters, und weder derjenige des Staatsanwaltes noch des Verteidigers.

Welche Grundsätze bei der Abgabe des mündlichen Gutachtens für den Sachverständigen zu gelten haben, sei durch folgende Stellen aus dem Lehrbuch der gerichtlichen Medizin von E. Hofmann[1]) erläutert. Sie haben auch für den Nahrungsmittelchemiker Gültigkeit, weshalb hier an Stelle des dort gebrauchten Wortes „Arzt" der Ausdruck „Nahrungsmittelchemiker" gesetzt wird.

Der Nahrungsmittelchemiker hat sich zu bestreben, daß seine Auseinandersetzungen wissenschaftlich und logisch richtig, möglichst bestimmt und namentlich verständlich und auch den Laien zu überzeugen imstande sind. Letzteres ist besonders bei Schwurgerichts- (und Schöffengerichts-) Verhandlungen zu beachten und auf den Bildungsgrad der Geschworenen (Schöffen) Rücksicht zu nehmen, von denen in der Regel viele unmöglich aus dem Gutachten des Sachverständigen eine Überzeugung gewinnen können, wenn dieser seine Ausführungen in einer Weise gibt, welcher nur der höher Gebildete zu folgen imstande ist, oder, was am häufigsten geschieht, wenn er Ausdrücke gebraucht, deren Verständnis wieder nur bei Fachleuten verwertet werden kann.

Aus gleichem Grunde empfiehlt es sich, weitschweifende und hochtrabende Auseinandersetzungen zu vermeiden, vielmehr kurz und schlicht den Sachverhalt zu schildern und sein Gutachten abzugeben. Es ist allerdings ein Rednertalent und die Gabe einer fließenden klaren Darstellung nicht jedermann gegeben, und auch dem Eindrucke des Momentes und des öffentlichen Auftretens wird sich manchmal der Anfänger nicht entziehen können; doch auch in dieser Beziehung wächst die Sicherheit mit zunehmender Übung und Erfahrung, und auch dem

---

[1]) Wien und Leipzig 1883, Urban & Schwarzenberg. 3. Aufl. S. 44.

Neuling in solcher Situation soll das Bewußtsein über derartige Einflüsse hinweghelfen, daß man von ihm keine oratorischen Leistungen, keine kunstvoll aufgebauten Plaidoyers verlangt, sondern eine einfache Schilderung der sachverständige Beurteilung erfordernden Verhältnisse des konkreten Falles und eine Darlegung der aus diesen sich ergebenden Schlüsse.

Nicht ganz ohne Schwierigkeiten ist die Lage der Nahrungsmittelchemiker als Sachverständigen gegenüber den Fragen und Einwürfen der hierzu berechtigten Personen, insbesondere gegenüber denen des Anklägers einerseits und des Verteidigers andrerseits, eine Situation, die durch etwaige Meinungsverschiedenheiten der zitierten Sachverständigen selbst mitunter noch diffiziler sich gestalten kann.

In solchen Fällen kommt es besonders darauf an, Ruhe und Geistesgegenwart zu wahren und sich weder durch das Drängen der Fragenden noch durch die gewöhnlich von diesen geübte Taktik, alle erdenklichen Möglichkeiten herbeizuziehen, einschüchtern zu lassen. Insbesondere hat der Experte darauf zu achten, daß er bei seinen Aussagen stets streng auf dem Standpunkte des Nahrungsmittelchemikers bleibe und niemals aus seiner Stellung als Sachverständiger heraustrete. Nach beiden Richtungen geschehen Fehler, allerdings nicht selten veranlaßt durch das Drängen der Fragenden.

Der zur Hauptverhandlung beigezogene Nahrungsmittelchemiker hat über keine anderen Verhältnisse sich zu äußern, als über solche, die er mit seinem Wissen beurteilen kann. Werden ihm daher Fragen vorgelegt, die auch ohne chemische Bildung beantwortet werden können oder derart sind, daß zu ihrer Beantwortung ganz andere Fachkenntnisse erfordert werden, als sie der Nahrungsmittelchemiker besitzt, so kann er ein Eingehen auf diese ohne weiteres ablehnen, wenn nicht in einem solchen Falle schon der Vorsitzende von seinem Rechte, Fragen, die ihm unangemessen erscheinen, zurückzuweisen, Gebrauch machen sollte.

Am meisten hat aber der Nahrungsmittelchemiker sich zu hüten, in die Rolle eines Anklägers oder Verteidigers zu fallen. Es wäre dieses einer der größten Fehler, die er als Sachverständiger begehen könnte. Es kommt ihm durchaus nicht zu, belastende oder entlastende Momente aufzubringen, er hat sich vielmehr zu hüten, auch nur solche oder ähnliche Ausdrücke zu gebrauchen, sondern hat nicht zu vergessen, daß seine Aufgabe bloß darin besteht, gewisse Tatsachen oder Verhältnisse in ganz objektiver Weise klarzustellen, während Andern die Aufgabe zufällt, diese vom Sachverständigen klargelegten Verhältnisse als Beweis für die Schuld oder Unschuld des Angeklagten und für die Urteilssprechung zu verwerten.

Damit ist überhaupt die Stellung von Sachverständigen und insbesondere die des gerichtlichen Chemikers gekennzeichnet. Er ist kein bloßer Zeuge, da er nicht wie dieser nur über gemachte Wahrnehmungen zu berichten, sondern über diese auch sein Gutachten abzugeben hat; er hat aber auch den konkreten Fall nicht zu entscheiden, sondern nur mit seinem Spezialwissen gewisse Verhältnisse aufzuklären oder sicherzustellen, die für die Entscheidung von Wichtigkeit sind. Diese Wichtigkeit ist allerdings in der Regel eine so große, daß von dem Gutachten des chemischen Sachverständigen meistens die Entscheidung des Falles abhängt. Dieses mag ihn aber niemals verleiten, seinen Standpunkt mit dem eines Richters zu verwechseln, wohl wird ihm aber das Bewußtsein der Wichtigkeit und Tragweite seines Ausspruches stets vor Augen schweben und ihn noch mehr veranlassen, bei seinem Gutachten strenge Wissenschaftlichkeit und unerschütterliche Ehrenhaftigkeit maßgebend sein zu lassen.

Private Gutachten.

Eine ganz andere Art von Gutachten sind die zu privaten Zwecken von Produzenten, Gewerbtreibenden oder Privatleuten geforderten.

Diese kommen für den amtlichen Chemiker im allgemeinen wohl weniger in Betracht, da ihm seine amtliche Tätigkeit selten Zeit genug übrig läßt, derartige Arbeiten auszuführen, wenn nicht gar — was häufig der Fall sein dürfte — die Annahme privater Aufträge ihm direkt untersagt ist.

Diese Art von Gutachten bilden in erster Linie das Arbeitsfeld des Privatchemikers, des selbständigen öffentlichen Chemikers.

In Form und Inhalt richten sie sich ganz nach der Art und dem Gegenstand des zu vollziehenden Auftrages. Im allgemeinen gilt auch hier der Grundsatz, daß die Gutachten streng sachlich zu halten sind und nur die wirklich festgestellten Verhältnisse und Befunde berühren dürfen.

Indessen erstreckt sich das Gutachten des öffentlichen Chemikers nicht immer nur auf die Beurteilung verliegender Produkte auf Grund der Analyse, es kann auch zu erstatten sein als Beantwortung von Anfragen aus den Kreisen der Fabrikanten und Händler, welche über die Art der Herstellung oder die Zulässigkeit der Verwendung gewisser Stoffe Auskunft wünschen. In solchen Fällen hat das Gutachten einen beratenden Charakter.

Selbstverständlich gehört zur Erstattung solcher Gutachten eine eingehende Kenntnis der Herstellung und der Zusammensetzung des in Frage stehenden Produktes, wie auch der in Betracht kommenden gesetzlichen Bestimmungen.

Gewerbliche Gutachten. Reklame-Gutachten.

Einige sehr beachtenswerte Winke über gewerbliche Gutachten gibt Trillich[1]). Darnach nimmt der Fabrikant oder der Kaufmann die Tätigkeit des Chemikers in Anspruch:

1. Zur Kontrolle der Rohprodukte bzw. zur Warenkontrolle, durch welche Übervorteilungen oder andere unangenehme Folgen vermieden werden sollen;

---

[1]) Zeitschr. f. öffentl. Chem. 1899, 65.

2. zur Untersuchung von Mängeln und Fehlern, die im Betriebe oder an Produkten auftreten;
3. zur Ausarbeitung neuer Verfahren und Prüfung diesbezüglicher Angebote;
4. zur Untersuchung und zum Vergleiche von Konkurrenzwaren;
5. bei Patent- und sonstigen Streitigkeiten;
6. zur Ausarbeitung von Reklame- und empfehlenden Gutachten.

Hiervon tritt namentlich die dem Chemiker häufig zum Vorwurf gemachte Tätigkeit als Reklame-Gutachter der Öffentlichkeit gegenüber am stärksten hervor. Auf diesem Gebiete bestehen noch sehr große Übelstände; so ist z. B. rechtlich noch unentschieden, ob der Chemiker den von ihm nicht gewollten Gebrauch des Gutachtens z. B. zur Zeitungs- oder Anschlagreklame, zur Ausstattung der Waren usw. verbieten kann. Das führt dazu, daß Leute von uralten Gutachten Gebrauch machen und Analysen veröffentlichen, deren einmalige Ausführung gar nichts besagt, da ja häufig die Zusammensetzung der Rohstoffe von Arbeitstag zu Arbeitstag, von Kauf zu Kauf und noch mehr von Ernte zu Ernte wechselt; ganz abgesehen davon, daß solche alte Analysen nach längst aufgegebenen, heute gar nicht mehr kompetenten Methoden ausgeführt wurden.

Am Chemiker selbst liegt es, sich durch vertragsmäßige Bedingungen vor einer Ausnutzung seiner Gutachten zu schützen, die seinem Rufe schaden könnte. Noch mehr aber soll er es verhüten, durch allgemein empfehlende oder besonders empfehlende Redewendungen dem Werte seiner Expertise zu schaden. Wenn z. B. gesagt wird: das betreffende Fabrikat zeichnet sich „vor allen anderen aus" oder „es überragt sämtliche Konkurrenzprodukte", so können derartige Phrasen geradezu unangenehm für den Gutachter werden, wenn er von der Konkurrenz zur Begründung seiner Ausführungen in Hinsicht auf ihr Produkt aufgefordert wird und dann eingestehen muß, er habe es gar nicht untersucht oder nach einer alten, ihm mitgeteilten Analyse in Vergleich gezogen; oder wenn sich gar herausstellt, daß der Auftraggeber ihm ein sorgsam ausgewähltes Muster der eigenen Herstellung, aber ein altes, raffiniert herausgesuchtes der Konkurrenz zukommen ließ.

Ein weiterer Übelstand ist die oft hervortretende Unterschätzung der allgemeinen Eigenschaften (Geschmack, Geruch, Genußmittelwert) und die Überschätzung der analytischen Zahlen (Atteste über „Nährwert"; Herumwerfen mit Stickstoff, Eiweiß, Nährsalzen usw.). Die meisten der als Grundlage zu solchen Gutachten dienenden Analysen sind zu alledem noch recht zahlenarm: aus zwei bis vier Bestimmungen wird das Produkt festgelegt und empfehlend begutachtet!

Der Anfänger geht in Unkenntnis der praktischen Verhältnisse nur allzuleicht auf die Wünsche des Auftraggebers ein, während andere den von ihrer amtlichen Tätigkeit her übernommenen Gebrauch der Grenzzahlen als maßgebend betrachten, ohne Kritik, daß es sich um ganz andere Verhältnisse handelt.

Gegen die Benutzung eines unanfechtbaren Gutachtens zu Empfehlungszwecken kann sicher nichts eingewendet werden; zu Kampfannoncen und zur Polemik gegen die Konkurrenz aber sollten wissenschaftliche Gutachten nicht dienen.

Der Chemiker wird in vielen Fragen um Rat angegangen, und die Ausdehnung des für ihn einschlägigen Gebietes ist so riesig, daß die volle Beherrschung vom einzelnen nicht verlangt werden kann. Aber gerade deshalb ist es notwendig, daß jeder strenge gegen sich selbst ist, daß er sich eine Zurückhaltung auferlegt, aus der heraus er im einzelnen Falle nicht mehr und nicht weniger sagt, als er eben mit Bestimmtheit auch vertreten kann. Wenn solche Selbstzucht geübt wird, dann wird der Chemiker sich auch diejenige Stellung und Wertung erringen, die er mit Recht beanspruchen darf.

Neben den besprochenen gewerblichen gehören zu dieser Kategorie von Gutachten auch noch diejenigen, welche von Privaten gewünscht werden, und welche Auskunft verschiedenster Art geben sollen. So ob ein Nahrungs- oder Genußmittel überhaupt rein und preiswert, oder ob es verfälscht oder verdorben ist; ob ein Wasser sich zum Genusse oder zu einem sonstigen besonderen Zwecke eignet; ob Gebrauchsgegenstände, wie Farben, Tapeten, Spielwaren, Petroleum u. dergl., gesundheitsgefährlich sind oder nicht; manchmal handelt es sich auch um die Feststellung der Identität einer Ware usw. Kurz, dem Nahrungsmittelchemiker können von Privaten die mannigfaltigsten Aufgaben gestellt werden.

Da aber im Publikum vielfach falsche Vorstellungen über die Kompetenz des Chemikers verbreitet sind, so werden oft Ansinnen an ihn gerichtet, die über den Rahmen seiner Kenntnisse hinausgehen. Deshalb ist bei der Annahme und Ausführung solcher privater Aufträge besondere Vorsicht notwendig. Vor allem sei hervorgehoben, daß sich der Nahrungsmittelchemiker nur auf Untersuchungen innerhalb des von ihm beherrschten Gebietes einlassen darf, und daß er sich bei der Beurteilung und Begutachtung der untersuchten Gegenstände stets der größten Objektivität befleißigen muß.

Wenn es dem Chemiker auch unbenommen ist, für die von ihm vertretene Partei so weit als möglich die günstigsten Seiten einer Sache hervorzukehren, so lasse er sich doch in dem Bestreben, seinem Mandanten zu dienen, niemals zur Behauptung von Tatsachen verleiten, die er nicht aufs genaueste wissenschaftlich beweisen kann. Es gibt ja nicht wenige Erscheinungen im Bereiche unserer Praxis, welche verschieden beurteilt werden können, und es wird sicherlich niemand einem Sachverständigen einen Vorwurf machen, wenn er die gegenteilige Ansicht vertritt als ein anderer Sachverständiger; nur muß alles, was er zur Widerlegung des letzteren vorbringt, einwandfrei und nachweislich begründet sein. Leider lehrt die Erfahrung, daß dies nicht in allen Fällen geschieht, wenn auch die Ausnahmen glücklicherweise selten sind. So ist es z. B. schon vorgekommen, daß ein Nahrungsmittelchemiker die Untersuchung eines Nahrungsmittels nicht nach den allgemein gebräuchlichen und bewährten Methoden vorgenommen hatte, sondern nach einem von ihm selbst ausgedachten, aber nicht veröffentlichten Verfahren. Er war dabei zu einem ganz anderen Resultate als der Gegensachverständige gelangt, und zwar zugunsten seines Klienten. Mit Recht wurde dieses Vorgehen in der Fachpresse verurteilt; denn das Gericht ist zur Beurteilung der Richtigkeit einer Untersuchungsmethode nicht kompetent, diese gehört vor das Forum der Fachkreise, in die Fachzeitschriften. Erst wenn ein Untersuchungsverfahren von mehreren Seiten wissenschaftlich geprüft und als einwandfrei anerkannt worden ist, darf es zur Grundlage eines Gutachtens gemacht werden.

Mit anderen Worten, der Sachverständige halte sich stets vor Augen, daß er den Eid geleistet hat bzw. leisten muß, das von ihm geforderte Gutachten nach bestem Wissen und Gewissen zu erstatten. Er hüte sich davor, seine Partei um jeden Preis entlasten zu wollen, und vergesse nie, daß er ebensowenig der Gehilfe des Verteidigers wie derjenige des Staatsanwaltes, sondern einzig und allein der Gehilfe des Richters ist.

Die Ablehnung eines amtlichen Chemikers, dessen Gutachten der Anlaß zur Erhebung der Anklage war, als Sachverständigen vor Gericht ist nach reichsgerichtlicher Entscheidung unzulässig [1]).

Es bedarf wohl kaum der Erwähnung, daß es sich mit der Ehre eines Nahrungsmittelchemikers nicht vereinigen läßt, Anweisungen zu erteilen, auf welche Weise ein zweifelhaftes Nahrungs- oder Genußmittel „analysenfest" gemacht werden kann. Jedes derartige Ansinnen weise man von vornherein energisch zurück.

Der Inhalt des Gutachtens.

Das schriftliche Gutachten des Nahrungsmittelchemikers soll so weit als möglich eine Beantwortung der an ihn gestellten Fragen zur Aufklärung bestimmter Verhältnisse geben. Am wertvollsten ist natürlich ein Gutachten für den Auftraggeber, wenn es alles enthält, was er wissen will. Dies ist jedoch, aus den verschiedensten Gründen, in vielen Fällen nicht möglich. Oft ist dem Erkennen und der darauf fußenden Beurteilung des Chemikers in den Mängeln der Untersuchungsmethoden oder der Unvollkommenheit unserer Kenntnis des in Frage stehenden Gegenstandes eine Grenze gezogen, welche sein Gutachten manchmal nach mehr als einer Richtung hin einschränkt und es nichts weniger als befriedigend erscheinen läßt.

Solche Fälle lassen sich bei der unendlichen Vielseitigkeit unseres Fachgebietes und dem verhältnismäßig jungen Alter unserer noch in der Entwicklung begriffenen Wissenschaft eben nicht vermeiden. Der Chemiker muß mit diesem Umstande rechnen und ihn in seinen Gutachten berücksichtigen. Er sage deshalb in diesen nicht mehr, als was

---

[1]) R. G. Urteil v. 4. März 1902; vergl. Zeitschr. f. Unters. d. Nahr.- u. Genußm. 1904, **8**, 331.

er durch die festgestellten Tatsachen bestimmt beweisen und vertreten kann. Er vermeide alles Überflüssige, insbesondere hüte er sich davor, sich in Vermutungen zu ergehen oder aus dem Befunde Schlüsse abzuleiten, welche einer kritischen Prüfung nicht standzuhalten vermögen.

Am Eingange eines jeden Gutachtens befinde sich eine kurze Angabe über das Datum des Eintreffens der Probe, über die Art der Verpackung, eventuell die Anzahl und Bezeichnung der Stücke, und über das Vorhandensein, den Zustand und die Aufschrift der Siegel.

Das **Datum des Eintreffens der Probe** ist deshalb von Bedeutung, weil sich aus dessen Vergleich mit dem im Begleitschreiben angeführten Datum der Probeentnahme ersehen läßt, wie lange der Untersuchungsgegenstand unterwegs war. Bei der Frage der Beschaffenheit leicht verderblicher Waren wie Milch, Wurst, Fleisch, Obst u. dergl., unter Umständen auch Bier, spielt diese Zeitdauer eine große Rolle. Man weise deshalb in vorkommenden Fällen im Gutachten darauf hin, daß bei der Länge der verstrichenen Zeit bis zum Eintreffen der Probe ein Urteil darüber nicht mehr abgegeben werden könne, ob der Gegenstand sich bereits bei der Entnahme im verdorbenen Zustande befunden habe oder nicht.

Die Auftraggeber aber fordere man bei solchen Gelegenheiten auf, derartige wenig haltbare Untersuchungsgegenstände nach der Entnahme mit möglichster Beschleunigung und auf dem kürzesten Wege an die Untersuchungsstelle zu befördern. Denn es geht z. B. nicht an, eine Bierprobe wegen zu hoher Azidität zu beanstanden, nachdem sie tagelang in einem wohlgeheizten Amtslokale aufbewahrt wurde oder sich zur Ersparung der Kosten schnellerer Beförderung als Frachtgut 5—6 Tage lang auf dem Transporte befand.

Die Angabe der **Art der Verpackung** (Flaschen, Büchsen, Schachteln usw.) wie der **Anzahl der eingesandten Stücke und deren Bezeichnung** ist notwendig und für die Feststellung der Identität unter Umständen von großer Wichtigkeit. Auch die Angabe der Art des Verschlusses von Flaschen ist zu erwähnen (Stanniolkapsel, sog. Patentverschluß mit Gummiring usw.).

Die Verpackung ist nicht ohne Einfluß auf den Zustand mancher Untersuchungsgegenstände. So ist z. B. ein durchlässiger oder poröser Stoff (Holzkästchen, Papier), welcher die flüssigen Bestandteile durchläßt oder aufsaugt, für die Versendung von Fetten unbrauchbar.

Bei Flüssigkeiten ist es sehr wesentlich, daß ihre äußere Beschaffenheit sofort beim Eintreffen festgestellt werden kann. So kann eine Wasserprobe, welche Eisenoxydul enthält, bei der Ankunft noch ganz klar sein, um nach einigem Stehen eine mehr oder weniger starke Trübung oder Ausscheidung erkennen zu lassen. Es ist in diesem Falle daher besonders wichtig, daß sich die Probe zur Ermöglichung dieser Beobachtung in einer Flasche von weißem oder sehr hellem durchsichtigen Glase befinde, nicht aber in einer dunkelfarbigen Bierflasche oder gar in einem Steinkruge.

2*

Anweisung für die Probenentnahme und den Versand der Nahrungs- und Genußmittel, sowie Gebrauchsgegenstände zum Zwecke der Untersuchung.

	Menge	Art der Probeentnahme und Verpackung
Bier	2 Flaschen 1—2 Liter	Es sind grüne (nicht weiße) Flaschen zu verwenden. Steinkrüge sind ausgeschlossen. Die Flaschen müssen sorgfältig gereinigt, mit kochendem Wasser ausgewaschen, mit gut passenden, noch nie gebrauchten Korken verschlossen werden. Außerdem ist es nötig, daß die Proben möglichst bald nach der Entnahme zur Untersuchung eingesendet werden, bis zur Absendung aber an möglichst kühlem Orte liegend aufbewahrt werden. Es ist stets eine jede Flasche zu versiegeln und genau zu bezeichnen, sei es durch Anbinden oder Ankleben einer Etikette oder eines weißen Papieres.
Branntwein (Liköre)	½ bis ¹/₁ Flasche	Wie bei Wein.
Brot	mindestens 100 Gramm	Die Verpackung in Papier; vor Nässe zu schützen.
Butter, Schmalz, Margarine, Speisefette überhaupt	mindestens 250 Gramm	Die Probeentnahme hat an verschiedenen Stellen des Vorrates zu erfolgen, und zwar von der Oberfläche, der Mitte und von dem Boden. Aufzubewahren ist die Probe in Gefäßen von Porzellan, gut glasiertem Ton, Steingut oder Blech (Salbentöpfe der Apotheker). Der Verschluß geschieht mit Wachs- oder Pergamentpapier, auch Holz- oder Korkstöpsel. Unzulässig ist Papierumhüllung.
Kakao und Schokolade	50 bis 100 Gramm	Probeentnahme und Verpackung des gepulverten Kakao wie bei den Gewürzen. Schokolade in Tafeln.
Konditorwaren	je ein Stück oder 50 bis 100 Gramm	Bei Konditorwaren (Zuckerbackwerk, Kuchen usw.), deren Prüfung meistens nur auf der Gesundheit nachteilige Farbstoffe nötig ist, sind besonders gefärbte Gegenstände zu wählen und zwar je ein Stück einer speziellen Farbe zu entnehmen.
Konserven	eine Büchse	
Konservesalze	mindestens 50 Gramm	In Töpfchen von Porzellan.
Essig	¼ bis ¹/₁ Flasche	In mit Korken verschlossenen Glasflaschen.
Fruchtsäfte, Marmeladen	mindestens 50 Gramm	In mit Korken verschlossenen Flaschen zu übergeben.

	Menge	Art der Probeentnahme und Verpackung
Gewürze	mindestens 50 Gramm	Als Gewürze, welche hier vorwiegend in Betracht kommen, sind vor allem zu nennen: gemahlener oder gestoßener Pfeffer (schwarzer und weißer), Zimmt, Piment (Neugewürz, Almode, Nelkenpfeffer), Gewürznelken, Paprika, Muskatblüte, Safran und Senfmehl. Die Probeentnahme der gemahlenen oder auch ganzen Gewürze hat an verschiedenen Stellen des vorher tüchtig durchgemischten Vorrates zu erfolgen. Die Verpackung geschieht am vorteilhaftesten in kleinen Pappschachteln (Pulver- oder Pillenschachteln der Apotheker) oder Gläsern mit Holz- oder Korkstöpsel, in Ermangelung derselben auch in gutschließenden, geklebten Kapseln aus Pergamentpapier.
Gebrauchsgegenstände, (speziell Töpferwaren, emailliertes Kochgeschirr, Metallfolien zur Umhüllung, verzinnter Waren usw., künstlich gefärbte Blumenblätter)		Es handelt sich hier um Feststellung der richtigen Beschaffenheit der Glasur, der Verzinnung, des Vorhandenseins von der Gesundheit schädlichen Metallbeimengungen in diesen Glasuren und dergl. Bei künstlichen Blumenblättern vergleiche auch Papier, Tapeten usw. Zur Untersuchung sind von Kochgeschirren mindestens drei Exemplare vorzulegen. Von den übrigen Gegenständen genügt je ein Exemplar.
Honig	mindestens 100 Gramm	In Glas- oder gut glasierten Tongefäßen mit Stöpsel oder Pergamentpapier verschlossen.
Kaffee und Kaffeesurrogate	100 Gramm	Ganz oder gemahlen. Probeentnahme wie bei den Gewürzen.
Käse	mindestens 50 Gramm	Die Käseproben in Pergamentpapier oder Stanniol zu verpacken oder in gut glasierten, mit Papier verschlossenen Tongefäßen zu versenden.
Kinderspielwaren aus Holz, Metall, Farbenkästen, Bilderbücher, Bilderbogen usw.		Bei der Untersuchung der Kinderspielwaren handelt es sich in den meisten Fällen um Prüfung auf gesundheitsschädliche Farbstoffe und die Art und Weise der Fixierung dieser Farbstoffe. Je ein Exemplar des zu untersuchenden Gegenstandes ist vorzulegen. Siehe auch Buntpapier usw.
Kleiderstoffe und Gewebe (gefärbte und bedruckte Stoffe)	2 Quadratdezimeter	
Mehl	mindestens 100 Gramm	Art der Probeentnahme wie bei den Gewürzen. Sollen außer der Untersuchung auf gewöhnliche Verunreinigungen usw., wozu 100 Gramm Mehl genügen, noch Proben auf Backfähigkeit usw. angestellt werden, so sind mindestens 500 Gramm nötig.

	Menge	Art der Probeentnahme und Verpackung
Milch	1 Liter	Die Flaschen müssen sorgfältig gereinigt und trocken sein. Bei der Probeentnahme ist darauf zu sehen, daß der Milchvorrat vorher umgeschüttelt werde. Die Flaschen sind bis zum Korke vollzufüllen und gut zu verschließen. Die Proben sind sofort durch einen Boten zur nächsten Bahnstation zu bringen und der kgl. Untersuchungsanstalt als Eilgut einzusenden. Ist dieses nicht möglich, so geschieht die Aufbewahrung bis zum Versand im kalten Keller oder auf Eis. Geronnene und abgekochte Milch wird nicht zugelassen.
Öle (Speiseöle)	100 Gramm	In wohl gereinigten und getrockneten Flaschen, Verschluß Glasstöpsel oder Korke.
Petroleum	, 1 Liter	Verpackung wie Öle.
Papier, Buntpapier, Tapeten, Zeugstoffe	1 Bogen oder mindestens 2 Quadratdezimeter	Prüfung auf die zum Färben angewendeten Stoffe. Es sind daher die zur Untersuchung vorzulegenden Stücke so auszuwählen, daß die verdächtig erscheinenden Farben möglichst reich darauf vertreten sind.
Rahm	mindestens 100 Gramm ($^1/_{10}$ Liter)	In gut verkorkten, vollgefüllten Arzneiflaschen oder auch gut glasierten verschließbaren Tongefäßen. Versendung wie bei Milch.
Tee	50 Gramm	Wie bei Gewürzen.
Wasser (Trinkwasser	2 Flaschen = 2 Liter	Womöglich in Flaschen aus farblosem Glas; Krüge werden nicht zugelassen. Bei der Probeentnahme, wenn solche aus Pumpbrunnen stattfindet, ist der Brunnen vorher tüchtig auszupumpen, damit das in der Rohrleitung stehende Wasser entfernt werde. Die Flaschen sind vor dem Füllen mehrmals mit dem zu untersuchenden Wasser auszuspülen und nur neue Korke zum Verschlusse (eventuell auch gut schließende Glasstöpsel) zu verwenden.
Wein	mindestens 1 Flasche (2 Flaschen) = 1 Liter	Im Falle der zu entnehmende Wein nicht schon in Flaschen gefüllt ist, müssen die zur Aufnahme des Weines bestimmten Flaschen sorgfältig gereinigt und von der Reinigungsflüssigkeit wieder befreit, nach dem Füllen mit neuen, noch nicht gebrauchten Korken verschlossen werden. Die Flaschen, welche die einzelnen Weinproben enthalten, müssen stets versiegelt und genau bezeichnet werden, wie beim Biere angegeben. Es ist notwendig, bei der Probeentnahme möglichst dafür zu sorgen, daß die Sorte, der Jahrgang, der Preis, auch der Verkäufer (Weinhändler, Produzent) festgestellt werde.
Wurstwaren	mindestens 50 Gramm	Mehrere Schnitte von verschiedenen Stellen der Wurst werden vorgelegt.
Zucker, Melis, Kolonial-, Kandiszucker	100 Gramm	In Papiersäcken. Bei gestoßenem Zucker Probeentnahme und Verpackung wie bei den Gewürzen.

Ist die sachgemäße Art der Verpackung nicht eingehalten, so lehne man unnachsichtlich die Ausführung der Untersuchung ab und gebe dem Auftraggeber eine genaue Anleitung, wie er zu verfahren hat.

Bei der kgl. Untersuchungsanstalt für Nahrungs- und Genußmittel zu München haben sich die auf Seite 20—22 stehenden Vorschriften zur Probeentnahme für die einzelnen Untersuchungsgegenstände gut bewährt.

Für den Transport und Postversand der zur Untersuchung vorzulegenden Gegenstände empfiehlt es sich, Holzkisten mit entsprechender Fachabteilung sowie verschließbarem Deckel versehen, oder auch mit Deckel und entsprechender Fachabteilung versehene Körbe anfertigen zu lassen. Zum Einstellen von Flaschen, Tongefäßen usw. sind derartige Kisten und Körbe sehr zweckmäßig, da eine sichere Verpackung mit Hilfe von Papier oder Stroh zum Ausfüllen der Zwischenräume hierdurch leicht erreicht werden kann. Es ist stets darauf zu achten, daß die Gegenstände, welche jeweilen zur Untersuchung übersandt werden, entweder genau bezeichnet (Herkunft, Name des Verkäufers) oder mit Nummern versehen werden, welche auf ein beiliegendes genaues Verzeichnis der Gegenstände hinweisen. Bei der Vorlage der zu untersuchenden Gegenstände ist stets ein Begleitschreiben mit einzusenden, welches Aufschluß über Veranlassung und Zweck der Untersuchung gibt, damit hiernach bemessen werden kann, worauf sich die Untersuchung zu erstrecken hat.

Von allergrößter Wichtigkeit sind im Gutachten die **Angaben über die Siegel.**

Man führe stets an, ob die untersuchte Probe versiegelt oder unversiegelt eintraf, welche Aufschrift das Siegel trug (eventuell, ob es ein Wappen oder ein Monogramm zeigte), ob es verletzt oder unverletzt war.

Die Unterlassung dieser Aufzeichnungen beim Eintreffen der Proben kann weittragende Folgen haben. So kann der auf ein Gutachten aufgebaute Strafantrag gegenstandslos werden, wenn bei der Hauptverhandlung der Sachverständige nicht in der Lage ist, über Art und Zustand des Siegels an einer beanstandeten Probe bestimmte Angaben zu machen. Es ist dann einem gewandten Verteidiger eine Leichtigkeit, die Identität dieser Probe mit der feilgebotenen oder verkauften Ware mit Erfolg in Frage zu stellen und so das Ergebnis eines vielleicht mühevollen und langwierigen Ermittelungsverfahrens zunichte zu machen.

Auf diese Angaben folgt im Gutachten die **Mitteilung des Untersuchungsbefundes.**

Zunächst bringt man dabei am zweckmäßigsten das, was die äußere Beschaffenheit der Probe betrifft: das Aussehen, den Geruch, den Geschmack, kurz alles bei der Sinnenprüfung auffällige.

Hieran schließt sich das Ergebnis einer etwa vorgenommenen mikroskopischen Prüfung, sei es des Gegenstandes selbst — wie bei Gewürzen usw. —, sei es diejenige einer an dem Gegenstande beobachteten Veränderung oder Ausscheidung (Trübung des Bieres, Bodensatz einer Wasserprobe, künstliche Färbung einzelner Partien usw.).

Jetzt folgt das Zahlenmaterial der chemischen Analyse.

So weit diese nach amtlich vorgeschriebenen oder vereinbarten Methoden ausgeführt wurde, sind weitere Bemerkungen dazu überflüssig.

Nach amtlich vorgeschriebenen Methoden werden alle Gegenstände untersucht, die in das Bereich des Gesetzes betr. den Verkehr mit Butter, Käse, Schmalz und deren Ersatzmitteln, des Gesetzes betr. den Verkehr mit Wein, weinhaltigen und weinähnlichen Getränken und des Gesetzes betr. die Schlachtvieh- und Fleischbeschau fallen. Außerdem existiert eine Reihe von Vorschriften für zolltechnische Untersuchungen. Der Nahrungsmittelchemiker ist verpflichtet, diese Untersuchungsverfahren unter allen Umständen in genauer Befolgung der amtlichen Vorschriften auszuführen. Sollte er aber zu der Erkenntnis gelangen, daß ein solches Verfahren für den erstrebten Zweck nicht brauchbar ist und zu falschen Schlüssen führt, so muß er dies in seinem Gutachten erläutern und darauf hinweisen, daß das Ergebnis der nach der offiziellen Methode ausgeführten Untersuchung im vorliegenden Falle nicht richtig sein kann.

Auf diesen Umstand nimmt folgender Passus Rücksicht, der sich in der Vorschrift für beeidigte und öffentlich angestellte Chemiker (Handelschemiker) findet[1]. Es heißt dort: Sind dem Chemiker nach Maßgabe der vorstehenden Bestimmungen besondere Prüfungsverfahren vorgeschrieben, erachtet er sie aber als für den Zweck der Untersuchung ungeeignet oder minder geeignet als andere ihm bekannte, so ist er verpflichtet, einen aufklärenden Vermerk hierüber seinem Gutachten einzufügen.

Im übrigen sind in Deutschland die in den „Vereinbarungen zur einheitlichen Untersuchung und Beurteilung von Nahrungs- und Genußmitteln sowie Gebrauchsgegenständen für das Deutsche Reich" niedergelegten Methoden für die Untersuchung der Nahrungs- und Genußmittel maßgebend. Diese haben, wie schon oben dargelegt wurde, den Zweck, eine gewisse Gleichmäßigkeit in der Ausführung der Untersuchungen und eine einheitliche Grundlage für die Beurteilung zu schaffen, und dadurch zu bewirken, daß die von verschiedenen Chemikern ausgeführten Analysen desselben Gegenstandes untereinander vergleichbar seien. Hierzu ist natürlich in erster Linie die Einheitlichkeit der Methodik notwendig. Denn viele der gebräuchlichen Verfahren geben uns keine absoluten, sondern nur relative Werte, die eben nur kommensurabel sind, wenn sie auf ganz gleiche Weise gewonnen wurden. Dies geschieht mit Hilfe von Methoden, deren Ausführung in ihren Einzelheiten durch Vereinbarung genau festgelegt wurde. Solcher „Konventionsmethoden" gibt es zahlreiche (z. B. die Bestimmung der Reichert-Meissl'schen Zahl der Butter, der flüchtigen Säure im Wein, der oxydierbaren Substanzen im Wasser usf.); bei ihnen ist die genaue Einhaltung der vereinbarten Versuchsbedingungen ein absolutes Erfordernis.

Falls der Chemiker aber aus irgendwelchem Grunde eine ab-

---

[1] Zeitschr. f. öffentl. Chem. 1900, 219.

weichende Art der Ausführung für richtiger hält und diese wählt, so sollte er auch in diesem Falle seinem Gutachten einen entsprechenden Vermerk beifügen. Dasselbe gilt von der Anwendung anderer als der vereinbarten oder allgemein gebräuchlichen Methoden.

Die Angaben der Analysenwerte geschehen im allgemeinen als Gramme in 100 Grammen oder, bei Flüssigkeiten, als Gramme in 100 Kubikzentimetern. Doch gibt es auch hier Ausnahmen, die man beachte. So wird man bei der Wasseranalyse die Menge der Bestandteile als Milligramme im Liter, bei der Untersuchung des Bieres als Gramme in 100 Grammen angeben.

Man vermeide die noch immer nicht verschwundene Angabe des Gewichtes in „Pfund“. Dieser Begriff ist veraltet; das metrische System kennt nur Kilogramm und Gramm.

Das am Polarisationsapparate abgelesene Drehungsvermögen einer Flüssigkeit wird in neuerer Zeit meist nicht mehr in Graden und Minuten angeführt, sondern nur in Graden unter Umrechnung der Minuten auf Dezimalstellen.

An die Mitteilung des analytischen Befundes schließt sich die **Erläuterung des Untersuchungsergebnisses.**

In dieser hebt man die Abweichungen in den Zahlenwerten vom normalen hervor und weist überhaupt auf alles hin, was bei den Ergebnissen nach irgendeiner Richtung hin auffällt. An der Hand der so festgestellten Verhältnisse erklärt man dann die Zusammensetzung des untersuchten Gegenstandes.

Beurteilung und Begutachtung.

Den Schluß bildet die Beurteilung und Begutachtung auf Grund des analytischen Befundes.

Die Beurteilung der Analysenresultate bildet den weitaus wichtigsten Teil des Gutachtens. Die Ausführung der Untersuchung selbst ist Sache chemischer Kenntnisse und analytischer Fertigkeit, beide sind auch beim angehenden Nahrungsmittelchemiker vorauszusetzen. Nicht so sehr das Vermögen der zweckentsprechenden Verwertung der festgestellten Daten, der zutreffenden Beurteilung. Eine solche erfordert eine genaue Kenntnis nicht nur der Zusammensetzung des in Frage stehenden Gegenstandes, sondern auch der als Fälschungsmittel oder Surrogate in Betracht kommenden Stoffe, der Handelsbräuche, der örtlichen Eigentümlichkeiten usw.

Die Beurteilung ist demnach in erster Linie Sache einer möglichst reichen Erfahrung. Eine solche gewinnt der Nahrungsmittelchemiker einerseits durch vielseitige praktische Übung, andrerseits durch regelmäßiges Studium aller neuen Erscheinungen in der Fachliteratur. Auf wenigen Gebieten wohl macht sich ein solcher ständiger Wechsel der Erscheinungen bemerkbar wie in der Nahrungsmittelchemie. Hier besteht ein unaufhörlicher und nie endender Kampf zwischen Synthese und Analyse, zwischen Fälschern und Analytikern. Eine Art der Verfälschung löst die andere ab. Taucht eine neue auf, so dauert es immer eine mehr oder weniger geraume Zeit, bis sie von den Chemikern erkannt wird, bis neue Methoden zum Nachweise besonders raffinierter Fälschungen ausgearbeitet und praktisch erprobt sind. Ist dies endlich erreicht, stehen der Erkennung der Fälschung keine Schwierigkeiten mehr entgegen, dann erst kann der Kampf gegen sie überall energisch aufgenommen werden, und sie wird in kurzer Zeit vom Markte verschwunden sein — um bald irgendeiner neuen Platz zu machen.

Dabei kann man seit der Aufnahme einer intensiveren Handhabung der Nahrungsmittelkontrolle und der damit Hand in Hand gehenden Vervollkommnung der Untersuchungsmethoden beobachten, daß die Fälschungen immer raffinierter werden, und daß ihr Nachweis immer komplizierter und schwieriger wird. Viele Fälscher arbeiten heutzutage nicht mehr nach rein empirischen Grundsätzen, sie haben auch Chemiker zur Seite, die oft mit großem Geschick die verfälschte Ware den von den Nahrungsmittelchemikern gestellten Anforderungen anzupassen wissen, und denen die schwachen Seiten der jeweils in Anwendung kommenden Untersuchungsverfahren wohl bekannt sind.

Man macht oft die Beobachtung, daß bei den Untersuchungen zu wenig Werte ermittelt werden, und daß anderseits bei der Beurteilung vielfach nicht das Gesamtbild der Untersuchungsbefunde zugrunde gelegt wird. Vor beiden Fehlern muß gewarnt werden. In vielen Fällen besagt das Ergebnis von wenigen einzelnen Bestimmungen für die Beurteilung des Gegenstandes gar nichts, erst das Verhältnis der verschiedenen Werte zueinander und die Ermittelung ihres Ursprungs bei anormaler Zusammensetzung verleihen dem trockenen Analysenbilde Leben. Geht man der Ursache abweichender Analysenergebnisse nach, dann wird man meist von selbst auf vorhandene Verfälschungen stoßen.

An dieser Stelle sei nochmals auf das oben über Grenzzahlen Gesagte hingewiesen. Die Beurteilung eines Untersuchungsergebnisses nach Grenzzahlen und nicht an der Hand des Gesamtbildes der Untersuchung, d. h. durch Vergleich der sämtlichen Werte einer Analyse untereinander, hat wiederholt schon höchst bedenkliche Folgen gehabt.

Es ist nun allerdings nicht zu verkennen, daß eingehende Untersuchungen, wie sie zur vollständigen Klarlegung der Verhältnisse manchmal notwendig erscheinen, oft sehr erhebliche Kosten verursachen, und daß von Laien eine gründliche Untersuchung nicht bewertet werden kann. Zur Ersparung dieser großen Kosten hat sich für die Untersuchung mancher Gegenstände zu gewerblichen Zwecken ein abgekürztes Verfahren, die sogenannte Handelsanalyse ausgebildet. Bei einer solchen werden die Bestimmungen von einzelnen Bestandteilen vielfach nach sogenannten Schnellmethoden vorgenommen, welche in kurzer Zeit nach gewisser Richtung hin informatorischen Aufschluß gewähren, ohne genaue Resultate zu liefern; oder aber es werden nur wenige bestimmte Werte durch die Analyse festgelegt, welche dann zur Beurteilung der Ware dienen.

In manchen Dingen, z. B. bei Fettuntersuchungen, in der Weinanalyse usw., ist die sogenannte Handels- oder kleine Analyse sehr oft für die Nahrungsmittelkontrolle in höchstem Grade bedenklich, und es ist viel wichtiger, wenige Proben gründlich als zahlreiche nur informatorisch zu untersuchen. Die Ausdehnung der Schnellmethoden, deren wirklicher Wert für den erfahrenen Sachverständigen nicht unterschätzt werden soll, hat aber auch leider sehr häufig eine oberflächliche Beurteilung zur Folge. Unsere derzeitige Wissenschaft bietet mit geringen Ausnahmen sehr wohl Handhaben, bei hinreichendem Untersuchungsmaterial anormale Verhältnisse aufzuklären. Jedenfalls sollte es aber in Berichten über informatorische Untersuchungen vermieden werden, Waren als „rein" oder „echt" zu bezeichnen, die nur nach dieser oder jener Richtung unverdächtig erscheinen.

Auf alle Fälle ist vor jeder Überschätzung der Schnellmethoden und vor der irrtümlichen und schematischen Anwendung von Grenzzahlen zu warnen [1]).

Bei der Bearbeitung eines Gutachtens muß man sich in erster Linie über die Wünsche und Absichten der Auftraggeber — Behörden wie Private — völlig klar sein. Man verlange von diesen daher stets eine klare Angabe des Zweckes der Untersuchung und gewöhne sie daran, in ihren Anträgen bestimmte Fragen zu stellen. Darnach richten sich dann sowohl Art und Ausdehnung der Untersuchung wie Form und Inhalt des Gutachtens.

So ist es z. B. ein großer Unterschied, ob sich die Begutachtung eines Wassers auf dessen Brauchbarkeit zum menschlichen Genusse oder zu besonderen gewerblichen Zwecken erstrecken soll. In diesem Falle sind andere Bestandteile zu ermitteln, als in jenem, und die Beurteilung geschieht nach ganz anderen Gesichtspunkten. In dem einer Wasserprobe beiliegenden Untersuchungsantrage muß daher ausgesprochen sein, ob das Wasser zu Trinkzwecken oder etwa zur Speisung von Dampfkesseln, zum Bierbrauen, zu Zwecken der Färberei usw. Verwendung finden soll.

Bei gerichtlichen Aufträgen ergibt sich der Zweck der Untersuchung aus den Akten.

Um nachträglich Zweifel auszuschließen, begnüge man sich auch nie mit einem mündlichen Auftrage, sondern verlange jedesmal einen schriftlichen Untersuchungsantrag. Die Untersuchung von Gegenständen, denen ein solcher Antrag nicht beiliegt, lehne man ab oder nehme sie nicht vor; man erspart sich dadurch meist zwecklose Arbeit.

Das Gutachten sei in klaren, bestimmten Ausdrücken gehalten. Jede unnötige, unsachliche oder gar bombastische Phrase vermeide

---

[1]) Vergl. A. Juckenack u. R. Pasternack, Zeitschr. f. Unters. d. Nahr.- u. Genußm. 1904, 7, 193.

man. Man halte sich streng an den ermittelten Befund, folgere daraus
die sich ergebenden Tatsachen und beurteile sie dem Zweck der Untersuchung entsprechend. Dabei verlasse man nie die durch die Analyse
geschaffene reale Unterlage, und ergehe sich namentlich nicht in Vermutungen und Annahmen, deren Berechtigung nicht exakt erwiesen
werden kann. Man würde sich sonst den Vorwurf, unwissenschaftlich
zu handeln, mit Recht zuziehen.

Anfänger seien besonders darauf aufmerksam gemacht, daß es von
größter Wichtigkeit ist, das Gutachten nur auf die zur Untersuchung vorgelegte Probe zu beziehen. Dies ist durchaus
notwendig, um Mißbrauch zu verhüten. Man schreibe daher im Gutachten nie „der Wein entspricht auf Grund der Untersuchung den gesetzlichen Bestimmungen, der Fruchtsaft ist unverfälscht" oder ähnlich,
sondern etwa: „die zur Untersuchung eingesandte Probe Wein
entspricht den gesetzlichen Bestimmungen, die vorgelegte Probe
Fruchtsaft ist unverfälscht" usw.

In erster Linie legt der Nahrungsmittelchemiker seinem Gutachten
natürlich die Analyse zugrunde. Es ist bei der Beurteilung mancher
Nahrungsmittel wichtig, hierauf hinzuweisen, indem man im Gutachten
besonders betont, daß z. B. „das Wasser nach seiner chemischen
Zusammensetzung zum menschlichen Genusse geeignet ist" oder
daß „die chemische Zusammensetzung des Weines den gesetzlichen Anforderungen genügt" usw. Dies ist bei solchen Gegenständen
notwendig, deren Beurteilung nicht allein von der chemischen Zusammensetzung abhängt. So kommen beim Trinkwasser vielfach noch andere
Faktoren wie bakteriologischer und biologischer Befund, Bodenverhält-
nisse usw. in Betracht, während beim Wein das Ergebnis der Geschmacksprobe neben dem analytischen Befunde eine wesentliche Rolle spielt.

Aber selbst wenn es nicht nötig ist, sich besonders auf die chemische
Zusammensetzung zu beziehen, so sage man im Gutachten doch nicht
mehr, als man mit seinem Wissen als Nahrungsmittelchemiker vertreten
kann. Besonders hüte man sich vor Exkursen auf fremde Gebiete. So
ist die physiologische Beurteilung eines Nahrungsmittels im allgemeinen
nicht Sache des Chemikers. Ob ein solches mehr oder weniger be-
kömmlich, ob es leicht verdaulich, ob es gesundheitsschädlich ist oder
nicht, das hat der Mediziner zu entscheiden. Wenn wir Nahrungsmittelchemiker uns auf der einen Seite dagegen verwahren, daß Ärzte sich
die Untersuchung von Nahrungsmitteln usw. oder gar die Aufsicht über
unsere chemische Tätigkeit anmaßen, so müssen wir uns aber auch auf
der anderen Seite davor hüten, das Kompetenzgebiet jener zu betreten,
indem wir uns in medizinischen Dingen ein Urteil erlauben.

Es ist dabei selbstverständlich einem Chemiker unbenommen, selbst
physiologische Versuche in gewisser Richtung anzustellen, soweit er
solche zu kontrollieren in der Lage ist. Er begnüge sich aber damit,
das Ergebnis solcher Versuche zu registrieren, ohne Rückschlüsse auf
das Verhalten der Versuchssubstanzen im menschlichen Körper zu

ziehen, und überlasse die Frage der Schädlichkeit oder Gefährlichkeit ermittelter Stoffe unter allen Umständen dem Physiologen oder dem Arzte.

Ähnliches gilt von der Beurteilung von Fleisch- und Wurstwaren aller Art. Hier ist die Tätigkeit des Chemikers ziemlich eng begrenzt; sie erstreckt sich im wesentlichen auf die Ermittelung bestimmter Bestandteile oder Zusätze, wie Wassergehalt, Zusatz von Mehl, Farbstoff, Konservierungsmitteln u. dergl. Nur die Bestimmung der einzelnen Fettarten läßt sich lediglich auf chemischem Wege ausführen, während z. B. die Entscheidung darüber, ob eine Wurst aus Pferdefleisch hergestellt wurde, bei Gegenwart von Rinds- oder Schweinefett, dem Chemiker schon ganz bedeutende Schwierigkeiten bereiten kann. Werden aber die Fragen gestellt: Welcher Art ist das Fleisch? Ist es von einem gesunden oder kranken Tier? Befand es sich zur Zeit des Verkaufs schon in Zersetzung? usw. — so muß der Nahrungsmittelchemiker seine Unzuständigkeit erklären und die Entscheidung dem Tierarzte überlassen. In Anbetracht dieses Umstandes liegt es überhaupt im Interesse einer ersprießlichen Durchführung der Lebensmittelkontrolle, daß bei der Untersuchung und Beurteilung animalischer Nahrungsmittel die Nahrungsmittelchemiker so viel als möglich mit den Veterinären zusammen arbeiten. Jedenfalls hat sich bei den staatlichen Untersuchungsanstalten für Nahrungs- und Genußmittel in Bayern die Einrichtung sehr gut bewährt, daß ihnen ein amtlicher Tierarzt als Sachverständiger beigeordnet wurde.

Wenn sich der Nahrungsmittelchemiker auf der einen Seite vor der Abgabe eines Urteils hüten soll, welches jenseits seiner Kompetenzgrenzen liegt, so darf ihn dies doch anderseits nicht hindern, das von ihm festgestellte Untersuchungsergebnis nach mehreren Richtungen hin zu verwerten. Er soll in seinem Gutachten nicht nur auf der Grundlage der Analysendaten angeben, daß und warum eine untersuchte Probe verfälscht oder verdorben ist, sondern er muß darin auch andere Gesichtspunkte für die Beurteilung hervorheben, wie die Verminderung des Nähr- oder Genußwertes durch einen ermittelten Zusatz, die durch diesen bewirkte finanzielle Schädigung des Konsumenten u. dergl.

Den Schluß des Gutachtens bildet das Resumé, das Endurteil über die untersuchte Probe. Man spricht darin aus, ob diese den Anforderungen genügt, oder aus welchem Grunde sie zu beanstanden ist, d. h. man demonstriert, ob und weshalb der Gegenstand unter den Begriff „nachgemacht“, „verfälscht“ oder „verdorben“ fällt, und welche gesetzlichen Bestimmungen durch seine Beschaffenheit verletzt werden.

Bei der Beurteilung der Nahrungs- und Genußmittel und Gebrauchsgegenstände halte man sich an die im Gesetze niedergelegten Bezeichnungen. Ausdrücke wie „nicht einwandfrei, geringwertig, minderwertig, nicht marktfähig“ u. dergl. vermeide man. Das Nahrungsmittelgesetz kennt nur die Ausdrücke „nachgemacht, verfälscht, verdorben, gesundheitsschädlich". Diese decken sich nicht mit „nicht marktfähig"; letztere Bezeichnung gehört ins kaufmännische Gebiet, sie bedeutet eine Bewertung, ebenso wie auch „geringwertig" und „minderwertig" Qualitätsbezeichnungen sind. Die Entscheidung der Frage nach der Qualität eines Gegenstandes ist aber nicht Sache des Nahrungsmittelchemikers.

Beim Hinweis auf die gesetzlichen Bestimmungen, die bei der Beurteilung eines untersuchten Gegenstandes in Betracht kommen, mache man sich zur Regel, das betreffende Gesetz mit dem offiziellen Titel zu zitieren, wobei man indes die gebräuchlichen Abkürzungen verwenden kann. Man sage also nicht: Nahrungsmittelgesetz, Weingesetz, Bleizinkgesetz, sondern: Gesetz betr. den Verkehr mit Nahrungsmitteln usw. vom 14. Mai 1879, Gesetz betr. den Verkehr mit Wein usw. vom 24. Mai 1901, Gesetz betr. den Verkehr mit blei- und zinkhaltigen Gegenständen vom 25. Juni 1887.

Begriff der normalen Zusammensetzung von Nahrungs- und Genufsmitteln.

Zu den vorstehenden Ausführungen sind noch einige Ergänzungen nachzutragen, die sich auf die Gutachten im allgemeinen beziehen.

Es ergibt sich für den Sachverständigen, besonders bei gerichtlichen Vernehmungen, häufig die Notwendigkeit, Begriffserklärungen über die normale Zusammensetzung oder Beschaffenheit von Nahrungs- und Genußmitteln abzugeben. Eine solche Aufgabe ist gewöhnlich nicht so einfach, wie der Unkundige gemeinhin denkt.

In Deutschland existieren, wie schon an anderer Stelle ausgeführt wurde, keine offiziellen Normen, wie sie z. B. im Jahre 1903 in den Vereinigten Staaten von Nordamerika für alle gebräuchlichen Nahrungs- und Genußmittel aufgestellt worden sind (United States Standards), und wie sie im Entwurfe für Österreich in dem Codex Alimentarius Austriacus — der ja allerdings nur ein Torso geblieben ist — vorgeschlagen worden sind.

Ein solcher offizieller, mit gesetzlich bindender Kraft versehener Codex hat ja in der Tat für den mit der Handhabung der Nahrungsmittelkontrolle betrauten Beamten etwas ungemein Bequemes, gibt er ihm doch für alle Fälle genau abgesteckte Grenzen, deren Überschreitung er einfach zu beanstanden hat, ohne sich über die Berechtigung der Beanstandung im einzelnen Falle besonders den Kopf zerbrechen zu müssen. Darin liegt aber auch zugleich die Schattenseite einer solcher Einrichtung. Wie schon an anderer Stelle hervorgehoben wurde, darf den Grenzzahlen immer nur ein relativer, nie ein absoluter Wert beigemessen werden. Durch die Aufstellung offizieller Normen wird aber das System starrer, unverrückbarer Grenzzahlen gesetzlich sanktioniert und dadurch die Gefahr einer schematischen, verständnislosen Beurteilung der

Analysenbefunde hervorgerufen, die wiederum zahllose Ungerechtigkeiten und Widersinnigkeiten zur Folge haben kann.

Nehmen wir ein Beispiel. In manchen Verwaltungsbezirken ist für die in den Verkehr gebrachte Milch als Minimum z. B. ein spezifisches Gewicht von 1,0280 und ein Fettgehalt von 2,7 % vorgeschrieben. Eine solche Vorschrift hat ja zweifellos ihr Gutes: die Konsumenten erhalten die Gewißheit, stets eine Milch von einer gewissen Güte zu erwerben. Wenn es ja auch unter bestimmten ungünstigen äußeren Verhältnissen (Jahreszeit, Futter) manchen Landwirten nicht leicht sein wird, die Milch ihrer Kühe zu jeder Zeit und unter allen Umständen jenen Normen anzupassen, so liegt doch in dieser Vorschrift für sie ein Ansporn, die Qualität der Milch zu heben, da sie sonst Gefahr laufen, daß letztere für den betreffenden Ort vom Verkehr ausgeschlossen wird. Andrerseits liegt aber in einer solchen Vorschrift die Gefahr einer Benachteiligung der Käufer insofern, als diese unter solchen Umständen selten eine Milch erhalten werden, die erheblich besser ist als die normative. Es ist für die Produzenten fettreicherer Milch dann zu verlockend, ihr Produkt auf jene Normen „hinunter zu korrigieren", ohne daß bei der Marktkontrolle der Verdacht einer solchen Fälschung rege wird. Letztere würde allerdings bei der Untersuchung und durch den Vergleich mit einer Stallprobe bald erkannt werden.

Es ließen sich noch andere solche Beispiele anführen; sie beweisen, wie verfehlt die Aufstellung starrer Normen bei Gegenständen ist, die in ihrer Zusammensetzung und Beschaffenheit so ungemein wechselnden und zahlreichen Einflüssen ausgesetzt sind wie die meisten Nahrungs- und Genußmittel. Es sind auch wohl Erwägungen ähnlicher Art, die bisher in Deutschland die maßgebenden Kreise von der Aufstellung des von manchen Seiten schon geforderten offiziellen Codex Alimentarius abgehalten haben.

Gewerbliche Sachverständige.

Gerade weil aber bei uns ein solches offizielles Lebensmittelbuch fehlt, bietet die Abgabe von Begriffserklärungen für den Sachverständigen oft nicht geringe Schwierigkeiten. Sie setzt nicht nur die Kenntnis der chemischen Zusammensetzung, der mikroskopischen Skruktur, der physikalischen Eigenschaften eines Gegenstandes voraus, sondern vor allem auch diejenige seiner Produktionsart, seiner Herstellungsweise, seiner Verwendungsart, seiner verschiedenen Qualitäten usw., sie fordert also ein Maß von Warenkunde, über welches der Nahrungsmittelchemiker allein unmöglich verfügen kann.

Um daher nicht zum Nachteil einer Partei bei der Abgabe einer Begriffserklärung in Einseitigkeit zu verfallen, hat der wissenschaftliche Sachverständige die Pflicht, sich in Handels- und Produktionskreisen die erforderliche Information über den Gegenstand zu holen oder nötigenfalls die Beiziehung eines Vertreters aus jenen Kreisen zur Klarstellung der Verhältnisse zu beantragen oder vorzuschlagen.

Hingegen hat die aus Handelskreisen vielfach erhobene Forderung, ständige Sachverständige aus dem Händler- und Produzentenstande bei den Gerichten aufzustellen, welche in allen Fällen neben dem Nahrungsmittelchemiker gehört werden müssen, doch ihre bedenkliche Seite. Eine unnötig häufige Beiziehung dieser gewerblichen Sachverständigen birgt eine große Gefahr in sich für die Einheitlichkeit der Rechtsprechung und für den berechtigten Schutz des Publikums gegen Auswüchse des Verkehrs mit Nahrungsmitteln. Für erstere liegt diese Gefahr in der oft sehr bedeutenden Divergenz der Anschauungen der verschiedenen gewerblichen Sachverständigen über ein und denselben Gegenstand, für letzteren in der Tatsache, daß solche Sachverständige bei ihren Beziehungen zu Handel und Gewerbe immer mehr oder weniger selbst Interessenten sind. Es ist daher vorzuziehen, bei gegebenem Bedürfnis von Fall zu Fall Sachverständige aus den Handels- und Gewerbekreisen beizuziehen und diese im Einvernehmen mit den chemischen Sachverständigen oder Fachbehörden auszuwählen.

Handelsgebräuche und -mißbräuche. Ortsüblichkeit.

Eine besondere Berücksichtigung muß bei der Beurteilung von Nahrungsmitteln, Genußmitteln und Gebrauchsgegenständen den berechtigten Handelsgebräuchen zuteil werden, welche dem Geschmacke des Publikums Rechnung tragen und von letzterem in vielen Fällen gerade erwartet und gefordert werden. Die gesetzlichen Bestimmungen erkennen denn auch die Berechtigung gewisser Handelsgebräuche an, und räumen ihnen Ausnahmestellungen ein. So gestattet das Gesetz, betr. die Schlachtvieh- und Fleischbeschau vom 3. Juni 1900, die künstliche Gelbfärbung der Margarine und die bedingte Färbung der äußeren Hüllen von Wurstwaren. Auch sonst finden sich derartige Gebräuche, welche sich durch langjährige Gewohnheit eingebürgert haben und deren Bestehen allgemein bekannt ist, wie die Gelbfärbung der Butter und mancher Backwaren, der Zusatz von Kochsalz zur Butter usw.

In solchen Fällen geht es natürlich nicht an, von Verfälschungen zu reden und eine Ware deshalb zu beanstanden. Man muß aber bei der Beurteilung einer die ursprüngliche Beschaffenheit eines Nahrungs- oder Genußmittels verändernden Manipulation streng prüfen, ob es sich auch tatsächlich um einen allgemein bekannten und vom Publikum erwarteten Brauch handelt, oder ob eine den Schein besserer Beschaffenheit vorspiegelnde Handlung vorliegt.

Eine große Rolle bei den Handelsgebräuchen spielt die Ortsüblichkeit, die provinzielle Eigentümlichkeit. Was in der einen Gegend gebräuchlich ist, ist oft in einer anderen ganz unbekannt und wird hier von den Käufern auch nicht erwartet, wie z. B. der an vielen Orten übliche Zusatz von Mehl oder Brot zu Wurstwaren. In Fällen des Zweifels stelle man deshalb Erhebungen an und ziehe nicht nur in den Kreisen der Gewerbtreibenden, sondern vor allem auch bei den Konsumenten Erkundigungen ein, um die Berechtigung eines solchen Brauches festzustellen.

Nur zu oft macht man in letzter Zeit die Beobachtung, daß Handelsgebräuche — oder wie der schöne kaufmännische Ausdruck lautet „Handelsusancen" — von Produzenten und Händlern künstlich geschaffen werden, welche sich bei näherer Betrachtung als richtige Fälschungen darstellen. In dem Bestreben, die Konkurrenz aus dem Felde zu schlagen oder auch um minderwertige Waren an den Mann zu bringen, erzieht die Industrie manchmal das Publikum allmählich zu Forderungen, die den natürlichen Verhältnissen keineswegs entsprechen, und dann beruft sie sich auf diese dem Publikum künstlich anerzogenen Forderungen, um für ihre zweifelhaften Manipulationen einen Freibrief zu erhalten.

Ein Beispiel dafür, wie dem Publikum ein vorher unbekannter Mißbrauch von der Industrie aufgedrängt und dann nachher, wenn die Behörden endlich einschreiten, von den gewerblichen Sachverständigen für einen Handelsgebrauch erklärt wird, bietet die künstliche Färbung der Wurstwaren. Bis Ende der achtziger Jahre war der künstliche Farbzusatz zu Wurstwaren im allgemeinen sozusagen unbekannt. Da machte sich innerhalb kurzer Zeit in verschiedenen Gegenden Deutschlands mit bedeutender Wurstindustrie die Erscheinung geltend, daß den Wurstwaren rote Farbstoffe zugesetzt wurden, teils um minderwertiger Ware den Anschein einer besseren, wertvolleren Beschaffenheit zu verleihen, teils um überhaupt den Würsten auch bei längerem Lagern ein frisches, schönes Aussehen zu bewahren. Da ein solcher Farbzusatz geeignet ist, in vielen Fällen Fehler, sogar die Verdorbenheit zu verdecken und den Käufer über die Beschaffenheit und den wirklichen Wert der Ware zu täuschen, so gingen die Behörden, gestützt auf die Gutachten von Nahrungsmittelchemikern, gegen diesen Unfug vor und erzielten auch mehrfach gerichtliche Verurteilungen. Da traten bei den Gerichten plötzlich Sachverständige aus den Kreisen der Wurstfabrikanten auf und erklärten, man könne bei der jetzigen, durch minderwertige Fütterung der Tiere ungünstig beeinflußten Qualität des Schweinefleisches ohne den Farbzusatz überhaupt keine verkäuflichen Würste mehr herstellen; außerdem sei dieser Zusatz „von alters her" üblich usw. Es wurde also ein Handelsgebrauch konstruiert aus einer Manipulation, die wenige Jahre früher noch unbekannt war und — was dabei sehr wesentlich ist — die vom Publikum nicht erwartet wurde (weshalb sich dieselben Fabrikanten und Händler gegen eine einwandfreie Deklaration der künstlichen Färbung zur Aufklärung der Käufer auch mehr oder weniger energisch sträubten). Durch die inzwischen in Kraft getretene Bestimmung des Gesetzes betr. die Schlachtvieh- und Fleischbeschau vom 3. Juni 1900, welche das Färbeverbot für Fleisch- und Wurstwaren ausspricht, ist dieser „alte Brauch" definitiv aus der Welt geschafft worden, und dieselben Wurstarten werden heute wieder zu Hunderttausenden ohne Farbzusatz angefertigt und verkauft, ohne daß man über eine inzwischen plötzlich erfolgte Änderung in der Qualität des Schweinefleisches etwas gehört hätte.

Ähnliche Erscheinungen waren im Laufe der letzten Jahre auch auf anderen Gebieten zu beobachten, so der Zusatz von Farbstoffen zu gewissen Fetten, Teigwaren usw.

Im Hinblick auf derartige Tatsachen darf, wie auch schon die Motive zum Nahrungsmittelgesetz hervorheben, „unter Handels- und Geschäftsgebrauch nicht jede üblich gewordene, vielleicht auf Täuschung berechnete Manipulation, sondern nur der in dem soliden, reellen, ehrlichen Verkehr üblich gewordene, aus der Natur dieses Verkehrs sich ergebende Gebrauch verstanden werden".

Vorschriften
für die von den amtlichen Handelsvertretungen (Handelskammern und sonstigen Handelskörperschaften) beeidigten und öffentlich angestellten Chemiker (Handelschemiker).

§ 1. Die Beeidigung und öffentliche Anstellung selbständiger Chemiker, welche die Beschaffenheit, den Reingehalt oder Nutzwert von Handelswaren irgendwelcher Art gewerbsmäßig feststellen, erfolgt durch die amtliche Handelsvertretung des Bezirks, in welchem sie ein Laboratorium halten.

Die Anstellung gilt nur für die Zeit, in welcher der beeidigte und öffentlich angestellte Chemiker den Sitz seiner die Anstellung begründenden Tätigkeit ausschließlich im Bezirk der anstellenden amtlichen Handelsvertretung hat.

§ 2. Als Sachverständige für Nahrungsmitteluntersuchungen im Sinne des Bundesratsbeschlusses vom 22. Februar 1894 und des Ministerialerlasses vom 10. Mai 1895 sind nur diejenigen öffentlich angestellten Chemiker anzusehen, welche den Befähigungsausweis eines deutschen Bundesstaates für die Untersuchung von Nahrungsmitteln, Genußmitteln und Gebrauchsgegenständen besitzen.

§ 3. Voraussetzung für die Beeidigung und öffentliche Anstellung als Handelschemiker bildet der Nachweis:

1. daß der Antragsteller deutscher Reichsangehöriger ist;
2. daß er den Befähigungsausweis eines deutschen Bundesstaates für die Untersuchung von Nahrungsmitteln, Genußmitteln und Gebrauchsgegenständen besitzt.

Den amtlichen Handelsvertretungen bleibt es freigestellt, in Ausnahmefällen auch Chemiker zur Beeidigung zuzulassen, die diesen Befähigungsausweis nicht besitzen. In solchen Fällen muß der Antragsteller nachweisen:

a) daß er im Besitze des Zeugnisses der Reife eines Gymnasiums oder eines Realgymnasiums oder einer Oberrealschule oder einer durch Beschluß des Bundesrates für gleichwertig anerkannten Lehranstalt ist;
b) daß er mindestens sechs Halbjahre Chemie und deren Hilfswissenschaften an einer deutschen Universität oder technischen Hochschule oder Bergakademie studiert hat und das Doktordiplom einer

deutschen Universität oder das Diplom einer deutschen technischen Hochschule oder Bergakademie besitzt. Dem Studium an einer deutschen Universität oder technischen Hochschule oder Bergakademie soll, jedoch für höchstens zwei Halbjahre, das Studium an einer außerdeutschen Anstalt gleichgestellt werden, sofern diese staatlicherseits als gleichberechtigt mit den deutschen Anstalten anerkannt wird;

   c) daß er in dem chemischen Laboratorium einer Universität oder technischen Hochschule oder Bergakademie mindestens fünf Studienhalbjahre hindurch praktisch tätig gewesen ist;

   d) daß er nach Beendigung seiner Hochschulstudien mindestens zwei Jahre lang an einer staatlichen oder kommunalen Untersuchungsanstalt oder an einer landwirtschaftlichen Versuchsanstalt oder im Laboratorium eines beeidigten und öffentlich angestellten Chemikers Untersuchungen ausgeführt hat.

Der zweijährigen Tätigkeit an einer der unter d) aufgeführten Anstalten und Laboratorien kann für solche Chemiker, die sich lediglich chemisch-technischen Untersuchungen auf einem Spezialgebiete des Bergbaues oder der Industrie widmen wollen, die zweijährige analytische Tätigkeit in einem Unternehmen des Bergbaues oder der Industrie gleichgeachtet werden.

   3. daß sein Laboratorium die zur Ausführung der Untersuchung von Handelswaren erforderliche und dem Stande der chemischen Wissenschaft entsprechende Einrichtung besitzt.

Die amtliche Handelsvertretung ist befugt, sich über diesen Punkt durch einen von ihr zu ernennenden Sachverständigen oder in sonst geeigneter Weise zu überzeugen.

Selbständige öffentliche Chemiker, die vor dem Inkrafttreten dieser Vorschriften von einer Behörde oder amtlichen Handelsvertretung für die in dem § 1 dieser Vorschriften erörterten Zwecke beeidigt worden sind, können auf ihren Antrag hin in die Liste der beeidigten und öffentlich angestellten Chemiker, falls nicht besondere Gründe dagegen sprechen, auch dann eingetragen werden, wenn sie den Erfordernissen des § 3, Ziffer 2 nicht ganz genügen; die Entscheidung darüber steht der zuständigen amtlichen Handelsvertretung zu.

Von dieser Übergangsbestimmung darf nur innerhalb des ersten Jahres nach Inkrafttreten dieser Vorschriften Gebrauch gemacht werden.

§ 4. Die Vereidigung erfolgt durch Leistung des folgenden Eides:

„Ich, ..., schwöre bei Gott dem Allmächtigen und Allwissenden, daß ich als öffentlich angestellter Handelschemiker die bestehenden Vorschriften getreulich beobachten und die mir obliegenden Pflichten gewissenhaft erfüllen, sowie auch die von mir in meiner Eigenschaft als öffentlich angestellter Handelschemiker erforderten Gutachten unparteiisch und nach bestem Wissen und Gewissen erstatten werde. So wahr mir Gott helfe.“

§ 5. Die amtliche Handelsvertretung hat die Beeidigung in geeigneter Weise bekannt zu geben und eine Liste der beeidigten Chemiker zu jedermanns Einsicht in ihrem Geschäftszimmer aufzulegen. Über die Beeidigung wird dem Chemiker eine Urkunde ausgefertigt.

§ 6. Die von den amtlichen Handelsvertretungen beeidigten und öffentlich angestellten Chemiker führen ein von der amtlichen Handelsvertretung näher zu bestimmendes Siegel, das ihren Namen, den Namen der Handelsvertretung, welche sie beeidigt hat, und die Umschrift „Öffentlich angestellter Handelschemiker" enthält. Sie haben sich desselben bei der Siegelung von Proben und bei Stempelung ihrer Prüfungszeugnisse und Gutachten zu bedienen.

§ 7. Die amtlichen Handelsvertretungen sind berechtigt, Erstattung der Kosten, die durch die Beeidigung und die öffentliche Anstellung erwachsen, vom Antragsteller zu verlangen.

§ 8. Die Löschung in der Liste (§ 5) erfolgt:

1. auf Antrag oder im Todesfalle des beeidigten und öffentlich angestellten Chemikers;
2. wenn er den Sitz seiner, die öffentliche Anstellung begründenden Tätigkeit aus dem Bezirke der amtlichen Handelsvertretung, die ihn angestellt hat, wegverlegt;
3. wenn ihm die Fähigkeit zur öffentlichen Anstellung von der zuständigen Behörde auf grund eines ordentlichen Verfahrens rechtskräftig aberkannt worden ist.

Im Falle der Löschung ist die Anstellungsurkunde zurückzugeben.

Löschungen in der Liste sind in derselben Weise wie Eintragungen bekannt zu machen.

§ 9. Die Eintragungen und Löschungen in der Liste sind von den amtlichen Handelsvertretungen, die diese Vorschriften angenommen haben, dem Deutschen Handelstage mitzuteilen, der sie allen beteiligten Handelsvertretungen bekannt macht.

§ 10. Beschwerden über die in die Liste eingetragenen Chemiker können an die amtliche Handelsvertretung, welche den Chemiker beeidigt und öffentlich angestellt hat, gerichtet werden. Diese wird erforderlichen Falles bei der zuständigen Behörde die Zurücknahme der Bestallung beantragen.

§ 11. Die zur Untersuchung bestimmten Proben werden dem Chemiker entweder von dem Auftraggeber in sachgemäßer Verpackung und unter Siegel zugestellt, oder sie werden von dem Chemiker selbst aus der zu untersuchenden Ware entnommen.

Bestehen über die Probeentnahme aus Handelswaren bestimmter Art (Rohzucker, Düngemittel, Kraftfuttermittel) für einzelne Gegenden besondere Vorschriften, so hat der Chemiker diese Vorschriften zu befolgen.

§ 12. In der Regel darf nicht die ganze Probe verbraucht werden; es muß vielmehr ein zur Ausführung von mindestens vier Nachprüfungen ausreichender Teil der Probe von dem mit der Untersuchung betrauten Chemiker vier Wochen zur Verfügung des Auftraggebers sachgemäs aufbewahrt werden. Verfügt der Auftraggeber innerhalb vier Wochen nicht über den Rest der Probe, so ist der Chemiker zur Aufbewahrung der Probe nicht mehr verpflichtet. Eine Ausnahme erleidet diese Vorschrift dann, wenn die Probe in Edelmetallen, Diamanten und dergleichen wertvollen Waren bestand. In diesem Falle hat der Chemiker die Probe dem Auftraggeber nach Ablauf der vier Wochen mit der Bemerkung zur Verfügung zu stellen, daß er nach Ablauf von weiteren vier Wochen über die Probe verfügen werde.

Reicht die Probe nicht aus, um den vorstehenden Vorschriften zu genügen, oder erleidet eine Warenprobe auch bei sachgemäßer Aufbewahrung Veränderungen ihrer ursprünglichen Beschaffenheit, so hat der Chemiker den Auftraggeber auf diesen Umstand aufmerksam zu machen und einen diesbezüglichen Vermerk seinem Gutachten einzufügen.

§ 13. Sind dem Chemiker besondere Vorschriften über die Probenahme nach Art und Menge erteilt worden, erachtet er diese Vorschriften indessen nach Lage des besonderen Falles überhaupt oder doch zur Erlangung einer Durchschnittsprobe nicht für geeignet, so hat er den Auftraggeber auf diesen Umstand aufmerksam zu machen und einen Vermerk dem Bericht über die Probenahme einzufügen.

§ 14. Den amtlichen Handelsvertretungen bleibt die Aufstellung von weitergehenden Vorschriften für Probenahmen anheimgestellt.

§ 15. Soweit nicht für die Untersuchung bestimmter Handelswaren amtliche Vorschriften bestehen, hat der Chemiker sich des ihm vom Auftraggeber vorgeschriebenen Verfahrens zu bedienen. Erhält der Chemiker hierüber keine Anweisung, so ist das für die Untersuchung der Ware handelsübliche Verfahren anzuwenden.

Will der Chemiker die Untersuchung nach einem neuen Verfahren vornehmen, so hat er vorher seinem Auftraggeber hiervon Anzeige zu erstatten.

§ 16. Sind dem Chemiker nach Maßgabe der vorstehenden Bestimmungen besondere Prüfungsverfahren vorgeschrieben, erachtet er sie aber als für den Zweck der Untersuchung ungeeignet oder minder geeignet als andere ihm bekannte, so ist er verpflichtet, einen entsprechenden Vermerk seinem Prüfungszeugnisse oder Gutachten einzufügen.

Ebenso ist in jedem Prüfungszeugnisse oder Gutachten, soweit es zur Vermeidung von Mißverständnissen erforderlich erscheint, das befolgte Untersuchungsverfahren kurz anzugeben.

§ 17. Die Berichte über Untersuchungen und die Gutachten sind entweder zu kopieren oder auszugsweise in ein Protokollbuch einzutragen.

Die ausgestellten Prüfungszeugnisse und Gutachten beziehen sich ausschließlich auf die untersuchten Proben. In jedem Prüfungszeugnisse ist dies besonders hervorzuheben.

§ 18. Beeidigte Chemiker dürfen ohne Zustimmung des Auftraggebers über die Ergebnisse von Untersuchungen keine Mitteilungen an dritte Personen oder an die Öffentlichkeit gelangen lassen.

§ 19. Die von den amtlichen Handelsvertretungen beeidigten Chemiker sind berechtigt, Aufträge zu Probenahmen und Untersuchungen von Handelswaren abzulehnen. Sie sind dazu verpflichtet, wenn sie sich als befangen ansehen.

§ 20. Die Gebühren für Untersuchung und Begutachtung sind Gegenstand freier Vereinbarung zwischen Chemiker und Auftraggeber.

III. Die Beschaffenheit der Nahrungs- und Genußmittel im Sinne des Nahrungsmittelgesetzes.

Das Nahrungsmittelgesetz und seine Ergänzungsgesetze.

Das Gesetz, betreffend den Verkehr mit Nahrungsmitteln, Genußmitteln und Gebrauchsgegenständen vom 14. Mai 1879, welches kurzweg gewöhnlich als Nahrungsmittelgesetz (N. M. G.) bezeichnet wird, verfolgt im wesentlichen zwei Ziele[1]). Diese bestehen in der Verhütung und Bekämpfung erstens der Unlauterkeit im Verkehr mit Nahrungs- und Genußmitteln und zweitens der Gefahren für Leben und Gesundheit, welche durch den Genuß oder Gebrauch der Nahrungs- und Genußmittel und gewisser Gebrauchsgegenstände bedingt sind.

Der Gesetzgeber ging davon aus, daß eine Beseitigung oder doch Verringerung der Lebensmittelverfälschung und ihrer Folgen durch den Erlaß von Strafvorschriften allein nicht erreichbar sei, sondern gleichzeitig einer vorbeugenden Kontrolle bedürfe. Man war sich ferner darüber einig, daß letztere nur in die Hände der Polizei gelegt werden könne. Nur wenn das Feilhalten und der Verkauf von Nahrungsmitteln usw. einer genügenden Beaufsichtigung seitens der hierzu berufenen Organe der Polizei unterliege, sei einige Aussicht vorhanden, dem Fälschungsunwesen mit Erfolg beizukommen.

Das Nahrungsmittelgesetz bildet nur eine Ergänzung zu den vorher bestehenden Bestimmungen des Strafgesetzbuches. Diese sind durch jenes nicht aufgehoben, können vielmehr in geeigneten Fällen auch jetzt noch, allein oder neben den neueren Strafvorschriften, zur Anwendung gelangen. Dasselbe gilt im allgemeinen von den Bestimmungen, welche in den Einzelstaaten über Nahrungsmittel usw. erlassen sind. In den Motiven des Gesetzentwurfes wird ausdrücklich anerkannt, daß namentlich gewissen lokalen Bedürfnissen nur im Wege lokaler Verordnungen wirksam entsprochen werden kann. Deshalb bleibt auch neben der übereinstimmenden Regelung durch das Reich die landesherrliche Befugnis zum Erlasse von Vorschriften auf dem nämlichen Gebiete unberührt. Ferner wird als selbstverständlich bezeichnet, daß die Befugnisse der Landesgesetzgebung, aus steuerlichen Rücksichten die Fabrikation von Nahrungs- und Genußmitteln sowie den Verkehr mit solchen zu regeln und hierauf bezügliche Strafbestimmungen zu erlassen, durch das Nahrungsmittelgesetz überhaupt nicht berührt werden.

Das Gesetz zerfällt in 17 Paragraphen, von denen §§ 1—4 die Bestimmungen über die vorbeugende Kontrolle enthalten. In den §§ 5—7 wird der Erlaß von Ausführungsbestimmungen vorgesehen. Die §§ 8—16 enthalten die strafrechtlichen Vorschriften. § 17 bezieht sich auf die öffentlichen Untersuchungsanstalten.

Die Bestimmungen der §§ 10—16 dienen zur Ergänzung der vor dem Erlaß des Nahrungsmittelgesetzes bereits vorhanden gewesenen Strafvorschriften[2]). Sie zerfallen im wesentlichen in solche, welche sich gegen eine Beschädigung oder gar Gefährdung der menschlichen Gesundheit richten, und in solche, welche die Lebensmittelfälschung an sich treffen wollen. Auch den letzteren, welche scheinbar nur den Schutz wirtschaftlicher Interessen gegen Unredlichkeit oder Nachlässig-

---

[1]) Vergl. A. Würzburg, Die Nahrungsmittelgesetzgebung, Leipzig 1894, S. 18.

[2]) Würzburg, l. c. S. 49.

keit im Lebensmittelverkehr im Auge haben, liegt insofern ein gesundheitlicher Zweck zugrunde, als sie nach den Motiven zum Gesetzentwurf verhüten sollen, daß der Konsument für sein Geld Lebensmittel erhält, die, wenn sie auch seine Gesundheit nicht positiv zu schädigen geeignet sind, dennoch infolge einer mit ihnen vorgenommenen Veränderung den ihrem Preise entsprechenden Nährwert oder Genußwert nicht haben und ihren Zweck aus diesem Grunde nicht ganz erfüllen.

Da die einschlägigen Bestimmungen des Strafgesetzbuches durch das Nahrungsmittelgesetz nicht aufgehoben sind, sondern nach wie vor anwendbar bleiben, so können auch beide Gesetze oder mehrere Bestimmungen desselben Gesetzes zugleich verletzt werden. Bei solchem Zusammentreffen mehrerer strafbarer Handlungen unterscheidet das Strafgesetzbuch (§§ 73 und 74) zwei Fälle, welche als **ideale** und **reale Konkurrenz** bezeichnet werden. Die erstere liegt vor, wenn ein und dieselbe Handlung (e i n e selbständige Handlung) mehrere Strafgesetze verletzt; die letztere, wenn m e h r e r e selbständige Handlungen, welche verschiedene Strafgesetze oder dasselbe Strafgesetz mehrmals verletzen, gleichzeitig zur Aburteilung kommen oder wenn, bevor eine erkannte Strafe verbüßt, verjährt oder erlassen ist, die Verurteilung wegen einer strafbaren Handlung erfolgt, welche vor der früheren Verurteilung begangen war. Hiernach bleibt der im Strafgesetzbuch nicht besonders hervorgehobene Fall übrig, daß ein und dieselbe Handlung eine mehrfache Verletzung desselben Strafgesetzes enthält, z. B. die gleichzeitige Verletzung von § 10, Ziff. 2 und § 12, Ziff. 1 durch den Verkauf einer verfälschten u n d zur Beschädigung der menschlichen Gesundheit geeigneten Backware[1]). Nach reichsgerichtlicher Entscheidung[2]) sind auch diese Fälle im Sinne des § 73 Str.G.B. (ideale Konkurrenz) zu behandeln.

Der wesentliche Unterschied zwischen der idealen und der realen Konkurrenz besteht demnach darin, ob eine oder mehrere selbständige Handlungen vorliegen. Unter **selbständiger Handlung** ist eine zusammenhängende, von demselben strafbaren Wollen getragene Tätigkeit zu verstehen. Ob dies im einzelnen Falle zutrifft, ist eine Tatfrage. Der Richter hat also gegebenenfalls zu prüfen, ob eine oder mehrere selbständige Handlungen in dem bezeichneten Sinne vorliegen. Kommen beispielsweise Verkauf eines verfälschten Nahrungsmittels aus § 10, Ziff. 2 und Betrug aus § 263 Str.G.B. gleichzeitig in Frage, so ist, wenn es sich nur um eine, aus einem und demselben Entschluß hervorgegangene, einheitliche Tat handelt, ideale, andernfalls reale Konkurrenz der beiden Gesetze anzunehmen. Auch e i n e selbständige Handlung kann aus mehreren zeitlich getrennten Einzelhandlungen bestehen. Wenn beispielsweise ein Händler eine Partie verfälschten Kaffees erwirbt in der Absicht, denselben im kleinen zu verkaufen, so bildet die

---

1) Vergl. **R. G. Urt.** vom 20. Januar 1888.
2) **R. G. Urt.** vom 1. Juli 1880.

Mehrheit der in der Folge von ihm vorgenommenen Einzelverkäufe bei Annahme eines diesem zugrunde liegenden einheitlichen Entschlusses nur eine Gesetzesverletzung, bei deren Ahndung die Mehrheit der Einzelhandlungen nur durch das Strafmaß getroffen werden kann. In den Fällen der idealen Konkurrenz kommt nach § 73 Str.G.B. nur dasjenige Gesetz, welches die schwerste Strafe, und bei ungleichen Strafarten (z. B. Geldstrafe und Gefängnis) dasjenige Gesetz, welches die schwerste Strafart androht, zur Anwendung. Bei realer Konkurrenz dagegen schreibt § 73 Str.G.B. die Erkennung einer Gesamtstrafe vor, welche in einer Erhöhung der verwirkten schwersten Strafe besteht. Dies gilt jedoch nur für Verbrechen und Vergehen, durch welche mehrere zeitliche Freiheitsstrafen verwirkt sind, während die Strafe der Haft und die Geldstrafe gemäß §§ 77 und 78 Str.G.B. gesondert erkannt werden müssen.

Die uns hier interessierenden Paragraphen des Nahrungsmittelgesetzes lauten folgendermaßen:

§ 10.

Mit Gefängnis bis zu sechs Monaten und mit einer Geldstrafe bis zu eintausendfünfhundert Mark oder mit einer dieser Strafen wird bestraft:

1. wer zum Zwecke der Täuschung im Handel und Verkehr Nahrungs- oder Genußmittel nachmacht oder verfälscht;

2. wer wissentlich Nahrungs- oder Genußmittel, welche verdorben oder nachgemacht oder verfälscht sind, unter Verschweigung dieses Umstandes verkauft oder unter einer zur Täuschung geeigneten Bezeichnung feilhält.

§ 11.

Ist die im § 10 Nr. 2 bezeichnete Handlung aus Fahrlässigkeit begangen worden, so tritt Geldstrafe bis zu einhundertfünfzig Mark oder Haft ein.

§ 12.

Mit Gefängnis, neben welchem auf Verlust der bürgerlichen Ehrenrechte erkannt werden kann, wird bestraft:

1. wer vorsätzlich Gegenstände, welche bestimmt sind, anderen als Nahrungs- oder Genußmittel zu dienen, derart herstellt, daß der Genuß derselben die menschliche Gesundheit zu beschädigen geeignet ist, ingleichen wer wissentlich Gegenstände, deren Genuß die menschliche Gesundheit zu beschädigen geeignet ist, als Nahrungs- oder Genußmittel verkauft, feilhält oder sonst in Verkehr bringt;

2. wer vorsätzlich Bekleidungsgegenstände, Spielwaren, Tapeten, Eß-, Trink- oder Kochgeschirre oder Petroleum derart herstellt, daß der bestimmungsgemäße oder vorauszusehende Gebrauch dieser Gegenstände die menschliche Gesundheit zu beschädigen geeignet ist, ingleichen wer wissentlich solche Gegenstände verkauft, feilhält oder sonst in Verkehr bringt.

Der Versuch ist strafbar.

Ist durch die Handlung eine schwere Körperverletzung oder der Tod eines Menschen verursacht worden, so tritt Zuchthausstrafe bis zu fünf Jahren ein.

§ 13.

War in den Fällen des § 12 der Genuß oder Gebrauch des Gegenstandes die menschlichen Gesundheit zu zerstören geeignet, und war diese Eigenschaft dem Täter bekannt, so tritt Zuchthausstrafe bis zu zehn Jahren, und wenn durch die Handlung der Tod eines Menschen verursacht worden ist, Zuchthausstrafe nicht unter zehn Jahren oder lebenslängliche Zuchthausstrafe ein. Neben der Strafe kann auf Zulässigkeit von Polizeiaufsicht erkannt werden.

§ 14.

Ist eine der in den §§ 12, 13 bezeichneten Handlungen aus Fahrlässigkeit begangen worden, so ist auf Geldstrafe bis zu eintausend Mark oder Gefängnis bis zu sechs Monaten und, wenn durch die Handlung ein Schaden an der Gesundheit eines Menschen verursacht worden ist, eine Gefängnisstrafe bis zu einem Jahre, wenn aber der Tod eines Menschen verursacht worden ist, auf Gefängnisstrafe von einem Monat bis zu drei Jahren zu erkennen.

§ 15.

In den Fällen der §§ 12—14 ist neben der Strafe auf Einziehung der Gegenstände zu erkennen, welche den bezeichneten Vorschriften zuwider hergestellt, verkauft, feilgehalten oder sonst in den Verkehr gebracht sind, ohne Unterschied, ob sie dem Verurteilten gehören oder nicht; in den Fällen der §§ 8, 10, 14 kann auf die Einziehung erkannt werden.

Ist in den Fällen der §§ 12—14 die Verfolgung oder die Verurteilung einer bestimmten Person nicht ausführbar, so kann auf die Einziehung selbständig erkannt werden.

§ 16.

In dem Urteil oder dem Strafbefehl kann angeordnet werden, daß die Verurteilung auf Kosten des Schuldigen öffentlich bekannt zu machen sei.

Auf Antrag des freigesprochenen Angeschuldigten hat das Gericht die öffentliche Bekanntmachung der Freisprechung anzuordnen; die Staatskasse trägt die Kosten, insofern dieselben nicht dem Anzeigenden auferlegt worden sind.

In der Anordnung ist die Art der Bekanntmachung zu bestimmen.

Für die in § 12 Ziff. 2 angeführten Gegenstände wurde schon im Nahrungsmittelgesetz der Erlaß von Spezialbestimmungen vorgesehen, und zwar im § 5 des Gesetzes, welcher lautet:

§ 5.

Für das Reich können durch kaiserliche Verordnung mit Zustimmung des Bundesrates zum Schutze der Gesundheit Vorschriften erlassen werden, welche verbieten:

1. bestimmte Arten der Herstellung, Aufbewahrung und Verpackung von Nahrungs- und Genußmitteln, die zum Verkaufe bestimmt sind;

2. das gewerbsmäßige Verkaufen und Feilhalten von Nahrungs- und Genußmitteln von einer bestimmten Beschaffenheit oder unter einer der wirklichen Beschaffenheit nicht entsprechenden Bezeichnung;

3. das Verkaufen und Feilhalten von Tieren, welche an bestimmten Krankheiten leiden, zum Zwecke des Schlachtens, sowie das Verkaufen und Feilhalten des Fleisches von Tieren, welche mit bestimmten Krankheiten behaftet waren;

4. die Verwendung bestimmter Stoffe und Farben zur Herstellung von

Bekleidungsgegenständen, Spielwaren, Tapeten, Eß-, Trink- und Kochgeschirr, sowie das gewerbsmäßige Verkaufen und Feilhalten von Gegenständen, welche diesem Verbote zuwider hergestellt sind;

5. das gewerbsmäßige Verkaufen und Feilhalten von Petroleum von einer bestimmten Beschaffenheit. —

Auf Grund des § 5 des Nahrungsmittelgesetzes wurden bisher zwei kaiserliche Verordnungen erlassen:

Die Verordnung, betreffend die Verwendung giftiger Farben, vom 1. Mai 1882;

Die Verordnung über das gewerbsmäßige Verkaufen und Feilhalten von Petroleum. Vom 24. Februar 1882.

Die erstgenannte dieser Verordnungen wurde außer Kraft gesetzt durch

das Gesetz, betreffend die Verwendung gesundheitsschädlicher Farben bei der Herstellung von Nahrungsmitteln, Genußmitteln und Gebrauchsgegenständen. Vom 5. Juli 1887.

Die Regelung des Verkehrs mit den übrigen im § 5 des Nahrungsmittelgesetzes angeführten Gegenständen betreffen außerdem folgende Gesetze:

Gesetz, betreffend den Verkehr mit blei- und zinkhaltigen Gegenständen. Vom 25. Juni 1887;

Gesetz, betreffend die Schlachtvieh- und Fleischbeschau. Vom 3. Juni 1900;

Süßstoffgesetz. Vom 7. Juli 1902.

Mit der Verfälschung von Nahrungs- und Genußmitteln befaßt sich dann noch der § 6 des Nahrungsmittelgesetzes:

§ 6.

Für das Reich kann durch kaiserliche Verordnung mit Zustimmung des Bundesrates das gewerbsmäßige Herstellen, Verkaufen und Feilhalten von Gegenständen, welche zur Fälschung von Nahrungs- und Genußmitteln bestimmt sind, verboten oder beschränkt werden. —

Hier wird im Gegensatz zu § 10, wo von Verfälschen und Nachmachen die Rede ist, der diese beiden Tätigkeiten deckende Begriff „Fälschung" gebraucht. Ob Gegenstände zur Fälschung von Nahrungs- und Genußmitteln oder zu anderen, nicht unter Strafe gestellten Zwecken bestimmt sind, ist nach der Lage des einschlägigen Falles zu beurteilen[1]).

Auf grund dieses Paragraphen wurde die Kaiserliche Verordnung, betreffend das Verbot von Maschinen zur Herstellung künstlicher Kaffeebohnen, vom 1. Februar 1891 erlassen. —

Weitere Gesetze, welche die Regelung des Verkehrs mit Nahrungs- und Genußmitteln bezwecken, sind:

---

[1]) Vergl. Würzburg, l. c. S. 47.

1. das Gesetz, betreffend den Verkehr mit Ersatzmitteln für Butter. Vom 12. Juli 1887.

    Dieses wurde außer Kraft gesetzt durch

    das Gesetz, betreffend den Verkehr mit Butter, Käse, Schmalz und deren Ersatzmitteln. Vom 15. Juli 1897.

2. das Gesetz, betreffend den Verkehr mit Wein, weinhaltigen und weinähnlichen Getränken. Vom 20. April 1892.

    Dieses wurde außer Kraft gesetzt durch

    das Gesetz, betreffend den Verkehr mit Wein, weinhaltigen und weinähnlichen Getränken. Vom 24. Mai 1901.

Alle diese Spezialgesetze werden bei den einzelnen Kapiteln besprochen werden.

Nahrungs- und Genußmittel im Sinne des Nahrungsmittelgesetzes.

Eine Bestimmung des Begriffes Nahrungs- und Genußmittel findet sich an keiner Stelle des Nahrungsmittelgesetzes. Er ergibt sich indessen aus dem Inhalte, der Entstehungsgeschichte, den Motiven und Materialien des Gesetzes in Verbindung mit dem gewöhnlichen Wortsinn und dem Sprachgebrauch.

Aus der Rechtsprechung des Reichsgerichts ist zunächst festzustellen, daß lediglich die für Menschen bestimmten Nahrungs- und Genußmittel gemeint sind [1]).

Das Urteil des Reichsgerichtes vom 24. Februar 1880 [2]) definiert die **Nahrungsmittel** als Gegenstände, welche der Mensch zum Zwecke seiner Ernährung zu genießen pflegt, gleichviel ob sie einer Zubereitung bedürfen oder nicht, und ohne daß es darauf ankommt, ob sie zu anderen Zwecken bestimmt sind, wenn sie nicht durch die Art ihrer Verwendung die Genießbarkeit verloren haben.

Viehfutter fällt nicht unter die Nahrungsmittel, wohl aber ungemahlenes Getreide, lebende oder geschlachtete Tiere, diese in allen Stadien der Vorbereitung zum Verzehren [3]).

Unter **Genußmitteln** können nur solche Gegenstände verstanden werden, welche durch eines der menschlichen Sinnesorgane genossen werden können [4]). Genußmittel sind Dinge, welche der Mensch dem Körper zuzuführen pflegt, ohne daß sie Nahrungszwecken dienen, also Reizmittel wie Tabak. Es muß hierbei der Nachdruck auf das

---

[1]) R. G. Urteil vom 2. Juli 1881; vergl. Würzburg, l. c. S. 20.

[2]) Vergl. M. Stenglein, Die strafrechtlichen Nebengesetze, Berlin 1903, S. 340.

[3]) R. G. II. Urteil vom 1. Juni 1884.

[4]) Vergl. C. A. Menzen, Reichsgesetz, betreffend den Verkehr mit Nahrungsmitteln usw. vom 14. Mai 1879 usw. Paderborn 1898, S. 9.

Genießen, d. h. zu sich nehmen, nicht auf Genuß = angenehme Empfindung gelegt werden[1]).

Erforderlich ist dabei, daß die Genußmittel auch mit dem Genusse verbraucht werden. Gegenstände, welche, ohne diesem Erfordernisse zu entsprechen, für die menschlichen Sinne lediglich eine angenehme Empfindung, ein Wohlbehagen, einen Genuß in uneigentlicher Bedeutung hervorrufen, wie z. B. Blumen, sind keine Genußmittel im Sinne dieses Gesetzes.

Hopfen fällt dagegen unter den Begriff des Genußmittels als Konservierungsmittel des Bieres[2]), ebenso Zigarren[3]).

Auch Genußmittel können noch einer Zubereitung bedürfen.

Die Eigenschaft eines Gegenstandes, wie z. B. des Magenbitters, als Arzneimittel schließt dessen gleichzeitige Auffassung als Genußmittel nicht aus[4]).

Manche Gegenstände lassen sich als das eine oder andere betrachten, z. B. alle alkoholhaltigen Getränke, welche die einen nur als Reizmittel anerkennen, während andere ihnen Nahrungswert oder doch eine die Ernährung unterstützende Wirkung beimessen[5]). Die Unterscheidung zwischen Nahrungs- und Genußmittel kann unter Umständen Schwierigkeiten bieten. Für die Auslegung des Nahrungsmittelgesetzes hat sie jedoch keine wesentliche Bedeutung, da in demselben beide Bezeichnungen stets gleichzeitig angeführt werden, so daß es im einzelnen Falle nur der Feststellung bedarf, ob der betreffende Gegenstand unter den Sammelbegriff „Nahrungs- und Genußmittel" fällt.

Bei manchen Stoffen ist es zweifelhaft, ob sie zu den Nahrungs- und Genußmitteln überhaupt zu rechnen sind. Bei der Hefe z. B. wurde diese Frage vom Reichsgericht bejaht[6]). „Denn es kommt nicht darauf an, ob der betreffende Stoff für sich allein zur Ernährung des Menschen geeignet ist, sondern es fallen unter den Begriff des Nahrungsmittels auch alle Stoffe, welche erst in Verbindung oder nach Verarbeitung mit anderen Stoffen bestimmt sind, zur menschlichen Nahrung zu dienen." Bei Brotöl dagegen wurde diese Frage verneint.

Die normale Beschaffenheit der Nahrungs- und Genußmittel.

Die Frage der normalen Beschaffenheit der Nahrungs- und Genußmittel ist reichsgesetzlich nicht übereinstimmend geregelt. Ihre Beantwortung richtet sich in erster Linie nach etwa bestehenden landesgesetzlichen Verordnungen; dann aber sind auch lokale Gebräuche und provinzielle Eigentümlichkeiten für die Beurteilung maßgebend. So bemißt sich z. B. die Frage der normalen Beschaffenheit des Bieres

---

[1]) Stenglein, l. c. S. 340.
[2]) R. G. I. Urt. v. 10. Juli 1882.
[3]) R. G. Urt. v. 31. März 1881.
[4]) R. G. Urt. v. 13. Juli 1881.
[5]) Vergl. Stenglein, l. c. S. 340.
[6]) R. G. III. Urt. vom 28. Mai 1900 und vom 24. September 1900.

in Bayern auf Grund des Artikel 7 des Gesetzes über den Malzaufschlag anders als in anderen Gebieten des Reiches.

Bei der Feststellung der „normalen Beschaffenheit" eines Nahrungs- oder Genußmittels ist zu beachten, daß nicht jede Abweichung vom Normalen als Verfälschung anzusehen ist, sondern nur diejenige, welche eine Verschlechterung zur Folge hat oder die Vortäuschung einer besseren Beschaffenheit ermöglicht. Es bleibt also noch die weitere Entscheidung zu treffen, welche Zusätze als unzulässig zu gelten haben. Aufgabe des Nahrungsmittelchemikers ist es, in jedem Falle zu prüfen, ob der Zusatz eines Stoffes zu einem Nahrungsmittel auch tatsächlich einem Gesetze zuwiderläuft.

Das Nahrungsmittelgesetz vom 14. Mai 1879 kennt folgende Begriffe:

Nachmachung,

Verfälschung,

Verdorbensein,

Gesundheitsschädlichkeit.

Der Sachverständige soll in seinem Gutachten darlegen, welcher dieser vier Begriffe für die Beurteilung eines von der normalen Beschaffenheit abweichenden Nahrungs- oder Genußmittels in Frage kommt.

Eine Definition dieser Begriffe gibt das Gesetz absichtlich nicht, weil man es vorzog, der Rechtsprechung die Bestimmung des Begriffes der Verfälschung usw. in den einzelnen Fällen zu überlassen[1]).

Nachmachung.

Unter Nachmachung versteht man die Anfertigung einer Ware, welche den Anschein hat, etwas anderes zu sein, als sie in Wirklichkeit ist[2]).

Ein nachgemachtes Nahrungs- und Genußmittel trägt also, ohne das Wesen der nachgeahmten Sache zu besitzen, den äußeren Schein derselben an sich.

Eine Beimischung fremdartiger Stoffe ist dazu nicht immer erforderlich[3]).

Nach der Rechtsprechung des Reichsgerichtes[4]) erfordert auch der Begriff „Nachmachen" nicht, daß das hergestellte Produkt ein schlechteres sei als das echte.

F. Liebermann[5]) definiert den Begriff der Nachmachung als die Herstellung einer Sache, welche nach einem oder mehreren wesentlichen

---

[1]) Vergl. Stenogr. Ber. d. Sitzung d. Reichstags vom 1. April 1879 S. 796, 806.

[2]) Oberlandesgericht Hamburg, Urteil v. 28. Juni 1900.

[3]) Vergl. Würzburg, S. 55.

[4]) R. G. Urt. vom 20. Mai 1889.

[5]) Gerichtssaal, Bd. 61, Heft 5/6.

Begriffsmerkmalen von der nachgeahmten (echten) abweicht, deren Schein sie nach der Absicht des Herstellers an sich tragen soll.

Von einem „nachgemachten“ Nahrungs- oder Genußmittel kann begrifflich nur die Rede sein, wenn bereits im Verkehrsleben ein als Nahrungs- oder Genußmittel benutzbarer und benutzter Gegenstand vorhanden ist, welcher den Namen trägt, der von dem aus § 10 des Nahrungsmittelgesetzes Beschuldigten seinem Fabrikate beigelegt wird, regelmäßig aus ganz bestimmten Stoffen besteht, und dem eben deshalb bestimmte, seine Eigenschaft als Nahrungs- oder Genußmittel begründende Eigenschaften beiwohnen [1]).

Nach der neuesten Rechtsprechung des Reichsgerichtes und des preußischen Kammergerichtes setzt jede Nachahmung einer Ware voraus, „daß eine bereits gemachte, nicht bloß gedachte und einem Namen oder einer Beschreibung entsprechend vorausgesetzte Ware im Handelsverkehr vorhanden ist, und daß dieser vorhandenen ersten Ware eine andere in der Weise nachgebildet wird, daß sie der ersten dem Scheine, aber nicht dem Werte nach entspricht“.

Auch in der Änderung und Weglassung wesentlicher Bestandteile eines Nahrungsmittels, in welchem nach der ortsüblichen Bezeichnung und Annahme jene Bestandteile enthalten sein sollen, kann eine Nachmachung im Sinne des § 10 Ziff. 1 des Nahrungsmittelgesetzes und nicht bloß eine schlechte Zubereitung gefunden werden [2]). In dem dieser Entscheidung zugrunde liegenden Falle war sogenannter Schwartemagen — abweichend von der am Tatorte bestehenden Gewohnheit — nicht aus Blut, geschnittenem Fleisch, Schwarte und Speck von Schweinen, sondern zu zwei Dritteln aus Sehnen und sogenannten Kuttelflecken, im übrigen aus Blut und wenig Fett hergestellt.

Der Begriff des Nachmachens erfordert nicht, daß die Imitation ein schlechteres Produkt als das Original sei, es ist sogar das Gegenteil möglich [3]).

Eine Nachahmung liegt nur dann vor, wenn die Herstellung zum Zwecke der Täuschung geschieht.

Einige Beispiele mögen vorstehende Ausführungen illustrieren. Nachgemachter Wein wäre demnach derjenige, welcher wesentlich aus anderen Stoffen als Traubensaft, nachgemachtes Bier solches, welches wesentlich aus anderen Stoffen als aus Malz und Hopfen künstlich hergestellt ist. Ein nachgemachter Kognak wurde als vorliegend angesehen bei einer Flüssigkeit, die aus Sprit, Essenz, Gerbsäure, Farbstoff usw. bestand [4]). Kaffeebohnen, die zum aufquellen gebracht worden waren, um sie als bessere Qualität erscheinen zu lassen,

---

[1]) Vergl. G. Lebbin, Die Reichsgesetzgebung über den Verkehr mit Nahrungsmitteln, Genußmitteln und Gebrauchsgegenständen. Berlin 1900, S. 3.

[2]) R. G. I. Urt. v. 15. Mai 1882.

[3]) R. G. Urt. v. 20. Mai 1889.

[4]) R. G. Urt. v. 18. Mai 1888.

wurden für nachgemacht erklärt[1]). Ebenso ist Wurst aus Hundefleisch eine Nachahmung[2]). Eine als „böhmisches Schankbier" verkaufte Mischung von drei Teilen Lagerbier und einem Teile einfachen Bier wurde ebenfalls als Nachahmung anerkannt, trotzdem dieses Gemisch durch den höheren Gehalt an Stammwürze wertvoller war als das verlangte Bier[3]).

Dagegen ist die bloße Bezeichnung von Rübenzucker durch einen Händler als „Kolonialzucker" weder eine Nachmachung noch eine Verfälschung.

Aus den angeführten Gründen ist auch Margarine nicht als eine Nachahmung der Butter anzusehen, sofern ihre Herstellung nicht zum Zwecke der Täuschung geschieht, d. h. sofern der Fabrikant nicht die Absicht hat, dieses Produkt unter der Bezeichnung „Butter" oder „Butterschmalz" in den Handel zu bringen.

Verfälschung.

Während die Definition des Begriffes des Nachmachens im allgemeinen keine Schwierigkeiten bereiten wird, ist der Begriff des Verfälschens schwieriger zu präzisieren.

Schon bei der Beratung des Entwurfes zum Nahrungsmittelgesetze forderte die von dem Kaiserlichen Gesundheitsamte einberufene Kommission von Sachverständigen eine gesetzliche Definition des Begriffes der Verfälschung. Dieser Anregung folgend wurde in dem Regierungsentwurfe zu dem Gesetze vom 14. Mai 1879 dem § 10 eine solche Definition beigefügt. Die Fassung dieses Paragraphen lautete in jenem Entwurfe:

Mit usw. wird bestraft:

1. wer zum Zweck der Täuschung im Handel und Verkehr Nahrungs- oder Genußmittel nachmacht oder dadurch verfälscht, daß er dieselben vermittels Entnehmens oder Zusetzens von Stoffen verschlechtert, oder daß er dieselben mit dem Schein einer besseren Beschaffenheit versieht;

2. wer wissentlich Nahrungs- oder Genußmittel, welche verdorben oder nachgemacht oder im Sinne der Nr. 1 verfälscht sind, unter Verschweigung dieses Umstandes verkauft oder unter einer zur Täuschung geeigneten Bezeichnung feilhält. —

In der Reichstagskommission wurde die in Nr. 1 enthaltene Definition des Begriffes „Verfälschung" als mißlungen bezeichnet; namentlich wurden die Worte „daß er dieselben mit dem Schein einer besseren Beschaffenheit versieht" als zu weitgehend angefochten. Von einer Seite wurde der Gedanke angeregt, im Wege der Verordnung die Begriffe der einzelnen Nahrungs- und Genußmittel zu präzisieren, also

---

[1]) R. G. Urt. v. 5. Februar 1894.
[2]) R. G. Urt. v. 12. Mai 1891.
[3]) R. G. Urt. v. 20. Mai 1889.

gleichsam Legaldefinitionen von Bier, Wein, Milch, Schokolade usw. aufzustellen (Codex alimentarius, s. darüber vorne). Dieser Gedanke fand indessen nicht den Beifall der Mehrheit, „weil das nicht Sache der Gesetzgebung oder Verordnung sei, vielmehr im einzelnen Falle nach den Grundsätzen der Wissenschaft festzustellen sein werde, ob der vorliegende Gegenstand als Bier, als Wein usw. zu erachten sei oder nicht".

Auf der anderen Seite wurde der Antrag gestellt, die ganze Definition des Begriffes der Verfälschung zu beseitigen. Dieser Antrag wurde in der Kommission zwar abgelehnt (Zweiter Kommissionsbericht S. 7—10), in der zweiten Beratung des Plenums aber wiederholt und nach eingehender Diskussion angenommen. (Stenogr. Bericht, Band 2, S. 795—811)[1].

Somit ist der Versuch einer gesetzlichen Definition des Begriffes „Verfälschung" schließlich wieder aufgegeben worden, wenn auch ihre Richtigkeit im allgemeinen anerkannt wurde. Man zog es vor, die Klarstellung dieses Begriffes in den einzelnen Fällen der Rechtsübung und der Wissenschaft zu überlassen, wie dies schon in betreff des § 367 No. 7 des Strafgesetzbuches der Fall gewesen war.

Was ist nun unter „Verfälschung" zu verstehen? Nach der durch die Ablehnung des Regierungsentwurfes geschaffenen Sachlage war die Entscheidung dieser Frage der Doktrin und der Praxis überlassen, und es konnte nicht ausbleiben, daß verschiedene Meinungen darüber zutage traten. Zur Schaffung eines Überblickes wird es am zweckmäßigsten sein, über diesen Gegenstand verschiedene Autoren zu Worte gelangen zu lassen, welche auf die Rechtsprechung bezug nehmen.

Nach M. Stenglein[2] bedeutet „Nachmachen" die Anfertigung einer Ware, welche den Anschein hat, etwas anderes zu sein, als sie in Wirklichkeit ist; im Gegensatz dazu setzt die Verfälschung voraus, daß der Gegenstand der Hauptsache nach dasjenige ist, als was er im Verkehr benutzt ist, jedoch durch eine Änderung eine geringere Beschaffenheit, einen geringeren Verkaufs- oder Gebrauchswert hat als denjenigen, welchen er zu haben scheint, und welchen das Publikum erwartet.

Die **Hauptformen der Verfälschung** sind:

Entziehung eines wesentlichen Bestandteils;

Zusatz eines nicht normalen Bestandteils, welcher das Ganze minderwertig macht;

Zusatz eines nicht normalen Bestandteils, welcher dem Ganzen den Anschein höheren Wertes gibt. Dies darf aber nicht bloß aus dem Zusatz eines billigeren Stoffes gefolgert werden,

---

[1] Fr. Meyer und C. Finkelnburg, Das Gesetz, betr. d. Verkehr mit Nahrungsmitteln usw. v. 14. Mai 1879 sowie die auf Grund desselben erlassenen Verordnungen. II. Aufl. Berlin 1885, S. 67—69.

[2] Die strafrechtlichen Nebengesetze. Berlin 1903, S. 344 ff.

weil nicht ausgeschlossen ist, daß sich ein billigerer Stoff findet, der den gleichen Nutzeffekt hat[1]).

Der Begriff erfährt eine gewisse Ausdehnung dadurch, daß n i c h t e r f o r d e r l i c h ist, daß der G e g e n s t a n d d i e n o r m a l e B e - s c h a f f e n h e i t hatte, vielmehr kann er schon mit anormaler Beschaffenheit hergestellt sein, z. B. Wein, der schon bei der Gärung einen fremdartigen Zusatz erhält.

Übrigens können die Begriffe Nachmachen und Verfälschen unter sich gar nicht scharf abgegrenzt werden, sie gehen ineinander über. Dies ist z. B. der Fall bei der Bereitung von Würsten mit schlechteren Bestandteilen als ortsüblich[2]) — Verschneiden von Wein mit geringerem Wein, sogenanntem Druf oder Zuckerwasser mit Sprit[3]), nicht aber bloßer Zuckerzusatz — Anfertigung von Würsten aus Hundefleisch[4]) — Aufquellen von Kaffeebohnen zur Verleihung des Anscheins besserer Qualität[5]). (Die meisten dieser Beispiele wurden auch als solche für Nachmachung angeführt.)

Schwierig ist die Entscheidung, wenn für einen Gegenstand die Eigenschaft einer n e u e n W a r e in Anspruch genommen wird. Entscheidend ist hierbei, ob das konsumierende Publikum nach dem Namen der Ware eine gewisse Zusammensetzung anzunehmen berechtigt war, oder durch deren Bezeichnung aufmerksam gemacht ist, etwas Neues und Unbekanntes oder doch nicht bestimmte Bestandteile Enthaltendes anzunehmen. Unter solchen Gesichtspunkten wurde die Herstellung eines Kunstproduktes aus Talg und Speiseöl als Nachahmung von Schweineschmalz[6]), ein unter dem Namen von amerikanischem Apfelgelee in den Handel gebrachtes Dekokt von Zucker, Sirup und Äpfelabfällen für eine Fälschung eines hauptsächlich aus Äpfeln bestehenden Präparates erklärt[7]). Dagegen wurde dem Rübenzucker die Eigenschaft einer selbständigen Ware zugestanden, obgleich er als indischer Zucker bezeichnet worden war, w e i l d e r N a m e n o c h k e i n e F ä l s c h u n g b i l d e[8]).

Der Zusatz eines f r e m d e n S t o f f e s, welcher den Anschein einer besseren Zusammensetzung gibt, ist Fälschung; so der Zusatz von Saccharin zu Bier[9]), der Zusatz von Teerfarben; auch der Zusatz eines zur Bereitung gehörigen Stoffes in e i n e m S t a d i u m, in w e l c h e m dies nicht mehr ordnungsgemäß ist, so der Zusatz von Wasser zu fertigem Bier[10]).

---

[1]) R. G. I. Urt. v. 7./17. Dezember 1896.
[2]) R. G. I. Urt. v. 15. Mai 1882.
[3]) R. G. II. Urt. v. 2. November 1886.
[4]) R. G. II. Urt. v. 12. Mai 1891.
[5]) R. G. IV. Urt. v. 5. Februar 1894.
[6]) R. G. III. Urt. v. 17. März 1894.
[7]) R. G. I. Urt. v. 13. Juli 1893.
[8]) R. G. III. Urt. v. 14. Juli 1881.
[9]) R. G. I. Urt. v. 2. März 1893.
[10]) R. G. I. Urt. v. 10. Januar 1893.

Die **normale Beschaffenheit** der Ware ist stets nach den berechtigten Erwartungen des konsumierenden Publikums zu beurteilen[1]). Eine lokale Übung in der Zusammensetzung eines Nahrungs- oder Genußmittels kann nur dann berücksichtigt werden, wenn der Verkauf oder Konsum auf den Ort der Übung beschränkt bleibt[2]). Unter dieser Voraussetzung ist es aber möglich, die Beschaffenheit einer Ware an einem Orte als normal, an einem anderen als anormal zu erklären. Handelsgebräuche, welche nicht allgemein bekannt sind und gegen Treu und Glauben verstoßen, sind hierbei nicht maßgebend[3]).

Unter diesen Gesichtspunkten wurden in der Praxis folgende Fälle entschieden, und zwar als Verfälschung wegen Verschlechterung:

Die Beimischung von Kartoffeln, Stärkemehl und Wasser zu Würsten[4]); die Verwendung von Weizen zur Erzeugung von bayerischem Braunbier[5]); der Zusatz von Weißbrot zu Würsten[6]); die Vermischung von Weizengries mit Maisgries[7]); der Zusatz fremdartiger Stoffe zum Naturwein (Wasser, Alkohol, Farbe, Zucker, Holunderbeeren, Kunstwein)[8]); der Zusatz von reinem Traubenzucker zum Bier auch außerhalb Bayerns, obwohl das Gesetz vom 31. Mai 1872, betreffend die Erhebung der Brausteuer, den Traubenzucker als Malzersatzmittel anführt[9]); die Vermischung entrahmter mit nicht entrahmter Milch[10]) oder die Vermischung von Milch mit durch Wasser verdünnter Milch[11]); der Verkauf von Milch als Vollmilch trotz teilweiser Entnahme des Rahms[12]); der Zusatz von Blaustein (Kupfervitriol) zu eingemachten Reineclauden[13]); die Vermischung von frischem Bier mit Bierneigen[14]); der Zusatz von Saubohnenmehl zu einer Mischung von Roggen- und Weizenmehl[15]); die Zurücklassung eines größeren als des normalen Prozentgehaltes von Wasser in der Butter[16]); die Verwendung von Teilen trichinöser Schweine zu Würsten[17]); der Zusatz von ekelerregendem Blut (Menstruationsblut) zu Würsten[18]).

---

[1]) R. G. I. Urt. v. 7. Januar und 14. September 1887.
[2]) R. G. I. Urt. v. 14. November 1887.
[3]) R. G. III. Urt. v. 18. Februar 1882.
[4]) R. G. I. Urt. v. 23. September 1886 u. a.
[5]) München, 28. Februar 1882.
[6]) Karlsruhe, 18. Januar 1886.
[7]) R. G. III. Urt. v. 13. November 1880.
[8]) R. G. I. Urt. v. 1. November 1880 u. a.
[9]) R. G. II. Urt. v. 4. März 1884.
[10]) R. G. III. Urt. v. 11. Dezember 1884.
[11]) R. G. I. Urt. v. 6. Mai 1897.
[12]) R. G. I. Urt. v. 21. Dezember 1899.
[13]) R. G. II. Urt. v. 21. April 1885.
[14]) R. G. I. Urt. v. 1. Oktober 1885 u. a. und Oberlandesgericht München, Urt. v. 24. September 1896.
[15]) R. G. I. Urt. v. 14. November 1887.
[16]) R. G. IV. Urt. v. 31. Januar 1888.
[17]) R. G. II. Urt. v. 3. Februar 1886.
[18]) R. G. IV. Urt. v. 1. Juni 1886.

Auch Manipulationen, um eine durch die Zeit eingetretene Verschlechterung eines Nahrungs- oder Genußmittels zu verdecken, fallen unter den Begriff der Fälschung, z. B. das Bestreichen der Fischkiemen mit roter Farbe sowie der Zusatz von Farbstoffen zu Fleischwaren, um das Aussehen frischer Ware zu erzielen; ebenso der Zusatz eines zur normalen Bierbereitung nicht gehörigen Stoffes wie Salizylsäure, Saccharin, insofern die Beimischung dem Biere einen täuschenden Anschein gibt[1]); dann fremdartige Zusätze zum Bier, um es malzreicher erscheinen zu lassen (Süßholz, Biercouleur, auch außerhalb Bayerns), wenn das Publikum annimmt, es erhalte unter dem Namen Bier nur ein aus Wasser, Malz, Hopfen und Hefe bereitetes Getränk[2]); ferner die Vermischung zweier Biersorten, um das Gemisch als bessere Sorte zu verkaufen[3]).

Als nicht verfälscht wurde ein mit Fuchsin gefärbter Himbeerlikör erklärt, weil die Qualität des Likörs vom Gehalt an Fruchtsaft nicht allein bestimmt werde und die Färbung nicht bezwecke, dem Likör den Anschein einer besseren Beschaffenheit zu geben[4]).

Bei Materien, bei welchen auf Frische Gewicht gelegt wird, wie Milch, kann die Anwendung von Konservierungsmitteln eine Fälschung sein[5]). Unter diesem Gesichtspunkte dürfte auch der Verkauf von Kalkeiern, wenn frische Eier verlangt sind, beurteilt werden.

Unter Zugrundelegung der reichsgerichtlichen Begriffsbestimmung definiert F. Liebermann[6]) als Verfälschung jede willkürliche Veränderung an oder in der Substanz einer Sache, durch welche deren normale Beschaffenheit verschlechtert oder ihr der Schein einer besseren als ihrer wirklichen Beschaffenheit verliehen wird, solange nicht hierdurch ein der normalen Sache wesentliches Begriffsmerkmal verloren geht; ferner aber auch jede Neuherstellung eines Kunstproduktes, welchem einer der vorgenannten Mängel anhaftet.

(Bemerkung des Verfassers: Zur Verfälschung ist doch notwendig, daß in dem neuen Produkte ein Teil der verfälschten Substanz als Bestandteil vorhanden ist, sonst dürfte doch wohl Nachmachung vorliegen.)

Wie A. Würzburg[7]) ausführt, hat die Verfälschung eines Nahrungs- oder Genußmittels immer eine Abweichung von dem echten und normalen zur Voraussetzung. Die Frage aber, ob das mit irgendwelchem nicht normalen Zusatze versehene Produkt damit zum verfälschten geworden sei, hängt noch von der weiteren Voraussetzung ab, daß an der

---

1) R. G. I. Urt. v. 21. Mai 1885.
2) R. G. I. Urt. v. 18. Dezember 1882.
3) R. G. II. Urt. v. 29. November 1889.
4) Später ist allerdings sowohl vom Reichsgericht wie auch vom preußischen Kammergericht stets anders entschieden worden.
5) Hamburg, Urt. v. 30. November 1893.
6) Gerichtssaal, Bd. 61, Heft 5, 6.
7) l. c. 56 ff.

gesetzlich vorgeschriebenen oder normalen stofflichen Zusammensetzung des Nahrungs- oder Genußmittels eine Veränderung eingetreten ist, durch welche dasselbe einen seinem wahren Wesen nicht entsprechenden Schein erhält, sei es, daß dasselbe mittels Entnehmens oder Zusetzens von Stoffen verschlechtert, sei es, daß ihm der Schein einer besseren als seiner wirklichen Beschaffenheit verliehen wurde.

Eine Verfälschung kann demnach auf zweierlei Weise vorgenommen werden:

1. dadurch, daß die Nahrungs- oder Genußmittel mittels Entnehmens oder Zusetzens von Stoffen verschlechtert werden, z. B. Milch durch Abrahmen oder durch Zugießen von Wasser — jedes Bier und jeder Himbeerlikör durch normalwidriges Verdünnen mit Wasser usw.;

2. dadurch, daß die Waren mit dem ihrem Wesen nicht entsprechenden Schein einer besseren Beschaffenheit versehen werden; z. B. wenn dünner, abgerahmter Milch durch einen Zusatz von Mehl, verdorbenem Bier durch Beimischung von Natron, schlecht hergestelltem Himbeerlikör durch Zusatz von Fuchsin oder Fruchtäther der Schein guter Milch, unverdorbenen Bieres, normalmäßig fabrizierten Himbeerlikörs verliehen wird, wobei die Veränderung an sich keine Verschlechterung der Ware, wie sie vor der Operation war, zu sein braucht, ja meist auch nicht sein wird. In beiden Fällen wird, wenn auch mit verschiedenen Mitteln, eine Veränderung der Nahrungs- oder Genußmittel herbeigeführt und hiermit derselbe Zweck — Täuschung des Publikums — verfolgt [1]).

Der Begriff „Verfälschung" setzt nicht ausschließlich voraus, daß eine bereits zusammengesetzte Sache in ihren einzelnen Bestandteilen verändert worden ist — z. B. fertiges Bier durch Wasserzusatz — sondern findet auch Anwendung, wenn eine Sache im ganzen erst durch Hinzunahme von nach der Verkehrsauffassung nicht reellen und nicht üblichen Substanzen hergestellt und auf diese Weise zu einer mit den im Handel und Wandel gewöhnlich vorausgesetzten Eigenschaften nicht versehenen Ware geworden ist [2]). Ein Beispiel hierfür bieten Schlack- oder Mettwürste mit einem Zusatz minderwertiger Pferdefleischbestandteile, während im Handel und Verkehr unter diesen Bezeichnungen nur Würste verstanden werden, die lediglich aus Rind- und Schweinefleisch hergestellt sind.

Eine Verfälschung kann auch in dem Zusatz eines geringerwertigen zu einem höherwertigen Stoffe gleicher Art gefunden werden, selbst wenn ersterer ein unschädliches, im reellen Handel vorkommendes Nahrungsmittel ist, z. B. in der Vermischung von Weizengries mit Maisgries behufs Verkaufs als Weizengries [3]), oder in der Beimischung von Pfefferschalen und Pfefferstaub zu gemahlenem schwarzen Pfeffer [4]).

---

[1]) R. G. Urt. v. 24. Februar 1882.
[2]) Preußisches Kammergericht, Urt. v. 11. November 1886.
[3]) R. G. Urt. v. 13. November 1880.
[4]) R. G. Urt. v. 7. Februar 1889.

Daß die Gesundheitsbeschädigung bzw. Gesundheitsgefährdung nicht zum Tatbestande der in § 10 aufgestellten Vergehen gehören, gilt für die Verfälschung und für die Nachmachung in gleicher Weise.

Die Verfälschung braucht, wie oben schon hervorgehoben wurde, nicht notwendig eine Verschlechterung herbeizuführen. Ist die Ware aber verschlechtert worden, wie dies z. B. bei einer Vermischung von 10 Ohm Rotwein mit 1 ½ Ohm Holundersaft, um den stickigen Geschmack des ersteren zu beseitigen und demselben eine bessere, stärkere Farbe zu geben, der Fall war, so kommt die Absicht der Verbesserung für die Anwendbarkeit nicht in Betracht.

Daß die Absicht gerade auf die „Verschlechterung" als solche gegangen sei, ist nicht nötig und wird sogar der Natur der Sache nach regelmäßig ausgeschlossen sein. Die Absicht geht auf Täuschung des Publikums; das Mittel der Täuschung ist die Verfälschung, d. h. die Veränderung der echten Beschaffenheit des Nahrungsmittels, in der Regel durch Zusatz oder Entnahme von Stoffen, und der Erfolg dieser Tätigkeit zeigt sich je nach Umständen in dem Scheine einer besseren oder in einer schlechteren Beschaffenheit des verfälschten Gegenstandes. Die Verschlechterung an sich wird, da mit derselben eine Täuschung verbunden sein soll, nie Selbstzweck sein [1]).

Der Begriff der Verfälschung geht über den der Verschlechterung hinaus, sofern er nämlich auch alle diejenigen Fälle umfaßt, in denen durch die vorgenommene Handlung der Ware der Schein einer besseren Beschaffenheit verliehen wird. Es macht keinen Unterschied, ob das angewandte Mittel sofort den Schein besserer als der wirklichen Beschaffenheit geben soll oder ob er bezweckt, daß später, nämlich wenn die Ware durch Altern in regelmäßigem Verlauf unansehnlich zu werden pflegt, der Anschein einer noch frischen Ware erhalten werden soll [2]). Dies trifft zu auf den Fall, wo der einer Wurst zugesetzte Farbstoff, welcher an sich bei der Wurstfabrikation nicht verwendet zu werden braucht, einesteils bezweckt, schon sofort das infolge der Fütterung mit Molkereiabfällen graue Aussehen des verwendeten Schweinefleisches zu verdecken und anderseits das Grauwerden rötlichen Fleisches bei längerem Lagern zu verhindern und ferner, wo die graue Wurst nur ⅓ bis ¼ des Verkaufswertes hat als die rötliche.

In Widerspruch mit der angeführten Rechtsprechung, wonach die Verfälschung nicht notwendig eine Verschlechterung herbeizuführen braucht, steht ein Urteil des Reichsgerichts [3]), welches auch ausdrückt, daß die an einer Ware vorgenommene Veränderung noch keineswegs eine Verschlechterung bewirke, zugleich aber den Erfolg einer Ver-

---

[1]) R. G. Urt. v. 28. Febr. 1887.
[2]) Hanseatisches Oberlandesgericht, Urt. betr. Milchkonservierungsmittel v. 30. November 1893 und betr. künstliche Wurstfärbung v. 1. Dezember 1899.
[3]) R. G. Urt. v. 11. November 1897.

schlechterung für den Begriff der Verfälschung eines Genußmittels für unerläßlich hält.

Wird dagegen eine Ware durch die mit ihr vorgenommenen Veränderungen verbessert und somit mehrwertig gemacht, so kann von einer Verfälschung nicht mehr die Rede sein, da ihr nicht der Schein einer besseren Beschaffenheit, sondern in Wirklichkeit ein besseres Wesen beigelegt ist[1]).

Die durch die Verfälschung vorgenommene Veränderung braucht nicht notwendig die stoffliche Zusammensetzung der Speise zu betreffen; es kann dazu eine bloße Manipulation oder das Hinzutun eines Stoffes genügen, wenn dadurch — auch ohne eigentliche Substanzveränderung — die Speise unter Wahrung des Scheines ihrer normalen Beschaffenheit tatsächlich verschlechtert wird, oder auch nur dem mit dem Zusatze Bekannten ihr Genußwert verringert sein würde[2]). Im vorliegenden Falle handelt es sich um die Beimischung von menstruellem Blute zu Speisen. Andere Beispiele dieser Art sind das Bestreichen der Kiemen von Fischen mit roter Farbe und der Zusatz eines Farbstoffes zu Wurst, um den Waren ein besseres äußeres Ansehen zu geben.

Bleibt auch in den Fällen dieser Art die stoffliche Zusammensetzung des verfälschten Nahrungs- oder Genußmittels unverändert, so ist die Verfälschung doch an der Sache selbst vorgenommen worden. Dies ist ein unbedingtes Erfordernis sowohl für die Verfälschung als für die Nachahmung, wie aus der nachstehenden Ausführung eines Reichsgerichtsurteils, welches sich zunächst allerdings auf § 10, Ziff. 2 bezieht, deutlich hervorgeht:

„Das Nachmachen ist der Akt der Herstellung einer Sache in der Weise und zu dem Zwecke, daß sie eine andere Sache zu sein scheint. Auch die Verfälschung ist ein Akt, der an der Sache selbst vorgenommen sein muß ... Solche Fälle, in welchen weder ein Gegenstand dem anderen (echten) in der Weise nachgebildet worden ist, daß er den Schein, das Aussehen, obschon nicht das Wesen des anderen hat, noch die Beschaffenheit der Sache selbst, die verkauft oder feilgeboten wurde, einer Einwirkung unterworfen worden ist, sondern es ausschließlich um die Bezeichnung derselben sich handelt, gehören also nicht unter die Strafvorschrift des zitierten § 10 Nr. 2. Sie können den Tatbestand eines Betruges enthalten[3]) ...

Eine Verfälschung des Weines z. B. kann darin allein nicht gefunden werden, daß ihm durch das bloße Aufkleben einer Etikette auf die Flasche, in welcher der Wein zum Verkauf gelangen soll, der Schein der besseren Beschaffenheit verliehen wird; denn die Verfälschung ist ein Akt, der an der Sache selbst vorgenommen sein muß[4]).

---

[1]) Lebbin, l. c. S. 33.
[2]) R. G. Urt. v. 1. Juni 1886.
[3]) R. G. Urt. v. 14. Juli 1881.
[4]) R. G. Urt. v. 2. November 1886.

Um im gegebenen Falle ein Urteil darüber zu gewinnen, ob eine Verfälschung oder Nachahmung vorliegt, bedarf es nach den vorstehenden begrifflichen Erläuterungen einer Kenntnis des Wesens der einzelnen Nahrungs- und Genußmittel. Es muß daher die Frage aufgeworfen werden, worin deren wahres Wesen, ihre echte und normale Beschaffenheit besteht.

Bei Naturprodukten gibt die Natur selbst den Maßstab der Vergleichung. Bei Kunstprodukten, zu welchen z. B. innerhalb gewisser Grenzen auch der Wein zu rechnen ist, entscheidet die gesetzliche oder herkömmliche Regel, letztere jedoch nur insoweit, als ihr nicht verwerfliche Geschäftsgebräuche, d. h. solche Gebräuche zugrunde liegen, welche nicht dem Zwecke, den Erfordernissen der Gesundheitspflege sowie den Bedürfnissen der Konsumenten entsprechende Nahrungs- und Genußmittel zu verschaffen, sondern einem vom Standpunkt des Gesetzes aus nicht berechtigten Zwecke dienen[1]). So weit also das Gesetz und berechtigtes Herkommen innerhalb des Deutschen Reiches verschieden sind, kann auch das Urteil über eine etwaige Fälschung verschieden lauten[2]). So kann z. B. in der Bereitung eines Bieres in Bayern, wo dasselbe nach dem dort geltenden Malzaufschlaggesetze nur aus Hopfen, Malz und Wasser hergestellt werden darf, eine Verfälschung gefunden werden, welche unter gleichen Umständen in anderen Bundesstaaten nicht vorhanden wäre. In gleicher Weise ist der Zusatz von Brot, Mehl und Stärke zu Wurstwaren dort, wo er nicht ortsüblich ist, eine Verfälschung.

Nach einer Entscheidung des Reichsgerichtes[3]) hat die Verfälschung von Nahrungs- und Genußmitteln immer eine Abweichung vom Echten und Normalen zur Voraussetzung; eine Abweichung, welche entweder dadurch herbeigeführt werden kann, daß die Ware durch Entnahme oder Zusatz von Stoffen verschlechtert, oder daß ihr der Schein einer besseren Beschaffenheit verliehen wird.

Jedenfalls setzt jede Verfälschung einer Ware voraus, daß im Verkehr eine echte Ware vorhanden ist, die durch Entnehmen oder Zusetzen von Stoffen in einer für das Publikum unkenntlichen Weise verschlechtert oder mit einem Schein besserer Beschaffenheit versehen wird.

Über die Verfälschung in bezug auf Handelsgebräuche sagt eine andere Entscheidung des Reichsgerichtes[4]) Folgendes: Bei aus verschiedenen Stoffen zusammengesetzten Nahrungsmitteln kann die als normal anzusehende Zusammensetzung auch durch den Geschäftsgebrauch beeinflußt werden. Aber dieser letztere wird nie

---

[1]) Dortselbst.
[2]) Vergl. Würzburg, l. c. S. 58—60.
[3]) R. G. Urt. v. 2. November 1886.
[4]) R. G. I. Urt. v. 7. Januar 1887; vergl. auch R. G. I. Urt. v. 29. September 1886 und R. G. II. Urt. v. 4. Oktober 1883.

einseitig, nur nach den Wünschen und Gewohnheiten des Produzenten, sondern zugleich mit Berücksichtigung der berechtigten Erwartungen des Publikums zu bilden und darum auch mit Rücksicht auf diese verschiedenen Faktoren zu ermitteln sein. Wo das Publikum herkömmlich gewohnt ist, daß den begriffsmäßig ursprünglichen Stoffen stets bestimmte fremde Stoffe zugemischt werden und diese Beimischung der fremden Stoffe eine durch allgemeines Herkommen geduldete war, erscheint wohl regelmäßig die Fälschung wie die Absicht einer solchen ausgeschlossen. Es darf aber, wie schon die Motive zum Gesetze vom 14. Mai 1879 hervorheben, unter Handels- und Geschäftsgebrauch nicht jede üblich gewordene, vielleicht auf Täuschung berechnete Manipulation, sondern nur der in dem soliden, reellen, ehrlichen Verkehr üblich gewordene, aus der Natur dieses Verkehrs sich ergebende Gebrauch verstanden werden.

Bei der Beratung des Nahrungsmittelgesetzes änderte nämlich die erste Reichstagskommission den ursprünglichen Regierungsentwurf dahin ab, daß sie u. a. bei Ziff. 1 des § 10 die Worte einschaltete: „den bestehenden Handels- oder Geschäftsgebräuchen zuwider" um eine im Handel und Verkehr übliche, wenn auch nicht ganz richtige, so doch zu täuschen nicht geeignete Bezeichnung gegen die Strafe des Paragraphen zu schützen[1]). Letzterer hätte demnach folgende Fassung erhalten:

Mit usw. wird bestraft:

1. wer zum Zweck der Täuschung im Handel und Verkehr Nahrungs- oder Genußmittel nachmacht oder dadurch verfälscht, daß er dieselben mittels Entnehmens oder Zusetzens von Stoffen verschlechtert oder den bestehenden Handels- oder Geschäftsgebräuchen zuwider mit dem Schein einer besseren Beschaffenheit versieht;
    usw.

Im zweiten Entwurf wurden jedoch die eingeschalteten Worte wieder gestrichen, „weil dadurch auch unsoliden Handels- und Geschäftsgebräuchen ein unverdienter Schutz gewährt werden würde, und die soliden Geschäftsgebräuche schon durch die Worte „zum Zwecke der Täuschung im Handel und Verkehr" hinreichend geschützt seien".

In der dritten Beratung des Gesetzes wurde die beantragte Wiederherstellung der Fassung der ersten Reichstagskommission, namentlich die Worte „den bestehenden Handels- und Geschäftsgebräuchen zuwider" definitiv abgelehnt[2]).

Eine Verfälschung, wie der § 10 sie voraussetzt, kann auch durch Vermischung einer Ware mit einer anderen von geringerem Werte vorgenommen werden, wenn auch letztere ein unschädliches, im reellen Handel vorkommendes Nahrungsmittel ist[3]).

---

[1]) Erster Kommissionsbericht, S. 16—22.
[2]) Stenogr. Bericht, Bd. 2, S. 869—876.
[3]) R. G. II. Urt. v. 13. November 1880.

Auch der Zusatz eines schädlichen oder hygienisch bedenklichen Stoffes stellt eine Verschlechterung eines Nahrungs- oder Genußmittels und daher eine Verfälschung dar.

Eine Verfälschung eines Nahrungs- oder Genußmittels kann auch durch Zusetzen eines Stoffes geschehen, der an sich einen normalen Bestandteil desselben bildet. Eine hierauf bezügliche Reichsgerichtsentscheidung vom Jahre 1905 sagt:

Eine Verfälschung liegt dann vor, wenn das Nahrungsmittel durch einen Zusatz eines Stoffes verschlechtert ist, selbst wenn dieser Stoff an und für sich zur Zubereitung desselben gehört; entscheidend ist, daß der Zusatz in einem Stadium erfolgt, in welchem er nicht ordnungsgemäß ist, d. h. also, wenn er zu dem fertigen Nahrungsmittel erfolgt.

Der Tatbestand des Fälschens eines Nahrungs- oder Genußmittels im Sinne des § 10, Ziff. 1 des Nahrungsmittelgesetzes ist in objektiver Hinsicht erfüllt, wenn der Gegenstand der Fälschung auch nach der Fälschungshandlung der Hauptsache nach zwar dasjenige bleibt, als was er im Verkehr benutzt wird, wenn jedoch durch eine Änderung, einen Zusatz, eine geringere Beschaffenheit, ein geringerer Verkaufs- oder Gebrauchswert erzielt worden ist als derjenige, welchen er zu haben scheint, und welchen das Publikum erwartet [1]).

(Beispiele: Zusatz von Wasser zu fertiger Butter, von Wasser zu fertigem Bier, zu Milch, zu Wein usw.).

Andrerseits kann aber auch eine Verfälschung dadurch begangen werden, daß gewisse Bestandteile bei der Herstellung von Nahrungs- oder Genußmitteln nicht genügend entfernt werden [2]). Wenn z. B. der zu große Wassergehalt einer Butter daher rührt, daß bei der Bereitung das Wasser nicht durch Pressen in ausreichender Menge entfernt wurde, so ist durch ein solches Verfahren eine Butter von nicht normaler, schlechter Beschaffenheit hergestellt worden. Ob man die Butter mit dem zulässigen Wassergehalt bereitet und, nachdem dies geschehen ist, wieder Wasser zusetzt, oder ob man diesen Umweg erspart und gleich bei der Bereitung das überschüssige Wasser in der Butter läßt: in jedem Falle ist durch die Manipulation die Butter verschlechtert. Beide Fälle stehen also auf der gleichen Linie und fallen unter den Begriff der Verfälschung.

Ferner ist jede Qualitätsverschlechterung eines Nahrungsmittels auch ohne Zusatz von fremden Stoffen und ohne quantitative Veränderung der Bestandteile als Verfälschung im Sinne des § 10 anzusehen, so der Zusatz von Neigbier zu Bier [3]).

Die Täuschung über den Gehalt an einem wertvollen Bestandteil ist gleichfalls eine Verfälschung, so der Ersatz des Zuckers in einer Brauselimonade durch Saccharin. Denn offenbar ist

---

[1]) Stenglein, l. c. Anm. 5 zu § 10 N. M. G.
[2]) R. G. IV. Urt. v. 31. Januar 1880.
[3]) R. G. I. Urt. v. 1. Oktober 1885.

ein Erfrischungsmittel, das zugleich einigen Nährwert hat und vermöge seiner bekannten Zusammensetzung haben soll, von besserer Beschaffenheit, als ein ihm ähnliches ohne Nährwert. Die Täuschung über den Zuckergehalt ist somit Vorspiegelung einer besseren Beschaffenheit, d. h. Verfälschung, mag es dem einzelnen Käufer auf den Nährwert ankommen oder nicht [1]).

Es kann auch der Fall eintreten, daß die Verbesserung eines Nahrungsmittels nach einer Richtung eine Verschlechterung nach der anderen und somit eine Verfälschung bewirkt. Dies ist z. B. der Fall bei einem Zusatz von 5—6 % Stärkesirup zu Himbeersaft zu dem Zwecke, das Kristallisieren des Zuckers zu verhindern. Hier sind dem mit Zucker verkochten Fruchtsafte begrifflich, wie nach der Erwartung der Käufer, fremde Bestandteile zugeführt, die eine Vermehrung und auf diese Weise eine Verschlechterung zur Folge haben. Auch ist mit dem Zusatze dem Fabrikat der Schein besserer Beschaffenheit verliehen worden, indem durch die größere Dickflüssigkeit des Sirups ein höherer Zuckergehalt, als tatsächlich vorhanden, vorgespiegelt wird. Die Verbesserung eines Nahrungsmittels nach einer Richtung hin darf aber nicht durch die Beimischung fremder Stoffe bewirkt werden, mit welcher der Hersteller zugleich nach anderer Richtung wissentlich und absichtlich eine Verschlechterung oder eine den Käufer täuschende, nur scheinbare Verbesserung erzielt [2]).

Bei der Untersuchung und Beurteilung von Nahrungs- und Genußmitteln ist auf zufällige Verunreinigungen Rücksicht zu nehmen, die nicht in der Absicht der Fälschung zugesetzt sind. Solche lassen sich bei der Fabrikation vielfach nicht vermeiden.

Den Maßstab dafür, ob eine Verfälschung oder Verunreinigung vorliegt, gibt die vorhandene Menge des fremden Bestandteils, wobei natürlich die begleitenden Nebenumstände zu berücksichtigen sind. So ist z. B. ein geringer Gehalt (unter 1 %) von Sesamöl im Olivenöl unter Umständen durch unvermeidliche Beimischung bei der Herstellung oder Aufbewahrung erklärlich und nicht als Verfälschung zu betrachten. Ähnlich ist eine durch die Art des Betriebes in den Gewürzmühlen verursachte geringe Beimengung eines gemahlenen Gewürzes zu einem anderen zu beurteilen usf.

Es ist auch zu unterscheiden zwischen „Qualitäten" und „Verfälschungen". Unter Qualitäten können immer nur reine Waren verschiedener Güte verstanden werden, im Gegensatze dazu sind verfälschte Produkte nicht geringere Qualitäten reiner Produkte, sondern Mischungen solcher mit minderwertigen Substanzen.

---

[1]) R. G. I. Urt. v. 22. Februar 1900.
[2]) R. G. I. Urt. v. 24. November 1900.

Gegen Surrogate (Ersatzmittel) ist nichts einzuwenden, wenn sie einwandfrei als solche im Verkehr bezeichnet werden.

Der § 10 Ziff. 1 des Nahrungsmittelgesetzes verlangt, daß die Nachmachung oder Verfälschung der Nahrungs- und Genußmittel zum Zwecke der Täuschung im Handel und Verkehr erfolge. Es genügt also zur Anwendbarkeit dieser Ziffer nicht eine Nachmachung oder Verfälschung eines Nahrungs- oder Genußmittels an sich, sondern es muß zu der objektiven Nachmachung oder Verfälschung noch als subjektives Moment die Absicht einer Täuschung, und zwar einer Täuschung im Handel und Verkehr, hinzukommen. Ist dies der Fall, hat also ein Fabrikant oder Händler oder sonst jemand einen unter den Begriff „Nahrungs- oder Genußmittel" fallenden Gegenstand nachgemacht oder verfälscht und hat er die Nachmachung oder Verfälschung vorgenommen, um im Handel und Verkehr zu täuschen, so ist es für seine Strafbarkeit aus § 10 Ziff. 1 zunächst unerheblich, ob die Nachmachung oder Verfälschung derart war, daß überhaupt jemand im Handel und Verkehr getäuscht werden konnte, oder ob eine solche Täuschung tatsächlich nachher stattgefunden hat. Es kommt sogar nicht einmal in Frage, ob das betreffende Nahrungs- oder Genußmittel wirklich feilgehalten oder verkauft worden ist [1]).

Nach feststehender Praxis des Reichsgerichtes kann der Tatbestand aus § 10 Ziff. 1 auch dann gegeben sein, wenn eine Täuschung des unmittelbaren Abnehmers (Wiederverkäufers) nicht beabsichtigt ist, sofern nur der Täter auf eine Täuschung der weiteren Abnehmer rechnet, d. h. wenn zwar der unmittelbare Abnehmer über die wahre Beschaffenheit der Ware aufgeklärt wird, wenn aber die Fälschung bewußtermaßen dazu dient, das Publikum zu täuschen, welches die Ware aus der Hand des ersten Kunden des Fabrikanten bezieht [2]). Daher wird selbst durch die Aufklärung des unmittelbaren Abnehmers eine Strafbarkeit aus § 10 Ziff. 1 nicht unter allen Umständen ausgeschlossen. So verfolgt die Fabrikation eines Kunstweines den Zweck der Täuschung auch dann, wenn sie bewußtermaßen dazu dient, trotz einer Aufklärung des unmittelbaren Abnehmers über die Beschaffenheit der Ware das aus der Hand dieses Abnehmers den Wein erwerbende Publikum zu täuschen [3]).

Die Absicht des § 10 Ziff. 1 geht demnach dahin, Fälschungen von Nahrungs- und Genußmitteln, ohne weitere Rücksicht auf etwaige Schädigungen an Gesundheit oder Geld, schon als solche unter Strafe zu stellen, wofern sie zum Zwecke der Täuschung im Handel und Verkehr vorgenommen werden (Würzburg) [4]).

---

[1]) R. G. Urt. v. 17. Januar 1881.
[2]) R. G. Urt. v. 3. November 1890.
[3]) R. G. Urt. v. 17. Januar 1881.
[4]) l. c. S. 51—53.

Unterschied zwischen § 10 des Nahrungsmittelgesetzes und § 263 des Strafgesetzbuches.

Zur Klarlegung des Unterschiedes zwischen dem Tatbestande des in § 10 des Nahrungsmittelgesetzes vorgesehenen Vergehens und dem Tatbestande des Betruges (§ 263 des Strafgesetzbuches) sei die, allerdings etwas ausführliche, Erklärung von Meyer und Finkelnburg[1]) mitgeteilt:

Zum Tatbestande des Vergehens wider § 10 (No. 1 und 2) N.M.G. gehört nicht, wie zu dem des Betruges, die „Absicht, sich oder einem Dritten einen rechtswidrigen Vermögensvorteil zu verschaffen", obwohl eine solche Absicht bei den durch § 10 getroffenen Handlungen in der Regel vorhanden sein wird (Motive, S. 22).

Ebensowenig gehört zum Tatbestande des Vergehens wider § 10, auch nicht im Falle der No. 2, eine Vermögensbeschädigung. Auch in dieser Beziehung erwies sich die Strafbestimmung des § 263 Str.G.B. als unwirksam; „die Feststellung der Vermögensbeschädigung müßte nämlich dann bedenklich erscheinen, wenn nach den ortsüblichen Preisen für den Betrag, welcher für das verfälschte Nahrungs- oder Genußmittel gezahlt oder gefordert ist, das unverfälschte überhaupt nicht und das verfälschte auch nicht besser, als es verkauft oder feilgehalten wurde, zu haben gewesen wäre". (Motive, S. 19).

Bei beiden Vergehen kommt das Motiv der Täuschung vor, aber doch in ganz verschiedener Art. Beim Betruge muß die Vermögensbeschädigung dadurch entstanden sein, daß der Täter „durch Vorspiegelung falscher oder durch Entstellung oder Unterdrückung wahrer Tatsachen einen Irrtum erregt". Nach § 10 N.M.G. ist nur erforderlich eine zur Täuschung Anderer geeignete Handlung von der daselbst bezeichneten Art, begangen mit der Absicht zu täuschen oder aber mit dem Bewußtsein, daß die Handlung zu täuschen geeignet sei. Zur Irrtumserregung beim Betruge ist eine positive, auf diesen Zweck gerichtete Handlung erforderlich; ein lediglich negatives Verhalten, ein Verschweigen genügt im allgemeinen nicht, auch wenn der Täter sich bewußt war, daß aus seinem Schweigen tatsächlich unrichtige Folgerungen gezogen werden können; ein Verschweigen kann nach der in der Judikatur herrschenden Ansicht nur ausnahmsweise und unter besonderen Umständen sich als ein (positives) „Unterdrücken wahrer Tatsachen" darstellen, insbesondere dann, wenn es ein pflichtwidriges ist, d. h. wenn durch das Schweigen die Pflicht zur Angabe gewisser Tatsachen verletzt wird, und diese Pflicht kann ausdrücklich übernommen sein oder durch die von dem Täter vorgenommenen Handlungen begründet werden (Oppenhof, Strafgesetzbuch, Note 52 zu § 263).

Abweichend von diesen für die Anwendung des § 263 Str.G.B. maßgebenden Grundsätzen geht der Gesetzgeber in § 10 No. 2 davon

---

[1]) l. c. S. 65—66.

aus, daß, wer Nahrungs- oder Genußmittel feilhält oder verkauft, nicht blos jede Erregung eines Irrtums durch eines der in § 263 angedeuteten Mittel zu vermeiden, sondern alles zu tun hat, um den Kauflustigen über die wirkliche Beschaffenheit der Ware ins Klare zu setzen. Ist dem Händler bekannt, daß die Ware verdorben, nachgemacht oder verfälscht ist, so muß er dies ausdrücklich sagen oder sonst erkennbar machen. Wer wissentlich dergleichen Nahrungs- und Genußmittel verkauft, soll daher nicht mehr der milderen Strafe des § 367 No. 7 Str.G.B., sondern der hier angedrohten härteren unterliegen (Motive S. 20).

Demjenigen, welcher Nahrungs- und Genußmittel verkauft oder feilhält, ist die Pflicht auferlegt, die Wahrheit zu sagen. Er verletzt diese Pflicht und unterliegt der Vorschrift des § 10 No. 2, wenn er „wissentlich verdorbene, nachgemachte oder verfälschte Nahrungs- oder Genußmittel verkauft oder feilhält. Ist es zum Verkaufe gekommen, so genügt es, daß der Verkäufer den entscheidenden Umstand dem Käufer verschwiegen hat. Liegt ein bloßes Feilhalten vor, ohne daß der Verkäufer zu irgendeinem bestimmten Kauflustigen in Beziehung getreten ist, so wird durch das bloße Verschweigen der Tatbestand des Paragraphen noch nicht als hergestellt anzusehen sein, da die Möglichkeit nicht ausgeschlossen bleibt, daß der Verkäufer einem wirklichen Kauflustigen gegenüber seiner Pflicht zur Angabe der Wahrheit nachgekommen sein würde; wohl aber muß es als hinreichend gelten, wenn die Ware unter einer Bezeichnung feilgehalten ist, welche über die Beschaffenheit derselben zu täuschen geeignet ist (Motive S. 21, 22).

Das entscheidende Moment ist also die Täuschung über die Beschaffenheit der Ware, nicht über deren Wert; beides wird meistens, muß aber nicht notwendiger Weise zusammentreffen. (v. Schwarze, die Strafrechtlichen Bestimmungen im Gesetze vom 14. Mai 1879, im Gerichtssaal Bd. 31, 88).

Darauf kommt es ferner nicht an, ob es dem Täter gelungen ist, den Käufer oder Kauflustigen in einen Irrtum zu versetzen. Aber es wird diesen Grundsätzen entsprechend auch im Falle der No. 1 die Feststellung verlangt, daß der Fälscher „zum Zwecke der Täuschung", d. h. in der Absicht zu täuschen gehandelt habe. Und dies wird im Falle der No. 1 besonders genau zu prüfen und nicht ohne weiteres immer dann anzunehmen sein, wenn jemand Nahrungs- oder Genußmittel nachmacht oder in irgendeiner Weise verändert, sondern nur dann, wenn er zugleich die Absicht, zu täuschen, auf irgend eine Weise bereits an den Tag gelegt hat.

Nach der Entscheidung des Reichsgerichts vom 8. Februar 1897 ist eine Handlung als die Unterdrückung einer wahren Tatsache im Sinne des § 263 Str.G.B. anzusehen, wenn ein auf Täuschung abzielendes aktives Verhalten hinzukommt. Dies werde beim Verkauf von Nahrungs- und Genußmitteln regelmäßig dann anzunehmen sein, wenn die Verschlechterung der Ware zum Zwecke der Täuschung vom Verkäufer selbst bewirkt worden sei. Darum müsse es rechtlich zulässig sein, solche Unterdrückung mit aktivem täuschenden Verhalten darin zu finden, daß z. B. frisches Bier mit abgestandenem gemischt und die Mischung den Gästen als das bestellte Bier ohne weitere Erklärung vorgesetzt wird.

Die Annahme eines Verschweigens des Verfälschtseins setzt nicht unbedingt voraus, daß der Täter gewußt hat, daß der Käufer von jenem Umstande nicht unterrichtet sei; sie erfordert aber doch wenigstens, daß durch das Verhalten des Täters eine Täuschung über die Beschaffenheit des betreffenden Nahrungsmittels ermöglicht wird. Das aber wird in der Praxis schon dann angenommen, wenn der Täter nicht weiß, daß der Käufer das Nahrungsmittel als gefälscht erkennen wird, und gleichwohl über diesen Umstand schweigt[1]).

Über Deklaration.

Die Abweichung eines Nahrungs- oder Genußmittels von dem, was das Publikum erwartet, vom Normalen, darf also nicht nur nicht verschwiegen, sie muß im Gegenteil einwandsfrei zur Kenntnis des Käufers gebracht werden. Dies geschieht durch eine deutliche Deklaration, die ihn vollständig über die Beschaffenheit der Ware aufklärt. Der Grundsatz, daß ein Nahrungs- oder Genußmittel nicht unter Bezeichnungen verkauft oder feilgehalten wird, welche geeignet sind, das konsumierende Publikum hinsichtlich der tatsächlichen Beschaffenheit, Zusammensetzung oder Herstellung zu täuschen, muß unter allen Umständen aufrecht gehalten werden. Er ist die Grundlage der gesamten Nahrungsmittelgesetzgebung.

Weder das Nahrungsmittelgesetz, noch das Strafgesetzbuch kennen derartige Deklarationen. Ihre Entstehung ist wohl zweifellos auf die Fassung des § 10 des Gesetzes vom 14. Mai 1879 zurückzuführen, weil anscheinend durch die Deklaration zum Ausdruck gebracht werden soll, es sei nicht „zum Zweck der Täuschung im Handel und Verkehr" etwas nachgemacht oder verfälscht worden, und es würden die einschlägigen Waren nicht „unter einer zur Täuschung geeigneten Bezeichnung" feilgehalten.

Eine Deklaration kann demnach nur dann ihren Zweck im Sinne des § 10 Ziffer 2 erfüllen, wenn sie deutlich wahrnehmbar unmittelbar an dem feilgebotenen Gegenstande bezw. an dessen Umhüllung oder an einer in die Augen fallenden Stelle im Geschäftsraume angebracht ist und einen für jedermann leicht verständlichen und nicht mißzuverstehenden Wortlaut enthält.

Bei einem Kaufabschluß ist ferner der Käufer der fraglichen Ware von deren Zusammensetzung in Kenntnis zu setzen. Dies hat

---

[1]) Entsch. d. Reichsger. Bd. 26. S. 115.

naturgemäß auch in einer Form zu geschehen, in der unter normalen Verhältnissen angenommen werden muß, daß der Käufer auch diese Kenntnis erlangt. Im Kleinverkauf wird demnach der Käufer mündlich von der anormalen Beschaffenheit der Ware in Kenntnis zu setzen sein, während im Großhandel zum mindesten auf den Rechnungen klar und deutlich, und zwar an der Stelle, an welcher von der Ware die Rede ist, die Deklaration anzubringen sein wird[1]).

Man kann sehr häufig die Beobachtung machen, daß im Kleinhandel die Deklaration vollständig verloren geht. Bei näheren Nachforschungen ergibt sich dann gewöhnlich, daß die Rechnungen wohl einen Vermerk über künstliche Färbung, Beimengung von Schalen (beim Pfeffer) u. a. enthalten, daß die Verkäufer diesen aber unbeachtet lassen und die Ware, welche sicherlich nicht den berechtigten Erwartungen der Käufer entspricht, ohne Deklaration abgeben.

Die heute in der Regel gebräuchliche Art der Deklaration ist in vielen Fällen zweifellos nicht geeignet und auch wohl nur selten dazu bestimmt, die Käufer über die wirkliche Beschaffenheit einer feilgebotenen Ware aufzuklären. Viele dieser „Deklarationen" sind nicht einmal von Sachverständigen zu deuten. Meist findet sich eine solche an ganz versteckter Stelle der Verpackung oder Umhüllung, am Boden des Behälters oder zwischen den „künstlerischen" Arabesken und Ornamenten des marktschreierischen Schildes verborgen angebracht. Wenn sie sich aber an leicht sichtbarer Stelle befindet, dann ist sie gewöhnlich so verklausuliert und in einem solchen verschnörkelten Deutsch gehalten — mit Vorliebe werden lauter Negative angewandt — daß sie nur ein Schriftgelehrter, gewiß aber nicht der Durchschnittskäufer zu entziffern vermag.

Beispiele für derartige tiefsinnige Deklarationen sind folgende:

„Obstkonserven sind hergestellt mit Raffinade und Wein oder Zitronensäure nach Maßgabe des Geschmackes, Kapillärsirup, soweit er für die Konsistenz nötig ist, und Konditorrot, wo Farbe verlangt wird."

Ferner:

„Die Teigwaren sind dem Gesetz vom 5. Juli 1887 entsprechend gefärbt."

Beide Deklarationen erfüllen dem Durchschnittspublikum gegenüber doch gewiß nicht ihren Zweck; die letztgenannte ruft sogar die unsinnige Meinung hervor, das Gesetz vom 5. Juli 1887 schreibe eine Färbung der Teigwaren vor.

Bei weitem bedenklicher ist aber folgende Deklaration:

„Nicht als ungefärbt bezeichnete Teigwaren sind nach altem Herkommen mit leichtem, unschädlichem Farbzusatz versehen."

Das würde also bedeuten, daß die reine Ware als solche deklariert

---

[1]) Vergl. A. Juckenack, Zeitschr. f. Unters. d. Nahr.- u. Genußm. 1902, **6**, 1005; siehe auch Zeitschr. f. Unters. d. Nahr.- u. Genußm. 1904, **8**, 9.

werden muß! Glücklicherweise sind wir aber doch noch nicht soweit gekommen, daß man ohne den ausdrücklichen Zusatz „rein" bereits gewöhnt wäre, ein Surrogat oder dergleichen zu verlangen.

Hinter allen derartigen zweideutigen Deklarationen steckt immer eine unlautere Absicht. Auch der Aufdruck auf Rechnungen „zum Teil gefärbt" gehört in dieses Gebiet.

Es liegt auf der Hand, daß solche „Deklarationen" für durchaus ungenügend erachtet werden müssen, zumal wenn sie wie die erstgenannte (für Obstkonserven) auf den Raum einer Scheibe von etwa 3 cm Durchmesser zusammengedrängt sind.

Als durchaus verfehlt ist die von den Produzenten häufig vertretene und zur Verteidigung einer mangelhaften oder verschämt angebrachten Deklaration vorgebrachte Anschauung, der Konsument müsse aus dem Preise der Ware einen Rückschluß auf ihre Zusammensetzung ziehen. Denn ganz abgesehen davon, daß es dem Kleinhändler freisteht, für seine Waren das zu verlangen, was er bekommen kann, hat die große Masse des Volkes keine Ahnung davon, zu welchem Preise die Industrie reine Waren zu liefern vermag [1]).

Die Frage, ob in einem bestimmten Falle die gewählte Art der Deklaration genügt, bzw. ob die damit versehene Ware der Ziffer 2 des § 10 des Nahrungsmittelgesetzes entspricht, unterliegt selbstverständlich der Entscheidung des Richters. Indessen hat der Sachverständige auch die Aufgabe und sogar die Pflicht, bei der Abgabe seines Gutachtens diese Verhältnisse in Betracht zu ziehen, da er in der Regel von den Behörden, denen die Überwachung des Verkehrs mit Lebensmitteln obliegt, als sachverständiger Berater zugezogen wird.

In dem vom Bunde deutscher Nahrungsmittelfabrikanten und -händler herausgegebenen „Deutschen Nahrungsmittelbuche" [2]) sind für die Kennzeichnung (Deklaration) von Zusätzen bei der Herstellung und im Verkehr mit Nahrungsmitteln folgende Grundsätze aufgestellt:

Die Kennzeichnung hat allgemein in leicht leserlicher Schrift, in gemeinverständlicher Form — z. B. „gefärbt", „mit Mehl", „Kunsthonig" — und in deutscher Sprache zu erfolgen.

Die Kennzeichnung muß, auch im Detailhandel bei Abgabe von Originalpackungen, direkt bei der Inhaltsbezeichnung und als Teil derselben geschehen.

Im Großhandel muß die Kennzeichnung auf Angeboten, Schlußscheinen, Rechnungen und auf allen mit Inhaltsbezeichnungen versehenen Gefäßen und Packungen stehen.

Bei offenem Feilhalten (Ausstellen) und bei offenem Verkauf von ungepackten Waren muß die Kennzeichnung von Zusätzen an jedem die Ware enthaltenden Gefäß oder auf der Ware selbst angebracht werden. Die Kenn-

---

[1]) Vergl. A. Juckenack, Zeitschr. f. Unters. d. Nahr.- u. Genußm. 1904, **8,** 30.

[2]) Heidelberg 1905.

zeichnung durch Aushängeschild muß, wenn tunlich, an einer jedem Käufer sichtbaren Stelle des Verkaufslokales erfolgen.

Anmerkungen: ... Aus Art und Inhalt der Kennzeichnung soll klar und deutlich hervorgehen, daß der Verkäufer nicht die Absicht hat, dem Käufer die kennzeichnungspflichtige Besonderheit der Ware zu verheimlichen oder zu verschleiern, daß er im Gegenteil die Absicht hat, ihn hiervon in Kenntnis zu setzen, soweit eben die Besonderheit von Bedeutung für die Bewertung der Ware ist.

Art und Form der Kennzeichnungen müssen der Erfüllung dieses Zweckes und dieser Aufgabe angepaßt sein, so zwar, daß die gekennzeichnete Besonderheit der Ware von jedem Käufer mit durchschnittlichem Wahrnehmungs- oder Begriffsvermögen ohne Schwierigkeit in ihrem Wesen verstanden und begriffen werden mag.

. . . .

Es wäre zu begrüßen, wenn sich alle Händler strikte an diese Grundsätze halten würden; dadurch würden viele der zur Zeit bestehenden Mißstände im Verkehr mit Nahrungs- und Genußmitteln beseitigt werden.

Das Verhältnis des § 10 des Nahrungsmittelgesetzes zu § 367 Ziff. 7 des Strafgesetzbuches.

Das Verhältnis des § 10 des Nahrungsmittelgesetzes zu § 263 des Strafgesetzbuches ist bereits oben dargelegt worden; es bleibt uns noch übrig, über das Verhältnis des § 10 N.M.G. zum § 367 Ziff. 7 des Strafgesetzbuches einiges zu sagen.

§ 367 Ziff. 7 des Strafgesetzbuches lautet:

Mit Geldstrafe bis zu 150 Mark oder mit Haft wird bestraft: wer verfälschte oder verdorbene Getränke oder Eßwaren, insbesondere trichinöses Fleisch, feilhält oder verkauft. —

Hier ist also nur von verfälschten und verdorbenen Getränken oder Eßwaren, nicht aber von nachgemachten die Rede. Ein wesentlicher Unterschied zwischen dem Nahrungsmittelgesetz und dem Strafgesetzbuch liegt ferner darin, daß das Nahrungsmittelgesetz lediglich diejenigen Handlungen mit Strafe bedroht, die eine wissentliche oder fahrlässige Täuschung der Käufer zur Folge haben, während das Strafgesetzbuch schlechthin den Verkauf und das Feilhalten verdorbener oder verfälschter Eßwaren und Getränke verbietet (auf die Behandlung des trichinösen Fleisches soll hier nicht weiter eingegangen werden).

Zum Tatbestand des § 367 Ziff. 7 Str.G.B. gehört, daß eine Ware, die objektiv als verfälscht oder verdorben anzusehen ist, verkauft oder feilgehalten wird, und daß den in Frage kommenden Gewerbetreibenden subjektiv auch ein Verschulden trifft.

So verstößt zum Beispiel der Verkauf und das Feilhalten von Gemischen von Lebensmitteln als solche und nicht unter Bezeichnungen, die nur reinen Produkten zukommen, nicht gegen § 367 Ziff. 7. Auch die Herstellung solcher Gemische kann nicht unter § 10 Ziff. 1 N.M.G. fallen, sobald dabei beabsichtigt ist, die Gemische einwandfrei als solche in den Verkehr zu bringen. Werden also z. B.: „Himbeersaft mit 30% Stärkesirup“, „künstlich gefärbte Johannisbeermarmelade mit 50% Stärkesirup“, „Honig mit 70% Stärkesirup“, „Schokolade mit 10% Weizenmehl“ usw. verkauft oder mit einem einwandfreien, nicht mißzuverstehenden Aufdruck auf Etiketten oder Umhüllungen feilgehalten (wie es z. B. der Bund deutscher Nahrungsmittel - Fabrikanten und -Händler fordert; s. oben), so daß der Aufdruck in einheitlicher, klarer, dem Kauflustigen sofort erkennbarer Schrift (wie vorstehend zum Ausdruck gebracht) hergestellt worden ist, so werden „Gemische“ verschiedener Waren und nicht „Himbeersaft“ oder „Johannisbeermarmelade“ oder „Tafelhonig“ oder „Schokolade“ usw. verkauft oder feilgeboten.

Wesentlich anders liegen aber sofort die Verhältnisse, wenn der Hauptaufdruck auf den Etiketten und Umhüllungen der minderwertigen gemischten, also nicht reinen Ware lauten: „Himbeersaft“, „Johannisbeermarmelade“ usw., und wenn außerdem an einer nicht auffälligen Stelle oder in einer nicht auffälligen Schrift noch ein Deklarationsvermerk wie „mit Kapillär“, „leicht gefärbt“, „Zusatz von Traubenzucker“, „mit Kraftmehlzusatz“ u. dergl. angebracht ist. In derartigen Fällen wird „Himbeersaft“, „Marmelade“ usw. und nicht ein Gemisch feilgehalten, und der Strafrichter wird in der Regel nicht nur die Anwendbarkeit des § 367 Ziff. 7 Str.G.B., sondern vielmehr auch zu prüfen haben, ob nicht in erster Linie § 10 Ziff. 1 (Nachmachen und Verfälschen zum Zwecke der Täuschung im Handel und Verkehr) und § 10 Ziff. 2 (Feilhalten nachgemachter oder verfälschter Nahrungs- und Genußmittel unter einer zur Täuschung geeigneten Bezeichnung) in Frage kommt.

Für die Entscheidung der Frage, ob ein Lebensmittel objektiv als „verfälscht“, z. B. auch im Sinne des § 367 Ziff. 7 anzusehen sei, ist zweifellos zunächst festzustellen, unter welcher Bezeichnung das Produkt verkauft oder feilgehalten worden ist. Alsdann sind erst die weiteren Fragen zu erörtern, wie das Normalprodukt zusammengesetzt sei, dem die festgestellte Bezeichnung mit Recht zukommt, worin eine Verschlechterung, worin die Verleihung des Scheines der besseren Beschaffenheit usw. zu erblicken ist.

Auch Stenglein[1]) hebt hervor, daß der § 367 Ziff. 7 Str.G.B. durch das Nahrungsmittelgesetz vom 14. Mai 1879 nicht aufgehoben ist. Liegen die Voraussetzungen beider Gesetzesstellen vor, so besteht Gesetzeskonkurrenz, und kommt § 10 N.M.G. zur Anwendung[2]). Es bestehen aber zwischen beiden Strafbestimmungen einige Verschieden-

---

[1]) l. c. S. 348.
[2]) R.G. III. Urt. v. 18. Juni 1885.

heiten: weniger bezüglich des Vorsatzes, weil § 11 in dieser Beziehung § 10 ergänzt; jedoch sind in § 367 Ziff. 7 Genußmittel nicht genannt, und diese Bestimmung hat nicht die Voraussetzung, daß die Beschaffenheit verschwiegen oder die Ware unter einer zur Täuschung geeigneten Bezeichnung feilgehalten sein muß. Es hat also § 367 Ziff. 7 Str.G.B. ein Anwendungsgebiet, auf welchem § 10 N.M.G. nicht anwendbar ist. Wie durch die späteren Spezialgesetze das Nahrungsmittelgesetz für den Wirkungsbereich der ersteren nicht ausgeschlossen ist, so besteht auch § 367 Ziff. 7 Str.G.B. neben dem Nahrungsmittelgesetz fort.

Dieser Grundsatz ist auch in der Rechtsprechung festgehalten, und das Reichsgericht wie das preußische Kammergericht haben wiederholt dahin entschieden, daß der § 367 Ziff. 7 Str.G.B. neben dem Nahrungsmittelgesetz Anwendung zu finden hat. (Im Widerspruch mit dieser Auffassung befindet sich nur ein Urteil der II. Strafkammer des Landgerichts Hamburg vom Jahre 1903, welches sich dahin aussprach, daß § 367 Ziff. 7, wenn auch nicht formell, so doch materiell durch das Nahrungsmittelgesetz aufgehoben sei).

Praktisch findet § 367 Ziff. 7 Str.G.B. seitens der Gerichte nicht dann Anwendung, wenn die Verfälschung in einer Verschlechterung durch Entzug oder Zusatz von Stoffen zu erblicken ist, weil er alsdann im Widerspruch zu § 10 Ziff. 2 und § 11 des Gesetzes vom 14. Mai 1879 stehen würde. Er wird vielmehr in der Regel nur dann angewandt, wenn die Verfälschung darin erblickt wird, daß der Ware der Schein der besseren Beschaffenheit gegeben wurde, d. h. wenn der Schein der Ware nicht ihrem Wesen entspricht, und zwar unabhängig davon, ob sich im Verkaufsraum eine Deklaration befindet oder nicht (z. B. Wurstfärbung, Behandlung von Hackfleisch mit Präservesalz usw.)[1].

Verdorbensein.

Neben den nachgemachten und verfälschten Nahrungs- und Genußmitteln werden in § 10 Ziff. 2 des Nahrungsmittelgesetzes noch die verdorbenen angeführt.

Eine erschöpfende Definition dieses Begriffes geben Meyer und Finkelnburg[2]: Verdorben ist ein Nahrungs- oder Genußmittel, wenn es sich nicht in normalem Zustande befindet und von demselben in dem Grade abweicht, daß es nach der allgemeinen Ansicht zum Genusse für Menschen ungeeignet ist. Im Gegensatz zu „verfälscht" weist „verdorben" auf eine Eigenschaft hin, welche nicht die Folge einer absichtlichen, unter den Begriff der Verfälschung fallenden menschlichen Handlung ist. Wesentlich ist auch hier die Abweichung vom Normalen, d. h. der Umstand, daß der Gegenstand zu einem bestimmten Zwecke weniger

---

[1] Vergl. A. Juckenack, Zeitschr. f. Unters. d. Nahr.- u. Genußm. 1904, 8, S. 1000.
[2] l. c. S. 78—80.

tauglich und verwertbar ist; und für die Bestimmung des Normalen ist
der zu vermutende Wille der Beteiligten, die Erwartung, welche der
Käufer bzw. das kauflustige Publikum hinsichtlich der Beschaffenheit der
Ware hegen dürfte, als Ausgangspunkt zu nehmen. Die Zeit, in welcher
der Zustand des Verdorbenseins eingetreten war, ist nicht von Belang[1]).

Der häufigste Fall wird der sein, daß der Gegenstand sich vorher
im normalen Zustand befunden hat und darnach in den anormalen übergegangen ist. Verdorben ist ein Nahrungs- oder Genußmittel aber auch
dann, wenn es in der natürlichen Entwicklung gehemmt
und an der Erreichung seiner Vollendung gehindert,
nicht den Zweck zu erfüllen vermag, zu dessen Erfüllung es bei un-
gestörter Entwicklung tauglich gewesen wäre; der normale Zustand ist
in einem solchen Falle noch gar nicht vorhanden gewesen, sondern wird
erst in der Zukunft erwartet. Daher kann Fleisch von un-
geborenen Kälbern als verdorbenes Kalbfleisch angesehen
werden[2]).

Nicht erforderlich ist eine innere chemische Zer-
setzung; die Verschlechterung kann auch in einer bloßen quantitativen
Veränderung der Bestandteile bestehen. Durch Erkrankung eines Tieres
oder durch Infizierung desselben mit Parasiten (z. B. Trichinen), die
nicht notwendig eine Erkrankung zur Folge zu haben braucht, wird
das Fleisch verdorben[3]).

Das Nahrungsmittel muß ferner im Augenblick des Ver-
kaufens oder Feilhaltens verdorben sein. Gleichgültig ist es,
ob dieser Zustand bzw. die Symptome desselben durch eine Behandlung
oder Zubereitung (insbesondere durch Kochen) beseitigt werden können
bzw. beseitigt sind. Trichinenhaltiges Fleisch ist in § 367 Ziff. 7
Str.G.B. ausdrücklich als verdorbenes Fleisch bezeichnet, obwohl die
Trichinen durch entsprechendes Kochen getötet werden. Eine mit
Hyatiden durchsetzte Hammellunge ist verdorben, obwohl die Hyatiden
beim Kochen platzen und verschwinden[4]).

Die Abweichung vom Normalen muß ferner eine solche sein, daß
infolge derselben ein Gegenstand nach allgemeiner Ansicht zum
menschlichen Genusse nicht geeignet ist, und das Publikum
den Genuß daher zurückweist. Deshalb genügt nicht nur jede quantitative Verringerung des normalen Nährwertes. Der Umstand z. B.,
daß ein Tier ohne Schlachtung gestorben bzw. kurz vor dem Verenden
geschlachtet ist, macht das Fleisch noch nicht zu einem verdorbenen
Nahrungsmittel; ebensowenig der Umstand, daß das Tier infolge Alters
oder einer chronischen Krankheit abgemagert war. Anders liegt die Sache,
wenn die anormale Beschaffenheit des Fleisches in einer solchen Krankheit ihren Grund hatte, welche eine die Geeignetheit desselben als

---

[1]) R. G. Urt. v. 9. November 1886.
[2]) R. G. Urt. v. 3. Januar 1882 und v. 27. September 1883.
[3]) R. G. Urt. v. 5. Oktober 1881.
[4]) R. G. II. Urt. v. 9. Mai 1882.

menschliches Nahrungsmittel erheblich beeinträchtigende Veränderung seiner Bestandteile zur Folge hatte[1].

Zutreffend ist es, einen Gegenstand für verdorben zu erachten, dessen Genuß infolge einer Veränderung der beschriebenen Art Ekel erregt, und zwar nicht etwa blos bei dieser oder jener einzelnen Person nach deren individuellem Geschmack, sondern nach der gemeinen Anschauung oder doch nach der Anschauung derjenigen Bevölkerungsklasse, welcher die Kauflustigen angehören. Von diesem Gesichtspunkt ist es für nicht rechtsirrtümlich erachtet, das ausgesottene Fett von einem finnigen Schwein, auch wenn nicht feststeht, daß gerade in den verarbeiteten Fetteilen sich Finnen befunden haben, für verdorben zu erachten, indem davon ausgegangen wird, daß dasselbe, wenn es auch als Nahrungsmittel an und für sich nicht ungeeignet ist, doch vermöge des dabei verwendeten Grundstoffes und des dadurch im kaufenden Publikum bestehenden Widerwillens oder Ekels dagegen, bei Kenntnis des wahren Sachverhaltes entweder gar nicht gekauft oder wenigstens nicht mit dem bei normaler Herkunft dafür zuzubilligenden Preise bezahlt wird[2]. Ebenso ist es gleichgültig, daß einzelne Personen, obwohl sie die Eigenschaften des Gegenstandes kannten, von demselben, ohne Widerwillen dagegen zu äußern, genossen haben. Überhaupt wird der höchste Grad der Abweichung vom Normalen, völlige Ungenießbarkeit — im Sinne von Unmöglichkeit des Genießens — nicht erfordert; es ist daher die Annahme des Verdorbenseins dadurch nicht ausgeschlossen, daß durch künstliche Mittel (z. B. durch Einlegung des finnenhaltigen Schweinefleisches in eine Salzlösung) der im Wege der Zersetzung eintretende Übergang in den Zustand der Ungenießbarkeit verhindert worden ist[3].

Das positive Moment des Verdorbenseins besteht in einer Veränderung des ursprünglich vorhanden gewesenen oder des normalen Zustandes des Nahrungs- oder Genußmittels zum schlechteren mit der Folge verminderter Tauglichkeit und Verwertbarkeit zu einem bestimmten Zweck[4]. Eine verdorbene Ware ist also in ihrer Substanz verändert.

Ist durch jene Verschlechterung eines Nahrungs- oder Genußmittels dieses gesundheitsgefährlich geworden, und hat der Verkäufer usw. desselben dies gewußt oder fahrlässigerweise nicht gewußt, so greifen die §§ 12, 13, 14 des Gesetzes Platz; die §§ 10, 11 beziehen sich auf ein Verdorbensein, welches entweder objektiv nicht geeignet ist, Gefahr für die menschliche Gesundheit herbeizuführen, oder bei welchem die Gefährdung wenigstens außerhalb derjenigen Kenntnis geblieben ist, die beim Verkäufer vorhanden war oder bei genügender Aufmerksamkeit und Achtsamkeit vorhanden gewesen sein würde[5].

---

[1] R. G. I. Urt. v. 12. Januar 1882 und III, Urt. v. 9. Juli 1883.
[2] R. G. II. Urt. v. 25. März 1884.
[3] R. G. III. Urt. v. 5. Oktober 1881.
[4] Vergl. Lebbin, l. c. S. 37.
[5] Lebbin l. c.

Als ekelerregend und daher als verdorben gilt z. B. auch Fleisch von perlsüchtigem Vieh, ferner auch Bier, bei dessen Sieden eine Katze mitgekocht wurde. Bloße Abmagerung eines Tieres ist dagegen noch nicht Verdorbensein[1]), wenn nicht die Abmagerung so weit vorgeschritten ist, daß das Fleisch des Nährwertes gänzlich entbehrt[2]). Auch kann nicht die Ansicht des Publikums allein entscheiden, sondern nur insofern sich dieselbe auf eine Anomalie des Nahrungsmittels stützt[3]).

Der Begriff „verdorben" ist deshalb von der Anwendung von tatsächlichen Momenten abhängig; landesgesetzliche Bestimmungen dürfen zu seiner Definition nicht beigezogen werden, weil der reichsrechtliche Begriff für ganz Deutschland im gleichen Maße gilt[4]).

Gesundheitsschädlichkeit.

Während der § 10 des Nahrungsmittelgesetzes die im vorstehenden erläuterten Begriffe „nachgemacht, verfälscht und verdorben" aufstellt, bezieht sich der § 12 dieses Gesetzes auf Nahrungs- und Genußmittel, deren Genuß, und auf gewisse näher bezeichnete Gebrauchsgegenstände, deren bestimmungsgemäßer oder vorauszusehender Gebrauch die menschliche Gesundheit zu beschädigen geeignet ist. Wir haben also hier den vierten für den Nahrungsmittelchemiker in Betracht kommenden Begriff, den der Gesundheitsschädlichkeit.

Die Gesundheitsschädlichkeit oder Gesundheitsgefährlichkeit ist eine objektive Eigenschaft, welche dem Gegenstande anhaften muß und nicht abhängig gemacht werden kann von dem je nach dem Geschmacke, der Bildungsstufe und dem Wohlstande des einzelnen Käufers verschiedenen Grade der Abneigung oder des Widerwillens gegen dessen Genuß[5]).

Zur Annahme einer Gesundheitsschädlichkeit ist es daher z. B. nicht ausreichend, daß der Genuß des Fleisches von krepiertem Vieh bei der Mehrzahl der Menschen Ekel hervorruft. Denn möge auch das Gefühl des Widerwillens gegen den Genuß derartigen Fleisches vielfach bestehen und insofern die Bezeichnung „ekelhaft" zutreffen, so erscheint doch nicht alles Ekelhafte auch gesundheitsschädlich[5]).

Die Gesundheitsschädlichkeit muß also vor allem objektiv vorhanden sein, nicht individuell. Es muß demnach auch in jedem Falle nachgewiesen werden, daß der Gegenstand objektiv die Eigenschaft besitzt, die menschliche Gesundheit zu beschädigen, ganz unabhängig davon, daß in einem bestimmten Falle eine Gesundheitsschädigung möglich war oder eingetreten ist. Eine solche wird z. B.

---

[1]) R. G. III. Urt. v. 9. Juli 1883.

[2]) R. G. IV. Urt. v. 22. März 1898.

[3]) R. G. III. Urt. 28. September 1885.

[4]) R. G. III. Urt. v. 7. März 1895.

[5]) R. G. II. Urt. v. 5. Mai 1882.

nicht erblickt in der Abgabe von gezuckertem Wein an bekannte Diabetiker, selbst wenn deren Individualität dem Verkäufer bekannt war[1]).

Die Gesundheitsschädlichkeit oder -gefährlichkeit eines Nahrungs- oder Genußmittels muß diesem anhaften und darf nicht erst nachträglich durch falsche Behandlung entstehen, wenn auch eine solche Behandlung als möglich vorauszusehen war[2]). So wurde sie nicht erblickt im Einstecken von Nadeln in Brot, welches zum Verkaufe bestimmt war[3]).

Von Einfluß ist, ob ein Nahrungs- oder Genußmittel die schädliche Wirkung bei bestimmungsgemäßem oder üblichem Gebrauche hat. Ist die Gefahr nicht bei allen gebräuchlichen Zubereitungsarten ausgeschlossen, so ist der Verkäufer strafbar. Außergewöhnliche Arten müssen dagegen den Verkäufer entlasten. Wollte z. B. jemand rohe, mit Parasiten behaftete Leber essen, so täte er das auf eigene Gefahr; der Verkäufer wurde nur gegen § 10 N. M. G. verstoßen[4]).

Bei vielen Nahrungs- und Genußmitteln hängt die Gesundheitsgefährdung von der Quantität ab, in welcher sie genossen werden. Die Anwendbarkeit des § 12 ist gegeben, wenn ein Gegenstand, seiner Bestimmung als Nahrungs- oder Genußmittel gemäß, in nicht zu geringen Mengen und fortgesetzt gebraucht, die Gesundheit gefährdet. Der Tatbestand des § 12 liegt hingegen nicht vor, wenn lediglich der übermäßige Genuß gesundheitsgefährlich ist.

Der § 13 des Gesetzes bezieht sich auf den Umstand, daß der Gebrauch oder Genuß der in § 12 angeführten Gegenstände die menschliche Gesundheit zu zerstören geeignet ist.

Im einzelnen Falle kann, wie Meyer und Finkelnburg[5]) hervorheben, die Unterscheidung beider Kategorien — Gesundheitsbeschädigung und -zerstörung — auch für den Sachverständigen Schwierigkeiten darbieten. Er wird, wie auch die Motive zur Begründung anführen, mitunter Bedenken tragen, einem Stoffe die schwerere Eigenschaft zuzuerkennen, während ihm die geringere unbedenklich sein wird. In manchen Fällen wird die Scheidegrenze lediglich durch das quantitative Verhältnis der bei der Herstellung von Nahrungs- oder Genußmitteln verwendeten gesundheitsschädlichen Stoffe bedingt. So wird z. B. ein Zusatz von Blei oder Arsenik zu Nahrungs- oder Genußmitteln bis zu einem gewissen, ja nach den Umständen des Einzelfalles vom Sachverständigen zu beurteilenden Mengenverhältnisse nur „beschädigend“, bei Überschreitung dieses Verhältnisses dagegen „zerstörend“ auf die Gesundheit zu wirken vermögen.

Als Beispiele einer derartigen Herstellung von Gegenständen als Nahrungs- oder Genußmittel, deren Genuß die menschliche Gesundheit

---

[1]) R. G. I. Urt. v. 5. November 1898.
[2]) Stenglein, l. c. S. 350.
[3]) R. G. IV. Urt v. 11. November 1898.
[4]) R. G. Urt. v. 9. Juni 1880.
[5]) l. c. S. 94.

nur zu beschädigen geeignet ist, mögen dienen: der Zusatz von Pikrinsäure zum Bier (um die vorgenommene Verdünnung des Bieres für den Geschmack zu maskieren); die Verschärfung schwachen Essigs durch spanischen Pfeffer oder durch Schwefelsäure; das Versetzen von Absynthlikör mit basisch essigsaurem Blei (um die milchige Trübung bei Vermischung mit Wasser herbeizuführen) u. a. m. —

Die Feststellung der Gesundheitsschädlichkeit ist vorwiegend Aufgabe des Mediziners.

Dieser muß aber die objektiven Unterlagen zu seiner Beurteilung des Gegenstandes vom Chemiker erhalten, insbesondere soweit es sich um die chemische Zusammensetzung handelt. Hat der Chemiker diese Unterlagen durch seine Untersuchung beigebracht, so drückt er sich in seinem Gutachten etwa folgendermaßen aus: „Auf Grund des vorstehenden Befundes kommt hier die Gesundheitsschädlichkeit und mithin eine Verletzung des § 12 (resp. § 13) des Nahrungsmittelgesetzes vom 14. Mai 1879 in Frage. Es empfiehlt sich, nach dieser Richtung einen medizinischen Sachverständigen zu hören".

Da indessen über die gesundheitsschädlichen Eigenschaften mancher Stoffe unter den Medizinern selbst noch sehr geteilte Ansichten bestehen, so berühre man die Frage der Gesundheitsschädlichkeit nur in unvermeidlichen Fällen.

Wo dagegen durch präzise Spezialgesetze die Materie erschöpfend geregelt ist — wie z. B. bei dem Gesetz betreffend den Verkehr mit blei- und zinkhaltigen Gegenständen vom 25. Juni 1887, dem Gesetz betreffend die Verwendung gesundheitsschädlicher Farben usw. vom 5. Juli 1887, dem Gesetz betreffend die Schlachtvieh- und Fleischbeschau vom 3. Juni 1900 (§ 21) — sehe man ganz davon ab, den § 12 des Nahrungsmittelgesetzes überhaupt heranzuziehen.

Verhältnis der §§ 12, 13 des Nahrungsmittelgesetzes zu § 324 des Strafgesetzbuches [1]).

Der § 324 des Str.G.B. bedroht, abgesehen von dem Fall der vorsätzlichen Brunnenvergiftung:

a) denjenigen, welcher vorsätzlich Gegenstände, welche zum öffentlichen Verkaufe oder Verbrauche bestimmt sind, vergiftet oder denselben Stoffe beimischt, von denen ihm bekannt ist, daß sie die menschliche Gesundheit zu zerstören geeignet sind;

b) denjenigen, welcher solche vergiftete oder mit gefährlichen Stoffen vermischte Sachen wissentlich und mit Verschweigung dieser Eigenschaft verkauft, feilhält oder sonst in Verkehr bringt.

Darnach ist, wer wissentlich vergiftete oder mit gefährlichen Stoffen vermischte Sachen verkauft, feilhält oder sonst in Verkehr bringt, nur dann strafbar, wenn er diese Eigenschaft verschwiegen hat. Diese Bestimmung macht den Zwischenhändler, welcher — der Natur der Sache

---

[1]) Vergl. Meyer-Finkelnburg, l. c. S. 87—89.

nach — dem Konsumenten die gesundheitsgefährliche Eigenschaft des Gegenstandes verschweigt, strafbar, läßt aber den Fabrikanten und Grossisten, der sie dem Zwischenhändler mitteilt, straffrei.

Diese Anomalie erachtet das Nahrungsmittelgesetz für nicht gerechtfertigt, denn es läßt sich nicht absehen, welche rechtliche Bedeutung das Verschweigen der Gesundheitsgefährlichkeit haben soll, da hier doch eine gemeingefährliche Handlung und nicht ein Betrug oder eine diesem analoge strafbare Handlung in Frage steht, bei welcher die Täuschung eines anderen ein wesentliches Moment ist. Das Gesetz vom 14. Mai 1879 hat daher von dieser Bedingung der Strafbarkeit abgesehen[1]).

Durch die §§ 12, 13 dieses Gesetzes ist demnach der § 324 Str. G.B. in betreff der Nahrungs- und Genußmittel sowie der in § 12 Nr. 2 bezeichneten Gebrauchsgegenstände absorbiert. In betreff aller anderen Gebrauchsgegenstände ist er unverändert in Geltung geblieben.

Darauf, ob durch die äußere Beschaffenheit des Nahrungsmittels über seine Gesundheitsschädlichkeit mehr oder minder leicht getäuscht wird, hat es nicht anzukommen[2]). Die Strafbarkeit im Sinne des § 12 liegt nicht in der Täuschung des Konsumenten über die Beschaffenheit des veräußerten Nahrungsmittels, sondern in der Gemeingefährlichkeit der Handlung, weshalb auch, abweichend von § 324 Str. G.B., das Tatbestandsmerkmal des „Verschweigens dieses Umstandes" (also hier der Gesundheitsgefährlichkeit) absichtlich weggelassen wurde[3]).

Gleichwohl hat das Reichsgericht wiederholt den Verkäufer als zur Angabe der gesundheitsgefährlichen Beschaffenheit der Ware verpflichtet erachtet[4]).

Es ist indessen ein Zusammentreffen von § 12 Ziff. 1 mit § 10 des Nahrungsmittelgesetzes möglich[5]). Dies wurde beispielsweise beim Feilhalten und Verkauf von Backwaren angenommen, welche durch Zusatz von verschimmelten Backwaren zu Teig hergestellt waren. Hier wurde einerseits festgestellt, daß das durch Zusatz verschimmelter Backwaren hergestellte Gebäck die menschliche Gesundheit zu beschädigen geeignet war, andrerseits wurde eine Verfälschung im Sinne des § 10 angenommen, weil für erwiesen erachtet war, daß dem mit schimmeliger Substanz versetzten Teig durch das Verbacken der Schein einer besseren Beschaffenheit gegeben, die eingetretene Verschlechterung also verdeckt wurde[6]).

Schlußwort zu den vorstehenden Ausführungen.

Bei der Anwendung der Bestimmungen des Nahrungsmittelgesetzes fällt dem Nahrungsmittelchemiker die Aufgabe zu, festzustellen, unter

---

[1]) Vergl. Motive S. 24, 25.
[2]) Vergl. Würzburg, l. c. S. 86.
[3]) R. G. I. Urt. v. 11. Mai 1888; ebenso R. G. III. Urt. v. 4. Januar 1882.
[4]) R. G. III. Urt. v. 30. März 1881; desgl. v. 26. September 1892.
[5]) Vergl. Würzburg, l. c. 88.
[6]) R. G. Urt. v. 20. Januar 1888.

welchem der vorstehend besprochenen Begriffe die von ihm mit Hilfe der Analyse nachgewiesene Abweichung eines Gegenstandes vom Normalen zu betrachten ist. Er hat demnach o b j e k t i v zu prüfen:

1. ob in einer Handlung ein Nachmachen oder Verfälschen zu erblicken ist;
2. ob eine Herstellungsweise geeignet ist, den Abnehmer oder Konsumenten über das Wesen des fertigen Produktes zu täuschen;
3. ob die ihm vorgelegten Gegenstände nachgemacht, verfälscht oder verdorben sind, resp. ob bei ihrer Beurteilung die Frage der Gesundheitsschädlichkeit in Betracht kommt.

Die Prüfung der s u b j e k t i v e n Momente von Fall zu Fall ist hingegen ausschließlich A u f g a b e   d e s   R i c h t e r s. Dieser hat darüber zu e n t s c h e i d e n, ob in einem Falle eine Verfälschung, Nachmachung usw. vorliegt. Sache des Chemikers ist es dabei lediglich sein Gutachten abzugeben.

Spezieller Teil.

1. Kapitel.

Milch, Milchprodukte, Milchkonserven.

I. Milch.

Der Verkehr mit Milch bemißt sich nach den Bestimmungen des Nahrungsmittelgesetzes bzw. des § 367 Ziffer 7 des Strafgesetzbuches. Spezialgesetze für den Verkehr mit Milch bestehen nicht.

Allerdings ist seinerzeit vom Reichskanzler die Frage, ob und eventuell inwiefern der Verkehr mit Milch zum Gegenstande einer einheitlichen Regelung für das Reich auf Grund des Gesetzes vom 14. Mai 1879 zu machen sei, einer Sachverständigenkommission unterbreitet worden. Diese hat das Ergebnis der Verhandlungen in einem Berichte niedergelegt, welcher die Unausführbarkeit eines für den praktischen Gebrauch der Polizeibehörden geeigneten einheitlichen Milchuntersuchungsverfahrens dargetan hat. Namentlich kam dabei der Umstand in Betracht, daß die Anforderungen an die Marktmilch für das ganze Reichsgebiet einheitlich nicht festgestellt werden konnten, weil die Zusammensetzung der Milch je nach der Beschaffenheit der Rindviehrassen sowie des Viehfutters in den einzelnen Gegenden sehr verschieden ist. Es ergab sich aus diesen Gründen die Notwendigkeit, von einem einheitlichen Milchuntersuchungsverfahren für das Deutsche Reich Abstand zu nehmen[1]).

Dagegen sind in einer Anzahl von Bundesstaaten Anweisungen und Verordnungen zur Überwachung des Verkehrs mit Milch von den Landeszentralbehörden wie von den Magistraten und Polizeibehörden verschiedener Städte erlassen worden; so für Württemberg die Verfügung des Ministeriums des Innern vom 24. April 1886, für Bayern die Ministerialentschließung, den Verkehr mit Milch betreffend, vom 20. Juli 1887 und die Oberpolizeiliche Vorschrift vom 15. Juli 1887, für Sachsen die Ministerialverordnung, den Verkehr mit Milch betreffend, vom 23. Juni 1899, für Preußen der Runderlaß, betreffend die Regelung des Verkehrs mit Milch, vom 27. Mai 1899 und dessen Abänderung vom 29. Mai 1900, usw.[2]).

---

[1] Vergl. Meyer-Finkelnburg, l. c. S. 148, Anmerkung.

[2] Vergl. K. von Buchka, die Nahrungsmittelgesetzgebung im Deutschen Reiche, Berlin 1901, S. 17—30.

In den ortspolizeilichen Verordnungen wird in manchen Teilen des Reiches, besonders Norddeutschlands, für den Fettgehalt der Milch ein bestimmtes Mindestmaß, etwa 2,7—3 %, verlangt. Dies ist namentlich in Gegenden der Fall, in welchen die Kühe mit minderwertigen Futtermitteln, wie Rübenschnitzel, Kartoffelschlempe und dergl., genährt werden und infolgedessen eine fettärmere Milch liefern; ebenso dort, wo das System der reinen Abmelkwirtschaft besteht usw. Auf das Bedenkliche einer solchen Maßregel wurde schon an anderer Stelle hingewiesen. Sehr treffend äußert sich dazu R. Kayser[1]) folgendermaßen: Für den gewissenlosen Fälscher bietet eine solche Festsetzung (einer unteren Grenze für den Fettgehalt) eine Art von Prämie für eine zulässige Herabminderung des natürlichen Fettgehaltes der Milch, der 3 % sehr oft, vielleicht meistens nicht unerheblich übersteigt, durch Abrahmen. Sie bietet einen Schutz nur gegen jene Gruppe von Fälschern, die durch absichtliche Zucht und Fütterung bestimmter Rindviehrassen mit notorisch quantitativ reichlichem, qualitativ sehr minderwertigem Milchertrage wissentlich und vorsätzlich, bei Lichte besehen, nichts anderes tun, als die Milch bereits im Euter der Kuh verfälschen. —

Begriff, Eigenschaften und Zusammensetzung.

Milch ist das nach einem Geburtsakte längere Zeit zur Ausscheidung gelangende, durch regelmäßiges, ununterbrochenes und vollständiges Ausmelken gewonnene Sekret der Milchdrüsen von gesunden weiblichen Haussäugetieren. Wegen der überwiegenden Verwendung der Kuhmilch ist unter der Bezeichnung „Milch" schlechthin nur diese zu verstehen.

Die Milch stellt eine mehr oder weniger undurchsichtige, weiße oder, je nach der Art der Fütterung, gelblichweiße Emulsion dar. Sie besitzt einen charakteristischen Geruch und einen angenehmen mildsüßlichen Geschmack. Ihre Reaktion ist amphoter, eine Folge der gleichzeitigen Anwesenheit von — sauren — primären und — alkalischen — sekundären Alkaliphosphaten. Frische Milch gerinnt nicht beim Kochen.

Die Hauptbestandteile der Milch sind: Wasser, eiweißartige Stoffe (Käsestoff usw.), Milchfett, Milchzucker und Mineralstoffe. Hiervon befinden sich die Mineralstoffe (Salze), der Milchzucker und das Lactalbumin in Lösung, im Milchserum. Das Kasein ist in gequollenem Zustande und das Milchfett in sehr feiner Verteilung in Form mikroskopisch kleiner Tröpfchen (Milchkügelchen) vorhanden. Außerdem enthält frische Milch an Gasen freie Kohlensäure, Stickstoff und geringe Mengen Sauerstoff.

Der Gehalt der Milch an diesen Bestandteilen ist von verschiedenen Verhältnissen abhängig. Im allgemeinen setzt der Begriff „Milch" voraus, daß man es mit dem ganzen, durch vollständiges Aus-

---

[1]) Deutsch. Nahrm. Rundsch. 1903, I, 33.

melken des Euters gewonnenen, wohl durchgemischten Gemelke
einer Kuh oder mit dem Gemenge solcher Gemelke von mehreren
Kühen zu tun hat. Bei zweimaligem täglichen Melken ist die Morgenmilch und Abendmilch von fast gleicher Zusammensetzung, letztere ist
höchstens um 0,5 % fettreicher. Hingegen ist bei dreimaligem Melken
die Mittags- und Abendmilch gehaltvoller, namentlich fettreicher, als die
Morgenmilch; in diesem Falle übersteigt gewöhnlich der Fettgehalt der
Abendmilch den der Morgenmilch um etwa 1 %, manchmal sogar bis
zu 1,5 %. Bei Weidegang oder Grünfütterung im Sommer treten auch
bei nur zweimaligem Melken Differenzen bis zu 1 % Fett zwischen
Abend- und Morgenmilch auf.

Das Futter ist von bedeutendem Einfluß auf die Zusammensetzung
der Milch. So bedingen im allgemeinen proteinreichere Futtermittel
eine qualitativ und quantitativ bessere Ausbeute an Milch, während
wasserreiche Futtermittel (Schlempe, Rübenschnitzel, Küchenabfälle) zwar
eine größere Milchmenge, aber eine weniger gehaltreiche Milch liefern.
Plötzlicher Futterwechsel (von Trocken- zu Grünfutter) ist meist von erheblichem Einfluß. Sommermilch (Grünfutter) pflegt gehaltvoller als
Wintermilch (Trockenfutter) zu sein.

Auch sonst ist die Zusammensetzung der Milch Schwankungen unterworfen, die ihre Ursache in der Rasse und dem Alter der Kühe, ihrer
Verwendung zu Zugzwecken, der Laktationsdauer, sowie auch in gewissen
lokalen Verhältnissen haben.

Alle diese Umstände erschweren die Milchkontrolle, und es ist, wie
die „Vereinbarungen" hervorheben, unumgänglich notwendig, daß man
sich in seinem Kontrollbezirke durch ausgedehnte Untersuchungen und
Beobachtungen einen genauen Einblick in die Milchverhältnisse, namentlich die Haltung und Fütterung des Milchviehes, die Rassen, Zahl der
Kühe, den durchschnittlichen Fettgehalt usw. verschafft.

Wie aus diesen Ausführungen hervorgeht, kann von einer konstanten chemischen Zusammensetzung der einzelnen Gemelke einer Kuh
im allgemeinen nicht die Rede sein; immerhin lassen sich doch für die
in Deutschland herrschenden Verhältnisse über die mittlere chemische
Zusammensetzung der Tagesmilch größerer Kuhherden (15 und mehr
Stück) und über die Grenzen, zwischen denen die Mengen der einzelnen
Bestandteile solcher Milch schwanken, die nachstehenden Zahlen angeben:

	Mittel	Grenzen der Schwankungen
Wasser	87,75 %	86,0—89,5 %,
Fett	3,40 %	2,7— 4,3 %,
Stickstoffsubstanz .	3,50 %	3,0— 4,0 %,
Milchzucker . .	4,60 %	3,6— 5,5 %,
Mineralbestandteile	0,75 %	0,6— 0,9 %.

Dieser mittleren Zusammensetzung entspricht ein spezifisches Gewicht
von 1,03165 bei 15⁰. Das Gewichtsverhältnis des Fettes zu den eiweiß-
artigen Stoffen ist das von 100 : 103. Die Trockensubstanz t, im Mittel
12,25 % vom Milchgewicht, enthält bei einem spezifischen Gewicht von

$m = 1{,}333$ im Mittel 27,75 % Fett, und die fettfreie Trockensubstanz (r), im Mittel 8,85 % vom Milchgewicht, hat für alle Sorten von Kuhmilch sehr annähernd das gleichbleibende spezifische Gewicht von $n = 1{,}6$ bei 15°.

Wenn sich auch für die Schwankungen der Menge der einzelnen Bestandteile der Milch und für die Schwankungen des spezifischen Gewichtes Grenzen, die für die verschiedenen Gegenden Deutschlands in gleichem Maße Geltung beanspruchen können, nicht aufstellen lassen, und wenn es daher, wie schon oben hervorgehoben worden ist, als unerläßlich bezeichnet werden muß, sich für jeden Bezirk, in dem eine Kontrolle ausgeübt werden soll, durch ausgedehnte Untersuchungen und Beobachtungen sichere Anhaltspunkte für sein Urteil zu verschaffen, so darf man bei den für Deutschland geltenden Verhältnissen für Marktmilch und für weitaus die Mehrzahl der Fälle wohl annehmen, es schwanke bei unverfälschter Milch:

das spezifische Gewicht bei 15° . . . . . . von 1,029— 1,033,
der Gehalt an Fett . . . . „ 2,50 — 4,50 %,
der Gehalt an Trockensubstanz . . . . . „ 10,50 —14,20 %,
der Gehalt an fettfreier Trockensubstanz . . „ 8,00 —10,00 %,

und es sinke der Gehalt der Trockensubstanz an Fett nicht unter 20 %, bzw. es erhebe sich das spezifische Gewicht der Trockensubstanz nicht über 1,4. Bei täglich dreimaligem Melken kann der Fettgehalt der Morgenmilch aus den angegebenen Grenzen nach unten sehr wohl heraustreten, ohne daß Fälschung vorliegt[1]).

Unter Kindermilch versteht man eine Vollmilch, an die bestimmte hygienische Anforderungen — namentlich in bezug auf Gesundheitszustand und Fütterung der Kühe, Gewinnung, Behandlung, Abfüllung, Freisein von pathogenen Keimen — eventuell auch erhöhte Anforderungen an den Fettgehalt gestellt werden. Die Bezeichung gewöhnlicher Milch als Kindermilch ist nach einem Urteil des Landgerichtes in Straßburg als Betrug strafbar.

Verfälschungen.

Bei keinem anderen Nahrungsmittel wird die Entwertung resp. Verfälschung vor dem Verkaufe so häufig beobachtet, wie bei der Milch.

Die gebräuchlichsten Formen der Verfälschung sind:

1. Die Verdünnung (Wässerung). Ganzer Milch wird in mehr oder minder erheblicher Menge Wasser zugesetzt, und somit ihr Nährwert in mehr oder weniger hohem Grade beeinträchtigt.

2. Die Entrahmung. Entrahmter Milch fehlt ein mehr oder weniger großer Teil des in ganzer (voller) Milch enthaltenen Fettes, mithin einer der wichtigsten Bestandteile. Sie ist daher minderwertig und für die Ernährung von Säuglingen ungeeignet.

---

[1]) Vergl. Vereinbarungen zur einheitl. Untersuchung und Beurteilung v. Nahrungs- u. Genußmitteln sowie Gebrauchsgegenständen für d. Deutsche Reich. Berlin 1897. S. 57, 63.

3. Die sogenannte kombinierte Fälschung (gleich-zeitige Entrahmung und Wässerung). Milch wird erst dem Abrahmungsprozeß unterworfen und nachträglich noch mit Wasser ver-dünnt. Diese Verdünnung wird vorgenommen, um das durch die Ent-rahmung erhöhte spezifische Gewicht wieder auf das normale Maß zurück-zuführen.

4. Der Zusatz von fremden Stoffen.

Für die Erkennung der unter 1—3 angeführten Arten der Milch-fälschung dienen folgende Anhaltspunkte:

1. Durch die Wässerung der Milch wird
    a) das spezifische Gewicht der Milch und des Serums er-niedrigt;
    b) der Gehalt der Milch an sämtlichen Bestandteilen gleich-mäßig erniedrigt, einschließlich des Gehaltes an fettfreier Trockensubstanz, dagegen
    c) bleibt der Fettgehalt der Milchtrockensubstanz bzw. deren spezifisches Gewicht normal.

    Im allgemeinen ist eine Milch, falls es sich nicht um die Milch einer einzelnen Kuh handelt, als gewässert zu bezeichnen, wenn das spezifische Gewicht der Milch unter 1,028, das des Serums unter 1,026 und der Gehalt an fettfreier Trockensubstanz unter 8 % erheblich herab-sinkt.

    Fällt hierbei der Fettgehalt der Milchtrockensubstanz nicht unter 20 %, bzw. steigt das spezifische Gewicht der-selben nicht über 1,4, so ist nur eine Wässerung an-zunehmen.

    Zur Stützung des Nachweises einer Wässerung dient die Diphenylaminreaktion auf Salpetersäure; bei geringem Wasserzusatz kann sie geradezu ausschlaggebend sein. Aller-dings besitzt sie nur positiven Wert, da sie selbstverständ-lich nur eintritt, wenn salpetersäurehaltiges Wasser verwendet wurde.

2. Durch die Entrahmung der Milch oder das Vermischen von Milch mit entrahmter Milch wird
    a) das spezifische Gewicht der Milch erhöht, während das des Serums dasselbe bleibt;
    b) Trockensubstanz- und Fettgehalt werden erniedrigt, jedoch letzterer mehr als ersterer; es kann daher der Gehalt an fettfreier Trockensubstanz über 8 % betragen;
    c) der Fettgehalt der Milchtrockensubstanz fällt, bzw. ihr spezifisches Gewicht steigt.

    Eine Milch ist, falls es sich nicht um die Milch einer einzelnen Kuh handelt, als entrahmt oder als mit ent-rahmter Milch vermischt zu bezeichnen, wenn bei er-höhtem spezifischen Gewicht der Milch und normalem

spezifischen Gewicht des Serums oder normalem Gehalt an
fettfreier Trockensubstanz der prozentische Fettgehalt der
Milchtrockensubstanz unter 20 % e r h e b l i c h sinkt bzw.
ihr spezifisches Gewicht über 1,4 e r h e b l i c h steigt.

3. W ä s s e r u n g u n d E n t r a h m u n g z u g l e i c h liegen vor,
wenn bei unter Umständen normalem spezifischen Gewichte der
Milch das des Serums e r h e b l i c h unter 1,026 sinkt und bei
erniedrigtem Gehalt an sämtlichen Milchbestandteilen der Fettgehalt
der Milchtrockensubstanz e r h e b l i c h unter 20 % sinkt bzw.
deren spezifisches Gewicht e r h e b l i c h über 1,4 steigt.

Bei der Feststellung des spezifischen Gewichtes muß der
K o n t r a k t i o n der Milch gebührend Rechnung getragen werden.
Das spezifische Gewicht frisch gemolkener Milch nimmt nämlich
mit der Zeit zu und wird oft erst nach 12 Stunden konstant. Die
dabei eintretende Verdichtung kann 2—7 Einheiten der vierten
Dezimale des spezifischen Gewichtes ausmachen. (Es sollen sogar
Differenzen bis zu 21 solcher Einheiten beobachtet worden sein [1]).)
Die Ursache dieser Erscheinung ist noch nicht ganz aufgeklärt.
Jedenfalls muß, in Berücksichtigung dieser Tatsache, bei frisch
gemolkener Milch die Bestimmung des spezifischen Gewichtes am
folgenden Tage wiederholt werden.

Durch die vorstehenden Anhaltspunkte können nur verhältnismäßig
grobe Verfälschungen der Milch nachgewiesen werden, dabei ist es unmöglich, auch nur annähernd, den Grad derselben festzustellen. Entfernen sich daher die gefundenen Zahlen nur wenig von den oben angeführten Grenzen nach oben wie nach unten, oder aber handelt es sich
um die Milch einer einzelnen Kuh [2]), oder soll der Grad der Verfälschung annähernd festgestellt werden, so ist unbedingt die Vornahme
einer Stallprobe erforderlich.

Die **Stallprobe** ist nur möglich, wenn sicher festgestellt werden
kann, aus welchem Stalle die fragliche Milch stammt, und sie hat nur
dann einen Zweck, wenn ganz genau bekannt ist, von welcher Melkzeit
die Milch herrührt. Sie besteht darin, daß man zu derselben Melkzeit,
zu der die verdächtige Milch gemolken sein soll, am besten von derselben
Person, welche gewöhnlich melkt, das Melken besorgen läßt, eine Durchschnittsprobe von der ganzen ermolkenen Mischung nimmt, diese untersucht, die nunmehr erhaltenen Ergebnisse mit den früheren vergleicht

---

[1]) Vergl. F. J. H e r z, Die gerichtliche Untersuchung d. Kuhmilch, Berlin-
Neuwied 1899, S. 16.

[2]) Die Zusammensetzung nicht nur einzelner Melkungen, sondern auch des
Tagesgemelkes einer einzelnen Kuh schwankt mitunter von einem Tage zum
andern so sehr, daß sich auf Grund e i n e r e i n z i g e n Stallprobe kein maßgebendes Urteil gewinnen läßt. Für eine einzelne Kuh — ein Fall, der allerdings bei der Marktkontrolle der Milch kaum vorkommt — ist es daher in
Zweifelfällen notwendig, mehrere fortlaufende Stallproben zu entnehmen und
zu untersuchen.

und sorgfältig erwägt, ob der Vergleich den bestehenden Verdacht bestätigt oder nicht.

Für die Stallprobe, die durch den Sachverständigen selbst oder eine hinreichend instruierte Person (Polizeibeamten) erfolgen muß, ist in Bayern nachstehende amtliche Vorschrift erlassen worden[1]).

Anweisung zur polizeilichen Überwachung des Verkehrs mit Milch.

C. Stallprobe.

Die „Stallprobe" besteht darin, daß in der Stallung, aus welcher die beanstandete Milch stammt, alle Kühe, welche zur Gewinnung von Verkaufsmilch dienen, unter polizeilicher Aufsicht gemolken, und aus der hierbei gewonnenen Milch Proben zum Zwecke der Untersuchung und der Vergleichung mit der beanstandeten Milch entnommen werden.

Die Stallprobe muß tunlichst bald, längstens innerhalb dreier Tage nach Beanstandung der Milch, vorgenommen werden und ist nach Maßgabe der anliegenden Anweisung in Ausführung zu bringen.

Anweisung zur Vornahme von Stallproben.

1. Die Stallprobe ist unter polizeilicher Leitung, und zwar zu der im betreffenden Stalle üblichen Melkzeit — womöglich zur gleichen Tageszeit, während welcher die beanstandete Milch gemolken wurde — vorzunehmen.

2. Die Stallprobe wird zunächst durch folgende Erhebungen eingeleitet:
   a) Anzahl der im Stalle vorhandenen milchenden Kühe;
   b) Anzahl der Kühe, welche von dem Besitzer als diejenigen bezeichnet werden, von welchen die beanstandete Milchlieferung herrührt;
   c) Zahl der täglichen Melkzeiten;
   d) Art der Fütterung unter besonderer Berücksichtigung eines etwa inzwischen stattgehabten Futterwechsels;
   e) Rasse, Nähr- und Gesundheitszustand der aufgestellten Kühe nebst Angabe der Zeit, welche seit dem letzten Kalben derselben verflossen ist.

3. Nach Bereitstellung der nötigen Gerätschaften beginnt das Melken unter Aufsicht der Kontrollorgane.

   Die zum Melken und zur Milchsammlung dienenden Gefäße sind vor der Verwendung umzustürzen, um das etwa in ihnen enthaltene Wasser zu entleeren.

4. Jede einzelne Kuh ist vollständig auszumelken, und haben die anwesenden Kontrollorgane sich hiervon bei jeder Kuh zu überzeugen.

5. Für die Probeentnahme ist die am Lieferungstage der beanstandeten Milch eingehaltene Sammlungsweise maßgebend; hierbei können hauptsächlich folgende Verfahrungsarten in Betracht kommen:

---

[1]) Ministerialentschließung, den Verkehr mit Milch betreffend, vom 20. Juli 1887. — Amtsblatt des Kgl. Staatsministeriums des Inneren 1887, Nr. 26, S. 244.

Anmerkung: Um die Milch vor dem Gerinnen (Sauerwerden) zu bewahren, empfiehlt es sich, jeder Probe 6—8 Tropfen Formalin auf je 1 Liter zuzusetzen.

a) Die Milch sämtlicher Kühe wird in einem Sammelgefäße gründlich gemischt und gemessen.

In diesem Falle ist nur eine Probe zu entnehmen.

b) Die Milch von mehreren Kühen wird partieweise gesammelt und gemischt. Hier ist von jeder Milchpartie eine Probe zu nehmen.

c) Die Milch wird, was in größeren Stallungen und bei Anwendung des Milchkühlers die Regel bildet, unmittelbar in die Transportkannen gefüllt.

Hier ist von jeder einzelnen Transportkanne eine Probe zu entnehmen.

Bei den unter b und c genannten Sammelarten ist darauf zu sehen, daß die Melkung der Kühe in der bisher üblichen Reihenfolge vorgenommen wird.

In der Tabelle (siehe Ziffer 8) ist die Anzahl der Kühe zu verzeichnen, welche die Sammlungen für die einzelnen Milchproben geliefert haben.

6. Nach gründlicher Durchmischung der einzelnen für die Probeentnahme bestimmten Sammelmengen ist die zur Probe bestimmte Milchmenge (mindestens $\frac{1}{2}$ Liter) in einer mit der treffenden Probenummer versehenen Flasche in ein Gefäß mit frischem Brunnenwasser zum Abkühlen auf 15—18° C einzustellen.

Ist letztere Temperatur erreicht, so ist nach wiederholter Mischung das spezifische Gewicht mit dem amtlich beglaubigten Lactodensimeter zu bestimmen und mit der jeweilig beobachteten Temperatur vorzumerken. Diese Bestimmung des spezifischen Gewichtes der gemolkenen Milch an Ort und Stelle darf niemals unterbleiben, da möglicherweise die Proben auf dem Transporte durch Zerbrechen der Gefäße oder durch Gerinnen verunglücken können.

Sodann sind die einzelnen abgekühlten Proben von mindestens je $\frac{1}{2}$ l in den zugehörigen numerierten Flaschen sicher mit reinen Korken zu verschließen und für weiteren Transport in Sägespänen oder feinem Strohhäcksel sorgfältig zu verpacken, die Verpackung zu versiegeln und möglichst rasch dem betreffenden Sachverständigen zur weiteren Untersuchung zu übermitteln.

7. Dem Besitzer sind auf Verlangen Proben von dem gleichen Inhalte wie die zu Amtshanden genommenen versiegelt zurückzulassen.

8. Die nötigen Aufzeichnungen sind während der Stallprobe nach dem nachstehenden Schema zu machen.

(Siehe Anlage I und II nächste Seite.)

Bei richtiger Ausführung der Stallprobe werden sich die Ergebnisse der beiden Analysen, falls eine Fälschung nicht vorliegt, gewöhnlich für das spezifische Gewicht der Mischmilch um nicht mehr als zwei Einheiten der dritten Dezimale, für den Gehalt an Fett um nicht mehr als 0,3 % und den an Trockensubstanz um nicht mehr als 1 % unterscheiden. Größere Unterschiede sind nur ausnahmsweise bei der Milch einzelner Kühe beobachtet worden.

E. v. Raumer[1]) befürwortet die Beurteilung der Milch nach dem

---

[1]) Zeitschr. f. Unters. d. Nahr.- u. Genußm. 1906, **12,** 516.

Anlage I zur Anweisung für die polizeiliche Überwachung des Verkehrs
mit Milch.

Verzeichnis
über polizeiliche Milchuntersuchungen zu . . . .

Fortlaufende Nummer	Name des Polizeibeamten	Tag und Stunde der Untersuchung	Name und Wohnort des Milchverkäufers, a) des Viehbesitzers, b) des Unterhändlers.	Äußere Bezeichnung des Milchgefäßes (volle — abgerahmte Milch) Ltr.	Menge der im Gefäß enthaltenen Milch	Preis für das Liter	Temperatur (Celsius)	Unmittelbarer Befund nach dem Laktodensimeter	Laktodensimeter reduziert	Befund nach Fesers Laktoskop %o	Nummer der Probeflasche	Bemerkungen

Anlage II zur Anweisung für die polizeiliche Überwachung des Verkehrs
mit Milch.

Stallprobe
bei: Josef Huber, Gutsbesitzer in Zellstadt, Nr. 16.
Vorgenommen durch: Polizeioffiziant Merkl.
Zeit: am 10. November 1886, von morgens 6—7 Uhr.
Zahl der vorhandenen Kühe: 10.
Zahl der Kühe, welche die beanstandete Milch geliefert haben: 10.
Im Stalle übliche Melkzeiten: morgens 6 Uhr und abends 6 Uhr.
Milchsammlungsmethode: nach stattgefundener Kühlung in
einzelnen Transportkannen.

Nr. der Milchproben	Von wieviel Kühen	Gemolkenes Quantum in Litern	Rasse der Kühe	Laktationsperiode der Kühe	Preis für das Liter	Art des Verkaufs: An wen?	Spezifisches Gewicht	Temperatur nach Celsius	Bemerkungen über a) Nähr- und Gesundheitszustd. der Kühe. b) Art und Menge ihrer Fütterung. c) sonstige erhebliche Umstände.
1	2	15	Allgäuer	neumelkend	12 Pf.	Milchhändler J. Meier in Weißenstadt	31½	12	a) sämtl. Kühe sind gesund und wohlgenährt.
2	3	20	Simmenthaler	4—6 Monate nach dem Kalben	Desgl.	Desgl.	32	13	b) Heu u. Gsott (oder Heu u. Kleie, od. Maisschlempe, dem Stück ungefähr 25 l u. halb
3	5	15	Landschlag	altmelkend	Desgl.	Desgl.	34	15	Heu, halb Sommerstroh als Langfutter, oder Grünklee u. Gsott usw.).

Unterschrift des Kontrollorgans: Merkl.

ganzen Tagesgemelke, welches sich aus zwei Stallproben zusammensetzt, da die Stallproben unter sich bedeutende Tagesschwankungen zeigen.

Der Grad der Fälschung, d. h. die Menge des zugesetzten Wassers oder des entzogenen Fettes läßt sich nur annähernd nach der Stallprobe berechnen, und zwar dienen hierzu die folgenden Formeln von Fr. J. Herz:

a) bei gewässerter Milch:

$$1.\quad w = \frac{100 \cdot (r_1 - r_2)}{r_1};$$

$$2.\quad v = \frac{100 \cdot (r_1 - r_2)}{r_2}.$$

b) bei Entrahmung:

$$\varphi = f_1 - f_2 + \frac{f_2\,(f_1 - f_2)}{100};$$

c) bei gleichzeitiger Wässerung und Entrahmung:

$$\varphi = f_1 - \frac{\left[100 - \dfrac{(Mf_1 - 100\,f_2)}{M}\right] \cdot \left[f_1 - \dfrac{(Mf_1 - 100\,f_2)}{M}\right]}{100}.$$

In diesen Formeln bedeutet:

$w =$ das in 100 Teilen gewässerter Milch enthaltene zugesetzte Wasser;

$v =$ das zu 100 Teilen reiner Milch zugesetzte Wasser;

$\varphi =$ das von 100 Teilen reiner Milch durch Entrahmung hinweg-genommene Fett;

$r =$ den Gehalt der Milch an fettfreier Trockensubstanz;

$f =$ den Fettgehalt der Milch;

$M = 100 - w =$ die in 100 Teilen gewässerter Milch enthaltene Menge ursprünglich ungewässerter Milch.

Die mit Index 1 bezeichneten Größen beziehen sich auf die Stallprobenmilch; die mit Index 2 auf die verdächtige Milch.

Da geringe Verfälschungen dem Fälscher nicht den beabsichtigten Gewinn bringen, und wegen der Schwankungen auch bei vorschriftsmäßig vorgenommenen Stallproben bei der Beurteilung einer Milch große Vorsicht geboten ist, so empfiehlt es sich, wenn es sich um die Milch mehrerer Kühe handelt, erst dann eine Milch als gewässert zu beanstanden, wenn der berechnete Wasserzusatz wenigstens 10 % beträgt, oder erst dann eine Milch als teilweise entrahmt bzw. mit Magermilch vermischt zu bezeichnen, wenn der Fettgehalt der Trockensubstanz in der fraglichen Probe um wenigstens 5 % geringer ist als in der bei der Stallprobe entnommenen Milch (Vereinbarungen) [1].

Es sei jedoch darauf hingewiesen, daß sich bei Großbetrieben auch geringere Verfälschungen schon lohnen; solche können aber nur durch längere Zeit fortgesetzte, unauffällige Untersuchungen mit Sicherheit nachgewiesen werden.

---

[1] Vergl. dazu E. v. Raumer, l. c. 515 ff.

Der Milchverkäufer wird durch mancherlei Umstände zur Milchfälschung verleitet. Vor allen Dingen ist diese Manipulation bei ihrer leichten Ausführbarkeit und dem großen Milchkonsum außerordentlich gewinnbringend. Welche wirtschaftliche Bedeutung z. B. die Entrahmung hat, zeigt folgendes Beispiel aus der Praxis.

Der Milchhändler kauft das Liter Milch zu 14 Pf., zahlt also für 100 Liter 14 Mark. Von diesen verkauft er:

$$\begin{array}{llll}
6 \text{ Liter} & \text{besten Rahm à } 1,20 \text{ Mk.} & = & 7,20 \text{ Mk.,} \\
10 \quad\text{,,} & \text{Kaffeerahm à } 0,50 \text{ Mk.} & = & 5,00 \quad\text{,,} \\
84 \quad\text{,,} & \text{Milch à } 0,20 \text{ Mk.} \;\; . \;\; . & = & 16,80 \quad\text{,,} \\
& & \text{für zusammen} & 29,00 \text{ Mk.,}
\end{array}$$

d. i. mit weit über 100 % Nutzen. Von ähnlichem wirtschaftlichem Vorteil ist die Wässerung. Der hierbei resultierende Gewinn auf Kosten der Konsumenten ergibt sich aus einer einfachen Berechnung.

Nun wird sich die Entrahmung von Milch behufs der Rahm- und Butterbereitung nach wie vor nicht umgehen lassen. Ein Teil abgerahmter Milch wird daher in den Handel kommen müssen. Wer aber, besonders zum Zwecke der Kindernahrung, ganze frische Milch verlangt und abgerahmte oder verdünnte Milch erhält, wird ohne Zweifel benachteiligt, zumal da neben dieser Schädigung des Käufers auch die Gefahr der Beschädigung der Gesundheit der Kinder nahe liegt, für welche die verfälschte Milch bestimmt ist. Denn einerseits wird durch die Verdünnung der gesamte Nährwert der Milch in mehr oder weniger erheblichem Maße herabgesetzt, andrerseits soll bei der Entrahmung, wie F. Bordas und S. de Raczokowski[1]) nachgewiesen haben, neben dem Fett der Milch auch der weitaus größte Teil des für die Kinderernährung so ungemein wichtigen Lecithins entzogen werden.

Von einer untadelhaften, als frische Milch angebotenen Handelsmilch ist zu verlangen, daß sie vor dem Verkaufe weder aufgekocht noch pasteurisiert worden ist. Diese Anforderung fällt für die Zeiten weg, in denen Viehseuchen herrschen, und in denen das anhaltende Kochen der Milch vor dem Verkaufe gesetzlich geboten ist.

Nach Bordas und de Raczokowski[2]) soll das Kochen u. a. eine Verminderung des für die Ernährung sehr wichtigen Lecithingehaltes der Milch bewirken; demnach würde unter Umständen der Zusatz von gekochter zu frischer Milch eine Verschlechterung der letzteren herbeiführen.

4. **Zusatz von fremden Stoffen.** Diese Fälschungsart ist im großen und ganzen wenig üblich, es sind bei uns nur vereinzelte Fälle beobachtet worden. Ein solcher Zusatz geschieht meistens, um eine vorhergehende Verdünnung der Milch durch Wiederherstellung des der normalen Milch eigentümlichen Grades von Undurchsichtigkeit und Dick-

---

1) Ann. chim. analyt. 1902, **7**, 372—373.
2) Dortselbst, 1903, **8**, 168—169.

flüssigkeit zu verdecken. So wurde beobachtet, daß der abgerahmten und gewässerten Milch Zucker, Stärkekleister, rohe Stärke, Kreide, Gips, Weizenmehl, Dextrin, Gummi, Abkochungen von Kleie, Gerste, Reis, ja sogar Seifenlösung zugeführt wurden. In Nordamerika bilden Gelatine und Agar-Agar direkt Handelsartikel als Mittel zur Verleihung einer dichteren Konsistenz für Milch und Rahm. Zur Verdeckung des bläulichen Aussehens abgerahmter oder verdünnter Milch werden gelbe Farbstoffe zugesetzt; meist dienen Teerfarbstoffe diesem Zwecke, aber auch Orleans, Kurkuma, Safran, Carotin und Caramel finden Verwendung [1]).

Alle diese Zusätze sind bestimmt, eine vorherige Wertverringerung der Milch zu verdecken, sind also als Verfälschung im Sinne des Gesetzes zu betrachten. Eine Milch mit derartigen Zusätzen ist für die Ernährung ungeeignet bzw. schädlich; sie machen die Milch zu rascherem Verderben geneigt.

Sodann sind hier noch die Konservierungsmittel zu erwähnen, welche der Milch zugesetzt zu werden pflegen, in der Absicht, ihre Zersetzung zu verhindern oder entstehende Säure zu neutralisieren. Solche Konservierungsmittel sind einfach- und doppeltkohlensaures Natron, Salizylsäure, Benzoësäure, Borsäure und deren Salze; Formaldehyd, Abrastol. Alle diese Mittel haben den Zweck, älterer Milch das Aussehen von frischer Milch zu gewähren, ihr also den Schein einer besseren Beschaffenheit zu verleihen; sie bedingen eine Änderung der Zusammensetzung der Milch durch Erhöhung des Trockenrückstandes. Infolgedessen ist der Zusatz dieser Konservierungsmittel als Verfälschung zu bezeichnen, abgesehen von ihrer eventuell in Frage kommenden Gesundheitsschädlichkeit. In diesem Sinne hat auch das Landgericht in Hamburg [2]) entschieden, „daß bei Materien, bei welchen auf Frische Gewicht gelegt wird, wie Milch, die Anwendung von Konservierungsmitteln eine Fälschung darstellt".

Nachmachungen von Milch sind bisher nicht bekannt geworden, sie werden auch der Natur der Sache nach kaum möglich sein.

Verdorbene Milch.

Als verdorben muß eine Milch gelten, sobald an ihr eine Zersetzung irgendwelcher Art wahrnehmbar ist. Der Hauptvorgang der Zersetzung ist die freiwillige Säuerung. Sie gibt sich durch Gerinnen der Milch beim Aufkochen oder beim Zusammenmischen mit heißen Flüssigkeiten zu erkennen; eine hierbei gerinnende Milch ist schon stark zersetzt und für den Gebrauch wertlos, d. h. verdorben.

---

[1]) Vergl. H. Leffmann und W. Beam, Select Methods in Food Analysis, Philadelphia 1905, S. 215.

[2]) Urt. v. 30. November 1893.

Wenn die Milch zwar nicht beim Aufkochen, wohl aber bei Zimmertemperatur mit einem gleichen Volumen 70 %igen Alkohols gemischt, gerinnt, so ist sie schon in das erste Stadium der Zersetzung eingetreten; dieser Zustand ist das äußerst zulässige Maß der Verderbnis.

Da eine Milch von mittlerer Haltbarkeit, die unmittelbar nach dem Melken auf Zimmertemperatur abgekühlt und auf dieser erhalten wird, erst nach 33 Stunden die ersten Anzeichen der freiwilligen Zersetzung, der Säurebildung, zeigt, so kann man mit Fug und Recht die Forderung stellen, daß die feilgehaltene Vollmilch noch keinerlei Anzeichen eingetretener Säuerung erkennen läßt.

Neben der freiwilligen Säuerung, welche bei jeder Milch auftritt, kommen noch eine Reihe von sogenannten Milchfehlern in Betracht, durch welche der Wert und die Gebrauchsfähigkeit der Milch erheblich verringert werden. Hierher gehören die durch eine abnorme bzw. krankhafte Milchabsonderung hervorgerufenen Veränderungen der Milch, wie die Kolostrum- oder Biestmilch, welche einige Tage vor und nach dem Kalben ausgeschieden wird; die blutige Milch, die bei Erkrankungen des Euters und der Nieren und nach dem Genuß gewisser Futtermittel auftritt; die salzige oder rässe Milch, eine Folge von Euterentzündungen; die griesige oder sandige Milch, verursacht durch Eintrocknen der Milch an der Zitzenwandung.

Weitere Milchfehler sind auf die Wirkung von Bakterien zurückzuführen; sie treten durchweg erst mehr oder weniger lange nach dem Melken, oft auch erst an den Milcherzeugnissen auf. Solche Milchfehler sind: die blaue Milch, die rote Milch, die gelbe Milch, die schleimige oder fadenziehende Milch; die bittere Milch, die käsige Milch; die seifige Milch, zusammenfallend mit nicht gerinnender Milch oder nicht gerinnendem, schwer verbutterndem Rahm; die gärende Milch; die faulige Milch. Hierher gehört auch die wässerige Milch; sie hat meist ein bläuliches Aussehen, wenig Fett und Trockensubstanz, und das spezifische Gewicht 1,027—1,029. Bei gesunden, gut gehaltenen Kühen kommt dieser Milchfehler nie vor; bei Sammelmilch macht er sich nicht bemerkbar, da sich hier die Beschaffenheit der Milch ausgleicht. Der Nachweis, ob eine abnorm dünne Milch als solche von der Kuh stammt oder ob eine Wässerung vorliegt, gelingt mit dem Zoißschen Eintauchrefraktometer. Das Brechungsvermögen des Serums reiner Milch sinkt hierbei niemals unter 39 bei 20° C [1].

Jede mit einem dieser Fehler behaftete Milch gilt als verdorben im Sinne des Nahrungsmittelgesetzes, wie überhaupt eine jede unappetitlich aussehende, ekelerregende Milch mit abnormem Geschmack und Geruch, auch ohne daß der Nachweis der Gesundheitsschädlichkeit erbracht wird.

---

[1] H. Matthes u. F. Müller, Zeitschr. öffentl. Chem. 1903, **10**, 173; vergl. auch A. E. Leach und H. C. Lythgoe, Journ. Amer. Chem. Soc. 1904, **26**, 1195.

Als verdorben ist ferner eine Milch zu beanstanden, welche bei längerem ruhigen Stehen Schmutz absetzt. Dieser besteht gewöhnlich aus Kuhkot und gelangt in die Milch durch Unachtsamkeit und Unreinlichkeit beim Melken. Eine solche Milch ist nicht nur unappetitlich, sie kann auch unter Umständen die Trägerin pathogener Keime (Bac. coli usw.) sein.

Der bei der Allgemeinen Ausstellung für hygienische Milchversorgung im Jahre 1904 vorgelegte Entwurf einer Verordnung schlägt in dieser Beziehung vor: „Die Milch muß von allen augenscheinlichen Verunreinigungen und fremdartigen Stoffen frei sein und in einem solchen Zustande der Reinheit zum Verkaufe kommen, daß bei halbstündigem Stehen eines Liters Milch in einem Gefäß mit durchsichtigem Boden ein Bodensatz nicht beobachtet werden kann."

Gesundheitsschädliche Milch.

Verschiedene der vorstehend angeführten Milchfehler lassen die Milch nicht nur unter den Begriff „verdorben" fallen, sie sind auch geeignet, ihr gesundheitsschädliche Eigenschaften zu verleihen. So kann Milch mit Kolostraleigenschaften, abgesehen von ihrer ekelhaften Beschaffenheit, wegen ihres großen Salzgehaltes abführend wirken; auch einige örtliche Erkrankungen der Milchdrüsen, bei denen Eiter und Blut der Milch beigemengt werden, können letztere für den Genuß ungeeignet bzw. schädlich machen. Gewisse Infektionskrankheiten der Kühe — Maul- und Klauenseuche, Milzbrand u. a. — werden durch die Milch übertragen; das gleiche gilt von der Tuberkulose (Perlsucht, Lungensucht der Kühe). Auch die Verbreitung von Epidemien, wie Typhus und Cholera, und die Verschleppung ansteckender Krankheiten, wie Diphtherie und Scharlach, durch die Milch soll öfter beobachtet worden sein.

Gewisse Arzneien, welche bei Krankheiten den Kühen gegeben werden, gehen erfahrungsgemäß ebenfalls in die Milch über und machen sie zum menschlichen Genusse unbrauchbar.

Die hygienisch bedenklichen Eigenschaften des Schmutzgehaltes der Milch wurden bereits erwähnt. Von fachmännischer Seite ist wiederholt auf den ursächlichen Zusammenhang desselben mit den sich in warmen Tagen in erschreckender Weise häufenden Brechdurchfällen (Typhusverschleppung usw.) hingewiesen worden.

Das Kühlen der Milch durch Einwerfen von Eisstückchen ist gesundheitlich bedenklich wegen des Gehaltes des Eises an gesundheitsgefährlichen Kleinwesen, die in ihrer Entwicklungsfähigkeit nicht verändert sind. [Außerdem stellt diese Manipulation eine Wässerung der Milch dar [1]).]

Die Beurteilung der Gesundheitsschädlichkeit der Milch wird im allgemeinen auf der Grundlage bakteriologischer Untersuchung erfolgen. Sie ist Sache des Arztes oder des Tierarztes.

---

[1]) Bekanntmach. d. Polizei-Präsidenten v. Berlin v. 2. Juli 1898.

II. Milchprodukte.

Die Beurteilung der Milchprodukte ist derjenigen der Milch analog.

Rahm (Sahne, Oberes). Der Handelswert des Rahmes richtet sich nach dessen Fettgehalt, welcher zwischen weiten Grenzen wechselt. Als Minimum dürften 10 % Fett anzusehen sein. Als Fälschungsmittel dienen Zusätze von Stärke, Mehl, Gelatine, Agar-Agar usw. Auch Beimischung von Kalbshirn soll beobachtet worden sein.

Unter dem Namen „Grossin" und „Kalk-Zucker-Lösung" kommen Mittel in den Handel, „welche die frühere Dickflüssigkeit erhitzten Rahms wiederherstellen, die Sahne abzusetzen verhindern und vorzügliche Schlagfähigkeit bewirken bzw. das Absetzen der Schlagsahne verhindern und leichteres Schlagen ermöglichen sollen[1]." Sie enthalten im wesentlichen Kalk und Rohrzucker. Ihr Zusatz zum Rahm ist als Verfälschung (§ 10 N. M. G.) zu erachten; er erscheint auch gesundheitlich nicht unbedenklich, zumal wenn es sich um die Verwendung eines so verdickten Rahms als Kindernahrung handelt. Derartige Verdickungsmittel sollen namentlich in Nordamerika verbreitet sein.

Abgerahmte Milch oder Magermilch. Sie ist billiger als Vollmilch und stellt ein sehr wichtiges und wertvolles Nahrungsmittel vor. Von der ganzen Milch unterscheidet sie sich nicht allein durch den geringeren Fettgehalt, sondern auch durch die Menge der Milchsäure, die sich während der Rahmabsonderung gebildet hat. Bei den gegenwärtig üblichen Entrahmungsverfahren enthält Magermilch nicht über 0,5 %, manchmal nur 0,1 % Fett. Sie hat in der Regel ein spezifisches Gewicht von mindestens 1,032, meistens darüber. Unter Schleuderoder Zentrifugenmilch versteht man die in den Molkereien mittelst der Zentrifuge möglichst entfettete Milch.

Verfälscht wird die Magermilch durch Zusatz von Wasser. Für den Nachweis genügt meistens die Bestimmung des spezifischen Gewichtes. Dieses schwankt zwischen 1,032 und 1,036; das spezifische Gewicht des Serums soll nicht geringer als 1,026 sein. Die Trockensubstanz der Magermilch stellt sich im Mittel auf 9,40 %, sie schwankt zwischen 8,50 und 10,50 %. Zum Nachweis der Wässerung wäre auch die Diphenylaminreaktion auf Salpetersäure heranzuziehen. Ob Magermilch oder jener, als „wässerige Milch" bekannte Milchfehler vorliegt, soll sich nach H. Matthes und F. Müller[2] mit Hilfe des Zeißschen Eintauchrefraktometers nachweisen lassen.

Verdorben ist Mager- und Schleudermilch, die beim Aufkochen gerinnt.

Das Verfahren, ein Gemisch von Zentrifugen- oder Magermilch mit Rahm als Vollmilch zu verkaufen, ist vom Standpunkte der Lebensmittelpolizei als unerlaubt zu bezeichnen, es trägt sogar die

---

[1] F. Reiß, Zeitschr. f. Unters. d. Nahr.- u. Genußm. 1904, 8, 605—607.
[2] Zeitschr. öffentl. Chem. 1903, 10, 173—178.

Merkmale des Betruges. Denn nach einer Entscheidung des Reichsgerichts[1]) ist unter „Vollmilch" die Milch in ihrer ursprünglichen Zusammensetzung zu verstehen; Milch, der nichts von ihren natürlichen Bestandteilen entzogen, und an der nichts durch Zusätze oder weitere künstliche oder natürliche Einwirkungen verändert ist; also im Gegensatz, z. B. zu Rahm, zu Mager-, Butter-, saurer Milch u. dgl.; kurz — wenn von Kuhmilch die Rede ist — wie sie von der Kuh kommt.

Bei dem erwähnten Verfahren liegt eben nicht mehr ein Naturerzeugnis, sondern ein künstlich hergestelltes Gemenge von Rahm mit Magermilch vor.

Etwas anderes ist die Herstellung von sogenanntem einfachem Rahm durch Vermengung von fettreicherem Schlagrahm mit abgerahmter Milch. Da über die Gewinnungsweise und die Beschaffenheit des Rahms keine allgemein gültigen Normen bestehen, der Rahm daher von sehr wechselnder Zusammensetzung insbesondere in Bezug auf seinen Fettgehalt ist, so läßt sich gegen die Gewinnung von sogenanntem einfachem Rahm durch mischen bzw. verdünnen von fettreicherem Rahm (Schlagrahm) mit Magermilch auf einen dem Preise entsprechenden Fettgehalt kein Einwand erheben.

Unter **Halbmilch** wird in manchen Gegenden ein Gemisch von entrahmter Abendmilch mit frischer Morgenmilch verstanden. Während in Berlin[2]) ihr Fettgehalt auf mindestens 1,5 % und ihr spezifisches Gewicht auf mindestens 1,030 bei 15° festgesetzt ist, haben andere Orte, z. B. Dresden[3]), den Verkauf dieses sehr zweifelhaften und vielfach zu unlauteren Manipulationen benutzten Gemisches überhaupt verboten. Desgleichen empfiehlt der Preußische Runderlaß, betreffend die Regelung des Verkehrs mit Milch, vom **27.** Mai 1899, die Halbmilch wegen der Schwankungen ihrer Eigenschaften (spezifisches Gewicht, Fettgehalt) allmählich vom Verkehr auszuschließen. In anderen Teilen des Reichs, z. B. in Bayern, ist dieser Begriff überhaupt nicht bekannt.

Buttermilch ist die beim Buttern im Butterfasse zurückbleibende Flüssigkeit (nicht mit Schleudermilch zu verwechseln). Buttermilch ist keine „Milch" mehr, und wenn sie Handelsartikel ist, so dürfen nach F. J. Herz[4]) Zusätze von Wasser, doppeltkohlensaurem Natron usw. nicht beanstandet werden, insofern sie nicht gerade gesundheitsschädlich sind: diese Zusätze geschehen nämlich, um das Buttern zu erleichtern und ausgiebiger zu machen. Bei der Beurteilung sprechen jedenfalls lokale Gebräuche mit. So erklärte das Landgericht zu Altenburg auf Grund eines lokalen Geschäftsgebrauches einen 10-prozentigen Wasserzusatz als zulässig; erst von da ab nahm es eine Verfälschung der Buttermilch an.

---

[1]) R. G. I, Urt. v. 21. Dezember 1899.
[2]) Polizeiverordnung v. 1. August 1887.
[3]) Verordnung v. 22. Februar 1889.
[4]) Untersuchung d. Kuhmilch, Berlin-Neuwied 1889, S. 119.

Das Oberlandesgericht zu Jena[1]) bestätigte dieses Urteil.

Ungewässerte Buttermilch hat ein spezifisches Gewicht, das bei 15 ⁰ zwischen 1,032 und 1,035, und einen Fettgehalt, der meistens zwischen 0,3 und 0,8 % liegt.

Molken oder **Käsemilch** sind das Nebenprodukt der Käserei; sie kommen als Nahrungsmittel nur insoweit, als sie zu Kurzwecken dienen, in Betracht. Ihre Zusammensetzung und ihr Wert schwanken sehr; allgemeine Normen dafür existieren nicht.

III. Milchkonserven.

Hierher gehören:

1. Pasteurisierte Milch (G e r b e r - Milch), sterilisierte Milch, G ä r t n e r sche, B a c k h a u s sche usw. Fettmilch;

2. mit oder ohne Zuckerzusatz eingedickte Milch, Magermilch, Rahm oder Molken, die entweder sterilisiert oder nicht sterilisiert sind (kondensierte Milch);

3. Milchtafeln und Milchpulver.

1. Pasteurisierte und **sterilisierte Milch** sind wie frische Milch zu beurteilen. Sie dürfen nicht braungelb gefärbt sein und an der Oberfläche keine Butterklumpen oder Fettaugen zeigen. Außerdem kommt bei ihnen noch der Grad der Keimfreiheit in Betracht, der durch bakteriologische Untersuchung ermittelt wird.

2. Kondensierte Milch ist eine auf $^1/_3$—$^1/_5$ ihres Volumens eingeengte, zur Erhöhung der Haltbarkeit meist mit Zucker versetzte und sterilisierte oder nicht sterilisierte Milch. Ihre Zusammensetzung ist ihrer Herstellungsweise gemäß sehr verschieden. K o n d e n s i e r t e M a g e r m i l c h muß ausdrücklich als solche bezeichnet sein.

Die hauptsächlichste V e r f ä l s c h u n g der kondensierten Milch besteht in der Verwendung abgerahmter Milch bei der Herstellung. Nach den Normen der Vereinigten Staaten von Nordamerika (U. S. Standards) darf kondensierte Milch nicht unter 28 % Milchtrockensubstanz enthalten, wovon nicht weniger als $^1/_4$ Fett sein muß. Die Anwesenheit von Konservierungsmitteln und von Schwermetallen (aus den Büchsen) ist wie bei der Milch zu beurteilen.

3. Milchtafeln und Milchpulver. Sie stellen im wesentlichen eine bis auf 4—6 % Wassergehalt eingedickte Milch vor. Ihre Zusammensetzung entspricht derjenigen der Trockensubstanz der verwendeten Milch oder Magermilch.

Milchtafeln und Milchpulver müssen frei von ranzigem Geruch und von Konservierungsmitteln (Zucker ausgenommen) sein.

---

[1]) Urt. v. 8. November 1906; vergl. H. Matthes, Bericht über die Tätigkeit d. Nahrungsmitteluntersuchungsamtes der Universität Jena, i. J. 1906, 13.

Begutachtung.

Bei der Beurteilung einer Milch ist es von Wichtigkeit, zu wissen, ob Sammelmilch oder Einzelmilch vorliegt.

Das Untersuchungsresultat prüfe man daraufhin, ob die gefundenen Zahlen den für die betreffende Gegend und Jahreszeit anzunehmenden Verhältnissen entsprechen.

Ist die Fälschung sehr groß, so ist im allgemeinen die Anordnung einer Stallprobe überflüssig. Ist dies jedoch nicht der Fall, oder soll der Grad der Verfälschung genauer festgestellt werden, so ist die Entnahme einer Stallprobe rechtzeitig zu veranlassen. Im letzteren Falle wird in einem vorläufigen Gutachten nur der Verdacht einer Fälschung ausgesprochen und die genaue Bestätigung von dem Untersuchungsergebnis der Stallprobenmilch abhängig gemacht.

Für den Richter ist die Menge des zugesetzten Wassers (v) wichtiger als die Größe des Wassergehaltes (w). Liegt keine Stallprobe vor, so setzt man in den Formeln an deren Stelle zur ungefähren Berechnung der Fälschung diejenigen Werte ein, welche für die Durchschnittsmilch der betreffenden Gegend ermittelt sind.

Beispiele.

1. Gewässerte Milch.

Die Analyse ergab folgende Zahlen:

Spezifisches Gewicht der Milch bei 15⁰ . . . 1,0275
Spezifisches Gewicht des Serums bei 15⁰ . . . 1,0241
Fett . . . . 2,60 %
Trockensubstanz . . . . 10,23 %
Fettfreie Trockensubstanz . . . . 7,63 %

Hier weichen sämtliche Werte von den normalen nach unten ab; es liegt also augenscheinlich eine Wässerung der Milch vor.

Die auf Grund dieser Analyse angeordnete Stallprobe zeigte folgende Zusammensetzung:

Spezifisches Gewicht der Milch bei 15⁰ . . . 1,0327
Spezifisches Gewicht des Serums bei 15⁰ . . . 1,0285
Fett . . . . 4,00 %
Trockensubstanz . . . . 13,22 %
Fettfreie Trockensubstanz . . . . 9,22 %

Dieses Ergebnis beweist einwandfrei, daß die verdächtige Milch einen Wasserzusatz erfahren hat. Die Größe desselben berechnet sich aus den Formeln a_1 und a_2, und zwar beträgt danach der Wassergehalt (w) 17,24 Teile Wasser in 100 Teilen gewässerter Milch, der Wasserzusatz (v) 20,83 Teile Wasser zu 100 Teilen reiner Milch.

Gutachten. Nach dem vorstehenden Analysenbefunde ist die zur Untersuchung vorgelegte Milchprobe als gewässert zu bezeichnen, und zwar beträgt der Wasserzusatz zu 100 Teilen reiner Milch etwa 20 Teile Wasser, wie der Vergleich mit der Stallprobe ergibt.

In der Verdünnung der Milch mit Wasser ist der Zusatz eines wertlosen Bestandteils, also eine Verschlechterung zu erblicken. Hierin liegt eine Verfälschung der Milch im Sinne des § 10 des Gesetzes vom 14. Mai 1879, betreffend den Verkehr mit Nahrungsmitteln usw.

2. Entrahmte Milch.

Eine Milch hatte folgende Zusammensetzung:

Spezifisches Gewicht der Milch bei 15 ⁰ . . . 1,0337
Spezifisches Gewicht des Serums bei 15 ⁰ . . . 1,0284
Fett . . . . 2,50 %
Trockensubstanz . . . . 11,68 %
Fettfreie Trockensubstanz . . . . 9,18 %

Während hier die Zahlen für das spezifische Gewicht des Serums und die fettfreie Trockensubstanz normal sind, erscheinen die Werte für Fett und Trockensubstanz auffallend niedrig, derjenige für das spezifische Gewicht der Milch, im Hinblick auf die übrigen, auffallend hoch. Hier sind also die Kriterien einer Entrahmung gegeben.

Die Stallprobe ergab folgendes Untersuchungsresultat:

Spezifisches Gewicht der Milch bei 15 ⁰ . . . 1,0322
Spezifisches Gewicht des Serums bei 15 ⁰ . . . 1,0281
Fett . . . . 4,10 %
Trockensubstanz . . . . 13,21 %
Fettfreie Trockensubstanz . . . . 9,11 %

Es hat also hier tatsächlich eine Entrahmung stattgefunden. Aus Formel b berechnet sich, daß von 100 Teilen reiner Milch 1,64 Teile Fett abgerahmt wurden.

Gutachten. Nach dem Ergebnisse der Untersuchung befindet sich die verdächtige Milch nicht mehr in dem Zustande, in dem sie von der Kuh gekommen ist, sie hat eine bedeutende Einbuße an ihrem natürlichen Fettgehalt durch Entrahmung erlitten. Diese berechnet sich für 100 Teile reiner Milch zu 1,64 Teilen Fett, beträgt also nicht weniger als 40 % der gesamten Fettmenge.

Durch Entrahmung erleidet eine Milch in einem wesentlichen Bestandteile eine Verminderung und wird damit verschlechtert. Der Fettentzug stellt daher immer eine Verfälschung der Milch dar, also eine Zuwiderhandlung gegen § 10 Ziffer 1 des Nahrungsmittelgesetzes vom 14. Mai 1879.

3. Gewässerte und zugleich entrahmte Milch.

Die Untersuchung der Milch ergab:

Spezifisches Gewicht der Milch bei 15 ⁰ . . . 1,0295
Spezifisches Gewicht des Serums bei 15 ⁰ . . . 1,0249
Fett . . . . 1,70 %
Trockensubstanz . . . . 9,66 %
Fettfreie Trockensubstanz . . . . 7,96 %

In diesem Analysenbilde deuten die niedrigen Werte für das spezifische Gewicht des Serums, die Trockensubstanz und die fettfreie Trockensubstanz auf eine Wässerung, der ungemein geringe Fettgehalt auf eine Entrahmung hin. Bei bloßer Wässerung wäre aber das spezifische Gewicht der Milch, namentlich in Anbetracht des geringen Fettgehaltes, niedriger, während bei bloßer Entrahmung das spezifische Gewicht der Milch und des Serums, ferner die fettfreie Trockensubstanz wesentlich höher sein müßten. Alle diese Umstände deuten auf eine kombinierte Fälschung — Wässerung und Entrahmung — hin, eine Vermutung, die durch die angeordnete Stallprobe bestätigt wurde. Diese gab bei der Untersuchung folgende Werte:

Spezifisches Gewicht der Milch bei 15° . . . 1,0320
Spezifisches Gewicht des Serums bei 15° . . . 1,0275
Fett . . . . 3,50 %
Trockensubstanz . . . . 12,38 %
Fettfreie Trockensubstanz . . . . 8,88 %

Unter Grundlegung dieser Zahlen berechnet sich für die verdächtige Milch ein Zusatz von 11,55 Teilen Wasser zu 100 Teilen reiner Milch (Formel *a*) und ein Entzug von 1,64 Teilen Fett aus 100 Teilen reiner Milch (Formel *c*).

Gutachten. Wie der vorstehende Befund erweist, wurde an der verdächtigen Milch eine Entrahmung vorgenommen, welche für 100 Teile 1,64 Teile Fett, also etwa 47 % der gesamten vorhandenen Fettmasse, beträgt. Es wurden aber auch etwa 11 Teile Wasser zugesetzt; jedenfalls in der Absicht, um das spezifische Gewicht, welches durch die Entrahmung zu hoch geworden wäre, zu einem normalen zu machen. Die Milch wurde also durch teilweisen Entzug eines wesentlichen Bestandteils, des Rahms, und Zusatz eines wertlosen fremden Stoffes — Wasser — verfälscht. Da sie ferner unter Verschweigung dieses Umstandes verkauft und feilgeboten wurde, so dürfte der Tatbestand des § 10, 1 und 2 des Nahrungsmittelgesetzes von 14. Mai 1879 gegeben sein.

---

2. Kapitel.

Käse.

Spezialgesetze.

Für den Verkehr mit Käse kommt als Spezialgesetz in Betracht: das Gesetz betreffend den Verkehr mit Butter, Käse, Schmalz und deren Ersatzmitteln, vom 15. Juni 1897.

Begriff und Zusammensetzung.

Käse ist ein Erzeugnis, das aus Vollmilch oder aus ganz oder teilweise entrahmter Milch, sowie aus Rahm, durch Abscheidung mittels

Labfermentes oder durch entsprechende Säuerung und nachherige sachgemäße Behandlung des ausgefällten Kaseins erhalten wird. Das aus-
geschiedene Kasein enthält den gesamten Fettgehalt des Rohmaterials
sowie etwas Molke [1]).

Die Käsemasse kann aber auch aus dem Albumin der Milch bestehen; ihre Abscheidung erfolgt in diesem Falle durch Kochen der
von dem Kasein befreiten Milch, der Molke, nach vorherigem Zusatz
saurer Molke (Molken- oder Zigerkäse).

Je nach der Beschaffenheit des Rohmaterials erhält man Süßmilch-
käse, Sauermilchkäse und Molken- oder Zigerkäse.

Je nach dem Grad der Entrahmung des verwendeten Rohmaterials
unterscheidet man:

Rahmkäse, zu ihrer Herstellung dient Rahm oder ein Gemisch
von Rahm und Vollmilch;

vollfette, ganz fette oder fette Käse, sie werden aus un-
entrahmter Vollmilch,

halbfette Käse, sie werden aus einem Gemisch von Vollmilch
mit Magermilch,

Magerkäse, sie werden aus Magermilch hergestellt.

Zwischen diesen Hauptgruppen gibt es zahlreiche Übergangsformen.

J. König gibt für die genannten Käsearten folgende mittlere
Zusammensetzung:

	Wasser	Stickstoff-substanz	Fett	Mineral-stoffe	In der Trockensubstanz	
					Stickstoffsubstanz	Fett
Rahmkäse .	36,31 %	18,84 %	40,71 %	3,10 %	29,60 %	63,96 %
Fettkäse . .	38,00 %	25,35 %	30,25 %	4,97 %	40,89 %	48,79 %
Halbfettkäse	39,79 %	29,67 %	23,92 %	4,73 %	49,23 %	39,68 %
Magerkäse .	46,00 %	34,06 %	11,65 %	4,87 %	63,08 %	21,58 %

Hiernach und nach den Vorschlägen von F. J. Herz entfallen
auf je 1 Teil Fett von der fettfreien Trockenmasse:

bei: überfetten oder Rahmkäsen	vollfetten Käsen	fetten Käsen	halbfetten Käsen	Mager-käsen
weniger als 0,67 Teile	0,67—1,25 T.	1,25—2,0 T.	2,0—3,0 T.	mehr als 3 T.

Der Nachweis des Reifegrades geschieht durch Bestimmung der
löslichen Eiweißstoffe bzw. des löslichen Stickstoffs überhaupt. Käse
in genießbarem Reifezustande pflegt 5—20 % löslichen Amidstickstoff
in Prozenten des Gesamtstickstoffs zu enthalten; diese Werte sind jedoch
nicht als Grenzzahlen anzusehen.

Die Käsearten.

Je nach der Herkunft der Milch unterscheidet man Kuhmilch-,
Ziegenmilch-, Schafmilch- usw. Käse; die Labkäse der Kuhmilch werden
wieder eingeteilt in Hartkäse und Weichkäse.

Eine Aufzählung der verschiedenen Käsearten fällt nicht in den
Rahmen dieses Buches. Die wichtigsten derselben finden sich, nach

---

[1]) Deutsch. Nahrungsmittelbuch, S. 23.

Rohmaterial, Herstellungsweise und Ursprungsland geordnet, in den „Vereinbarungen" (S. 73) aufgezählt.

Verfälschungen.

Verfälschungen des Käses sind verhältnismäßig selten. Solche sind Zusätze von geriebenen Kartoffeln, Mehl oder Stärke; hierbei ist aber zu berücksichtigen, daß diese Zusätze bei einzelnen Käsesorten (z. B. Kartoffelkäse, Brotkrumen in Roquefortkäse usw.) üblich sind und vom Publikum erwartet werden. Wo dies aber nicht der Fall ist, muß der Zusatz deutlich bezeichnet sein, da sonst eine Verfälschung vorliegt.

Mineralische Zusätze wie Gips, Kreide, Schwerspat, die lediglich zur Gewichtsvermehrung dienen, ohne irgendwelchen Nähr- oder Genußwert zu haben, stellen selbstverständlich Verfälschungen dar. Ebenso der, allerdings selten beobachtete, Zusatz von Holzstoff und überhaupt von allen Fremdkörpern. Von anorganischen Zusätzen darf der Käse nur Kochsalz enthalten.

Die künstliche Färbung der Käse gilt im allgemeinen nicht als Verfälschung. Sie ist, wie bei der Butter, bei manchen Käsesorten allgemein gebräuchlich und geschieht mit gelben Farbstoffen (Safran, Orleans, Teerfarben), meist in alkalischer Lösung. Solange diese unschädlicher Natur sind, kann die Färbung zu den erlaubten Zusätzen gerechnet werden.

Der Verkauf von mageren oder halbfetten Käsen für Fettkäse kann auch als Verfälschung aufgefaßt werden, wird sich aber meist als Betrug (§ 263 Str. G. B.) charakterisieren.

Zur Entscheidung, welche der drei Arten vorliegt, dient die Bestimmung des Fettes, der Stickstoff- und Trockensubstanz und die Feststellung des Fettgehaltes der Trockensubstanz und des Verhältnisses von Fett zu Stickstoffsubstanz. Im Vollmilchkäse (Fettkäse) ist stets der Fettgehalt höher als der Gehalt an Stickstoffsubstanz. Es liegt also Halbfett- oder Magerkäse vor, wenn der Gehalt an Fett geringer ist als an Stickstoffsubstanz.

Nachahmungen.

Als Nachahmung des Käses kann man die Kunst- oder Margarinekäse auffassen. Allerdings verstößt deren Herstellung nicht gegen § 10 des Nahrungsmittelgesetzes, da sie nicht zum Zwecke der Täuschung im Handel und Verkehr geschieht, wie auch der Verkauf und das Feilhalten von Margarinekäse einwandfrei sind, solange sie unter dessen wahrer Bezeichnung erfolgen.

In diesen Surrogaten für Käse wird das der Kuhmilch entzogene Fett bei der Verkäsung der Magermilch durch Pflanzenfett oder Margarine ersetzt.

Margarinekäse im Sinne des Gesetzes, betreffend den Verkehr mit

Butter, Käse, Schmalz und deren Ersatzmitteln, vom 15. Juni 1897, sind diejenigen käseartigen Zubereitungen, deren Fettgehalt nicht ausschließlich der Milch entstammt.

Die Beurteilung, ob ein Käse als Margarinekäse zu betrachten ist, erfolgt auf Grund der Untersuchung des Käsefettes nach denselben Gesichtspunkten wie beim Butterfett (siehe dort). Nach § 6 des genannten Gesetzes muß Margarinekäse, welcher zu Handelszwecken bestimmt ist, einen die allgemeine Erkennbarkeit der Ware mittels chemischer Untersuchung erleichternden, Beschaffenheit und Farbe nicht schädigenden Zusatz erhalten. Nach der Bekanntmachung des Reichskanzlers, betreffend Bestimmungen zur Ausführung des Gesetzes über den Verkehr mit Butter, Käse, Schmalz und deren Ersatzmitteln, vom 4. Juli 1897, soll dieser Zusatz in Sesamöl bestehen. In hundert Gewichtsteilen der bei der Fabrikation zur Verwendung kommenden Fette und Öle muß die Zusatzmenge bei Margarinekäse mindestens fünf Gewichtsteile Sesamöl betragen.

Das zuzusetzende Sesamöl muß folgende Reaktion zeigen: Wird ein Gemisch von 0,5 Raumteilen Sesamöl und 99,5 Raumteilen Baumwollsamenöl oder Erdnußöl mit 100 Raumteilen rauchender Salzsäure vom spezifischen Gewicht 1,19 und einigen Tropfen einer 2%igen alkoholischen Lösung von Furfurol geschüttelt, so muß die unter der Ölschicht sich absetzende Salzsäure eine deutliche Rotfärbung annehmen. Das zu dieser Reaktion dienende Furfurol muß farblos sein.

Der Verkauf von Margarinekäse als echten Käse oder ohne die Einhaltung der durch das Gesetz vom 15. Juni 1897 vorgeschriebenen Bestimmungen bildet eine Zuwiderhandlung gegen dieses Gesetz (siehe § 18 desselben), soweit nicht auch noch eine Verfehlung gegen das Nahrungsmittelgesetz oder gegen den § 263 des Strafgesetzbuches (Betrug) in Frage kommt.

Als Nachahmung im Sinne des Nahrungsmittelgesetzes dürfte dagegen unter Umständen der Verkauf eines im Inlande erzeugten Käses anzusehen sein, wenn dieser als importiert oder unter einer Herkunftsbezeichnung in den Verkehr gebracht wird, welche eine Täuschung des Käufers bezweckt. Hierbei ist aber in Betracht zu ziehen, daß die Herkunftsbezeichnung des Käses vielfach zu einer Gattungsbezeichnung geworden ist, z. B. Schweizerkäse, Roquefort u. a.

Das von den deutschen Nahrungsmittelfabrikanten und Händlern herausgegebene Deutsche Nahrungsmittelbuch [1]) sagt hierüber: Viele der ursprünglich im Auslande hergestellten Käsearten werden nunmehr auch im Inlande erzeugt, sie pflegen den Namen des ursprünglichen Erzeugungsortes als Gattungsbezeichnung zu tragen, die bedeutet, daß es sich um einen Käse handelt, der nach Art des an diesem ursprünglichen Erzeugungsort hergestellten und nach diesem benannten Produktes zu-

---

[1]) S. 23.

bereitet und beschaffen ist. Es ist unzulässig, derartige Bezeichnungen in solcher Weise zu gebrauchen, daß sie zu einer Täuschung des Käufers über die tatsächliche Herkunft der Käse führen müssen.

Verdorbener Käse.

Beim Reifen und Lagern des Käses treten eine Reihe von sogenannten Käsefehlern auf. Die mit diesen Fehlern bzw. Krankheiten behafteten Käse sind als verdorben im Sinne des Nahrungsmittelgesetzes zu erachten, indem sie eine Veränderung ihres ursprünglich normalen Zustandes zum schlechteren mit der Folge verminderter Tauglichkeit und Verwertbarkeit zum Genusse erlitten haben.

Die hauptsächlichsten dieser Käsefehler sind[1]:

1. Das Blähen des Käses. Infolge der Anwesenheit einer zu großen Zahl gasproduzierender Mikroorganismen werden Milchzucker und Eiweiß unter außergewöhnlich starker Gasentwicklung zersetzt, wodurch die Käse sich stark aufblähen, sogar aufplatzen und eine abnorme Lochung zeigen. Geblähte Käse besitzen einen schlechten, oft bitteren Geschmack. In den Gasen solcher Käse finden sich immer erhebliche Mengen von Wasserstoff und auch Spuren von Schwefelwasserstoff.

(Näheres über diese Erscheinung siehe L. Adametz: Über die Ursachen und Erreger der abnormalen Reifungsvorgänge im Käse, S. 54—55).

2. Das Blauwerden der Käse. Es tritt am häufigsten bei mageren Backsteinkäsen auf und ist ebenfalls die Folge einer in der Milch enthaltenen Bakterie. Die blaue Farbe rührt meist von Eisen her (Schwefeleisen).

3. Das Rotwerden der Käse (Baukrotwerden bei den Backsteinkäsen) und ähnliche Färbungen sind nicht minder Erscheinungen, welche durch das Wachstum bestimmter Pilze (Bakterien, Schimmelpilze, Oidiumarten) hervorgerufen werden. Eine Rotfärbung der äußeren und inneren Schichten von Hartkäsen wird u. a. durch eine Torulaart, Saccharomyces ruber, erzeugt. Milch, welche mit diesem Pilze infiziert ist, erregt bei Kindern Erbrechen und Darmkatarrh.

4. Das Schwarzwerden der Käse. Die Ursache dieses Käsefehlers ist hauptsächlich die braune oder schwarze Schimmelhefe; auch Hyphenpilze und ferrophile Bakterien wurden als solche konstatiert. Der bei dieser Erscheinung manchmal auftretende knoblauchartige Geruch stammt von Phosphorwasserstoff.

Bei Backsteinkäse wurde Schwarzfärbung auch als Folge des hohen Bleigehaltes des umhüllenden Pergamentpapiers beobachtet.

5. Das Bitterwerden der Käse. Diese Erscheinung tritt beim normalen Reifungsprozeß zu gewisser Zeit regelmäßig ein; sobald sie sich aber beim reifen Käse zeigt, ist sie als ein Fehler anzusehen. Daß es sich hierbei um ein durch die Tätigkeit gewisser peptoni-

---

[1] Vergl. Vereinbarungen, Heft I, S. 75.

sierender Bakterien gebildetes, peptonartiges Produkt handelt, ist wohl zweifellos.

6. Ein weiterer Reifungsfehler ist das Weißschmierigsein der Käse — eine Folge zu großer Kälte und Feuchtigkeit des Käsekellers.

Abgesehen von besonderen Arten, wie Roquefort, Gorgonzola, Stilton, sind die mit Schimmelpilzvegetationen durchwachsenen Käse im allgemeinen ebenfalls für verdorben zu erklären.

Desgleichen die durch Verflüssigung der reifen und überreifen Teile durch Einwirkung der Wärme laufend oder fließend gewordenen Käse.

Ekelhaft bzw. verdorben sind ferner Käse, welche von den Larven und Maden der Käsefliege (Piophila casei) sowie diejenigen, welche von Käsemilben (Acarus siro) bewohnt sind.

Bei Sauermilchkäsen, sogenanntem Quark oder Topfen, tritt oft zu starke Milchsäurebildung auf und macht die Käse ungenießbar. A. Beythien[1]) stellte fest, daß die Grenze der Genießbarkeit von Quark bei einem Säuregehalt von 2—2,5 % liegt.

Eine äußerst ekelerregende und widerliche Art der Käsebehandlung wurde vereinzelt beobachtet, nämlich das Einlegen in Urin. Es bedarf wohl keiner Begründung, daß derartiger Käse als verdorben gilt, eventuell käme hier sogar noch Gesundheitsschädlichkeit in Frage.

Gesundheitsschädliche Käse.

Bei alten Käsen, namentlich Weichkäsen, tritt zuweilen das sogenannte Käsegift, Tyrotoxikon, auf, ein Ptomain, welches Vergiftungserscheinungen hervorruft. Es findet sich nicht nur in faulenden Käsen, sondern auch in äußerlich ganz normal aussehenden; Geruch und Geschmack der Käse werden durch das Käsegift nicht beeinflußt.

Ein anderes aus giftigem Käse dargestelltes Ptomain ist das Tyroxin; auch eine virulente Spielart des Bacterium coli commune wurde gefunden.

Über die Bedingungen, unter denen diese Gifte entstehen, ist bisher noch nichts Näheres bekannt, weshalb es sich empfiehlt, alle irgendwie verdächtigen Käse vom Verkehr auszuschließen.

Ebenso wie die Milch kann auch der Käse als Krankheitsüberträger dienen. Da zur Käserei nicht erhitzte Milch verwendet werden muß, können Krankheitskeime leicht aus verseuchter Milch in den Käse übergehen. Im allgemeinen ist aber die Ansteckungsgefahr nicht groß, da die Krankheitserreger während der Bereitung und Reifung des Käses ihre Virulenz einbüßen.

---

[1]) Bericht über die Tätigkeit des Chemischen Untersuchungsamtes der Stadt Dresden, 1903, 7.

Bedenklicher ist in dieser Beziehung Quark oder Topfen, der frisch verzehrt wird. Typhusbakterien sollen sich 14 Tage lang im Käse halten.

Wie bei der Milch ist auch hier die Beurteilung der Gesundheitsschädlichkeit Sache des Arztes.

Zu erwähnen ist noch die Möglichkeit der Gesundheitsschädlichkeit von Käsen infolge der Beimengung von Schwermetallen — Blei, Zink, Kupfer — welche aus den Verpackungen stammen.

Begutachtung.

Das Gutachten des chemischen Sachverständigen wird sich für gewöhnlich beim Käse dahin auszusprechen haben, zu welcher Kategorie ein Käse gehört (Rahm-, Fett-, Halbfett- oder Magerkäse), ob Margarinekäse vorliegt, ob einer der genannten Zusätze vorhanden oder ob der Käse künstlich gefärbt ist.

Beispiel.

Unterschiebung von Margarinekäse an Stelle von Käse.

Die Untersuchung einer als Edamer Käse feilgebotenen Probe ergab folgendes Resultat:

Das Käsefett zeigte die Reichert-Meißl-Zahl 1,5;

Reaktion auf Sesamöl nach Baudouin: positiv;

Künstliche Färbung: vorhanden.

Wie die Reichert-Meißl-Zahl erweist, entstammt das Fett dieses Käses nicht der Milch, sondern es besteht aus Margarine, was auch der Sesamölzusatz bestätigt. Es liegt hier demnach ein Margarinekäse vor.

In der hier betätigten Unterschiebung von Margarinekäse an Stelle von echtem Käse liegt ein Vergehen gegen § 10 Ziffer 2 des Nahrungsmittelgesetzes vom 14. Mai 1879. Denn der Verkäufer hat wissentlich ein Nahrungsmittel, welches nachgemacht ist, unter Verschweigung dieses Umstandes verkauft und unter einer zur Täuschung geeigneten Bezeichnung feilgehalten.

3. Kapitel.

Speisefette und Öle.
A. Tierische Fette.
I. Butter und Butterschmalz.

Spezialgesetze.

Als Spezialgesetz für den Verkehr mit Butter und Butterschmalz kommt in Betracht

Das Gesetz, betreffend den Verkehr mit Butter, Käse, Schmalz und deren Ersatzmitteln, vom 15. Juni 1897 (Margarinegesetz).

Nach § 3 dieses Gesetzes ist die Vermischung von Butter und Butterschmalz mit Margarine oder anderen Speisefetten zum Zwecke des Handels mit diesen Mischungen verboten.

Unter diese Bestimmung fällt auch die Verwendung von Milch oder Rahm bei der gewerbsmäßigen Herstellung von Margarine, sofern mehr als 100 Gewichtsteile Milch oder eine dementsprechende Menge Rahm auf 100 Gewichtsteile der nicht der Milch entstammenden Fette in Anwendung kommen.

Nach § 11 ist der Bundesrat ermächtigt, das gewerbsmäßige Verkaufen und Feilhalten von Butter, deren Fettgehalt nicht eine bestimmte Grenze erreicht oder deren Wasser oder Salzgehalt eine bestimmte Grenze überschreitet, zu verbieten.

Es erfolgte infolgedessen die

Bekanntmachung des Reichskanzlers, betreffend den Fett- und Wassergehalt der Butter, vom 1. März 1902:

Auf Grund des § 11 usw. hat der Bundesrat beschlossen: Butter, welche in 100 Gewichtsteilen weniger als 80 Gewichtsteile Fett oder im ungesalzenen Zustande mehr als 18 Gewichtsteile, im gesalzenen Zustande mehr als 16 Gewichtsteile Wasser enthält, darf vom 1. Juli 1902 ab gewerbsmäßig nicht verkauft oder feilgehalten werden. —

Zu erwähnen ist sodann noch § 20 des genannten Gesetzes, welcher lautet:

Die Vorschriften des Gesetzes betreffend den Verkehr mit Nahrungsmitteln, Genußmitteln und Gebrauchsgegenständen, vom 14. Mai 1879, bleiben unberührt. Die Vorschriften in den §§ 16, 17 desselben finden auch bei Zuwiderhandlungen gegen die Vorschriften des gegenwärtigen Gesetzes mit der Maßgabe Anwendung, daß in den Fällen des § 14 die öffentliche Bekanntmachung der Verurteilung angeordnet werden muß.

Das Nahrungsmittelgesetz vom 14. Mai 1879 hat also neben dem Margarinegesetz vom 15. Juli 1897 noch volle Gültigkeit. Das Margarinegesetz ist mithin ein Ergänzungsgesetz des Nahrungsmittelgesetzes, welches weitergehende Bestimmungen als jenes enthält und ihm nicht etwa widerspricht. Ebenso, wie viele Verfehlungen im Verkehr mit Butter lediglich gegen das Nahrungsmittelgesetz verstoßen (z. B. Verkauf verdorbener oder mit schädlichen Stoffen konservierter Butter), so stellen auch viele Zuwiderhandlungen gegen das Margarinegesetz zugleich Zuwiderhandlungen gegen das Nahrungsmittelgesetz dar.

Mit Rücksicht auf Fälle der letzteren Art bestimmt § 73 des Strafgesetzbuches für das Deutsche Reich: „Wenn eine und dieselbe Handlung mehrere Strafgesetze verletzt, so kommt nur dasjenige Gesetz, welches die schwerste Strafe, und bei ungleichen Strafarten dasjenige Gesetz, welches die schwerste Strafart androht, zur Anwendung."

Es kann demnach z. B. in dem Verkauf von Margarine in einer Umhüllung mit dem Aufdruck „Butter" je nach Lage des Falles erblickt werden:

1. eine Übertretung des § 2 des Margarinegesetzes;
2. eine Übertretung des § 11 des Nahrungsmittelgesetzes;
3. ein Vergehen gegen § 10 Nr. 2 des Nahrungsmittelgesetzes;
4. ein Vergehen gegen § 263 des Strafgesetzbuches (Betrug).

Der Strafrichter hat von Fall zu Fall zu entscheiden, welche Tatbestandsmerkmale der angegebenen gesetzlichen Bestimmungen zutreffen.

Wird ferner z. B. Butter mit Margarine zum Zwecke der Täuschung im Handel und Verkehr verfälscht, so verstößt diese Handlung sowohl gegen § 10 Nr. 1 des Nahrungsmittelgesetzes als auch gegen §§ 3, 14 des Margarinegesetzes. Bei der Verurteilung hat in diesem Falle lediglich das Margarinegesetz Anwendung zu finden, weil dieses die schwerste Strafart (bei gleichen Strafen noch die obligatorische Bekanntmachung nach § 20) androht (Juckenack)[1].

Begriff, Eigenschaften und Zusammensetzung.

Butter ist das erstarrte, aus der Milch abgeschiedene Fett, welchem rund 15 % süße oder saure Magermilch in gleichmäßiger und feinster Verteilung beigemischt sind.

Die Butter kommt in den Handel:

1. als Streichbutter, (Tafelbutter). Diese enthält Milchteile; in Mittel- und Norddeutschland ist ihr meistens Kochsalz zugesetzt.

Je nach der Bereitungsweise unterscheidet man Butter aus süßem und solche aus saurem Rahm; je nach der Jahreszeit und Fütterungsweise Winterbutter und Grasbutter;

2. als Kochbutter (Bauernbutter, Schweizer Butter). Eine geringe Sorte Streichbutter, welche meistens aus kleineren Betrieben stammt oder durch langes Lagern gelitten hat;

3. als Pack- oder Faktoreibutter (Faßbutter). Sie wird durch Vermischung verschiedener Buttersorten für den Export (in Norddeutschland auch für den häuslichen Winterbedarf) hergestellt; meistens werden dabei größere Mengen Salz und Wasser eingeknetet;

---

[1] Molkerei-Ztg. Berlin 1905, **15**, 338—339.

4. als **Butterschmalz** (Schmelzbutter, Rindschmalz, in Süddeutschland auch einfach **Schmalz** genannt). Es stellt das erkaltete, durch Schmelzen der Butter von den Milchbestandteilen getrennte klare Butterfett dar.

Zu seiner Darstellung hält man Butter so lange bei möglichst niedriger Temperatur in geschmolzenem Zustande, bis sich das Wasser und die Eiweißkörper abgeschieden haben; das klare Fett wird abgezogen.

Da die Milchbestandteile, welche die Ursache der geringen Haltbarkeit der Butter sind, entfernt worden sind, ist das Butterschmalz sehr lange haltbar;

5. als **Prozeß- oder Renovated-Butter**[1]). Diese wird aus alter unverkäuflicher Butter in folgender Weise gewonnen: Die Butter wird geschmolzen und das von der wässerigen Flüssigkeit getrennte Butterschmalz durch Durchblasen gelüftet, wobei anhaftende unangenehme Gerüche entfernt werden sollen. Das auf diese Weise behandelte Fett wird dann mit frischer Milch, der Säureerreger zugesetzt worden sind, emulgiert; das rahmartige Gemisch wird durch Einspritzen von Eiswasser gekühlt, und die abgekühlte Masse wie gewöhnliche Butter geknetet und gesalzen.

Die Zusammensetzung der Prozeßbutter kann dieser Behandlung gemäß keine wesentlichen Unterschiede gegenüber frischer Butter zeigen. Solche liegen auf physikalischem Gebiete, und zwar ist das beim Aufschmelzen gebildete Gerinnsel bei Prozeßbutter ein anderes als bei der frischen Butter: während es bei letzterer gleichmäßig und nicht körnig ist, ist es bei jener flockig und körnig. Naturbutter schmilzt, auf einer Pfanne erhitzt, unter ruhigem Schäumen, Prozeßbutter dagegen stößt und spritzt wie wasserhaltiges Fett. Bei gelinder Temperatur schmilzt Naturbutter klar, während Prozeßbutter vollständig undurchsichtig bleibt.

Die Herstellung dieser „aufgefrischten" Butter scheint bisher noch vorwiegend auf Nordamerika beschränkt zu sein.

Der **Hauptbestandteil** der Butter ist das der Kuhmilch entstammende Fett. Dieses unterscheidet sich wesentlich dadurch von anderen tierischen Fetten (Körperfetten), daß es neben den Glyzeriden der höheren Fettsäuren (Öl-, Palmitin- und Stearinsäure) auch eine größere Menge von Glyzeriden der niederen, flüchtigen Fettsäuren (Buttersäure, Capron-, Capryl- und Caprinsäure usw.) enthält.

Nicht geschmolzene, ungesalzene Kuhbutter hat unter normalen Verhältnissen nach J. König folgende mittlere Zusammensetzung:

$$
\begin{array}{lr}
\text{Fett} & 87,0\,\% \\
\text{Kaseïn} & 0,5\,\% \\
\text{Milchzucker} & 0,5\,\%
\end{array}
$$

---

[1]) Journ. Amer. Chem. Soc. 1903, **25**, 358—366.

Salze . . . . 0,3 %
Wasser . . . . . 11,7 %

Doch ist diese Zusammensetzung bedeutenden Schwankungen unterworfen; so bewegt sich der Fettgehalt im allgemeinen zwischen 83 und 92 %, der Wassergehalt zwischen 8 und 16 %. Durch einen hohen Wassergehalt wird selbstverständlich der Nährwert der Butter erheblich vermindert. Außerdem beeinträchtigt mangelhafte Ausarbeitung ihre Haltbarkeit. Denn jede Butter enthält einen nicht ganz zu vermeidenden Gehalt an Eiweißstoffen (bis zu 1 %), welcher ihre Geneigtheit zum verderben erhöht und daher durch auswaschen nach Möglichkeit entfernt werden muß.

Gesalzene Butter enthält zumeist etwa 2 % Kochsalz, Dauerbutter, welche langes Lagern aushalten soll, häufig mehr, je nach der Geschmacksrichtung der Konsumenten. Übermäßige Beimischung von Kochsalz verschlechtert den Geschmack der Butter und verringert ihren Nähr- und Genußwert.

Normale Butter zeigt folgende analytische Konstanten (nach J. König)[1]:

Spezifisches Gewicht des Fettes bei 15°	0,936— 0,946
Spezifisches Gewicht des Fettes bei 100°	0,865— 0,868
Schmelzpunkt des Fettes	28° — 34,7°
Schmelzpunkt der Fettsäuren	38° — 45°
Erstarrungspunkt des Fettes	19° — 23°
Erstarrungspunkt der Fettsäuren . .	33° — 38°
Refraktometergrade (Zeiß) bei 40° .	40,5°— 44,4
Refraktometeranzeige (Butterskala) . .	— 3,5 bis + 0,5
Köttstorfersche Verseifungszahl . .	220,5 — 232,0
Jodzahl des Fettes (nach Hübl) . .	25,7 — 38
Jodzahl der Fettsäuren (nach Hübl) .	28 — 31
Reichert-Meißlsche Zahl	(19,0) 24,0 — 34,0
Hehnersche Zahl	87,5.

Nach der Bekanntmachung des Reichskanzlers vom 1. März 1902 soll die Butter mindestens 80 % Milchfett enthalten; nach den „Vereinbarungen" soll der Gehalt an Kochsalz 2 % nicht übersteigen. Frische Butter mit geringerem Fett- und höherem Kochsalzgehalt ist vom Verkehr auszuschließen.

Für die Beurteilung der Reinheit eines Butterfettes sind in erster Linie maßgebend die Reichert-Meißlsche Zahl, die Verseifungszahl und die Polenskesche Zahl. Daneben sind von geringerer Bedeutung das Brechungsvermögen und das Molekulargewicht der nichtflüchtigen Fettsäuren.

Bei reinem Butterfett beträgt im allgemeinen die Reichert-Meißlsche Zahl 24—32, die Verseifungszahl 220—232, jedoch kommen

---

[1] Untersuchung landwirtschaftl. u. gewerbl. wichtiger Stoffe, 2. Aufl. Berlin 1898, S. 404—405.

Überschreitungen dieser Grenzen nach oben und unten hin selbst bei Butter aus der Milch größerer Herden oder von Sammelmolkereien vor. So pflegt in manchen Gegenden Norddeutschlands die Reichert-Meißlsche Zahl im Zusammenhang mit dem Laktationsstadium und den Fütterungsverhältnissen in den Herbstmonaten August und September niedriger zu sein als in den übrigen Teilen des Jahres. Man kann in dieser Zeit unter sonst normalen Verhältnissen Werte bis zu 20 herab annehmen[1]). Ob die sich hier zeigende Abnahme in der Menge der flüchtigen Fettsäuren klimatischen Einflüssen zuzuschreiben ist, ob das Laktationsstadium der Kühe oder der Übergang vom Weidegang zur Stallfütterung dabei eine Rolle spielt, ist bis jetzt noch nicht entschieden.

Von großem Einfluß auf die Zusammensetzung der Butter ist in vielen Fällen die Beschaffenheit des Futters. So ist die Butter von Kühen, die Grasfutter erhalten, reich an flüchtigen Fettsäuren, während deren Menge bei Stallfutter abnimmt[2]), weshalb auch bei Beginn des Weideganges die Reichert-Meißlsche Zahl zunimmt.

Nach A. Harnoth[3]) sollen Malzkörner gegenüber Grünfutter den Gehalt an flüchtigen Fettsäuren erhöhen, Palmkernkuchen und Leinkuchen ihn verringern. Die Versuche A. J. Swavings[4]) ergaben, daß die Fütterung mit Baumwollsamenmehl zwar keinen bestimmten Einfluß auf die Reichert-Meißlsche Zahl und das Brechungsvermögen des Butterfettes hat, daß dagegen hierbei Mengen des Öles bzw. des für die Halphensche Reaktion wirksamen Stoffes in das Butterfett übergehen, welche künstlichen Mischungen des letzteren mit bis zu 5 %/o Baumwollsamenöl entsprechen. Auch G. Baumert und F. Falke[5]) gelangten auf Grund sehr zahlreicher Versuche zu der Feststellung, daß durch Sesam-, Kokos- und Mandelölfütterung Butterfette erzeugt werden, welche sich bei der Analyse wie künstliche Gemische von Butterfett mit den betreffenden Fremdfetten verhalten.

Von Wichtigkeit für die Probe auf Beimischung von Margarine ist die Frage, ob bei der Fütterung mit Sesamkuchen Sesamöl in das Butterfett übergehen kann. Während einzelne Autoren eine solche Möglichkeit zugeben, wird sie von der Mehrzahl der Forscher entschieden bestritten. So führten A. J. Swavings[6]) Versuche unter verschiedenen Verhältnissen zu dem Ergebnisse, daß der wirksame Bestandteil des Sesamöles, welcher die Baudouinsche und die Soltsiensche Reaktion hervorruft, bei der Fütterung mit Sesamkuchen nicht in das

---

[1]) Vergl. Vorschläge des Ausschusses zur Abänderung des Abschnittes „Speisefette und Öle“ der „Vereinbarungen“, Berichterstatter K. Farnsteiner; Zeitschr. f. Unters. d. Nahr.- u. Genußm. 1905, **10,** 78.

[2]) Spallanzini und Pizzi Staz. Sper. Agrar. Ital., **38,** 257.

[3]) Mitt. d. Landw. Inst. Breslau, 1902, **2,** 71.

[4]) Zeitschr. f. Unters. d. Nahr.- u. Genußm. 1903, **6,** 97.

[5]) Dortselbst, 1898, **1,** 665.

[6]) l. c.

Butterfett übergeht. Die bei den genannten Reaktionen manchmal auftretenden und zu Täuschungen Veranlassung gebenden Farbenreaktionen sollen bei einiger Übung mit der charakteristischen Reaktion des Sesamöles nicht zu verwechseln sein.

Einen sehr typischen Fall von Einfluß des Futters auf das Butterfett teilt R. Sendtner[1]) mit, bei dem durch Fütterung mit Maisschlempe das Milchfett derart in seiner chemischen Zusammensetzung verändert war, daß die Analyse (Verseifungszahl, Reichert-Meißlsche Zahl, Jodzahl und Refraktion) unbedingt auf eine Fälschung mit Öl hinwies.

Durch zahlreiche Versuche wurde insbesondere festgestellt, daß gewisse in den verfütterten Fetten enthaltene Stoffe unverändert in das Butterfett sowohl wie in das Körperfett übergehen; zu diesen Stoffen sollen namentlich die ungesättigten Säuren, z. B. die Linolsäure, gehören. Auch Nebenbestandteile erscheinen in den Fetten wieder, wie beispielsweise die Substanz des Baumwollsamenöles, welche die Halphensche Reaktion gibt. Anders das Phytosterin. Dieser charakteristische Bestandteil der Pflanzenfette geht nicht in das Butterfett über, wie A. Bömer[2]) nachgewiesen hat, sondern er passiert (im Gegensatz zum Cholesterin) den Körper unverändert und wird mit den Stoffwechselprodukten daraus ausgeschieden.

Besondere Vorsicht ist auch bei der Beurteilung eines Butterfettes nach dem Brechungsvermögen (Refraktometeranzeige mit dem Zeißschen Butterrefraktometer) geboten. Dieses hat jedenfalls an Bedeutung eingebüßt, seitdem nachgewiesen worden ist, daß die Refraktometerzahl norddeutscher Butter in den Herbstmonaten in der Mehrzahl der Fälle gegenüber der Norm, welche dem mit dem Refraktometer verbundenen Spezialthermometer zugrunde liegt, positive Differenzen aufweist. Aus diesem Grunde hat Baier vorgeschlagen, die früher auf 52,5 bei 25° festgesetzte Grenze für die Refraktometerzahl des Butterfettes für die kritische Jahreszeit auf 54,5 zu erhöhen. Diese „kritische Jahreszeit" wäre für jede Gegend eigens zu ermitteln.

Da die Möglichkeit besteht, die durch eine Verfälschung anormal gewordene Refraktion eines Butterfettes durch Beimischung eines anderen Fettes oder Öles zu letzterem zu kompensieren, so hat im allgemeinen ein normales Brechungsvermögen für die Begutachtung keine oder nur geringe Bedeutung, d. h. man kann bei der Beurteilung auf die Refraktometerzahl nur dann wirklich etwas geben, wenn sie anormal ist.

Der von A. Juckenack und R. Pasternack[3]) empfohlenen Heranziehung des Molekulargewichtes der nichtflüchtigen Säuren kommt für die Beurteilung der Reinheit des Butterfettes nur eine untergeordnete Bedeutung zu; denn einerseits können, wie

[1]) Forschungsberichte 1895, **2**, 339.
[2]) Zeitschr. f. Unters. d. Nahr.- u. Genußm. 1902, **5**, 1023.
[3]) Zeitschr. f. Unters. d. Nahr.- u. Genußm. 1904, **7**, 193.

A. Reinsch[1]) und Andere bewiesen haben, anormale Werte für dieses Molekulargewicht — die auf Verfälschungen hindeuten würden — in der Rasse der Kühe, der Art des Futters, der Aufstellung, der Laktationsperiode ihre Ursachen haben; anderseits ist, wie W. Arnold[2]) zeigte, das Molekulargewicht der nichtflüchtigen Säuren für die Reinheit eines Butterfettes nicht beweisend, da jedes gewünschte Molekulargewicht der nichtflüchtigen Säuren künstlich hergestellt werden kann, und zudem das Molekulargewicht an sich beim Butterfett nicht konstant ist.

Alle die besprochenen Umstände weisen darauf hin, daß die Beurteilung von Butterfetten mit anormalen analytischen Daten die Berücksichtigung vieler Nebenmomente erheischt. Nachforschungen nach der Herkunft des Fettes, nach der Art der Fütterung der Kühe, nach deren Rasse, Laktationsstadium usw. sind in solchen abweichenden Fällen unumgänglich geboten. Eine Beanstandung der Butter ist auf Grund der heutigen analytischen Methoden nur dann einwandfrei möglich, wenn alle diese Nebenumstände genügend berücksichtigt worden sind.

In zweifelhaften Fällen gehe der Sachverständige in ähnlicher Weise vor wie bei der Beurteilung der Milch, wo schließlich einzig die Vornahme der Stallprobe entscheidend ist, ein Weg, den R. Sendtner[3]) schon vor zwölf Jahren gewiesen hat. Natürlich ist dieser nur gangbar, wo es sich um die Butter aus einem landwirtschaftlichen Betriebe handelt, hingegen nicht, wenn ein Buttergemisch von mehreren Lieferanten vorliegt. Indessen ist bei einer solchen Mischbutter, wie man sie bei größeren Händlern findet, der Einwand der Beeinflussung durch die Fütterung usw. hinfällig, weil sich hier die verschiedenen Buttersorten der Mischung in ihrer Zusammensetzung gegenseitig ausgleichen.

Im allgemeinen muß man wohl J. Lewkowitsch[4]) darin zustimmen, daß es infolge der Schwankungen in der Zusammensetzung der Butter gegenwärtig nicht möglich ist, in jedem gegebenen Falle eine Zumischung von 10 % (oder sogar 20 %, wenn die ursprüngliche Butter von sehr guter Qualität war) von fremden Fetten nachzuweisen. Der Butterfälscher hält sich an den Wertgrenzen der von den Nahrungsmittelchemikern vereinbarten chemischen Methoden und ist daher imstande, im großen Maße verfälschte Butter herzustellen, die sich gerade innerhalb der niedrigsten Grenzen hält. Daher kommt der Nahrungsmittelchemiker sehr häufig in die Lage, eine Butter durchgehen zu lassen, obwohl er der Ansicht sein mag, daß eine Verfälschung vorliegt.

Falls eine Verfälschung der Butter mit vegetabilischen Ölen oder Fetten stattgefunden hat, sei es direkt oder indirekt (durch

---

[1]) Zeitschr. f. Unters. d. Nahr.- u. Genußm. 1904, **8**, 505.
[2]) Zeitschr. f. Unters. d. Nahr.- u. Genußm. 1905, **10**, 203.
[3]) l. c.
[4]) Chem. Technologie u. Analyse d. Öle, Fette u. Wachse, Braunschweig 1905, Bd. II, S. 424.

Zusatz von Margarine), so wird die **Phytosterin-Acetatprobe** von A. Bömer[1] eine durchaus unzweideutige Antwort auf die Frage geben, ob Zumischung fremder Fette vorgenommen wurde oder nicht. Wenn jedoch **animalische** Öle oder Fette als Verfälschungsmittel benutzt worden sind, dann bleibt die oben erwähnte Ungewißheit bestehen. Um zu einer Entscheidung über die Reinheit einer Butterprobe zu gelangen, ist es deshalb notwendig, verschiedene Untersuchungsmethoden zu kombinieren. Das Verhältnis der einzelnen analytisch ermittelten Werte zueinander ist dann der Beurteilung zugrunde zu legen, wie gerade bei der Butter nicht einzelne Daten, sondern das Gesamtbild der Analyse maßgebend sind.

Künstliche Färbung.

Die Färbung der Butter mit unschädlichen gelben Farbstoffen ist vielfach gebräuchlich. Am meisten wird dazu die fast ausschließlich aus Orléans bestehende flüssige Butterfarbe verwendet; außerdem dienen zur Färbung noch Safran-, Curcuma-, Möhren- und Rübensaft, Calendula, Saflor, Gelbholz und Teerfarbstoffe.

Die künstliche Färbung der Butter ist von alters her üblich; sie geschieht weil die gelbe Farbe von den Konsumenten vieler Gegenden vorgezogen, ihr Zusatz häufig geradezu verlangt wird. Da demnach die Absicht einer Täuschung aus den Umständen nicht zu entnehmen ist, so kann die künstliche Färbung der Butter im allgemeinen nicht als eine Verfälschung aufgefaßt werden. Eine Kennzeichnung (Deklaration) derselben ist daher auch nicht erforderlich. Anders liegt natürlich der Fall, wenn der Abnehmer ausdrücklich frische sogenannte Maibutter (Grasbutter) verlangt, und es würde ihm alte, künstlich gefärbte Winterbutter gegeben, hierin würde zweifelsohne eine Verfälschung liegen[2].

Anmerkung: Nach den Ausführungsbestimmungen zu dem Gesetze betreffend die Schlachtvieh- und Fleischbeschau, vom 3. Juni 1900, D, § 1 Ziff. 1 Abs. 3 sind Butter und Butterschmalz nicht als Fleisch (Fett) im Sinne dieses Gesetzes anzusehen. Sie werden also auch nicht durch das Verbot des Zusatzes von Farbstoffen betroffen, welches in der Bekanntmachung des Reichskanzlers vom 18. Februar 1902, betreffend gesundheitsschädliche und täuschende Zusätze zu Fleisch und dessen Zubereitungen, ausgesprochen ist.

Verfälschungen.

Unter allen tierischen Speisefetten steht die Butter bzw. das Butterschmalz ihrem Gebrauchswerte wie ihrem Preise nach an erster Stelle; beide sind daher ein beliebtes und lohnendes Objekt der Fälschung. Je nach Qualität, Jahreszeit und Gegend schwankt der Verkaufspreis

---

[1] Zeitschr. f. Unters. d. Nahr.- u. Genußm. l. c.
[2] Stenogr. Bericht über d. Berat. z. Nahrungsmittelgesetz, S. 796, 797, 801, 803, 807); vergl. **Meyer-Finkelnburg**, l. c. S. 75.

im Kleinhandel bei Butter etwa zwischen 0,90 und 1,60 Mk., derjenige des Butterschmalzes zwischen 1,00 und 1,30 Mk.

Die häufigste und für die Konsumenten am schwierigsten erkennbare Art der Verfälschung ist der Zusatz anderer, minderwertiger Fette tierischen oder pflanzlichen Ursprungs.

1. Zusatz von tierischen Körperfetten. (Rindsfett, Schweinefett, Talg, Oleomargarin usw.). Dieser bewirkt in erster Linie ein Fallen der Reichert-Meißlschen Zahl (unter 24) und der Verseifungszahl (unter 222).

Bei den erheblichen Schwankungen, denen das Molekulargewicht der nicht flüchtigen Fettsäuren unterliegt, wird man dieses nur in ganz besonderen Fällen zur Erkennung dieser Zusätze heranziehen können; meist wird das nur bei groben Fälschungen der Fall sein, die sich dann aber auch durch den niedrigen Wert der Reichert-Meißlschen Zahl verraten. Manche Butterfette können außerdem erhebliche Zusätze von diesen Fetten vertragen, ohne daß das Molekulargewicht der nicht flüchtigen Säuren abnorm wird.

In solchen Fällen gibt auch die Bestimmung der Polenskeschen Zahl keinen Aufschluß, denn bei Zusätzen von tierischen Körperfetten zu Butterfetten fallen die Polenskeschen Zahlen mit den Reichert-Meißlschen, und dann kommen auch bei den Polenskeschen Zahlen reiner Butterfette nach den bisherigen Erfahrungen solche Schwankungen vor, die ganz ausschließen, daß dieses Verfahren zum Nachweise der hier in Rede stehenden Verfälschungen verwendet werden kann (W. Arnold).

Für den Nachweis von tierischen Körperfetten in Butterfetten wird somit nach wie vor die Höhe der Reichert-Meißlschen und der Verseifungszahl unter Berücksichtigung der Herkunft des Fettes, der Fütterungsverhältnisse usw. in erster Linie maßgebend sein. (Hier sei nochmals auf das über Verfälschung der Butter mit animalischen Fetten oben Gesagte hingewiesen.)

2. Zusatz von Margarine. Um die Erkennbarkeit von Margarine zu erleichtern, muß diese den vorgeschriebenen[1]) Zusatz von Sesamöl haben, welches den Bedingungen der Bekanntmachung des Reichskanzlers, betreffend Bestimmungen zur Ausführung des Margarinegesetzes, vom 4. Juli 1897, Ziffer 2, genügt.

Der Nachweis einer Beimischung von Margarine zu Butterfett geschieht demnach qualitativ durch die Reaktion auf Sesamöl nach Baudouin. Da bei Gegenwart gewisser Teerfarbstoffe bei der Ausführung dieser Reaktion ebenfalls eine Rotfärbung auftritt, ohne daß Sesamöl vorhanden ist, so empfiehlt es sich, zur Bestätigung auch noch die Zinnchlorürreaktion nach Soltsien vorzunehmen. Diese Reaktion steht in ihrer Empfindlichkeit der ersten zwar vielleicht etwas nach, sie besitzt jedoch die schätzenswerte Eigenschaft, daß sie bei Gegenwart

---

[1]) § 6 des Gesetzes betr. den Verkehr mit Butter usw., vom 15. Juni 1897.

fremder Farbstoffe, z. B. gewisser Teerfarbstoffe, nicht den Eintritt einer Sesamölreaktion vortäuschen kann; es werden vielmehr durch die Einwirkung des Zinnchlorürs fremde Farbstoffe zerstört und die Färbung beseitigt.

Der Nachweis von Margarine, welche den gesetzlich vorgeschriebenen Zusatz von Sesamöl nicht hat, im Butterfett wird wie bei den Fetten unter 1. geführt.

Eine annähernde Bestimmung der Menge der Margarine geschieht mit Hilfe der Reichert-Meißlschen Zahl. Falls die Margarine Kokosfett enthält, ist dieses für sich nachzuweisen (s. unter 3.).

3. Zusatz von Kokosfett, eine in neuerer Zeit sehr beliebte Verfälschung. Die Beimischung von Kokosfett zu Butterfett hat zur Folge:

a) Erhöhung der Verseifungszahl;

b) Erniedrigung der Reichert-Meißlschen Zahl; beide Umstände bewirken die sogenannte „Differenz" (s. unten);

c) Erhöhung der Polenskeschen Zahl;

d) Erniedrigung des Molekulargewichtes der nichtflüchtigen Fettsäuren;

e) Erhöhung des Cholesterinacetat-Schmelzpunktes (falls nicht etwa phytosterinfreies Kokosfett vorliegt).

Der Ausdruck „Differenz" wurde von Juckenack und Pasternack eingeführt; er bezeichnet die Differenz zwischen der Reichert-Meißlschen Zahl und der um 200 verkleinerten Verseifungszahl. Im allgemeinen ist die „Differenz" beim Butterfett annähernd gleich 0; sie unterliegt jedoch Schwankungen nach der positiven und negativen Seite um je 3—4 und selbst mehr Einheiten[1]). Das Kokosfett zeigt durchschnittlich eine Reichert-Meißlsche Zahl von etwa 7 und eine Verseifungszahl von etwa 255; demnach beträgt hier die „Differenz" etwa —48. Wenn daher Butterfett mit normaler „Differenz" mit Kokosfett versetzt wird, so muß sich dieser Zusatz an dem erheblichen negativen Werte der „Differenz" verraten.

Allerdings können Fälle vorkommen, in denen ein Kokosfettzusatz stattgefunden hat, ohne daß die „Differenz" einen besonders auffallenden Wert bekommt; dann wird nur die Polenskesche Zahl und unter Umständen der Cholesterinacetat-Schmelzpunkt Aufschluß geben können.

Zur Erläuterung dieser Ausführungen dienen folgende praktische Beispiele:

I. Die Differenz ist positiv (Plus-Differenz).

    Reichert-Meißl-Zahl 22,8,

    Verseifungszahl 217,3,

    Molekulargewicht der nichtflüchtigen Fettsäuren 268,3.

          Differenz + 5,5.

---

[1]) Vergl. A. Reinsch, Zeitschr. f. Unters. d. Nahr.- u. Genußm. 1904, 8, 505; auch W. Arnold l. c.

II. Die Differenz ist annähernd $= \pm 0$.

Reichert-Meißl-Zahl 27,5,

Verseifungszahl 227,4,

Molekulargewicht der nichtflüchtigen Fettsäuren 259,2.

Differenz $+ 0,1$.

III. Die Differenz ist negativ (Minus-Differenz).

Reichert-Meißl-Zahl 28,1,

Verseifungszahl 233,0,

Molekulargewicht der nichtflüchtigen Fettsäuren 252,9.

Differenz $-4,9$.

Der Zusatz von Kokosfett zu Butterfett bewirkt folgende Veränderung der „Differenz", je nachdem diese positiv, neutral oder negativ ist:

a) Eine ursprüngliche $+$ - Differenz geht in $\pm$ oder (bei sehr viel Kokosfett) in $—$ - Differenz über;

b) eine ursprüngliche $\pm$ - Differenz geht in $—$ - Differenz über;

c) eine ursprüngliche $—$ - Differenz wird erheblich größer.

Hand in Hand mit der Änderung der Differenz geht eine Abnahme des Molekulargewichtes der nichtflüchtigen Fettsäuren.

Ein anderes Berechnungsverfahren gibt K. Farnsteiner[1] an. Multipliziert man danach die Reichert-Meißlsche Zahl mit 1,12 und zieht das Produkt von der Verseifungszahl ab, so erhält man in der Differenz diejenige Anzahl von Milligrammen Kalihydrat, welche zur Sättigung der bei der Bestimmung der Reichert-Meißlschen Zahl nicht titrierten Fettsäuren aus 1 g Fett erforderlich sind. Dieser Wert liegt bei reinem Butterfett in der Regel zwischen 193 und 200, kann aber auch bis auf 190 sinken und zu 205 aufsteigen. Der entsprechende Wert für Kokosfett liegt etwa bei 250[2].

Sehr wertvolle Dienste zur Erkennung und Bestimmung des Kokosfettes im Butterfette leistet das Polenskesche Verfahren[3], welches die Menge der ungelösten Fettsäuren bestimmt, die bei der Bestimmung der Reichert-Meißlschen Zahl in das Destillat mit übergehen und sich im Kühlrohre und in der Vorlage vorfinden (Polenskesche Zahl).

Im allgemeinen wird die Polenskesche Zahl durch den Zusatz von 1 % Kokosfett ungefähr um 0,1 erhöht. Enthält die Butter über 20 % Kokosfett, dann findet eine stärkere Erhöhung dieser Zahl statt.

Für die quantitative Beurteilung sind die miteinander korrespondierenden Reichert-Meißlschen und Polenskeschen Zahlen in nachstehender Tabelle zusammengefaßt. Um einen gewissen Spielraum zu gewähren, schien es dabei geboten, die Polenskesche Zahl um je 0,5 zu erhöhen. Erst die erhöhte, höchst zulässige Polenskesche Zahl ist für die quantitative Beurteilung in Rechnung

---

[1] Zeitschr. f. Unters. d. Nahr.- u. Genußm. 1905, **10,** 61.

[2] Vergl. Vorschläge des Ausschusses der Freien Vereinigung deutsch. Nahrungsmittelchemiker zur Abänderung d. Vereinbarungen, l. c. 78.

[3] Arbeiten a. d. Kais. Gesundheitsamte, 1904, **20,** 545; auch Zeitschr. f. Unters. d. Nahr.- u. Genußm. 1904, **7,** 273.

zu setzen; wird sie überschritten, so ist die Butter als
mit Kokosfett gefälscht anzusehen.

Tabelle von E. Polenske.

1.	2.	3.
Korrespondierende Zahlen		höchst
Reichert- Meißl-Zahlen	Polenske- Zahlen	zulässige Polenske-Zahl
20—21	1,3—1,4	1,9
21—22	1,4—1,5	2,0
22—23	1,5—1,6	2,1
23—24	1,6—1,7	2,2
24—25	1,7—1,8	2,3
25—26	1,8—1,9	2,4
26—27	1,9—2,0	2,5
27—28	2,0—2,2	2,7
28—29	2,2—2,5	3,0
29—30	2,5—3,0	3,5

Für die qualitative Beurteilung ist auch die Prüfung des
Aggregatzustandes der bei der Destillation ausgeschiedenen und sich an
der Oberfläche des Destillates ansammelnden, ungelösten flüchtigen Fettsäuren bei 15° von größter Wichtigkeit. Bei niedrigen Reichert-
Meißlschen Zahlen werden die Säuren fest, bei höheren erstarren sie
zu einer halbweichen trüben Masse. Sobald aber die Butter 10% und
mehr Kokosfett enthält, bestehen sie aus klaren Öltropfen.

Die quantitative Bestimmung des Kokosfettes beruht auf
dem Befunde, daß durch einen Zusatz von 10% Kokosfett zur Butter
die Polenskesche Zahl im Mittel um 1,0 erhöht wird. Ist die in
obiger Tabelle der gefundenen Reichert-Meißlschen Zahl entsprechende höchstzulässige Polenskesche Zahl niedriger als die gefundene, so entspricht jede Erhöhung der letzteren um 0,1 einem Zusatze von 1% Kokosfett. Dabei soll eine Erhöhung der gefundenen
Polenskeschen Zahl um weniger als 0,5 noch nicht als eine
Verfälschung angesehen werden. Ist aber die Differenz, die sich aus beiden
Polenskeschen Zahlen ergibt, größer als + 0,5, dann ist sie ihrem
ganzen Betrage nach auf Kokosfett zu berechnen.

Nach den bisherigen Erfahrungen werden in weitaus den meisten
Fällen noch Zusätze von 10% Kokosfett mit Hilfe dieses Verfahrens
erkannt. Immerhin können bei den manchmal beobachteten Schwankungen der Polenskeschen Zahl, namentlich wenn diese einen sehr
niedrigen Wert aufweist, nicht unbedeutende Mengen von Kokosfett übersehen werden.

Das Polenskesche Verfahren erscheint zurzeit als das schärfste
zum Nachweise des Kokosfettes. Allerdings soll nach neueren Ver-

suchen auch die Polenskesche Zahl durch Fütterung der Kühe mit Kokosfett, wenn auch nur wenig, beeinflußt werden. In solchen Fällen bleibt dann zum Nachweise eines Kokosfettzusatzes noch der Phytosterinnachweis nach A. Bömer (Erhöhung des Cholesterinacetat-Schmelzpunktes), der sich überhaupt auch zur Stützung des Befundes empfiehlt. Da das Phytosterin aus dem Futter unverändert aus dem Körper wieder ausgeschieden wird, so wird durch seine Gegenwart in einem Butterfett der Zusatz eines Pflanzenfettes zu letzterem sicher erwiesen. Freilich beweist ein negativer Befund nicht das Gegenteil, da es in neuerer Zeit gelungen ist, das an sich schon recht wenig Phytosterin enthaltende Kokosfett ganz phytosterinfrei zu machen.

Bei Butterfetten, wo der Phytosterinnachweis versagt, bei denen aber auf Grund der „Differenz" und der Polenskeschen Zahl der Verdacht besteht, daß sie Kokosfett enthalten, wird man daher eine derartige Fälschung nur als sehr wahrscheinlich, nicht aber als erwiesen ansehen dürfen. In solchen Fällen sind dann Erhebungen über die Beschaffenheit der Milch, welcher die Butter entstammen soll (Stallprobe), über die Fütterungsverhältnisse usw. anzustellen[1]).

Zusätze von Kokosfett erniedrigen ferner das mittlere Molekulargewicht der nichtflüchtigen Fettsäuren und erhöhen dasjenige der flüchtigen Fettsäuren (Juckenack und Pasternack l. c.). Dabei ist aber einerseits auf die nicht unerheblichen Schwankungen dieser Werte bei reinem Butterfett Rücksicht zu nehmen, anderseits sei daran erinnert, daß ein durch Kokosfettzusatz bewirktes anormales Molekulargewicht dieser Säuren durch Beimischung anderen Fettes, z. B. Rindsfett, kompensiert werden kann.

Was die wirtschaftliche Bedeutung des Zusatzes der hier angeführten fremden Fette zu Butter oder Butterschmalz anbelangt, so stehen jene den letzteren an Geldwert weit nach, da ihr Preis in der Regel die Hälfte bis zwei Drittel von demjenigen des jeweiligen Butter- bzw. Butterschmalzpreises beträgt. Aber auch an Gebrauchswert, d. h. an Geschmack, Aroma, Bekömmlichkeit, bleiben alle diese Fette weit hinter der Butter und dem Butterfett zurück, unbeschadet der Tatsache, daß ihre Verdaulichkeit fast dieselbe ist.

4. Butter mit übermäßigem Wassergehalt. Neben der Beimischung fremder Fette ist ein übermäßig hoher Gehalt an Wasser die häufigste Art der Butterfälschung.

Durch die auf Grund des § 11 des Gesetzes vom 15. Juni 1897, betreffend den Verkehr mit Butter usw., erlassene Bekanntmachung des Reichskanzlers vom 1. März 1902 ist der Höchstgehalt an Wasser für ungesalzene Butter auf 18 %, für gesalzene auf 16 % festgesetzt.

Das Hineinmischen von Wasser in fertige Butter bedeutet jedesmal eine Verschlechterung der letzteren. Auch der Wasser-

---

[1]) Vergl. dazu M. Siegfeld, Zeitschr. f. Unters. d. Nahr.- u. Genußm. 1907, **13,** 514.

zusatz zu fertiger Butter, selbst wenn der Gesamtwassergehalt die vorgeschriebene Höchstgrenze nicht übersteigt, ist eine Verfälschung (Urteil des Preußischen Kammergerichts): Die erwähnte Bekanntmachung des Reichskanzlers kommt für die Beurteilung der Frage, ob ein Verkauf verfälschter Butter unter Verschweigung dieses Umstandes stattgefunden hat (§ 10 Nr. 2 des Nahrungsmittelgesetzes) nur insoweit in Betracht, als die darin festgesetzte Grenze einen Maßstab für die normale Beschaffenheit der Butter bietet, ohne daß sie etwa einen Zusatz von Wasser zu Butter bis zu dieser Grenze straflos erklären will. — Durch diese Entscheidung des Kammergerichts ist zweifelfrei festgestellt, daß der Zusatz von Wasser zu fertiger Butter gegen das Nahrungsmittelgesetz verstößt.

Auch die Belassung von zuviel Wasser in der Butter bei deren Herstellung ist eine Verfälschung, da der Effekt derselbe ist, als wenn Butter mit normalem Wassergehalt durch Wasserzusatz verfälscht wird. Denn eine Verfälschung kann auch dadurch begangen werden, daß gewisse Bestandteile bei der Herstellung von Nahrungs- und Genußmitteln nicht genügend entfernt werden[1]).

Neben dem Zusatz von Wasser ist nach einem Gutachten der Berliner Handelskammer[2]) auch jeder zum Zwecke der Gewichtsvermehrung erfolgende Zusatz von Rahm, Milch und Magermilch zu Butter unzulässig.

5. Zusatz fremder Stoffe (außer Fett und Wasser). Zur Gewichtsvermehrung wird weiter noch die Beimischung fremder Stoffe zur Butter in Anwendung gebracht; von solchen wurden beobachtet: Ton, Kreide, Gips, weißer Käse, Kartoffelmehl, gekochte Kartoffeln, Weizenmehl und Stärkesirup. Im allgemeinen sind jedoch Fälschungen dieser Art selten; sie lassen auch nur eine beschränkte Anwendung zu, da sie durch mehrfache Merkmale leicht erkennbar sind.

6. Übermäßiger Zusatz von Kochsalz; Zusatz von Konservierungsmitteln. Ersterer dient zur Gewichtsvermehrung, letzterer, um alter Butter das Aussehen von frischer, also den Schein besserer Beschaffenheit zu verleihen. Beide Arten von Zusätzen charakterisieren sich als Verfälschung.

Nachmachungen.

1. Die hauptsächlichste und verbreitetste Nachmachung der Butter und des Butterschmalzes ist die Herstellung der Margarine (Streichmargarine und Schmelzmargarine). Auch von ihr gilt das über die Herstellung des Margarinekäses Gesagte. Der Verkehr mit Margarine ist durch das Gesetz vom 15. Juni 1897 geregelt.

---

[1]) R. G. IV. Urt. v. 24. Dezember 1888.
[2]) Markth. Ztg. 1905, Nr. 77.

Über die Beschaffenheit und Zusammensetzung der Margarine s. weiter unten.

Hinsichtlich der strafrechtlichen Beurteilung der Unterschiebung von reiner Margarine an Stelle von Butter herrscht noch keine völlige Übereinstimmung. Während wohl die Mehrzahl der Nahrungsmittelchemiker den Verkauf der Margarine unter dem Namen „Butter" auf Grund des Nahrungsmittelgesetzes beanstandet, indem sie die Margarine als ein nachgemachtes Nahrungsmittel ansieht, sind manche Gerichte dieser Auffassung nicht beigetreten, weil die Herstellung der Margarine nicht zum Zwecke der Täuschung erfolge. Aus dieser Stellungnahme ergibt sich dann das seltsame Resultat, daß zwar der Verkauf eines Gemisches von Butter mit 10 % Margarine, nicht aber derjenige der noch geringerwertigen Margarine für sich allein an Stelle von Butter nach dem Nahrungsmittelgesetz bestraft wird. Es wird also in solchen Fällen stets Anklage wegen Betrugs erhoben, auf Grund von § 263 des Strafgesetzbuchs [1]).

2. Als Nachmachungen des Butterschmalzes kommen dann noch Fette (Oleomargarin) oder Fettmischungen in Betracht, denen durch Verleihung einer geeigneten Konsistenz und Zusatz gelber Farbstoffe das Aussehen des Butterschmalzes gegeben wurde.

Abgesehen von den im einzelnen Falle zutreffenden Bestimmungen des Nahrungsmittel- bzw. des Margarinegesetzes sind derartige Zubereitungen auf Grund des Gesetzes betreffend die Schlachtvieh- und Fleischbeschau, vom 3. Juni 1900, § 21, zu beanstanden, wonach der Zusatz von Farbstoffen jeder Art zu tierischen Fetten verboten ist.

In neuerer Zeit kommen als Surrogate auch vielfach Pflanzenfette, insbesondere Kokosfett, in den Handel, denen durch Zusatz gelber Farbstoffe und durch mechanische Bearbeitung eine mehr oder minder große Ähnlichkeit mit Butter oder Butterschmalz verliehen wurde. Über die Beurteilung dieser Erzeugnisse siehe beim Abschnitt „Kokosfett".

Verdorbene Butter.

Als verdorben zu beanstanden sind Butter und Butterschmalz, wenn sie talgig, ranzig, grabelud, verschimmelt, bitter sind, überhaupt ekelerregenden Geschmack und Geruch besitzen.

Butterfett erleidet bei längerer Aufbewahrung eine Zersetzung, welche durch hohen Wasser-, Milchzucker- und Kaseingehalt, reichlichen Zutritt von Sonnenlicht und Luft, hohe Temperatur, ferner durch die Einwirkung von Mikroorganismen und Fermenten verursacht und beschleunigt wird. Mit dieser Zersetzung ist das Auftreten eines widerwärtigen Geruches und Geschmackes verbunden.

---

[1]) A. Beythien, Bericht über d. Tätigkeit d. Chemischen Untersuchungsamtes d. Stadt Dresden 1902, 12; siehe hierzu die Ausführungen am Anfange dieses Kapitels.

Talgige Butter. Bei längerem Liegen an der Luft unter Einwirkung des Lichtes, besonders des direkten Sonnenlichtes, nimmt Butter und Butterschmalz allmählich die weiße Farbe und den Geschmack des Talges an; dies beruht wahrscheinlich auf einer Oxydation.

Sauere Butter. Durch die Tätigkeit von Mikroorganismen, eventuell unter gleichzeitiger Einwirkung von Licht und Luft, tritt eine Säuerung der Butter ein, die entweder auf der Umwandlung des Milchzuckers in Milchsäure oder auf einer Spaltung des Butterfettes beruht. Butterfett ist sauer, wenn der Gehalt an freier Säure abnorm hoch, das freie Glyzerin aber unverändert (nicht oxydiert) ist [A. Schmid[1])].

Ranzige Butter. Mit „ranzig" bezeichnet man eine Butter, welche den bekannten unangenehmen „kratzenden" Geschmack angenommen hat. Hand in Hand damit geht oft die Säuerung, das Auftreten eines widerlichen Geruchs und jene Veränderung der Beschaffenheit, welche als „talgig" bezeichnet wird. Nach A. Schmid (l. c.) ist ein Fett ranzig, wenn der Gehalt an freier Fettsäure nicht hoch, das freie Glyzerin aber teilweise oder ganz zu Aldehyden und Ketonen oxydiert ist. Die Ursache der Ranzigkeit ist noch nicht festgestellt, wahrscheinlich ist sie in der Wirkung von Bakterien und Fermenten zu suchen.

Für alle diese drei Arten des Verderbens liegen bisher weder ausreichende Erklärungen noch ein sicherer analytischer Maßstab vor. Die frühere Übung, ein Butterfett mit einem gewissen Säuregrad (etwa über 8) als ranzig zu beanstanden, ist längst als unhaltbar aufgegeben, da erwiesen ist, daß Säuregrad und Ranzigkeit ganz unabhängig voneinander auftreten, wenn sie auch häufig gemeinschaftlich vorkommen.

Den einzig maßgebenden Beweis für die Ranzigkeit und Talgigkeit der Butter bildet die Sinnenprüfung; der Geschmack, eventuell auch der Geruch, ist hier das empfindlichste Reagens. Der Säuregrad ist dabei nur beweisend, wenn er positiv ist und mit ranzigem Geschmacke zusammen auftritt. Eine negative Beweiskraft wohnt dem Säuregrad nicht inne. Ein Fett kann z. B. ranzig und total verdorben sein und dabei nur einen Säuregrad von 2—3 haben, während anderseits bei tadellos schmeckender und riechender Butter schon 30 Säuregrade beobachtet wurden.

Ranzige und talgige Butter, ebenso wie solche, die verschimmelt ist und solche, die sonst einen unangenehmen Geschmack und Geruch besitzt, ist als verdorben im Sinne des Nahrungsmittelgesetzes zu beanstanden.

Ein Beispiel für die letztangeführte Beschaffenheit bietet der von A. Beythien[2]) mitgeteilte Fall, wo Butter einen teils an Tinte, teils an Phenol erinnernden Geruch besaß, der seine Ursache in dem hohen Eisengehalte des zur Umhüllung benutzten Pergamentpapiers hatte.

---

[1]) Zeitschr. f. anal. Chem. 1898, **37**, 277—287.
[2]) Bericht über d. Tätigkeit d. Chemischen Untersuchungsamtes d. Stadt Dresden 1903.

Zur Beurteilung verdorbener Butter kommt es nur auf den Zustand im Augenblicke des Verkaufs an, nicht darauf, ob mit ihrer Hilfe noch genießbare Backwaren hergestellt werden können [1].

Für die Beurteilung des Verkaufs verdorbener Butter kommen die §§ 10 Ziffer 2, 12 und 14 des Nahrungsmittelgesetzes in Betracht.

Gesundheitsschädliche Butter.

Ein vorgeschrittener Grad von Verdorbenheit, insbesondere der Ranzigkeit, ist unter Umständen geeignet, bei manchen Personen eine Gesundheitsschädigung hervorzurufen. Ob und wie weit dies der Fall ist, entzieht sich aber der Beurteilung des Chemikers. —

Nach neueren Forschungen sollen p a t h o g e n e B a k t e r i e n längere Zeit in Butter lebensfähig bleiben können; hierdurch wäre die Möglichkeit der Verschleppung von Infektionskrankheiten (Tuberkulose usw.) durch Butter gegeben. Nachweis und Beurteilung solcher Krankheitskeime in der Butter ist Sache des Bakteriologen. —

Auch gewisse K o n s e r v i e r u n g s m i t t e l in der Butter sind nicht unbedenklich. Dies dürfte besonders von der in Frankreich zur Butterkonservierung geübten Verwendung von Fluoriden zu genanntem Zwecke gelten. Nach den Versuchen von O. und Ch. W. H e h n e r [2] hebt eine wässerige Lösung von 0,16—0,46 % Fluornatrium. wie sie sich in der Butter findet, die fermentative Wirkung des menschlichen Speichels auf und hemmt die Verdauung.

Sobald derartige Konservierungsmittel in der Butter gefunden werden, ist im Gutachten auf die Möglichkeit einer Beeinträchtigung der Gesundheit hinzuweisen, die Entscheidung darüber jedoch dem Arzte zu überlassen.

Erwähnt sei noch die Möglichkeit der Verwendung g e s u n d h e i t s s c h ä d l i c h e r F a r b e n zur Färbung der Butter. Ihre Beurteilung geschieht nach dem Gesetz vom 5. Juli 1887 bzw. nach §§ 12, 14 des Nahrungsmittelgesetzes.

Begutachtung.

Um den Einfluß der verschiedenen Verfälschungen auf die Zusammensetzung des Butterfettes zu demonstrieren, seien einige typische Analysenbilder vorgeführt.

(Hierzu Tabelle I nächste Seite.)

Nr. 1—5 bieten eine Zusammenstellung von B u t t e r p r o b e n mit Rücksicht auf die zu beobachtenden Schwankungen in der „Differenz", sowie auf den Schmelzpunkt reiner Cholesterinacetate.

Nr. 6—9 zeigen die Zusammensetzung m a r g a r i n e h a l t i g e r B u t t e r; sie bieten einen Beitrag zu den Ausführungen über die Beziehungen zwischen R e i c h e r t - M e i ß l scher Zahl, Verseifungszahl und Refraktion.

---

[1] Entsch. d. Oberlandesger. Dresden v. 8. Januar 1904.
[2] Analyst, 1902, **27,** 173.

Tabelle I. (Nach A. Juckenack und R. Pasternack[1]).)

Nr.	Art des Fettes	Reichert-Meißlsche Zahl (a)	Verseifungszahl (b)	„Differenz" a (b−200)	Refraktion Butterskala	Sesamöl	Phytosterin-acetatprobe Schmelzpunkt 5. Kristallisation (korrigiert)
1.	Butter	29,53	232,92	— 3,39	— 2,50	0	114,6°
2.	„	28,88	228,31	+ 0,57	— 1,50	0	114,0°
3.	„	27,41	227,41	± 0	— 1,80	0	113,5°
4.	„	27,51	223,37	+ 4,14	+ 0,40	0	—
5.	„	32,00	229,76	+ 2,24	— 0,30	0	—
6.	Butter mit 15% Margarine	22,43	218,80	+ 3,36	+ 2,59	vorhanden	—
7.	30% „	18,81	214,57	+ 4,24	+ 3,28	„	—
8.	45% „	14,71	210,35	+ 4,36	+ 3,97	„	—
9.	80% „	5,71	200,48	+ 5,23	+ 5,38	„	—
10.	Butter mit Kokosfett	27,30	236,39	— 9,09	—3,60	0	118,5°
11.	„ „ „	25,45	237,60	—12,15	— 3,40	0	117,2°
12.	„ „ „	24,91	236,40	—11,49	— 2,50	0	120,8°
13.	Butter mit Kokosfett und Margarine	25,10	230,21	— 5,11	— 1,50	vorhanden	—
14.	„ „ „	23,70	229,65	— 5,95	— 0,70	„	—

Nr. 10—12 sind Analysen kokosfetthaltiger Butter. Sie lassen den Einfluß von Kokosfett auf Butter erkennen, die zweifellos ursprünglich eine verschiedenartige „Differenz" und Refraktion besessen hat, und zeigen das Verhalten von Cholesterin- Phytosterin-Gemischen. Die Polenskesche Zahl ist hier noch nicht berücksichtigt.

Nr. 13 und 14 lehren den gleichzeitigen Einfluß von Kokosfett und Margarine bzw. von kokosfetthaltiger Margarine auf Butter. Die Refraktionen werden wieder die von normaler Butter. Die Reichert-Meißlschen Zahlen als solche und in Verbindung mit den Refraktionen geben zu Beanstandungen keinen Anlaß. Eine Prüfung auf Phytosterin ist, nachdem das Sesamöl nachgewiesen worden ist, nicht erforderlich.

Unter Berücksichtigung der Polenskeschen Zahl und des Molekulargewichts der nichtflüchtigen Säuren gestaltet sich das Analysenbild von Butter mit Kokosfett folgendermaßen:

(Siehe Tabelle II nächste Seite.)

Vor allem ist aus dieser Zusammenstellung ersichtlich, daß derartige Mischungen viel höhere Polenskesche Zahlen aufweisen, als normale Butterfette mit derselben Reichert-Meißlschen Zahl. Das

---

[1]) Zeitschr. f. Unters. d. Nahr.- u. Genußm. 1904, 7, 193—214.

Tabelle II. Analysen kokosfetthaltiger Butterfette
(nach W. Arnold[1]).

Nr.	Gehalt an Kokosfett	Verseifungszahl	Reichert-Meißlsche Zahl	„Differenz"	Polenskesche Zahl		Molekulargewicht der nichtflüchtigen Säuren	Schmelzpunkt der Acetate korrigiert
					ist	soll sein		
1.	10 %	234,0	27,5	— 7,5	3,35	2,10	252,00	115,7 °
2.	15 %	230,1	23,2	— 6,9	3,50	1,62	252,60	117,2 °
3.	20 %	233,6	23,5	—10,1	3,85	1,65	249,40	—
4.	25 %	235,2	24,4	—10,8	4,40	1,74	248,10	—
5.	30 %	240,2	23,3	—16,9	5,10	1,63	243,10	121,2 °

Ansteigen der Minus-Differenz und die Abnahme des Molekulargewichtes der nichtflüchtigen Fettsäuren mit zunehmendem Gehalte der Mischung an Kokosfett sind weitere Kennzeichen für letzteren.

Es sei noch einmal darauf hingewiesen, daß bei der Beurteilung einer Butter mit abnormen Analysendaten der Einfluß des Futters usw. in Betracht gezogen werden muß. Aufklärung hierüber erhält man durch zweckentsprechende Nachforschungen und eventuell durch Vornahme einer Stallprobe.

Bei den nachstehenden Beispielen soll der Einfluß derartiger Nebenmomente als ausgeschaltet angenommen werden, sie beziehen sich auf Sammelfette.

Beispiele.

1. Butter mit fremdem tierischem Fett.

Die Analyse ergab:

<pre>
      Refraktometeranzeige (Butterskala) . . .   +0,8
      Reichert-Meißlsche Zahl   19,9
      Verseifungszahl (Köttstorfer) 220,1
      Polenskesche Zahl   1,30
      Baudouinsche Reaktion . . . . . . negativ.
</pre>

Die niedrigen Werte für die Verseifungszahl, die Reichert-Meißlsche Zahl und die dieser ganz entsprechende Polenskesche Zahl weisen auf einen Zusatz von Rindsfett oder Schweineschmalz hin. Daß keine Margarine zugesetzt wurde, beweist die Abwesenheit von Sesamöl.

Mit Hilfe der Reichert-Meißlschen Zahl läßt sich nun die ungefähre Höhe des Zusatzes berechnen. Die Nachforschung ergab in vorliegendem Falle, daß das unverfälschte Butterfett die Reichert-Meißlsche Zahl 27 besaß. Für Rindsfett oder Schweinefett kann man diese Zahl zu durchschnittlich 0,5 annehmen.

---

[1] l. c. 235.

Bezeichnet x die Menge des unverfälschten Butterfettes (Reichert-Meißl 27), y diejenige des zugesetzten tierischen Fettes (Reichert-Meißl 0,5), so haben wir die Gleichungen:

$$1. \quad x + y = 100;$$
$$2. \quad x \cdot 27 + y \cdot 0,5 = 100 \cdot 19,9.$$

Daraus ergibt sich:

$$x = 100 - y$$
$$(100 - y) \cdot 27 + y \cdot 0,5 = 100 \cdot 19,9.$$
$$y = 26,4.$$

Nach dieser Berechnung enthält die zur Untersuchung vorgelegte Butter einen Zusatz von 26,4 % Rindsfett oder Schweinefett.

Gutachten:

Dieser Befund, insbesondere die niedrigen Werte der Reichert-Meißlschen- und der Verseifungszahl erweisen, daß die vorliegende Butter eine Beimischung von fremden tierischen Fetten (Rindsfett oder Schweinefett) erfahren hat; und zwar berechnet sich dieser Zusatz auf etwa 25 %.

Unter Butter wird im Handel lediglich ein Produkt von aus der Milch entstammendem Fette verstanden. Wenn nun auch Rindsfett und Schweinefett als im reellen Handel befindliche Nahrungsmittel anzusehen sind, so sind sie, sowohl als Nahrungsmittel als auch vor allem als Genußmittel, doch erheblich geringerwertig als Butter. Die Beimischung von Rinds- oder Schweinefett zur Butter ist daher als Verfälschung im Sinne des Gesetzes vom 14. Mai 1879 anzusehen. Sie bildet außerdem eine Zuwiderhandlung gegen den § 3 des Gesetzes vom 15. Juni 1897, betreffend den Verkehr mit Butter etc., woselbst die Vermischung von Butter mit anderen Speisefetten zum Zwecke des Handels verboten ist.

2. Butter mit Kokosfett.

Die Untersuchung der ..... Butterprobe ergab folgendes:

Geschmack: wenig butterähnlich, auffallend leer.

Wassergehalt	15,8 %
Refraktion (Zeiß)	—1,7
Verseifungszahl	240,20
Reichert-Meißlsche Zahl . .	23,30
Polenskesche Zahl	5,10
Molekulargewicht der nichtflüchtigen Fettsäuren	243,10
Schmelzpunkt des Acetats (korr) nach Bömer	121,2 °

(Bemerkung: Bei der Untersuchung deutete schon das trübe Destillat bei der Bestimmung der Reichert-Meißlschen Zahl und der Aggregatzustand der wasserunlöslichen flüchtigen Fettsäuren, welche als durchsichtige Öltropfen in großer Menge auf dem Destillate schwammen, ebenso wie der auffallend leere Geschmack der Butter auf eine Beimischung von Kokosfett hin. Dieser Verdacht wird durch die Analyse bestätigt.)

In dem vorstehenden Untersuchungsbefunde fällt zunächst die außerordentliche Höhe der Verseifungszahl gegenüber der Reichert-Meißlschen Zahl auf. Die sich hieraus berechnende „Differenz" (nach Juckenack) beträgt nicht weniger als — 16,90. Noch auffallender ist der hohe Wert der Polenskeschen Zahl, 5,10, gegenüber dem der obigen Reichert-Meißlschen Zahl entsprechenden, 1,63. Auch das Molekulargewicht der nichtflüchtigen Säuren ist weit niedriger als bei reiner Butter. Der hohe Schmelzpunkt der Acetatprobe nach Bömer beweist, daß hier Phytosterinacetat vorliegt, der Butter also ein Pflanzenfett zugesetzt worden und nicht durch Fütterung in sie gelangt ist.

Alle diese Momente lassen zweifelfrei erkennen, daß hier eine Butter vorliegt, welche einen Zusatz von Kokosfett erfahren hat. Die Höhe des letzteren berechnet sich aus der Polenskeschen Zahl zu rund 30 %.

Gutachten:

Der gewerbsmäßige Zusatz von Speisefetten jeglicher Art (also auch von Kokosfett) zu Butter ist durch § 3 des Gesetzes vom 15. Juni 1897, betreffend den Verkehr mit Butter usw., verboten.

Es liegt hier aber auch eine Verfälschung im Sinne des Gesetzes vom 14. Mai 1879, betreffend den Verkehr mit Nahrungsmitteln, vor. Denn Kokosfett ist nicht etwa nur weit billiger als Butter, es ist auch im Genußwert erheblich geringerwertig als jene, weil es frei von jeglichem Aroma und Buttergeschmack ist. Infolgedessen wird die Butter durch den Zusatz von 30 % Kokosfett in ihrem Genußwerte bedeutend herabgesetzt.

Für die Beurteilung dieser Verfälschung vom wirtschaftlichen Standpunkte aus sei noch bemerkt, daß Kokosfett etwa nur halb so viel kostet als Butter, und daß es frei von Wasser ist, weshalb bei dem Zusatze von Kokosfett auch zugleich ein Zusatz von Wasser erfolgt sein muß.

3. Butterschmalz mit Margarine.

Äußere Beschaffenheit: weiche, salbenartige Konsistenz.

Geruch und Geschmack: ölig, nicht rein nach Butterschmalz.

Refraktion . . . . $+ 4,75$,

Reichert-Meißlsche Zahl 8,03,

Verseifungszahl 207,20,

Polenskesche Zahl . . . 1,4,

Baudouinsche Reaktion: stark positiv,

Soltsiensche Reaktion: ebenfalls,

Fremder Farbstoff: vorhanden.

Aus der stark positiven Refraktion, den übrigen niedrigen Werten und dem Gehalte an Sesamöl und fremden Farbstoffen geht hervor, daß hier ein stark mit Margarine verfälschtes Butterschmalz vorliegt. Der Margarinezusatz beträgt etwa 60 %.

Die Ausführung des Gutachtens geschieht in der oben angedeuteten Art.

Außer dem § 10 des Gesetzes vom 14. Mai 1879, betreffend den Verkehr mit Nahrungsmitteln, kommt hier auch § 3 des Gesetzes vom 15. Juni 1897, betreffend den Verkehr mit Butter usw., in Betracht.

4. Butter mit übermäßigem Wassergehalt.

Geschmack	normal,
Refraktion	— 0,9,
Wassergehalt	22,6 %,
Reichert-Meißlsche Zahl	25,2,
Verseifungszahl	225,8,
Pohlenske'sche Zahl	1,8,
Kochsalz	nicht vorhanden.

Diese Butterprobe ist wegen ihres, die gesetzliche Grenze überschreitenden Wassergehaltes und dementsprechend zu niedrigen Fettgehaltes zu beanstanden.

Ein Zusatz fremder Fette ist nach diesen Ergebnissen nicht anzunehmen.

Gutachten:

Nach der Bekanntmachung des Reichskanzlers, betreffend den Fett- und Wassergehalt der Butter, vom 1. März 1902 darf ungesalzene Butter in 100 Gewichtsteilen nicht weniger als 80 Teile Fett und nicht mehr als 18 Gewichtsteile Wasser enthalten. Der Wassergehalt der vorliegenden Butter ist aber erheblich höher, ihr Fettgehalt niedriger, sie ist also normal hergestellter Butter gegenüber verschlechtert.

Butter hat nämlich einen sehr hohen Nährwert, während Wasser überhaupt keinen Nährwert hat. Der Wasserzusatz bewirkt lediglich eine Gewichtsvermehrung der Butter auf Kosten von deren Güte und ist auch geeignet, ihre Haltbarkeit zu beeinträchtigen. Durch den übermäßig hohen Wassergehalt wird demnach die Butter in ihrer Beschaffenheit verschlechtert, während der Schein der ursprünglichen, also einer verhältnismäßig besseren Beschaffenheit erhalten bleibt.

Diese Butter ist also objektiv verfälscht im Sinne des § 10 des Nahrungsmittelgesetzes.

II. Margarine.

Spezialgesetze.

Der Verkehr mit Margarine wird durch das Gesetz betreffend den Verkehr mit Butter, Käse, Schmalz und deren Ersatzmitteln, vom 15. Juni 1897, geregelt.

Nach § 3 Abs. 2 dieses Gesetzes ist die Verwendung von Milch oder Rahm bei der gewerbsmäßigen Herstellung von Margarine verboten, sofern mehr als 100 Gewichtsteile Milch oder eine dementsprechende Menge Rahm auf 100 Gewichtsteile der nicht der Milch entstammenden Fette in Anwendung kommen.

Nach § 6 Abs. 1 dieses Gesetzes muß Margarine, welche zu Handelszwecken bestimmt ist, einen die allgemeine Erkennbarkeit der Ware mittels chemischer Untersuchungen erleichternden, Beschaffenheit und Farbe nicht schädigenden Zusatz enthalten.

Zur Ausführung dieser Vorschrift hat der Bundesrat in Gemäßheit des § 6 Abs. 2 dieses Gesetzes die nachstehenden Bestimmungen beschlossen (Bekanntmachung des Reichskanzlers vom 4. Juli 1897):

1. Um die Erkennbarkeit von Margarine und Margarinekäse, welche zu Handelszwecken bestimmt sind, zu erleichtern (§ 6 des Gesetzes betreffend den Verkehr mit Butter usw., vom 15. Juni 1897), ist den bei der Fabrikation zur Verwendung kommenden Fetten und Ölen Sesamöl zuzusetzen. In 100 Gewichtsteilen der angewandten Fette und Öle muß die Zusatzmenge bei Margarine mindestens 10 Gewichtsteile, bei Margarinekäse mindestens 5 Gewichtsteile Sesamöl betragen.

Der Zusatz des Sesamöls hat bei dem Vermischen der Fette vor der weiteren Fabrikation zu erfolgen.

2. Das nach Nr. 1 zuzusetzende Sesamöl muß folgende Reaktion zeigen: (siehe unter Margarinekäse S. 99).

Nach der Bekanntmachung des Reichskanzlers, betreffend gesundheitsschädliche und täuschende Zusätze zu Fleisch und dessen Zubereitungen, vom 18. Februar 1902, ist die Verwendung von Farbstoffen jeder Art zur Gelbfärbung von Margarine zugelassen, sofern diese Verwendung nicht anderen Vorschriften zuwiderläuft, d. h. nicht gegen die Bestimmungen des Gesetzes vom 5. Juli 1887, betreffend die Verwendung gesundheitsschädlicher Farben usw., verstößt.

Begriff, Zusammensetzung und Beschaffenheit.

Margarine im Sinne des Gesetzes vom 15. Juni 1897 sind diejenigen der Milchbutter oder dem Butterschmalz ähnlichen Zubereitungen, deren Fettgehalt nicht ausschließlich der Milch entstammt.

Die als Ersatz für Butter geltende Margarine — Streichmargarine — wird im großen und ganzen so hergestellt, daß Magermilch (eventuell mit Zusatz von Vollmilch oder Rahm) mit Fetten, die nicht der Milch entstammen, und der vorgeschriebenen Menge Sesamöl verarbeitet wird. Eine so hergestellte Margarine stellt demnach eine butterähnliche Zubereitung dar, in welcher der größte Teil des Milchfettes durch andere Fette ersetzt ist. Ihre Zusammensetzung (Gehalt an Wasser, Fett, Salzen usw.) ist daher auch im allgemeinen dieselbe wie die der Kuhbutter. Dagegen unterscheidet sich das Fett der Margarine von dem Butterfett unter anderem wesentlich dadurch, daß ihm der hohe Gehalt des Butterfettes an löslichen, flüchtigen Fettsäuren fehlt.

Das in Süddeutschland unter dem Namen Margarine bekannte, als Ersatz für Butterschmalz dienende Produkt — das Margarineschmalz, die Schmelzmargarine — wird aus der Streichmargarine in gleicher Weise wie Butterschmalz aus Butter gewonnen; in den weitaus meisten Fällen wird es aber einfacher durch direktes Zusammenmischen der einzelnen Fette und Öle hergestellt.

Als Fettmasse finden vorwiegend folgende Fette bei der Bereitung der Margarine Verwendung:

1. **Oleomargarine**, das ist der durch Auspressen in gelinder Wärme vom größten Teile des Stearins befreite Rindstalg;
2. **Neutral-lard**, das ist Neutralschmalz, gereinigtes Schweineschmalz, gewonnen aus dem Netz- und Gekrösefett des Schweines;
3. **Baumwollsamenöl** (Cottonöl) oder der feste Anteil desselben, das Baumwollsamenstearin (Cottonstearin);
4. **Sesamöl**;
5. **Erdnußöl** (Arachisöl);
6. **Kokosfett.**

Seltener finden auch andere Fette, Palmkernöl, Palmöl u. dergl., Verwendung.

Vielfach umgeht man die Herstellung des Oleomargarins aus Talg (sogenanntes Premier jus) vollständig und verwendet diesen, mit Zusätzen von flüssigen Ölen, direkt zur Herstellung von Margarine.

Nach dem ursprünglichen Verfahren des Erfinders, **Mège-Mouriès**, wird die Margarine nur aus Oleomargarin und Milch hergestellt. Abgesehen von dem zu ihrer Erkennbarkeit in Deutschland jetzt gesetzlich vorgeschriebenen Zusatz von 10 % Sesamöl gehen die Fabrikanten immer mehr dazu über, ihren Erzeugnissen große Mengen billiger pflanzlicher Öle, namentlich Baumwollsamenöl und Kokosfett, einzuverleiben.

Diese Beimischungen sind natürlich nicht zu beanstanden, da es für die Zusammensetzung der Margarine nur nach der Richtung hin eine Beschränkung gibt, daß auf 100 Gewichtsteile der nicht der Milch entstammenden Fette nicht mehr als 100 Gewichtsteile Milch oder eine dementsprechende Menge Rahm zur Anwendung gelangen dürfen.

Um ein möglichst butterähnliches Verhalten beim Braten und Backen zu erzielen, erhält die Margarine auch Zusätze von Eigelb, Rohrzucker usw.

Beythien[1]) macht darauf aufmerksam, daß jetzt oft sehr große Mengen (bis 15 %) Wasser in die Margarine hineingearbeitet werden, worunter ihre wertvollste Eigenschaft, die Haltbarkeit, leidet. Eine gesetzliche Grenze für den Wassergehalt der Margarine besteht jedoch nicht.

Die Anhaltspunkte für die Beurteilung der Butter gelten, mit Ausnahme derer für den Nachweis fremder Fette in der Butter, sinngemäß auch für Margarine.

Verfälschungen.

Die Verfälschungen der Margarine und die infolgedessen für die chemische Untersuchung in Betracht kommenden Gesichtspunkte, sind wesentlich dadurch von denen der Butter verschieden, daß bei der Margarine die hauptsächliche Art der Butterfälschung, nämlich der Zusatz fremder, minderwertiger Fette, fortfällt. Dagegen muß die Margarine

---

[1]) Bericht über d. Tätigkeit d. Chemischen Untersuchungsamtes d. Stadt Dresden 1903, 9.

den Bestimmungen des § 3 des Reichsgesetzes vom 15. Juni 1897 genügen, wonach eine Vermischung von Butter mit Margarine verboten ist, und in der Margarine nur soviel Butterfett enthalten sein darf, als durch die Verwendung von 100 Gewichtsteilen Milch oder einer entsprechenden Menge Rahm auf 100 Teile Fettmasse bei der Herstellung herrührt.

Hierbei muß man jedoch berücksichtigen, daß durch diese Bestimmung keine scharfe Grenze für den Gehalt an Butterfett gezogen ist, so lange nicht der Begriff „Rahm" gesetzlich definiert ist.

Einem Gehalte von 4—6 % Butterfett, welche Menge durch Verwendung von zehn Gewichtsteilen eines sehr fettreichen Zentrifugenrahmes sehr wohl in die Margarine gelangen kann, und die daher als gesetzlich zulässig angesehen werden muß, würden Reichert-Meißlsche Zahlen von 1,8 — 2,5 entsprechen, während das Margarinefett (d. h. das kokosfettfreie) meistens Reichert-Meißlsche Zahlen von 0,7 bis 1,0 aufweist.

Es können jedoch bei Margarine noch höhere Reichert-Meißlsche Zahlen vorkommen, ohne daß der Butterfettgehalt die erlaubte Grenze überschreitet, ja sogar ohne daß überhaupt Butterfett im Margarinefett vorhanden ist, da namentlich zwei pflanzliche Fette, Palmkernöl und Kokosfett, verhältnismäßig hohe Reichert-Meißlsche Zahlen haben, nämlich 4—5 bzw. 7—8.

Zur Erkennung eines Gehaltes an diesen Fetten dienen ihre sehr niedrigen Jodzahlen und hohen Verseifungszahlen.

Die wichtigsten Verfälschungen der Margarine sind:

1. Ein die gesetzlichen Bestimmungen überschreitender Gehalt an Kuhbutter. Die Reichert-Meißlsche Zahl ist in solchem Falle größer als 2,5, zugleich ist die Verseifungszahl nur wenig erhöht.

2. Die Verwendung von verdorbenen Fetten (z. B. von Abdeckereien usw.) oder von solchen, welche von Tieren mit Infektions- oder toxischen Krankheiten stammen, zur Herstellung der Margarine. Diese Art von Verfälschungen kann nur durch eine strenge Kontrolle der Margarinefabriken selbst verhütet werden.

3. Die Beimischung fremder, wertloser Körper (Talk, Magnesiasilikat usw.)

Ob ein übermäßig hoher Wasserzusatz zur Margarine nicht auch als Verfälschung aufzufassen wäre, müßte eventuell der richterlichen Entscheidung anheim gegeben werden. A. Reinsch und F. Bolm[1]) teilen einen Fall mit, in dem die Margarine 18,3 % Wasser enthielt; sie sind der Ansicht, daß, nachdem für gesalzene Butter die höchst zulässige Grenze für den Wassergehalt auf 16 % festgesetzt wurde, Margarine als butterähnliche Zubereitung ebenfalls nicht mehr Wasser enthalten dürfe, zumal der Wassergehalt normal hergestellter Margarine nicht mehr als 12 % betrage.

---

[1]) Jahresbericht d. chemischen Untersuchungsamtes Altona 1902, 16.

4. Der Zusatz von Konservierungsmitteln. Nach der auf Grund der Bestimmungen im § 21 des Gesetzes, betreffend die Schlachtvieh- und Fleischbeschau, vom 3. Juni 1900, erlassenen Bekanntmachung des Reichskanzlers, betreffend gesundheitsschädliche und täuschende Zusätze zu Fleisch und dessen Zubereitungen, vom 18. Februar 1902, ist der Zusatz der nachstehend angeführten Konservierungsmittel zu Margarine, welche tierisches Fett enthält, verboten, da nach § 4 dieses Gesetzes die aus warmblütigen Tieren hergestellten Fette als Fleisch im Sinne des Gesetzes anzusehen sind, und aus der genannten Bekanntmachung, die die Gelbfärbung der Margarine ausdrücklich für zulässig erklärt, zu entnehmen ist, daß die Margarine den Bestimmungen des sogenannten Fleischbeschaugesetzes unterliegt. Dies gilt für folgende Stoffe und die solche Stoffe enthaltenden Zubereitungen:

Borsäure und deren Salze,
Formaldehyd,
Alkali- und Erdalkali-Hydroxyde und -Karbonate,
Schweflige Säure und deren Salze sowie unterschwefligsaure Salze,
Fluorwasserstoff und dessen Salze,
Salizylsäure und deren Verbindungen,
Chlorsaure Salze.

Verdorbene Margarine.

Margarine, zu deren Herstellung verdorbene Fette verwendet wurden, besitzt meist eine ekelhafte Beschaffenheit und infolge massenhafter Schimmelwucherungen ein braunfleckiges Aussehen. Die Schimmelbildung soll nach A. Beythien (l. c.) auch leicht bei hohem Wassergehalt der Margarine eintreten.

Verschimmelte, wie überhaupt Margarine mit ekelerregendem Aussehen, ekelhaftem Geruch oder Geschmack ist als verdorben zu beanstanden.

Über die Gesundheitsschädlichkeit einer solchen Margarine hat der medizinische Sachverständige zu entscheiden.

Begutachtung.

Beispiel.

Margarine ohne vorschriftsmäßigen Sesamölgehalt.

Eine Margarineprobe gibt folgenden Untersuchungsbefund:

Reichert-Meißlsche Zahl . .	4,01,
Verseifungszahl	208,9,
Polenskesche Zahl	2,4,
Jodzahl	54,2,
Reaktion nach Halphen . . .	positiv,
Reaktion nach Baudouin . . .	negativ.

Die erhöhte Reichert-Meißlsche Zahl deutet darauf hin, daß neben Oleomargarin bezw. Rindstalg hier entweder Kokosfett oder ein das gesetzlich erlaubte Maß überschreitender Zusatz von Butterfett vorliegt. Durch die hohe Verseifungszahl wird aber die Beimischung von Kokosfett bestätigt. Daß hier kein Butterfett vorhanden sein kann, geht aus dem Verhältnis der Polenskeschen zur Reichert-Meißlschen Zahl hervor. Letztere müßte bei der Höhe der ersteren (2,4) größer sein, wenn neben Kokosfett Butterfett vorhanden wäre.

Die hohe Jodzahl läßt ferner auf den Zusatz eines Pflanzenöles schließen; wie der positive Ausfall der Halphenschen Reaktion erweist, liegt Baumwollsamenöl vor.

Dagegen ist Sesamöl nicht vorhanden, wenigstens nicht solches, welches die gesetzlich vorgeschriebene Baudouinsche Reaktion gibt.

Gutachten:

Die vorliegende Margarineprobe besteht im wesentlichen aus einem Gemisch von Oeleomargarin bzw. Rindstalg, Kokosfett und Baumwollsamenöl.

Der gesetzlich vorgeschriebene Zusatz von reaktionsfähigem Sesamöl fehlt.

Diese Margarine ist demnach zu beanstanden, weil sie den Bestimmungen des § 6, Abs. 1 des Gesetzes betreffend den Verkehr mit Butter usw., vom 15. Juni 1897, nicht entspricht.

III. Schweinefett (Schweineschmalz).

Spezialgesetz.

Für den Verkehr mit Schweinefett kommen diejenigen Bestimmungen des Gesetzes betreffend den Verkehr mit Butter, Käse, Schmalz und deren Ersatzmitteln, vom 15. Juni 1897, in Betracht, welche sich auf Kunstspeisefett beziehen.

Nach § 1 Abs. 4 dieses Gesetzes sind Kunstspeisefett diejenigen dem Schweineschmalz ähnlichen Zubereitungen, deren Fettgehalt nicht ausschließlich aus Schweinefett besteht. Ausgenommen sind unverfälschte Fette bestimmter Tier- oder Pflanzenarten, welche unter den ihrem Ursprung entsprechenden Bezeichnungen in den Verkehr gebracht werden.

Begriff, Zusammensetzung und Beschaffenheit.

Schweinefett (Schweineschmalz, in Norddeutschland Schmalz, Schmer) ist das durch Ausschmelzen der inneren Fettpartien des Schweines gewonnene Fett. Man verwendet in Deutschland dazu: das Eingeweidefett (Darmfett, Gekröse), das Nierenfett und das Netzfett (Blumen, Flohmen, Schmer, Liesen), seltener den Bauch- und Rückenspeck oder gar das Fett von anderen Körperteilen.

Ein großer Teil des in Deutschland im Handel befindlichen Schweinefettes kommt aus Nordamerika. Hier wird meist das ganze Schwein auf Schmalz verarbeitet, und zwar geschieht die Gewinnung des Fettes in eisernen Kesseln unter Druck durch unmittelbare Einwirkung des Dampfes (Dampfschmalz, steam lard).

Die offiziellen Normen für die Vereinigten Staaten (United States Standards) unterscheiden:

Leaf Lard, d. i. das bei mäßig hoher Temperatur ausgelassene innere Körperfett des Schweines mit Ausnahme des Darmfettes; die Jodzahl desselben darf 60 nicht übersteigen.

Neutral Lard, das durch Ausschmelzen im Wasserbade bei 40—50° C gewonnene Fett;

Choice Lard besteht aus Gekrösefett und Rückenspeck;

Prime Steam Lard kann das Fett sämtlicher Körperteile enthalten.

Die Raffination des Schmalzes besteht in einem teilweisen Auspressen des „Schmalzöls" bei niedriger Temperatur aus dem für Speisezwecke zu flüssigen Rohschmalz.

Das Schweinefett besteht vorzugsweise, wie alle tierischen Fette aus Palmitin, Stearin und Olein. Amerikanisches Schweinefett enthält auch Trilinolein.[1]) Die Zusammensetzung des Schweinefettes wechselt je nach den Körperteilen, welchen das Fett entnommen wurde, nach der Fütterung der Tiere, dem Klima usw.

Für die Beurteilung der Reinheit eines Schweinefettes dienen folgende Anhaltspunkte:

Als Vorprüfung ist die refraktometrische Untersuchung wertvoll. Man bedient sich dabei des Zeiß-Wollnyschen Refraktometers mit besonderer Thermometereinteilung, deren Skale S die den Temperaturen entsprechenden höchsten Refraktometerzahlen für Schweinefett angibt, und bestimmt die Differenz zwischen den Angaben des Fernrohrs und des Thermometers[2]). Ergibt diese Prüfung einen auffallend großen negativen (—) Wert oder einen größeren positiven (+) Wert als 1,3 (+ 1.3), so ist das Fett verdächtig. Einen ausschlaggebenden Wert hat jedoch die Refraktometerprobe für sich allein nicht, sie kann nur zur Vorprüfung dienen. Auch ist zu beachten, daß das Alter (Säuregrad) des Schweinefettes von wesentlichem Einflusse auf die Ablenkung ist.

Den größten Wert für den Nachweis von Verfälschungen legte man früher auf die Hüblsche Jodzahl. Nach den „Vereinbarungen" soll diese bei Schweinefett zwischen 46 und 64 liegen. Neuere Untersuchungen haben jedoch einwandfrei dargetan, daß die Jodzahl bei Fetten ausländischer Herkunft weit höhere Werte erreichen kann; sie soll z. B. nach Leffmann und Beam[3]) bei dem Fett der amerikanischen Schweine um sechs bis acht Einheiten höher liegen, als bei dem

---

[1]) Benedict-Ulzer, Analyse der Fette und Wachsarten, 4. Aufl., Berlin 1903, S. 848.

[2]) Vergl. Ausführungsbestimmungen zum Fleischbeschaugesetz vom 3. Juni 1900, Anlage d, Abschnitt II, Ziff. I, 3.

[3]) Select Methods in Food Analysis, 2. Aufl., Philadelphia 1905, S. 183.

der englischen (europäischen), und bei selbst ausgelassenem chinesischem und japanischem Schweinefett stellte K. Farnsteiner[1]) Jodzahlen bis zu 85 fest.

Die Ursache dieser Erscheinung ist noch nicht genügend aufgeklärt. Von Einfluß scheint u. a. die Fütterung zu sein. So hat z. B. Soxhlet nachgewiesen, daß Fütterung mit Leinöl das Schweinefett stark verändert, es wird braungelb und halbflüssig, seine Jodzahl steigt bis auf 108.

Jedenfalls muß in der Praxis mit diesen Verhältnissen gerechnet werden. Da die im Handel befindlichen Schweinefettsorten teils einheimisches Schmalz allein, teils Mischungen von solchem mit ausländischem (amerikanischem u. a.) vorstellen, so kommen für die Grenzen, innerhalb deren die Jodzahl liegen kann, so weit auseinander liegende Werte in Betracht, daß es unmöglich ist, auf Grund der Jodzahl allein über die Reinheit eines Schweinefettes ein Urteil abzugeben. Dies um so mehr, als die hohe Jodzahl etwa zugesetzter Pflanzenöle durch den Zusatz von Fettbestandteilen, deren Jodzahl unter derjeuigen des reinen Schweinefettes liegt (Stearin des Rinds- und Hammeltalges), geschickt verdeckt wird. Deshalb kann eine normale Jodzahl nicht ohne weiteres als endgültiger Beweis für die Reinheit eines Schweinefettes angesehen werden.

Einen etwas sichereren Aufschluß über letztere scheint die Jodzahl des flüssigen Anteils der Fettsäuren (sogenannte innere Jodzahl) zu geben. Diese bewegt sich in der Regel zwischen 90 und 105, sie kann aber auch — wie beim chinesischen Schmalz — Werte bis zu 130 annehmen (vergl. Farnsteiner l. c.). Die innere Jodzahl des Schweinefettes schwankt zwar in engeren Grenzen als seine äußere Jodzahl, aber die Schwankungen sind noch genügend groß, um eventuell Verfälschungen mit bis zu 20 % Baumwollsamenöl nicht erkennen zu lassen[2]).

Zwischen der Jodzahl und der Refraktometerzahl besteht ein gewisser Parallelismus; die letztere steigt und fällt im allgemeinen mit der Jodzahl. Man kann daher aus der Höhe der Refraktometerzahl einen Schluß auf die ungefähre Höhe der Jodzahl ziehen; dies ist namentlich für die Massenkontrolle von großem Wert. Wenn die Refraktometerzahl eines Schweinefettes bei 40° C innerhalb der Grenzen 48,5—51,5 gefunden wird, sind mit größter Wahrscheinlichkeit Jodzahlen innerhalb der Grenzen von 48—69 zu erwarten. Um sich unnötige Arbeit zu ersparen, empfiehlt es sich daher, die Bestimmung der Jodzahl erst dann auszuführen, wenn die Refraktometerzahl außerhalb der Grenzen 48,5—51,5 gefunden worden ist[3]).

In Anbetracht der gegenwärtigen Sachlage stimmte die Freie Ver-

---

[1]) Bericht d. Hygien. Instituts über d. Nahrungsmittelkontrolle in Hamburg f. 1903—1904, S. 28; auch Zeitschr. f. Unters. d. Nahr.- u. Genußm. 1905, **10**, 68.

[2]) Vergl. Benedikt-Ulzer, Analyse der Fette und Wachsarten, 4. Aufl., S. 862.

[3]) Vergl. K. Farnsteiner l. c. 73.

einigung Deutscher Nahrungsmittelchemiker auf ihrer vierten Jahresversammlung [1]) dem Leitsatze des Auschusses zu: Es ist zurzeit nicht
mehr angängig, feste Grenzzahlen zur Beurteilung von Schweineschmalz
aufzustellen.

Jedenfalls müssen bei der Untersuchung des Schweinefettes auch
die qualitativen Prüfungen vorgenommen werden.

Reines Schweinefett enthält nur Spuren von Wasser (bis zu 0,3 %)
und Mineralbestandteilen.

Verfälschungen.

Das Schweinefett ist nächst der Butter das am meisten geschätzte
Speisefett. Da es nach der Butter auch das im Preise am höchsten
stehende Fett zu sein pflegt, so ist es ebenfalls der Gegenstand häufiger
Verfälschung. Als solche kommt in erster Linie und fast ausschließlich
der Zusatz minderwertiger, billiger tierischer und pflanzlicher Fette und
Öle in Betracht, wie Preßtalg, Rinds- oder Hammeltalg, Pferdefett;
Baumwollsamenöl und -Stearin, Kokosfett, Erdnuß-, Sesam-, Palmkernöl usw.

1. Zusatz von Talg (Preßtalg, Rindstalg oder
Hammeltalg).

Ein solcher erniedrigt die Jodzahl des Schweinefettes. Als unterste
Grenze ist für letzteres die Jodzahl 46 anzunehmen, während Rindstalg
die Jodzahlen 35,6—40,0, Rindspreßtalg die Jodzahlen 17—20 aufweist.
Schweinefette, welche eine unter 46 fallende Jodzahl besitzen, sind nach
den Vereinbarungen als mit Talg verfälscht zu erklären.

Hierbei ist jedoch folgendes zu beachten:

a) Von Einfluß auf die Jodzahl ist das Alter des Schweinefettes
   insofern, als mit einer Zunahme von freien Fettsäuren eine
   Abnahme der Jodzahl Hand in Hand geht.

b) Eine unter 46 sinkende Jodzahl kann auch von einem Gehalt
   des Schweinefettes an Kokosfett oder Palmkernöl herrühren.
   Doch sind diese beiden Fette leicht an der hohen Verseifungszahl und der relativ hohen Reichert-Meißlschen Zahl
   zu erkennen (siehe unten). Es ist auch nicht ausgeschlossen,
   daß reine Schweinefette Jodzahlen von 45 und 44 aufweisen [2]).

Als Unterscheidungsmerkmal ist auch die verschiedene Form der
aus Äther oder anderen Lösungsmitteln erhaltenen Kristalle des Stearins
empfohlen worden. Da aber die Kristalle des Rinds- und Schweinestearins je nach den Versuchsbedingungen zahllose Übergangsformen erkennen lassen, so kann bei der zurzeit noch herrschenden Unsicherheit
in der Beurteilung dieses Verfahren zur Entscheidung der Frage eines
Zusatzes von Talg zu Schweinefett nicht herangezogen werden. Jedenfalls
bietet der Nachweis geringerer Mengen von Rindstalg, Preßtalg usw.

____

[1]) Vergl. K. Farnsteiner l. c. 79.
[2]) Dortselbst 74.

bedeutende Schwierigkeiten, andererseits verlohnt es sich schon, geringe Quantitäten dieser Fette, bis zu 5 % hinab, dem Schweinefett beizumischen.

2. Zusatz von Pflanzenfetten.

Durch Beimischung von flüssigen Pflanzenfetten (Pflanzenölen) wird die Jodzahl des Schweinefettes erhöht. Die Jodzahlen dieser Öle liegen erheblich höher als die letztere, so beim Baumwollsamenöl zwischen 102 und 108,5. Indessen ist, wie schon oben ausgeführt wurde, bei der gegenwärtigen Lage der Dinge die Jodzahl für den Nachweis von Pflanzenölen nur noch von nebensächlicher Bedeutung; ihre Feststellung kann im allgemeinen bei der praktischen Ausübung der Nahrungsmittel-kontrolle unterbleiben, wenn die Refraktometerzahl normal ist. Nur bei abnormer Refraktometerzahl empfiehlt es sich, auch die Jodzahl zu be-stimmen.

Der Nachweis der Verfälschung erfolgt in diesen Fällen daher am besten durch die qualitativen Reaktionen der Pflanzenfette.

Der am häufigsten zu treffende Zusatz von Baumwollsamenöl (Cottonöl) wird am sichersten durch die Halphensche Reaktion nach-gewiesen; bei einem Gehalt von nur 0,5 % Baumwollsamenöl tritt hier schon deutliche Rosafärbung ein. Die Halphensche Reaktion ist auch in die amtliche Anweisung des Fleischbeschaugesetzes zur Prüfung auf die Anwesenheit von Baumwollsamenöl aufgenommen worden.

Nicht ganz so empfindlich, aber immerhin noch recht scharf, ist die Becchische Reaktion für Baumwollsamenöl. Ihr Wert wird aber da-durch beeinträchtigt, daß sie einerseits in manchen Fällen eintritt, wo kein Cottonöl vorhanden ist, und andrerseits trotz der Anwesenheit dieses Öles ausbleibt.

So gibt Schweinefett, welches beim Ausschmelzen einen Zusatz von Zwiebeln und Gewürz usw. erhalten hat (sogenanntes Bratenschmalz), die Becchische Reaktion.

Andrerseits versagt diese Reaktion gewöhnlich, wenn das zugesetzte Baumwollsamenöl zum Zwecke der Entsäuerung oder Entfärbung vorher mit chemischen Reagentien behandelt oder höheren Temperaturen unter-worfen wurde (Überhitzung). Auch die Halphensche Reaktion tritt bei überhitztem Cottonöl nicht mehr ein[1].

Sesamöl im Schweinefett wird mit Hilfe der Baudouinschen bezw. der Soltsienschen Reaktion nachgewiesen.

Der Nachweis von Erdnußöl (Arachisöl) geschieht nach dem Ver-fahren von A. Rénard in der Modifikation von de Negri und Fabris.

Die zur allgemeinen Erkennung fetter Pflanzenöle früher gebräuch-liche Reaktion von P. Welmans entspricht erfahrungsgemäß in ihrer Empfindlichkeit und Zuverlässigkeit den gegenwärtig zu stellenden An-forderungen nicht. Ihre Anwendung kann daher zurzeit nicht empfohlen werden[1].

---

[1] Vergl. Beschlüsse d. Freien Vereinigung deutsch. Nahrungsmittel-chemiker; Zeitschr. f. Unters. d. Nahr.- u. Genußm., 1905, **10**, 77.

Bei der Beurteilung aller dieser Farbenreaktionen sind geringe Verfärbungen nicht als positive Reaktion anzusehen, sondern nur das deutliche Auftreten der charakteristischen Färbungen.

Wenn die vorhergehenden Prüfungen darauf hinweisen, daß eine Verfälschung mit Pflanzenölen stattgefunden hat, so ist die Untersuchung auf Phytosterin anzustellen. Sie geschieht nach dem Bömerschen Acetatverfahren und bildet zurzeit den sichersten Nachweis für einen Zusatz von Pflanzenfetten zum Schweineschmalz. Auch dieses Verfahren findet sich in der amtlichen Anweisung des Fleischbeschaugesetzes zur Prüfung von Fetten.

Da bei dem Fett von Schweinen, die mit Baumwollsamenkuchen gefüttert worden sind, die Becchische uud Halphensche Reaktion positiv ausfallen[1]), das Welmanssche Reagens gleichfalls keine einwandfreien Resultate gibt, so bleibt nur der Nachweis des Vorhandenseins von Phytosterin übrig, um unzweifelhaft entscheiden zu können, ob ein Schmalz mit Baumwollsamenöl versetzt wurde oder nicht.

Wie schon im Kapitel „Butter" ausgeführt wurde, geht nach dem bisherigen Stande unserer Kenntnisse Phytosterin auch bei abnorm starker Fütterung der Tiere mit ölhaltigem Futter nicht in das Körperfett über; es wird mit dem Kot aus dem Körper ausgeschieden (siehe hierzu auch Benedict-Ulzer, 865).

Beim Zusatz von Kokosfett zu Schweinefett kann unter Umständen, wie schon erwähnt, die Jodzahl des letzteren unter 46 sinken. Dieser Zusatz hat aber andrerseits eine wesentliche Erhöhung der Verseifungszahl und eine merkbare Steigerung der Reichert-Meißlschen Zahl zur Folge. Bestätigend wirkt auch hier eventuell der Phytosterinnachweis, wobei aber nicht zu übersehen ist, daß es phytosterinfreies Kokosfett gibt.

Für den Nachweis von Kokosfett in Schweineschmalz scheint auch die Polenskesche Zahl gute Aussichten zu bieten. Schweineschmalz zeigt nach W. Arnold[2]) eine Polenskesche Zahl von 0,5, die nur ganz geringen Schwankungen unterliegt; durch Kokosfettzusatz würde diese Zahl erheblich erhöht. Bei der Neuheit dieses Verfahrens läßt sich über den Wert desselben ein endgültiges Urteil zurzeit noch nicht abgeben.

3. Gleichzeitiger Zusatz von Talg und Pflanzenfetten Durch eine derartige Kombination werden Gemische hergestellt, deren Jodzahl innerhalb der Grenzen für reines Schweinefett liegt. Außerdem kann das zugesetzte Pflanzenfett durch Behandlung mit Chemikalien oder Erhitzung gegen gewisse Reaktionen unempfindlich gemacht worden sein.

Es ist somit unter Umständen eine normale Jodzahl und das Ausbleiben der Becchischen, Halphenschen und Welmansschen Reaktion noch kein Beweis für die absolute Echtheit des Schweinefettes.

---

[1]) Siehe Benedict-Ulzer, l. c. 864.
[2]) Zeitschr. f. Unters. d. Nahr.- u. Genußm. 1905, **10**, 211.

In diesen Fällen kann die Verfälschung nur mit Hilfe der Phytosterin-acetatprobe nachgewiesen werden. Deren positiver Ausfall ist ein unwiderleglicher Beweis für die Anwesenheit von Pflanzenölen.

Hat dabei das Schweinefett zugleich eine niedrige Jodzahl, so kann unbedenklich auf gleichzeitigen Zusatz von Rinds- oder Hammeltalg geschlossen werden.

Was die Beurteilung dieser Beimischungen zu Schweinefett anbelangt, so stellen sie sich als Zusätze von minderwertigen Stoffen — minderwertig sowohl nach ihrem materiellen, wie nach ihrem Gebrauchs- und Genußwerte — dar; sie bilden also eine Verfälschung im Sinne des Nahrungsmittelgesetzes vom 14. Mai 1879. Solche Gemische können unter Umständen auch als Nachahmung von Schweinefett aufgefaßt werden[1]).

Im allgemeinen werden diese Gemische wegen ihrer dem Schweineschmalz ähnlichen Beschaffenheit als Kunstspeisefette im Sinne des § 1 des Gesetzes vom 15. Juni 1897 aufzufassen sein und dann nur unter den Beschränkungen der §§ 2, 4, 5 dieses Gesetzes in den Verkehr gebracht werden dürfen (siehe auch unter Nachmachungen).

4. Der Zusatz von gewichtsvermehrenden fremden Stoffen.

Die Beimengung solcher Stoffe wird selten beobachtet; hierher gehören Stärkemehl und Mineralsubstanzen.

Vereinzelt wurde auch beobachtet, daß das Schweinefett mit Alkalien teilweise verseift wurde, um die Bindung größerer Wassermengen zu ermöglichen.

Selbstverständlich charakterisieren sich alle derartigen Zusätze ebenfalls als Verfälschung.

E. Polenske[2]) empfiehlt, Schweineschmalz seines Wassergehaltes wegen erst dann zu beanstanden, wenn seine konstante Trübungstemperatur[3]) über 75° liegt, d. h. wenn es mehr als 0,3 % Wasser enthält.

Auf Grund der zum § 21 des Gesetzes, betreffend die Schlachtvieh- und Fleischbeschau, erlassenen Bekanntmachung des Reichskanzlers vom 18. Februar 1902 ist der Zusatz der dort angeführten Konservierungsmittel (siehe unter Margarine) zum Schweinefett verboten.

Nachmachungen.

Als Nachmachungen des Schweinefettes gelten alle dem Schweineschmalz ähnliche Zubereitungen, deren Fettgehalt nicht ausschließlich aus Schweinefett besteht. Solche Zubereitungen sind als Kunstspeisefett zu bezeichnen; ihr Verkauf unterliegt den Beschränkungen

---

[1]) R. G. III. Urt. vom 17. März 1894.
[2]) Arbeiten a. d. Kais. Gesundheitsamte, 1907, **25**, 511.
[3]) Nach dem Verfahren von Polenske bestimmt; dortselbst 507.

des Gesetzes, betreffend den Verkehr mit Butter, Käse, Schmalz und deren Ersatzmitteln, vom 15. Juni 1897.

Im Gegensatz zu Margarine und Butter besteht in diesem Gesetze für Kunstspeisefett kein Mischverbot; Kunstspeisefett darf unbegrenzt viel Schweinefett enthalten. Auch ist für den Verkauf des Kunstspeisefettes keine bestimmte Form (Würfelform) vorgeschrieben, sie wäre auch bei seiner weichen Beschaffenheit nicht durchführbar.

Die Zusammensetzung des Kunstspeisefettes kann sehr verschieden sein; Vorschriften darüber existieren nicht. Was als „Schweineschmalz ähnlich" zu gelten hat, ist von Fall zu Fall zu beurteilen. Eine wesentliche Forderung dieses Begriffs wird die weiße Farbe und eine gewisse weiche Konsistenz des Gemisches sein.

Kunstspeisefett braucht gar kein Schweinefett zu enthalten.

Nicht unter diesen Begriff fallen die Fette bestimmter Tier- oder Pflanzenarten (z. B. Gänseschmalz, gebleichtes Pferdefett, Kokosfett, Palmkernfett, Kakaobutter, aber auch reines Oleomargarin), welche

    a) unverfälscht sind, d. h. denen nicht Bestandteile entnommen oder zugesetzt sind, durch die das Fett geringerwertig wird (herkömmliche Zusätze von Gewürzen, Zwiebeln usw. gelten nicht als Verfälschung);

    b) unter einer ihrem Ursprung entsprechenden Bezeichnung in den Verkehr gebracht werden (z. B. unterliegt Pferdefett, welches etwa als Schweinefett verkauft wird, den Bestimmungen für Kunstspeisefett[1]).

Verdorbenes Schweinefett.

Für verdorben ist ranziges und talgiges Schweinefett zu erklären. Was die Beurteilung eines solchen anbelangt, so haben auch hier, wie bei der Butter, Geruch und Geschmack darüber zu entscheiden, ob ein Schweinefett als ranzig oder talgig zu bezeichnen ist. Auf Grund eines hohen Gehaltes an freien Fettsäuren allein kann es nicht für verdorben und ungenießbar gelten.

Nach Spaeth[2] soll bei der als „Ranzigwerden" bekannten Zersetzung eine Zunahme des Gehaltes an freier Säure, unter gleichzeitiger Abnahme der Jodzahl und Erhöhung des Refraktometerwertes, erfolgen.

Ebenso ist ein Schweinefett von ekelerregendem Aussehen, fauligem oder sonst ekelhaftem Geschmack und Geruch als verdorben zu beanstanden. Es sei noch erwähnt, daß das Fett von Schweinen, die mit Fischen gefüttert wurden, einen widerlichen, tranigen Geschmack anzunehmen pflegt.

Nach den Ausführungsbestimmungen zu dem Gesetze, betreffend die Schlachtvieh- und Fleischbeschau, vom 3. Juni 1900, Anlage c, Ziffer C müssen

---

[1] Vergl. Max Fleischmann, Das Margarinegesetz usw., Breslau 1898.
[2] Zeitschr. f. analyt. Chemie 1896, S. 471.

bei der Vorprüfung zubereiteter Fette folgende Gesichtspunkte besonders beobachtet werden:

1. Bei Gegenwart von Schimmelpilzen oder Bakterienkolonien ist festzustellen, ob diese

    a) als unwesentliche örtliche äußere Verunreinigung (z. B. infolge kleiner Schäden der Verpackung),

    b) als wesentlicher äußerer Überzug der Fettmasse, oder

    c) als Wucherungen im Inneren des Fettes vorliegen.

2. Bei der Beurteilung der Farbe ist darauf zu achten, ob das Fett eine ihm nicht eigentümliche Färbung oder eine Verfärbung aufweist, oder ob es sonst sinnlich wahrnehmbare fremde Beimengungen enthält.

3. Bei der Prüfung des Geruchs ist auf **ranzigen, talgigen, öligen, sauren, dumpfigen (mulstrigen, grabelnden), schimmeligen** sowie **faulig-ekelerregenden Geruch** zu achten.

4. Bei der Prüfung des Geschmackes ist festzustellen, ob ein **bitterer** oder ein **allgemein ekelerregender Geschmack** vorliegt. Auch ist darauf zu achten, ob fremde Beimengungen durch den Geschmack erkannt werden können.

5. Ist Schimmelgeruch oder -geschmack festgestellt, so ist zu prüfen, ob derselbe nur von geringfügigen äußeren Verunreinigungen des Fettes oder des Packstückes herrührt.

Die Beurteilung der **Gesundheitsschädlichkeit** eines verdorbenen Schweinefettes ist Gegenstand eines medizinischen Gutachtens.

Begutachtung.

Beispiele.

1. Schweinefett mit Baumwollsamenöl.

Beschaffenheit . . . . . salbenartig,
Farbe . . . . Stich ins Grünlich-gelbe,
Geschmack . . . . . ölig,
Jodzahl (nach Hübl) . . 81,5,
Halphens Reagens . . starke Reaktion,
Becchis Reagens . . . ebenfalls.

Die hohe Jodzahl und der positive Ausfall der genannten Reaktionen erweisen, daß das vorliegende Schweinefett einen beträchtlichen Zusatz an Baumwollsamenöl enthält.

Gutachten: Nach diesem Befunde liegt hier kein reines Schweineschmalz vor, sondern die Mischung eines solchen mit Baumwollsamenöl.

Baumwollsamenöl ist ein Pflanzenöl, welches in bezug auf seinen Gebrauchswert — Geschmack usw. — weit unter dem Schweinefett steht; es ist ein minderwertiges Speisefett. Sein Preis beträgt etwa nur $1/3$ bis $1/2$ des Schweinefettes.

Durch den Zusatz von Baumwollsamenöl wird das Schweinefett demnach verschlechtert, ein solcher charakterisiert sich daher als Verfälschung im Sinne des Gesetzes vom 14. Mai 1879.

Da diese Zubereitung dem Schweineschmalz ähnlich ist, ihr Fettgehalt aber nicht ausschließlich aus Schweinefett besteht, so liegt hier ein Kunstspeisefett im Sinne des Gesetzes, betreffend den Verkehr mit Butter, Käse, Schmalz usw., vom 15. Juni 1897, vor.

2. Schweinefett mit Rindstalg.

Konsistenz . . . . normal,
Geruch und Geschmack . . . . normal,
Jodzahl (nach Hübl) 43,7,
Reichert-Meißlsche Zahl . . 0,47,
Halphensche Probe . . . . negativ,
Phytosterinacetatprobe . . . . negativ.

Die niedrige Jodzahl (unter 46) läßt hier den Zusatz von Rinds- oder Hammeltalg erkennen. Nach dem negativen Ausfall der Reaktionen auf Pflanzenfette, ist ein gleichzeitiger Zusatz solcher nicht anzunehmen. Die Beurteilung ist analog derjenigen des Zusatzes von Baumwollsamenöl.

3. Schweinefett mit Baumwollsamenöl und vermutlich auch Talg.

Konsistenz . . . . normal,
Geruch und Geschmack . . an Pflanzenfett erinnernd,
Jodzahl (nach Hübl . . . 53,6,
Verseifungszahl 195,3,
Phytosterinprobe:
　Schmelzpunkt des Acetats . 121,5 °,
Reaktion nach Becchi . . positiv,
Reaktion nach Halphen . positiv.

Die Jodzahl und Verseifungszahl dieses Schweinefettes sind normal und lassen eine Verfälschung nicht vermuten.

Dagegen weist der hohe Schmelzpunkt des Phytosterinacetats auf den Zusatz eines Pflanzenfettes hin, und zwar liegt nach dem Ausfall der Becchischen und Halphenschen Reaktion Baumwollsamenöl vor.

Bei alleinigem Zusatze von Baumwollsamenöl müßte aber die Jodzahl weit höher liegen (wenn nicht das Schweinefett selbst eine selten niedrige Jodzahl aufweist); es hat also sehr wahrscheinlich noch ein Zusatz stattgefunden, der die Jodzahl herabdrückt. Hier kommen Rindstalg (bzw. Rindstearin, auch Hammeltalg) und Kokosfett in Frage. Gegen die Beimischung des letzteren spricht die niedrige Verseifungszahl, für ersteres (Rindstalg) die Konsistenz des Fettes, welche, durch den Zusatz von Baumwollsamenöl salbenartig geworden, mittels des Talges wieder fester, dem ursprünglichen Schweineschmalz ähnlicher gestaltet wurde.

Gutachten: Nach dem Ergebnis der Analyse liegt hier ein mit Baumwollsamenöl verfälschtes Schweinefett vor, welchem zur Verdeckung jener Beimischung vermutlich noch Rinds- oder Hammeltalg bezw. Rindstearin zugesetzt worden ist.

Es handelt sich hier demnach um ein Kunstspeisefett im Sinne des

Gesetzes vom 15. Juni 1897, betreffend den Verkehr mit Butter, Käse, Schmalz usw., dessen Verkauf als Schweinefett gegen § 10 des Gesetzes vom 14. Mai 1879, betreffend den Verkehr mit Nahrungsmitteln usw., verstößt.

4. Schweinefett mit Kokosfett.

Beschaffenheit	normal,
Farbe	rein weiß,
Geschmack . . . . . . , . .	normal,
Refraktion (Skala S)	— 3,10,
Jodzahl (nach Hübl)	48,35,
Verseifungszahl	209,4
Reichert-Meißlsche Zahl . .	4,10,
Polenskesche Zahl	2,40,
Phytosterinprobe:	
Schmelzpunkt des Acetats . .	119,8 °.

Die Jodzahl dieses Schweinefettes ist zwar ziemlich niedrig, liegt aber immerhin noch innerhalb der normalen Grenzen.

Die als Vorprobe vorgenommene Refraktion ließ auf Grund ihres stark negativen (—) Wertes das Fett schon verdächtig erscheinen.

Dieser Verdacht wird durch die übrigen Analysendaten bestätigt, und zwar weisen die hohen Werte für die Verseifungszahl, die Reichert-Meißlsche Zahl und auch wohl die Polenskesche Zahl auf einen erheblichen Zusatz von Kokosfett hin. Daß ein solcher Zusatz erfolgt ist, wird durch den Phytosterinnachweis bekräftigt (wenn auch ein negativer Ausfall des letzteren kein Beweis gegen den Zusatz von Kokosfett gewesen wäre, da phytosterinfreies Kokosfett im Handel vorkommt).

Die Begutachtung dieses Zusatzes ist analog den vorigen.

Bemerkung: Das letztangeführte Beispiel beweist den Wert der Bestimmung der Verseifungszahl, der Polenskeschen Zahl und der Reichert-Meißlschen Zahl bei der Untersuchung von verdächtigen Schweinefetten.

IV. Sonstige tierische Fette.

1. Rindsfett.

Das Rindsfett, Rinderfett, Rindstalg, findet entweder im Haushalte als solches Verwendung (Nierenfett), oder es wird noch besonders raffiniert. Hierzu wird das Fett der verschiedenen Körperpartien bei 60—65° ausgeschmolzen und von den Verunreinigungen abgegossen; das so gewonnene „Premier jus" läßt man bei etwa 30° kristallisieren und preßt bei dieser Temperatur aus. Der Rückstand (Preßtalg, Rindstearin) dient u. a. zur Herstellung künstlicher Speisefette; das abgepreßte Fett ist das zur Margarinefabrikation verwendete Oleomargarin.

Das Oleomargarin kommt auch für sich oder mit Pflanzenfett

gemischt als Speisefett in den Handel, und zwar hauptsächlich in Form der besonders in Süddeutschland verbreiteten sogenannten Rollenfette.

Beim Rindsfett liegt die Verseifungszahl zwischen 193,2 und 198,5, die Reichert-Meißlsche Zahl ist ziemlich konstant 0,50, die Jodzahl 35,6—41,2. Die Zusammensetzung ist, je nach der Körperpartie, verschieden; das Taschenfett (Fett der Genitalgegend) ist das weichste, das Eingeweidefett das härteste.

Beim Oleomargarin hängen die Konstanten in erster Linie von der Temperatur ab, bei welcher das Produkt gepreßt wurde. Je niedriger diese ist, desto höher ist die Jodzahl. Nach Benedict-Ulzer (S. 309) bewegt sich die Verseifungszahl zwischen 192 und 200, die Jodzahl von 43,8—55,3; die Reichert-Meißlsche Zahl von 0,1—0,99.

Verfälschungen.

Die Hauptverfälschung des Rindsfettes, bzw. des Oleomargarins besteht in dem Zusatz von Pflanzenfetten (Baumwollsamenöl, Erdnußöl, Kokosfett). Es lassen sich dadurch Produkte herstellen, die, zumal wenn sie künstlich gelb gefärbt werden, in ihrer äußeren Beschaffenheit (Konsistenz usw.) dem Butterschmalz sehr ähnlich sind und in manchen Gegenden auch tatsächlich zu dessen Verfälschung dienen.

Der Nachweis von Pflanzenölen geschieht in der beim Schweinefett besprochenen Weise.

Ein Gehalt des Rindsfettes an Kokosfett und Palmkernöl ist an der sehr erhöhten Verseifungszahl und der Polenskeschen Zahl leicht zu erkennen; erstere beträgt für Rindsfett etwa 196, für Kokosfett aber 257—268, für Palmkernöl 247. Außerdem wird durch diesen Zusatz die Reichert-Meißlsche Zahl hinaufgesetzt, die Jodzahl aber herabgedrückt.

Die vereinzelt beobachtete Beimischung von Paraffin zum Rindsfett wird durch Bestimmung der unverseifbaren Bestandteile ermittelt.

Ein Zusatz von Hammeltalg zum Rindsfett ist nicht mit Bestimmtheit nachzuweisen.

Ein Zusatz von Pferdefett drückt sich durch Erhöhung der Jodzahl aus. Pferdefett zeigt Jodzahlen von 79—90.

Ein als „echtes", „reines" oder „raffiniertes" Rindsfett oder schlechthin als „Rindsfett" bezeichnetes Produkt, welches eine dieser Beimischungen enthält, ist verfälscht im Sinne des Nahrungsmittelgesetzes.

Jeder Farbstoffzusatz zu Rindsfett und Oleomargarin ist durch das Gesetz, betreffend die Schlachtvieh- und Fleischbeschau, vom 3. Juni 1900, § 21, verboten. Desgleichen der Zusatz von den in der Bekanntmachung des Reichskanzlers, betreffend gesundheitsschädliche und täuschende Zusätze zu Fleisch und dessen Zubereitungen, vom 18. Februar 1902, aufgezählten Konservierungsmitteln (cf. bei Margarine).

Dagegen stehen nach der Entscheidung der Gerichte dem Feilbieten einer Mischung von Rindsfett mit einem anderen Fett unter einer Bezeichnung, die über den wahren Charakter dieser Mischung Aufschluß gibt, keine rechtlichen Bedenken entgegen, da Rindsfett als solches nicht unter die Bestimmungen des Gesetzes, betreffend den Verkehr mit Butter, Käse, Schmalz usw., vom 15. Juni 1897, fällt. Demnach ist der Verkauf von „Rindsfett mit Schweinefett" oder „Rindsfett mit Pflanzenfett" einwandfrei, vorausgesetzt, daß ein solches Gemisch keine schweineschmalzähnliche Zubereitung im Sinne des genannten Gesetzes darstellt; wenn dies doch der Fall wäre, so müßte das Produkt als „Kunstspeisefett" bezeichnet werden. Wenn aber ein solches Gemisch künstlich gelb gefärbt ist und auch in anderer Beziehung (Konsistenz, Gefüge) eine dem Butterschmalz ähnliche Beschaffenheit aufweist, so muß es als „Margarine" im Sinne des Gesetzes erachtet werden und darf dann nur unter den für Margarine bestehenden Beschränkungen in den Verkehr gelangen, d. h. es muß u. a. den vorgeschriebenen Gehalt von 10 % Sesamöl enthalten. Ohne diesen Sesamölzusatz und unter einem anderen Namen als „Margarine" dürfen künstlich gefärbte Gemische von Rindsfett mit anderen Fetten oder Ölen überhaupt schon auf Grund des Fleischbeschaugesetzes weder hergestellt noch in den Handel gebracht werden.

Für Verdorbenheit und Gesundheitsschädlichkeit gilt auch hier das bei der Besprechung des Schweinefettes Gesagte.

Begutachtung.

Beispiele.

1. Rindsfett mit Baumwollsamenöl.

Ein laut Aufschrift auf der Umhüllung als „Doppelt raffiniertes Rinderfett" in Rollenform feilgebotenes Produkt hatte nach der Untersuchung folgende Zusammensetzung:

Farbe: gelb,
Beschaffenheit: von ziemlich weicher Konsistenz,
Refraktion . . . . 48,5 bei 40°,
Verseifungszahl 195,4,
Jodzahl (Hübl) 54,89,
Reaktion von Halphen: positiv,
Reaktion von Baudouin: negativ,
Reaktion von Welmans: sehr stark,
Phytosterinprobe:
Schmelzpunkt des Acetats . . . . 122°,
künstliche Färbung: Azofarbstoff nachweisbar.

Während die Verseifungszahl hier normal ist, zeigt die Jodzahl, gegenüber derjenigen von Rindsfett, einen stark erhöhten Wert. Dieser und die nachgewiesene Gegenwart von Phytosterin sowie die eingetretene Welmanssche Reaktion beweisen die Beimischung eines Pflanzenfettes. Der positive Ausfall der Halphenschen Probe deutet auf Baumwollsamenöl, während nach dem negativen der Baudouinschen Sesamöl nicht vorhanden ist.

Gutachten: Nach dem Ergebnisse der vorstehenden Untersuchung liegt hier ein mit einem Azofarbstoff gelb gefärbtes Gemisch von Rinderfett mit Baumwollsamenöl vor.

Nach der Aufschrift auf der Umhüllung soll das Produkt aus „doppelt raffiniertem Rinderfett" bestehen. Nun enthält dasselbe aber neben Rinderfett noch Baumwollsamenöl in beträchtlicher Menge. Baumwollsamenöl ist eines der mindestwertigen Pflanzenöle; es steht an Gebrauchs- wie an Geldwert weit hinter dem Rinderfett zurück; sein Zusatz bildet eine Verschlechterung des letzteren. Aus der Aufschrift „Doppelt raffiniertes Rinderfett" kann und wird der Käufer die Beimischung des minderwertigen Baumwollsamenöles nicht nur nicht entnehmen, er wird durch diese Bezeichnung sogar zu der Annahme geführt, er erhalte ein durchaus reines (raffiniertes) Rinderfett. Die genannte Aufschrift ist also direkt geeignet, über die wirkliche Beschaffenheit des Produktes zu täuschen. Durch den Zusatz von Baumwollsamenöl ist deshalb das Rinderfett im Sinne des § 10 des Gesetzes vom 24. Mai 1879 verfälscht worden.

Die künstliche Färbung dieses Gemisches mit einem Azofarbstoff verstößt gegen § 21 des Gesetzes, betreffend die Schlachtvieh- und Fleischbeschau, vom 3. Juni 1900, wonach der Zusatz von Farbstoffen jeder Art zu tierischen Fetten verboten ist.

2. Rindsfett mit Kokosfett.

Die Umhüllung des in Rollenform befindlichen Produktes trug die Aufschrift: „Speisefett aus bestem Rinderfett und Kokosfett hergestellt".

Die Analyse ergab:

Farbe: geblich-weiß,
Beschaffenheit: ziemlich fest, nicht schweineschmalzähnlich,
Verseifungszahl 216,3,
Reichert-Meißlsche Zahl 5,0,
Jodzahl (Hübl) 26,8,
Künstliche Färbung: nicht vorhanden.

Die hohe Verseifungszahl und Reichert-Meißlsche Zahl einerseits und die, gegenüber dem reinen Rindsfett, stark erniedrigte Jodzahl sprechen dafür, daß hier tatsächlich, wie die Aufschrift der Umhüllung besagt, ein Gemisch von Rindsfett mit Kokosfett vorliegt. Der Gehalt des Gemisches an Kokosfett berechnet sich aus den Analysendaten zu etwa 30 %.

2. Hammelfett (Hammeltalg).

Das Fett von Hammeln, Schafen und Ziegen findet als Speisefett wenig Verwendung. Die Zusammensetzung des Hammelfettes ist derjenigen des Rindsfettes sehr ähnlich (Verseifungszahl 195—197,6, Jodzahl 32,7—46,2).

3. Gänsefett.

Das Gänsefett findet sich als Speisefett im Handel. Es ist durchscheinend, weiß bis blaßgelb und von körniger Konsistenz. Wegen seines niedrigen Schmelzpunktes erhält es für seine Verwendung als Streichfett im Haushalte vielfach einen Zusatz von Schweinefett.

Amthor und Zink stellten für das Brustfett der Gänse folgende Durchschnittswerte fest:

$$
\begin{aligned}
&\text{Reichert-Meißlsche Zahl} \quad . \quad . \quad 0{,}98, \\
&\text{Verseifungszahl} \quad . \quad . \quad . \quad . \quad . \quad . \quad 193{,}1, \\
&\text{Jodzahl des Fettes} \quad . \quad . \quad . \quad . \quad . \quad 64{,}7, \\
&\text{Jodzahl der Fettsäuren} \quad . \quad . \quad . \quad . \quad 65{,}3.
\end{aligned}
$$

Ein Zusatz von Schweinefett zum Gänsefett wird demnach durch die chemische Analyse kaum nachzuweisen sein.

B. Pflanzliche Speisefette und Öle.

I. Olivenöl.

Das Olivenöl wird aus dem Fruchtfleisch des Ölbaumes (Olea europaea) gewonnen. Es kommen sehr verschiedene Sorten in den Handel, deren Güte von verschiedenen Umständen abhängig ist (Varietät der Oliven, Grad der Reife, Art des Einsammelns, Stärke des Pressens usw.). Als Speiseöle werden nur die feinsten Sorten verwendet (Jungfernöl, Provencer Öl, Toskanisches Öl usw.). Billigere Sorten kommen unter dem Namen „Baumöl" in den Handel.

Die Farbe des reinen Olivenöls schwankt zwischen farblos und goldgelb, bisweilen ist sie, infolge eines geringen Chlorophyllgehaltes, bei den durch stärkere Pressung, besonders unter Erwärmen, gewonnenen Ölen auch grün.

Der Geschmack ist milde und angenehm. Einzelne Sorten besitzen in frischem Zustande einen bitteren und kratzenden Geschmack, der indessen beim Stehen verschwindet.

Das Olivenöl zeigt folgende Konstanten (nach Benedict-Ulzer):

Reichert-Meißlsche Zahl 0,3,
Verseifungszahl . . . . 187 —196,
Jodzahl (Hübl) . . . . 79,5— 88,0,
Refraktometeranzeige in Zeiß' Butterrefraktometer bei 25°C 62 — 62,5,
bei 40° C 56,4,
Jodzahl der flüssigen Fettsäuren . . . . 86,1— 90,2,
Schmelzpunkt der flüssigen Fettsäuren (nach Dieterich) 26°— 28,5°,
Erstarungspunkt der flüssigen Fettsäuren (nach Dieterich) 23,5°— 24,6°.

Das spezifische Gewicht des reinen Olivenöles ist bei 15° C 0,914—0,917, steigt aber bei heißgepreßten Baumölen, die mehr Palmitin enthalten, bis 0,920, ja selbst bis 0,925 (Benedict-Ulzer).

Verfälschungen.

Infolge seines hohen Preises ist das Olivenöl vielfachen Verfälschungen mit anderen flüssigen Pflanzenölen ausgesetzt; so dienen namentlich Sesamöl, Rüböl, Baumwollsamenöl, Arachisöl, Mohnöl, Leinöl, auch Schmalzöl zum Verschnitt des Olivenöles und namentlich des sogenannten „Baumöles" des Handels; vereinzelt ist auch der Zusatz von Mineralöl beobachtet worden.

Von allen Untersuchungsmethoden liefert die Bestimmung der Jodzahl bis jetzt die zuverlässigsten Beurteilungsmomente zur Entdeckung der hier in Betracht kommenden Verfälschungen. Olivenöl hat eine niedrigere Jodzahl als alle Öle, die zu seiner Verfälschung benutzt werden. Eine Jodzahl über 88 läßt ein Olivenöl als verdächtig erscheinen.

Abgesehen von abnormen Ölen, kann eine hohe Jodzahl Verfälschungen mit einem trocknenden Öle, wie Mohnöl, Hanföl, bis zu 5 % herab und von Sesamöl, Baumwollsamenöl und Rüböl bis zu 15 % herab anzeigen. Unsicher sind die Resultate, wenn Arachisöl zugegen ist, da die niedrigste für dieses Öl festgestellte Jodzahl fast mit der höchsten für Olivenöl gefundenen zusammenfällt (Lewkowitsch[1]).

Die Art des zur Verfälschung eines verdächtigen Olivenöles verwendeten Öles wird aus den für die einzelnen in Frage kommenden Öle charakteristischen Reaktionen erkannt; meist sind dies Farbenreaktionen.

Außerdem kann unter Umständen auch die Bestimmung des spezifischen Gewichtes, des Schmelz- und Erstarrungspunktes der Fettsäuren, sowie des Brechungsexponenten durch das Refraktometer zur Erkennung der gröberen Verfälschungen dienen. Letztere Probe eignet sich besonders als Vorprobe; hierzu können manchmal auch die Elaïdinprobe und die Salpetersäureprobe gute Dienste leisten.

Die unter Phantasienamen verkauften Olivenöle sind meistens verfälscht. Ein reines, unverfälschtes Olivenöl ist nur unter Namen wie „Olivenöl", „Jungfernöl", „Provenceröl" oder ähnlichen zu erwarten.

Was die wirtschaftliche Bedeutung des Zusatzes der genannten Öle zum Olivenöle anbelangt, so bedarf es wohl keiner weiteren Erörterung, daß bei der Preisdifferenz zwischen letzterem und jenen auch in Bezug auf den Gebrauchswert (Geschmack) minderwertigen Ersatzmitteln in der Beimischung eine Verschlechterung und somit eine Verfälschung des Olivenöles im Sinne des Nahrungsmittelgesetzes zu erblicken ist.

Für die Erkennung der wichtigsten bei den Handelsölen vorkommenden Verfälschungen dienen folgende Anhaltspunkte:

1. Sesamöl wird in erster Linie durch die Baudouinsche Reaktion erkannt. Hierbei ist jedoch zu berücksichtigen, daß gewisse reine Olivenöle, welche kein Sesamöl enthalten, die Reaktion ebenfalls in mäßiger Stärke geben (die aus solchen Ölen abgeschiedenen Fettsäuren

---

[1] Chem. Technologie u. Analyse d. Fette usw., 1905, S. 199.

sollen die Reaktion nicht liefern). Dagegen sollen solche Olivenöle nicht mit Zinnchlorür reagieren, weshalb es sich empfiehlt, beim positiven Ausfall der Baudouinschen Reaktion zur Kontrolle auch die Soltsiensche auszuführen. Ferner werden das spezifische Gewicht und die Jodzahl durch den Zusatz von Sesamöl erhöht.

2. Arachisöl. Bei Gegenwart dieses Öles lassen sich größere Mengen von Arachinsäure nachweisen. (Es ist zu beachten, daß Spuren oder geringe Mengen Arachinsäure auch im Olivenöl vorkommen.)

3. Baumwollsamenöl. Charakteristisch sind hierfür die Halphensche und die Becchische Reaktion. Hierbei ist jedoch zu beachten, daß einige echte Olivenöle die Becchische Reaktion sehr deutlich geben (Lewkowitsch), und daß beide Proben bei überhitztem Baumwollsamenöl versagen. Hier leistet dann die Bestimmung der Jodzahl der flüssigen Fettsäuren gute Dienste.

Einen weiteren Anhaltspunkt bietet die Salpetersäureprobe (kaffeebraune Färbung).

Baumwollsamenöl erhöht ebenfalls das spezifische Gewicht und die Jodzahl des Olivenöls.

4. Mohnöl und andere trocknende Öle werden sich durch die bedeutende Erhöhung der Jodzahl und die Temperaturerhöhung bei der Maumenéschen Probe erkennen lassen.

5. Rüböl wird, falls größere Mengen zugesetzt sind, an der Erniedrigung der Verseifungszahl und der Erhöhung der Jodzahl erkannt.

6. Rizinusöl läßt sich durch die Bestimmung des spezifischen Gewichtes und vor allem an der erhöhten Acetylzahl der Fettsäuren erkennen. Außerdem steigt bei Zusatz von Rizinusöl die Löslichkeit des Öles in Alkohol (Benedict-Ulzer).

7. Schmalzöl. Beim Erwärmen entwickelt sich ein Geruch nach Schweineschmalz. Zur Erkennung dient die Herabsetzung des Schmelzpunktes bei der Phytosterinacetatprobe.

8. Kohlenwasserstoffe (Mineralöl, Vaseline) werden durch Bestimmung des unverseifbaren Anteiles ermittelt. Diese Verfälschung scheint besonders in Rußland vorzukommen.

9. Kupfer. Unter dem Namen „Malagaöl" kommen mit Hilfe von Kupferverbindungen (Grünspan) gefärbte Olivenöle im Handel vor. Nach den Vereinbarungen deutscher Nahrungsmittelchemiker sind solche als verfälscht zu beanstanden.

Nachmachungen.

Im Handel findet sich eine ganze Anzahl von Speiseölen, die man mehr oder minder als Nachmachungen des Olivenöls betrachten kann, zumal ihre Flaschen oft Aufschriften tragen, wie „Bester Ersatz für feinstes Olivenöl" oder ähnliche. Diese Surrogate stellen meist Mohnöl, Sesamöl, Sonnenblumenöl, oder Mischungen derselben, mit oder ohne Zusatz von etwas Olivenöl dar.

Solange sie unter Bezeichnungen wie Tafelöl, Speiseöl, Salatöl usw. oder unter Phantasienamen feilgeboten werden, ist kein Grund zu einem Einschreiten gegeben, sofern der Käufer dadurch nicht zu der Annahme geführt wird, es liege Olivenöl vor.

Daß dagegen Namen, welche notorische Herkunftsbezeichnungen von Olivenöl einschließen, oft sehr geeignet sind, beim Publikum falsche Vorstellungen zu erwecken, beweist ein von A. Beythien[1]) mitgeteilter Fall, in welchem ein Gemisch von Erdnußöl und Sesamöl als „Nizza-Tafel-Öl, feinste Marke" verkauft wurde. Eine Umfrage bei verschiedenen Sachverständigen aus dem Handelsstande ergab, daß unter dem Begriff „Nizza-Tafel-Öl" im reellen Handel und Verkehr lediglich ein reines Olivenöl verstanden werde, ja, daß dieser Name sogar die beste Qualität des Olivenöls bezeichne. Auf Grund dieser Tatsachen wurde jenes Öl als „nachgemacht" beanstandet.

Zweifellos liegt „Nachmachung" vor, wenn Gemische, wie sie oben beschrieben wurden, als „Olivenöl" verkauft werden.

Begutachtung.
Beispiele:
1. Olivenöl mit Baumwollsamenöl.

Spezifisches Gewicht bei 15 ⁰ C . . . 0,9192,
Refraktometeranzeige bei 25 ⁰ C . . . 64,0,
Jodzahl (Hübl) 90,3,
Halphens Reaktion: positiv,
Baudouins Reaktion: negativ.

Sämtliche Werte, spezifisches Gewicht, Refraktion und Jodzahl, zeigen gegen reines Olivenöl eine erhebliche Erhöhung; in Verbindung mit dem positiven Ausfall der Halphenschen Probe lassen sie eine Beimischung von Baumwollsamenöl erkennen. Sesamöl ist dagegen nicht nachweisbar.

Gutachten: Nach dem vorstehenden Befunde ist dieses Olivenöl mit Baumwollsamenöl vermischt.

Olivenöl ist das teuerste, Baumwollsamenöl ungefähr das billigste der vegetabilischen Speiseöle; letzteres steht jenem zudem in seinem Genußwerte weit nach.

Der Zusatz von Baumwollsamenöl zu Olivenöl stellt demnach eine erhebliche Verschlechterung, also eine Verfälschung im Sinne des Gesetzes vom 14. Mai 1879, betreffend den Verkehr mit Nahrungsmitteln usw., vor.

2. Olivenöl mit Erdnußöl.

Spezifisches Gewicht bei 15⁰ C. . 0,9165,
Jodzahl (Hübl) 84,9,
Verseifungszahl 192,2,

---

[1]) Bericht über d. Tätigkeit d. Chem. Untersuchungsamtes der Stadt Dresden 1903, 10.

Halphens Reaktion: negativ,
Baudouins Reaktion: negativ,
Arachinsäure: in reichlicher Menge vorhanden.

Hier gibt nur die qualitative Reaktion auf Arachinsäure Aufschluß über die Verfälschung. Das spezifische Gewicht, die Verseifungszahl und insbesondere die Jodzahl sind für Olivenöl noch normal; dagegen wird durch die Feststellung reichlicher Mengen von Arachinsäure die Gegenwart von Erdnußöl (Arachisöl) erwiesen.

3. Olivenöl mit Sesamöl.

Spezifisches Gewicht bei 15 ⁰ C   .   0,9180,
Refraktion bei 25 ⁰ C   62,7,
Verseifungszahl   190,9,
Jodzahl . . . . ; .   89,96,
Halphens Reaktion: negativ,
Baudouins Reaktion: stark positiv,
Soltsiens Reaktion: positiv.

Im Vergleich mit reinem Olivenöl ist hier Refraktion und spezifisches Gewicht leicht, die Jodzahl stärker erhöht; die Verseifungszahl ist normal.

Lassen jene Erhöhungen schon den Zusatz eines fremden Öles vermuten, so wird durch das Eintreten der Baudouinschen und Soltsienschen Reaktion die Gegenwart von Sesamöl als sicher nachgewiesen. Baumwollsamenöl scheint nicht vorhanden zu sein.

Die Begutachtung der Fälle 2 und 3 geschieht in der beim Fall 1 angedeuteten Weise.

4. Nachgemachtes Olivenöl (Nizza-Tafel-Öl).

Dieses als „Nizza-Tafel-Öl, feinste Marke, welche existiert usw." zum Preise von 2;50 Mark pro Liter angepriesene Öl hatte folgende Zusammensetzung:

Spezifisches Gewicht bei 15 ⁰ C   .   0,9179,
Refraktion bei 25 ⁰ C   63,0,
Verseifungszahl . . . . ₀ .   192,75,
Jodzahl   85,51,
Arachinsäure . . . .   0,87 ⁰/o,
Schmelzpunkt derselben . . . .   70,5 ⁰,
Halphens Reaktion: negativ,
Baudouins Reaktion: schwache Rotfärbung.
Soltsiens Reaktion: schwach positiv.

Nach diesem ganzen Analysenbilde liegt hier ein Gemisch von Erdnußöl mit etwas Sesamöl vor.

Gutachten: Wie die vorstehend mitgeteilte Analyse erweist, stellt das hier untersuchte „Nizza-Tafel-Öl" ein Gemisch von Erdnußöl mit etwas Sesamöl dar. Beide sind billige Speiseöle, deren Verkauf unter einem ihrem Charakter entsprechenden Namen keine Bedenken entgegenstehen.

Unter dem Begriff „Nizza-Tafelöl" wird indessen im reellen Verkehr lediglich reines Olivenöl verstanden. Dies geht aus den gutachtlichen Äußerungen namhafter Sachverständiger aus den Handelskreisen hervor. Die Bezeichnung „Nizza-Tafel-Öl" bildet nach diesen Gutachten sogar geradezu einen Qualitätsnamen für besonders gutes Olivenöl.

Aus diesem Grunde wird durch die Benennung „Nizza-Tafel-Öl" dem vorliegenden Gemisch geringwertiger Öle der Schein eines höheren Wertes verliehen, indem bei den Abnehmern die falsche Meinung hervorgerufen wird, es handle sich hier um Olivenöl, und zwar um ein Olivenöl von besonders guter Beschaffenheit.

Das mit der erwähnten Bezeichnung versehene Produkt ist demnach als „nachgemacht" im Sinne des § 10 des Gesetzes, betreffend den Verkehr mit Nahrungsmitteln usw., vom 14. Mai 1879, zu beanstanden.

(Das vorstehende Gutachten bezieht sich auf den vorher erwähnten, von A. Beythien mitgeteilten Fall.)

II. Mohnöl.

Das Mohnöl findet in neuerer Zeit als Speiseöl starke Verwendung. Es zeichnet sich durch sein hohes spezifisches Gewicht (0,924—0,927) und seine hohe Jodzahl (134—138) — es gehört zu den trocknenden Ölen — aus.

Kaltgepreßtes „weißes Mohnöl" ist farblos oder schwach goldgelb, fast geruchlos und von angenehmem Geschmack; das „rote Mohnöl" stammt von der zweiten Pressung und ist minderwertig.

Die hauptsächliche Verfälschung des Mohnöls ist der Zusatz von Sesamöl. Dieser wird durch die erniedrigte Jodzahl und die Baudouinsche Probe erkannt.

III. Erdnußöl, Arachisöl.

Das Erdnußöl spielt auch als billigeres Speiseöl eine Rolle. Es ist das Produkt der ersten, kalten Pressung des Samens der Erdnuß (Arachis hypogaea, Familie der Leguminosen). Es ist farblos und besitzt einen angenehmen, an grüne Bohnen erinnernden Geschmack.

Das Erdnußöl hat durchschnittlich das spezifische Gewicht von 0,916 bis 0,920, die Verseifungszahl 189—197 und die Jodzahl 87—193.

Die als Verfälschungen des Erdnußöles in Betracht kommenden Öle werden in der schon besprochenen Weise nachgewiesen; solche sind Mohnöl (Erhöhung des spezifischen Gewichtes und der Jodzahl), Sesamöl (Baudouinsche Probe), Baumwollsamenöl (Schmelzpunkt der Fettsäuren) und Rüböl (Erniedrigung der Verseifungszahl).

IV. Sonstige pflanzliche Speiseöle.

Neben den genannten ist noch eine Anzahl sonstiger pflanzlicher Speiseöle im Handel, wie Sesamöl, Buchenkernöl, Sonnen-

blumenöl, Baumwollsamenöl und außerdem eine Reihe bei uns
nicht oder wenig bekannter exotischer Öle.

Im allgemeinen existieren zurzeit noch keine absolut sicheren Methoden zum Nachweise der Reinheit aller dieser verschiedenen Pflanzenöle.

Eine besonders ausgedehnte Verwendung findet das Baumwollsamenöl (Kottonöl) zur Verfälschung von Schweinefett und Olivenöl usw. im größten Maßstabe. Es ist wohl das billigste und geringstwertige aller zurzeit bekannten Speisefette und wird deshalb selbst kaum Gegenstand der Verfälschung sein.

Aus dem Baumwollsamenöl wird durch Abpressen und Abkühlen der feste Anteil abgeschieden; dieser bildet das Baumwollstearin (Kottonölmargarin), ein hellgelbfarbiges Fett von butterähnlicher Konsistenz, welches als Zusatz zu Speisefetten und als Verfälschungsmittel des Schweinefettes benutzt wird.

V. Kokosfett.

Das Fett der Fruchtkerne (Kopra) der Kokospalme bildet unter dem Namen Kokosfett (Kokosöl, Kokosnußöl, Kokosbutter) einen bedeutenden Handelsartikel. Durch besondere Verfahren von seinem hohen Gehalte an freien Säuren und seinem unangenehmen, kratzenden Geschmacke befreit, stellt das gereinigte Kokosfett ein rein weißes, festes Fett von schwachem, angenehmem, charakteristischem Geschmacke dar.

Das Kokosfett unterscheidet sich von allen anderen häufiger verwendeten, festen Fetten, mit Ausnahme des Palmkernöles, durch seine ganz abweichende chemische Zusammensetzung, indem es einen ungewöhnlich großen Gehalt an Triglyzeriden der Capron- und Caprylsäure, ferner der Myristinsäure und Laurinsäure aufweist.

Das Kokosfett besitzt eine ungewöhnlich hohe Verseifungszahl (254 bis 268), durch welche es von allen anderen Fetten, mit Ausnahme des Palmkernöles, leicht unterschieden werden kann.

Auch sein spezifisches Gewicht (0,9250) ist größer als das der meisten Fette. Ferner zeichnet es sich durch seine verhältnismäßig große Löslichkeit in Alkohol aus, indem es bei 60° C schon von zwei Teilen 90 %igem Alkohol aufgenommen wird[1]).

Charakteristisch ist außerdem die verhältnismäßig hohe Reichert-Meißlsche Zahl (7,5—8,5 nach Ulzer), die Jodzahl (8,4—9,2 nach Ulzer) und die Refraktion im Zeiß-Wollnyschen Butterrefraktometer (33,5—35,5 bei 40° C).

Das gereinigte Kokosfett findet für sich als Speisefett vielfach Verwendung; es kommt unter verschiedenen Benennungen in den Handel, wie Kokosbutter, Pflanzenfett, Palmin, Vegetaline, Laureol usw. Manche dieser Fette, wie z. B. das Kunerol, enthalten nur die leichter schmelzbaren Bestandteile des Kokosfettes, das sogenannte Kokosmargarin.

Sind nun derartige Phantasienamen schlechtweg für Kokosfett zu-

---

[1]) Benedict-Ulzer, l. c. 746.

lässig? Nach der neuesten Rechtsprechung ist diese Frage zu verneinen. In § 1 Abs. 4 des Gesetzes, betreffend den Verkehr mit Butter usw., vom 15. Juni 1897 heißt es nämlich:

Kunstspeisefett im Sinne dieses Gesetzes sind diejenigen, dem Schweineschmalz ähnlichen Zubereitungen, deren Fettgehalt nicht ausschließlich aus Schweinefett besteht. Ausgenommen sind unverfälschte Fette bestimmter Tier- und Pflanzenarten, welche unter den ihrem Ursprung entsprechenden Bezeichnungen in den Verkehr gebracht werden.

Unter Bezug auf diese Gesetzesstelle führt eine Entscheidung des Landgerichtes Hamburg[1] u. a. aus:

Der Wortlaut des Gesetzes spricht aber bei zwangloser Auslegung von „Fetten bestimmter Tierarten“ und von „Fetten bestimmter Pflanzenarten“ (nicht von „Fetten von Pflanzen“), die unter den ihrem Ursprung entsprechenden Bezeichnungen in den Handel gebracht werden dürfen. Die Bezeichnung „Pflanzenfett“ ist also nicht genügend, ebensowenig wie das Wort „Vegetaline“, das nur darauf hinzudeuten scheint, daß die Ware mit dem Pflanzenreich in irgendeiner Verbindung steht. Das Gesetz verlangt eine Bezeichnung, die dem Ursprung, nämlich der bestimmten Pflanzenart, entspricht. Diesem Erfordernis ist nicht entsprochen. Und es kann auch nicht ersetzt werden durch Darstellung einer Palme auf den Blechdosenausstattungen. Eine bildliche Darstellung ist keine Bezeichnung ...

Das Reichsgericht[2] schloß sich dieser Auffassung an. Demnach muß neben den erwähnten Phantasienamen die deutliche Bezeichnung „Kokosfett“ für diese Produkte gebraucht werden.

Allerdings wurde für den Namen „Palmin“ seinerzeit gerichtlich festgestellt, „daß er als Ursprungsbezeichnung im Sinne des Margarinegesetzes vom 15. Juni 1897 für das aus der Kokosnuß bzw. den Früchten der Kokospalme gewonnene unverfälschte Pflanzenfett für ausreichend und zulässig zu erachten sei“[3].

Das bisher Gesagte gilt für das unveränderte Kokosfett.

Verfälschungen.

Das Kokosfett wird durch verschiedene Manipulationen anderen wertvolleren Speisefetten ähnlich gemacht, und zwar einerseits durch Gelbfärbung, andererseits durch besondere maschinelle Behandlung (mechanische Knetung), welche seine ursprüngliche Konsistenz verändert.

Bei der Beurteilung eines so zubereiteten Kokosfettes wird es wesentlich auf das Moment der Ähnlichkeit ankommen. „Ähnlich“ heißt jedenfalls nicht „zum Verwechseln ähnlich“ oder „gleich“; es genügen dazu wenige Tatbestandsmerkmale, wie Farbe, Konsistenz, Aussehen. Sehr treffend sagt in dieser Beziehung K. Farnsteiner[4]:

[1] Urteil vom 2. August 1905.
[2] Urteil vom 15. Januar 1906.
[3] Oberlandesger. München, Urt. v. 1. Juli 1899; ebenso Hanseatisches Oberlandesger. Hamburg und Landger. Nürnberg, Urt. v. 21. April 1899.
[4] Zeitschr. f. Unters. d. Nahr.- u. Genußm. 1905, **10**, 75.

Das Gesetz von 1897 sollte die betrügerische Unterschiebung von Margarine und Kunstspeisefett an Stelle von Butter bzw. Butterschmalz und Schweineschmalz verhindern. Eine solche Unterschiebung ist beim Verkaufe möglich, wenn das nachgemachte Fett dem natürlichen Produkt insoweit ähnlich sieht, daß der Käufer während der Manipulation der Entnahme des Fettes aus dem Gefäße, des Abwiegens und des Verpackens einen Unterschied zu erkennen nicht in der Lage ist. Prüfungen des Geruches und Geschmackes werden erfahrungsgemäß beim gewöhnlichen Ankauf an Ort und Stelle nur selten vorgenommen ... Eine Unterschiebung kann aber schon stattfinden, wenn zwei Fette in bezug auf Aussehen, Härte und Gefüge übereinstimmen.

Und in der oben erwähnten Entscheidung des Landgerichtes Hamburg vom 2. August 1905 heißt es:

... Wie schon aus den obigen Begriffsbedingungen hervorgeht, ist eine scharfe Grenze zwischen ähnlich und unähnlich nicht zu ziehen; sie wird sich aber ungefähr bestimmen lassen, wenn man die Tendenz des Gesetzes ins Auge faßt; das Gesetz wollte eine Täuschung des Publikums und den unlauteren Wettbewerb gegenüber Produzenten und Verkäufern reinen Schweineschmalzes verhindern ... Bei dieser Absicht des Gesetzes muß man eine Zubereitung noch dem Schweineschmalz „ähnlich" nennen, wenn die Übereinstimmung mehrerer Merkmale so weit geht, daß dem gewöhnlichen Publikum — nicht einem Chemiker oder einem Produzenten — oder einem sachverständigen Kaufmann — leicht die Ware als Schweinefett verkauft werden kann.

Es gelingt nun neuerdings, dem Kokosfett durch mechanische Behandlung eine butterähnliche Konsistenz zu verleihen, so daß es dann in gefärbtem Zustande von Butter nicht zu unterscheiden ist. Gefärbtes Kokosfett wird ferner dadurch, daß man es durch eine Zerkleinerungsmaschine (sogenannter Wolf) gehen läßt, vollständig streichfähig und seinen äußeren Eigenschaften nach dem Butterschmalz ähnlich. Ungefärbtes Kokosfett erhält durch diese Behandlung etwa die äußere Beschaffenheit des Schweineschmalzes.

Wenn nun auch für das letztere das Gesetz von 1897 eine Ausnahme zuläßt, so ist diese Ausnahme in bezug auf die Beschaffenheit der Milchbutter und des Butterschmalzes nicht vorgesehen. Es würde also auch reines Kokosfett, das der Milchbutter oder dem Butterschmalz ähnlich gemacht worden ist, unter die Bestimmungen des Gesetzes fallen, d. h. gelbgefärbtes, butter- oder butterschmalzähnliches Kokosfett ist unter allen Umständen als Margarine im Sinne des Gesetzes anzusehen, ob mit oder ohne Zusatz von anderen Stoffen, da es der Butter bzw. dem Butterschmalz ähnlich ist und der Milch nicht entstammt. Infolgedessen darf eine derartige Zubereitung auch nur unter allen für den Verkehr mit Margarine vorgeschriebenen Bedingungen (Zusatz von 10 % Sesamöl, Kennzeichnung) in den Handel gebracht werden[1]).

---

[1]) Tatsächlich ist auch nach der erwähnten Entscheidung des Reichsgerichtes vom 15. Januar 1906 gelbgefärbtes und in seiner Konsistenz durch verschiedene Manipulationen dem Butterschmalz ähnlich gemachtes Kokosfett als Margarine anzusehen und als solche nach dem Gesetze vom 15. Juni 1897 behandeln.

Im Gutachten weise man bei derartig veränderten Kokosfetten auf die Ähnlichkeit ihrer Farbe und ihrer Konsistenz mit Butter bzw. Butterschmalz oder Schweineschmalz hin und überlasse die Entscheidung, ob im gegebenen Falle tatsächlich eine Margarine oder ein Kunstspeisefett im Sinne des Gesetzes von 1897 vorliegt, dem Ermessen des Richters.

Es sei noch darauf hingewiesen, daß gelbgefärbtes Kokosfett bei mittlerer Temperatur — im Zimmer und zur wärmeren Jahreszeit — seiner Konsistenz nach sehr der Butter bzw. dem Butterschmalz ähnlich sein kann, während es in kälterem Zustande hart und brüchig ist und dann mit jenen keinerlei Ähnlichkeit mehr besitzt. Auch hier ist von Fall zu Fall zu entscheiden.

Begutachtung.

Beispiele.

1. **Reines Kokosfett unter ungenügender Bezeichnung.**

Ein als „Laureol" bezeichnetes Speisefett ergab folgenden Untersuchungsbefund:

Konsistenz: weich, schweineschmalzähnlich,
Geschmack: wie Kokosfett,
Farbe: weiß,
Verseifungszahl 258,7,
Reichert-Meißlsche Zahl . . 7,6,
Jodzahl 8,2,
Refraktometeranzeige bei 40° C . 34,5.

Sowohl diese Analysenwerte wie auch der Geschmack lassen erkennen, daß hier reines Kokosfett vorliegt, gegen dessen Verkauf keine Bedenken bestehen, da es sich hier um ein unverfälschtes Pflanzenfett handelt.

Wegen seiner dem Schweineschmalz ähnlichen Beschaffenheit ist es allerdings notwendig, daß dieses Fett unter einer seinem Ursprung entsprechenden Bezeichnung in den Verkehr gebracht werde, d. h. unter dem Namen „Kokosfett" oder „Kokosbutter". Der bloße Phantasiename „Laureol" dürfte den Anforderungen des § 1 Absatz 4 des Gesetzes, betreffend den Verkehr mit Butter usw., vom 15. Juni 1897 nicht genügen.

2. Kokosfett mit Sesamöl.

Ein als „Estol" bezeichnetes Speisefett zeigte folgende Verhältnisse:

Beschaffenheit: schweineschmalzähnlich, streichbar,
Farbe: weiß,
Verseifungszahl 248,5,
Reichert-Meißlsche Zahl 7,1,
Jodzahl (Hübl) 14,8,
Refraktometeranzeige bei 40° C 36,0,
Baudouins Reaktion: positiv,
Soltsiens Reaktion: positiv,
Halphens Reaktion: negativ.

Hier liegt in der Hauptsache Kokosfett vor, wie die Verseifungszahl, die Reichert-Meißlsche Zahl und die Refraktometeranzeige erkennen lassen. Die erhöhte Jodzahl läßt jedoch auf den Zusatz eines weiteren Pflanzenfettes schließen, und zwar besteht dieser nach dem positiven Ausfall der Baudouinschen und Soltsienschen Reaktion aus Sesamöl, während Baumwollsamenöl nicht zugegen ist (Halphensche Reaktion).

Gutachten: Nach dem vorstehenden Ergebnisse besteht die untersuchte Probe Speisefett „Estol" aus einem Gemisch von Kokosfett mit Sesamöl; sie bildet somit kein unverfälschtes Fett einer bestimmten Pflanzenart.

Der Farbe und der ganzen Beschaffenheit nach stellt dieses Fett zudem eine dem Schweineschmalz ähnliche Zubereitung dar.

Demnach charakterisiert sich dieses Speisefett als ein Kunstspeisefett im Sinne des Gesetzes, betreffend den Verkehr mit Butter usw., vom 15. Juni 1897; es darf also nur unter diesem Namen und mit den in diesem Gesetze vorgeschriebenen Beschränkungen feilgeboten und verkauft werden.

3. Palmin mit Baumwollsamenöl.

Das Fett war als Palmin bezeichnet. Es war von weißer Farbe und infolge seines weichen, salbenartigen Gefüges dem Schweineschmalz sehr ähnlich.

Die Untersuchung ergab:

$$
\begin{aligned}
&\text{Verseifungszahl} \ldots \ldots \ldots \quad 246{,}2, \\
&\text{Reichert-Meißlsche Zahl} \ldots \quad 6{,}1, \\
&\text{Jodzahl (Hübl)} \ldots \ldots \ldots \quad 27{,}0, \\
&\text{Refraktometeranzeige bei } 40^{\circ}\,\text{C} \ldots \quad 39{,}0, \\
&\text{Halphens Reaktion: sehr stark,} \\
&\text{Baudouins Reaktion: negativ.}
\end{aligned}
$$

Die herabgesetzte Verseifungszahl und Reichert-Meißlsche Zahl einerseits, die erhöhte Jodzahl und Refraktion andererseits lassen erkennen, daß hier ein Kokosfett vorliegt, welches mit einem anderen Pflanzenöl versetzt worden ist. Der die Gegenwart von Baumwollsamenöl anzeigende Ausfall der Halphenschen Probe bestätigt diesen Befund. Sesamöl ist nicht vorhanden.

Aus den Konstanten berechnet sich ein Zusatz von etwa 20 % Baumwollsamenöl.

Gutachten: Die hier untersuchte Probe Palmin besteht nach dem Analysenbefunde aus einem Gemisch von etwa 80 % Kokosfett und 20 % Baumwollsamenöl.

Nach der durch verschiedene obergerichtliche Entscheidungen bestätigten Verkehrsauffassung ist unter der Bezeichnung „Palmin" lediglich unverfälschtes, reines Kokosfett (also das Fett einer bestimmten Pflanzenart) zu verstehen, nicht aber ein Gemenge von Kokosfett mit anderen Pflanzenölen. Sofern ein solches Gemenge in den Handel kommt, muß es unter einer jede Täuschung ausschließenden Bezeichnung feilgeboten und verkauft werden.

Da das vorliegende Fett außerdem nach Farbe und Beschaffenheit eine dem Schweineschmalz in hohem Grade ähnliche Zubereitung darstellt, so hat man es hier mit einem Kunstspeisefett im Sinne des Gesetzes vom 15. Juni 1897 zu tun, dessen Verkauf oder Feilhalten unter dem Namen „Palmin" gegen § 10 des Gesetzes vom 14. Mai 1879, betreffend den Verkehr mit Nahrungsmitteln usw., verstoßen dürfte.

4. Gelbgefärbtes Kokosfett.

Beschaffenheit: von weicher Konsistenz, streichbar,
Farbe: gelb,
Refraktometeranzeige bei 40 ⁰ C   . . .   34,5,
Verseifungszahl   257,5,
Jodzahl   8,5,
Sesamöl: nicht vorhanden,
Fremde Farbstoffe: Azofarbstoff vorhanden.

Durch diesen Befund ist festgestellt, daß diese Fettzubereitung ein mit Azofarbstoff gelb gefärbtes Kokosfett ist, welches durch irgendeine mechanische Behandlung besonders weich und streichbar gemacht worden ist, wodurch ihm nicht nur in der Farbe, sondern auch in der Konsistenz Ähnlichkeit mit Butterschmalz verliehen wurde.

Ob diese Merkmale genügen, das vorliegende Kokosfett als eine butter- bzw. butterschmalzähnliche Fettzubereitung im Sinne des Gesetzes, betreffend den Verkehr mit Butter usw., vom 15. Juni 1897, aufzufassen, muß dem richterlichen Ermessen überlassen werden. Nach der Begründung des Urteils des Landgerichtes Hamburg vom 2. August 1905, welches durch das Reichsgericht am 15. Januar 1906 bestätigt wurde, ist dabei ausschlaggebend, ob die Ware dem gewöhnlichen Publikum — nicht etwa einem Chemiker oder Produzenten oder sachverständigen Kaufmann — als Butter oder Butterschmalz verkauft werden kann.

---

4. Kapitel.

Fleisch und Fleischwaren.

Spezialgesetze.

Den Verkehr mit Fleisch und Fleischwaren regelt das Gesetz, betreffend die Schlachtvieh- und Fleischbeschau, vom 3. Juni 1900 [1]).

§ 21 dieses Gesetzes lautet:

Bei der gewerbsmäßigen Zubereitung von Fleisch dürfen Stoffe oder Arten des Verfahrens, welche der Ware eine gesundheitsschädliche Beschaffenheit zu

---

[1]) Reichsgesetzblatt 1900, S. 547.

verleihen vermögen, nicht angewendet werden. Es ist verboten, derartig zubereitetes Fleisch aus dem Ausland einzuführen, feilzuhalten, zu verkaufen oder sonst in den Verkehr zu bringen.

Der Bundesrat bestimmt die Stoffe und die Arten des Verfahrens, auf welche diese Vorschriften Anwendung finden.

Der Bundesrat ordnet an, inwieweit die Vorschriften des Absatz 1 auch auf bestimmte Stoffe und Arten des Verfahrens Anwendung finden, welche eine gesundheitsschädliche oder minderwertige Beschaffenheit der Ware zu verdecken geeignet sind.

Hierzu erfolgte die Bekanntmachung des Reichskanzlers, betreffend gesundheitsschädliche und täuschende Zusätze zu Fleisch und dessen Zubereitungen, vom 8. Februar 1902[1]).

Auf Grund der Bestimmungen im § 21 des Gesetzes, betreffend die Schlachtvieh- und Fleischbeschau, vom 3. Juni 1900 (Reichsgesetzblatt S. 547) hat der Bundesrat die nachstehenden Bestimmungen beschlossen: Die Vorschriften des § 21 Absatz 1 des Gesetzes finden auf die folgenden Stoffe sowie auf die solche Stoffe enthaltenden Zubereitungen Anwendung:

> Borsäure und deren Salze,
> Formaldehyd,
> Alkali- und Erdalkali-Hydroxyde und -Karbonate,
> Schweflige Säure und deren Salze sowie unterschwefligsaure Salze,
> Fluorwasserstoff und dessen Salze,
> Salizylsäure und deren Verbindungen,
> chlorsaure Salze.

Dasselbe gilt für Farbstoffe jeder Art, jedoch unbeschadet ihrer Verwendung zur Gelbfärbung der Margarine und zum Färben der Wursthüllen, sofern diese Verwendung nicht anderen Vorschriften zuwiderläuft.

Die Bekanntmachung des Reichskanzlers vom 30. Mai 1902, betreffend die Ausführung des Schlachtvieh- und Fleischbeschaugesetzes vom 3. Juni 1900[2]), enthält die vom Bundesrat beschlossenen Ausführungsbestimmungen zu diesem Gesetze.

Für den Nahrungsmittelchemiker kommen davon in Betracht die Anlagen c und d, enthaltend die Anweisungen für die Probeentnahme und die chemische Untersuchung von Fleisch und Fetten sowie für die Vorprüfung zubereiteter Fette.

Nach § 4 des erwähnten Gesetzes sind Fleisch im Sinne dieses Gesetzes Teile von warmblütigen Tieren, frisch oder zubereitet, sofern sie sich zum Genusse für Menschen eignen. Als Teile gelten auch die aus warmblütigen Tieren hergestellten Fette und

---

[1]) Dortselbst 1902, S. 47—48.
[2]) Beilage zu Nr. 22 des Zentralblattes für d. Deutsche Reich v. 30. Mai 1902, S. 1—31 (I—XXI), 32—67.

Würste, andere Erzeugnisse nur insoweit, als der Bundesrat dies anordnet.

Nach § 29 bleiben die Vorschriften des Gesetzes, betreffend den Verkehr mit Nahrungsmitteln usw., vom 14. Mai 1879 unberührt. Die Vorschriften des § 16 des bezeichneten Gesetzes finden auch auf Zuwiderhandlungen gegen die Vorschriften des Fleischbeschaugesetzes Anwendung.

Zuständigkeit des Chemikers und des Tierarztes.

Für die Zuständigkeit des Chemikers und des Tierarztes bei der Untersuchung von Fleisch stellen die Vereinbarungen für das Deutsche Reich (Heft I, S. 28) folgende Gesichtspunkte auf:

1. Handelt es sich bei der Untersuchung und Beurteilung des Fleisches um Untersuchungen am lebenden Tiere, um Beurteilung des Schlachtbefundes, um den Nachweis von Parasiten, ferner um Fleisch von mit kontagiösen oder Infektionskrankheiten behafteten Tieren, so ist einzig und allein der beamtete Tierarzt bzw. Fleischbeschauer zuständig.

2. Auch für die Bestimmung und Beurteilung der Tierspezies (Pferdefleisch), den Nachweis von embryonalem Fleisch, ist in erster Linie der Tierarzt zuständig; doch kann in diesen Fällen mitunter die chemische Untersuchung das Urteil des Tierarztes ergänzen bzw. bekräftigen und von diesem gewünscht werden. Deshalb sollen die chemischen Methoden zur Untersuchung des Fleisches, welche für die vorgenannten Punkte in Betracht kommen, hier Aufnahme finden.

3. Dasselbe gilt von dem Nachweis faulen Fleisches. Auch hier kann der Chemiker durch den Nachweis der aromatischen Oxysäuren, des Indols, Skatols, nach den Methoden von Baumann, Hoppe-Seyler und nach Arbeiten von A. Kossel das Urteil des Tierarztes ergänzen.

4. Handelt es sich aber bei der Untersuchung des Fleisches oder der Fleischwaren um die Bestimmung der Zusammensetzung (Nährwert derselben), um den Nachweis von Konservierungsmitteln oder Metallen, um den Nachweis eines Zusatzes von Farbstoffen oder endlich um Verfälschungen mit Mehl, Stärkemehl und dergl., so ist dies zu untersuchen einzig und allein die Sache des Chemikers.

I. Fleisch.

Begriff, Bestandteile.

Unter Fleisch versteht man alle genießbaren Teile der zur menschlichen Nahrung dienenden Tiere und die daraus bereiteten Produkte.

Als „Fleisch" im engeren Sinne kommt als Nahrungsmittel das Muskelfleisch in Betracht, wobei indessen das die Muskeln umhüllende und sie durchsetzende Fettgewebe, die von den Muskeln um-

schlossenen Nerven, Gefäße, Lymphdrüsen und Knochen mit ein-
begriffen sind.

Im weiteren Sinne rechnet man auch die Eingeweide zum
Fleisch. Hierher gehört das Gewebe der großen Drüsen des Unter-
leibes, der Leber und der Niere, ferner das Blut, die Milz, die Thymus-
drüse und das Gehirn.

Nach den Ausführungsbestimmungen zum genannten Gesetz, D § 1 Ziff. 1,
sind als Fleisch insbesondere anzusehen:

Muskelfleisch (mit oder ohne Knochen, Fettgewebe, Bindegewebe und
Lymphdrüsen), Zunge, Herz, Lunge, Leber, Milz, Nieren, Gehirn, Brustdrüse
(Bröschen, Bries, Brieschen, Kalbsmilch, Thymus), Schlund, Magen, Dünn- und
Dickdarm, Gekröse, Blase, Milchdrüse (Euter), vom Schweine die ganze Haut
(Schwarte), vom Rindvieh die Haut am Kopfe, einschließlich Nasenspiegel,
Gaumen und Ohren sowie die Haut an den Unterfüßen, ferner Knochen mit
daran haftenden Weichteilen, frisches Blut;

Fette, unverarbeitet oder zubereitet, insbesondere Talg, Unschlitt, Speck,
Liesen (Flohmen, Lünte, Schmeer, Wammfett) sowie Gekrös- und Netzfett,
Schmalz, Oleomargarin (Premier jus, Margarin) und solche Stoffe enthaltende
Fettgemische, jedoch nicht Butter und geschmolzene Butter (Butter-
schmalz);

Würste und ähnliche Gemenge von zerkleinertem Fleische.

Ziffer 2. Andere Erzeugnisse aus Fleisch, insbesondere Fleischextrakte,
Fleischpeptone, tierische Gelatine, Suppentafeln gelten bis auf weiteres nicht
als Fleisch.

Die chemischen Bestandteile des von den anhaftenden
Mengen von Fett, Sehnen und Knochen möglichst befreiten, totenstarren
Muskelfleisches sind folgende [1]):

1. Wasser. Die Muskeln des erwachsenen Säugetieres enthalten
72—78 % Wasser, dagegen kann der Wassergehalt des embryonalen
Fleisches bis zu 98 % steigen; das Fleisch niederer Wirbeltiere, z. B.
der Fische, enthält 79—82 % Wasser.

2. Stickstoffhaltige Verbindungen:
    a) aus der Gruppe der Proteinstoffe: Muskelfaser mit dem Myosin
       (13—18 %), dann Muskelalbumin, Serumalbumin, Globuline,
       Blutfarbstoff und Nukleine, ferner das leimgebende oder Binde-
       gewebe (2—5 %);
    b) die nicht eiweißartigen, stickstoffhaltigen Bestandteile des
       Fleisches, bestehend aus: Antipepton oder Fleischsäure, Kreatin,
       Kreatinin, Hypoxanthin (Sarkin), Xanthin, Karnin, Lecithin,
       Harnstoff usw.; letzterer tritt besonders im Rochen- und Hai-
       fischfleisch in größerer Menge auf.

3. Stickstofffreie Bestandteile. Diese bestehen vorwiegend
aus Glykogen (besonders reichlich im Pferdefleisch und im embryonalen
Kalbfleisch vorhanden) und mehr oder weniger aus dem aus Glykogen
gebildeten Zucker, ferner aus Fleischmilchsäure und geringen Mengen

---

[1]) Vereinbarungen, Heft I, 26—27.

anderer organischer Säuren. Der Gesamtgehalt des Fleisches an diesen Stoffen ist jedoch nur gering.

4. Fett. Auch in dem von anhaftendem Fette befreiten Muskelfleische finden sich noch 0,5—4 % nicht oder wenig sichtbares Fett. Dieses kann unter Umständen auf Grund seiner chemischen und physikalischen Eigenschaften zur Feststellung der Herkunft des Fleisches (Tierspezies) dienen.

5. Mineralstoffe. Die in einer Menge von 1—2 % im Fleische vorhandenen Mineralbestandteile bestehen zum größten Teil aus Kaliumphosphat; daneben finden sich vorwiegend Calcium-, Magnesiumphosphat und Chlornatrium.

6. Gase. An diesen enthält das Fleisch vorwiegend Kohlensäure neben geringen Mengen von Stickstoff.

Während der frische Muskel amphoter reagiert, ist die Reaktion des totenstarren Muskels sauer.

Die drüsigen Organe (Leber, Niere usw.) unterscheiden sich von den Muskeln chemisch hauptsächlich durch den größeren Gehalt an Nukleinstoffen. Das Blut hingegen enthält nur sehr wenig Nuklein, ist aber durch den hohen Gehalt an Blutfarbstoff charakterisiert. Reich an Blutfarbstoff und an Nuklein ist die Milz. Im übrigen enthalten die Organe: globulinartige Eiweißstoffe, Glykogen und andere Kohlehydrate, Lecithin, Fett, Cholesterin, in geringeren Mengen Inosit, Amidosäuren und ähnliche Stoffe; ferner Salze von Kalium, Eisen, Calcium, Magnesium als Phosphate und Chloride.

In den nervösen Organen finden sich in reichlicher Menge Lecithin und Cholesterin sowie Protagon und seine Derivate (Cerebroside), neben Eiweißstoffen und anorganischen Salzen.

Das embryonale Fleisch ist durch hohen Wassergehalt und durch die Anwesenheit von Mucin ausgezeichnet, welches letztere seinen wässerigen, in der Kälte bereiteten Auszügen fadenziehende Beschaffenheit erteilen kann. Das embryonale Muskelfleisch ist (auf Trockensubstanz berechnet) auch reicher an Nukleinstoffen als dasjenige des erwachsenen Tieres.

Alle Organe enthalten nicht nur ihr typisches Gewebe, z. B. Muskelfasern, Leberzellen, sondern sie sind durchsetzt von Blutgefäßen, Nerven und bindegewebigen Teilen. Diese bedingen einen wechselnden Gehalt an Blutfarbstoff, Protagon, Kollagen, Elastin und Fett.

Zubereitung des Fleisches für den Genuß.

Nur zum sehr geringen Teile wird das Fleisch im rohen Zustande genossen, zum größten Teil wird es im frischen Zustande durch Kochen oder Braten für den baldigen Genuß zubereitet, zum Teil aber auch für den späteren Gebrauch konserviert.

Nach den Ausführungsbestimmungen des Bundesrates vom 30. Mai 1902 zu dem Gesetz, betreffend die Schlachtvieh- und Fleischbeschau, vom 3. Juni 1900, ist in Anlage D, § 2 vorgeschrieben:

Als frisches Fleisch ist anzusehen Fleisch, welches, abgesehen von einem etwaigen Kühlverfahren, einer auf die Haltbarkeit einwirkenden Behandlung nicht unterworfen worden ist, ferner Fleisch, welches zwar einer solchen Behandlung unterzogen worden ist, aber die Eigenschaften frischen Fleisches im wesentlichen behalten hat oder durch entsprechende Behandlung wieder gewinnen kann.

Die Eigenschaft als frisches Fleisch geht insbesondere nicht verloren

durch Gefrieren oder Austrocknen, ausgenommen bei getrockneten Därmen;

durch oberflächliche Behandlung mit Salz, Zucker oder anderen chemischen Stoffen;

durch bloßes Räuchern;

durch Einlegen in Essig;

durch Einhüllen in Fett, Gelatine oder andere, den Luftabschluß bezweckende Stoffe;

durch Einspritzen von Konservierungsmitteln in die Blutgefäße oder in die Fleischsubstanz.

Fleisch von frisch geschlachteten Tieren liefert im gebratenen wie im gekochten Zustande mehr oder minder zähe, daher schwer verdauliche Speisen. Erst nach Eintreten der sauren Gärung des Fleisches unter Lösung der Muskelstarre und unter Abspaltung von Fleischmilchsäure und Entstehen von primärem Kaliumphosphat beginnt das sogenannte „Reifen" des Fleisches.

Der Gebrauchswert des frisch geschlachteten Fleisches ist verhältnismäßig gering, er wird erst einige Zeit nach der Schlachtung erheblich und steigt dann bei geeigneter Behandlung längere Zeit, bis er seinen Höhepunkt erreicht hat. Von da ab sinkt der Gebrauchswert, bis das Fleisch allmählich verdorben und ungenießbar wird [1].

Nach den erwähnten Ausführungsbestimmungen, Anlage D § 3, ist als zubereitetes Fleisch anzusehen alles Fleisch, welches infolge einer ihm zuteil gewordenen Behandlung die Eigenschaften frischen Fleisches auch in den inneren Schichten verloren hat und durch entsprechende Behandlung nicht wieder gewinnen kann.

Hierher gehört insbesondere das durch Pökelung, wozu auch starke Salzung zu rechnen ist, oder durch hohe Hitzegrade (Kochen, Braten, Dämpfen, Schmoren) behandelte Fleisch.

Konservierung des Fleisches.

Von den Konservierungsmethoden sind die wichtigsten das schon erwähnte Einsalzen (Pökeln) und das Räuchern.

Beim Pökeln werden durch Einlegen des Fleisches in eine starke (etwa 25 %ige) Kochsalzlösung, die sogenannte Pökellake, die fäulniserregenden Organismen getötet oder wenigstens in ihrer Entwicklung gehemmt. Der Fleischsaft löst bei der sechs bis acht Wochen dauernden

---

[1] Deutsch. Nahrungsmittelbuch, S. 36, 37.

Pökelung das Salz auf, wobei eine Wasserentziehung stattfindet. Zur Erhaltung der roten Farbe wird das Fleisch vor dem Einlegen häufig mit Salpeter eingerieben. Ein großer Teil der Extraktivstoffe und Salze, namentlich Kali und Phosphorsäure, gehen dem Fleisch beim Pökeln verloren.

Eine ähnliche, aber weniger intensive Wirkung hat das Beizen des Fleisches, wobei dieses in Essig, mit oder ohne Zusatz von würzenden Substanzen, eingelegt wird. Analog ist das Marinieren der Fische.

Das Räuchern beruht auf einer Imprägnierung der Oberfläche des Fleisches mit im Rauche enthaltenen konservierenden Stoffen wie Guajakol, Kreosot, Essigsäure usw. Auch hierbei findet eine Wasserentziehung statt. Bei den sogenannten Schnellräucherverfahren wird dieselbe Wirkung durch Eintauchen des Fleisches in Lösungen von Holzessig oder Guajakol erreicht.

Die beiden Konservierungsmethoden des Pökelns und Räucherns werden vielfach nacheinander bei einem und demselben Fleischstück angewendet.

Bei der Konservierung des frischen oder gesalzenen Fleisches durch Kochen unter Luftabschluß in Metallbüchsen werden die Fäulniserreger durch Erhitzen getötet und der Zutritt neuer Keime durch sofortige luftdichte Verlötung der Büchsen nach der Sterilisierung des Inhaltes verhindert (Büchsenfleisch, Corned beef). Fleischkonserven in Büchsen müssen keimfrei sein, wenn sie sich auf Jahre hinaus halten sollen.

Auch durch einfachen Luftabschluß werden Fleischwaren konserviert; so durch Übergießen mit geschmolzenem Fett oder Gelatine (z. B. Gänseleberpastete), Einlegen von Fischen (Sardinen, Thunfisch) in Öl usw.

Eine weitere Art der Konservierung ist das Austrocknen des Fleisches, wodurch den Fäulniserregern die zu ihrem Wachstum nötige Feuchtigkeit entzogen wird. Dieses Verfahren wird vorwiegend bei Fischen angewendet (Stockfisch, Klippfisch); in außereuropäischen Ländern auch bei Fleisch, welches vorher gesalzen wird (Pemmikan usw.). Hierher gehört auch das Fleischmehl (Carne pura usw.) und das Fischmehl; diese stellen getrocknetes, gemahlenes und zur Erhöhung der Haltbarkeit mit Kochsalz versetztes Fleisch resp. Fischfleisch dar.

Endlich kann das Fleisch auch noch durch Anwendung von Kälte konserviert werden. Sie beruht darauf, daß Temperaturen unter 0^0 die Entwicklung der fäulniserregenden Mikroorganismen und damit eine Zersetzung des Fleisches verhindern.

Bei allen Arten der Konservierung des Fleisches ist die Verwendung der in der Bekanntmachung des Reichskanzlers, betreffend gesundheitsschädliche und täuschende Zusätze zu Fleisch und dessen Zubereitungen, vom 18. Februar 1902 aufgezählten Stoffe verboten.

Die Beurteilung von Fleisch und Fleischwaren auf Zulässigkeit für den menschlichen Genuß und Gesundheitsschädlichkeit ist in erster Linie Sache des Arztes oder Tierarztes.

Verfälschungen.

Als Verfälschung des Fleisches kommen einerseits solche Beimischungen in Betracht, welche eine Verschlechterung bewirken, wie z. B. die Beimengung von minderwertigen Fleischsorten oder von Wasser zu Hackfleisch, andrerseits die Zusätze von Stoffen, welche dem Fleisch den Schein einer besseren Beschaffenheit zu verleihen vermögen, wie Konservierungsmittel und Farbstoffe.

1. Beimengung minderwertiger Fleischsorten.

Es handelt sich hier hauptsächlich um den Zusatz (zu Hackfleisch, Fleischkonserven usw.) oder die Unterschiebung von Pferdefleisch. Für die Bestimmung und Beurteilung der Tierspezies, von welcher ein Fleisch stammt, ist zwar auch in erster Linie der Tierarzt zuständig, doch kann hier die chemische Untersuchung dessen Urteil zuweilen ergänzen; dies ist besonders bei Pferdefleisch der Fall.

Zur Feststellung der Gegenwart von Pferdefleisch dient der Nachweis und die Bestimmung des Glykogens von W. Niebel[1]). Wenn dabei die Summe der auf Traubenzucker umgerechneten Glykogenmenge und des gefundenen Traubenzuckers 1 %/0 der fettfreien Trockensubstanz der Fleischware übersteigt, so ist nach W. Niebel der Nachweis des Pferdefleisches als erbracht anzusehen. Die quantitative Bestimmung des Glykogens und Traubenzuckers ist nicht erforderlich, und Pferdefleisch als vorliegend anzusehen, wenn die betreffende Fleischware neben einem Gehalte an Glykogen eine braunrote Farbe besitzt. Das Glykogen muß aber rein dargestellt sein und die l. c. angegebenen Eigenschaften besitzen.

Das Verfahren von A. Hasterlik[2]) beruht auf der Bestimmung der Jodzahl des zwischen den Muskelfasern abgelagerten Fettes. Sobald diese 70 und mehr beträgt, ist die Anwesenheit von Pferdefleisch als erwiesen anzusehen. Diese Methode soll namentlich zum Nachweise des Pferdefleisches in Fleischkonserven (Büchsenfleisch) dienen.

Die beiden vorstehenden Proben für den Nachweis von Pferdefleisch können zur Zeit als absolut sicher zum Ziele führend nicht angesehen werden.

Neben diesen beiden findet sich in der amtlichen Anweisung für die chemische Untersuchung von Fleisch und Fetten noch ein Verfahren, welches auf der Bestimmung des Brechungsvermögens des Pferdefettes beruht. Wenn die bei 40 ° am Zeißschen Butterrefraktometer abgelesene Refraktometerzahl den .Wert 51,5 übersteigt, so ist auf die Gegenwart von Pferdefleisch zu schließen.

---

[1]) Vereinbarungen, Heft I, S. 31.
[2]) Arch. f. Hygiene 1893, **17**, 441.

Neufeld. 11

Bei dem ausgesprochenen Widerwillen eines Teiles des Publikums gegen das Pferdefleisch und bei der erheblichen Preisdifferenz zwischen letzterem und den anderen Fleischsorten kann man mit Recht das Pferdefleisch, im Vergleich zu jenen, als minderwertig bezeichnen.

Eine Beimischung von Pferdefleisch zu Rinds- oder Schweinehackfleisch ohne Wissen des Konsumenten dürfte daher stets eine Verfälschung im Sinne des Nahrungsmittelgesetzes sein.

Eine Unterschiebung von Pferdefleisch an Stelle von Rindfleisch usw. wäre als Betrug (§ 263 Str.G.B.) aufzufassen. Dies gilt auch von zubereitetem Fleisch. So hatte in Nürnberg, wie H. Schlegel[1]) berichtet, der Verkauf von Pferdefleisch als Sauerbraten in einer Bierwirtschaft die Verurteilung der Wirtin wegen Nahrungsmittelfälschung und Betrug zur Folge.

Der Auffassung, daß im Pferdefleisch eine minderwertige Fleischart zu erblicken ist, trägt der § 18 des Gesetzes, betreffend die Schlachtvieh- und Fleischbeschau, vom 3. Juni 1900 Rechnung, indem er den Verkehr mit diesem Fleisch gewissen Beschränkungen unterwirft.

Es heißt dort u. a.:

... Fleischhändlern, Gast-, Schank- und Speisewirten ist der Vertrieb und die Verwendung von Pferdefleisch nur mit Genehmigung der Polizeibehörde gestattet; die Genehmigung ist jederzeit widerruflich. An die vorbezeichneten Gewerbetreibenden darf Pferdefleisch nur abgegeben werden, soweit ihnen eine solche Genehmigung erteilt worden ist. In den Geschäftsräumen dieser Personen muß an einer in die Augen fallenden Stelle durch deutlichen Anschlag erkennbar gemacht werden, daß Pferdefleisch zum Vertriebe oder zur Verwendung kommt.

Fleischhändler dürfen Pferdefleisch nicht in Räumen feilhalten oder verkaufen, in welchen Fleisch von anderen Tieren feilgehalten oder verkauft wird ...

2. Färbung des Fleisches.

Künstliche Färbung kommt vorwiegend beim Hack- und Schabefleisch in Frage.

Die im Kaiserlichen Gesundheitsamte ausgearbeitete Denkschrift über das Färben der Wurst sowie des Hack- und Schabefleisches[2]) sagt darüber u. a. folgendes:

Die rote Farbe des Fleisches von frisch geschlachteten Tieren wird durch das in der Muskelsubstanz enthaltene Oxyhämoglobin verursacht. Das Fleisch verschiedener Tiergattungen ist sehr verschieden gefärbt; auch in der Färbung der einzelnen Muskelgruppen desselben Tieres finden sich Verschiedenheiten. Bald nach dem Schlachten tritt Starrwerden des Fleisches und Säurebildung ein. Dabei wird im Inneren des Fleisches der Farbstoff zu Hämoglobin reduziert, das bei Luftzutritt in Oxyhämo-

---

[1]) Bericht über d. Tätigkeit d. städt. Untersuchungsanstalt f. Nahr.- u. Genußm. zu Nürnberg 1900, 13.

[2]) Berlin, im Oktober 1898; vergl. Zeitschr. f. öffentl. Chemie 1898, 839 u. 868.

globin übergeführt wird; infolgedessen erscheint das Fleisch an den Schnittflächen gesättigter, scharlachfarben. Bei der später auftretenden sauren Gärung des Fleisches wird die Oberfläche desselben dunkelrotbraun, später gelblichbraun oder graubraun. Besonders rasch tritt diese Verfärbung beim Hack- und Schabefleisch ein . . .

Das Publikum verlangt beim Schabe- und Hackfleisch eine schöne, rote Farbe, da es hierin erfahrungsgemäß ein Kennzeichen der Frische erblickt. Zur Erhaltung der roten Farbe setzen viele Fleischer dem Hackfleisch Konservierungsflüssigkeiten oder -Salze zu, die unter den verschiedenartigsten Namen in den Handel kommen und als wesentliche Bestandteile Natrium- oder Calciumsulfit bezw. -bisulfit enthalten. Die Schweflige Säure und deren Salze konservieren nicht nur das Fleisch, sondern erhöhen auch die Stärke der roten Farbe bedeutend. Die Schweflige Säure ist hiernach in erster Linie als Färbemittel für Hackfleisch anzusehen, das daneben noch konservierend wirkt.

Aus frischgeschlachtetem Fleisch läßt sich ohne Anwendung von chemischen Konservierungsmitteln unter Beobachtung handwerksgerechter Sauberkeit Hackfleisch herstellen, das bei Aufbewahrung in niedriger Temperatur seine natürliche Farbe länger als 12 Stunden behält. Andrerseits kann durch Zusatz von schwefligsauren Salzen dem Hackfleisch, das durch Stehen bei Zimmertemperatur mißfarbig geworden ist, eine schöne rote Farbe wiedergegeben werden; es liegt somit die Gefahr vor, daß alte, unverkäuflich gebliebene Fleischstücke zu Hackfleisch verarbeitet und durch schwefligsaure Salze in der Farbe aufgefrischt werden.

Der Zusatz von schwefligsauren Salzen und solche Salze enthaltenden Konservierungsmitteln ist demnach geeignet, die natürliche Färbung des Fleisches — aber nicht das Fleisch selbst — zu verbessern und länger haltbar zu machen; dem Hackfleisch kann mithin hierdurch der Anschein besserer Beschaffenheit verliehen werden.

Der regelmäßige Genuß von Hackfleisch, welches mit schwefligsauren Salzen versetzt ist, vermag nach den Ausführungen der Denkschrift die menschliche Gesundheit, namentlich von Kranken und schwächlichen Personen zu schädigen.

Bei der Färbung von Hack- und Schabefleisch mittels Schwefliger Säure kommt in erster Linie die Anwendbarkeit der §§ 12 und 14 des Nahrungsmittelgesetzes in Frage; außerdem aber die §§ 10 und 11 dieses Gesetzes oder der § 367 Ziff. 7 des Strafgesetzbuches. Da Schweflige Säure und deren Salze sowie unterschwefligsaure Salze zu den in der Bekanntmachung des Reichskanzlers, betreffend gesundheitsschädliche und täuschende Zusätze zu Fleisch und dessen Zubereitungen, vom 18. Februar 1902 angeführten Stoffen zählen, so verstößt ihr Zusatz auch gegen § 21 des Gesetzes, betreffend die Schlachtvieh- und Fleischbeschau, vom 3. Juni 1900.

Seitdem gegen die Verwendung von Schwefliger Säure zur Färbung des Hack- und Schabefleisches schärfer vorgegangen wird, beginnen die genannten Konservierungsmittel allmählich weniger häufig verwendet zu werden. An ihre Stelle treten seit einiger Zeit Präparate, welche das Fleisch angeblich für längere Zeit schön rot erhalten sollen, ohne doch mit verbotenen Stoffen irgendwelcher Art versetzt worden zu sein. Nach A. Beythiens[1]) Untersuchungen bestanden derartige Mittel aus Gemischen von Kochsalz, Rohrzucker, Natrium- und Aluminiumacetat, oder von Kochsalz und benzoesaurem Natrium, oder von Kochsalz, essigsaurem und phosphorsaurem Natrium neben geringen Mengen Magnesiumsulfat und Aluminiumacetat u. s. f.

Die Beurteilung der Verwendung dieser und ähnlicher Mittel, welche dem Fleische für längere Zeit seine rote Farbe erhalten, ihm also den täuschenden Anschein einer besseren Beschaffenheit verleihen sollen, dürfte ebenfalls nach den in der Denkschrift aufgestellten Gesichtspunkten erfolgen, und die Anwendbarkeit des § 10 des Gesetzes vom 14. Mai 1879 hier gegeben sein.

Das gleiche gilt von dem Zusatze von Paprika zum Fleische zum Zwecke der Erhaltung der frischen Farbe. In diesem Falle könnte überdies Beanstandung auf Grund des § 21 des Fleischbeschaugesetzes ausgesprochen werden, weil Paprika hier einfach als Farbstoff anzusehen ist.

Auch in dem Bestreichen der Kiemen von Fischen mit roter Farbe ist nach einer Reichsgerichtsentscheidung[2]) eine Verfälschung im Sinne des Nahrungsmittelgesetzes zu erblicken, weil dadurch den Fischen das Aussehen der Frische, also der Schein ihrer normalen, d. i. besseren Beschaffenheit bewahrt wird.

Unbeschadet der Bestimmungen des Fleischbeschaugesetzes erscheint nach einer anderen Reichsgerichtsentscheidung[3]) der Zusatz eines Farbstoffes zu Fleischwaren, auch wenn die Farbe weder gesundheitsschädlich noch ekelerregend ist, als Verfälschung der Ware, wenn diese durch den Zusatz einen einer besseren Beschaffenheit entsprechenden Anschein erhält, oder wenn den mit dem Zusatze Bekannten der Genußwert der Ware verringert erscheinen würde, und der Zusatz der normalen Beschaffenheit der Ware nicht entspricht.

3. Zusatz von Konservierungsmitteln.

Neben der von altersher üblichen Verwendung von Kochsalz und Salpeter bürgert sich der Gebrauch der antiseptischen Mittel zur Haltbarmachung von Fleisch schon aus Bequemlichkeit immer mehr ein, zumal

---

[1]) Bericht über d. Tätigkeit d. Chem. Untersuchungsamtes d. Stadt Dresden, 1904, 8.

[2]) R.G. Urt. v. 2. Dezember 1882.

[3]) R.G. III. Urt. v. 18. Februar 1882.

da ihre Anwendung auch finanziell vorteilhaft ist und das Publikum sich in Täuschung über den wirklichen Wert der Ware befindet.

Derartige Mittel finden sich als **Konservesalze**, **Praeservesalze**, **Konservierungsflüssigkeit** oder unter irgendwelchen **Phantasienamen** im Handel. Ihr Zusatz zum Fleisch ist in den meisten Fällen durch die mehrerwähnte Bekanntmachung des Reichskanzlers vom 18. Februar 1902 zum § 21 des Fleischbeschaugesetzes verboten; außerdem kommt die Anwendbarkeit der §§ 10 und 11 (Verfälschung) und 12 und 14 (Gesundheitsschädlichkeit) des Nahrungsmittelgesetzes in Betracht, eventuell auch noch § 367, Ziff. 7 des Strafgesetzbuches.

In der **Technischen Begründung des Bundesratsbeschlusses** über gesundheitsschädliche und täuschende Zusätze zu Fleisch und dessen Zubereitungen vom 18. Februar 1902[1]) ist das Material niedergelegt, welches zum Verbot jener Zusätze geführt hat. Es heißt dort u. a.:

> Bei der Beurteilung der Frage, welche Konservierungsmittel eine gesundheitsschädliche Beschaffenheit des Fleisches herbeizuführen oder eine minderwertige Beschaffenheit desselben zu verdecken geeignet sind, ist davon auszugehen, daß man allen chemischen Konservierungsmitteln, welche nicht gleich dem Kochsalze, dem Salpeter und den beim Räuchern entstehenden Produkten durch lange Übung eingebürgert sind, mißtrauisch gegenüberstehen muß, solange nicht ihre Unschädlichkeit erwiesen ist. Besonders muß aber der Verwendung solcher Stoffe entgegengetreten werden, die einer an sich nicht einwandfreien Ware den Anschein der Frische und der guten Beschaffenheit oder der sachgemäßen Zubereitung verleihen.

. . . Von diesen Gesichtspunkten aus wurde in eine Prüfung der Stoffe, die gegenwärtig bei der Behandlung des Fleisches zum Zwecke der Haltbarmachung oder zur Herbeiführung eines schöneren Aussehens zugesetzt zu werden pflegen, eingetreten und auf Grund der angestellten Erhebungen ermittelt, daß nachbezeichnete Stoffe von der ferneren Verwendung bei der gewerbsmäßigen Behandlung von Fleisch auszuschließen sein möchten:

1. Borsäure und deren Salze,
2. Formaldehyd,
3. Alkali- und Erdalkali-Hydroxyde und -Karbonate,
4. Schweflige Säure und deren Salze sowie unterschwefligsaure Salze,
5. Fluorwasserstoff und dessen Salze,
6. Salicylsäure und deren Verbindungen,
7. Chlorsaure Salze.

Alle diese Stoffe, ausgenommen die Alkali- und Erdalkaliverbindungen, sind in den üblichen zur Verwendung kommenden

---

[1]) Deutscher Reichs-Anzeiger v. 24. Februar 1902, Nr. 47, erste Beilage.

Mengen als gesundheitsschädlich zu betrachten. Die unter 1—4 aufgeführten Stoffe sind außerdem geeignet, über die wirkliche Beschaffenheit der Ware zu täuschen, insofern sie die Kennzeichen der Zersetzung, wie veränderte Farbe, Geruch, Konsistenz, verdecken und teilweise die Farbe des frischen Zustandes vorspiegeln.

Über die Wirkung der einzelnen Stoffe führt die „Technische Begründung" folgendes aus:

Borsäure und Borax sind sowohl vom gesundheitlichen Standpunkt aus zu beanstanden, wie sie auch geeignet sind, über die Beschaffenheit der mit ihnen versetzten Nahrungsmittel zu täuschen.

Borsäure ist in vielen Fällen mehr ein Beschwerungsmittel zur Erhöhung des Wassergehaltes, als ein wirkliches Konservierungsmittel.

Formaldehyd ist wegen seiner stark ätzenden Eigenschaft, besonders auf die Schleimhäute, mit deren Gewebsbestandteilen es sich verbindet, als Konservierungsmittel vom Standpunkt der Gesundheitspflege aus bedenklich. Dazu kommt, daß Formaldehyd geeignet ist, durch Einwirkung auf riechende Stoffe und Fäulnisstoffe eine gesundheitsschädliche Beschaffenheit der Ware zu verdecken.

Durch die in einzelnen Fällen beobachtete Verwendung von Alkali- und Erdalkali-Hydroxyden und -Karbonaten zur Neutralisierung von Säuren in ranzig gewordenen Fetten wird eine minderwertige Beschaffenheit der Ware verdeckt.

Die Bedeutung der Schwefligen Säure und deren Salze für die Fleischkonservierung liegt weniger in der antiseptischen Kraft, die gering ist, als in der Fähigkeit, den Muskelfarbstoff zu erhalten und grau gewordenem Fleisch die rote Farbe zurückzugeben.

Die Behauptung, daß der größte Teil des dem Fleische zugesetzten schwefligsauren Salzes zu schwefelsaurem Salze oxydiert werde, so daß mit dem Fleische nur ein kleiner Teil des ursprünglich zugesetzten schwefligsauren Natriums in den Magen des Konsumenten gelange, wird durch Untersuchungen widerlegt, nach denen selbst nach längerer Aufbewahrung aus dem Fleisch noch Schweflige Säure freigemacht werden konnte.

Die Verwendung der unterschwefligsauren Salze ist aus denselben Gründen zu beanstanden wie die der Schwefligen Säure und ihrer Salze.

Die Gefährlichkeit des Fluorwasserstoffes und seiner Salze ist durch zahlreiche experimentelle Beobachtungen und klinische Erfahrungen festgestellt worden.

Die über die Nebenwirkungen der Salicylsäure gesammelten Erfahrungen der Ärzte weisen darauf hin, daß der fortdauernde Genuß selbst kleiner Gaben dieses Mittels für den menschlichen Organismus im gesunden und kranken Zustande nicht gleichgültig sein kann. Eine besondere Gefahr für die menschliche Gesundheit besteht darin, daß die antiseptische Kraft der Salicylsäure gering ist, so daß zur Erreichung eines sicheren Erfolges der Zusatz immer neuer Mengen Salicylsäure sich nötig macht.

Die chlorsauren Salze, deren Verwendung zum Konservieren von Nahrungsmitteln zwar noch nicht sicher nachgewiesen worden ist, aber nach einer Anfrage aus den beteiligten gewerblichen Kreisen sehr wohl als möglich bezeichnet werden muß, sind in mittleren und großen Gaben so ausgesprochen giftig, daß es gerechtfertigt erscheint, die Möglichkeit der Anwendung selbst

kleiner Mengen dieser Salze zu Konservierungszwecken von vornherein zu
verhüten.

Nach einer Entscheidung des Reichsgerichts[1]) ist die Verwendung
der vorstehenden, in der Bekanntmachung des Reichskanzlers zum § 21
des Fleischbeschaugesetzes angeführten Stoffe bei der gewerbsmäßigen
Zubereitung von Fleisch ü b e r h a u p t   v e r b o t e n , ohne Rücksicht
darauf, ob das im Einzelfalle verwendete Quantum gesundheitsschädliche
Wirkungen hervorzubringen vermag.

Der Zusatz der genannten Konservierungsmittel, insbesondere Borsäure, zu F i s c h k o n s e r v e n (Kaviar, Krabben usw.) kann auf Grund
des Fleischbeschaugesetzes nicht beanstandet werden, da in diesem nur
vom Fleisch w a r m b l ü t i g e r Tiere die Rede ist.

Nach dem Urteil mehrerer Gerichte, so des Landgerichtes II Berlin
und des Oberlandesgerichtes Stuttgart, soll auch die Beanstandung solcher
Fischkonserven mit Borsäuregehalt nach § 12 des Nahrungsmittelgesetzes
nicht gerechtfertigt sein.

Seit dem Verbot der oben besprochenen Stoffe als Zusätze zum
Fleisch sind die beteiligten gewerblichen Kreise bemüht, Ersatz für die
genannten Mittel zu finden. So wurde an Stelle des Formaldehyds das
H e x a m e t h y l e n t e t r a m i n gewählt, welches neben Kochsalz und
Salpeter als Bestandteil des Fleischkonservierungsmittels C a r i n in den
Handel gelangt. Da letzteres den Fleischwaren ein stets frisches Aussehen verleihen soll, so ist — nach dem Gutachten des Kaiserlichen
Gesundheitsamtes[2]) — die Verwendung des Präparates bei der Zubereitung
von Fleisch und bei der Herstellung von Fleischwaren auch deshalb
nicht zu gestatten, weil dadurch die Käufer über die Natur der damit
behandelten Ware getäuscht werden.

Wenn Fleisch mit Hexamethylentetramin versetzt wird, so entsteht
aus diesem durch die Säure des Fleisches Formaldehyd. Dieser verbleibt
im Fleische und gelangt somit bei seiner Zubereitung zur Anwendung.
Nach dieser Anschauung würde die Verwendung des Hexamethylen-
tetramins schon auf Grund der bestehenden Bestimmungen verboten sein
(§ 21 des genannten Gesetzes).

Bei den in neuerer Zeit zahlreich auftauchenden neuen Fleisch-
konservierungsmitteln muß von Fall zu Fall zunächst die Frage der Gesundheitsschädlichkeit von medizinischer Seite geprüft werden; die Entscheidung über die Zulässigkeit eines solchen Mittels steht dann dem
Richter zu.

4. Der Z u s a t z   m i n d e r w e r t i g e r   g e w i c h t s v e r m e h r e n d e r
Stoffe zu Hackfleisch, wie Wasser, Mehl, ist zweifellos eine Verfälschung.

---

[1]) R.G. IV vom 10. Juli 1903.
[2]) Veröffentlichungen d. Kais. Gesundheitsamtes 1905, **29,** 100.

Verdorbenes Fleisch.

R. Ostertag[1]) gibt folgende Definition für verdorbenes Fleisch:
Verdorben im Sinne des Nahrungsmittelgesetzes ist
alles Fleisch, welches, ohne gesundheitsschädlich zu sein:

>   a) erhebliche Veränderungen seiner Substanz
>   zeigt, oder
>   b) von Tieren stammt, welche mit einer erheb-
>   lichen Krankheit behaftet waren.

Ostertag[2]) unterscheidet in der Praxis:

1. Fleisch, welches als „verdorbenes im Sinne des Nahrungsmittelgesetzes" unter Deklaration feilgehalten und verkauft werden
darf. Anderes Inverkehrbringen (Verbrauch im eigenen Haushalt, Ver-
schenken an andere) unterliegt keiner gesetzlichen Beschränkung. Dieses
Fleisch wird in den älteren Verordnungen als nicht bankwürdig
bezeichnet.

2. Hochgradig verdorbenes Fleisch, welches, ohne gesundheitsschädlich zu sein, wegen starker substanzieller Verschlechterung
die Qualität als menschliches Nahrungsmittel verloren hat (z. B. wässeriges
Fleisch, Fleisch und Organe, welche stark mit Parasiten durchsetzt sind
usw.). Dasselbe ist dem sogenannten „ungenießbaren" gleich zu
erachten und könnte als „verdorben im Sinne des § 367 Ziff. 7 des Strafgesetzbuches" bezeichnet werden, dessen Feilhalten und Verkaufen durch
diesen Paragraphen schlechthin verboten ist.

Zu bemerken ist noch, daß der Sachverständige das Wort „verdorben" nur im Sinne des Gesetzes, nicht aber als Bezeichnung für
in Zersetzung übergegangenes faulendes Fleisch gebrauchen darf. Denn
das faulende Fleisch ist ein gesundheitsschädliches Nahrungsmittel.

Zur Illustration des Begriffes „verdorbenes Fleisch" seien einige
Entscheidungen des Reichsgerichtes angeführt (nach Ostertag l. c.).

Nicht erforderlich für diesen Begriff ist eine innere chemische Zersetzung.
Die Verschlechterung kann in einer quantitativen Veränderung der Bestandteile
bestehen, wie es z. B. bei Fleisch der Fall ist, welches mit unschädlichen
oder unschädlich gemachten Parasiten durchsetzt ist.
(III. Strafsenat, Urt. v. 5. Oktober 1881.)

Verdorben ist ein Nahrungsmittel auch dann, wenn es in seiner natürlichen
Entwicklung gehindert worden ist. Der normale Zustand ist in einem solchen
Falle noch gar nicht vorhanden gewesen, sondern wurde erst erwartet, wie
beim Fleische von neugeborenen Kälbern.
(II. Strafsenat, Urt. v. 3. Januar 1882).

Das Fleisch kranker bzw. krepierter sowie abgemagerter Tiere
ist verdorben, wenn die anormale Beschaffenheit des Fleisches in einer solchen
Krankheit ihren Grund hatte, welche eine die Geeignetheit desselben als

---

[1]) Handbuch d. Fleischbeschau, Stuttgart 1899, 2. Aufl. S. 91.
[2]) l. c. 100.

menschliches Nahrungsmittel erheblich beeinträchtigende Veränderung seiner Bestandteile zur Folge hatte.

(I. Strafsenat, Urt. v. 12. Jan. 1882 u. III. Strafsenat, Urt. v. 9. Juli 1883.)

Ein Gegenstand ist verdorben, wenn sein Genuß Ekel erregt, und zwar nach der allgemeinen Anschauung oder doch nach der Anschauung derjenigen Bevölkerungsklasse, welcher die Kauflustigen angehören. So ist z. B. das ausgesottene Fett von einem finnigen Schweine als verdorben zu erachten, auch wenn nicht gerade feststeht, daß gerade in den verarbeiteten Fettteilen sich Finnen befunden haben.

(II. Strafsenat, Urt. v. 25. März 1884.)

Der bloß in der Vorstellung der Konsumenten beruhende Ekel ohne objektive Grundlage verdient keine Berücksichtigung. Nur eine objektiv ekelerregende Beschaffenheit eines Nahrungsmittels ist geeignet, den Begriff des Verdorbenseins zu erfüllen. Die frühere Verbindung des Fleisches mit ekelerregenden Teilen schafft an sich noch nicht die erforderlich objektive Grundlage.

(I. Strafsenat, Urt. v. 1894.)

Verdorbensein im Sinne des § 10, 2 des Gesetzes vom 14. Mai 1879 ist auch dann anzunehmen, wenn die Abweichungen von der normalen Beschaffenheit ihren Grund in einer vor dem Schlachten vorhanden gewesenen Krankheit haben und mit Wertverminderung und Ekelerregung bei dem Publikum im allgemeinen verbunden sind.

(IV. Strafsenat, Urt. v. 2. November 1886.)

Als verdorben dürfte nach obiger Definition auch Fleisch gelten, welchem durch eine bestimmte Art der Fütterung ein unangenehmer oder widerlicher Geschmack mitgeteilt worden ist. So nimmt z. B. das Fleisch von Schweinen, welche mit Fischen gemästet wurden, oft einen tranigen Geschmack an.

Die Beurteilung, ob ein Fleisch als verdorben zu erachten ist, steht einzig und allein dem Tierarzte zu.

Gesundheitsschädliches Fleisch.

Nach R. Ostertag[1]) muß als gesundheitsschädlich pro foro dasjenige Fleisch betrachtet werden, welches nachweislich schon die Gesundheit der Konsumenten geschädigt hat oder bezüglich dessen der wissenschaftlich begründete Verdacht besteht, daß dieser Fall eintreten kann.

Solches Fleisch ist nach dem Wortlaut und dem Sinne des § 12 des Nahrungsmittelgesetzes „geeignet, die menschliche Gesundheit zu schädigen".

In praxi muß aber der Begriff „gesundheitsschädlich" weiter gefaßt werden. Hier ist nach dem für die Sanitätspolizei maßgebenden Satze,

---

[1]) l. c. 96—97.

im Zweifelsfalle das ungünstigere anzunehmen, Fleisch schon dann
als gesundheitsschädlich zu betrachten, wenn seine Unschädlichkeit nicht feststeht.

Beispiele für erwiesenermaßen gesundheitsschädliches Fleisch sind
Fleisch von septisch oder pyämisch erkrankten Tieren (Fleischvergif-
tungen), Fleisch mit Trichinen und Finnen, faulendes Fleisch (Wurst-
und Hackfleischvergiftungen). Beispiele andererseits für solches Fleisch,
welches auf Grund wissenschaftlicher Feststellungen als gesundheitsgefährlich angesehen werden muß, sind tuberkulöse Organe und das
Fleisch von Tieren, welche mit gewissen Formen der Tuberkulose behaftet sind.

Die Erkennung aller dieser Erscheinungen, bis auf die Fleischfäulnis, liegt nicht im Bereich des Nahrungsmittelchemikers. Bei faulen-
dem Fleisch kann unter Umständen allerdings der chemische Befund
das Gutachten des Tierarztes stützen, es ist dabei aber zu beachten,
daß gerade das wichtige Stadium der beginnenden Fleischfäulnis
so gut wie gar keine bestimmten chemischen Merkmale aufweist. Solche
treten erst bei fortschreitendem Zerfall auf, zu einer Zeit, wo der chemische
Nachweis einer Fäulnis schon deshalb eigentlich unnötig ist, weil sich
Verdorbensein und ekelerregende Beschaffenheit des betreffenden Objektes
dann schon in anderer Weise, nämlich in der äußeren Beschaffenheit, durch den Geruch usw. zu erkennen geben.

Nach den Versuchen von C. Mai[1]) lassen sich beim Lagern von
Fleischwaren, Würsten usw. unter normalen klimatischen Verhältnissen
folgende Stadien fortschreitender Zersetzung mit Hilfe der dabei auftretenden Körper unterscheiden:

Im ersten Stadium lassen sich chemisch charakterisierbare Körper
als Zersetzungsprodukte nicht nachweisen, doch beginnt alsbald nach
drei bis vier Tagen schon das Verhältnis des Ammoniaks zum Gesamtstickstoff sich merklich zu verschieben.

Das zweite Stadium beginnt mit dem Auftreten nachweisbarer
Mengen von Aminbasen der aliphatischen Reihe, insbesondere von Tri-
methylamin. Auch lassen sich in diesem Stadium die Amidosäuren leicht
nachweisen.

Im dritten Stadium, dem Zustande fortschreitenden Zerfalles, der
sich natürlich schon äußerlich durch den Geruch usw. erkennen läßt,
verschwinden die Amidosäuren wieder und an ihre Stelle treten die Fettsäuren sowie auch Indol und Skatol. Auch die Amine haben sich jetzt
so angereichert, daß ihre Isolierung mit Leichtigkeit gelingt. Endlich
ist das Auftreten von Ptomaïnen, z. B. von Putrescin, erkennbar.

Im vierten Stadium endlich verschwinden die genannten Körper
allmählich wieder, indem mit fortschreitendem Verfall als basische Zersetzungsprodukte immer einfachere Körper entstehen, bis schließlich nur
noch Ammoniak vorhanden ist. —

---

[1]) Zeitschr. f. Unters. d. Nahr.- u. Genußm. 1901, **4,** 18—21.

Nach den Vereinbarungen deutscher Nahrungsmittelchemiker (Heft I, S. 35) muß man sich mit der Feststellung der fortgeschrittenen Fäulnis begnügen, da diejenigen Stoffe, welche die gesundheitsschädlichen Wirkungen faulenden Fleisches bedingen, nicht bekannt sind.

Auf das Auftreten von Fäulnisalkaloiden namentlich bei Fischen und Seetieren (z. B. Muschelgift der Miesmuschel u. a.) sei nur hingewiesen.

Daß bei den meisten der oben besprochenen Konservierungsmittel unter anderem auch die Gesundheitsschädlichkeit in Frage kommt, wurde schon gebührend hervorgehoben.

Bei den unter Luftabschluß in Metallbüchsen konservierten Fleischzubereitungen (Fleischkonserven, Büchsenfleisch) treten oft aus verschiedenen Gründen Zersetzungen ein, die nicht selten zu Vergiftungen Anlaß geben. Zur Erkennung dieser Zersetzungsvorgänge kann schon das Aussehen der Büchse dienen: während bei gut konserviertem Büchseninhalte der Deckel infolge der Kondensation der Wasserdämpfe nach dem Verlöten nach innen gedrückt oder zum mindesten ganz flach erscheint, wird bei Konserven, die sich in Zersetzung befinden, der Deckel durch die Fäulnisgase nach außen getrieben (sogenannte Bombage).

Gewissenlose Fabrikanten pflegen nun häufig solche „bombierte" Büchsen zum zweitenmale zu kochen. Hierzu muß aber ein zweites Loch in die Büchse gebohrt werden, welches später verlötet wird. Hieraus ergibt sich als einfache Vorbeugungsmaßregel gegen Vergiftungen durch zersetztes Büchsenfleisch: aufgeblasene (bombierte), sowie doppelt gelötete Büchsen dem Verkehr zu entziehen [Ostertag[1])].

Ferner muß beim Büchsenfleisch die das Fleisch umgebende Gallerte feste Beschaffenheit zeigen. Gasgehalt der Büchsen und Verflüssigung der Gallerte weisen auf Zersetzungsvorgänge in dem Büchsenfleische und Gesundheitsschädlichkeit desselben hin.

Da die Beurteilung von Fleisch und Fleischwaren auf Zulässigkeit für den menschlichen Genuß und Gesundheitsschädlichkeit in erster Linie Sache des Arztes bzw. Tierarztes ist, so überweise der Nahrungsmittelchemiker alle in dieser Richtung an ihn herantretenden Fragen diesen Sachverständigen zur Begutachtung.

Begutachtung.

Beispiele.

1. Hackfleisch mit schwefligsaurem Natrium.

Die chemische Untersuchung hat festgestellt, daß eine Probe Hackfleisch mit schwefligsaurem Natrium versetzt worden ist.

Zu diesem Befunde wird etwa folgendes Gutachten abgegeben:

Die Verwendung von schwefligsauren Salzen geschieht zu dem Zwecke, das Publikum über das Alter und die Güte des Fleisches zu

---

[1]) l. c. 341.

täuschen. Unter dem Einflusse der Schwefligen Säure und ihrer Salze nimmt der Blutfarbstoff des Fleisches eine lebhaftere, bessere Farbe an. Derartig zubereitetes Fleisch erscheint noch zu einer Zeit frischrot und genießbar, zu der es sich bereits in erheblicher Zersetzung befindet und daher tatsächlich nicht mehr genießbar — unter Umständen sogar schon infolge von Fleischfäulnis direkt gesundheitsschädlich — ist.

Zerkleinertes frisches Fleisch, wie Hackfleisch, erleidet unter dem Einfluß der Luft sehr bald eine Veränderung. Schweflige Säure und deren Salze vermögen in den in Frage kommenden Mengen nicht das Fleisch zu konservieren (in seiner natürlichen Beschaffenheit zu erhalten); ihr Zusatz zu frischem Hackfleisch täuscht den Käufer, weil der der Ware verliehene Schein nicht der wirklichen Beschaffenheit, dem Wesen, entspricht und dem Käufer die Gelegenheit genommen wird, sich durch seine Sinne über das Alter des Fleisches zu unterrichten. Dieser Zusatz verleiht aber auch altem und verdorbenem Hackfleisch den Anschein der besseren Beschaffenheit und gestattet, verdorbenes Fleisch mit frischem zu vermischen, ohne daß der Käufer in der Lage ist, eine solche Handlungsweise zu erkennen.

Der Zusatz von Natriumsulfit zu Hackfleisch ist daher in allen Fällen als eine Verfälschung im Sinne des Gesetzes, betreffend den Verkehr mit Nahrungsmitteln usw., vom 14. Mai 1879 anzusehen.

Schweflige Säure und deren Salze sind gesundheitsschädliche Stoffe. Jeder Zusatz dieser Stoffe zu Fleisch stellt mithin eine Verschlechterung der Ware im Verhältnis zur Normalware und somit auch nach dieser Richtung eine Verfälschung dar.

Nach der Bekanntmachung des Reichskanzlers betreffend gesundheitsschädliche und täuschende Zusätze zu Fleisch und dessen Zubereitungen vom 18. Februar 1902 gehören die schwefligsauren Salze zu denjenigen Stoffen, deren Zusatz zu Fleisch nach dem Beschluß des Bundesrates durch § 21 des Gesetzes betreffend die Schlachtvieh- und Fleischbeschau vom 3. Juni 1900 verboten ist.

Da nach § 29 dieses Gesetzes aber die Vorschriften des Nahrungsmitttelgesetzes vom 14. Mai 1879 unberührt geblieben sind, so käme zur Beurteilung des vorliegenden Zusatzes von Natriumsulfit auch die Anwendbarkeit der Bestimmungen dieses letztgenannten Gesetzes in Frage.

Inwieweit insbesondere die §§ 12 und 14 des Nahrungsmittelgesetzes hier anwendbar sind, hängt von dem Gutachten eines medizinischen Sachverständigen über die Zulässigkeit schwefligsaurer Salze zu dem in Rede stehenden Zwecke ab.

2. Unterschiebung von Pferdefleisch in Form von Büchsenfleisch.

Die Untersuchung eines als Corned beef bezeichneten Büchsenfleisches ergab folgende Verhältnisse:

Farbe des Fleisches: braunrot,
Glykogennachweis nach W. Niebel: positiv.

Das zwischen den Muskelfasern abgelagerte Fett löste sich beim Extrahieren mit Petroläther mit tief rotbrauner Farbe.

Jodzahl dieses Fettes (nach Hübl): 83,2,

Jodzahl seiner flüssigen Fettsäuren: 98.

Auf Grund dieser Ergebnisse liegt hier Pferdefleisch vor.

Gutachten: Nach der Aufschrift „Corned beef" (zu deutsch: Rindfleisch) soll der Inhalt der vorliegenden Büchse aus Rindfleisch bestehen. In der Unterschiebung von Pferdefleisch dürfte — bei dem weit geringeren materiellen und Genußwerte des letzteren — das Tatbestandsmerkmal der Nachmachung im Sinne des § 10 des Gesetzes vom 14. Mai 1879 betreffend den Verkehr mit Nahrungsmitteln usw. gegeben sein.

Eventuell käme auch Betrug (§ 263 Str.-G.-B.) in Frage.

3. Fischkonserve mit Borsäure.

Nach dem Befunde der Untersuchung war eine Fischkonserve (Krabben) in Büchsen stark mit Borsäure versetzt, im übrigen war sie von normaler Beschaffenheit.

Gutachten: Krabben und andere kaltblütige Tiere fallen nicht unter den Begriff „Fleisch" im Sinne des Gesetzes, betreffend die Schlachtvieh- und Fleischbeschau, vom 3. Juni 1900. Infolgedessen sind für diese Seetiere die Bestimmungen dieses Gesetzes, insbesondere das in § 21 ausgesprochene Verbot des Zusatzes von Borsäure und deren Salzen, nicht zutreffend. In dieser Richtung kann also keine Beanstandung des letzteren erfolgen.

Eine andere Frage ist, ob der Gehalt an Borsäure geeignet ist, der Konserve gesundheitsschädliche Eigenschaften zu verleihen. Diese Frage muß einem medizinischen Sachverständigen vorgelegt werden. Wird sie von diesem bejaht, so ist in dem Zusatze eines gesundheitsschädlichen Bestandteiles eine Verschlechterung der Fischkonserve zu erblicken, letztere also als verfälscht im Sinne des § 10 des Nahrungsmittelgesetzes zu erachten.

II. Wurstwaren.

Begriff, Bestandteile.

Nach D, § 1 der Ausführungsbestimmungen zu dem Gesetze betreffend die Schlachtvieh- und Fleischbeschau vom 3. Juni 1900 gelten die aus warmblütigen Tieren hergestellten Würste als Fleisch im Sinne dieses Gesetzes.

Nach der Definition der Vereinbarungen deutscher Nahrungsmittelchemiker (Heft I, S. 38) sind Wurstwaren konservierte Fleischwaren, zu deren Bereitung gehacktes Fleisch für sich oder minderwertiges und als solches schlecht verkäufliches Fleisch, z. B. Bauchmuskel, Hals usw., endlich Blut und Eingeweide, d. h. Leber, Lunge, Herz, Niere, ferner Fett, Hirn, Zunge sowie Knorpel und Sehnen der verschiedensten Schlachttiere unter Zuhilfenahme von Salz, Gewürzen und Wasser, unter Umständen auch Milch und Eiern, verwendet werden.

Als weitere Zutaten sind bei einzelnen Wurstarten Zwiebel, Knoblauch, Schnittlauch, Zitronenschalen, Muskatnuß und Trüffel sowie Sardellen gebräuchlich.

Die Aufbewahrung dieser Konserven geschieht in gereinigtem Darm, Magen oder Blase vom Rind, Schwein, Schaf und Bock oder in Pergamentpapier.

Nach den Hauptbestandteilen der Würste unterscheidet man:

1. Fleischwürste. Sie bestehen aus Schweine-, Kalb-, Schaf- oder Rindfleisch, in neuerer Zeit auch Pferdefleisch und Fett.

Die Fleischwürste zerfallen wieder in die starkgeräucherten Dauerwürste (Schlackwürste, Mettwürste, Landjäger usw.), in schwachgeräucherte, (Schinkenwurst, Lyoner Wurst und ähnliche) sowie in Bratwürste, Koch- und Brühwürste. Letztere sind unter den verschiedensten Namen bekannt.

2. Blutwürste. Sie enthalten meist Schweineblut, auch Rinds- und Schafsblut, fettes Schweinefleisch und Speck, manchmal Sehnen und Knorpeln. Hierher gehören die Blutwurst, Rotwurst, Schwarzwurst; die beiden letztgenannten sind geräuchert.

3. Sülzwürste. Sie enthalten einen namhaften Bestandteil Haut von dem Kopf und den Füßen (Schwartenmagen, Preßack, Preßkopf, Kalbsfuß usw.).

4. Eingeweidewürste (Lungen-, Leber-, Hirnleber-, Milz- usw. -Würste). Sie enthalten neben Fleisch Leber, Milz, Hirn, Lunge, auch Sehnen, Knorpel, Fett usw.

In ihrer Zusammensetzung den Würsten gleich oder ähnlich sind Leberkäse und Fleischpasteten.

Der Leberkäse (Fleischkäse) wird in Süddeutschland hergestellt. Er bildet eine nicht in Därmen oder Membranen gefüllte, sondern gebackene Wurstmasse, welche neben Fleisch — je nach der Qualität — mehr oder weniger aus roh- und feingewiegter Rinds-, Schweine-, Schaf- oder Bockleber besteht. Der als eines der billigsten Volksnahrungsmittel in Südbayern bekannte gewöhnliche Leberkäse enthält in der Regel — lucus a non lucendo — keine Spur von Leber. Er enthält in einigen Gegenden Mehl, manchmal auch Eier.

Die Fleischpasteten werden aus bestem Fleisch und Fett mit Trüffeln und sonstigen Zutaten hergestellt. Zum Zweck längerer Aufbewahrung wird die mehr oder weniger fein gewiegte Masse in Metall- oder Steingutgefäßen luftdicht verschlossen aufbewahrt. Für den baldigen Genuß wird die Pastetenmasse in sogenannten Blätterteig (aus Mehl, Eiern, Butter) eingefüllt. Hierher gehört auch die aus zerkleinerter Gänseleber, Gänsefett und Zutaten bestehende Gänseleberpastete. Bei manchen Pastetenarten befindet sich die Fleischmasse auch nur in der Umhüllung einer von Stanniol umkleideten Fettschicht (Hasenpastete, Wildpastete), wie dies in Süddeutschland auch bei dem feineren Fleischkäse gebräuchlich ist.

Die Fleischwürste werden entweder geräuchert, gekocht oder gebraten, die übrigen Arten sämtlich in gekochtem Zustande und zwar entweder frisch oder geräuchert oder nachträglich gebraten genossen.

Zur Herstellung von Würsten soll nur frisches Fleisch, welches von gesunden Tieren stammt, verwendet werden. Zur Aufnahme der Wurstmasse dürfen nur gut gereinigte, geruchfreie Därme gesunder Tiere bzw. bleifreie Pergamentschläuche benutzt werden.

Verfälschungen.

Unter Verfälschung von Wurstwaren versteht man deren absichtliche Zubereitung auf derartige Weise, daß sie diejenigen Eigenschaften, welche man von ihnen nach ihrer Benennung oder ihrem Aussehen im reellen Verkehr mit Recht und nach der Ortsüblichkeit erwarten muß, nicht besitzt, ob dies nun durch substanzielle Veränderung oder durch Versehen mit dem Schein einer besseren Beschaffenheit geschieht, wenn die Absicht vorlag, das so beschaffene Objekt in den Handelsverkehr zu bringen (nach dem Entw. f. e. Cod. aliment. Austriac).

Als Verfälschung durch substanzielle Veränderung i. e. Verschlechterung gilt der Zusatz minderwertiger Fleischsorten (Pferdefleisch, Hundefleisch) oder ungenießbarer Körperteile (Häute, Geschlechtsteile, Tragsäcke), ferner der Zusatz von Kartoffeln, Brot, Mehl, wo er nicht ortsüblich ist, sowie von Bindemitteln und anderen fremden Stoffen.

Eine Verfälschung durch Versehen mit dem Schein einer besseren Beschaffenheit ist bei der Verwendung von Konservierungs- und Färbemitteln gegeben.

1. **Beimengung minderwertigen oder ungenießbaren Fleisches.**

Eine solche Art der Verfälschung liegt z. B. beim Zusatz von Pferdefleisch zu Schlack- und Mettwürsten vor, welche als reelle Ware in den Verkehr gebracht wurden, da festgestellt wurde, daß im Handel und Verkehr als Schlack- und Mettwürste nur solche gelten, welche lediglich aus Rind- und Schweinefleisch hergestellt wurden[1].

Auch die Beimengung ungenießbarer oder ekelhafter Körperteile zur Wurstmasse stellt eine Verfälschung dar, so z. B. diejenige von Geschlechtsteilen, Aftern, sogenannten Tragsäcken (Uterus) usw. Hierher gehört auch die vereinzelt beobachtete Verwendung der gebrühten und in feine Streifen geschnittenen Haut junger Rinder zu Schwartenmagen; desgleichen die Beimischung von ekelerregendem, z. B. menstruellem, Blut zu Würsten. Denn nach einer Entscheidung des Reichsgerichts[2] braucht die durch die Verfälschung vorgenommene Veränderung nicht notwendig die stoffliche Zusammensetzung der Speise zu betreffen; es kann dazu das Hinzutun eines Stoffes genügen, wenn dadurch die Speise unter Wahrung des Scheines ihrer normalen Beschaffen-

---

[1] Preuß. Kammerger. Urt. v. 11. Nov. 1886.
[2] R. G. IV. Urt. v. 1. Juni 1886.

heit tatsächlich verschlechtert wird, oder auch nur dem mit dem Zusatze Bekannten ihr Genußwert verringert sein würde.

2. Zusatz von Stärkemehl (in irgendeiner Form).

Nach den Vereinbarungen deutscher Nahrungsmittelchemiker ist für die Zulässigkeit des Zusatzes von Stärkemehl in irgendeiner Form — als Zerealien- oder Kartoffelstärke oder -mehl, Brot — die ortsübliche Bereitungsweise maßgebend. Wo ein solcher Zusatz ortsüblich ist, ist er in der Höhe von 2 % zu dulden; er sollte aber zur Kenntnis des Publikums gebracht werden (Deklarationspflicht).

Wie Ostertag[1]) ausführt, sind die Tatbestandsmerkmale der Verfälschung dann nicht gegeben, wenn 1. an Ort und Stelle ein Brot- oder Mehlzusatz zu Würsten üblich ist, und wenn 2. der Mehlzusatz die im reellen Verkehr übliche Menge von 1—2 % nicht übersteigt. Denn unter verfälschten Nahrungsmitteln hat man solche zu verstehen, welche diejenigen Eigenschaften nicht besitzen, die im reellen Verkehre zu erwarten sind.

Als Verfälschung muß daher Mehlzusatz angesehen werden, wenn er bei Ortsüblichkeit die genannten Grenzen erheblich übersteigt, so daß es sich um eine wirkliche substanzielle Verschlechterung, um einen erheblichen Ersatz von Fleisch durch Mehl handelt. Größere Mengen als 2 % werden nur in betrügerischer Absicht der Wurstmasse zugesetzt, da 1—2 % nach den Angaben reeller Gewerbetreibender hinreichend sind, dem Fleische das mangelnde Bindevermögen und den Würsten den gewünschten Wohlgeschmack zu verleihen. Wo dagegen Mehlzusatz nicht ortsüblich ist, ist er in jeder Menge als Verfälschung zu erachten.

Was die wirtschaftliche Bedeutung des Mehl- oder Brotzusatzes zu Wurst betrifft, so ist von verschiedenen Seiten [Recknagel[2]), v. Raumer[3]) und andere] festgestellt worden, daß ein solcher Zusatz ungefähr das Siebenfache seines eigenen Gewichtes an Wasser zu einem steifen Kleister zu binden vermag. Allerdings kann man auch ohne Stärkezusatz der Wurst große Mengen Wasser einverleiben.

Wie O. Bollinger[4]) ausführt, verstopft der gebildete Stärkekleister die Poren der Wursthaut und verhindert so die Wasserverdunstung. Mit Mehl oder Brot versetzte Würste behalten daher ihr ursprüngliches Gewicht bei, greifen sich sehr schön und kompakt an und zeigen eine pralle Schnittfläche.

Die Behauptung vieler Metzger, sie könnten ohne den Mehlzusatz die erforderliche „Bindekraft" der Wurstmasse nicht erzielen, wird durch die Tatsache widerlegt, daß in vielen Gegenden ein solcher Zusatz ganz

---

[1]) Handbuch d. Fleischbeschau, 2. Aufl. S. 661.

[2]) Siehe O. Bollinger, Deutsch. Zeitschr. f. Tiermedizin u. vergleich. Pathologie 1877, S. 270—281.

[3]) Zeitschr. f. Unters. d. Nahr.- u. Genußm. 1905 **9**, 409.

[4]) l. c.

und gar unbekannt ist. Allerdings ist es richtig, daß die Beimischung von Mehl die Verwendung minderwertigen oder alten Fleischmaterials ermöglicht, welchem die zur Wurstbereitung notwendige bindende Kraft fehlt.

Der Mehlzusatz zur Wurst stellt also einerseits den Ersatz eines wertvollen und vom Käufer erwarteten Bestandteiles, des Fleisches, durch einen billigeren und geringerwertigen — weil eiweiß- und deshalb auch nährwertärmeren —, also eine Verschlechterung dar, andererseits bewirkt er durch sein Wasserbindungsvermögen ein ansehnlicheres Aussehen der Wurst und ermöglicht bei deren Herstellung die Verwendung minderwertigen Fleisches, verleiht also der Ware den Schein besserer Beschaffenheit.

Der Nachweis von Stärke in Wurstwaren erfolgt durch Betupfen mit Jodlösung und auf mikroskopischem Wege, die quantitative Bestimmung nach dem Verfahren von J. Mayrhofer.

Die Stärkekörner in der Wurst sind im mikroskopischen Bilde (infolge der Behandlung der Stärke) häufig so stark korrodiert, daß man nicht unterscheiden kann, ob sie in Form von Stärke, Mehl oder Brot zugesetzt wurden. Man drücke sich in solchem Falle im Gutachten daher am besten aus: „In der Wurst ist Stärke vorhanden, die in Form von Mehl oder Brot zugesetzt wurde,“ oder: „Es liegt ein Zusatz stärkehaltiger oder mehliger Substanz vor.“

Wie schon hervorgehoben wurde, spielt bei der Beurteilung des Mehlzusatzes zu Wurstwaren der Umstand eine große Rolle, ob ein solcher Zusatz in dem betreffenden Orte üblich ist, d. h. ob er von den Konsumenten erwartet wird. Da in dieser Beziehung in den verschiedenen Gegenden verschiedene Gebräuche bestehen, so ist die Rechtsprechung auf diesem Gebiete auch nichts weniger wie einheitlich. Daß aber selbst dort, wo ein Mehlzusatz als ortsüblich vom Publikum erwartet wird, dessen Menge nicht beliebig groß gewählt werden darf, und daß auch hier die Überschreitung einer gewissen Grenze eine Verfälschung darstellt, wurde u. a. in einer Entscheidung des Landgerichtes München I[1]) ausgesprochen. In der Begründung heißt es dort:

... Es ist mit Rücksicht auf die Beschaffenheit des Mehles als einer eiweißarmen Substanz im Gegensatz zu der eiweißreichen Fleischsubstanz einleuchtend, daß eine Grenze bestehen muß, bis zu welcher die Verwendung von Mehl bei der Herstellung von Fleischleberkäse auch bei vorhandener Ortsüblichkeit hinsichtlich des Mehlzusatzes statthaft erscheint, ohne daß man von einer Verfälschung der Ware im Sinne des Nahrungsmittelgesetzes sprechen könnte, und daß, wenn diese Grenze überschritten wird, diese Verfälschung auch ohne Rücksicht auf die erwähnte Ortsüblichkeit gegeben erscheint .....

Bei der Beurteilung der Frage der Ortsüblichkeit kommt es natürlich in erster Linie auf die Ansicht und Erwartung des konsumierenden

---

[1]) Urteil vom 23. März 1905.

Publikums, nicht auf die der Produzenten und Händler an. Hierauf sollte eventuell im Gutachten hingewiesen werden.

3. Zusatz von Bindemitteln.

In neuerer Zeit findet sich eine Anzahl von sogenannten Wurstbindemitteln im Handel, welche den Zweck haben, die Bindekraft der Wurstmasse zu erhöhen. Ihre Anwendung ermöglicht, ähnlich wie die des Mehles, die Verwendung minderwertigen oder alten Fleisches, welches die Bindekraft verloren hat, zur Wurstbereitung.

Diese Bindemittel bestehen meist im wesentlichen aus gemahlenen Eiweißstoffen (Albumin usw.) in Verbindung mit Kochsalz und anderen Chemikalien. Unter letzteren befinden sich häufig Magnesiumsalze, insbesondere basisch essigsaure Magnesia.

Nach den Versuchen von v. Raumer[1]) scheint das Magnesium in diesem Salze als basisch wirkendes Hydroxyd vorhanden zu sein, welches wie ein freies Hydroxyd wirkt: „Es vermag Salze, selbst mit den schwächsten Säuren, zu bilden, und wird bereits durch Kohlensäure als Karbonat abgespalten. Es hat dieselbe Neutralisationsfähigkeit wie das freie Hydroxyd, und gerade diese gab Anlaß zum Verbote dieser Hydroxyde, da durch dieselben sauer gewordene Fleischreste, Fett und Speck neutralisiert werden und ihr Verdorbensein verschleiert wird." Infolge der leichten Spaltbarkeit dieses Hydroxydes sollen alle diese Salze Karbonate des Magnesiums bzw. des Calciums enthalten.

Der Zusatz von Zubereitungen aber, welche Erdalkali-Hydroxyde und -Karbonate enthalten, zu Wurstwaren wäre durch § 21 des Gesetzes, betreffend die Schlachtvieh- und Fleischbeschau, vom 3. Juni 1900 verboten.

Die Verwendung solcher Salze verstößt aber auch gegen das Nahrungsmittelgesetz, da es den — in einer Wurst befindlichen, nicht mehr einwandfreien — Fleisch- und Fettresten nur den Schein einer guten, unverdorbenen Ware verleiht; denn es werden die Zersetzungsprodukte im allgemeinen und speziell die Säuren nicht beseitigt, sondern nur ihre Erkennung erschwert. Gerade aber die neben der Säurebildung beim Beginn der Fleischzersetzung entstehenden Eiweißzerfallprodukte sind die gefährlichsten Substanzen, die sogenannten Wurstgifte (v. Raumer).

Auf eine weitere Gefahr dieser Wurstbindemittel weist B. Fischer[2]) hin. Durch die Verwendung des käuflichen Eiweißes können nämlich unzählige Fäulniskeime in die Wurstmasse gelangen, so daß die daraus hergestellten Würste, selbst bei Verwendung guten Fleisches, sehr leicht verderben. Der Fleischer ist selbstverständlich nicht in der Lage, die Güte des käuflichen Eiweißes und der übrigen Bindemittel beurteilen zu können.

Manche dieser zum größten Teil oder ganz aus Eiweiß bestehenden

---

[1]) Zeitschr. f. Unters. der Nahr.- u. Genußm., 1905, **9**, 405—411.
[2]) Bericht d. Chem. Untersuchungsamtes d. Stadt Breslau 1901/1902, 19.

Wurstbindemittel haben auch noch die Eigenschaft, übermäßig große Mengen Wasser aufzunehmen und dieses dann in die Wurstmasse einzuführen. Daß hierin die Kriterien der Verfälschung gefunden werden können, beweist folgendes Gerichtsurteil[1]):

Ein Schlächtermeister in Frankfurt a. M. wurde verurteilt, weil er das Wurstfleisch mit ungewöhnlich viel Wasser versetzte, nämlich 35 kg Fleisch mit 50 kg Wasser. Dieser außerordentliche Wasserzusatz wurde dadurch ermöglicht, daß der Fleischbrei zunächst mit Albumina (einem Eiweiß-Bindemittel; auf 35 kg Fleisch 1 kg Albumina) vermischt wurde. Der Zusatz dieses Mittels zum Wurstbrei wurde mit Recht als Verfälschung angesehen, weil es dazu diente, den Wurstbrei übermäßig mit Wasser zu beladen und den in seiner Menge unstatthaften Wasserzusatz zu verdecken. Denn die Würste sollen nicht dem Zweck angefertigt werden, daß „das Wasser mit der Gabel genossen wird".

4. Wasserzusatz.

Nach den Vereinbarungen für das Deutsche Reich soll der Wassergehalt bei Dauerwürsten 60 %, bei solchen, welche für den augenblicklichen Konsum bestimmt sind, 70 % nicht übersteigen.

Die Frage des zulässigen Wassergehaltes in Wurstwaren ist bisher gesetzlich nicht geregelt; im allgemeinen kann man aber wohl sagen, daß Würste, deren Wassergehalt die genannten Grenzen überschreitet, minderwertige Waren und unter Umständen als verfälscht zu betrachten sind.

Auf die Möglichkeit, mit Hilfe von Stärke und von sogenannten Bindemitteln übermäßig große Wassermengen in die Wurstmasse einzuführen, wurde bereits hingewiesen.

5. Künstliche Färbung.

Die Bekanntmachung, betreffend gesundheitsschädliche und täuschende Zusätze zu Fleisch und dessen Zubereitungen, vom 18. Februar 1902 zählt unter den als Zusätze zu Fleisch verbotenen Stoffen auch Farbstoffe jeder Art auf, jedoch unbeschadet ihrer Verwendung . . . zum Färben der Wursthüllen, sofern diese Verwendung nicht anderen Vorschriften zuwiderläuft.

Wie die technische Begründung des vorstehend zitierten Bundesrats-Beschlusses ausführt, sind für die Wurstfärbung neben Karmin noch verschiedene Teerfarbstoffe unter allerhand Phantasienamen in Verwendung. Karmin und chemisch reines Fuchsin dürften als gesundheitsschädlich nicht zu betrachten sein. Safranin und andere Farbstoffe dagegen sind teils als gesundheitlich bedenklich erkannt, teils wegen ihrer unbekannten physiologischen Eigenschaften von der Zulassung auszuschließen. Sämtliche zum Färben von Fleisch, insbesondere Wurst, gebrauchten Farbstoffe sind aber geeignet, durch Verdecken der grauen Farbe über das Alter der Wurst zu täuschen und minderwertiger Ware den Anschein vollwertiger zu geben.

---

[1]) Zeitschr. f. Fleisch- u. Milchhygiene 1899.

Das Verbot der Farbstoffe zur künstlichen Färbung der Wurst wird in neuerer Zeit zu umgehen gesucht, indem letzterer ein übermässiger Gehalt an P a p r i k a p u l v e r zugesetzt wird. So teilt E. P o l e n s k e[1] u. a. mit, daß ein als Färbemittel unter dem Namen Hackfleisch-Viktoria-Röte I angepriesenes Präparat im wesentlichen aus Capsicumpulver (Paprika) bestand.

Gegen das F ä r b e n v o n W u r s t h ü l l e n, wie es in einigen Gegenden seit langer Zeit geübt wird, mit Farben, welche von der natürlichen Fleischfarbe abweichen (sogenannte Gelbwurst), ist — soweit hierbei Farben zur Verwendung gelangen, die vom gesundheitlichen Standpunkt aus unschädlich sind — aus gesundheitspolizeilichen Rücksichten nichts einzuwenden; dieser Brauch ist nicht anders als das Anmalen der Schweinsköpfe mit unschädlicher roter Farbe zu beurteilen. Die Wursthüllen sind nicht dazu bestimmt, gegessen zu werden, sondern dienen nur als Aufbewahrungsmittel der Wurstmasse.

Eine Täuschung über den Inhalt kann jedoch unter Umständen dann vorliegen, wenn durch das F ä r b e n d e r D ä r m e m i t h e l l r o t e r o d e r b r a u n r o t e r F a r b e eine frischere Beschaffenheit oder eine längere Räucherung vorgespiegelt wird (Färben von Knackwürstchen mit Kesselröte; Färben von Thüringer Dauerwurst).

Bei der B e u r t e i l u n g d e r W u r s t f ä r b u n g kommt in erster Linie das Verbot des § 21 des Gesetzes, betreffend die Schlachtvieh- und Fleischbeschau, vom 3. Juni 1900 in Betracht.

Der Zusatz von Farbstoff ermöglicht es, einer aus minder geeignetem Material oder mit nicht genügender Sorgfalt hergestellten Wurst den Anschein einer besseren Beschaffenheit zu verleihen, mithin die Käufer über die wahre Beschaffenheit der Ware zu täuschen. Dies ist selbst bei tadelloser Wurst der Fall, weil derartige Wurst noch frisch zu einer Zeit erscheint, in welcher sie ohne den Farbzusatz infolge des Alters bereits mißfarbig sein würde. Das Publikum liebt zwar Dauerwurst von frischrotem Aussehen, wünscht jedoch, daß diese Frische durch die Salzungsröte, nicht durch Färbemittel hervorgerufen ist.

Für die Entscheidung der Zulässigkeit des Farbzusatzes zu Würsten kommen daher außerdem noch die §§ 10 und 11 des Gesetzes vom 14. Mai 1879, betreffend den Verkehr mit Nahrungsmitteln usw., oder der § 367, Ziff. 7 des Strafgesetzbuches vom 15. Mai 1871 in Frage[2].

Bei sehr großen P a p r i k a g e h a l t spielt dieser — zumal wenn die Wurst außerdem noch Pfeffer enthält — eventuell neben der Rolle des Gewürzes noch die eines Farbstoffes und ist dann nach § 21 des Fleischbeschaugesetzes zu beanstanden. Voraussetzung hierbei ist, daß die Wurst durch den Paprika auch wirklich intensiv gefärbt wird, wie man solches z. B. manchmal bei ungarischer Salami beobachten kann.

---

[1] Arbeiten a. d. Kais. Gesundheitsamte 1904, **20**, 567—572.
[2] Denkschrift d. Kais. Gesundheitsamtes über d. Färben v. Wurst usw. 1898.

Bei den sogenannten Rot- oder Gelbwürsten, deren Därme von außen gefärbt werden, kann das Eindringen des Farbstoffes von der Wursthaut in die Wurstmasse — sofern es auf eine gewisse nicht allzu tiefe Zone beschränkt bleibt — kaum als Behandlung des Wurstfüllsels mit Farbstoff im Sinne des Fleischbeschaugesetzes gelten.

6. Zusatz von Konservierungsmitteln.

Der Zusatz der in der Bekanntmachung des Reichskanzlers vom 18. Februar 1902 aufgezählten Konservierungsmittel zu Wurstwaren ist auf Grund des § 21 des Fleischbeschaugesetzes verboten.

Nach den Vereinbarungen für das Deutsche Reich ist auch der Zusatz anderer Konservierungsmittel, ausgenommen Kochsalz und Salpeter, zu Wurstwaren unstatthaft. Ein allgemeines gesetzliches Verbot existiert indessen nur für die vorstehend angeführten Konservierungs- mittel; bei anderen muß von Fall zu Fall erwogen werden, ob eine Ver- fälschung durch Verschlechterung oder durch Vorspiegelung des Scheines besserer Beschaffenheit angenommen werden kann, resp. ob Gesundheits- schädlichkeit in Frage kommt. Für die Beurteilung der letzteren ist selbstverständlich der Arzt zuständig.

Im übrigen gilt auch für Wurstwaren das inbezug auf Konser- vierungsmittel im Kapitel „Fleisch" Gesagte.

Nachmachung.

Als nachgemacht im Sinne des Nahrungsmittelgesetzes wird man Würste anzusehen haben, die anderen (den echten) nachgemacht, nach- gebildet sind, aber nur den Schein, nicht das Wesen und den Gehalt derselben haben, indem sie ganz oder zu einem wesentlichen Teile aus fremdartigen Stoffen hergestellt sind.

So entschied das Reichsgericht[1]), daß ein Schwartenmagen als nachgemacht zu erachten sei, der abweichend von der am Tatorte bestehenden Gewohnheit nicht aus Blut, geschnittenem Fleisch, Schwarte und Speck vom Schweine, sondern zu zwei Dritteln aus Sehnen, sogenannten Kuttelflecken, im übrigen aus Blut und wenig Fett her- gestellt worden war.

Nach einer anderen Entscheidung desselben Gerichtes[2]) kann man die Herstellung einer Wurst aus dem Fleische eines krepier- ten Hundes auch als Nachmachen eines Nahrungsmittels bezeichnen, weil durch die Verwurstung des fraglichen Fleisches, welches im Handel als Nahrungsmittel überhaupt nicht vorkommt, dem Produkte der Schein eines für Menschen geeigneten Nahrungsmittels gegeben worden ist.

Ebenso dürfte z. B. eine Trüffelwurst, welche keine Trüffeln, an deren Stelle aber Kartoffeln oder ähnliches enthält, als nachgemacht gelten, da hier ein wesentlicher Teil durch fremdartige Stoffe ersetzt wurde.

---

1) R. G. I, Urt. v. 15. Mai 1882.
2) R. G. II, Urt. v. 12. Mai 1891.

Verdorbene Wurstwaren.

Das im Kapitel „Fleisch" über Verdorbensein Gesagte gilt auch für die Wurstwaren.

Die Beurteilung steht auch hier dem. Tierarzte zu.

Gesundheitsschädliche Wurstwaren.

Die Frage einer gesundheitsschädlichen Beschaffenheit kommt in Betracht bei Würsten, die aus dem Fleische kranker Tiere oder aus Fleisch hergestellt wurden, welches bereits in faulende Zersetzung übergegangen war.

Die Würste selbst, namentlich die nicht durch stärkere Räucherung oder Salzung konservierten, unterliegen oft leicht der Wirkung von Fäulnis erregenden Mikroorganismen (Fäulnisbakterien). Neben den sehr zahlreichen Produkten der Fäulnis von Eiweißkörpern treten in faulen Würsten — manchmal sogar, ohne daß diese äußerlich besondere Merkmale eingetretener Zersetzung tragen — häufig als Produkte der Lebenstätigkeit der Fäulnisbakterien Fäulnisbasen (Fäulnisalkaloide, Ptomaïne) auf, die eine ausgesprocheue Giftwirkung auf den menschlichen Organismus ausüben. Sie bilden das sogenannte Wurstgift.

Die typische Wurstvergiftung (Botulismus) wird stets bei Würsten mit hohem Wassergehalt, am häufigsten bei Blut- und Leberwürsten, nicht aber bei Trockenwürsten beobachtet (Röttger[1]). Sie hat ihren Grund meist in der Verarbeitung von verdächtigem oder gar schon verdorbenem Fleisch oder in der Verwendung schlecht gereinigter Därme.

Im übrigen sei auf die Ausführungen über gesundheitsschädliches Fleisch hingewiesen.

Nach einer Entscheidung des Reichsgerichts[2]) ist die Verwendung von Fleisch kranker Tiere zu Wurstwaren (tuberkulöses Fleisch) wegen seiner gesundheitsschädlichen Beschaffenheit ein Vergehen gegen § 12,1 des Nahrungsmittelgesetzes.

Als geeignet die menschliche Gesundheit zu schädigen, kann auch der Zusatz gewisser Konservierungsmittel erachtet werden.

Desgleichen ein — aus der zur Präparierung dienenden Schwefelsäure stammender — Bleigehalt der Pergamentschläuche, welche an Stelle von Därmen manchmal bei Wurstwaren Verwendung finden.

Nach den Vereinbarungen deutscher Nahrungsmittelchemiker sind weiche und schmierige Würste mit grünlich

---

[1] Lehrbuch der Nahrungsmittelchemie, 2. Aufl. Leipzig 1903. S. 77.
[2] R. G. III, Urt. v. 1. Dezember 1902.

oder gelblich gefärbten Fetteilchen, ferner ranzig oder faulig riechende Würste als verdächtig und als unzulässig für die menschliche Ernährung zu bezeichnen.

Die Beurteilung, ob eine Wurstware geeignet ist, die menschliche Gesundheit zu beschädigen, steht in jedem Falle nur dem Arzte oder Tierarzte zu.

Begutachtung.

Beispiele.

1. Leberwurst mit Brotzusatz (unter Annahme der Ortsüblichkeit eines solchen).

Die qualitative Prüfung mit Jodlösung erwies einen Stärkezusatz. Nach der mikroskopischen Untersuchung waren die Stärkekörner vollständig verquollen; der Stärkezusatz wäre demnach in Form von Brot erfolgt.

Die quantitative Bestimmung ergab, daß dieser Zusatz etwa 1,5 % betrug.

Da der Zusatz einer geringen Menge Brot zu Leberwürsten ortsüblich, dem Publikum also eine bekannte und erwartete Beimischung ist, so liegt hier kein Anlaß vor, ihn zu beanstanden.

2. Wurst mit Mehlzusatz.

Prüfung mit Jodlösung: . . . starke Reaktion,
Mikroskopischer Befund: . . Kartoffelstärke,
Stärkegehalt nach Mayrhofer: 5,4 %.

Nach diesem Befunde enthält die vorliegende Wurst einen Zusatz von über 5 % Kartoffelstärke oder Kartoffelmehl.

Gutachten: Bei dem Zusatz von Kartoffelmehl zu Wurst tritt an Stelle des eiweißreichen Fleisches ein eiweißarmer Stoff von geringerem Nährwerte, das Mehl. Das so hergestellte Produkt dürfte kaum den berechtigten Erwartungen des Publikums entsprechen.

Für den Produzenten bietet der Mehlzusatz verschiedene Vorteile: erstens kann er der Wurstmasse infolge der aufsaugenden Kraft des Mehles mehr Wasser zusetzen; dann kann er ihr wegen der bindenden Kraft des Mehles minderwertiges Fleischmaterial beimengen, welchem im Gegensatze zu tadellosem Fleisch wenig oder gar keine Bindekraft innewohnt; endlich erhält die Wurst durch den Zusatz von Mehl eine glatte, pralle Schnittfläche, eine kompaktere Konsistenz und daher ein auf den Schein berechnetes vorteilhaftes Aussehen.

Aus diesen Gründen stellt der Zusatz von Kartoffelmehl oder Kartoffelstärke zur Wurstmasse objektiv eine Verfälschung im Sinne des Gesetzes vom 14. Mai 1879, betreffend den Verkehr mit Nahrungsmitteln usw., dar.

3. Künstlich gefärbte Wurst.

Die Untersuchung ergab, daß die Wurst mit Hilfe eines Teerfarbstoffes künstlich gefärbt war.

Gutachten: Farbstoffe jeder Art gehören zu den in der Bekanntmachung des Reichskanzlers vom 18. Februar 1902 angeführten täuschenden Zusätzen zu Fleisch und dessen Zubereitungen. Ihre Verwendung bei der gewerbsmäßigen Herstellung von Wurst ist daher durch den § 21 des Gesetzes, betreffend die Schlachtvieh- und Fleischbeschau, vom 3. Juni 1900 verboten.

Sie stellt aber auch eine Zuwiderhandlung gegen § 10 des Gesetzes vom 14. Mai 1879, betreffend den Verkehr mit Nahrungsmitteln usw., dar. Der Zusatz von Farbstoff ist kein normaler Bestandteil der Wurst; er bezweckt, der Wurst die rote Farbe zu erhalten und das im Laufe der Zeit eintretende Grauwerden zu verdecken. Hierdurch wird aber nicht nur deren äußeres Ansehen verbessert, sondern der Wurst auch der äußere Schein eines höheren Genuß- und Verkaufswertes für die Zeit verliehen, in welcher sie naturgemäß ein graues Aussehen annimmt; das Publikum soll durch die Färbung über Wesen und Wert der Wurst getäuscht werden.

Damit sind die Tatbestandsmerkmale der Verfälschung gegeben.

4. Wurst mit Zusatz von schwefligsaurem Natrium.

Gutachten: Der Zusatz von schwefligsaurem Natrium ist auf Grund der Bestimmungen des Bundesrates zu § 21 des Gesetzes, betreffend die Schlachtvieh- und Fleischbeschau, vom 3. Juni 1900 verboten.

Es kann im Gutachten darauf hingewiesen werden, daß dieses Verbot wegen der gesundheitsschädigenden Eigenschaften des schwefligsauren Natriums erfolgte. Der Hinweis auf ein medizinisches Gutachten ist infolgedessen auch überflüssig und unnötig.

5. Konservierungsmittel für Wurstwaren (borsäurehaltig).

Ein Konservierungsmittel, welches für Wurstwaren angepriesen wurde, hatte folgende Zusammensetzung:

Kochsalz	43,24 %
Natronsalpeter	19,75 „
Zucker	14,36 „
Borsäure	22,46 „

Gutachten: Das Konservierungsmittel besteht nach diesem Untersuchungsergebnisse aus einem Gemisch von Kochsalz, Natronsalpeter, Borsäure und Zucker.

Hiervon gehört Borsäure zu den Stoffen, welche nach § 21 des Gesetzes, betreffend die Schlachtvieh- und Fleischbeschau, vom 3. Juni 1900 bei der gewerbsmäßigen Zubereitung von Fleisch nicht angewendet werden dürfen, da sie der Ware eine gesundheitsschädliche Beschaffenheit zu verleihen vermögen.

Aus diesem Grunde ist die Verwendung dieser Konservierungsmittel zur gewerbsmäßigen Herstellung von Wurstwaren nicht zulässig.

III. Fleischextrakt und Fleischpepton.

Für die Beurteilung von Fleischextrakt und Fleischpepton kommen Spezialgesetze, insbesondere das Gesetz, betreffend die Schlachtvieh- und Fleischbeschau, vom 3. Juni 1900 nicht in Betracht.

Die Ausführungsbestimmungen zu diesem Gesetze bestimmen unter D § 1, Ziffer 2: Andere Erzeugnisse aus Fleisch, insbesondere Fleischextrakte, Fleischpeptone, tierische Gelatine, Suppentafeln gelten bis auf weiteres nicht als Fleisch.

Zusammensetzung und Beschaffenheit [1]).

Unter Fleischextrakt versteht man eingedickte Fleischbrühe; er enthält die in Wasser löslichen Bestandteile des Fleisches und wird hergestellt, indem man frisches mageres, von Fett und Sehnen tunlichst befreites und zerhacktes Fleisch entweder mit kaltem Wasser auszieht und die Lösung behufs Ausscheidung des Eiweißes auf 75—80 ^{0} erwärmt, oder indem man das wie oben vorbereitete Fleisch direkt mit heißem Wasser auszieht, filtriert und die Lösung im Vakuum bis zur Sirupdicke eindampft.

Fleischpepton dagegen ist löslich gemachtes ganzes Fleisch. Die Löslichmachung wird entweder durch Fermente (Pepsin, Pankreatin, Papayotin) oder wie meistens durch Wasser unter Druck für sich allein oder unter Zusatz von sehr verdünnten Säuren oder Alkalien (sogenannte Fleischlösungen) bewirkt. Die von ungelöst gebliebener Substanz befreiten, neutralisierten und eingedickten Lösungen stellen die sogenannten Fleischpeptone des Handels dar. Je nach der Herstellung unterscheidet man hiernach Pepsin-, Pankreas-, Papayotin-Peptone und Fleischlösungen.

Außer dem Muskelfleisch werden auch andere tierische Eiweißstoffe (Kaseïn, Eiereiweiß usw.) und neuerdings auch pflanzliche Eiweißstoffe (Weizenkleber) in Peptone übergeführt.

Fleischextrakte und Peptone kommen sowohl im flüssigen wie im festen Zustande in den Handel.

Die wichtigsten chemischen Bestandteile des Fleischextraktes sind außer dem Wasser:

α) die stickstoffhaltigen Substanzen, und zwar vorwiegend die Fleischbasen Kreatin, Kreatinin, Xanthin usw., neben denen sich mehr oder minder große Mengen von löslichen Eiweißkörpern (Albumosen) und geringe Mengen von Ammoniakverbindungen finden;

---

[1]) Nach den Vereinbarungen, Heft I, S. 44.

β) die **stickstofffreien Extraktstoffe**, vorwiegend Milchsäure und Glykogen;

λ) die **Mineralstoffe**, vorwiegend Phosphate und Chloride der
Alkalien.

Fett enthalten die Fleischextrakte nicht oder nur in Spuren.

Über die Zusammensetzung der Fleischextrakte lassen sich bestimmte
Angaben nicht machen.

Die **Fleischpeptone** schwanken, auch abgesehen von ihrem
Wassergehalt, weit mehr in ihrer Zusammensetzung als die Fleischextrakte,
daher ist es untunlich, hier die Zusammensetzung in Zahlen anzuführen.
Ihre wesentlichsten Bestandteile sind die löslichen Eiweißstoffe, die Albumosen und Peptone.

In der Zusammensetzung den Fleischextrakten ähnlich und deshalb
hier angeschlossen sind die sogenannten **Suppenwürzen**, **Bouillon-
tafeln** und **viele der käuflichen Saucen**, z. B. Japanische Soya
usw. Sie bestehen vorwiegend aus Pflanzen- und Gewürzextrakten, enthalten aber vielfach Fleischextrakt und fast ausnahmslos große Mengen
von Kochsalz. Letzteres wird auch vielfach den reinen Fleischextrakten
zugesetzt.

Die **Vereinbarungen** (S. 50) geben folgende Anhaltspunkte für **die
Beurteilung von Fleischextrakten und Fleischpeptonen.**

I. An **Fleischextrakte** (feste) stellte **Liebig** folgende Anforderungen:

1. Sie sollen kein Albumin und Fett (letzteres $=$ Ätherextrakt)
   nur bis 1,5 % enthalten.
2. Der Wassergehalt darf 21 % nicht übersteigen.
3. In Alkohol von 80 Volumprozent sollen ca. 60 % löslich sein.
4. Der Stickstoffgehalt soll 8,5—9,5 % betragen.
5. Der Aschengehalt soll zwischen 15 und 25 % liegen und neben
   geringen Mengen Kochsalz vorwiegend aus Phosphaten bestehen.

Nach neueren Untersuchungen dürften jetzt auch für flüssige Extrakte
folgende Anforderungen wünschenswert sein:

1. Die **Fleischextrakte** dürfen keine oder nur Spuren unlöslicher (Fleischmehl usw.) oder koagulierbarer Eiweißstoffe
   (Albumin) oder Fett enthalten.
2. Von dem Gesamtstickstoff dürfen nur mäßige Mengen in Form
   von durch Zinksulfat ausfällbaren löslichen Eiweißstoffen vorhanden sein.
3. Fleischextrakte dürfen nur geringe Mengen Ammoniak enthalten.
4. Fleischextrakte, welche in der Asche einen über 15 % Chlor
   entsprechenden Kochsalzgehalt haben, sind als mit Kochsalz
   versetzt zu bezeichnen.

II. An Fleischpeptone sind folgende Anforderungen zu stellen:
   1. Sie dürfen keine oder nur Spuren von unlöslichen und koagulierbaren Eiweißstoffen oder Fett enthalten.
   2. Der Stickstoff derselben soll möglichst vollkommen durch Phosphorwolframsäure fällbar sein, d. h. es sollen möglichst geringe Mengen von stickstoffhaltigen Fleischzersetzungsprodukten vorhanden sein, wobei für den Gehalt an Ammoniak dasselbe gilt wie bei Fleischextrakten.

Alle übrigen Fleischpräparate (Fleischsaft usw.) fallen nicht unter die obigen Ausführungen.

Verfälschungen[1]).

Wirkliche Fälschungen von Fleischextrakt und Fleischpepton dürften bis jetzt kaum vorgekommen sein. Dagegen existieren im Handel viele minderwertige Produkte, welche große Mengen von Wasser enthalten, das häufig durch Zugabe von Leim in eine mehr oder weniger feste Form übergeführt ist. Ferner ist der Kochsalzgehalt bisweilen sehr hoch; auch wird ab und zu gemahlenes Fleisch zugesetzt, welches kein Bestandteil eines reinen Fleischextraktes sein sollte.

Nachmachung.

Als nachgemachte Fleischextrakte können die als Ersatzmittel im Handel befindlichen Hefenextrakte gelten. Sie führen verschiedene Namen und haben als Ausgangsmaterial die Bierhefe, deren Zellen zum Platzen gebracht werden, worauf dann der Zellinhalt eingedickt wird. Diese Hefenextrakte enthalten nicht die wertvollen Extraktiv- und Anregungsstoffe (Fleischbasen und Fleischsalze) des Fleischextraktes.

———

5. Kapitel.

Mehl und Müllereiprodukte.

Unter der Bezeichnung „Mehl" versteht man die durch den Mahlprozeß von den Gewebeschichten der Frucht- und Samenschale mehr oder weniger befreiten, zu einem feinen Pulver zerkleinerten Früchte und Samen der Cerealien und Leguminosen.

Von diesen kommen für den Nahrungsmittelchemiker in erster Linie Roggen- und Weizenmehl in Betracht; wie man dann auch überhaupt unter „Mehl" schlechthin im landläufigen Sinne nur die Mahlprodukte des Weizens und Roggens versteht. Andere Mehlsorten finden bei uns nur beschränkte Verwendung und haben daher nur untergeordnete Bedeutung; hierher gehören die Mehle von Hafer, Gerste,

———

[1]) Nach d. Vereinbarungen, Heft I, S. 45.

Mais, Reis usw. Dazu kommen noch die Mahlerzeugnisse der Leguminosen, des Buchweizens, der Kartoffeln und dergl.

Neben dem Mehl werden in der Müllerei noch andere Produkte hergestellt, indem Getreidekörner nur grob vermahlen oder nur ihrer äußeren Hüllen entkleidet werden; hierzu zählen Gries, Grütze, Graupen usw.

Unter Gries versteht man[1]) die beim Vermahlen entstandenen, von den Schalen und dem pulverförmigen Mehle möglichst befreiten und der Größe nach sortierten Bruchstücke von Getreidekörnern.

Die Griese von Hafer, Gerste und Buchweizen heißen Grütze (Hafergrütze, Gerstengrütze, Buchweizengrütze).

Graupen sind geschälte, durch Schleifen und Polieren in eine mehr oder minder vollkommene Kugelgestalt gebrachte Gersten- oder Weizenkörner oder Stücke von solchen.

Gerstengraupen werden auch Rollgerste genannt.

Grünkern ist das gedörrte, unreife, von der Spreu befreite Korn des gespelzten Weizens oder Dinkels.

Spezialgesetze kommen für die Begutachtung von Mehl und Müllereiprodukten nicht in Betracht.

Beschaffenheit und Zusammensetzung[2]).

Normale Mehle besitzen den reinen, von Schimmel- und Modergeruch freien charakteristischen Geruch der betreffenden Brotfrucht. Der Geschmack ist neutral, d. h. in keiner Richtung besonders hervortretend, insbesondere dürfen normale Mehle nicht kratzend, ranzig, bitterlich, süßlich oder säuerlich schmecken.

Die Farbe bietet nur dann einen Anhaltspunkt für die Beurteilung wenn der Feinheitsgrad des betreffenden Mehles, d. h. die Handelsmarke, bekannt ist, oder wenn größere Mengen fremdartiger, wesentlich verschieden gefärbter Bestandteile die Farbe beeinflussen.

Eine wesentliche Eigenschaft der Mehle ist ihre „Griffigkeit", für deren Beurteilung indessen nur der Praktiker zuständig ist.

Der Wassergehalt von normalen Weizen- und Roggenmehlen beträgt 10—15 %. Ein höherer Wassergehalt kann leicht Veranlassung zu fehlerhafter Beschaffenheit bei der Aufbewahrung des Mehles geben.

Der Gehalt an Mineralbestandteilen beträgt mit Einschluß des Mühlenstaubes in Roggenmehlen 1—2 %, in Weizenmehlen 0,5—1 % (in groben Ausfuhrweizenmehlen bis 2,7 %). Der Gehalt an in Salzsäure unlöslicher Substanz (Sand) soll bei Weizen- und Roggenmehlen 0,3 % nicht übersteigen.

Die groben, noch eben mit dem Anspruch auf Zollvergütung ausführbaren Weizenmehle haben einen weit höheren Aschengehalt als die

---

[1]) Nach Deutsch. Nahrungsmittelbuch, S. 25.
[2]) Nach d. Vereinbarungen, Heft II, S. 41 ff.

groben Ausfuhrroggenmehle, ebenso hat die Weizenkleie meist einen höheren Aschengehalt als die Roggenkleie. Bei Zweifeln, ob ein Mehl noch vergütungsberechtigt sei, haben die Steuerbeamten zunächst dasselbe mit einem bei jedem Hauptsteueramt hinterlegten Muster (der sogenannten Type) von Weizen- bzw. Roggenmehl hinsichtlich der Farbe und der Feinheit der Mahlung zu vergleichen. Bleiben dann noch Zweifel bestehen, so ist das Mehl auf seinen Aschengehalt zu untersuchen. Als Grenzwerte sind laut Beschlusses des Bundesrates vom 21. Oktober 1897 festgestellt:

in der Trockensubstanz

für Weizenausfuhrmehl . . . . . . 2,65 %
„ Roggenausfuhrmehl . . . . . . 1,87 „
„ Weizen- und Roggenkleie . . . . 4,10 „

Für Gerstenkleie wird durch das Zolltarifgesetz vom 25. Dezember 1902 ein Minimum von 5 % gefordert.

Über den Säuregehalt von Mehlen lassen sich mangels einheitlicher und exakter Untersuchungsmethoden keine bestimmten Normen aufstellen. Die Arbeiten von Günther und Hilger haben folgende Grenzzahlen für Säure (als Milchsäure berechnet) festgestellt: Normales Weizenmehl 0,004—0,023 %, normales Roggenmehl 0,023—0,045 % Säure; Mehl aus ausgewachsenem Roggen 0,059—0,112 % Säure.

Die Bestimmung der Gesamtnährstoffe, nämlich der Proteinstoffe, der Stärke bzw. der Gesamtmenge der Kohlenhydrate, des Zuckers, des Fettes und der Rohfaser, sind zwar unerläßlich, wenn es sich um die Ermittelung des Nährwertes eines Mehles handelt, können aber zur Beurteilung des Mehles inbezug auf abnorme Beschaffenheit nur in besonderen Fällen Verwendung finden. Hierher gehört die Beurteilung gewisser stickstoffarmer Mehle aus Rauhweizen und dergleichen, die Beurteilung auf Grund abnormen Zuckergehaltes in Mehlen aus ausgewachsenem Getreide und endlich die Erkennung von Beimischungen gröberer Mehle oder ganz fremdartiger Zusätze auf Grund des Rohfasergehaltes. Bestimmte Normen für die Beurteilung nach dem Gehalte an Gesamtnährstoffen oder einzelnen derselben lassen sich bei der Verschiedenartigkeit in der Zusammensetzung der Mehle, die bereits durch ihre verschiedene Herkunft bedingt ist, nicht aufstellen. Es müssen vielmehr im Einzelfalle vergleichende Untersuchungen den Maßstab abgeben.

Willkommene Anhaltspunkte zur Beurteilung der Brauchbarkeit eines Mehles liefern in zahlreichen Fällen die Kleberprobe bei Weizenmehl, die Teigprobe, die Verkleisterungsprobe, die diastatische Probe und die Backprobe.

Normale Weizenmehle enthalten nicht unter 25 % feuchten Kleber, der elastisch, zähe und stark dehnbar ist. Im Gegensatze dazu ist der ausgewaschene Kleber eines durch Auswachsen des Getreides oder infolge von schlechter und zu feuchter Lagerung verdorbenen Mehles bröckliger, kürzer, weniger elastisch und leicht zerreißbar beim Dehnversuch. Roggen und Gerste haben keinen ausziehbaren Kleber.

Die durch die Teigprobe ermittelte wasserbindende Kraft des normalen Weizenmehles beträgt bis zu 60%, des Roggenmehles bis zu 52%; schlechte Mehle zeigen geringere wasserbindende Kraft als gute. Normale Mehle liefern einen elastischen, dehnbaren Teig, der beim Liegen durch 24 Stunden hindurch seine Form und Eigenschaften im wesentlichen beibehält; Mehle von ausgewachsenem Getreide oder sonst verdorbene Mehle geben einen weicheren, beim Dehnen leicht zerreißbaren (kürzeren) Teig, der schon nach kurzem Stehen an der Oberfläche glänzend, nach längerer Zeit schmierig wird, seine Form ändert, in besonderen Fällen sogar ganz auseinanderfließt.

Gutes Weizen- und Roggenmehl bildet bei der Verkleisterungsprobe einen steifen Kleister, der sich unverändert längere Zeit hält; schlecht backendes Mehl bildet entweder keinen Kleister oder nur vorübergehend einen solchen, der bald zerfließt und die Konsistenz dünnen Sirups annimmt.

Bei der diastatischen Probe gibt normales Mehl trübe, schwer filtrierbare Flüssigkeiten und einen viel unveränderte Stärke enthaltenden Filterrückstand; schlecht backendes Mehl liefert klare Filtrate und einen Rückstand, der aus Fett, Proteinstoffen und Rohfaser ohne wesentliche Stärkemengen besteht. In dem Filtrate finden sich bei normalen Weizenmehlen 10—15% ihres Gewichtes an Maltose, in schlechten 30—50%, bei normalen Roggenmehlen 10—25%, bei schlechten Roggenmehlen 40—50% Maltose vor. Auch gegen Reagenzien, wie Jodlösung, Tannin, Alkohol, verhalten sich die Filtrate bei abnormen Mehlen merkbar verschieden von denjenigen der normalen Mehle.

Den wichtigsten Anhaltspunkt zur Beurteilung der Backfähigkeit eines Mehles liefert ein nach den Regeln der Bäckerei ausgeführter Backversuch. Die Backproben mit dem Kreußlerschen Apparat oder dem Sellnickschen Artopton haben nur bedingten Wert, da sie mit zu geringen Mengen ausgeführt werden können und den Verhältnissen der Bäckereipraxis nicht genügend angepaßt sind. Nach A. Maurizio[1] ist das spezifische Gewicht des Brotes ein vorzügliches Mittel zur Erkennung der Backfähigkeit des Mehles und der Körner. Produkte bester Qualität haben ein spezifisches Gewicht von 0,23—0,28, mittlerer Qualität bis 0,35, geringerer Qualität von 0,46 und mehr.

Das Pekarisieren hat für die Beurteilung von Mehlen nur insofern Wert, als es die genauere äußere Vergleichung von Mehlen gestattet.

In ähnlicher Weise beruht der Wert der Siebprobe nur in der Möglichkeit, größere Fragmente zu erkennen, als sie nach dem Feinheitsgrade der Mehle zulässig wären, und zugleich gröbere Beimengungen von Fremdkörpern zum Zwecke einer weiteren Untersuchung abzuscheiden.

Die Erkennung einer Vermischung verschiedener Mehlsorten geschieht durch die mikroskopische Prüfung.

---

[1] Landw. Jahrb. 1902, **31**, 179—234.

Allgemein muß der Anspruch erhoben werden, daß die Mehle des Handels ihren Bezeichnungen zu entsprechen haben; jedoch kann auf Grund ortsüblicher Gebräuche der Zusatz von geringen Mengen Weizenmehl zu Roggenmehl oder von Leguminosenmehl zu Weizenmehl gestattet sein.

Verunreinigungen.

Bei dem Mehl, wie es in den Handel kommt, werden mannigfache nicht dahingehörige Beimischungen beobachtet. Sie sind gewöhnlich nur zufällig mit dem Getreide oder durch den Mahlprozeß hineingekommen und beeinträchtigen die Qualität des Mehles, ohne jedoch eine Verfälschung im Sinne des Nahrungsmittelgesetzes darzustellen.

Als solche Verunreinigungen des Mehles sind in erster Linie geringe Mengen der verschiedenen Unkrautsamen als die ständigen Begleiter des Roggens und Weizens zu berücksichtigen, ferner auch die Verunreinigungen parasitärer Herkunft. Zu den ersteren gehören als die wichtigsten: Samen von Agrostemma, Lolium, Melampyrum, Rhinanthus, Polygonum, Bifora radians usw.; zu den letzteren das Mutterkorn (Secale cornutum) und die verschiedenen Gattungen der Brandarten. (Ustilago, Tilletia, Urocystis).

Zu den zufälligen Verunreinigungen gehören ferner Staub, erdige Teile, Sand und dergleichen, die teils den Getreidekörnern anhaften und durch unvollkommene Vorbereitung nicht entfernt wurden, teils von dem Mahlprozesse herrühren und eine Folge der Abnutzung der aus Sandstein bestehenden Mühlsteine sind.

Verfälschungen.

1. Zusätze, welche eine Gewichtsvermehrung bewirken.

Die auf Gewichtsvermehrung berechneten Zusätze zu dem Mehl sind zweierlei Art: ungenießbare Mineralstoffe und an sich unschädliche vegetabilische Substanzen.

Von den Mineralstoffen sind beobachtet worden: Schwerspat, Gips, Kreide, Magnesit, Magnesiasilikat (holländisches Kunstmehl), Ton, Infusorienerde.

Während eine Zeitlang namentlich der Zusatz von Schwerspat zum Mehl vielfach festgestellt werden konnte, ist durch die intensivere Handhabung der Nahrungsmittelkontrolle diese Art von Verfälschung fast ganz beseitigt worden, sie gehört bei uns heutzutage zu den Seltenheiten.

Daß die Beimischung solcher für die Ernährung wertloser Stoffe zum Mehle, welche, wie das Schwerspat, meist ein erheblich höheres spezifisches Gewicht als letzteres haben, unter allen Umständen eine Verfälschung im Sinne des Nahrungsmittelgesetzes darstellt, bedarf keiner weiteren Erörterung; eventuell kommt bei ihrer Beurteilung auch noch die Frage der Gesundheitsschädlichkeit in Betracht.

Als vegetabilische Beimengungen zur Vermehrung des Gewichtes sind zu nennen das Mehl der Hülsenfrüchte: Erbsen, Bohnen

Linsen und Lupinen; ferner Mehl oder Mahlerzeugnisse von Buchweizen, Mais, Reis, Erdnuß, Steinnuß, Kartoffeln usw. In dem Zusatze aller dieser Substanzen zum Getreidemehl ist eine Verschlechterung des letzteren zu erblicken, da er auf Täuschung berechnet und als wertvermindernd zu betrachten ist.

Das gleiche ist der Fall, wenn den besseren Mehlsorten aus Weizen und Roggen die minderwertigen Mehlsorten aus Gerste und Hafer zugesetzt werden, überhaupt sobald eine Beimischung von Mehlen anderer Getreidearten vorliegt, als der Bezeichnung des betreffenden Mehles entspricht. So kann in der Beimengung geringerwertigen Weizenmehles zu Roggenmehl und umgekehrt eine Verfälschung liegen. Bei der Beurteilung von Mahlprodukten des Roggens und Weizens muß aber beachtet werden, daß eine geringe Beimengung (etwa 5%) der einen Getreideart zu der anderen leicht vorkommen kann, ohne daß ein absichtlicher Zusatz anzunehmen ist; eine solche ist daher nicht ohne weiteres als Verfälschung anzusehen.

Aus dem vereinzelten Vorkommen von Leguminosen-Bruchstücken in Getreidemehlen darf man noch nicht auf Verfälschung schließen, sie können von Wicken usw., die als Unkraut im Getreide vorkommen, herrühren und stellen eine Verunreinigung dar.

Zu den als Verfälschung aufzufassenden Beimengungen vegetabilischer Substanzen ist auch der Zusatz von Leguminosen (Erbsen oder Wicken) zu Gries zu rechnen. Diese sind billiger als letzterer, außerdem wird durch ihren Zusatz dem Griese das Aussehen des im Preise höher stehenden, also wertvolleren, französischen Grieses, des sogenannten Hartgrieses, gegeben.

Denselben Zweck verfolgt der Zusatz von Maisgries zu Gries; nach einer Entscheidung des Reichsgerichtes [1] bildet er eine Verfälschung wegen Verschlechterung.

2. Zusätze, welche die Verschleierung einer schlechten Beschaffenheit des Mehles bezwecken.

Zu den Kunstgriffen, um verdorbenes Mehl wieder zu den Zwecken der Bäckerei verwendbar zu machen, auch wohl aus tadellosem Mehle ein besonders ansehnliches Gebäck herzustellen, nicht minder auch, um demselben ein größeres Volumen zu geben, zählt der Zusatz von Alaun und anderen Tonerdesalzen, ferner von Kupfer- und Zinksulfat, welche, dem Brotteige zugemischt, ihn leichter verarbeitbar machen.

Die Beimengung dieser Salze ist geeignet, eine schlechte Beschaffenheit des Mehles zu verdecken, bzw. letzterem den Schein der besseren Beschaffenheit zu verleihen. (Über die gesundheitliche Beurteilung dieser Zusätze siehe weiter unten.)

In gleicher Weise ist der Zusatz blauer Farbstoffe zu beurteilen, welcher geschieht, um geringerwertigem, gelblichem Mehle eine

---

[1] R.G. III. Urt. vom 13. Novbr. 1880.

weißere Farbe, mithin ein wertvolleres Aussehen zu verleihen; ebenso die künstliche Gelbfärbung des Grieses, um ihn als wertvolleren, französischen Hartgries erscheinen zu lassen.

Zur Verdeckung der Minderwertigkeit wird dem Mehle von naß-geerntetem Getreide manchmal ein Zusatz von Kastormehl (Mehl der Pferdebohne, Vicia Faba) beigefügt. Ein solcher bewirkt eine Verbesserung der Ware zum Scheine und daher eine Verfälschung[1]).

Bei Graupen und anderen Müllereiprodukten wird eine minderwertige Beschaffenheit der Ware dadurch verdeckt, daß sie zur Herbeiführung des Scheines eines höheren Wertes, unter Verwendung von Schwefliger Säure, gebleicht und dann mit Talkummehl (Specksteinpulver) poliert werden[2]).

Das Polieren von Graupen, Reis usw. ist an sich allein noch nicht als Verfälschung zu betrachten; eine solche ist erst gegeben, wenn an der Oberfläche der Körner wägbare Mengen Talkummehl nachzuweisen sind.

Verdorbenes Mehl.

Verschiedene Umstände üben einen ungünstigen Einfluß auf die Haltbarkeit des Mehles aus; so wird infolge seiner feinen Zerteilung der Luftzutritt bei Aufbewahrung in Masse gehindert; unter dem Einfluß der Feuchtigkeit werden die Kleberstoffe leicht zersetzt. Auch die Vermahlung dumpf und stickig gewordenen Getreides sowie dessen starkes Anfeuchten und seine Erwärmung auf den Mahlgängen in manchen Mühlen wirken auf die Haltbarkeit und den Wert des Mehles ein.

Die Erscheinungen, durch die sich die Verdorbenheit des Mehles kundgibt, sind: Feuchtwerden unter Erwärmung, Zusammenballen und Entwicklung eines eigenen, im gemeinen Leben als „muffig, mulsterig, dumpfig" bekannten unangenehmen, auch „Faßgeruch" genannten Geruchs und saure Beschaffenheit. Bei dem Mulsterigwerden des Mehles gehen die unlöslichen Kleberstoffe mehr und mehr in lösliche über, in dem Maße, als die saure Beschaffenheit zunimmt. Mulsteriges Mehl hat bedeutend an seiner Qualität zum Brotbacken verloren; daraus bereitetes Brot ist schlecht aufgegangen, weich, klebend und schwerer verdaulich. Diese Erscheinungen sind gewöhnlich die Folge fehlerhafter, namentlich zu feuchter Aufbewahrung des Getreides oder des Mehles selbst.

Als verdorben ist auch ein Mehl anzusehen, welches aus gekeimtem (ausgewachsenem) Korn gewonnen wurde. Beim Keimen wird einerseits durch die Diastase die Stärke des Mehles in Maltose übergeführt, andrerseits bilden sich lösliche Modifikationen des Klebers, der dadurch seine Elastizität verliert, weich, schmierig und unfähig wird, Teig zu bilden.

---

[1]) R.G. Urt. vom 6. Dezember 1897.
[2]) Veröffentl. d. Kais. Gesundheitsamtes 1905, **29,** 293.

Neufeld.   13

Die Beschaffenheit des Mehles wird ferner beeinflußt durch **pflanz-liche und tierische Parasiten.**

So lassen in der Regel Mehle, welche durch Feuchtigkeit verdorben sind, auch **Schimmelpilze** erkennen.

Durch die Anwesenheit größerer Mengen der unter den Verunreinigungen des Mehles aufgezählten Unkrautsamen wird ebenfalls der Wert des Mehles herabgesetzt. Beispielsweise verursacht die Gegenwart von Melampyrum im Mehl eine blauschwarze Färbung des aus letzterem hergestellten Brotes, größerer Gehalt an Brandsporen (Tilletia, Ustilago) macht das Mehl bitter und nicht backfähig usw.

Von den tierischen Parasiten findet sich am häufigsten die **Mehl-milbe** (Tyroglyphus farinae). Sie entwickelt sich besonders bei Aufbewahrung in feuchten und nicht genügend gelüfteten Räumen im Mehl und Gries. Da dieser Parasit die Eiweißstoffe und andere Bestandteile des Mehles aufzehrt und letzterem einen bitteren Geschmack erteilt, hierdurch also den Nähr- und Genußwert und die Backfähigkeit des Mehles beeinträchtigt, andrerseits sein Vorkommen geeignet ist, Ekel zu erregen, so sind Mehl und Gries mit Milben als verdorben zu beanstanden. Es ist aber zu berücksichtigen, daß das sehr häufig zu beobachtende Auftreten vereinzelter Milben noch keinen Grund zur Beanstandung bildet. Das von Milben befallene Nahrungsmittel zeigt zuerst einen süßlichen Honiggeruch und wird dann übelriechend.

Weitere tierische Lebewesen, die im Mehl vorkommen, sind die **Raupen der Mehlmotte** (Asopia farinalis) und die **Mehlwürmer** (die Larven von Tenebrio molitor). Ihre Entwicklung wird ebenfalls durch ungeeignete Aufbewahrung des Mehles in dumpfen Räumen gefördert. Auch hier geht es nicht an, ein Mehl als verdorben zu bezeichnen, in welchem sich vereinzelte Exemplare dieser Parasiten finden. Es wird immer darauf ankommen, ob die Mehlwürmer usw. zahlreich auftreten, und ob infolge ihrer Lebenstätigkeit dem Mehl bereits Zersetzungsvorgänge (übler, widerlicher Geruch usw.) anhaften. Ist letzteres eingetreten, so ist selbst nach Entfernung der Mehlwürmer durch Sieben das Mehl zum menschlichen Genuß nicht mehr geeignet, zumal da auch ihre Exkremente und Eier eine Verunreinigung des letzteren verursachen.

Infolge verschiedener Ursachen können die Mehle ihre **Back-fähigkeit** ganz oder zum großen Teile einbüßen und damit in ihrem Wert mehr oder weniger stark herabgesetzt werden. Aufschluß darüber geben die oben angeführten Prüfungsverfahren.

Nach einer Mitteilung von K. Brahm[1]) soll die Benutzung von Ozon zum Bleichen von Mehlen eine starke Schädigung ihrer Backfähigkeit bedingen.

Gesundheitsschädliches Mehl.

Verschiedene Beimengungen sind geeignet, dem Mehl einen gesundheitsgefährlichen, ja sogar schädlichen Charakter zu verleihen.

---

[1]) Zeitschr. f. Unters. d. Nahr.- u. Genußm. 1904, **8,** 669—673.

So kann unter Umständen eine Verfälschung des Mehles mit gewissen Mineralsubstanzen, wie Schwerspat, Magnesiumcarbonat u. a., der Gesundheit nachteilig sein.

Die zur „Aufbesserung" des Mehles zugesetzten Salze, wie Alaun, Kupfer- und Zinksulfat, sind entschieden gesundheitsgefährlich. Ein Bleigehalt des Mehles ist unter allen Umständen zu beanstanden. Er wird hier und da durch fehlerhafte Mahlvorrichtungen (mit Blei ausgegossene Mühlsteine) hervorgerufen.

Von den pflanzlichen Beimengungen zum Mehl sind besonders der giftige Taumellolch (Lolium temulentum) und Mutterkorn (Secale) bedenklich. Von letzterem ist ein Gehalt von über 0,5 % schlechterdings verwerflich. Es ist indessen zu berücksichtigen, daß kleine Stückchen Mutterkorn von der Größe der Roggenkörner sich aus dem Getreide nicht ganz entfernen lassen.

Nach dem Gutachten der königlichen preußischen wissenschaftlichen Deputation für das Medizinalwesen vom 15. Dezember 1897[1]) kann ein Zusatz von Maismehl zu Weizenmehl — abgesehen von der Frage der Verfälschung — gesundheitlich bedenkliche Wirkungen haben. Maismehl zeigt nämlich eine große Neigung zur Schimmelbildung, und Lombroso hat gefunden, daß aus verschimmeltem Maismehle hergestelltes Brot ein mittels Alkohol ausziehbares Alkaloid enthält, welches auf den Organismus ähnlich wie Strychnin wirkt. Außerdem ist in dem verdorbenen Maismehl ein anderer Körper gefunden worden, dessen Wirkung auf den menschlichen Organismus ähnlich derjenigen des Ergotins aus dem Mutterkorn sein soll.

Auch ein größerer Gehalt an Milben (Tyroglyphus) kann insbesondere für Kinder von schädlichen Folgen sein. Nach den Untersuchungen von A. Serafini[2]) trägt unter den verschiedenen Ursachen, die schlecht aufbewahrtes Mehl und Gries verderben, die Mehlmilbe mehr oder weniger häufig dazu bei, jene Darmbeschwerden (akuten Darmkatarrh) zu erzeugen, an denen die Kinder während der Zeit der Entwöhnung leiden, wenn sie mit Mehl- oder Griesbrei ernährt werden. Die Milben können auch Krankheiten übertragen, wie denn auch bei Fütterung mit milbenverseuchtem Material Hautausschläge und Erkrankungen der Luftwege beobachtet worden sind[3]).

Begutachtung.

Beispiele.

1. Mehl mit Schwerspat.

Die chemische Untersuchung ergab einen Aschengehalt von 6,4 %. Die Asche bestand im wesentlichen aus schwefelsaurem Baryt (Schwerspat).

---

[1]) Dortselbst 1898, **2**, 867.
[2]) Forschungsberichte 1895, 48.
[3]) Bericht über d. Jahresversammlung d. Schweiz. Vereins analytischer Chemiker in Chur 1905.

13*

Der Zusatz des als Nahrungsmittel ganz wertlosen, unverdaulichen gemahlenen Schwerspats zu Mehl geschieht lediglich zur Gewichtsvermehrung; er bildet eine erhebliche Verschlechterung des Mehles, stellt also eine grobe Verfälschung dar.

Über die gesundheitliche Wirkung dieses Zusatzes empfiehlt es sich einen medizinischen Sachverständigen zu hören.

2. Mehl mit Maismehl.

Durch die mikroskopische Untersuchung wurde festgestellt, daß dem Weizenmehle beträchtliche Mengen von Maismehl beigemischt worden sind.

Unter Weizenmehl versteht man im reellen Handel und Verkehr das reine, aus Weizen hergestellte Mehl, also ein Naturprodukt ohne fremde Zusätze. Maismehl ist eine dem Getreidemehl ganz fremde Substanz; es ist schon deshalb durchaus unstatthaft, Mehl, welches einen Zusatz von Maismehl erhalten hat, unter der Bezeichnung „Weizenmehl" in den Verkehr zu bringen, ohne die Käufer über die wirkliche Beschaffenheit der Ware aufzuklären.

Das Maismehl ist aber auch geringerwertig als Weizenmehl, es enthält weniger Nährstoffe als dieses, ist arm an Kleber, aber reich an Fett, und daher leicht geneigt, ranzig zu werden, d. h. Zersetzungsprozesse einzugehen, die dem Mehle einen unangenehmen Geruch und Geschmack verleihen. Dazu kommt, daß der durch den Preis ausgedrückte Geldwert des Maismehles weit geringer ist als der des Weizenmehles. Der Zusatz von Maismehl bewirkt somit eine Verschlechterung des Weizenmehles; er ist auch im reellen und soliden Handelsverkehr unzulässig und nicht üblich.

Demnach dürften hier die Tatbestandsmerkmale der Verfälschung gegeben sein.

3. Mehl mit Milben.

Das Mehl besaß einen widerlichen, honigartig-süßlichen Geruch und enthielt eine Anzahl von Gespinstfetzen. Die Untersuchung zeigte, daß es von großen Massen lebender Milben durchsetzt war.

Die Milben sind Insekten, die zu den Spinnentieren zu rechnen sind; sie entwickeln sich meist in altem Mehl, besonders bei feuchter Aufbewahrung und nicht genügender Lüftung. Dadurch, daß sie den Kleber, den im Mehl enthaltenen Eiweißstoff, aufzehren und andererseits ihre Exkremente an das Mehl abgeben, bewirken sie eine Verschlechterung des letzteren. Durch die Aufzehrung des Klebers verliert das Mehl erheblich an Nährwert und auch an Backfähigkeit. Zudem ist das Vorkommen von Milben im Mehle geeignet, Ekel zu erregen.

Demnach ist Mehl, in welchem sich Milben befinden, zweifellos als verdorben im Sinne des Nahrungmittelgesetzes zu betrachten.

Inwieweit derartiges Mehl geeignet ist, die menschliche Gesundheit zu beschädigen, muß der ärztlichen Begutachtung überlassen bleiben.

Anmerkung: Die Beurteilung der Frage, ob und in welchem Grade ein Mehl sich zur Herstellung von Brot und Backwaren eignet, d. h. die erforderliche Backfähigkeit besitzt, ist Sache des Praktikers. Falls sie zur Beantwortung steht, muß das Mehl zur Begutachtung auf Grund eines Backversuches an einen zuverlässigen Bäcker überwiesen werden.

* * *

6. Kapitel.

Brot.

Begriff und Bereitung.

Unter Brot oder Brotwaren versteht man die aus den Mehlen verschiedener Feinheitsgrade in der Bäckerei unter Anwendung von Lockerungsmitteln hergestellten Erzeugnisse.

Zur Brotbereitung dienen diejenigen Mehle, deren Gehalt an Kleber beim Mengen mit Wasser die Bereitung eines bindenden Teiges ermöglicht, also vorzugsweise Roggen- und Weizenmehl. Der wegen seines Klebergehaltes elastische Teig hat die Fähigkeit, die bei der Gärung entstehende Kohlensäure festzuhalten, er „geht auf". Die zur Lockerung des Teiges erforderliche Kohlensäureentwicklung wird durch verschiedene sogenannte Auflockerungs- oder Triebmittel erreicht (Hefe, Sauerteig, verschiedene Karbonate).

Nach Maurizio[1]) kann man folgende Arten von Teiggärung unterscheiden:

Gebäckbereitung ohne Mitwirkung von Mikroorganismen, wie sie in den jüdischen Mazzes vorliegt (ungesäuerte Brote);

die in vielen Gegenden übliche spontane Gärung des Teiges ohne Hefe und ohne Sauerteig sondern unter Mitwirkung der im Mehl vorkommenden gasbildenden Bakterien;

Teiggärung mit Sauerteig (saures oder gesäuertes Brot);

Teiggärung mit Hilfe der Preßhefe, Bierhefe, Melassehefe (Hefebrot); ferner die Anwendung des Hefeteiges („Hefestück"), der einen Sauerteig bildet, in welchem Preßhefe vorhanden ist, und endlich der Versuch, Reinhefekulturen für die Teiggärung zu benutzen.

Eine große Rolle spielt auch die Verwendung von mineralischen Salzen, aus denen sich durch gegenseitige Einwirkung bei Herstellung des Teiges, beim Stehen oder Erwärmen desselben usw., Kohlensäure entwickelt. Hierher gehören die verschiedenen Backpulver, welche aus Natriumkarbonat oder -bikarbonat in Verbindung mit Phosphaten, Weinsäure, Mehl, Stärke usw. bestehen.

---

[1]) Maurizio, Getreide, Mehl u. Brot, Berlin 1903, S. 233.

In der Feinbäckerei werden ferner zur Lockerung des Teiges ohne Gärung benutzt: „Schnee" aus Eiweiß geschlagen, Rum und Arrak und im Butterteige Butter oder Fett, die dem Entweichen der Luftblasen Widerstand leisten.

Die zweite Phase der Brotbereitung, nach der Bereitung und Lockerung des Mehlteiges, ist die Aufschließung der Stärkekörner des Mehles durch das Backen.

Das Backen des Brotes[1]) bewirkt, daß sich die Gasblasen im Inneren des Brotes vergrößern und den Teig weiter lockern; ein Teil der Gase (Kohlensäure und Alkohol) wird verflüchtigt, ebenso ein großer Teil des Wassers, besonders in der äußeren Schicht (der Rinde) des Brotes; das Albumin wird koaguliert; der Kleber verliert seine Elastizität und die Fähigkeit zu quellen und wird infolge der Einwirkung von Essig- und Milchsäure dunkel gefärbt; die bis dahin unverletzten Stärkekörner werden zersprengt, verkleistert und verfallen teilweise noch der Verzuckerung; ein Teil der Stärke, besonders der in den äußeren Partien des Brotes, wird in Dextrin und Gummi umgewandelt; aus einem Teil des Zuckers entstehen Röstprodukte, welche dem Brot einen angenehmen, aromatischen Geschmack verleihen; die Hefefermente endlich und die Erreger der Milch- und Essigsäurebildung sowie andere Mikroorganismen, welche eine Zersetzung des Mehles bzw. Brotes verursachen könnten, werden vernichtet.

Beschaffenheit und Zusammensetzung.

Ein gutes Brot soll angenehmen Geruch und Geschmack zeigen; es soll denjenigen Grad von Lockerung besitzen, welcher durch die jeweilig angewendeten Triebmittel erfahrungsgemäß im normalen Backprozeß erzielt wird.

Ein Brot ist ausgebacken, wenn die Kruste hart und spröde und die Krume durch Verdunstung des Wassers und dessen Bindung an gewisse Bestandteile und ebenso durch Gerinnung des Pflanzenalbumins elastisch und fest geworden ist. Es soll eine von Rissen freie Rinde zeigen und darf auf der Schnittfläche nicht schliffig, speckig, wasserstreifig sein; es muß in frischgebackenem Zustande elastisch sein und darf keine unzerteilten Mehlknötchen zeigen. Normales Brot soll weder sauer noch fade schmecken.

Brot soll aus gutem, unverdorbenem, backfähigem Material bereitet sein. Bei den sogenannten Schrotbroten wird das ganze zerkleinerte oder gemahlene Korn verwendet, sie sind daher stark kleiehaltig. Hierher gehören das Grahambrot, welches ein ungesäuertes, und der Pumpernickel, welcher ein gesäuertes Schrotbrot darstellt, ferner das preußische Kommißbrot usw. Die kleiefreien Erzeugnisse werden aus gebeuteltem Mehl hergestellt; hierzu zählen die verschiedenen Arten der Weiß-, Grau- und Schwarzbrote, Semmel, Zwieback, Biskuits usw.

---

[1]) Röttger, Lehrbuch, S. 253.

Häufig finden Beimischungen von anderen Getreidemehlen sowie
von Kartoffeln, Mais, Reis, Erbsen, Bohnen usw. in einer zum Backen
geeigneten Form zum Roggen- oder Weizenmehl statt. Dies geschieht
teils aus lokalen Volksgebräuchen, teils um die Backfähigkeit der Mehle,
besonders von Jahrgängen mit ungünstigen Erntezeiten, zu erhöhen.
Derartige Zusätze sind zu kennzeichnen (deklarieren) [1]). Hierher gehören auch die unter Zusatz von Reis- und Kartoffelmehl hergestellten
sogenannten Dauerbrote.

Abnorme Eigenschaften des Brotes können durch Fehler
im Bäckereibetriebe veranlaßt sein (Art der Einteigung, Beschaffenheit
des Sauerteiges, der Hefe, Temperaturfehler beim Einteigen, beim Gehen
des Teiges und beim Backen), nicht zu vergessen den Einfluß schlechter
Fette bzw. schlechter Milch bei feineren Gebäcken. Sie können auch
veranlaßt sein durch die ungeeignete Beschaffenheit der verwendeten
Mehle bzw. der in manchen Gegenden üblichen Zusätze von Mehl und
Hülsenfrüchten, von Kartoffeln u. dergl. Aus diesem Grunde ist es
unerläßlich, auch die verwendeten Mehle usw., wo immer dies möglich,
in den Kreis der Untersuchung bzw. Beurteilung zu ziehen. Solche
Fehler des Brotes sind: Auftreten von Wasserstreifen, Losreißen der
Krume, zu feuchte, dichte, porenarme Beschaffenheit, Übermaß an Säure.

Von besonderen Anforderungen an ein gutes, normales Brot heißt
es in den Vereinbarungen [2]):

1. Der Wassergehalt des Brotes (Krume) soll 45 % nicht
übersteigen.

2. Der Aschengehalt des Brotes unterliegt je nach dem Zusatze
von Kochsalz und dem Feinheitsgrade des verwendeten Mehles großen
Schwankungen; es sind deshalb bestimmte Anforderungen in dieser
Richtung nicht zu rechtfertigen.

3. Bei den bisherigen spärlichen Untersuchungen über den Säuregehalt des Brotes sind auch hierfür bestimmte Gehaltszahlen nicht
aufzustellen.

Als Würzstoffe werden dem Brote, je nach den lokalen Gewohnheiten, Kochsalz, Fenchel, Anis, Kümmel, Koriander, Mohnsamen
u. dergl., auch Rosinen und Korinthen zugesetzt.

Bei längerer Aufbewahrung nimmt das Brot einen veränderten Ge-
schmack an, es wird „altbacken“. Die hierbei vor sich gehenden
Veränderungen sind komplizierter, noch nicht aufgeklärter Natur. Eine
Folge des Wasserverlustes dürften sie aber kaum sein, da man durch
Erwärmen auf 70 ° dem altbackenen Brote den frischen Geschmack wieder
geben kann, wobei doch keine Wasseraufnahme, eher noch ein weiterer
Verlust an Wasser stattfindet.

---

[1]) Deutsch. Nahrungsmittelbuch, S. 28.
[2]) Vereinbarungen, Heft II, S. 45.

Was die Beurteilung von Brot und Brotwaren anbelangt, so ist zu berücksichtigen, daß diese zu denjenigen Nahrungsmitteln gehören, deren Beschaffenheit auch der Laie zu beurteilen vermag, so daß in dieser Beziehung der Konsument die wirksamste Kontrolle übt. Jedenfalls liefert die organoleptische Prüfung hier wichtige Anhaltspunkte, weshalb dem Ergebnis der Prüfung durch die Sinne ein hoher Wert beigelegt werden muß. Alter Brauch und lange Gewohnheiten haben in dieser Hinsicht außerordentlich verschiedene Ansprüche in den verschiedenen Teilen Deutschlands hervorgebracht, und es lassen sich daher, abgesehen von der Schwierigkeit der Definition, schon aus dem genannten Grunde ganz allgemein gültige und feststehende Normen kaum aufstellen.

Im allgemeinen kommen dieselben Gesichtspunkte zur Geltung wie bei der Beurteilung des Mehles. Auch beim Brote können Veränderungen auftreten infolge ungeeigneter Aufbewahrung und in weiterer Wirkung der fehlerhaften Beschaffenheit der verwendeten Mehle und deren Behandlung in der Bäckerei.

Die Bestimmungen der Gesamtnährstoffe in Broten sind in der Hauptsache von physiologischem Interesse und können zur Beurteilung eines Brotes nur in vereinzelten Fällen herangezogen werden.

Die Beurteilung von Brot und Brotwaren hat nach den allgemeinen gesetzlichen Bestimmungen zu geschehen.

Verfälschungen.

Brot und Brotwaren sind eigentlichen Verfälschungen durch fremde Stoffe nur selten ausgesetzt.

Als Verfälschung ist jedenfalls die bei der Herstellung des Brotes zum Zwecke der Täuschung vorgenommene Verwendung von Mehl zu betrachten, welches durch mineralische oder vegetabilische Substanzen oder durch Zusatz geringerwertigen Mehles selbst verfälscht ist.

An Stelle von Kochsalz wird manchmal das rote, denaturierte Viehsalz bei der Brotbereitung verwendet. Die Denaturierung dieses Salzes geschieht durch Zusatz von 0,5 % Eisenoxyd und 0,5 % Wermutkrautpulver; es ist somit für Speisezwecke untauglich gemacht. Die Verwendung von Viehsalz verstößt einerseits gegen steuergesetzliche Bestimmungen, dann aber wird sie auch von den Gerichten[1]) als Verfälschung beurteilt.

Der Zusatz alter, eingeweichter Brotreste, selbst wenn sie unverdorben sind, bedingt bei der Brotbereitung eine Verfälschung, weil dieser dem Begriffe der normalen Brotbereitung fremde Stoff seine plastischen Eigenschaften bereits verloren hat, an dem neuen Backprozeß nicht mehr teilnimmt und unter dem Einfluß der Hefe weder Alkohol noch Kohlensäure bildet, sondern lediglich als toter Ballast vom neuen Brote umschlossen wird. In sanitärer Hinsicht ist der Umstand besonders

---

[1]) Landger. München II, Urt. v. 27. Dezember 1901.

wichtig, daß die alten Brotreste, welche bei längerem Umherliegen durch Sporen und Schimmelpilze verunreinigt sind, einen vorzüglichen Nährboden für Mikroorganismen darbieten und somit die Haltbarkeit des Brotes verringern. In diesem Sinne haben sich verschiedene Gerichte[1] ausgesprochen.

In einem Falle, in welchem sogar der Zusatz durch Anschlag im Laden bekannt gegeben war, entschied das Dresdener Gericht, daß dennoch eine Übertretung des § 367, Ziffer 7 des Reichs-Straf-Gesetzbuches vorliege[2].

Der Zusatz alten, verschimmelten und verdorbenen Brotes zum Brotteig ist zweifellos eine Verfälschung[3].

Verdorbenes Brot.

Brot, welches aus übelriechendem, mit allen möglichen Abfällen verunreinigtem, kurz, v e r d o r b e n e m M e h l bereitet ist, muß selbst als verdorben bezeichnet werden.

Zur Verdeckung dieser Eigenschaft werden dem Mehl Zusätze von Alaun, Kupfervitriol und verwandten Salzen gemacht, deren Genuß gesundheitlich höchst bedenklich ist (siehe weiter unten).

Da das Brot wegen seines hohen Gehaltes an löslichen Stickstoffsubstanzen, Zucker und Wasser, für niedere Organismen einen guten Nährboden bildet, so treten bei seiner Aufbewahrung an feuchten, wenig gelüfteten Orten sehr bald S c h i m m e l p i l z w u c h e r u n g e n in allerlei Farben auf. Die Wirkung der Schimmelpilze gibt sich hauptsächlich in einem bedeutenden Verlust an Kohlehydraten kund, infolge deren eine erhebliche Gewichtsabnahme des Brotes stattfindet. Verschimmeltes Brot ist aus diesem Grunde wie auch wegen seiner ekelerregenden Beschaffenheit als verdorben zu erachten.

Auf Bakterienentwicklung ist eine Brotkrankheit zurückzuführen, welche unter dem Namen des f a d e n z i e h e n d e n B r o t e s bekannt ist. Hierbei wird die Krume des Brotes mehr oder weniger stark klebrig oder fadenziehend, der Geruch widerlich aromatisch oder esterartig, die Farbe des Brotes braun. Während beim Schimmeln des Brotes die Infektion von außen her stattfindet, beruht diese Brotkrankheit auf der Tätigkeit von Bakterien, welche sich schon auf dem Getreidekorn und im Mehl finden und deren Sporen die Backtemperatur überleben. Ihre Wirkung besteht in einer Zersetzung des Klebers unter Bildung von Albumosen und Peptonen; letztere sollen bei Menschen und Hunden schädigende Wirkungen ausüben (J. V o g e l). Günstige Entwicklungsbedingungen für die Erreger dieser Brotkrankheit sind ein gewisser Feuchtigkeitsgehalt des Brotes, eine Lagerungstemperatur von 26—28 ° C,

---

[1] R.G. Urt. v. 10. Januar 1899; Landger. Dresden, Urt. v. 6. Juni 1902.
[2] B e y t h i e n, Bericht über d. Tätigkeit d. Chemischen Untersuchungsamtes d. Stadt Dresden 1904, 19.
[3] R.G. Urt. v. 12. April 1894.

große Porosität und alkalische Reaktion. Das zersetzte Brot reagiert immer alkalisch, auch wenn es vorher deutlich saure Reaktion gab.

Ein die beschriebenen Anzeichen der Brotkrankheit in ausgedehnterem Maße zeigendes Brot ist als verdorben zu beanstanden. Dagegen kann das nur vereinzelte Auftreten einer unscheinbaren, fadenziehenden Kolonie in mehrtägig gelagertem Brote dieses noch nicht als verdorben charakterisieren. In frischem Zustande kann ein fadenziehendes Brot von normaler äußerer Beschaffenheit sein, da sich die Krankheit erst am zweiten oder dritten Tage bemerkbar macht.

Ein größerer Gehalt an Sand ist ebenfalls geeignet, Brot ungenießbar, also verdorben im Sinne des Nahrungsmittelgesetzes zu machen. B. Fischer[1]) nimmt als Grenze für den zulässigen Sandgehalt 0,4 % an.

Brot, welches durch tierische Exkremente, z. B. Mäusekot, verunreinigt ist, oder dem sonstige ungenießbare Fremdkörper beigebacken sind, ist gleichfalls als verdorben anzusehen.

Gesundheitsschädliches Brot.

Zusätze, welche dem Mehle gesundheitsschädliche Eigenschaften zu verleihen vermögen, übertragen diese auch meistens auf das Brot. Dies gilt von den giftigen, organischen Beimengungen, wie Mutterkorn, Taumellolch usw., als auch von den mineralischen, wie Alaun, Blei-, Kupfer- und Zinksalzen.

Zink und Blei kann erfahrungsgemäß auch dadurch in das Brot gelangen, daß die Backöfen mit Holz geheizt wurden, welches einen zink- bzw. bleihaltigen Anstrich hatte. Ebenso kann Zink und Kupfer im Brot auftreten, wenn alte, mit Kupfervitriol und Chlorzink imprägnierte Eisenbahnschwellen beim Backen als Heizmaterial benutzt wurden.

Es sind auch Fälle bekannt, in welchen Brote einen Gehalt von Arsenik aufwiesen. Dieser rührte von Schweinfurtergrün her, welches zur Vertilgung der Insekten aus den Backstuben selbst heute noch vielfach angewendet wird, und welches aus Unachtsamkeit in den Brotteig gelangte.

Ungenügend ausgebackenes Brot kann unter Umständen, namentlich bei schwächeren Personen, Beschwerden hervorrufen.

Endlich kann auch Brot, welches durch Schimmelbildung oder unter dem Einflusse von Bakterien (z. B. fadenziehendes Brot) Zersetzungen erfahren hat, geeignet sein, die menschliche Gesundheit zu schädigen.

Begutachtung.

Die Begutachtung eines Brotes wird wohl nur in seltenen Fällen vom Nahrungsmittelchemiker allein vorgenommen werden können. Sobald er durch seine Untersuchung Beimengungen oder Zersetzungserscheinungen konstatiert hat, die den Genuß des Brotes bedenklich

---

[1]) Bericht d. Chemischen Untersuchungsamtes d. Stadt Breslau 1889/1900, S. 9.

erscheinen lassen, so muß er die Begutachtung der Gesundheitsschädlichkeit dem Mediziner überlassen.

Bei der Beantwortung der Frage, ob ein Brot nicht genügend ausgebacken ist oder sonst einen Fehler besitzt, ist ein gewerblicher Sachverständiger heranzuziehen.

Beispiel.
Fadenziehendes Brot.

Ein zur Untersuchung vorgelegtes Brot besaß eine sehr klebrig-
feuchte Krume von visköser Beschaffenheit, die sich beim Brechen zu
langen Fäden ausziehen ließ; außerdem zeigte es einen kräftigen, wider-
lich-aromatischen Geruch, der anfangs an Himbeeren, später an Baldrian
erinnerte. Alle diese Erscheinungen ließen erkennen, daß man es hier
mit jener Brotkrankheit zu tun habe, die als „fadenziehendes Brot"
bekannt ist.

Zur Klarlegung der Verhältnisse wurde eine Probe von dem zur
Herstellung dieses Brotes verwendeten Mehle requiriert. Dieses enthielt
einzelne zusammengebackene Knollen, war aber im übrigen scheinbar
von ganz normaler Beschaffenheit, insbesondere zeigte es auch keinen
auffallenden Geruch.

Dieses Mehl wurde einem Bäcker zur Anstellung eines Backversuches
übergeben. Das hierbei erhaltene Brot ließ bei seiner Ablieferung
keinerlei Abweichungen vom Normalen erkennen. Nach 48 Stunden
aber zeigte es alle Anzeichen der obengenannten Brotkrankheit: die
klebrige, fadenziehende Krume und den aromatischen Geruch.

Hierdurch ist erwiesen, daß dieses Mehl Keime enthält, welche die
Backofenhitze überstehen und die besagte Brotkrankheit verursachen,
wie dies z. B. von dem zur Gruppe der Kartoffelbazillen gehörigen
Bacillus mesentericus fuscus Flügge bekannt ist. Welche Organismen
im vorliegenden Falle in Frage kommen, müßte nötigenfalls durch eine
besondere bakteriologische Untersuchung festgestellt werden.

Jedenfalls ist dieses Mehl verdorben im Sinne des Nahrungsmittelgesetzes und deshalb von der Verwendung zur Brotbereitung auszuschließen.

Ebenso ist das aus diesem Mehl bereitete fadenziehende Brot für
verdorben und untauglich zum Genusse zu erklären.

Es sei noch darauf hingewiesen, daß nach dem Genusse von „faden-
ziehendem Brote" Krankheitserscheinungen an Menschen und Tieren
beobachtet worden sind. Inwieweit das vorliegende Brot geeignet ist,
solche hervorzurufen, wäre von einem medizinischen Sachverständigen zu
entscheiden.

7. Kapitel.

Teigwaren.

Beschaffenheit und Zusammensetzung.

Unter Teigwaren versteht man Erzeugnisse verschiedener Form, die aus einem nicht gegorenen Weizenmehl- bzw. Weizengriesteig mit oder ohne Zusatz von Eiern und anderen Nährstoffen durch Trocknen, nicht Backen, des Teiges hergestellt werden. Zur Herstellung dienen vornehmlich die Mahlprodukte aus sehr kleberreichem, hartem, glasigem Weizen (Hartweizen); es werden aber auch solche aus unserem gewöhnlichen Weichweizen verwendet, denen dann Weizenkleber zugesetzt wird. Manchmal erhalten die Produkte noch einen Zusatz von Kochsalz.

Die Teigwaren wurden ursprünglich im Haushalte bereitet, ihre Anfertigung wurde dann gewerbsmäßig von Bäckern und Konditoren betrieben, und hieraus entwickelte sich die Fabrikation dieser Erzeugnisse zu einer selbständigen Industrie. Allerdings hat sich die Verlegung der Herstellung der Teigwaren aus der Küche in die Industrie vielfach auf Kosten der Güte vollzogen.

Die üblichsten Formen der Erzeugnisse der Teigwaren-Industrie sind: Nudeln (Suppennudeln, Fadennudeln, Gemüse- oder Bandnudeln, Hausmachernudeln), Makkaroni (Röhrennudeln), Suppeneinlagen (Fleckerln, Sternchen, Gräupchen usw.)

Man unterscheidet nach der Zusammensetzung drei Gruppen von Teigwaren:

1. die Wasserteigwaren, auch Wasserware genannt, sie sind aus Mehl und Wasser hergestellt;

2. die Eierteigwaren, diese sind aus Weizenmehl- bzw. Gries und Eiern ohne fremde Zusätze hergestellt.

Außerdem finden sich im Handel noch:

3. Teigwaren, die an Stelle von Eiern andere Nährstoffe als Surrogate von Hühnerei enthalten.

Zu den Wasserteigwaren zählen auch die Makkaroni. Sie werden aus sehr klebereichem Hartweizen (Taganrog) ohne Eizusatz hergestellt. Einzelne Sorten werden in Italien durch Zusatz von Safran gelb gefärbt. Da seit einigen Jahren bei uns auch Eier-Makkaroni im Handel sind, ist auch hier in der nicht gekennzeichneten künstlichen Gelbfärbung eine Täuschung über das Wesen der Ware zu erblicken.

Wie sind nun Eierteigwaren zu beurteilen? Über diese Frage hat sich in den letzten Jahren eine heftige Kontroverse in der Literatur entsponnen, sie ist aber bis heute noch nicht zur Erledigung gekommen. Zweifellos steht fest, daß diese Teigwaren einen Zusatz von Eiern in greifbarer Menge haben müssen. Denn einem Teige mit einem nur sehr geringen Eiergehalte kommt die Bezeichnung „Eierteig" nicht zu, wie

z. B. in dem von A. Juckenack[1]) mitgeteilten Falle, in welchem „Eiernudeln" aus 100 kg Mehl und 6 Eiern hergestellt worden waren. Der Käufer von Eiernudeln ist sicherlich zu der Erwartung berechtigt, daß deren Eigehalt in gewissem Verhältnisse zu ihrem höheren Verkaufspreise stehe.

Während bei der küchenmäßigen Herstellung der Eiernudeln im Haushalte ein Zusatz von etwa 3—5 Eiern auf je $\frac{1}{2}$ kg Mehl üblich ist, findet man auch in der Kleinindustrie (bei Bäckern und Konditoren) vielfach Produkte, bei deren Herstellung eine solche Menge Verwendung fand. Auf Grund der Verhältnisse der Praxis hielt sich die Freie Vereinigung deutscher Nahrungsmittelchemiker für berechtigt, folgenden Beschluß[2]) zu fassen:

Als Eierteigware kann nur ein Erzeugnis angesehen werden, bei dessen Herstellung auf je $\frac{1}{2}$ kg Mehl die Eimasse von mindestens 2 Eiern durchschnittlicher Größe Verwendung fand. An „Hausmacher-Eiernudeln" sind dieselben Anforderungen zu stellen.

Die Bedeutung des Eigehaltes bei diesen Produkten geht daraus hervor, daß die wirkliche Eierteigware nicht nur ein Nahrungs-, sondern auch ein Genußmittel ist; denn gerade die Eier verleihen den Mehlspeisen, mögen es Teigwaren, Gebäcke oder andere sein, ihren charakteristischen Wohlgeschmack. Und gerade der Geschmack der Eierteigwaren wird wesentlich und mit Recht gegenüber den gewöhnlichen Teigwaren bevorzugt. Ihr Wert gegenüber letzteren braucht keineswegs auf einem höheren Nährwert zu beruhen: er besteht in erster Linie in dem höheren Genußwert und zweifellos auch in dem höheren Geldwert.

Nach dem Vorschlage R. Sendtners faßte die genannte Freie Vereinigung über die Feststellung der Menge des stattgehabten Eizusatzes in fertigen Eierteigwaren folgenden Beschluß[3]):

Zur Ermittelung des Eigehaltes ist die Bestimmung der Lecithinphosphorsäure nach Juckenack, gegebenen Falles in Verbindung mit der Bestimmung des Ätherextraktes und der Jodzahl des Fettes vorzunehmen. Als niedrigster Wert für die Lecithinphosphorsäure ist im Hinblick auf den oben angeführten Beschluß (2 Eier auf $\frac{1}{2}$ kg Mehl) ein Gehalt von 0,045 % anzunehmen. Dem geforderten Eigehalt entspricht ein Ätherextrakt von etwa 2 %.

Zugleich warnt jedoch Sendtner vor der Festsetzung einer Grenze für den Ätherextrakt.

Teigwaren, deren Fett eine Jodzahl über 98 aufweist, enthalten nach E. Spaeth[4]) kein Eigelb oder höchstens Spuren von solchem.

---

[1]) I. Jahresvers. d. Freien Vereinigung deutscher Nahrungsmittelchemiker zu Eisenach, 1902, cf. Zeitschr. f. Unters. d. Nahr.- u. Genußm. 1902, **5,** 1005.

[2]) l. c. 1008.

[3]) l. c. 1017.

[4]) Forschungsber. 1896, **3,** 49.

Durch den Eigelbzusatz wird vorwiegend der Gehalt an Fett (Ätherextrakt), Lecithinphosphorsäure und Stickstoffsubstanz (Eiweiß) in den Nudeln erhöht. Eine Erhöhung des letzteren wird allerdings auch durch Verwendung sehr kleberreichen Mehles oder Grieses bewirkt. Infolgedessen ist auch nach R. Sendtner die Bestimmung der Stickstoffsubstanz für die Beurteilung der Frage des Eizusatzes nicht von wesentlicher Bedeutung; das gleiche gilt von der Bestimmung der Mineralbestandteile und der Gesamtphosphorsäure.

Der Einfluß des Zusatzes von Eigelb auf die Zusammensetzung, besonders auf den Lecithingehalt der Nudeln, ist aus folgenden, von A. Juckenack[1]) mitgeteilten Werten (auf Trockensubstanz berechnet) ersichtlich:

Art der Nudeln		Stickstoff-Substanz	Gesamt-Phosphorsäure	Lecithin-Phosphorsäure	Asche
Auf ½ kg Weizenmehl zugesetzt:	1 Ei . . .	11,58 %	0,268 %	0,0547 %	—
	3 Eier . .	15,00 %	0,355 %	0,0926 %	—
	6 Eier . .	16,75 %	0,449 %	0,1699 %	—
	10 Eier . .	18,74 %	0,574 %	0,2634 %	—
Wassernudeln des Handels im Mittel		11,54 %	0,261 %	0,0228 %	0,526 %
Eiernudeln von je 12 Proben		15,16 %	0,392 %	0,1212 %	0,986 %

Nach neueren Beobachtungen scheinen die Eierteigwaren bei längerem Lagern, insbesondere inbezug auf ihren Lecithingehalt, Veränderungen zu unterliegen, ein Moment, welches allerdings ihre Beurteilung erheblich erschweren würde. Da andrerseits, wie schon erwähnt wurde, die Frage noch strittig ist, welcher Mindestgehalt an Eiern gefordert werden kann, so ist bei der Beurteilung des Eigehaltes von Eierteigwaren bei dem gegenwärtigen Stande der Dinge Vorsicht geboten.

Echte Eierteigwaren sollen ihre gelbe Farbe nach allgemeiner Voraussetzung dem zugesetzten Eigelb verdanken.

Verfälschungen.

Die häufigste Art der Verfälschung von Teigwaren ist die künstliche Färbung.

Als Farbstoffe dienen hauptsächlich Teerfarben, besonders Naphtolgelb S (dinitronaphtolsulfosaures Kalium), seltener Orléans, Safran oder Curcuma. Die Verwendung gesundheitsschädlicher Farbstoffe, wie Pikrinsäure, verstößt gegen das Gesetz vom 5. Juli 1887, betreffend die Verwendung gesundheitsschädlicher Farben.

Die Prüfung auf künstliche Färbung geschieht nach den Verfahren von Juckenack (Ausschüttelung mit Äther bzw. 70 %igem Alkohol), sowie von Ferd. Fresenius[2]).

---

[1]) Zeitschr. f. Unters. d. Nahr.- u. Genußm. 1900, **3**, 16.
[2]) Vergl. Zeitschr. f. Unters. d. Nahr.- u. Genußm. 1907, **13**, 132.

Durch die künstliche Gelbfärbung wird den Wasserteigwaren der Schein der Eierware, also der wertvolleren Beschaffenheit gegeben. Da der Schein der Ware in solchem Falle ihrem Wesen nicht entspricht, so muß der Farbzusatz einwandfrei gekennzeichnet (deklariert) werden. Der Verkauf und das Feilhalten künstlich gefärbter Wasserteigwaren ohne oder ohne genügende Deklaration widerläuft den Bestimmungen des § 10, Ziffer 2 des Gesetzes vom 14. Mai 1879[1]).

Bei Eierteigwaren, die unter Zusatz von verhältnismäßig geringen Mengen Hühnerei hergestellt wurden, hat die künstliche Gelbfärbung den Zweck, einen erheblich höheren als den wirklichen Eigehalt vorzutäuschen; der Farbstoff dient hier gewissermaßen als Eisparer. In diesem Falle wird ebenfalls der Ware ein Schein verliehen, der ihrem Wesen nicht entspricht, indem eine wertvollere Substanz vorgetäuscht wird. Auch hier sind die Merkmale der Verfälschung im Sinne des Nahrungsmittelgesetzes gegeben, sofern die künstliche Färbung nicht einwandfrei gekennzeichnet ist.

Einige Fabrikanten führen zur Rechtfertigung der künstlichen Färbung von Eierteigwaren an, daß diese durch die Einwirkung des Lichtes infolge der leichten Zersetzlichkeit ihres Luteïns bald verbleichen. Dieser Einwand ist allerdings nicht von der Hand zu weisen, er ist aber nicht stichhaltig, denn die künstliche Färbung dient hier insofern einer Täuschung, als durch sie auch ältere Ware, die ohne Farbstoffzusatz schon gebleicht wäre, noch die schöne gelbe Farbe frischer Nudeln aufweist.

Auf Grund solcher Erwägungen faßte die genannte Freie Vereinigung folgenden Beschluß[2]):

> Die Färbung von Eierteigwaren ist grundsätzlich unzulässig, weil eine gefärbte Eierteigware unter allen Umständen objektiv als verfälscht anzusehen ist, und weil die künsliche Gelbfärbung den Eierteigwaren einen Schein verleiht, der dem Wesen nicht entspricht und geeignet ist, eine wertvollere Substanz vorzutäuschen.

Über die Art der Deklaration in diesen Fällen hat die Freie Vereinigung deutscher Nahrungsmittelchemiker[2]) folgenden Beschluß gefaßt:

> Bei künstlicher Färbung hat deren Deklaration einwandfrei sowohl auf den Rechnungen als auch auf den Umhüllungen, in denen verkauft wird, und endlich auch auf den Gefäßen, in denen gefärbteNudeln feilgehalten werden, zu erfolgen.

Eierteigwaren, die aus Mehl und homöopathischen Mengen (Spuren) von Hühnerei unter Zusatz fremder Farbstoffe hergestellt wurden, sind verfälscht, und zwar einerseits wegen der Vortäuschung einer wertvolleren Beschaffenheit durch die künstliche Färbung (siehe vorstehend) und andererseits dadurch, daß die Ware unter teil-

---

[1]) Vergl. Beschlüsse d. Freien Vereinig. deutsch. Nahrungsmittelchemiker, l. c. 1008.

[2]) l. c.

weiser und zwar erheblicher Weglassung der wesentlichsten Bestandteile, die ihren Charakter bedingen, hergestellt wurde, oder auch dadurch, daß bei der Herstellung der ursprüngliche Eierteig durch ganz beträchtliche Mengen von Mehl, einer minderwertigen Substanz, verdünnt und somit verschlechtert wurde.

Die Anwendung oder der Zusatz von anderem Rohmaterial als Weizenmehl oder -gries zur Bereitung der Teigwaren, wie Kartoffelmehl, Bohnenmehl, Mehl oder Gries aus Mais, Abfälle der Reisstärkefabrikation usw., stellen ebenfalls eine Verschlechterung dar und sind, wenn nicht gekennzeichnet (deklariert), zu beanstanden.

Das gleiche gilt vom Zusatz fremder Fette.

Nachmachung.

Eierteigwaren, die frei von Eiern sind und ihre Farbe lediglich fremden Farbstoffen verdanken, sind nachgemachte Produkte. Solche Eiernudeln haben den Schein, aber nicht das Wesen und den Gehalt von Eiernudeln normaler Herstellungsweise und Zusammensetzung. Ihr Verkauf als „Eiernudeln", unter Verschweigung dieses Umstandes, stellt ein Vergehen nach § 10, Ziffer 2 des Nahrungsmittelgesetzes dar[1]).

Die aus Eisurrogaten hergestellten Eiernudeln sind ebenfalls nachgemachte Erzeugnisse.

Als Surrogate für die Eier kommen Eiweißpräparate und zwar vornehmlich Milcheiweißpräparate in Frage, die auch zum Teil künstlich gefärbt werden. In volkswirtschaftlicher Beziehung ist die Fabrikation billiger, eiweißreicher Teigwaren sicherlich zu begrüßen; nur ist es ohne Zweifel unzulässig, derartige Produkte als Eiernudeln in den Handel zu bringen.

Chemisch unterscheiden sich, nach A. Juckenack, derartige Surrogate leicht von echten Eiernudeln dadurch, daß der Gehalt an Lecithinphosphorsäure dem Gehalt an Proteïnstoffen nicht entspricht und der Fettgehalt verhältnismäßig gering ist (vergl. A. Juckenack, Zeitschrift f. Untersuchung usw. 1902, 5, 1004).

Verdorbene Teigwaren.

Teigwaren, zu deren Herstellung ein durch fremdartige, unappetitliche Stoffe (Schmutz usw.) verunreinigter Teig verwendet wurde, sind als verdorben zu beanstanden.

Desgleichen Teigwaren, die infolge unzweckmäßiger Aufbewahrung Schimmelbildung aufweisen, wie auch solche, die von Milben in größerer Menge befallen sind.

Es kommt auch vor, daß Nudeln lebende Maden enthalten, die sich in die Substanz rundliche Höhlungen einfressen und sich hier verspinnen. Beim Kochen kommen sie heraus und steigen an die Ober-

---

[1]) Urt. d. Landger. Dresden, 4. Strafkammer, v. 7. Juli 1903.

fläche der Suppen. Da derartige tierische Parasiten zweifellos das Gefühl des Ekels erregen, so sind solche Nudeln als verdorben zu erklären.

Gesundheitsschädliche Teigwaren.

Die Frage der Gesundheitschädlichkeit ergibt sich bei einigen der zur Färbung der Teigwaren benutzten Farbstoffe, wie Pikrinsäure, Martiusgelb u. a; sie ist selbstverständlich vom medizinischen Sachverständigen zu entscheiden.

Auch bei verdorbenen Teigwaren und bei festgestellter Gegenwart von Konservierungsmitteln, z. B. Borsäure — welche von etwa zur Bereitung von Eierware verwendeten Eigelbkonserven herrühren könnten —, kommt die Gesundheitsschädlichkeit in Betracht.

Begutachtung.

Beispiele:
1. Echte Eiernudeln.

Die chemische Untersuchung einer als „Eiernudeln" verkauften Probe ergab folgendes Resultat:

Wassergehalt . . . . 11,25 %,
Ätherextrakt, auf lufttrockene Substanz bezogen 5,20 %,
Lecithinphosphorsäure, auf Trockensubstanz be-
    rechnet . . . . 0,153 %,
Jodzahl des Fettes (Hübl) 74,5,
Künstliche Färbung: nicht nachweisbar.

Die hohen Werte für Ätherextrakt und Lecithinphosphorsäure wie auch die niedrige Jodzahl zeigen, daß hier tatsächlich ein erheblicher Gehalt an Eisubstanz vorliegt. Unter Zugrundelegung der Tabellen von Juckenack[1]) berechnet sich nach der Lecithinphosphorsäure ein Gehalt von etwa 5 Eiern auf $^1/_2$ kg Mehl.

Gutachten: Nach dem Ergebnisse der Analyse enthalten die vorliegenden Eiernudeln etwa 5 Eier auf $^1/_2$ kg Mehl; sie verdanken ihre Farbe dem natürlichen Eierfarbstoffe.

Die Nudeln entsprechen demnach den an eine gute, normale Eierteigware zu stellenden Anforderungen.

2. Nachgemachte Eiernudeln.

Ein als „Eiernudeln" bezeichnetes Erzeugnis hatte nach der Analyse folgende Zusammensetzung:

Wassergehalt . . . . 10,15 %,
Ätherextrakt, auf lufttrockene Substanz berechnet 0,51 %,
Jodzahl des Fettgehaltes (n. Hübl) 94,0,
Lecithinphosphorsäure, auf Trockensubstanz be-
    rechnet . . . . 0,0275 %,
Künstliche Färbung: Teerfarbstoff nachweisbar.

---

1) Vergl. Zeitschr. f. Unters. d. Nahr.- u. Genußm. 1900, **3**, 11.

Neufeld.   14

Der außerordentlich niedrige Gehalt an Ätherextrakt und Lecithinphosphorsäure, welcher sich wenig über den von Weizengries erhebt, beweist, daß zur Herstellung dieses Produktes nur verschwindend geringe Mengen von Eisubstanz Verwendung gefunden haben. Die hohe Jodzahl bestätigt diese Tatsache.

Gutachten: Nach dem Befunde der Untersuchung liegt hier eine künstlich gelb gefärbte Teigware vor, deren Gehalt an Eiern so verschwindend gering ist, daß sie praktisch als eifrei bezeichnet werden kann.

Unter Eiernudeln versteht man nach der allgemeinen Verkehrsauffassung eine Teigware, in welcher Eier einen wesentlichen Bestandteil bilden. So soll z. B. nach dem einstimmigen Beschlusse der Freien Vereinigung deutscher Nahrungsmittelchemiker als „Eierteigware“ nur ein Erzeugnis angesehen werden, bei dessen Herstellung auf je ½ kg Mehl die Eimasse von mindestens zwei Eiern durchschnittlicher Größe Verwendung gefunden hat.

Im vorliegenden Falle sind aber dem Nudelteig bei seiner Bereitung nur so minimale Mengen von Eisubstanz zugesetzt worden, daß der Nähr- und Genußwert — und somit auch der Geldwert — dieses Erzeugnisses sich nicht oder jedenfalls nicht merklich über diejenigen der eifreien sogenannten Wassernudeln erheben.

Durch den Zusatz eines gelben Teerfarbstoffes wurde ferner dem vorliegenden Produkte eine Farbe erteilt, wie sie durch Verwendung vieler Eier zustande kommt. Die Konsumenten werden durch diese gelbe Farbe zweifellos in den Glauben versetzt, daß die von ihnen gekauften Eiernudeln auch einen entsprechend großen Zusatz von Eigelb enthalten. Durch die Gelbfärbung wird also ein nicht vorhandener, aber vom Publikum erwarteter Gehalt an Eiern vorgetäuscht, den Nudeln also der Schein der besseren Beschaffenheit verliehen.

Die vorliegenden „Eiernudeln“ haben demnach wohl den Schein, nicht aber das Wesen und den Gehalt von Eiernudeln normaler Herstellungsweise und Zusammensetzung. Ihre Bezeichnung als „Eiernudeln“ ist zur Täuschung geeignet. Aus diesen Gründen sind sie für nachgemacht, zum mindesten aber für verfälscht im Sinne des Gesetzes vom 14. Mai 1879, betreffend den Verkehr mit Nahrungsmitteln usw., zu erklären.

3. Gefärbte Wassernudeln.

Der Zusatz gelben Farbstoffes zu gewöhnlichen Suppennudeln, sogenannten Wassernudeln, ist geeignet, bei den Käufern die Meinung zu erwecken, es handle sich um Eiernudeln. Er täuscht einen nicht vorhandenen Eiergehalt vor und bewirkt also, daß der Schein der Ware ihrem Wesen nicht entspricht. Künstlich gelbgefärbte Wassernudeln sind deshalb objektiv als nachgemacht zu erachten.

Wenn dagegen eingeworfen wird, die Abnehmer könnten aus dem Preise ersehen, daß hier keine Eiernudeln vorlägen, so ist dies für die

Beurteilung der Ware ohne Belang. Denn der objektive Tatbestand der Nachmachung wird durch den Verkaufspreis, den kein Gesetz vorschreibt, nicht geändert.

Es ist also notwendig, durch einen leicht wahrnehmbaren Anschlag im Verkaufslokale oder durch eine deutlich lesbare Aufschrift auf den Aufbewahrungsbehältern die Käufer davon in Kenntnis zu setzen, daß diese Nudeln künstlich gefärbt sind. Anderenfalls dürfte deren Verkauf gegen § 10 des Nahrungsmittelgesetzes verstoßen.

8. Kapitel.

Gemüse — Pilze — Obst.

I. Gemüse.

Die Gemüse bilden einen ansehnlichen Teil unserer Nahrung. Mit Ausnahme der stärkereichen Kartoffel und der eiweißreichen Leguminosen besitzen sie bei sehr hohem Wassergehalt zwar nur einen geringen Nährwert, sind aber wegen ihres Wohlgeschmackes in ihren mannigfachen Zubereitungen eine angenehme Beigabe zum Mahle und tragen durch ihren beträchtlichen Gehalt an unverdaulicher Zellulose erheblich zur Steigerung der Verdauungstätigkeit bei.

Alle feilgebotenen Gemüse müssen frisch sein und den zu ihrer Verwendbarkeit erforderlichen Zustand der Reife besitzen; sie müssen vollständig gereinigt, d. h. frei von anhängender Erde, Staub und dergl. sein.

Mit chemischen Hilfsmitteln ist zurzeit im allgemeinen bei der Untersuchung und Beurteilung der Gemüse nicht viel anzufangen; letztere richtet sich vielmehr nach der äußeren Beschaffenheit und den organoleptischen Eigenschaften.

Auf eine Besprechung der einzelnen Gemüsearten kann hier nicht eingegangen werden; der Vollständigkeit halber seien die Hauptgruppen der Gemüse angeführt. Man unterscheidet:

1. **Wurzelgemüse.** Zu diesen zählt die **Kartoffel**, Solanum tuberosum L.

Neben dem Brot liefert die Kartoffel dem Menschen die größten Mengen der zu seiner Nahrung notwendigen Kohlehydrate; ihr Gehalt an Stärkemehl beträgt 18—22 %.

Die Kartoffeln müssen zur gehörigen Zeit geerntet, d. h. völlig reif sein und dürfen weder grün noch ausgewachsen sein. Zu früh geerntete, unreife oder im Keller ausgewachsene, von den Ausläufern befreite, nicht selten künstlich den jungen „heurigen" Kartoffeln ähnlich gemachte, durch Frost verdorbene und dann unangenehm süß schmeckende, faule, angefaulte, ver-

14*

schimmelte oder sonstwie verdorbene und erkrankte Kartoffeln dürfen nicht auf den Markt gebracht werden (Codex alimentarius Austriacus)[1].

Beim Keimen der Kartoffeln bildet sich das Solanin, ein giftiges Glykosid, während durch die diastatische Wirkung eines zugleich entstehenden Enzyms die Stärke in Zucker umgewandelt wird. Auch beim Aufbewahren der Kartoffeln wird ein Teil der Stärke in Zucker, Gummi usw. übergeführt, „die Kartoffeln werden süß". Frost und überhaupt längere Abkühlung unter 0° befördert diesen Vorgang. Derartige süß gewordene Kartoffeln können wieder genießbar gemacht werden, indem man sie einige Tage vor dem Gebrauch in einen warmen Raum bringt; dort findet bald eine Zersetzung des Zuckers statt.

2. **Stengelgemüse.**

3. **Zwiebelgemüse.**

4. **Gewürzgemüse.**

5. **Salatgemüse.**

6. **Kohlgemüse.** Zu diesen gehört der **Kopfkohl** (Kraut, Kappes, Weißkohl), Brassica oleracea capitata L.

Der Kopfkohl liefert zerschnitten, mit Salz und Gewürzen oder auch anderen Pflanzenteilen (Kümmel, Dill, Meerrettich, Wacholder, Weinbeeren, Quitten usw.) versetzt, in Fässern eingestampft und einem sauren Gärungsprozeß unterworfen, das bekannte **Sauerkraut** (Sauerkohl). Dieses enthält neben etwa 90 % Wasser etwa 1 % Milchsäure und Spuren von Essig- und Buttersäure. Zur Konservierung wird das Sauerkraut beschwert und von Zeit zu Zeit durch Waschen von den auf der Oberfläche entstandenen Zersetzungsprodukten befreit.

Das Sauerkraut muß eine gelblichweiße Farbe, einen angenehm sauren, aber keinen bitteren, ranzigen, kratzenden oder fauligen Geschmack und den charakteristischen Krautgeruch besitzen, darf nicht schimmelig, schleimig (fadenziehend) sein.

Demnach ist mißfarbiges, bitter, ranzig, kratzend oder faulig schmeckendes, übelriechendes, schimmeliges, schleimiges (fadenziehendes) Sauerkraut als **verdorben** zu beanstanden[2].

7. **Spinatgemüse.**

8. **Frucht- und Samengemüse.**

Begutachtung.

Welke, schimmelige, ganz oder teilweise faule, von Insekten und deren Larven, von Schnecken, Würmern und anderen Tieren zerfressene, dumpfig riechende Gemüse sind für verdorben im Sinne des Nahrungsmittelgesetzes zu erklären.

Eine weitere Begutachtung gehört nicht in das Gebiet des Nahrungsmittelchemikers; so ist besonders die Beurteilung der Identität, des Reifezustandes und der Genießbarkeit der Gemüse dem Botaniker zu überlassen.

---

[1] Vergl. Forschungsberichte 1895, **2**, 252.
[2] Cod. al. Austr. l. c.

II. Pilze und Schwämme.

Wegen ihres Wohlgeschmackes erfreut sich der Genuß der Pilze als solcher oder als Zutaten zu anderen Speisen in weiten Kreisen großer Beliebtheit. Entsprechend der Mannigfaltigkeit der Arten ist die Zusammensetzung der Pilze und Schwämme sehr verschieden. Ihr Nährwert wird vielfach überschätzt; er steht etwa demjenigen der Gemüse gleich.

Für den Verkehr mit Pilzen bestehen keine reichsgesetzlichen Vorschriften; er wird in den einzelnen Bundesstaaten durch landespolizeiliche Bestimmungen geregelt.

So heißt es in § 75 der oberpolizeilichen Vorschrift für das Königreich Bayern vom 13. Januar 1874: „Ebenso dürfen giftige Schwämme usw. . . . . . nicht feilgeboten oder verkauft werden."

Nicht den Ausschluß der giftigen, sondern nur die ausschließliche Zulassung bestimmter unschädlicher Pilze fordert die Verfügung des Kgl. Preußischen Ministeriums des Inneren vom 2. Juli 1812:

„Die preußische Regierung will zur Verhütung des vom Genusse giftiger Schwämme und Pilze entstehenden und zu befürchtenden Nachteils für die menschliche Gesundheit zum Verkauf auf den Märkten keine anderen zugelassen wissen als die Morchel (Morchella esculenta), die Spitzmorchel (Morchella corsica), den Champignon (Agaricus campestris), den Reizker (Agaricus deliciosus), den Mousseron (Agaricus cepaeeus), den Pfifferling (Merulius cantharellus), den Steinpilz (Boletus edulis), den Bocksbart (Clavaria flava). Alle übrigen Arten von Schwämmen aber, da sie teils giftig sind, teils mit giftigen leicht verwechselt werden, sind ganz zu verwerfen, und sämtliche Polizeibehörden haben darüber zu wachen, daß nur die genannten unschädlichen Arten und keine anderen zum Verkauf angeboten werden."

Verordnungen in ähnlichem Sinne bestehen ebenfalls in anderen Ländern. Zur Erleichterung der Kontrolle über die Speisepilze fordert K. Giesenhagen[1]) daher denn auch, daß Vorschriften erlassen würden, durch welche nicht bloß die giftigen Schwämme vom Verkauf ausgeschlossen sind, sondern vielmehr ausschließlich nur die allgemein und bestimmt als unschädlich erkannten Arten zugelassen werden. Zur Ergänzung dieser Vorschriften müßten für alle wichtigen Plätze Listen der im Marktverkehr zugelassenen Pilze aufgestellt werden. Diese Listen würden je nach dem Vorkommen der Speiseschwämme in der betreffenden Gegend und nach der Neigung des Publikums natürlich eine verschiedenartige Zusammensetzung aufweisen.

Eine derartige Vorschrift hat z. B. auf Anregung Giesenhagens die Stadt München in ihrer Viktualienmarktordnung erlassen. Der § 15 derselben bestimmt:

---

[1]) Zeitschr. f. Unters. d. Nahr.- u. Genußm. 1902, **5**, 593—603 und 1903, **6**, 942—951.

„Verboten ist es auf den Viktualienmärkten:

1.—3. —

4. Gefälschte, ekelerregende, verdorbene oder die Gesundheit gefährdende Gegenstände, insbesondere

    a) — b) —

    c) andere als die zum Verkauf ausdrücklich zugelassenen Schwammarten, welche an den Anschlagstafeln auf dem Markt jeweils bekannt gegeben sind,

       usw.

    feilzubieten oder zu verkaufen."

Im Anschluß daran führt die Viktualienmarktordnung dann 30 Arten von Speiseschwämmen auf, die zum Verkauf zugelassen werden.

Die Zahl der in der weitzerstreuten Literatur angegebenen Speisepilze ist sehr groß, noch viel größer die Zahl derjenigen, deren Wert unbekannt ist, oder die als ungenießbar, verdächtig oder schädlich bezeichnet werden. Wenn auch als Marktware kaum mehr als 40—50 Arten in Betracht kommen, so geht eine Beschreibung aller eßbaren Pilze doch über den Rahmen dieses Buches hinaus. Wer unter den gegenwärtigen Umständen für jeden in der Praxis der Pilzkontrolle möglichen Fall gerüstet sein will, für den ist ein eingehendes Spezialstudium des ganzen Formenkreises und der umfangreichen Pilzliteratur erforderlich.

Es seien daher hier nur die für die B e u r t e i l u n g der Pilze im allgemeinen maßgebenden Gesichtspunkte angeführt.

Marktfähigkeit der Pilze[1]).

Auf dem Markte sind nur solche Pilzarten zu dulden, welche auch von Laien leicht als genießbare, unschädliche erkannt werden können.

Die zu Markte gebrachten Pilze müssen in jüngeren Entwicklungsstadien und ganz frisch gesammelt sein.

Sie müssen völlig intakt sein, d. h. g a n z erhalten (Hut mit Stiel im Zusammenhang), nicht zerschnitten; dürfen nicht von Schnecken und Insektenlarven angefressen resp. von Madengängen durchzogen, im Inneren „wurmig" sein.

Verdorbene Pilze.

Unter den Begriff der v e r d o r b e n e n Nahrungs- und Genußmittel fallen überalte, abgewelkte, von Insektenlarven oder Würmern zerfressene oder sonst beschädigte, beschmutzte, nicht gehörig gereinigte, in Fäulnis übergegangene, übelriechende, mißfarbige Schwämme.

Verfälschungen [2]).

Als v e r f ä l s c h t wird man solche Schwämme zu betrachten haben, welche andere als die nach der Bezeichnungsweise vom Käufer zu er-

---

[1]) Entw. z. Cod. al. Austr.; Forschungsberichte 1896, **3,** 72.

[2]) Siehe K. G i e s e n h a g e n l. c.

wartenden Pilze enthalten, z. B. Recherln (Cantharellus cibarius), denen eine Anzahl des ähnlichen Cantharellus aurantiacus beigemengt sind, oder Steinpilze, welche mit einer anderen, gleichviel ob genießbaren oder ungenießbaren Boletusart vermengt sind, oder Champignons, unter denen sich Täublinge (Russula) befinden.

Gewöhnlich ist aber die Bezeichnungsweise für die in den Handel gebrachten frischen Schwämme nicht so bestimmt, daß daraus die Zusammensetzung der Handelsware aus einer bestimmten Pilzart gefolgert werden könnte. In solchen Fällen können die angebotenen oder verkauften Schwämme nur dann als wirklich verfälschte Eßwaren bezeichnet werden, wenn neben eßbaren Pilzen auch ungenießbare und giftige gefunden werden, oder wenn alle Schwämme ungenießbaren oder giftigen Arten angehören. Die Unterscheidung zwischen eßbaren und ungenießbaren oder giftigen Schwämmen bildet also für gewöhnlich geradezu den Angelpunkt für die Anwendung des Gesetzesparagraphen auf den Verkehr mit Pilzen.

Gesundheitsschädliche Pilze.

Als giftige Schwämme sind diejenigen Pilze zu bezeichnen, welche, nach Art der Speiseschwämme zubereitet und mäßig genossen, auf den gesunden menschlichen Körper nachteilig wirken.

Im Hinblick auf die Verantwortlichkeit für Leben und Gesundheit der Mitmenschen und auf die Rückwirkung, welche die Begutachtung seitens des Sachverständigen auf die Strenge der Marktkontrolle ausüben muß, scheint es angebracht, alle diejenigen Pilze als giftige Schwämme zu bezeichnen, welche auch nur von einem einzigen, wissenschaftlich ernst zu nehmenden Autor als gesundheitsschädlich bezeichnet worden sind.

Es ist bisher nicht möglich, die Giftigkeit eines Pilzes auf chemischem Wege festzustellen. Chemiker und Pharmakologen werden also die Aufforderung zur Begutachtung von Pilzen von der Hand weisen müssen, und es wird nach wie vor in erster Linie der Botaniker, eventuell auch der botanisch geschulte Nahrungsmittelchemiker, als kompetenter Beurteiler herangezogen werden müssen (K. Giesenhagen).

III. Obst.

Als Obst sind alle teils in frischem Zustande zur Verwendung kommenden, teils getrockneten oder sonstwie genießbar oder haltbar gemachten Früchte und Samen zu verstehen, die zumeist schon seit Alters her von den Menschen genossen werden.

Mit einigen Ausnahmen enthalten im allgemeinen die Früchte neben viel Wasser und Kohlehydraten nur wenig Eiweißstoffsubstanzen (Pektinstoffe) und Fett. Sie können wegen ihres geringen Nährwertes daher nicht als Nahrungsmittel angesehen werden, sie spielen vielmehr wegen ihres Geruches und Geschmackes und ihres Gehaltes an organischen Säuren die Rolle von Genußmitteln.

Alles in frischem oder getrocknetem Zustande zur Verwendung gelangende Obst muß vollständig reif bzw. überreif (wenn nicht eine besondere Angabe anderes vorschreibt) und vollständig rein, d. h. frei von Staub, Erde, Sand, namentlich von Exkrementen der Tiere (Insekten und dergl.) sein.

Man kann beim Obst folgende Gruppen unterscheiden:

　　1. Kernobst.
　　2. Steinobst.
　　3. Beerenobst.
　　4. Schalenobst.

Eine nähere Besprechung der einzelnen Obstarten würde für unseren Zweck zu weit führen; hiervon gilt im allgemeinen das über die Untersuchung und Beurteilung der Gemüse Gesagte.

Es soll hier nur einer in Laienkreisen viel verbreiteten Ansicht gedacht werden, die als irrig widerlegt worden ist, nämlich der Annahme, daß öfter gewöhnlichen Orangen durch Einspritzung eines roten Farbstoffes in das Fruchtfleisch das Aussehen der höher geschätzten Blutorangen verliehen würde. Pum und Micko[1]) haben nachgewiesen, daß eine solche angebliche künstliche Färbung des Fruchtfleisches der Orange durch Injektion mit Farbstofflösungen überhaupt nicht ausführbar ist. Es ist höchstens möglich, die Fruchtschale durch eine solche Injektion zu färben, um der Orange, äußerlich betrachtet, das Aussehen der Blutorange zu verleihen. Solche Färbungsversuche, die sich natürlich als Verfälschung oder Nachmachung charakterisieren, sind bei einiger Aufmerksamkeit auch vom Laien zu erkennen. —

Ferner sei noch erwähnt, daß bittere Mandeln vielfach mit verwandten Samenkernen (wie Pfirsich-, Aprikosen-, Pflaumenkernen) vermischt in den Handel kommen. Eine solche Beimengung stellt objektiv eine Verfälschung dar [zu deren Erkennung vergl. J. Buchwald[2])].

Begutachtung.

Als Verfälschung des Obstes kommt hauptsächlich die Beimengung oder Unterschiebung minderwertiger Sorten oder, in einzelnen Fällen, auch fremder Früchte in Betracht (z. B. Pfirsichkerne an Stelle von Mandeln u. dergl.).

Auch die Verleihung des Scheins einer wertvolleren, d. i. besseren Beschaffenheit wäre hier zu erwähnen, wie sie z. B. die angeführte künstliche Rotfärbung von Orangenschalen zur Vortäuschung von Blutorangen oder das übermäßige Schwefeln der Walnüsse darstellt.

Verdorben und untauglich zum menschlichen Genusse ist faules, mit fauligen Flecken versehenes, schimmeliges oder durch Zersetzungen verändertes, äußerlich verletztes (angebrochenes, angeschnittenes), von Insekten und deren Larven oder von anderen Tieren angegriffenes, übelriechendes Obst.

---

[1]) Zeitschr. f. Unters. d. Nahr.- u. Genußm. 1900, **3,** 729.
[2]) Zeitschr. f. Unters. d. Nahr.- u. Genußm. 1902, **5,** 545.

Ebenso gilt im allgemeinen u n r e i f e s O b s t als verdorben. Denn unter den Begriff des Verdorbenseins fallen nicht nur in Verdorbenheit übergegangene, ursprünglich normal gewesene Nahrungs- und Genußmittel, sondern auch aus verdorbenen Bestandteilen bereitete oder noch nicht normal gewordene [1]).

Bei der B e u r t e i l u n g des Obstes ist neben der Feststellung der Identität hauptsächlich dessen G e n i e ß b a r k e i t zu berücksichtigen; diese ist aus dem Zustande zu erkennen, in welchem sich das Obst befindet.

Im allgemeinen ist auch beim Obst, wie beim Gemüse, die Beurteilung Sache des Botanikers; der Chemiker vermag nur in vereinzelten Fällen hier Aufschlüsse zu geben.

9. Kapitel.

Gemüse- und Pilzdauerwaren.

G e s e t z l i c h e B e s t i m m u n g e n.

Für die Beurteilung der Gemüse- und Fruchtdauerwaren kommen neben den allgemeinen gesetzlichen Bestimmungen folgende Gesetze in Betracht:

das Gesetz vom 5. Juli 1887, betreffend die Verwendung gesundheitsschädlicher Farben bei der Herstellung von Nahrungsmitteln, Genußmitteln und Gebrauchsgegenständen;

das Süßstoffgesetz vom 7. Juli 1902;

ferner das Gesetz vom 25. Juni 1887, betreffend den Verkehr mit blei- und zinkhaltigen Gegenständen.

Im letztgenannten Gesetze heißt es:

§ 1. Eß-, Trink- und Kochgeschirre, sowie Flüssigkeitsmaße dürfen nicht

1. ganz oder teilweise aus Blei oder einer in 100 Gewichtsteilen mehr als 10 Gewichtsteile Blei enthaltenden Metallegierung hergestellt,

2. an der Innenseite mit einer in 100 Gewichtsteilen mehr als einen Gewichtsteil Blei enthaltenden Metallegierung verzinnt oder mit einer in 100 Gewichtsteilen mehr als 10 Gewichtsteile Blei enthaltenden Metallegierung gelötet,

3. mit Email oder Glasur versehen sein, welche bei halbstündigem Kochen mit einem in 100 Gewichtsteilen 4 Gewichtsteile Essigsäure enthaltenden Essig an den letzteren Blei abgeben.

. . . .

. . . .

§ 3. Geschirre und Gefäße zur Verfertigung von Getränken und Fruchtsäften dürfen in denjenigen Teilen, welche bei dem bestimmungsgemäßen oder vorauszusehenden Gebrauche mit dem Inhalt in un-

---

[1]) R.G. II. Urt. v. 3. Januar 1886.

mittelbare Berührung kommen, nicht den Vorschriften des § 1 zuwider hergestellt seiu.

Konservenbüchsen müssen auf der Innenseite den Bedingungen
des § 1 entsprechend hergestellt sein . . . .
. . . .

Begriff und Zusammensetzung [1]).

Unter Gemüse- und Fruchtdauerwaren versteht man die
nach einem der nachstehenden Verfahren für längere Zeit haltbar gemachten Gemüse und Früchte. Diese Verfahren sind folgende:

1. Eintrocknen und Pressen der Gemüse und Früchte (Preßgemüse, Dörrobst, Trockenpilze usw.).

2. Sterilisierung nach Apperts Verfahren. Die Sterilisierung
erfolgt bei geeigneten, für jedes Gemüse und jede Frucht verschiedenen
Temperaturen, und je nach der Art der haltbar zu machenden Waren
entweder für sich allein oder durch Einlegen der betreffenden Gemüse
oder Früchte in Wasser, Salzlösungen, Zuckerlösungen und unter Umständen auch in Öl, letzteres bei einer gewissen Art von Trüffeln. Das
Dunstobst wird durch Erhitzen in luftdicht schließenden Gefäßen ohne
Zuckerzusatz hergestellt.

3. Einlegen, Einmachen mit Salz und Essig (Weinessig),
letzteres vielfach unter Zusatz von scharfem Gewürz (wie spanischem
Pfeffer, Ingwer usw.); hierher gehören z. B. Essig- und Salzgurken,
Essigkirschen; die auf diese Weise zubereiteten „Mixed Pickles" pflegen
aus kleinen Gurken, jungen Zwiebeln, Möhrenschnitten, unreifen Vitsbohnenschoten, unreifen Maiskölbchen usw. zu bestehen. Unter diese
Gruppe fallen ferner diejenigen Gemüse, welche wie Kohl, Weißrüben,
Bohnen usw. mit Kochsalz eingestampft werden, und die einer gewissen
Gärung (Milchsäuregärung) unterliegen, wie Sauergemüse, Sauerkraut usw.

4. Für die Früchte gesellen sich hierzu die verschiedenen Verfahren
des Einkochens mit Zucker und das sogenannte Kandieren der
Früchte (Überziehen oder Tränken mit Zucker). Zu den kandierten
Früchten gehören auch das bekannte Zitronat und Orangeat.

Die Zusammensetzung dieser Dauerwaren (Konserven) entspricht im allgemeinen derjenigen der Gemüse und Früchte im natürlichen Zustande; bei Anwendung von Einmachflüssigkeiten gehen stets
leichtlösliche Stoffe aus den Dauerwaren in die Flüssigkeit über und
umgekehrt.

Die Frucht- und Gemüsedauerwaren, ausgenommen selbstredend die
in Essig mit oder ohne Gewürz eingelegten Früchte und Gemüse, die
getrockneten Gemüse und Früchte und die Sauergemüse, sollen einen
frischen Geruch besitzen.

Die Färbung mit unschädlichen Farbstoffen — mit Ausnahme der

---

[1]) Vereinbarungen, Heft II, 110. — Des Zusammenhangs wegen sollen hier
auch gleich die zur Herstellung der Fruchtdauerwaren dienenden Verfahren
mit aufgezählt werden.

Teerfarbstoffe — ist nur dann erlaubt, wenn dadurch der Dauerware keine bessere Farbe bzw. nicht der Schein einer besseren Beschaffenheit erteilt wird, als sie nach ihrer natürlichen Beschaffenheit besessen hat bzw. beanspruchen kann.

Metalle (wie Kupfer, Zink, Blei, Zinn) oder deren Verbindungen dürfen in einer Dauerware nicht vorkommen. Hierbei ist jedoch zu berücksichtigen, daß geringe Mengen Kupfer und auch Spuren von Zink unter normalen Verhältnissen — herrührend aus dem Boden — in allen Pflanzen, auch in den Gemüsen und Früchten, vorkommen können. Auf kupfer- und zinkreichen Böden können sogar erhebliche Mengen dieser Metalle in die Pflanzen übergehen; derartige Bodenvorkommnisse sind aber selten.

Verfälschungen.

Da die Gemüse im natürlichen oder gröblich zerschnittenen Zustande angewendet werden, so ist eine Verfälschung der einzelnen Sorten selbst mit anderen, minderwertigen durchweg nicht angängig, weil sie sich schon durch das äußere Ansehen zu erkennen geben würde.

Dagegen kommen solche Verfälschungen häufiger bei Pilzen vor, indem Pilzkonserven von anderen als den nach der Bezeichnungsweise vom Käufer zu erwartenden Pilzen hergestellt sind oder fremdartige Bestandteile beigemischt enthalten, z. B. Trüffelkonserven mit Stücken des Hartbovists oder Kartoffelscheiben.

Besonders die Dörrschwämme sind ein beliebter Gegenstand derartiger Verfälschungen. Nach den Mitteilungen von K. Giesenhagen[1]) werden besonders häufig die Edelpilze durch minderwertige Arten ersetzt; so werden an Stelle der Champignons (Agaricus campestris) Steinpilze oder Russula-Arten untergeschoben. Den getrockneten Trüffeln wird bisweilen das minderwertige Rhizopogon, der wertlose Elaphomyces granulatus, gelegentlich auch der giftige Kartoffelbovist (Scleroderma vulgare) beigemengt.

Statt der Morcheln werden ganz allgemein die minderwertigen Lorcheln (Helvella esculenta und H. gigas) verkauft; erstere ist in frischem Zustande sogar giftig. Statt des echten Mousserons (Marasmius scorodonius) kommt der minderwertige Marasmius androsaceus in den Handel, wie auch die echten Steinpilze nicht selten durch andere, minderwertige, wenn auch genießbare Boletus-Arten ersetzt werden.

Seltener als die Unterschiebung minderwertiger Pilze ist die Verfälschung der Dörrschwämme durch Beimengung fremdartiger Materialien. Immerhin wird angegeben, daß gelegentlich Kartoffelscheiben unter Dörrpilzen beobachtet wurden, und K. Giesenhagen fand in einigen Fällen zwischen den als Champignons bezeichneten Steinpilzen in ziemlicher Menge Stücke von dem Rhizom der gelben Teichrose (Nuphar luteum).

---

[1]) Zeitschr. f. Unters. d. Nahr.- u. Genußm. 1903, **6**, 947.

Künstliche Färbung. Die künstliche Färbung von Gemüsekonserven ist nicht in allen Fällen als eine Verfälschung anzusehen. Nach den Vereinbarungen ist die Färbung mit unschädlichen Farbstoffen erlaubt, wenn dadurch der Dauerware keine bessere Farbe bzw. nicht der Schein einer besseren Beschaffenheit erteilt wird, als sie nach ihrer natürlichen Beschaffenheit besessen hat bzw. beanspruchen kann. Die Färbung mit Teerfarbstoffen und mit an sich nicht unschädlichen Färbungsmitteln ist dagegen stets zu beanstanden.

Am häufigsten findet man die Grünfärbung von Gemüsekonserven, Gurken usw. durch Zusatz von Kupfersulfat oder durch Kochen der Gemüse in kupfernen Kesseln zur Erhaltung der ursprünglichen grünen Farbe (sogenannte Reverdissage).

Sobald es sich dabei darum handelt, altem oder gebleichtem Gemüse, z. B. alten, blaß aussehenden, ausgewachsenen Erbsen, durch die künstliche Grünfärbung ein besseres Aussehen zu verleihen, als sie ihrer natürlichen Beschaffenheit nach besitzen, und hierdurch den Käufer zu täuschen, liegt zweifellos eine Verfälschung vor.

Anders liegt der Fall jedoch bei Dauerwaren aus frischen, jungen, ursprünglich tadellosen Gemüsen. Zweifellos muß nach den Bestimmungen des Farbengesetzes vom 5. Juli 1887, welches die Verwendung kupferhaltiger Farben bei der Herstellung von Nahrungsmitteln verbietet, der Zusatz von Kupfersalzen zur Grünfärbung von Gemüsen als unerlaubt angesehen werden. Indessen haben die veränderten Anschauungen über die Giftigkeit des Kupfers[1]) die maßgebenden Kreise doch vielfach veranlaßt, besonders mit Rücksicht auf die ausländische Konkurrenz eine mildere Praxis zu befolgen und im Einverständnisse mit diesbezüglichen Erlassen verschiedener Bundesstaaten (1896) einen geringen Kupfergehalt in den Konserven nicht zu beanstanden. So ist von der Freien Vereinigung bayrischer Vertreter der angewandten Chemie (Regensburg, 1892) einstimmig beschlossen worden, einen Höchstgehalt von **25 mg** Kupfer in einem Kilogramm Konserven „als der Gesundheit nicht schädlich" noch zu dulden. Das Österreichische Ministerium des Inneren hat in seiner Verordnung vom 15. Dezember 1899 sogar **55 mg** Kupfer noch für zulässig erklärt.

Man sehe daher bei geringen Kupfermengen in sonst einwandfreien Gemüsedauerwaren von einer Beanstandung auf Grund des § 1 des Farbengesetzes vom 5. Juli 1887 ab und überlasse eventuell die Beurteilung der Gesundheitsschädlichkeit dem medizinischen Sachverständigen.

Daß übrigens unter Umständen auch bei nachgewiesener Unschädlichkeit der vorhandenen Kupfermengen das Gericht zu einer Verurteilung gelangen kann, beweist eine Entscheidung des Landgerichtes

---

[1]) cf. K. B. Lehmann, Hygienische Studien über Kupfer. Arch. f. Hygiene 1895, **24**, 1. 18. 73; 1896, **27**, 1; ebenso J. Brandl, Experim. Unters. über Wirkung usw. von Kupfer; Arbeiten a. d. Kais. Gesundheitsamte 1896, **13**, 104.

zu Frankfurt a. M. vom **2.** Februar 1899; in der Begründung heißt es dort u. a.:

. . . Nach § 1 des Gesetzes vom 5. Juli 1887 dürfen aber gesundheits-schädliche Farben zur Herstellung von Nahrungs- und Genußmitteln, welche zum Verkaufe bestimmt sind, nicht verwendet werden. Gesundheitsschädliche Farben im Sinne dieser Bestimmung sind diejenigen Farbstoffe und Farb-zubereitungen, welche . . . . . Kupfer enthalten.

Der Einwand, die Färbung der Erbsen mit Kupfer sei nach der Art, wie sie erfolgte, nicht gesundheitsschädlich gewesen, übersieht, daß das Gesetz ein für allemal Farbstoffe, die Kupfer enthalten, gesundheitsschädlich erklärt. Mag dies auch irrig sein, mag das Gesetz auch auf Grund eines inzwischen überholten Standes der Technik und Wissenschaft erlassen sein, weder die Unrichtigkeit noch die Unzweckmäßigkeit einer Satzung schließen ihre Rechtsbeständigkeit aus.

Außer Kupfersulfat dienen bisweilen zur Grünfärbung von Gemüse-dauerwaren Nickelsulfat und Ammoniak sowie organische Farbstoffe. Ihre Verwendung ist durch das genannte Farbengesetz nicht verboten; sie wird lediglich von dem Gesichtspunkte aus zu beurteilen sein, ob durch diese Farbstoffe ein minderwertiges Aussehen verdeckt bzw. der Schein der besseren Beschaffenheit vorgetäuscht werden soll.

Dies dürfte immer der Fall sein, wenn getrocknete Leguminosen gefärbt werden. So werden gespaltene Erbsen, sogenannte Splitter-erbsen, von minderwertiger Beschaffenheit mit Talkum (Specksteinpulver) überzogen und mit grünen oder gelben Anilinfarben gefärbt in den Handel gebracht. Auch minderwertige Bohnen und Linsen werden zu dem gleichen Zwecke poliert und mit Zusätzen von Farbstoffen ver-schiedener Art versehen[1]). Nach den über diesen Gegenstand vor-liegenden Untersuchungen verfolgt die angeführte Behandlung und künst-liche Färbung der Leguminosen nicht nur den Zweck, diesen ein an-sprechenderes Aussehen zu geben (Herbeiführung des Scheins eines höheren Wertes), sondern auch Mängel und Fehler, bedingt durch Alter, Reife und Qualität, zu verdecken und solchen Hülsenfrüchten den Schein einer normalen und vollwertigen Handelsware zu verleihen.

Auch sonst kommen künstliche Färbungen bei Gemüsedauerwaren vor; so berichtet z. B. E. Ackermann[2]) von Tomatenkonserven, die mit Karmin aufgefärbt waren.

In den einzelnen Fällen wird die Untersuchung Aufschluß darüber erteilen müssen, inwieweit die Tatbestandsmerkmale einer Verfälschung gegeben sind.

Verdorbene Gemüse- und Pilzdauerwaren.

Gemüsedauerwaren in Büchsen verderben oft, indem sie entweder sauer werden, oder indem eine, von unangenehmem Geruch be-gleitete Gärung eintritt, die infolge der mit ihr verbundenen Gasbildung

---

_{[1]) Veröffentlichungen d. Kais. Gesundheitsamtes 1905, **29**, 293.}
_{[2]) Chem. Zeitg. 1900, **24**, 1155.}

sich äußerlich meist schon durch die Auftreibung der Büchsenböden (Bombage) zu erkennen gibt. Die Erreger dieser Vorgänge sind gewisse Mikroorganismen (sogen. Konservenverderber), deren Art und Wirkung verschieden ist. In manchen Fällen wird ein breiiger Zerfall des Büchseninhaltes herbeigeführt.

Das Auftreten und die Entwicklung dieser Organismen wird durch verschiedene Umstände begünstigt. Meist sind sie auf fehlerhafte Herstellung oder ungenügende Sterilisierung der Konserven, mangelhaften Verschluß der Büchsen oder Gefäße, ungenügende Konzentration der Einmachflüssigkeiten (Essig) und dergl. zurückzuführen.

Konserven, die den geringsten verdächtigen Geruch zeigen oder sonstwie Zersetzungserscheinungen erkennen lassen, müssen für verdorben erklärt werden.

Infolge fehlerhafter Darstellung, Verpackung oder fehlerhafter Aufbewahrung (in feuchten Räumen) zeigen die getrockneten Dauerwaren (Dörrgemüse usw.) häufig Schimmelbildung, unter Umständen auch Fäulnis. Sie sind dann als verdorben zu beanstanden, ebenso wenn sie durch Insekten angefressen, von Milben, Käfern, Larven befallen oder mit Schmutz behaftet sind.

Für die Begutachtung von Dörrschwämmen hält K. Giesenhagen[1]) die Forderung, daß nur junge völlig madenfreie Pilze verwendet sein dürften, für zu weitgehend, namentlich bei gewissen Pilzarten wie beim Steinpilz. Er verlangt nur, daß alte wurmstichige Pilze keine Verwendung finden; solche sind an stark zerfressenen Hut- und Stielstücken kenntlich. Infolge nachlässiger und schlechter Behandlung sind Dörrpilze oft in unapetitlicher Weise verunreinigt; auch ungeeignete und zu lange Aufbewahrung führt Beschädigungen derselben herbei, ihre Kriterien sind das Auftreten von Schimmel und lebenden Maden.

Die Prüfung der Dauerwaren auf ihre Beschaffenheit geschieht einerseits durch die Sinnenprüfung (Farbe, Geruch, Geschmack), andererseits durch die mikroskopisch-bakteriologische Untersuchung.

Gesundheitsschädliche Gemüse- und Pilzdauerwaren.

Bei den Gärungs- und Fäulnisvorgängen von Gemüsekonserven werden Zersetzungsprodukte (Ptomaine, Toxine) gebildet, die oft in hohem Grade geeignet sind, die menschliche Gesundheit zu beschädigen oder gar zu zerstören. Solche Fälle sind gar nicht selten; so erkrankten im Jahre 1904 in Darmstadt infolge des Genusses von Bohnensalat 21 Personen, von denen 11 starben[2]). Die zum Salat verwendeten Bohnen waren in einer verlöteten Blechbüchse eingekocht, die beim Öffnen zwar durch einen etwas ungewöhnlichen Geruch aufgefallen war, aber keine Zeichen stärkerer Zersetzung dargeboten hatte. Es

---

[1]) l. c.
[2]) Hygien. Rundschau 1904, **14**, 449.

handelte sich, wie die weitere bakteriologische Untersuchung ergab, hier um Botulismus (Bacillus botulinus).

Der Inhalt angebrochener Büchsen muß möglichst bald aufgebraucht werden; es ist sehr bedenklich, Konserven längere Zeit in geöffneten Büchsen stehen zu lassen.

Auf jeden Fall sind Konserven, die den geringsten verdächtigen Geruch oder sonstige Anzeichen der Verdorbenheit aufweisen, als gesundheitlich zum mindesten stark verdächtig vom Genusse auszuschließen.

Das gleiche gilt von giftigen oder zweifelhaften Pilzarten, die an Stelle von eßbaren untergeschoben oder diesen beigemischt werden. Auch beschädigte Pilze, insbesondere Trüffeln, gelten als schädlich.

Konservierungsmittel. Vielfach werden Dauerwaren mit Hilfe von antiseptisch wirkenden Substanzen konserviert, wie Schweflige Säure, Salicylsäure, Borsäure, Borate usw.

Ein allgemeines Bedenken gegen die Zulassung solcher Chemikalien als Konservierungsmittel liegt darin, daß bei ihrer Anwendung nicht so viel Sorgfalt und Reinlichkeit auf die Herstellung der Eßwaren verwendet zu werden braucht, als wenn der konservierende Zusatz fehlt.

Dann aber ist, wie zahlreiche Untersuchungen beweisen, weitaus die Mehrzahl dieser Stoffe für den menschlichen Körper durchaus nicht unschädlich, zumal wenn durch die Summe der im Tage verzehrten Nahrungs- und Genußmittel eine immerhin beträchtliche Menge derselben dem Organismus zugeführt wird. Aus diesen und ähnlichen Erwägungen wurde daher auch in die „Vereinbarungen" für die Beurteilung von Gemüse- und Fruchtdauerwaren der Satz aufgenommen:

„Der Zusatz von Konservierungsmitteln mit Ausnahme von Kochsalz, Zucker und Essig ist zu beanstanden; wenigstens soll die Anwendung anderer Konservierungsmittel nur gegen Deklaration gestattet sein. Schweflige Säure ist auf alle Fälle zu beanstanden."

Hat man in einer Konserve die Gegenwart eines derartigen Konservierungsmittels festgestellt, so bestimme man, wenn nur irgend möglich, die Menge desselben und überlasse dann die Beurteilung einer etwaigen Gesundheitsschädlichkeit dem Mediziner.

Metallgifte. Es wurde schon oben darauf hingewiesen, daß zur Grünfärbung von Gemüsedauerwaren Kupfer- oder Nickelsalze dienen, und daß die Verwendung der ersteren durch § 1 des Gesetzes vom 5. Juli 1887, betreffend die Verwendung gesundheitsschädlicher Farben usw., verboten ist. Es wurde aber zugleich auch schon erwähnt, daß nach den neueren Forschungen geringe Mengen von Kupfer für den menschlichen Organismus relativ ungefährlich sind.

Vorkommendenfalls bestimme man daher das in einer Konserve

enthaltene Kupfer quantitativ und verweise zu dessen gesundheitlicher Beurteilung auf ein medizinisches Gutachten.

Schädliche Metallverbindungen, insbesondere von Blei, Zink und Zinn, können auch aus den Einmachgefäßen, dem Büchsenmaterial und dessen Lötstellen, aus irdenen Gefäßen, aus Staniolumhüllungen, aus Gummidichtungen usw. in die Dauerwaren gelangen.

Konservenbüchsen müssen auf der Innenseite den Bedingungen des § 1 Ziffer 2 des Gesetzes vom 25. Juli 1887, betreffend den Verkehr mit blei- und zinkhaltigen Gegenständen, hergestellt sein, d. h. sie dürfen nicht an der Innenseite mit einer in 100 Gewichtsteilen mehr als einen Gewichtsteil Blei enthaltenden Metallegierung verzinnt oder mit einer in 100 Gewichtsteilen mehr als 10 Gewichtsteile Blei enthaltenden Metallegierung gelötet sein.

Nach einem Gutachten des Kaiserlichen Gesundheitsamtes ist eine ernstliche Gefährdung der menschlichen Gesundheit durch den Inhalt von Konservenbüchsen nicht gegeben, wenn bei deren Außenlötung mit einer Legierung, welche mehr als die für Innenlötungen zulässige Menge Blei enthält, kleine Teile der Lötmasse an einer zufällig durchlässigen Stelle in das Innere der Büchsen eindringen. Erlasse des preußischen[1]) und sächsischen[2]) Ministeriums treten dieser Auffassung bei und stellen fest, daß in der Herstellung und dem Vertriebe solcher Büchsen kein Verstoß gegen das Gesetz, betreffend den Verkehr mit blei- und zinkhaltigen Gegenständen, erblickt werden kann.

Bei der Beurteilung des gelegentlichen Eindringens solcher Lötmassen in das Innere der Büchsen ist selbstverständlich maßgebend, ob deren Inhalt bleifrei geblieben ist oder nicht.

Über die gesundheitliche Begutachtung von Blei, Zink und Zinn in Konserven gilt das vom Kupfer Gesagte.

---

10. Kapitel.

Obstprodukte.

I. Fruchtdauerwaren (Obstkonserven).

Begriff.

Unter Fruchtdauerwaren versteht man die nach einem der im vorigen Kapitel aufgeführten Verfahren für längere Zeit haltbar gemachten Früchte. Zu ihrer Herstellung dienen die ganzen Früchte oder nur gewisse Fruchtteile in ganzem, zerschnittenem oder zerquetschtem Zustande.

---

[1]) Ministerial-Erlaß v. 27. Dezember 1899.
[2]) Bekanntmachung d. Ministeriums d. Inneren v. 29. November 1899.

Die hauptsächlichen im Handel befindlichen Obstkonserven sind folgende:

1. Dörrobst. Es wird durch Trocknen des ganzen oder in Stücke (Scheiben) zerschnittenen Obstes bei Sonnenwärme oder in eigenen Backöfen bei 50—65° hergestellt. Feinere Obstsorten werden vor dem Dörren geschält und entkernt.

2. Kandierte Früchte. Dies sind mit Zucker überzogene oder getränkte Früchte.

Die sogenannten Belegfrüchte[1]) sind Früchte oder Teile von solchen, die in ganz dicken Sirup eingelegt werden; werden die so zubereiteten Früchte dann weiter mit Zucker überzogen, und zwar in Form eines gleichmäßigen Überzuges, so werden sie zu glasierten, wenn mit Zucker kristallinisch überzogen, zu kandierten oder kristallisierten Früchten.

3. Kompotts, Konfitüren. Zur Herstellung der Kompotts werden die ganzen frischen Früchte entweder unverändert, oder entsteint, oder geschält, oder halbiert mit oder ohne Zusatz von Zucker eingekocht. Bei der Herstellung von Dunstfrüchten, auch „Früchte in Saft", „Naturell-Früchte" genannt, werden Früchte ohne Zucker oder nur mit so viel Zucker eingemacht, als ungefähr dem Zuckergehalt der reifen Früchte entspricht.

Die Konfitüren unterscheiden sich von anderen Zubereitungen dadurch, daß bei ihrer Herstellung die ganzen oder in Stücke geschnittenen Früchte mit Zucker dick eingemacht werden, so daß die Früchte wohl halb verkocht, aber doch noch ziemlich in ihren Formen erhalten in mehr oder weniger klarem, aber ganz dickem Zuckersirup eingebettet liegen.

4. Rumfrüchte usw., Essigfrüchte, Senffrüchte. Sie werden durch Einlegen in Rum oder andere Spirituosen, in Essig usw. mit oder ohne Zusatz von Zucker und Gewürzen bereitet. Die Senffrüchte sind Dunstfrüchte, denen Senfmehl beigemischt ist.

5. Marmeladen, Jams, Obstmus, Pasten, Latwergen. Diese Erzeugnisse werden aus dem von Steinen usw. getrennten, zerquetschten Fruchtfleisch (Fruchtmark) und dem Safte der Früchte unter Zusatz von Zucker hergestellt.

Bei den Marmeladen oder Jams geschieht die Bereitung entweder durch Einkochen oder auf kaltem Wege.

Um das Auskristallisieren des Zuckers zu verhüten, erhalten die fertigen Jams vielfach einen Zusatz von etwa 10 % ihres Gewichtes an Stärkesirup. Ein solcher Zusatz muß jedoch gekennzeichnet werden.

Zur Erzeugung von Obstmus dienen vorwiegend Pflaumen (Pflaumenmus, Zwetschgenmus); sie erfolgt durch Einkochen des von Stielen und Steinen befreiten Fruchtfleisches bis zu einem dicken Brei. Dabei findet

---

[1]) Vergl. Deutsch. Nahrungsmittelbuch S. 118.

ein Zusatz von Zucker meist nicht statt, dagegen manchmal ein solcher von Gewürzen.

Zur Herstellung von Pasten wird das durchgetriebene Fruchtmark so weit eingekocht, daß die Masse beim Erkalten ganz fest wird.

Unter Latwerge versteht man ein Erzeugnis aus Birnenobst und Äpfeln, die zusammen eingekocht werden.

Bei allen diesen Zubereitungen wird das Mengenverhältnis der einzelnen Bestandteile durch die erforderliche Konsistenz mehr oder weniger begrenzt; bestimmte Vorschriften lassen sich darüber nicht aufstellen. Gewürze (Zimt, Vanille, Nelken u. a.) in kleinen Mengen gelten als normale Bestandteile.

Die Obstdauerwaren in ihren vesrchiedenen Formen zählen zu den ältesten Erzeugnissen der Küche. Ihre gewerbsmäßige Zubereitung war bis vor kurzem noch Sache der Konditoren und Zuckerbäcker, und erst in neuerer Zeit hat sie zur Entstehung einer jetzt ausgedehnten Industrie Anlaß gegeben. Auch hier macht sich, wie bei anderen Nahrungs- und Genußmitteln, die Erscheinung geltend, daß der Übergang der Herstellung aus dem Haushalte und dem Kleingewerbe in die Industrie sich vielfach auf Kosten der Güte der Produkte vollzieht.

Verfälschungen.

Von den Fruchtdauerwaren sind hauptsächlich die Marmeladen ein beliebter Gegenstand gewinnbringender Fälschung. Eine große Zahl der unter diesem Namen im Handel befindlichen Produkte sind nicht in der ursprünglich gebräuchlichen und auch von den Konsumenten erwarteten Art, durch Einkochen von Früchten mit Rohrzucker, hergestellt; der letztere ist in ihnen zum großen Teil durch Stärkesirup ersetzt, und statt der Früchte werden ausgepreßte Fruchttrester verwendet; durch Zusatz von künstlichen Aromastoffen, Säuren und Farbstoff wird einem solchen Gemisch der Schein einer wirklichen Obstmarmelade zu verleihen gesucht.

1. Zusatz von Stärkesirup.

Der Stärkesirup, Kartoffelsirup oder Kapillärsirup wird meistens aus Kartoffeln hergestellt. Seine Zusammensetzung ist schwankend[1]), im allgemeinen aber besteht er zu 35—45 % aus Glukose (Stärkezucker, Dextrose), 35—45 % aus Dextrinen und 15—20 % aus Wasser; außerdem enthält er 0,2—0,3 % Mineralstoffe. Die Dextrine des Stärkezuckers sind Stoffe ohne Geschmack, seine Süße ist ausschließlich die Wirkung des Gehaltes an Glukose, mit dem sie auch steigt und sinkt. Glukose ist weniger süß als Rohrzucker; nach Herzfeld und Schmidt süßt 1 Gewichtsteil Rohrzucker so viel wie 1,53 Gewichtsteile Glukose[2]).

---

[1]) Vergl. Gutachten vom Präsidenten d. Kais. Gesundheitsamtes; Zeitschr. f. öffentl. Chem. 1906, **12**, 295.

[2]) Deutsch. Nahrungsmittelbuch S. 49, 51.

Der Süßigkeitsgrad des Stärkesirups ist nur $^1/_3$—$^1/_4$ desjenigen einer gleich konzentrierten Rohrzuckerlösung. Der Geschmack des Stärkezuckers ist nicht reinsüß, sondern süß-fade, an Stärke erinnernd. Die in dem Stärkesirup enthaltenen Dextrine sind nicht als Verunreinigung aufzufassen, sondern sind Abbauprodukte der Stärke, die zum großen Teil den Wert des Stärkesirups für gewisse Fabrikationszweige bedingen.

Der Zusatz von geringen Mengen Stärkesirup zu Marmeladen geschieht, um das Auskristallisieren des Zuckers zu verhindern; zu diesem Zweck genügen höchstens 10 %. Größere Mengen — bis etwa 20 % — werden zugefügt, angeblich „um den Geschmack zu mildern". In den meisten Fällen ist der Stärkesirupgehalt der Marmeladen des Handels aber weit höher; hier ist dann keiner der angeführten beiden Gründe stichhaltig. Der Zweck des Zusatzes ist nur die Verlängerung oder Streckung des Produktes mit einem minderwertigeu Stoffe.

Daß der Stärkesirup gegenüber dem Rohrzucker minderwertig ist, ergibt sich aus seiner um 3—4 mal geringeren Süßkraft und seinem weniger als die Hälfte betragenden Preise. Es sind bei der Beurteilung aber noch andere Gesichtspunkte maßgebend. Bei der Herstellung von Marmeladen u. dergl. kann Rohrzucker nur in begrenztem Maße Verwendung finden, da sonst die Süßigkeit der Produkte zu sehr erhöht wird. Der Fabrikant ist somit gezwungen, mehr Früchte und weniger Zucker zu verwenden und die gewünschte dicke Konsistenz durch Verdampfung eines Teiles des Fruchtwassers zu erzielen. Setzt er dagegen den um mehr als die Hälfte weniger süßen Stärkesirup zu, so kann er mehr als die doppelte Menge verwenden, kalt mischen und braucht zur Erzielung der erforderlichen Süßigkeit nur wenig von dem teueteren Rohrzucker zuzugeben. Durch diesen starken Sirupzusatz wird auch die Gesamtmenge des Fruchtwassers gebunden und so die Frucht in ihrem Gesamtgewicht zum Verkaufe gebracht. Durch den hohen Dextringehalt des Sirups wird aber auch ein weiterer völlig neutraler Bestandteil dem Produkte einverleibt, welcher, geruch- und geschmacklos, für den Konsumenten, der eine Fruchtmarmelade zu kaufen glaubt, völlig wertlos ist und direkt den Gehalt an zuckerfreien, teueren Fruchtsubstanzen als Surrogat ersetzen soll[1]).

Es braucht wohl weiter nicht betont zu werden, daß die Fruchtdauerwaren durch den Zusatz von Stärkesirup im Geschmack und Geruch, überhaupt im Genußwert, geringerwertig werden.

Nun ist ja der Stärkesirup als solcher ein in hygienischer Beziehung vollständig einwandfreies Nahrungsmittel, und gegen seinen Zusatz zu den genannten Produkten ist sicherlich nichts einzuwenden, wenn er dem Abnehmer kenntlich gemacht wird, d. h. wenn die Gemische als solche in den Verkehr gebracht werden. Der Zusatz ist dagegen unstatthaft, wenn die Marmeladen usw. als rein bezeichnet oder mit dem

---

[1]) Vergl. v. Raumer, Zeitschr. f. Unters. d. Nahr.- u. Genußm. 1903, **6,** 481—492.

15*

Namen einer bestimmten Fruchtart belegt sind. In solchem Falle besitzt die Marmelade oder Konserve die im Verkehr vorausgesetzte Beschaffenheit nicht, „sie stellt ein verlängertes Produkt dar, bei welchem es dem Verkäufer nur darauf ankommt, durch künstliche Volumvermehrung der Ware einen erhöhten Gewinn zu ziehen"[1]. Es liegen also die Tatbestandsmerkmale der Verfälschung vor (§ 10 des Gesetzes vom 14. Mai 1879).

Selbstverständlich muß der Stärkesirupzusatz e i n w a n d f r e i zur Kenntnis der Konsumenten gebracht werden. Die heute in der Regel sich findenden Deklarationen sind ihrer Fassung wie ihrer Form (Größe) nach zweifellos meist nicht geeignet (und auch wohl nur selten bestimmt), die Käufer über die wirkliche Beschaffenheit der feilgehaltenen Ware aufzuklären. Es ist aber in jedem Falle Sache des Gerichts, zu entscheiden, ob ein Gemisch als solches genügend gekennzeichnet ist oder nicht; der Nahrungsmittelchemiker begnüge sich damit, den Umfang des Stärkesirupzusatzes annähernd zu konstatieren und auf die Art der etwa vorhandenen Deklaration hinzuweisen (vergl. dazu das über „Deklaration" Gesagte S. 62 ff.).

Zur B e s t i m m u n g d e r M e n g e d e s Z u s a t z e s v o n S t ä r k e s i r u p dient die Polarisation der filtrierten Lösung 1 : 10 vor und nach der Inversion. Eine Linksdrehung von weniger als 1° oder eine Rechtsdrehung deuten auf die Anwesenheit von Stärkesirup hin; durch den qualitativen Nachweis des Dextrins (Alkoholfällung) wird diese bestätigt. Die Menge des vorhandenen Stärkesirups kann u n g e f ä h r nach dem von A. B e y t h i e n[2] angegebenen Verfahren aus der Polarisation vor und nach der Inversion berechnet oder aus der von A. J u c k e n a c k[3] mitgeteilten Tabelle ermittelt werden. Annähernd, aber für die Zwecke der Praxis genügend genau kann man sie auch nach E. von R a u m e r[4] in der Weise feststellen, daß man die ganze Masse mit Hefe vergärt und in dem Gärrückstande die Dextrine durch Invertierung und Gewichtsanalyse, d. h. als Dextrose, direkt bestimmt. Selbstverständlich ist eine quantitativ genaue Bestimmung des Stärkesirups schon deshalb nicht möglich, weil dessen Zusammensetzung in gewissen Grenzen schwankt (siehe oben).

2. K ü n s t l i c h e F ä r b u n g.

Nach den Vereinbarungen ist ein Zusatz fremder Farbstoffe zu Marmeladen und dergl., die als rein bezeichnet oder mit dem Namen einer bestimmten Fruchtart belegt sind, unstatthaft.

In der Regel findet die künstliche Färbung mit Teerfarbstoffen bei Erzeugnissen statt, die mit Stärkesirup versetzt, also an sich schon ver-

---

[1] Entsch. d. Landger. Altona v. 6. Oktober 1899. In ähnlichem Sinne liegen zahlreiche Gerichtsentscheidungen vor, so u. a. auch diejenige des Reichsgerichts vom 3. Januar 1898.

[2] Zeitschr. f. Unters. d. Nahr.- u. Genußm. 1903, **6,** 1100.

[3] Dortselbst 1904, **8,** 18.

[4] Dortselbst 1903, **6,** 484.

fälscht sind. Es kann nicht zweifelhaft erscheinen, daß die Färbung in solchem Falle den Zweck verfolgt, der verdünnten Ware den Schein der besseren, wertvolleren und nicht nur — wie die Vertreter gegenteiliger Anschauungen behaupten — der schöneren, zum Genuß einladenden Beschaffenheit zu geben.

Diese Auffassung findet ihre volle Bestätigung in der Entscheidung des Reichsgerichtes vom 3. Januar 1898.

Einer 50% Stärkesirup enthaltenden Marmelade war durch Anwendung von Teerfarbe der Schein verliehen, als wenn sie einen Zusatz von dem quantitativ weniger betragenden Zucker und deshalb einen höheren Prozentsatz von Obstteilen erhalten habe. Es wurde als erwiesen angesehen, daß der Marmelade durch Anwendung der Teerfarbe nicht nur der Schein eines besseren Aussehens, sondern auch einer besseren Beschaffenheit als sie in Wirklichkeit gehabt habe, gegeben sei. Durch die Verwendung von 50% Stärkesirup statt 12,5% Zucker ist der Gehalt an Obstbestandteilen ein quantitativ geringerer und die durch die mehrwertigen Obstteile bewirkte dunkelrote Farbe der Marmelade eine hellere geworden. Zur Verdeckung dieser Minderwertigkeit hat der Angeklagte durch den Zusatz der Teerfarben der Marmelade das Aussehen, als ob sie ein größeres Quantum an Obstsäften enthalte, und zwar ein solches, wie die unter Verwendung von Zucker hergestellte Marmelade, verliehen . . .

Aber auch die Auffärbung reiner, bloß aus Obst und Rohrzucker bestehender Dauerwaren muß stets als Vortäuschung aufgefaßt werden, weil sie den Erzeugnissen ein besseres Aussehen und den Schein eines höheren Gehaltes an färbenden natürlichen Früchten verleiht, als sie ihrer Natur nach beanspruchen können.

So wurde nach dem Urteil des Obersten Landesgerichtes zu München vom 13. Januar 1903 in dem Zusatze eines Teerfarbstoffes zu Preißelbeerkompotts und -marmeladen eine Verfälschung im Sinne des § 10 Ziff. 1 N.M.G. deshalb erblickt, weil die Teerfarbe keinen normalen Bestandteil der Ware bilde, eine künstliche Färbung der letzteren nicht allgemein handelsüblich, auch bei den Zwischenhändlern und Konsumenten, welche gefärbte Waren nicht erwarten und nicht wollen, nicht bekannt sei, und weil mit dem Farbzusatz bezweckt werde, die eintretende Gärung und im Zusammenhang mit derselben die Verdorbenheit der Ware zu verdecken und dieser den Anschein besserer Beschaffenheit und fortdauernder, jedoch nicht mehr vorhandener Frische zu geben; weil endlich der Farbzusatz auch das Wesen der Ware verändere und bewirke, daß die durch die Herstellungsart verloren gegangene Naturfarbe wieder erneuert werde.

Gesundheitsschädliche Farben sind nach § 12 des Nahrungsmittelgesetzes nicht zulässig.

3. Zusatz künstlicher Süßstoffe.

Nach § 2 des Süßstoffgesetzes vom 7. Juli 1902 ist es verboten, Nahrungs- und Genußmitteln bei deren gewerblicher Herstellung Süßstoff zuzusetzen und süßstoffhaltige Nahrungs- und Genußmittel feilzuhalten oder zu verkaufen.

Süßstoff im Sinne dieses Gesetzes sind alle auf künstlichem Wege

gewonnenen Stoffe, welche als Süßmittel dienen können und eine höhere
Süßkraft als raffinierter Rohr- oder Rübenzucker, aber nicht entsprechenden
Nährwert besitzen.

Der Zusatz von Glyzerin als eines minderwertigen, fremdartigen
Stoffes an Stelle von Zucker stellt eine Verfälschung dar.

4. Zusatz von Konservierungsmitteln.

Die Verwendung von Konservierungsmitteln bei der Herstellung von
Fruchtdauerwaren ist weit verbreitet, zumal da sie sehr bequem ist und die
mit der Pasteurisierung und Sterilisation verbundenen Umständlichkeiten
überflüssig macht. Als gebräuchlichste Konservierungsmittel sind zu
nennen: Schweflige Säure, Borsäure, Salicylsäure, Benzoësäure, Ameisensäure, Flußsäure.

Nach den Vereinbarungen sind Zusätze von Konservierungsmitteln
zu Fruchtdauerwaren überhaupt zu beanstanden; wenigstens soll ihre
Anwendung nur gegen Deklaration gestattet sein. Schweflige Säure
ist auf alle Fälle unstatthaft.

Beim Nachweise von Konservierungsmitteln ist auf deren natürliches
Vorkommen Rücksicht zu nehmen. So scheint Salicylsäure in Erdbeeren fast immer, in Himbeeren meistenteils vorzukommen[1]); auch in
verschiedenen anderen Obstsorten, Stein- und Beerenfrüchten, ist sie von
F. W. Traphagen und E. Burke[2]) gefunden worden. Andere Früchte,
wie z. B. Weintrauben, besitzen einen geringen Gehalt an Borsäure[3]),
während Preißelbeeren einen natürlichen Benzoësäuregehalt aufweisen (siehe Vereinbarungen).

Man muß deshalb festzustellen versuchen, ob ein solches Konservierungsmittel der Fruchtdauerware zugesetzt worden ist. Hierzu ist
eine quantitative Bestimmung notwendig, da der natürliche Gehalt an
diesen Substanzen in den Früchten und Fruchterzeugnissen sehr gering
ist, während ein zur Konservierung gemachter Zusatz viel größer sein
muß, wenn er seinen Zweck erfüllen und wirklich konservierend wirken soll.

Die quantitative Bestimmung ist aber auch zur Beurteilung der Gesundheitsschädlichkeit notwendig; diese ist selbstverständlich dem Arzte
zu überlassen.

Die Schweflige Säure findet bei getrockneten Früchten (Aprikosen,
Pfirsichen, Birnen, Prünellen, Äpfeln, Pflaumen) und bei Walnüssen
Anwendung. Sie soll angeblich zum Abtöten von Insekten, Milben und
dergl. dienen, wird aber hauptsächlich angewandt, um den getrockneten
Früchten eine schönere, frischere Farbe zu verleihen und sie für lange
Aufbewahrungsdauer zu erhalten; so erhalten z. B. getrocknete Äpfel
durch Schwefeln eine weiße Farbe, Aprikosen ein feuriges Aussehen und
eine durchscheinende Beschaffenheit. Hierin kann die Vortäuschung einer

---

[1]) Vergl. K. Windisch, Zeitschr. f. Unters. d. Nahr.- u. Genußm. 1903,
6, 447—452.

[2]) Journ. Amer. Chem. Soc. 1903, 25, 242—244.

[3]) Vergl. K. Windisch, Arbeiten a. d. Kais. Gesundheitsamte 1898,
14, 391.

besseren Beschaffenheit, also eine Verfälschung erblickt werden. Denn nach den Urteilen des Hanseatischen Oberlandesgerichtes [1]) vom 30. November 1893 (betreffend Milchkonservierung) und vom Dezember 1899 (betreffend Wurstfärbung) macht es keinen Unterschied, „ob ein Mittel sofort den Schein besserer als der wirlichen Beschaffenheit geben solle, oder ob es bezweckt, daß später, wenn die Ware durch Altern im regelmäßigen Verlaufe unansehnlich zu werden pflegt, der Anschein noch frischer Ware erhalten werden soll". Es ist aber auch nachgewiesen, daß minderwertigem Obste, z. B. Aprikosen, durch nachträgliches Schwefeln eine gute Farbe verliehen werden kann [2]).

Wenn auch die Entscheidung dem Richter zusteht, so empfiehlt es sich für den Nahrungsmittelchemiker doch, in seinem Gutachten wenigstens auf diese Eigenschaften der Schwefligen Säure hinzuweisen.

5. Der Zusatz von organischen Säuren, wie Weinsäure und Zitronensäure, zu Fruchtdauerwaren, die als rein bezeichnet oder mit dem Namen einer bestimmten Fruchtart belegt sind, ist unstatthaft. Er charakterisiert sich als Verfälschung, weil er — da man ohne Deklaration die vorhandene Säure für natürliche Fruchtsäure hält — einen höheren Gehalt an Früchten vortäuscht, mithin den Erzeugnissen den Anschein wertvollerer, d. i. besserer Beschaffenheit verleiht.

6. Vom Zusatz künstlicher Aromastoffe gilt dasselbe.

Als künstliche Aromastoffe kommen meist die sogenannten künstlichen Fruchtäther in Betracht, vorwiegend Aethyl- und Amylester der niederen Fettsäuren, Aldehyde usw. Ihr aufdringlicher Geschmack und Geruch erinnert nur ganz entfernt an die feinen Aromastoffe der natürlichen Früchte; sie stellen nichts weniger als einen vollwertigen Ersatz dieser letzteren dar. Aus diesem Grunde kann auch in dem Zusatz künstlicher Fruchtäther eine Verschlechterung der Fruchtdauerwaren erblickt werden.

Geruch und Geschmack sind das beste Erkennungsmittel zum Nachweis künstlicher Fruchtäther.

7. Beimischung fremdartiger und minderwertiger Fruchtbestandteile.

Insbesondere den Marmeladen und Jams werden in neuerer Zeit allerhand wertlose Fruchtbestandteile zugesetzt, die den Abfall anderer Erzeugnisse bilden. So berichtet A. Juckenack [3]) von der Verwendung der beim Ausstochen und Einmachen von Kürbisfrüchten übrig bleibenden Kürbisabfälle zur Herstellung von Preißelbeermarmelade. Besonders häufig aber werden die ausgepreßten und wiederholt ausgelaugten Trester der Fruchtsaft- und Obstweinfabrikation in großen Mengen den Obstmarmeladen einverleibt.

---

[1]) Vergl. K. Farnsteiner, Bericht d. Hygien. Instituts über d. Nahrungsmittelkontrolle in Hamburg 1898—99; 71.
[2]) H. Schmidt, Arbeiten a. d. Kais. Gesundheitsamte 1904, **21**, 226—284.
[3]) Zeitschr. f. Unters. d. Nahr.- u. Genußm. 1904, **8**, 27.

Als einfaches Mittel zum Nachweis solcher Abfallprodukte in Marmeladen schlägt A. Beythien[1]) die Bestimmung der wasserunlöslichen Stoffe (Rohfaser usw.) vor. Nach seinen Untersuchungen beträgt der Höchstgehalt an wasserunlöslichen Stoffen bei Marmeladen aus Gartenerdbeeren 1,85 %, aus Johannisbeeren 4,08 %, aus Walderdbeeren 5,23 % und aus Himbeeren 6,14 %. Die übrigen Werte bieten nur einen geringen Anhalt für die Menge der vorhandenen Fruchtteile.

Es braucht nicht näher auseinandergesetzt zu werden, daß die Beimischung von Trestern und ähnlichen ganz wertlosen Fruchtbestandteilen eine erhebliche Verschlechterung und mithin eine Verfälschung der Fruchtdauerwaren bildet.

8. Zusatz gewisser Metallsalze.

Zum sogenannten Blanchieren wird den Reineclauden beim Einmachen Kupfervitriol (Blaustein) zugesetzt. Nach einer Entscheidung des Reichsgerichtes[2]) ist hierin unter allen Umständen eine Verfälschung der Früchte zu erblicken, da durch den Zusatz nicht nur das Äußere, sondern auch die Substanz der eingemachten Früchte verändert wird. „Daß diese substantielle Veränderung bei der Bestimmung der Früchte als Nahrungs- und Genußmittel zu dienen, als eine nachteilige angesehen werden muß, dafür spricht die Charakterisierung des Blausteins als eines gefährlichen Mittels, dessen Verwendung zum Einmachen der Früchte höchst bedenklich erscheinen muß."

Nachmachungen.

Sobald in einer Marmelade der Gehalt an Stärkesirup 50 % und mehr beträgt, drängt er die Fruchtbestandteile in bedeutendem Maße zurück. Zieht man dann noch in Betracht, daß zur Erzielung der gewünschten Süßigkeit mindestens noch etwa 15 % Zuckersirup zugesetzt werden müssen, daß bei solchen geringen Produkten oft an Stelle der Früchte minderwertige Fruchttrester Verwendung finden, daß einem solchen Erzeugnis zur Korrektur des Geschmackes Wein- oder Zitronensäure und zur Erreichung einer ansehnlichen Farbe künstlicher Farbstoff zugesetzt wird, so kann man wohl kaum im Zweifel sein, daß hier ein vollständiges Kunstprodukt, eine nachgemachte Marmelade, vorliegt, welche nur mehr den Schein, nicht aber den Gehalt und das Wesen der echten besitzt. Viele derartige Produkte des Handels sind im Grunde weiter nichts, als gefärbte und mit ausgepreßten Fruchttrestern vermischte Stärkesirupe.

Falls solche Erzeugnisse nicht unter einem Namen feilgeboten und verkauft werden, der ihren Charakter als Kunstprodukt erkennen läßt, sind sie nach § 10, Ziffer 2 des Nahrungsmittelgesetzes zu beanstanden.

Die Bezeichnung darf keinen Zweifel darüber aufkommen lassen,

---

[1]) Zeitschr. f. Unters. d. Nahr.- u. Genußm. 1903, **7**, 1114.
[2]) R.G. II. Urt. v. 21. April 1885, vergl. C. D. Menzen, Reichsges. betr. d. Verkehr m. Nahrungsmitteln usw., Paderborn 1898, S. 36.

daß tatsächlich ein Kunstprodukt vorliegt, wie z. B. das Wort „Kunstmarmelade". Um eine Verwechslung mit Fruchtmarmeladen auszuschließen, hat v. Raumer[1] den Ausdruck „Kapillärmus" oder „Sirupmus" für diese Erzeugnisse vorgeschlagen. Zu beanstanden ist aber eine Benennung wie „Gemischte Fruchtmarmelade"; denn nach einer gerichtlichen Entscheidung[2] versteht man unter gemischter Fruchtmarmelade eine Marmelade, welche aus verschiedenen Früchten gemischt ist.

Verdorbene Fruchtdauerwaren.

Fruchtdauerwaren, in welchen bereits Fäulnisvorgänge eingetreten sind, auch verschimmelte, durch Insekten angefressene und beschmutzte Trockenfrüchte sind als verdorben zu beanstanden.

Milben pflegen besonders auf getrockneten, süßen Früchten, wie Kirschen, Rosinen, Datteln, Feigen und namentlich gedörrten Zwetschgen, zur wärmeren Jahreszeit sehr häufig aufzutreten. Solange sie nicht in allzu großer Anzahl vorhanden sind, lassen sie sich durch Abwaschen entfernen, ohne daß die Früchte dabei Schaden leiden. Erst wenn die Milben in größeren Massen auftreten und auf den Zwetschgen schadhafte Veränderungen verursacht haben, kann man die Früchte als verdorben betrachten. Von Milben befallenes Dörrobst läßt einen anfangs honigartigen, später widerlichen Geruch erkennen. Die auf getrockneten Früchten vorkommenden Milben sind nicht mit der Mehlmilbe (Acarus) identisch; sie gehören einer anderen, der Gattung Glycyphagus an. Auch sie zehren ihr Substrat auf, verunreinigen es durch ihre Exkremente und sind geeignet, Ekel hervorzurufen.

Bei in Zuckerlösungen eingelegten oder mit Zucker eingekochten Fruchtdauerwaren können infolge ungenügender Sterilisierung oder mangelhaften Verschlusses oder wenn die Zuckerlösung nicht konzentriert genug war, besonders in der wärmeren Jahreszeit, Gärungen auftreten. Derartige Produkte sind auch der Entwicklung von Schimmelpilzen sehr günstig. Zu stark eingekochte Marmeladen können leicht angebrannt sein.

Alle diese Veränderungen lassen sich weniger aus den Ergebnissen der chemischen Untersuchung als an dem Aussehen und dem Geschmack in unzweideutiger Weise erkennen. Obstkonserven, an welchen sie sich zeigen, sind für verdorben zu erklären. Es kommt indessen vor, daß solche Konserven auf der Oberfläche einen leicht abhebbaren Schimmelbelag zeigen, ohne daß sie in der Substanz irgendwelche nachteilige Veränderung erfahren haben; in solchen Fällen liegt meist kaum ein Anlaß zur Beanstandung vor.

---

[1] l. c.
[2] Entsch. d. Landger. Hagen v. 23. März 1898.

Gesundheitsschädliche Fruchtdauerwaren.

Wie bei den Gemüsedauerwaren, so können auch bei den Fruchtdauerwaren für die Beurteilung der Gesundheitsschädlichkeit vorhandene Metalle oder Metallverbindungen in Frage kommen. Von solchen kann Zink beim Dörren des Obstes auf Zinkblechen oder auf verzinkten eisernen Horden in kleinen Mengen in das Dörrobst gelangen; bei größeren Mengen kann auch das Bestreuen der Äpfelschnitte (Ringäpfel) mit Zinkoxyd zur Erteilung einer weißen Farbe in Betracht kommen. Andere Metalle, wie Blei, Zinn, Kupfer, können aus den Konservenbüchsen oder von der Herstellung herrühren usw.

In allen Fällen, in denen Metalle nachgewiesen sind, ist ihre Menge quantitativ zu bestimmen.

Die als Konservierungsmittel den Fruchtdauerwaren vielfach zugesetzten Stoffe sind meistens gesundheitlich bedenklich.

Die Schweflige Säure gelangt, wie schon oben erwähnt, vorwiegend bei dem Dörrobste zur Anwendung. Nach den Untersuchungen von H. Schmidt[1]) und anderen Forschern ist sie hier in organischer Bindung vorhanden; freie Schweflige Säure tritt offenbar erst nach der hydrolytischen Zerlegung der gebundenen auf. Die so gebundene Schweflige Säure ist aber durchaus nicht unbedenklich. E. Rost und Fr. Franz[2]) haben nachgewiesen, daß die Additionsprodukte, welche durch Anlagerung der Schwefligen Säure an Aldehyde, Zucker und Aceton entstehen, weder unwirksam sind, noch daß ihnen eine eigenartige, von den Eigenschaften der Einzelbestandteile unabhängige Wirkung zukommt. Sie wirken ihrem Wesen nach nicht anders als das schwefligsaure Natrium oder die Schweflige Säure und unterscheiden sich von diesen nur in der Schnelligkeit des Eintritts der Vergiftung und in der Stärke der Wirkung. Durch Lüften wird der Gehalt an Schwefliger Säure nicht in nennenswertem Maße herabgesetzt, während sich bei der küchenmäßigen Zubereitung des geschwefelten Dörrobstes mit der zum Wässern und Kochen benutzten Wassermenge der Gehalt an Schwefliger Säure verringert.

Während die Vereinbarungen den Zusatz von Schwefliger Säure in allen Fällen für unstatthaft erklären, haben Preußen[3]) und andere Bundesstaaten einen Erlaß herausgegeben, laut welchem, vorbehaltlich der im einzelnen Falle den Gerichten zustehenden Entscheidung, ein Zusatz von Schwefliger Säure bei Dörrobst bis zum Höchstgehalte von 0,125 % nicht beanstandet werden soll; bei einem höheren Gehalte sei jedoch in allen Fällen das Strafverfahren herbeizuführen.

Auch gegen die Verwendung anderer Konservierungsmittel, wie Borsäure, Salicylsäure, Ameisensäure, Fluorverbindungen

---

[1]) Arbeiten a. d. Kais. Gesundheitsamte 1904, **21**, 226—284.
[2]) Dortselbst, 1904, **21**, 312—371.
[3]) Erlaß d. Minist. des Kultus u. des Handels v. 15. Febr. 1904.

usw. bestehen mehr oder weniger starke gesundheitliche Bedenken[1]). Ihre Schädlichkeit wird sich nach der Menge richten, in der sie dem menschlichen Organismus zugeführt werden, und ist von Fall zu Fall vom medizinischen Sachverständigen zu beurteilen.

Zur Färbung von Fruchtdauerwaren ist die Benutzung der im § 1 des Gesetzes vom 5. Juli 1887, betreffend die Verwendung gesundheitsschädlicher Farben usw., aufgezählten Farbstoffe und Farbzubereitungen verboten. Andere Farbstoffe, die geeignet sind, die menschliche Gesundheit zu beschädigen, dürfen nach § 12 des Nahrungsmittelgesetzes keine Verwendung finden.

Begutachtung.

Beispiele.

1. Geschwefelte Aprikosen.

Die Untersuchung einer Probe getrockneter kalifornischer Aprikosen ergab, daß die Früchte Schweflige Säure enthielten. Nach der quantitativen Bestimmung betrug die Gesamtmenge Schwefliger Säure 0,178 %, entsprechend 0,702 g kristallisiertem Natriumsulfit ($Na_2 S O_3 + 7$ aq). Das nach der beigefügten Vorschrift aus diesen Aprikosen bereitete Kompott enthielt in 100 g noch 0,052 g Schweflige Säure, entsprechend 0,205 g krystallisiertem Natriumsulfit.

Gutachten.

Der bei der vorliegenden Probe getrockneter Aprikosen festgestellte bedeutende Gehalt an Schwefliger Säure ist auf Schwefeln der Früchte zurückzuführen. Eine solche Behandlung des Obstes mit Schwefliger Säure ist aber zur Erzielung einer haltbaren Ware nicht erforderlich. Gut getrocknete, zuckerreiche Früchte sind vielmehr erfahrungsgemäß ohne Konservierungsmittel genügend haltbar, wie ja auch bei unserem einheimischem Backobst das Schwefeln eine unbekannte Sache ist.

Die geschwefelten Aprikosen unterscheiden sich von den ungeschwefelten lediglich durch ihre feurigere, gleichmäßigere Färbung und ihre durchscheinende Beschaffenheit, nicht aber durch besseren Geschmack. Die Behandlung mit Schwefliger Säure verleiht daher den Früchten den Anschein besserer Beschaffenheit, den sie ihnen auch nach langdauernder Aufbewahrung erhält; sie ist daher als eine Verfälschung im Sinne des § 10 des Gesetzes vom 14. Mai 1879, betreffend den Verkehr mit Nahrungsmitteln usw., zu beurteilen.

Die Entscheidung der Frage, ob die hier gefundenen Mengen Schwefliger Säure geeignet sind, die menschliche Gesundheit zu beschädigen, muß einem medizinischen Sachverständigen vorgelegt werden. Im Falle ihrer Bejahung kommt noch die Anwendung des § 12 des genannten Gesetzes in Betracht.

---

[1]) Vergl. die Technische Begründung des Bundesrats-Beschlusses über gesundheitsschädliche und täuschende Zusätze zu Fleisch usw. vom 18. Febr. 1902; siehe Kapitel „Fleisch“, S. 166.

2. Reine Marmeladen.

Die Untersuchung einiger Marmeladen ergab folgende Werte:

	Erdbeer- marmelade	Johannisbeer- marmelade	Himbeer- marmelade
Wasser	25,40 %	28,75 %	30,76 %
Freie Säure (als Äpfelsäure)	0,88 %	1,43 %	0,78 %
Mineralstoffe	0,33 %	0,38 %	0,34 %
Alkalität der Asche (ccm Norm.-Säure)	2,94	2,43	4,09
Wasserunlösliche Stoffe . .	1,82 %	4,08 %	5,90 %
Invertzucker	2,64 %	2,95 %	2,36 %
Saccharose	58,56 %	57,20 %	55,25 %
Polarisation der Lösung 1 : 10			
direkt	—0,50 °	—1,05 °	—1,25 °
nach der Inversion . .	—1,95 °	—1,30 °	—1,48 °
Künstliche Färbung . .	0	0	0
Künstliche Süßstoffe . .	0	0	0
Salicylsäure	0	0	0

Nach diesem Befunde zeigen alle drei Proben die normale Zusammensetzung reiner Fruchtmarmeladen; sie lassen auf Grund des Untersuchungsergebnisses eine Beimischung fremder Stoffe nicht vermuten.

3. Marmelade mit Stärkesirup, künstlichem Farbstoff und Salicylsäure.

Eine Himbeermarmelade besaß folgende Zusammensetzung:

Wasser . . . . 38,35 %,
Freie Säure (Äpfelsäure) . . . . . 0,73 %,
Mineralstoffe . . . . 0,42 %,
Alkalität der Asche (ccm Norm.-Säure) 1,17,
Wasserunlösliche Stoffe . . . . . . 4,35 %,
Polarisation der Lösung 1 : 10
direkt . . . . +11,12 °,
nach der Inversion . . . . . . + 7,93 °,
Alkoholfällung: stark milchig (Dextrin),
Künstliche Färbung: roter Teerfarbstoff vorhanden,
Künstliche Süßstoffe 0,
Salicylsäure . . . . 0,08 %.

Diese Marmelade besteht, wie die Polarisation der invertierten Lösung 1 : 10 und die Alkoholfällung erweisen, zum großen Teile aus Stärkesirup. Das Produkt ist außerdem mit einem Teerfarbstoff künstlich gefärbt und zur Erhöhung der Haltbarkeit mit Salicylsäure versetzt.

Der Stärkesirup ist ein inbezug auf Süßkraft und Genußwert minderwertiges Ersatzmittel des Rohrzuckers. Sein Preis beträgt nicht ganz die Hälfte des letzteren.

Bei der Herstellung der Marmeladen kann Rohrzucker nur in beschränktem Maße Verwendung finden, da sonst die Süßigkeit des Erzeugnisses zu sehr erhöht wird. Der Fabrikant ist somit gezwungen, mehr von den wertvollen Früchten und weniger Zucker zu verwenden und zur Erzielung der gewünschten Konsistenz einen Teil des Fruchtwassers zu verdampfen, was wiederum mit Kosten verbunden ist. Setzt er dagegen den um mehr als die Hälfte weniger süßen Stärkesirup dem Produkte zu, so kann er davon die doppelte Menge und dementsprechend weniger Früchte anwenden, kalt mischen und braucht zur Erhöhung des süßen Geschmacks nur wenig teueren Rohrzucker zuzugeben. Durch diesen starken Sirupzusatz wird auch die Gesamtmenge des Fruchtwassers und so die Frucht in ihrem Gesamtgewichte zum Verkauf gebracht.

Der Stärkesirup besteht nun zu etwa 60 % aus Dextrin und Wasser. Durch Zusatz des Sirups werden der Marmelade also zwei weitere fremdartige Stoffe einverleibt, welche geruch- und geschmacklos, für den Konsumenten, der eine Fruchtmarmelade zu kaufen glaubt, völlig wertlos sind und direkt den Gehalt an zuckerfreien, teueren Fruchtsubstanzen als Surrogat ersetzen sollen.

Die Beimengung von Stärkesirup zu Fruchtmarmeladen stellt demnach eine Verlängerung, eine Streckung des Produkts mit minderwertigen, fremdartigen Stoffen dar; sie charakterisiert sich objektiv als eine Verfälschung im Sinne des Gesetzes vom 14. Mai 1879, sofern sie nicht in einwandfreier Weise durch Deklaration zur Kenntnis der Käufer gebracht wird.

Durch die künstliche Färbung wird der Käufer über die Anwesenheit der genannten, sonst die Farbe der Marmelade verdünnenden, wertlosen Substanzen hinweggetäuscht, durch sie wird dem Produkte der Schein einer besseren Beschaffenheit verliehen.

Die Marmelade enthält ferner zum Zwecke der Erhöhung ihrer Haltbarkeit einen Zusatz von 0,08 % Salicylsäure. Wegen ihrer gesundheitsschädlichen Eigenschaften ist der Zusatz dieser Substanz zu Wein und Fleisch in jeglicher Menge reichsgesetzlich verboten. Es ist daher nicht einzusehen, weshalb er bei anderen Nahrungs- und Genußmitteln für zulässig erachtet werden soll. Im vorliegenden Falle empfiehlt es sich, diese Frage einem medizinischen Sachverständigen zur Begutachtung vorzulegen.

4. Marmelade mit Stärkesirup, Saccharin und künstlichem Farbstoff.

Die Untersuchung einer Johannisbeermarmelade ergab:

Wasser	45,31 %,
Trockenrückstand	54,69 %,
Mineralstoffe	0,473 %,
Freie Säure (als Äpfelsäure)	1,37 %,

<pre>
Gesamtzucker (als Saccharose) . . .   26,34 %,
Palarisation in 30%iger Lösung nach
     dem Vergären i. 200 mm-Rohr . .   +7,3°,
Dextringehalt nach der Vergärung . .   7,72 %,
Künstliche Färbung: roter Teerfarbstoff vorhanden,
Künstliche Süßstoffe: Saccharin vorhanden,
Konservierungsmittel . . . .   0.
</pre>

Die bedeutende Rechtsdrehung und der hohe Dextringehalt nach der Vergärung zeigen an, daß diese Marmelade stark mit Stärkesirup versetzt ist. Wenn man nach E. v. Raumer[1]) den Dextringehalt des Stärkesirups im Mittel zu 30% annimmt (nach dem angeführten Gutachten des Kaiserl. Gesundheitsamtes beträgt der Dextringehalt meist 35—45%), so berechnet sich aus dem gefundenen Dextringehalte der Marmelade nach der Vergärung ein Stärkesirupzusatz von 25,7%.

Zur Erhöhung der Süßkraft (bei nur 26,34% Rohrzucker) ist dem Produkt Saccharin zugesetzt worden. Außerdem ist es mit einem Teerfarbstoffe künstlich gefärbt.

Gutachten.

Wie der vorstehende Befund ergibt, wurde zur Herstellung dieser Johannisbeermarmelade etwa 25% Kartoffelstärkesirup verwendet. Das Erzeugnis wurde ferner künstlich gefärbt und zur Erhöhung seiner, bei einem Gehalte von nur 26% Rohrzucker jedenfalls ungenügenden Süßigkeit mit Saccharin versetzt.

In diesen Zusätzen ist aus folgenden Gründen eine Verfälschung zu erblicken:

(Die Beurteilung des Zusatzes von Stärkesirup und der künstlichen Färbung geschieht in der Art des Beispiels Nr. 3.)

Der Zusatz von Saccharin, welches keinen Nährwert besitzt, stellt eine Verfälschung dar, weil dadurch ein höherer Gehalt an dem inbezug auf seinen Nährwert wertvollen Rohrzucker vorgespiegelt, dem Produkte also der Schein einer besseren, d. i. wertvolleren Beschaffenheit verliehen wird.

Außerdem ist aber durch das Süßstoffgesetz vom 7. Juli 1902, § 2, verboten, Nahrungs- und Genußmitteln bei deren gewerblicher Herstellung Süßstoff zuzusetzen und süßstoffhaltige Nahrungs- und Genußmittel feilzuhalten oder zu verkaufen.

5. Marmeladen mit Fruchttrestern (Gemischte Fruchtmarmelade).

Die Analyse von zwei Marmeladen führte zu folgenden Ergebnissen[2]):

------

[1]) Vergl. Zeitschr. f. Unters. d. Nahr.- u. Genußm. 1903, **6**, 481—492.
[2]) Vergl. A. Beythien, Zeitschr. f. Unters. d. Nahr.- u. Genußm. 1903, **6**, 1116.

	Nr. 1. Himbeer- marmelade	Nr. 2. Gemischte Frucht- marmelade
Gehalt an Äpfelsäure	1,21 %	—
„ „ Mineralstoffen . . .	—	0,61 %
„ „ Stickstoffsubstanz . .	1,26 %	1,13 %
„ „ Pektin	2,79 %	3,07 %
„ „ Proteïn im Pektin .	2,51 %	9,08 %
„ „ wasserunlöslichen Stoffen	20,40 %	12,20 %
Polarisation der Lösung 1 : 10 direkt	$-0°54'$	$+0°10'$
invertiert	$-1°$	$-0°54'$

In beiden vorstehenden Proben deuten die hohen Werte für die wasserunlöslichen Stoffe darauf hin, daß diese Marmeladen große Mengen verkochter, ausgepreßter Fruchttrester enthalten. Kartoffelstärkesirup fehlt.

G u t a c h t e n,

Ausgepreßte Fruchttrester sind die Rückstände von der Fruchtsaft- und Obstweinbereitung. Sie sind den zur Marmeladeherstellung dienenden Früchten gegenüber inbezug auf Genußwert und Preis nahezu wertlos. Zudem sind sie, ihrer Herkunft nach, durchaus nicht einwandfrei, zum mindesten unappetitlich.

Der Zusatz ausgepreßter Fruchttrester zu einer Marmelade bildet aus diesen Gründen eine grobe Verschlechterung, also eine Verfälschung derselben.

Was die Bezeichnung der Probe Nr. 2 als „g e m i s c h t e F r u c h t - m a r m e l a d e" anbelangt, so ist zu erklären, daß hierin keine Deklaration für ein eingekochtes Gemisch von Obst und den erwähnten Preßrück- ständen zu erblicken ist. Unter „gemischter Fruchtmarmelade" versteht man nach gerichtlicher Entscheidung nur eine Marmelade, welche aus verschiedenen Früchten gemischt ist.

6. N a c h g e m a c h t e M a r m e l a d e.

Ein als „Obstmarmelade" bezeichnetes Produkt zeigte bei der Untersuchung nach dem von E. v o n R a u m e r [2]) angegebenen Verfahren folgende Verhältnisse:

Polarisation in 30 %iger Lösung nach dem

Vergären im 200 mm-Rohr . . . $+26,1°$,

Dextrin nach der Vergärung . . . . 23,64 %,

Künstliche Färbung: sehr stark.

Die außerordentlich starke Rechtsdrehung der 30 %igen Lösung nach dem Vergären und die große Dextrinmenge deuten auf einen sehr hohen Gehalt an Stärkesirup. Dieser berechnet sich (vgl. Beispiel 4) zu 67—84 %, je nach dem dem Stärkesirup zugrunde gelegten Dextrin-

---

[1]) l. c.
[2]) Zeitschr. f. Unters. d. Nahr.- u. Genußm. 1904, **8**, 26—34.

gehalte; man kann also auf einen Stärkesirupgehalt von 65—80 %
schließen.

Eine nach dem von A. J u c k e n a c k und H. P r a u s e [1]) vorgeschlagenen Verfahren untersuchte H i m b e e r m a r m e l a d e gab folgendes Resultat:

Wasser	31,44 %,
Trockenrückstand	68,56 %,
Wasserunlösliche Stoffe	2,66 %,
Wasserlöslicher Extrakt	65,9 %,
Gesamtzucker (als Saccharose berechnet)	29,98 %,
in 100 g wasserlöslichem Extrakt sind	
Gesamtsäure (Äpfelsäure) . . .	0,76 g,
Mineralstoffe	0,59 g,
Spezifische Drehung nach der Inversion	
der Marmelade	+ 83,8 °,
des löslichen Extraktes	+127,1 °,
Fremde Farbstoffe: vorhanden.	

Aus der spezifischen Drehung des invertierten, wasserlöslichen Extraktes berechnet sich ein Gehalt von 77 % Stärkesirup.

G u t a c h t e n.
Diese Produkte bestehen zu 65—80 % aus Stärkesirup. Zieht man
in Betracht, daß außerdem zur Erreichung der notwendigen Süßigkeit
noch Zuckersirup vorhanden ist, so bleibt für die Fruchtbestandteile nur
sehr wenig Platz übrig. Um diesen Mangel äußerlich zu verdecken, ist
die Masse künstlich gefärbt worden.

Es liegen hier also Erzeugnisse vor, die nur mehr den Schein,
nicht aber den Gehalt und das Wesen der echten Obstmarmeladen besitzen. Wir haben es also mit Kunstprodukten, mit nachgemachten
Marmeladen zu tun, für welche eine entsprechende Bezeichnung, wie
etwa „Kunstmarmelade" oder „Sirupmus" zu wählen ist.

Verkauf oder Feilhalten dieser Produkte als „Obstmarmelade" verstößt gegen § 10 des Gesetzes vom 14. Mai 1879, sofern nicht auch
noch § 263 des Str.-G.-B. (Betrug) in Frage kommt.

7. Künstlich gefärbtes Preißelbeerkompott.

Preißelbeerkompott in Blechbüchsen war nach dem Untersuchungsbefunde mit einem roten Teerfarbstoffe künstlich gefärbt.

G u t a c h t e n.
Preißelbeerkompott ist ein Genußmittel im Sinne des Nahrungsmittelgesetzes. Zum Wesen dieses Genußmittels gehört der zugesetzte
rote Teerfarbstoff nicht; er bildet vielmehr einen fremden Bestandteil
dieses Erzeugnisses.

Durch das Einkochen der frischen Preißelbeeren mit Zucker wird

---

[1]) Zeitschr. f. Unters. d. Nahr.- u. Genußm. 1904, **8**, 26—34.

ihr natürlicher Farbstoff nicht zerstört, sie behalten als Kompott vielmehr jene schöne, tiefrote Farbe, die sowohl von den Zwischenhändlern wie auch von den Konsumenten geschätzt und erwartet wird. Eine künstliche Färbung des Preißelbeerkompotts ist auch bei der Herstellung im Großen weder notwendig noch handelsüblich; eine solche ist beim kaufenden Durchschnittspublikum keineswegs beliebt, ja diesem nicht einmal bekannt.

Das Preißelbeerkompott erfordert eine sorgfältige Aufbewahrung und Behandlung, was jeder Zwischenhändler wissen muß. Bei langer Lagerung, hohem Alter der Ware und außerdem durch die nachteiligen Einwirkungen von Luft und Licht können die eingekochten Preißelbeeren leicht in Gärung geraten. Durch die Gärung tritt eine Zersetzung des Erzeugnisses ein, welches in diesem Stadium bereits verdorben oder doch im Beginn des Verderbens und hierdurch unappetitlich, unverkäuflich und wertlos geworden ist. Das Zeichen der Gärung ist eine an den Früchten auftretende blaugraue Mißfärbung, welche jedem die Ware sofort als verdorben und wertlos kenntlich macht.

Durch den Zusatz der roten Teerfarbe tritt aber trotz der Gärung diese Mißfärbung nicht ein. Dieser Farbstoff bleibt vielmehr auch bei eingetretener Gärung der Preißelbeeren erhalten und verleiht diesen den Anschein guter und vollwertiger Ware, trotzdem sie durch die Gärung bereits verdorben oder doch im Beginne des Verderbens und deshalb unverkäuflich und wertlos sind.

Die aus den angegebenen Ursachen entstehende Gärung und Zersetzung des Preißelbeerkompotts wird daher durch die künstliche Färbung verdeckt, und es wird sonach der Schein einer in Wirklichkeit nicht vorhandenen besseren Beschaffenheit dieses Erzeugnisses erweckt.

Damit dürften die Tatbestandsmerkmale der Verfälschung für die künstliche Färbung des Preißelbeerkompotts gegeben sein.

II. Fruchtgelees, Obstkraut.

Durch weitgehendes Einkochen der mit Rohrzucker versetzten Fruchtsäfte erhält man die Fruchtgelees. Gegenüber den Fruchtsäften zeigen sie bei geringerem Wassergehalte eine feste, gallertartige Konsistenz; dabei sind sie klar oder mindestens durchscheinend.

Von den Jams und Marmeladen unterscheiden sich die Fruchtgelees dadurch, daß sie nur aus Fruchtsaft bereitet werden, nicht aber zugleich Teile des Fruchtfleisches einschließen.

Unter „Kraut“ oder „Obstkraut“ versteht man gewisse Fruchtsäfte, die ohne Zusatz von Rohrzucker für sich allein bis zur sirupartigen Beschaffenheit eingedunstet wurden. Dieses namentlich in Nordwestdeutschland sehr verbreitete Genußmittel wird vorwiegend aus Äpfeln oder Birnen hergestellt (Äpfel- bzw. Birnenkraut); das aus dem

Safte von gemischtem Obst, Äpfeln und Birnen, gewonnene Produkt heißt Obstkraut.

Die Bezeichnungen Gelee und Kraut werden vielfach verwechselt.

Verfälschungen.

1. **Ein Zusatz von fremden Säuren** (Weinsäure, Zitronensäure) zu Gelees und Kraut, die als rein bezeichnet oder mit dem Namen einer bestimmten Fruchtart belegt sind, ist unstatthaft[1]). Der nach J. König vereinzelt beobachtete Zusatz von Oxalsäure würde außerdem noch gegen § 12 des Nahrungsmittelgesetzes verstoßen.

2. Der **Zusatz von künstlichen Aromastoffen** ist ebenfalls unzulässig[1]) und als Verfälschung zu erachten, da er durch die Vorspiegelung eines intensiveren Fruchtaromas einen höheren Gehalt an Früchten, also eine wertvollere, bessere Beschaffenheit vorzutäuschen bezweckt.

Als künstliche Aromastoffe kommen vorwiegend Äthyl- und Amylester der niederen Fettsäuren, ferner Aldehyde usw. in Betracht.

3. **Der nicht gekennzeichnete Zusatz von fremden Farbstoffen** zu Fruchtgelees ist stets als eine Vortäuschung aufzufassen. Denn selbst bei Verwendung von reinen Fruchtsäften und Rohrzucker soll dem Erzeugnisse durch die Auffärbung ein besseres Aussehen verliehen werden, als es seiner Natur nach beanspruchen kann, d. h. es soll dadurch ein höherer Gehalt an färbenden, natürlichen Früchten vorgespiegelt werden. (Vergl. auch das im Abschnitt „Fruchtdauerwaren“ hierüber Gesagte.)

Gesundheitsschädliche Farben sind dabei nach § 12 des Nahrungsmittelgesetzes unzulässig.

4. Ebenso ist der **Zusatz von Stärkezucker oder Stärkesirup** bei diesen Produkten zu beanstanden. Dieser Zusatz neben oder an Stelle von Rohrzucker gibt den Erzeugnissen ein gehaltreicheres Aussehen, während er in Wirklichkeit nur zur „Streckung“ dient. Denn zur Erzielung desselben Süßigkeitsgrades müssen dem betreffenden Gelee erheblich größere Mengen nicht aus dem Obst stammender Stoffe zugesetzt werden, als wie dies bei Verwendung von Rohrzucker erforderlich wäre. Außerdem gelangen bei dem hohen Gehalte des Handelsstärkesirups an Dextrinen mit dem Versüßungsmittel fremde Substanzen in den Obstsaft, welche für die Versüßung überhaupt nicht in Betracht kommen können und von den Konsumenten weder gewünscht noch erwartet werden. In dem Zusatze von Stärkezucker oder Stärkesirup dürfte also eine Täuschung im Sinne des § 10 des Nahrungsmittelgesetzes zu erblicken sein, sofern er nicht einwandfrei deklariert ist.

Desgleichen wäre der **Zusatz von Glyzerin**, als eines fremdartigen Stoffes ohne Nähr- und Genußwert, als Verfälschung zu beurteilen.

---

[1]) Vereinbarungen, Heft II, S. 108.

Der Zusatz von künstlichen Süßstoffen zu Gelees und Kraut ist durch das Süßstoffgesetz vom 7. Juli 1901 verboten.

Bei den als „Obstkraut" bezeichneten Erzeugnissen — bei denen als Versüßungs- und Verdickungsmittel auch nicht einmal Rohrzucker angewendet zu werden pflegt — soll ein Zusatz von Rohrzucker deklariert werden.[1]).

Der Zusatz von gelatinierenden Stoffen, wie Agar-Agar, Gelatine usw., ist nur bei Gelees aus solchen Früchten statthaft, deren Saft bei geeignetem Einkochen mit Zucker nicht von selbst gallertartig erstarrt. Bei Himbeer-, Johannisbeer-, Apfelgelee usw. und auch bei Gelees mit der allgemeinen Bezeichnung „Fruchtgelee" oder dergl. soll ein Zusatz gelatinierender Mittel deklariert werden[1]).

6. Der Zusatz von Konservierungsmitteln (Schweflige Säure, Ameisensäure, Borsäure, Salizylsäure, Benzoësäure usw.) zu den zum Verkauf gelangenden Fruchtgelees ist nach den „Vereinbarungen" unstatthaft. Hierbei ist zu beachten, daß viele Früchte einen kleinen, natürlichen Borsäuregehalt haben, und daß in den Erdbeeren und Himbeeren Stoffe vorkommen, die eine ähnliche Reaktion mit Eisenchlorid wie Salicylsäure geben.

7. Der Zusatz fremdartiger Stoffe, wie Mehl, zu Obstkraut ist natürlich eine Verfälschung.

Nachmachungen.

Nachgemachte Fruchtgelees finden sich im Handel, die im wesentlichen aus einem Gemisch von Stärkesirup (mit oder ohne Beigabe von Rohrzucker), Wein- oder Zitronensäure, künstlichem Fruchtäther, vielleicht auch etwas echtem Fruchtsaft oder Auszug aus Obsttrestern bestehen. Die Masse ist künstlich gefärbt und mit Hilfe von Agar-Agar oder mit einem anderen Geliermittel auf die erforderliche geleeartige Konsistenz gebracht.

Derartige Kunstprodukte müssen unter einer einwandfreien Bezeichnung in den Handel gebracht werden. Unter dem Namen „Fruchtgelee" oder einem ähnlichen, der geeignet ist, die Vorstellung zu erwecken, daß das Gelee aus frischen Früchten bereitet wurde, sind sie als nachgemacht im Sinne des § 10 des Nahrungsmittelgesetzes zu beanstanden.

In neuerer Zeit werden bei der Herstellung von Apfelgelee und Apfelkraut an Stelle frischer Früchte die in Amerika bei der Herstellung der sogenannten Ringäpfel entstehenden Abfälle verwendet. Diese getrockneten Abfälle werden mit einer großen Menge — etwa 60 % — Stärkesirup verarbeitet, und das so erhaltene Präparat wird als „versüßtes Apfelgelee" in den Handel gebracht. (Mit Recht hat Look dieses Produkt als „geapfelten Stärkesirup" bezeichnet)[2]). Abgesehen vom

---

[1]) Vereinbarungen, Heft II, S. 108.
[2]) Gutachten der Kgl. Preuß. Technischen Deputation über Apfelkraut; Zeitschr. f. öffentl. Chem. 1899, 38.

16 *

Stärkesirup ist bei solchen Erzeugnissen die Verwendung von alten Äpfelteilen bedenklich. Es ist zu beachten, daß die gerade für die Geleebereitung wertvollen Stoffe, welche das sogenannte Aroma der frischen, reifen Früchte bilden, geneigt sind, sich zu verändern; daher ist in den getrockneten und auf langem Wege versandten Schnittstücken nichts weniger als ein vollwertiger Ersatz für frische Äpfel zu erblicken. Auch diese Produkte qualifizieren sich selbstverständlich als nachgemacht im Sinne des genannten Gesetzes.

Als Ersatzmittel für Obstkraut dienen Zuckerrübenkraut, Möhrenkraut und Malzkraut. Solange diese unter ihrem wahren Namen in den Handel gebracht werden, ist gegen sie nichts einzuwenden. Sobald sie aber mit Obstkraut vermischt oder für sich allein als „Obstkraut" oder „Kraut" feilgeboten werden, liegt Verfälschung resp. Nachmachung im Sinne des § 10 des Nahrungsmittelgesetzes vor.

J. König[1]) gibt in der Tabelle Seite 245 die Zusammensetzung der verschiedenen Krautsorten und ihrer Mischungen. Die Unterschiede für den Nachweis von Verfälschungen lassen sich daraus erkennen.

Man ersieht hieraus, daß die Saccharose der Zuckerrüben beim Eindunsten des Saftes zum Sirup in nicht unerheblicher Weise in Invertzucker übergeführt wird. Immerhin bleibt der größte Teil als Saccharose bestehen, wodurch sich dieses Kraut von dem Obst- und Malzkraut unterscheidet; letztere sind dagegen durch eine größere Menge Glukose bzw. Maltose (d. h. direkt reduzierenden Zucker) ausgezeichnet. Auch das Möhrenkraut enthält zum Unterschiede von Zuckerrübenkraut verhältnismäßig viel Glukose und wenig Saccharose.

Ferner sind die einzelnen Krautsorten durch einen verschiedenen Gehalt an Stickstoff, Phosphorsäure, Kali und besonders durch ihr Drehungsvermögen gekennzeichnet. Der Zusatz von Rohrzucker zu Obstkraut vermehrt den Gehalt an Saccharose, vermindert aber die Linksdrehung; der Zusatz von Stärkesirup zu Obst- oder Rübenkraut vermehrt nicht nur den Gehalt an Nichtzucker, sondern verwandelt die Linksdrehung des Obstkrautes in Rechtsdrehung und erhöht die Rechtsdrehung des Rübenkrautes.

Der Zusatz von Mehl zu Obstkraut vermehrt selbstverständlich die Menge an Nichtzucker, vermindert die Linksdrehung und läßt sich mikroskopisch nachweisen.

Diese Unterschiede können zur Feststellung der Abstammung der Krautsorten wie auch zum Nachweise von Verfälschungen dienen.

---

[1]) Chemie d. menschl. Nahrungs- u. Genußmittel, 4. Aufl. Berlin 1904, Bd. II, S. 969.

Nr.	Erzeugnis	Anzahl der Analysen	Wasser %	Fruchtzucker (Glukose) %	Saccharose %	Säure = Äpfelsäure %	Stickstoff %	Nichtzucker %	Mineralstoffe %	Phosphorsäure %	Kali %	Kalk %	Magnesia %	Drehung der Lösung 1:10 im 200 mm-Rohr
						a) Reine Erzeugnisse ohne Zusätze.								
1.	Obstkraut	10	34,88	52,94	2,77	2,26	0,200	5,23	1,92	0,160	0,96	0,139	0,070	— 4°45'
2.	Zuckerrüben-kraut	5	28,01	17,85	43,63	1,409	0,727	5,30	3,80	0,419	1,49	0,104	0,202	+ 5°36'
3.	Möhrenkraut	1	31,19	40,30	12,64	2,363	0,612	7,66	5,85	0,481	2,18	0,296	0,123	+ 0°45'
4.	Malzkraut	2	25,63	50,23 (Maltose)	6,75 (Dextrin)	1,570 (Milchsäure)	0,516	21,30	1,37	0,709	0,19	0,102	0,209	+ 19°48'
						b) Gemischte Erzeugnisse.								
1.	Von Obst- und Rübenkraut zu gleichen Teilen	1	26,83	36,10 (Glukose)	20,74 (Saccharose)	1,314	0,374	12,51	2,47	0,324	1,01	0,118	0,155	— 0°20'
		1	29,09	38,08	22,38	1,876	0,389	5,63	2,94	0,347	1,08	0,086	0,185	+ 0°27'
2.	Gemisch von Malzkraut zu gleichen Teilen mit:													
	α) Obstkraut	1	26,63	48,75	2,01	1,435	0,324	19,50	1,68	0,571	0,68	0,176	0,169	+ 7°53'
	β) Rübenkraut	1	29,15	27,81	21,76	1,333	0,538	17,73	2,22	0,652	0,69	0,100	0,204	+ 11°44'
3.	Mit Stärkesirup gemischte Krautsorten:													
	α) Äpfelkraut	1	30,83	50,40	2,89	0,250	0,323	13,09	1,47	0,170	0,72	0,080	0,045	+ 2°58'
	β) Rübenkraut	1	25,99	30,80	20,77	0,243	0,768	18,05	2,62	0,091	1,01	0,250	0,025	+ 13°45'
4.	Äpfelkraut mit Kreide abgestumpft unter Zusatz von 75 g Rohrzucker auf 1 kg Saft.													
		1	37,81	44,00	13,41	2,889	0,170	0,46	1,43	0,068	0,53	0,184	Spur	— 2°50'
5	Birnenkraut mit Mehl eingekocht.													
		1	23,86	21,48	0,69	1,407	0,239	51,44	1,12	0,171	0,59	0,088	0,079	— 1°13'

11. Kapitel.

Fruchtsäfte, Limonaden, Brauselimonaden.

Spezialgesetze.

Für den Verkehr mit Fruchtsäften, Limonaden und Brauselimonaden kommen neben den allgemeinen Bestimmungen des Nahrungsmittelgesetzes und des Strafgesetzbuches in Betracht:

§ 1 des Gesetzes, betreffend die Verwendung gesundheitsschädlicher Farben bei der Herstellung von Nahrungsmitteln, Genußmitteln und Gebrauchsgegenständen, vom 5. Juli 1887 und

§ 2 des Süßstoffgesetzes vom 7. Juli 1902.

Fruchtsäfte.

Begriff und Zusammensetzung.

Rohe Fruchtsäfte (Succus) nennt man die durch Pressen ohne jeden Zusatz gewonnenen, unverdünnten, eventuell in einwandfreier Weise haltbar gemachten Säfte der Früchte, deren Namen sie tragen. Manche Früchte, z. B. Himbeeren, überläßt man vor dem Auspressen des Saftes oft der alkoholischen Gärung, wobei gewisse für die Haltbarkeit der Säfte nachteilige Substanzen (Pektinstoffe usw.) abgebaut werden.

Bei einigen Fruchtsorten, wie Zitronen und Apfelsinen, kommen die Preßsäfte als solche in den Verkehr; bei anderen, wie Himbeeren, Erdbeeren, Kirschen usw., bilden sie das Ausgangsmaterial für die Fruchtsäfte des Handels. Im ersteren Falle werden die Säfte durch Pasteurisieren, Alkoholzusatz oder mit Konservierungsmitteln haltbar gemacht (siehe unten).

Bei den meisten Früchten ist der rohe Preßsaft als solcher nicht verwendbar; er wird daher mit Rohr- oder Rübenzucker entweder in der Kälte versetzt oder aufgekocht. Man erhält so die dickflüssigen, gezuckerten Fruchtsäfte oder Fruchtsirupe.

Für die unter Zusatz von Zucker hergestellten Fruchtsirupe hat sich vielfach im Handel und Verkehr die Bezeichnung „Fruchtsaft" eingebürgert. So versteht man ganz allgemein unter Himbeersaft, Erdbeersaft, Kirschsaft die gezuckerten Säfte; die eigentlich richtigen Benennungen Himbeersirup, Erdbeersirup, Kirschsirup sind wenig oder gar nicht gebräuchlich.

Nach der Entscheidung des Reichsgerichts vom 26. März 1900[1] ist denn auch unter Fruchtsaft im Sinne des Gesetzes nicht bloß der Fruchtsaft zu verstehen, wie er durch Pressen oder sonstige Bereitungsarten unmittelbar aus der Frucht gewonnen wird, sondern der Saft in der Bereitung wie er in den Verkehr gebracht wird, also insbesondere mit Zusatz von Zucker oder anderen gärungshindernden Stoffen.

---

[1] Zeitschr. f. Unters. d. Nahr.- u. Genußm. 1902, **5,** 189.

Fruchtsirupe werden auch durch Auslaugen der frischen Früchte mit trockenem Zucker gewonnen.

Dagegen ist für ein Getränk, welches aus Dörräpfeln durch Wasseraufguß bereitet wird, die Bezeichnung Apfelsaft unzulässig. [Reichsgerichtsentscheidung[1]).]

Bei der Bereitung der Fruchtsäfte gelangt manchmal auch die sogenannte Nachpresse zur Verwendung, d. h. das nach Aufguß von Wasser auf die ersten Preßrückstände (Obsttrester) durch nochmalige Pressung gewonnene Produkt. Der Zusatz von Nachpresse zu Fruchtsaft soll nach dem Beschlusse der Freien Vereinigung deutscher Nahrungsmittelchemiker (1906, Nürnberg[2]) „in deutlicher, nicht zur Täuschung geeigneter Weise nach Art und Menge" deklariert werden.

Während die Vereinbarungen[3]) Konservierungsmittel in den zum Verkauf gelangenden Fruchtsäften überhaupt für unstatthaft erklären, beschloß die genannte Freie Vereinigung für eine Neubearbeitung der Vereinbarungen folgende mildere Fassung zu beantragen: „Der Zusatz von Konservierungsmitteln ist nur insoweit gestattet, als ihre Gesundheitsunschädlichkeit selbst bei dauerndem Genuß feststeht. Der Zusatz ist in jedem Falle nach Art und vorhandener Menge deutlich zu deklarieren."

Alle Fruchtsäfte müssen klar sein.

Der durch Pressen aus frischen Früchten erhaltene Saft stellt eine in ihnen vorhanden gewesene Lösung von Fruchtbestandteilen dar, von denen die wesentlichsten sind: Zucker, meist in Form von Glukose und Fruktose, sehr oft neben Saccharose; Pflanzensäuren, meist Äpfelsäure, Weinsäure, Weinsteinsäure, Zitronensäure; in sehr geringen Mengen oft Salizylsäure, Benzoësäure; aromatische Schmeck- und Riechstoffe manigfacher Art, deren chemische Natur wenig bekannt ist; Pektinstoffe; Eiweißstoffe; mineralische Bestandteile, besonders Verbindungen des Kaliums, ferner gebundene Phosphorsäure. Außerdem sind in Fruchtsäften mehr oder minder erhebliche Mengen chemisch weniger gekannter Stoffe, sogenannte Extraktivstoffe vorhanden. Fruchtsaft ist in der Regel fast farblos; er besitzt in manchen Fällen jedoch eine verhältnismäßig starke Farbe, so z. B. der Saft der roten Himbeere, mancher Kirschenarten, der Maulbeeren, der Brombeeren. Die Farbe ist in den genannten Fällen rot in besonderen Tönungen; über die chemische Beschaffenheit der Farbstoffe ist wenig mehr bekannt, als daß sie in allen Fällen stickstofffreie Körper zu sein scheinen[4]).

Was nun das Mengenverhältnis dieser Bestandteile in den einzelnen Fruchtsäften anbelangt, so ist über diesen Gegenstand gerade während

---

¹) R.G. Urteil v. 22. Juni 1906; vergl. Zeitschr. f. d. ges. Kohlensäureind. 1906, **12**, 435.

²) Siehe Zeitschr. f. Unters. d. Nahr.- u. Genußm. 1906, **12**, 26—34; vergl. auch Deutsch. Nahrungsmittelbuch, S. 116.

³) Heft II, S. 108.

⁴) Vergl. Deutsch. Nahrungsmittelbuch, S. 119.

der letzten Jahre viel gearbeitet worden; indessen sind diese Arbeiten bisher noch nicht so weit gediehen, daß jetzt schon ein allen Verhältnissen Rechnung tragendes Urteil möglich wäre.

Für Himbeersaft d. h. Himbeersirup gelangt Spaeth[1]) zu folgenden Anforderungen:

1. Der Himbeersirup soll klar, von kräftig roter Farbe und von charakteristischem Himbeergeruch- und ·geschmack sein, welche Eigenschaften besonders beim Verdünnen des Saftes mit Wasser hervortreten.

2. Fremde Farbstoffe, Pflanzen- wie Teerfarbstoffe, dürfen nicht vorhanden sein; auch Konservierungsmittel darf ein reiner Sirup nicht enthalten; ein ordentlich zubereiteter Himbeersirup hält sich auch ohne Konservierungsmittel jahrelang vorzüglich.

3. Reiner Himbeersirup muß einen Aschengehalt von mindestens 0,20 g besitzen; zur Neutralisation der alkalischen Reaktion der Asche dürfen nicht weniger wie 2 ccm N-Säure verbraucht werden; unter diesen Zahlen gefundene Werte, ferner ein niedriger Gehalt an Säure und ein Gehalt an zuckerfreiem Extrakt unter 1,3 g sprechen deutlich für die Verwendung eines durch Wasserzusatz gefälschten Himbeerrohsaftes bei der Darstellung des Sirupes.

4. Ersatzstoffe des Rohrzuckers (Stärkesirup, Saccharin und andere künstliche Süßstoffe) dürfen nicht vorhanden sein. Die Polarisation vor und nach der Inversion in 10 %iger Lösung gibt sicheren Aufschluß, ob ein mit der vorschriftsmäßigen Zuckermenge eingekochter Saft vorliegt.

5. Die für die Prüfung des Himbeersirupes angegebene einzige Probe des Deutschen Arzneibuches, die Ausschüttelung mit Amylalkohol, reicht für die Zwecke der Prüfung, ob reiner Sirup vorliegt, nicht aus; es ist das Verfahren des Ausfärbens der künstlichen Farbstoffe mit Wolle, wie auch der angegebene (l. c.) Prüfungsgang auf die hauptsächlichsten Pflanzenfarbstoffe nicht zu entbehren; endlich sollte noch wenigstens die Bestimmung der Asche und die der Alkalität derselben für die Folge gefordert werden.

Der von Spaeth vorgeschlagene niedrigste Wert von 0,2 g für den Aschengehalt scheint sich jedoch nach den neueren Beobachtungen nicht für alle Fälle aufrecht erhalten zu lassen; u. a. schlägt Beythien[2]) seine Herabsetzung auf 0,18 g vor.

Beim Zitronensaft[3]) bietet ein besonderes Kennzeichen der Reinheit der Gehalt an Mineralbestandteilen und deren Alkalität, ferner

---

[1]) Zeitschr. f. Unters. d. Nahr.- u. Genußm. 1901, **4,** 97 u. 920.

[2]) Dortselbst 1903, **6,** 1095.

[3]) Vergl. R. Sendtner, Zeitschr. f. Unters. d. Nahr.- u. Genußm. 1901, **4,** 1133; E. Spaeth, dortselbst 1901, **4,** 529; K. Farnsteiner, dortselbst, 1903, **6,** 1; A. Beythien u. P. Bohrisch, dortselbst 1905, **9,** 449.

ein gewisser Gehalt an Stickstoff und ein nicht unbeträchtlicher Gehalt an Fehlingsche Lösung reduzierenden Bestandteilen (Zucker) bzw. an einem nach Abzug von Zitronensäure und Asche verbleibenden Extrakt-reste. (Bei Säften, welche konservierende Zusätze — Alkohol, Zucker, Salizylsäure usw. — enthalten, müssen diese Verhältnisse bis zu einem gewissen Grade Veränderungen unterliegen.)

Die bisher angegebenen Werte für diese bei der Beurteilung des Zitronensaftes in Betracht kommenden Faktoren schwanken allerdings beträchtlich. Während Farnsteiner, Bornträger, Spaeth, Sendtner und Beythien bei selbst hergestellten Zitronensäften einen Gehalt an Mineralbestandteilen von 0,402—0,649 g und deren Alkalität zu 4,99 bis 7,59 ccm N-Säure ermittelten, fand H. Lührig[1] für beide erheblich geringere Werte. Noch auffälliger werden die Unterschiede bei den Extraktresten. Während Farnsteiner als niedrigsten Wert für den Extraktrest a (nach Abzug von Säure und Zucker) 1,62 g und für den Extraktrest b (nach Abzug von Säure, Zucker, Mineralstoffen und an diese gebundener Zitronensäure) 1,00 g und Beythien bei seinen Säften die entsprechenden Werte zu 1,55 bzw. 0,94 angibt, findet Lührig diese Werte zu 1,04 und 0,58 g bei Anwendung der gleichen Methode. Dieser Unterschied ist um so bemerkenswerter, als nach Beythien[2] eine Probe mit weniger als 0,8 bzw. 0,85 g totalem Extrakt-rest die Behauptung rechtfertigen soll, daß ein Zitronensaft nicht rein ist. Eine wesentliche Bedeutung für die Beurteilung von Zitronensäften dürfte deren Stickstoffgehalt zukommen, da gerade er einen vorzüglichen An-halt für die natürliche Abstammung darbietet und nicht so leicht wie die mineralischen Teile ergänzt werden kann. Nach Beythien und Bohrisch (l. c.) ist ein Stickstoffgehalt, der wesentlich unter 0,025 oder 0,020 herabsinkt, unter allen Umständen ein wichtiges Verdachts-moment dafür, daß kein reiner Saft vorliegt.

Aus allem geht hervor, daß man bei dem bisher bekannten Material noch nicht in der Lage ist, für die Zusammensetzung der Fruchtsäfte verallgemeinernde Grundsätze aufzustellen. Zweifellos spielen bei den auftretenden Schwankungen, besonders im Aschengehalt und dessen Alkalität, verschiedene Faktoren, wie Gegend und Jahrgang, eine be-deutende Rolle. Es erscheint daher notwendig, wie beim Wein, von Jahr zu Jahr die Zusammensetzung der Fruchtsäfte festzustellen und nur diese Zahlen bei der Beurteilung von Erzeugnissen aus Früchten solcher Jahrgänge zugrunde zu legen. Mit der Aufstellung einer solchen Frucht-saftstatistik ist seit 1905 begonnen worden (siehe Zeitschrift f. Unters. d. Nahr.- u. Genußm.).

Hinsichtlich der Zusammensetzung von Fruchtsäften sei auf folgende neuere Arbeiten hingewiesen: Farnsteiner, Lendrich,

---

[1] Dortselbst 1906, **11**, 442.
[2] Zeitschr. f. Unters. d. Nahr.- u. Genußm. 1905, **9**, 449.

Zink und Buttenberg[1]), E. Spaeth[2]), Juckenack und Paster-nack[3]), H. Lührig[4]), A. Beythien und L. Waters[5]), E. Baier[6]) usw. — diese über Rohsäfte bzw. Fruchtsirupe von Himbeeren, Erd-beeren, Kirschen, Johannisbeeren, Blaubeeren, Holunderbeeren, Preißel-beeren, Brombeeren —; ferner E. Spaeth[7]), R. Sendtner[8]), K. Farnsteiner[9]), E. Lührig[10]), A. Beythien[11]) usw. — diese über Zitronensaft.

Die frisch gepreßten Säfte (Himbeer-, Erdbeer-, Johannis-beersaft) unterscheiden sich von den gegorenen, abgesehen von dem höheren Gehalt an Extrakt bzw. unvergorenem Zucker, lediglich im Ver-hältnis der durch den Alkoholzusatz bedingten Verdünnung. Ein Verlust an Mineralstoffen und Alkalität tritt bei den letzteren nicht ein; auch bleibt die Menge der Äpfelsäure und Phosphorsäure unbeeinflußt[12]).

Zitronensäfte, bei deren Herstellung Schalen und Kerne mit ver-wendet wurden, nehmen infolge der eintretenden Verharzung des ätherischen Öles mit der Zeit einen unangenehmen Geschmack an.

Wann dürfen Fruchtsäfte und Fruchtsirupe als alkohol-frei bezeichnet werden?

Als Ersatz für die von der modernen Abstinenzbewegung bekämpften alkoholischen Getränke kommen in erster Linie die Fruchtsäfte und die aus ihnen hergestellten Produkte in Betracht. Es fragt sich nur, welchen Bedingungen diese genügen müssen, um praktisch als alkoholfrei zu gelten. Das Kaiserliche Gesundheitsamt äußert sich hierüber in einem Gutachten[13]) folgendermaßen:

Die nach dem Gärungsverfahren gewonnenen Fruchtsirupe enthalten stets Alkohol. Die Mengen sind wechselnd, und eine Gesetzmäßigkeit läßt sich nicht erkennen. Die Forderung, daß die Fruchtsäfte völlig alkoholfrei sein sollen, läßt sich somit nicht auf-recht erhalten, und man wird im Hinblick auf die zu beobachtenden

---

[1]) 4. Ber. d. Hygien. Inst. über d. Nahrungsmittelkontrolle in Hamburg 1900—1902, 61.

[2]) Zeitschr. f. Unters. d. Nahr.- u. Genußm. 1901, 4, 97.

[3]) Dortselbst 1904, 8, 23.

[4]) Dortselbst, 1905, 10, 714.

[5]) Dortselbst, 1905, 10, 726.

[6]) Dortselbst, 1905, 10, 731.

[7]) Dortselbst, 1901, 4, 529.

[8]) Dortselbst, 1901, 4, 1133.

[9]) Dortselbst, 1903, 6, 11.

[10]) Dortselbst, 1906, 11, 441.

[11]) Jahresber. d. Untersuchungsamtes Dresden 1903, 18.

[12]) Vergl. A. Beythien, Zeitschr. f. Unters. d. Nahr.- u. Genußm. 1903, 6, 1109.

[13]) Gutachten d. Kais. Gesundheitsamtes v. 9. März 1905; siehe Zeitschr. f. öffentl. Chemie 1905, 163.

Schwankungen auch gegen einen Gehalt bis zu etwa 2 g Alkohol in 100 ccm eines Fruchtsirups Einwendungen nicht erheben dürfen, weil diese Beträge auf die natürliche Gärung zurückgeführt werden können.

Was die Frage anbelangt, wie das Vorkommen von Alkohol in Fruchtsäften zu beurteilen ist, so muß dazu bemerkt werden, daß die Forderung der völligen Abwesenheit von Alkohol zu weit geht, weil die Bildung von Alkohol bei der Herstellung der Säfte nach dem Gärungsverfahren unvermeidlich ist. Aber auch der Zusatz mäßiger Mengen Alkohol zu Fruchtsäften ist nicht ohne weiteres zu verurteilen. Die Absicht der Fälschung ist hiermit nicht verbunden, vielmehr soll nur der Saft haltbar gemacht werden, zu welchem Zwecke der Alkoholzusatz schwer entbehrt werden kann.

Da die Fruchtsirupe in reiner Form selten genossen und beim Gebrauch zudem mit der mehrfachen Menge Wasser verdünnt werden, so sind die zum Genusse gelangenden Alkoholmengen so gering, daß gesundheitliche Bedenken dagegen nicht geltend gemacht werden können. Wenn es auch nicht angängig erscheint, eine bestimmte Grenze zu bezeichnen, bis zu welcher ein Alkoholgehalt von Fruchtsirupen als mäßig oder als hoch anzusehen ist, so muß doch die Forderung gestellt werden, daß Sirupe, welche unter der Bezeichnung „alkoholfrei" in den Handel gelangen, höchstens solche Mengen Alkohol enthalten, welche die im Anfange genannten Werte nicht übersteigen.

Limonaden.

Limonaden sind Mischungen von Fruchtsäften mit Wasser und Zucker.

Alle mit dem Namen einer bestimmten Fruchtart belegten Limonaden müssen auch wirklich den entsprechenden Fruchtsaft enthalten.

Die Beurteilung ist dieselbe wie bei den Fruchtsäften; nur ist selbstverständlich der Zuckerzusatz und die Verdünnung mit Wasser in Betracht zu ziehen.

Brauselimonaden.

Brauselimonaden sind Limonaden, die neben den erwähnten Bestandteilen noch Kohlensäure enthalten.

Brauselimonaden mit dem Namen einer bestimmten Fruchtart sind Mischungen von Fruchtsäften mit Zucker und kohlensäurehaltigem Wasser. Die Bezeichnung der Brauselimonaden muß den zu ihrer Herstellung benutzten Fruchtsäften entsprechen. Letztere müssen den an echte Fruchtsäfte zu stellenden Anforderungen genügen[1]).

---

[1]) Vergl. Ber. über d. Verhandlungen d. 5. Jahresversammlung d. Freien Vereinigung deutsch. Nahrungsmittelchemiker zu Nürnberg, Berichterstatter A. Beythien; Zeitschr. f. Unters. d. Nahr.- u. Genußm. 1906, **12**, 48.

Solche Brauselimonaden sind nur von beschränkter Haltbarkeit, da bei der starken Verdünnung die in ihnen enthaltenen Fruchtsäfte in mehr oder minder kurzer Zeit der zerstörenden Tätigkeit von Hefen, Schimmelpilzen und Bakterien anheimfallen.

Immerhin kann man bei Verwendung gut vergorener, d. h. möglichst pektinfreier Fruchtsäfte und guten, am besten destillierten Wassers und bei peinlichster Sauberkeit derartige Produkte herstellen, und es ist Tatsache, daß sich solche in manchen Gegenden Bayerns, wie auch an anderen Orten[1]), im Handel befinden. Allerdings sind diese meist für einen baldigen Konsum bestimmt, und es muß zugegeben werden, daß der Fabrikation echter Brauselimonaden von monatelanger Haltbarkeit große Hindernisse im Wege stehen.

Die Industrie hat sich aus diesen Gründen mehr der Herstellung künstlicher Brauselimonaden zugewandt; selbstverständlich dürfen diese nur unter einwandfreien Bezeichnungen in den Verkehr gebracht werden (siehe unten). —

Das bei der Herstellung von Limonaden und Brauselimonaden zur Verwendung gelangende Wasser muß den an künstliche Mineralwässer zu stellenden Anforderungen genügen.

Alkoholfreie Getränke.

Die Limonaden und Brauselimonaden (echte und künstliche) bilden das Hauptkontingent der sogenannten alkoholfreien Getränke, d. h. solcher Getränke, die nach den Ansprüchen der Alkoholgegner frei von Alkohol sein sollen.

Es wurde schon bei den Fruchtsäften darauf hingewießen, daß es nicht möglich ist, Flüssigkeiten, die gärungsfähige Substanzen enthalten, dauernd absolut alkoholfrei zu bewahren. Unter Berücksichtigung dieser Tatsachen hat sich z. B. der Verein schweizerischer analytischer Chemiker[2]) dahin geeinigt, ein Getränk dann als „alkoholfrei" zu betrachten, wenn das spezifische Gewicht des Destillates nicht unter 0,9992, der Gehalt an Alkohol also nicht über 0,42 Gewichtsprozent liegt.

Verfälschungen.

1. **Wässerung.** Eine der gewöhnlichsten Fälschungen der Fruchtsäfte ist deren Streckung durch übermäßige Wässerung. Sie geschieht am häufigsten durch Zusatz von Wasser oder von „Nachpresse", dem wässerigen Auslaugungsprodukt der Fruchtpreßrückstände (Trester) zum Rohsaft. Außerdem kommt auch direkter, über den zulässigen Ersatz des beim Einkochen verdampfenden Wassers hinausgehender Wasserzusatz bei Fruchtsäften in Betracht.

Besonders verbreitet ist die Wässerung beim Himbeersaft. So fand Beythien[3]), daß 70 % die bei einer Enquete entnommenen und von

---

[1]) Vergl. A. Beythien, Pharm. Zentralhalle 1906, 39.
[2]) Vergl. Chem. Zeitg. 1902, 977.
[3]) Zeitschr. f. Unters. d. Nahr.- u. Genußm. 1903, 6, 1107.

ihm untersuchten Himbeersirupe aus gewässertem Rohsaft hergestellt waren. Er weist zugleich nach, daß diese Wässerung nicht als etwas allgemein Übliches, als ein Handelsgebrauch hinzunehmen ist, sondern einen Handelsmißbrauch darstellt.

Nach E. S p a e t h [1]) soll die Verwendung eines durch Wasserzusatz gefälschten Himbeersaftes zur Darstellung des Sirups erwiesen sein, wenn die von ihm aufgestellten untersten Grenzwerte nicht erreicht werden. Es wurde indessen schon darauf hingewiesen, daß diesen Zahlen keine allgemeine Geltung zukommt, da unter dem Einfluß der Witterungsverhältnisse und anderer Faktoren die unverfälschten Preßsäfte der Früchte unter Umständen weit hinter ihnen zurückbleiben. Allgemein kann man nur sagen, daß durch die Wässerung die Werte für sämtliche Bestandteile herabgesetzt werden.

Man muß beim gegenwärtigen Stande der Wissenschaft deshalb damit rechnen, daß ein Teil der so gefälschten Fruchtsäfte noch dem Erkennungsvermögen des Analytikers entgeht; wahrscheinlich werden diese Verhältnisse ja in absehbarer Zeit aufgeklärt werden. Mit Schwierigkeiten wird der Chemiker hier aber immer zu kämpfen haben; denn die Industrie begnügt sich oft nicht mit dem bloßen Zusatze von Wasser oder Nachpresse, sie versucht sogar ihre stark gewässerten Säfte auf einen normalen Gehalt an Mineralstoffen und deren Alkalität „einzustellen“.

Von den Fabrikanten wird manchmal der Einwand vorgebracht, der analytisch festgestellte Wasserzusatz des Himbeersaftes beruhe auf der Verarbeitung v e r r e g n e t e r B e e r e n. Demgegenüber hat A. B e y t h i e n [2]) durch Versuche nachgewiesen, daß eine aus der Analyse abgeleitete Wässerung bis zum Betrage von 10%, aber keinesfalls mehr, auf die Verwendung bei Regenwetter gepflückten Himbeeren zurückzuführen ist.

Durch die Wässerung werden die Fruchtsäfte in ihrem Gehalte an wertvollen Bestandteilen herabgesetzt, also verschlechtert, d. i. v e r f ä l s c h t. Diese Auffassung gelangt in zahlreichen gerichtlichen Entscheidungen zum Ausdruck.

U. a. hat das R e i c h s g e r i c h t [3]) ausgesprochen, daß ein aus einem außerordentlich durch Wasser verdünnten Himbeersaft hergestellter Himbeersirup letzteren Namen nicht verdient, sondern als Surrogat anzusehen ist.

Im Sinne dieser Auffasssung hat auch z. B. die 5. S t r a f k a m m e r i n B e r l i n [4]) eine 10-prozentige Wässerung eines Himbeersaftes als Verfälschung beanstandet.

Dieser Standpunkt findet auch durch den Beschluß des Vereins deutscher Fruchtsaftpresser, gewässerte Säfte als solche deutlich zu deklarieren, erfreuliche Unterstützung.

---

[1]) Dortselbst, 1901, **4,** 97.
[2]) Dortselbst, 1904, **8,** 546.
[3]) R.G. Urteil v. 20. Dezember 1900.
[4]) Urteil v. 12. August 1903; siehe B e y t h i e n, Jahresber. d. Untersuchungsamtes Dresden 1903, 17.

Ebenso wie die Wässerung ist der Zusatz von Nachpresse zu Fruchtsäften zu beurteilen. Auch dieser muß nach den Beschlüssen des Vereins deutscher Fruchtsaftpresser gekennzeichnet werden. [„Fruchtsaft mit Nachpresse [1]).“]

2. Färbung. Wie bei allen Nahrungs- und Genußmitteln, bei denen die Farbe eine Rolle spielt, so wird diese auch bei den Fruchtsäften vielfach künstlich beeinflußt. Hierzu dienen entweder Farbstoffe (meist Teerfarben) oder tieffarbige Fruchtsäfte, wie Kirschsaft, Heidelbeersaft usw.

Zur Färbung des Zitronensaftes wird auch, wie Beythien[2]) mitteilt, zitronensaures Eisenoxyd verwendet, hergestellt durch Digerieren von frisch gefälltem Eisenoxyd mit Zitronensäure. Beim Zitronensaft hat übrigens die Färbung keinen rechten Sinn, da er von Natur fast farblos ist.

Die Beurteilung der Färbung eines Fruchtsaftes ist nicht unter allen Umständen gleich, sie richtet sich nach deren Art und Zweck. Im allgemeinen kann man sagen, daß einwandfrei hergestellte Fruchtsäfte einer Auffärbung nicht bedürfen.

In Fällen, in denen Himbeersaft, der in seiner natürlichen Farbe unscheinbar, mißfarbig, geworden war, ohne sonst eine seiner wertvollen Eigenschaften einzubüßen, künstlich aufgefärbt wurde, haben die Gerichte nicht immer eine Verfälschung für gegeben erachtet.

So braucht nach der Entscheidung des Reichsgerichts[3]) vom 26. Mai 1882 ein mit Anilinfarbstoffen aufgefärbter Himbeersaft nicht notwendig als Verfälschung zu erscheinen, insbesondere nicht, wenn ihm dadurch nicht der Anschein einer besseren Beschaffenheit, höheren Fruchtgehaltes oder größeren Wertes verliehen werden soll.

Ebenso konnte das preußische Kammergericht[4]) in dem Zusatz von 7 % Kirschsaft zu echtem Himbeersaft keine Verfälschung erblicken.

Auch der Österreichische Lebensmittelbeirat[5]) hat entschieden, daß die Nachfärbung von Himbeersaft mit intensiv färbenden Fruchtsäften gestattet sei.

Andrerseits berichtet Juckenack[6]), daß kürzlich eine Strafkammer im Zusatze von Kirschsaft zu Himbeersaft eine Verfälschung erblickte, da letzterer durch diesen Zusatz in seinem Wesen zweifellos verändert und in seinem Aroma verdünnt werde.

---

[1]) Vergl. auch Deutsch. Nahrungsmittelbuch, S. 116.
[2]) Jahresber. d. Untersuchungsamtes Dresden 1901, 14.
[3]) G. Lebbin, Die Reichsgesetzgebung über d. Verkehr mit Nahrungsmitteln usw., S. 25.
[4]) Urteil v. 11. September 1902.
[5]) Vergl. Deutsche Nahrm.-Rundschau, 1904, 202.
[6]) Zeitschr. f. Unters. d. Nahr.- u. Genußm. 1904, 8, 16.

Erheblich einfacher ist die Sachlage bei Fruchtsäften, die mit Wasser, Nachpresse oder Stärkesirup verdünnt sind. Hier bezweckt die Färbung nicht die Schönung, sondern die Verleihung des Scheines einer besseren, wertvolleren Beschaffenheit, indem sie einen höheren als den vorhandenen Gehalt an Fruchtsaft vortäuscht. In solchen Fällen hat die Rechtsprechung auch immer die Tatbestandsmerkmale der Verfälschung für gegeben erachtet.

Nach den Vereinbarungen ist der Zusatz von fremden Farbstoffen zu Fruchtsäften, die als rein bezeichnet sind, sowie zu Limonaden und Brauselimonaden, die den Namen einer bestimmten Frucht führen, unstatthaft.

Selbstverständlich steht einer Färbung nichts im Wege, wenn sie einwandfrei deklariert ist.

So ist auch nach den Beschlüssen der Freien Vereinigung deutscher Nahrungsmittelchemiker [1]) bei Brauselimonaden mit dem Namen einer bestimmten Fruchtart eine Auffärbung mit anderen Fruchtsäften zulässig, wenn sie auf der Etikette in deutlicher Weise angegeben wird.

Nach den Anforderungen des Bundes deutscher Nahrungsmittelfabrikanten und Händler [2]) dürfen Fruchtsäfte nur mit anderen Fruchtsäften aufgefärbt werden. Die Art des zugesetzten Fruchtsaftes muß gekennzeichnet (deklariert) werden.

3. Zusatz von Aromastoffen. Als Ersatz für das fehlende natürliche Aroma — Geruch und Geschmack — bei Fruchtsäften und Limonaden dienen zwei Arten von Aromastoffen: die sogenannten Fruchtäther und die Essenzen.

Die Fruchtäther sind synthetisch dargestellte Riechstoffe, meist Ester verschiedener organischer Säuren und Alkohole. So besteht nach Neumann-Wender und Gregor [3]) Ananasäther hauptsächlich aus Buttersäureäthylester, Kirschenäther aus Essigsäure und Benzoësäureäthylester, Erdbeeräther aus Essigsäureäthylester mit Essigsäureamylester und Buttersäureäthylester. Aus diesen Fruchtäthern werden unter Beimischung von Chloroform (!), Aldehyd und anderen Stoffen die sogenannten künstlichen Fruchtessenzen hergestellt. Infolge der auf den Genuß solcher Produkte erklärlicherweise auftretenden Gesundheitsstörungen verbieten die Nahrungsmittelgesetze verschiedener Länder mit Recht die Verwendung dieser Kunstessenzen zur Erzeugung von Brauselimonaden (z. B. in der Schweiz durch Verordnung vom 16. Januar 1896). Der chemische Nachweis synthetischer Säure-Ester ist bei der zur Verwendung gelangenden außerordentlich geringen Menge nicht immer mit Sicherheit zu führen; sie werden am sichersten durch den Geruch und Geschmack erkannt.

---

[1]) 5. Jahresversammlung in Nürnberg, siehe Zeitschr. f. Unters. d. Nahr.- u. Genußm. 1906, **12**, 48.

[2]) Deutsch. Nahrungsmittelbuch, S. 116, Nr. 6.

[3]) Zeitschr. f. Unters. d. Nahr.- u. Genußm. 1900, **3**, 450.

Die in neuerer Zeit mehr an Stelle der Fruchtäther getretenen Essenzen sind alkoholische Lösungen der durch Extraktion oder Destillation isolierten Riechstoffe der natürlichen Pflanzenteile. Vielfach sind sie jedoch durch Zusatz von künstlichen Fruchtäthern „verstärkt".

Bei reinen Fruchtsäften ist ein Zusatz solcher Aromastoffe ganz unnötig; man trifft ihn auch nur bei Fruchtsäften, die eine Streckung mit Wasser, Nachpresse oder Stärkesirup erfahren haben und bei künstlichen Brauselimonaden. In allen Fällen bezweckt er die Vortäuschung eines höheren Gehaltes an echtem Fruchtsaft, verleiht also den Schein einer besseren Beschaffenheit.

4. Zusatz von Säuren. Um bei verdünnten oder verfälschten Fruchtsäften und den aus ihnen hergestellten Erzeugnissen den Mangel an natürlicher Fruchtsäure zu verdecken, werden diesen Säuren zugesetzt.

Als normale Träger des saueren Geschmacks können nur die nichtflüchtigen organischen Säuren, hauptsächlich Weinsäure und Zitronensäure, in Frage kommen.

Die Verwendung von Essigsäure und von anorganischen Säuren zu diesem Zwecke widerspricht dem Begriffe der normalen Beschaffenheit. In neuerer Zeit wird als billiger Ersatz für die genannten organischen Säuren den Fruchtsäften und Limonaden besonders Phosphorsäure zugesetzt.

Im allgemeinen haben auch die zugesetzten Säuren den Zweck, einen zu niedrigen Gehalt an natürlicher Fruchtsäure, also auch an echtem Fruchtsaft, zu ersetzen. Ihr Zusatz zu Fruchtsäften und Brauselimonaden mit dem Namen einer bestimmten Fruchtart ist deshalb auch nur zulässig, wenn er deutlich deklariert wird.

Nach dem Urteil des Landgerichtes Dresden vom 2. Februar 1905 stellt der Zusatz wässeriger Zitronensäurelösung zu ausgepreßtem Zitronensaft eine Verfälschung dar [1]).

5. Zusatz von Stärkesirup und Stärkezucker. Dieser Zusatz findet sich bei Fruchtsäften jetzt seltener. Früher wurde er in Verbindung mit künstlichen Süßstoffen benutzt, um in Fruchtsirupen den Rohrzucker zu ersetzen; man fand damals Himbeersirupe mit einem Gehalte bis zu 60 % Stärkesirup. Seit dem Verbot der künstlichen Süßstoffe bei der Herstellung von Nahrungs- und Genußmitteln ist die Verwendbarkeit des Stärkesirups bei Fruchtsäften zum mindestens stark eingeschränkt, da er für sich allein der erforderlichen Süße entbehrt.

Der Nachweis geschieht nach der steueramtlichen Vorschrift (Anlage E der Ausführungsbestimmungen, vom 18. Juni 1903 zum Zuckersteuergesetz) [2]).

---

[1]) Vergl. Beythien u. Bohrisch, Zeitschr. f. Unters. d. Nahr.- u. Genußm. 1905, **4**, 461.

[2]) Zeitschr f. Unters. d. Nahr.- u. Genußm. 1903, **6**, 1061; siehe dazu auch die Arbeiten von E. Ewers (Zeitschr. f. öffentl. Chemie 1905, **11**, 374); Jucke-

Daß der Zusatz von Stärkesirup zu Fruchtsäften eine Verfälschung bildet, geht aus nachstehender Entscheidung des Reichsgerichtes[1] hervor.

Mit dem Zusatz von 5—6% Stärkesirup zu dem mit Zucker verkochten Fruchtsafte sind diesem begrifflich, wie nach der Erwartung der Käufer fremde Bestandteile zugeführt, welche eine Vermehrung und auf diese Weise eine Verschlechterung zur Folge hatten. Da Stärkezucker gegenüber anderem Zucker eine geringere Süßkraft hat, so ist ersterer als unzulässiges Ersatzmittel erwiesen, sofern in dem normalen Produkt von den Käufern ein höherer Zuckergehalt erwartet wird. Abwegig ist es freilich, wenn der erste Richter die geringere Preislage des Stärkesirups gegenüber dem Rohr- oder Rübenzucker und die damit erzielte Ersparnis des Angeklagten ohne Rücksicht auf diesen qualitativen Minderwert des Stärkesirups für den Fälschungsbegriff hat verwerten wollen. Denn der pekuniäre Wert eines Ersatzmittels ist nicht ohne weiteres für die Frage seiner Brauchbarkeit zu einem konkreten technischen Zwecke entscheidend. Indessen ist eine Verfälschung auch nach der weiteren Richtung festgestellt, daß mit dem Zusatz dem Fabrikate der Schein besserer Beschaffenheit verliehen werden soll ... Durch den Zusatz wird der Himbeersaft dickflüssiger, und damit der Schein erweckt, daß ihm mehr Zucker als tatsächlich geschehen zugesetzt sei.

In diesem Sinne ist der Beschluß des Vereins deutscher Fruchtsaftpresser[2] zu begrüßen, nach welchem bei der Herstellung von Fruchtsäften, Fruchtsirupen oder Limonaden Stärkesirup überhaupt nicht verwendet werden soll.

Auf demselben Standpunkt stehen die Vereinbarungen für das Deutsche Reich[3] und das Deutsche Nahrungsmittelbuch des Bundes deutscher Nahrungsmittelfabrikanten und -händler[4].

6. **Zusatz künstlicher Süßstoffe.** Dieser ist nach dem Süßstoffgesetz vom 7. Juli 1902 verboten. Außerdem ist die Verwendung künstlicher Süßstoffe an Stelle von Zucker bei der Herstellung von Nahrungs- und Genußmitteln als Verfälschung im Sinne des § 10 des Nahrungmittelgesetzes anzusehen.

7. **Zusatz von Konservierungsmitteln.** Als hauptsächliches Konservierungsmittel für Fruchtsäfte und die verwandten Erzeugnisse kommt Salizylsäure in Betracht; dann finden noch Borsäure, Ameisensäure, Benzoësäure, Flußsäure usw. Verwendung.

Ob der Zusatz von Konservierungsmitteln zu diesen Produkten unter Umständen die Tatbestandsmerkmale der Verfälschung in sich trägt, ist eine strittige Frage. Daß einem Fruchtsaft dadurch der Anschein einer

---

nack und Pasternack, Zeitschr. f. Unters. d. Nahrungs- u. Genußm. 1904, **8,** 17; Matthes und Müller, Zeitschr. f. Unters. d. Nahr.- u. Genußm. 1906, **11,** 73.

[1] R.G. Urteil vom 24. November 1900.
[2] Siehe Zeitschr. f. öffentl. Chem. 1902, **8,** 193.
[3] Heft II, S. 108.
[4] S. 121, Ziff. 13.

besseren Beschaffenheit verliehen würde, kann im allgemeinen wohl nicht behauptet werden. Dagegen hat sich die Kgl. Preußische Wissenschaftliche Deputation für das Medizinalwesen in ihrem Gutachten vom 17. Februar 1904 dahin ausgesprochen, daß mit Salizylsäure versetzte Fruchtsäfte als verfälscht anzusehen seien; „denn eine Verfälschung eines Nahrungs- oder Genußmittels ist dann gegeben, wenn die ursprüngliche Ware durch Zusetzen eines Stoffes eine äußerlich nicht erkennbare Verschlechterung erfahren hat". Die Verschlechterung wird darin gefunden, daß beim Genuß größerer Mengen oder bei regelmäßig wiederholter Zufuhr kleinerer Mengen des betreffenden Stoffes genügend Salizylsäure in den menschlichen Körper gelange, um diesen schädigen zu können. Gutachten im gleichen Sinne erstatteten auch andere Medizinalbehörden.

Die Gerichte haben bisher den Zusatz von Salizylsäure zu Fruchtsäften verschieden beurteilt. Während in einigen Fällen Freisprechung erfolgte, weil eine gesundheitsschädliche Wirkung der in Betracht kommenden Mengen dieses Konservierungsmittels nicht anzunehmen sei, hat z. B. das Oberlandesgericht zu Köln[1]) in Bestätigung des Urteils des Landgerichtes Köln vom 10. Mai 1901 entschieden, daß in jedem Zusatz von Salizylsäure zu Zitronensaft eine Verfälschung im Sinne des Nahrungsmittelgesetzes zu erblicken sei.

„ . . . Salizyl sei ein dem Zitronensaft völlig fremder Stoff, der ja die Haltbarkeit des Zitronensaftes vermehren mag, aber andererseits die Substanz des letzteren verändert und insoweit verschlechtert, als mit dem Salizyl üble Wirkungen verbunden sind, die der Zitronensaft nicht hat . . . Wenn das Publikum unter Zitronensaft reinen Zitronensaft ohne Beimischung verstand, so wurde es getäuscht, wenn es unter der Bezeichnung von Zitronensaft einen durch Zusatz von Salizyl gefälschten Zitronensaft erhielt, und die Täuschungsabsicht des Angeklagten konnte das Gericht in zulässiger Weise daraus entnehmen, daß dem Angeklagten die Ansicht des Publikums über den Begriff des Zitronensaftes bekannt war . . ."

In ähnlichem Sinne hat das Preußische Kammergericht[2]) entschieden „daß im allgemeinen jeder Zusatz zum Zitronen- oder Himbeersaft, der nicht zu den normalen Bestandteilen der Säfte, wie sie das kaufende Publikum erwartet und zu erwarten berechtigt ist, gehört, als eine Verschlechterung und somit eine Verfälschung der Säfte angesehen werden muß.

Es wird oft der Einwand erhoben, daß durch die Untersuchungen von H. Windisch, H. Mastbaum und anderen ein natürliches Vorkommen von Salizylsäure und Borsäure in vielen Früchten und den daraus hergestellten Fruchtsäften erwiesen ist. Dem ist entgegen zu halten, daß die zur Konservierung nötigen und benutzten Mengen dieser Mittel etwa 300—500 mal größer sind als die in der Natur vorkommenden.

Im großen und ganzen wird die Beurteilung eines Zusatzes von Konservierungsmitteln zu Fruchtsäften und Limonaden davon abhängen,

---

[1]) Urteil vom 2. Juli 1901.
[2]) Urteil vom 16. Januar 1902.

ob ihnen gesundheitsschädliche Eigenschaften innewohnen. Dies zu entscheiden gehört aber in die Kompetenz des Mediziners, nicht des Chemikers.

Soweit Konservierungsmittel aber nicht vom chemischen Standpunkte als gesundheitsschädlich zu beanstanden sind, ist von der Nahrungsmittel-kontrolle die deutliche Deklaration zu fordern, damit das Publikum darüber im klaren ist, was es erhält. In diesem Sinne wurde als Vor-schlag zur Abänderung des betreffenden Abschnittes der „Vereinbarungen" von der Freien Vereinigung deutscher Nahrungsmittelchemiker auf der 5. Jahresversammlung zu Nürnberg folgender Beschluß gefaßt:

„Der Zusatz von Konservierungsmitteln ist nur insoweit gestattet, als ihre Gesundheitsunschädlichkeit selbst bei dauerndem Genuß feststeht. Der Zusatz ist in jedem Falle nach Art und vorhandener Menge deutlich zu deklarieren".

Der Gehalt eines Fruchtsaftes oder einer Limonade an einem Kon-servierungsmittel ist vom Nahrungsmittelchemiker immer quantitativ zu bestimmen, um dem medizinischen Sachverständigen die nötige Unterlage für sein Gutachten über die Gesundheitsschädlichkeit zu gewähren.

An dieser Stelle muß noch des Alkohols gedacht werden, der oft in großer Menge den Fruchtsäften zur Erhöhung ihrer Haltbarkeit zugesetzt wird, also auch die Rolle eines Konservierungsmittels spielt. Bei Fruchtsäften, die bestimmten Zwecken dienen sollen, z. B. solchen, die als Ersatz für alkoholische Getränke von Abstinenzlern verlangt, oder solchen, die als Heilmittel genossen werden (Zitronenkur gegen Skorbut, Gicht, Rheumatismus), ist es keineswegs gleichgültig, ob sie einen Alkoholgehalt von 10% oder mehr haben; und es ist daher auch hier zu fordern, daß die Menge des in einem Fruchtsafte enthaltenen Alkohols auf den Etiketten angegeben wird.

8. Zusatz sonstiger fremdartiger Stoffe. Neben den bis-her angeführten Verfälschungsarten kommen bei den Fruchtsäften noch allerhand Zusätze vor, von denen nur einige angeführt seien.

Besonders häufig werden mit Wasser verdünnten oder aus Nach-presse hergestellten Erzeugnissen gewisse Mineralstoffe zugesetzt, um sie „analysenfest" zu machen. Bei verfälschten und nachgemachten Zitronen-säften insbesondere wird die fehlende Phosphorsäure durch Zugabe von Phosphaten ersetzt, ebenso wie der Stickstoffgehalt durch Zusatz einer geeigneten stickstoffhaltigen Substanz auf eine normale Höhe gebracht wird. Auch ein Zusatz von Glyzerin zu Fruchtsirupen wurde schon öfter beobachtet.

Es ist nicht möglich, hier alle Dinge aufzuzählen, die von findigen Fälschern ihren Produkten beigemischt werden, damit diese in ihrer Zusammensetzung den Anforderungen der Chemiker entsprechen. Es ist auch nicht immer gerade leicht, derartige raffiniert ausgeführte Fälschungen aufzudecken. Über die Beurteilung aller solcher fremdartiger, nicht zu

den normalen Bestandteilen der Säfte gehörender Stoffe dürften kaum
Zweifel bestehen.

Nachmachungen.

Auch bei den Fruchtsäften und Limonaden hat sich, wie bei manchen
anderen Nahrungs- und Genußmitteln, im Laufe der letzten Jahre eine
umfangreiche Industrie von Surrogaten entwickelt. Während man vor
noch nicht allzulanger Zeit nur echte, aus Früchten gepreßte Fruchtsäfte
kannte, die wiederum zur Bereitung von Limonaden dienten, bezieht
heute der kleinste „Fabrikant" (dessen Fabrik oft in dem Winkel einer
Werkstätte oder in einem Kellerverschlage untergebracht ist) von der
Industrie Fruchtäther oder -essenzen, Wein- und Zitronensäure und
Teerfarben, aus denen er dann mit Hilfe eines Rohrzucker- oder Stärkesirups seine „Fruchtsäfte" fabriziert.

Nun ist ja gewiß gegen die Herstellung solcher Kunsterzeugnisse
nichts einzuwenden (soweit sie unschädlich sind), nur muß verlangt
werden, daß sie auch wirklich als solche feilgeboten und verkauft werden
und nicht unter Bezeichnungen, die beim weniger Kundigen die Annahme
hervorzurufen geeignet sind, daß hier echte Naturprodukte vorliegen.

Von den künstlichen Fruchtsäften kommen die meisten als
solche wohl nur selten in den Handel, sie dienen hauptsächlich zur
Herstellung von Brauselimonaden. Nur unter den Zitronensäften des
Handels findet man sehr viele Kunstprodukte; diese bestehen meist aus
wässerigen Lösungen von Zitronensäure (seltener Weinsäure), die mit
Zitronenschalenauszug oder künstlichem Fruchtäther parfümiert, mit
Alkohol oder Salizylsäure konserviert und manchmal noch mit einem
gelben Farbstoff gefärbt sind. Hin und wieder sind solche Präparate
auch mit größeren oder kleineren Mengen von echtem Zitronensaft vermischt; manchmal enthalten sie auch noch Zucker. Neben diesen verhältnismäßig leicht erkennbaren Kunstprodukten gibt es auch solche, die
durch Zusatz von Glyzerin und Phosphaten oder anderen anorganischen
Salzen auf wissenschaftlicher Grundlage hergestellt wurden.

Selbstverständlich sind alle solche Produkte als nachgemacht im
Sinne des Nahrungsmittelgesetzes zu beurteilen.

Eine weit größere Verbreitung haben die künstlichen Brauselimonaden. Es wurde schon oben erwähnt, daß die Herstellung von
Brauselimonaden aus echten Fruchtsäften durch die begrenzte Haltbarkeit
dieser Erzeugnisse erschwert ist. Die Industrie ist deshalb fast überall
zur Fabrikation von Brauselimonaden aus künstlischen Säften übergegangen,
welche in der bereits beschriebenen Weise bereitet werden.

Es ist nun im Interesse des konsumierenden Publikums, welches
im allgemeinen von der Herstellungsart dieser Erzeugnisse keinen Begriff
hat, zu verlangen, daß letztere nur unter Benennungen in den Verkehr
gelangen, aus welchen deutlich hervorgeht, daß sie Fruchtsaft nicht
enthalten. Werden sie aber als Himbeerbrauselimonade, Zitronenbrause-
limonade usw. bezeichnet, so sind sie als nachgemacht im Sinne des

§ 10 N.M.G. zu beanstanden. Diese Forderung wird sowohl von Nahrungs-mittelchemikern wie auch von Vertretern der Industrie als berechtigt anerkannt[1]); auch die Gerichte haben sich ihr in zahlreichen Entscheidungen angeschlossen.

So heißt es in einer Entscheidung des Preußischen Kammer-gerichts[2]): ... Ohne Rechtsirrtum hat der Vorderrichter festgestellt, daß der Angeklagte als „Erdbeerlimonade" ein Getränk verkauft hat, welches seiner Zusammensetzung nach zwar das Aroma und den Anschein zeigte, als ob es wesentlich aus Erdbeeren bereitet wäre, in Wirklichkeit aber aus Zucker-sirup, Säure, rotem Teerfarbstoff und Erdbeeressenz, möglicherweise unter Hinzufügung eines aus Erdbeeren oder Erdbeersaft durch Destillation ge-wonnenen Aromas in geringer Menge, hergestellt war und keinen von den natürlichen Bestandteilen der Erdbeeren zeigte. Im Verkehr versteht man unter Erdbeerlimonade ein Getränk, welches die natürlichen Bestandteile der Erdbeere nebst Wasser und Zucker enthält. Die von dem Angeklagten feil-gebotene Ware war hiernach nur dem Schein, aber nicht dem Wesen nach Erdbeerlimonade und somit im Sinne des § 10 des Nahrungsmittel-gesetzes nachgemacht. Der Angeklagte hat diese nachgemachte Ware unter der zur Täuschung geeigneten Bezeichnung „Erdbeerlimonade" feilgehalten und unter Verschweigung des Umstandes, daß sie nachgemacht war, verkauft.

In neuerer Zeit versuchen die Vertreter der Industrie geltend zu machen, daß man Brauselimonaden überhaupt nicht aus echten Frucht-säften herstellen könne (eine Behauptung, die durch die Tatsachen viel-fach widerlegt ist; siehe oben) und sie notwendigerweise aus künst-lichen Substanzen zusammensetzen müsse; die Brauselimonaden seien überhaupt eine Warengattung eigener Art und hätten mit Frucht-limonaden nichts zu tun, ihre Benennung mit dem Namen einer bestimmten Fruchtart beziehe sich nur auf das Aroma usw. Dieser Auffassung tritt das Urteil des Sächsischen Oberlandesgerichtes zu Dresden vom 7. Dezember 1905[3]) entgegen.

Es heißt dort u. a.: ... Wenn weiter behauptet werde, es sei allgemeiner Brauch, die Himbeerbrauselimonade nicht aus natürlichen Früchten, sondern aus künstlichen Stoffen herzustellen, so sei dies zunächst eine Be-hauptung und fraglich, ob ein derartiger Brauch existiere. Selbst wenn dies aber der Fall wäre, würde dies für die rechtliche Beurteilung ohne jeden Ein-fluß sein und den Intentionen des Gesetzes nicht zuwiderlaufen, da es eventuell als Mißbrauch angesehen werden könne. Das vom Angeklagten hergestellte Produkt sei weiter nichts als eine Nachahmung, die, wenn sie nicht als solche kenntlich gemacht sei, eben bestraft werden müsse ...

Viele Fabrikanten sind der Ansicht, daß sie ihre Brauselimonaden mit dem Namen einer bestimmten Fruchtart (z. B. Himbeerbrause-limonade) belegen dürfen, wenn die zu ihrer Herstellung verwendeten

---

künstlichen Säfte statt sogenannter Fruchtäther Auszüge oder Destillate von Pflanzenteilen (Fruchtessenzen) enthalten. Diese Ansicht ist irrig; auch hier liegen nachgemachte Brauselimonaden vor, wie aus nachstehender Entscheidung des Preußischen Kammergerichts[1]) hervorgeht:

... In bedenkenfreier Weise hat die Strafkammer die hier in Frage kommende, vom Angeklagten hergestellte Himbeerlimonade (Himbeerbrauselimonade) als nachgemacht im Sinne des § 10 Ziff. 1 N.M.G. erachtet, weil ihr mit Ausnahme des Aromas sämtliche Bestandteile der Himbeere, insbesondere Fruchtsäure, Extraktivstoffe und Farbe fehlen, die Färbung statt durch die natürliche Farbe der Himbeere durch Teerfarbstoff bewirkt ist, und demgemäß dieses Getränk zwar den Schein, nämlich Aussehen und Geschmack, aber nicht das Wesen echter Himbeerlimonade besitzt.

Selbst wenn man aber eine Nachmachung nicht annehmen wollte, würde jedenfalls bei einer Herstellung von Himbeerlimonade in der hier in Frage kommenden Art — wie auch das Kammergericht in fester Rechtsprechung bezüglich des Himbeersaftes und Himbeerlikörs angenommen hat — eine Verfälschung im Sinne des § 10 Ziff. 1 a. a. O. vorliegen, weil der Angeklagte die Himbeerlimonade durch Entziehung wertvoller Stoffe und Zusatz des wertlosen Teerfarbstoffs verschlechtert und ihr gleichzeitig durch diese Färbung den Schein einer besseren Beschaffenheit, nämlich eines höheren Himbeergehaltes, verliehen hat ...

Die Freie Vereinigung deutscher Nahrungsmittelchemiker hat auf ihrer 5. Jahresversammlung zu Nürnberg[2]) folgende Leitsätze für die Beurteilung von nachgemachten oder künstlichen Brauselimonaden angenommen:

„Unter künstlichen Brauselimonaden versteht man Mischungen, die neben oder ohne Zusatz von natürlichem Fruchtsaft, Zucker und kohlensäurehaltigem Wasser organische Säuren oder Farbstoffe oder natürliche Aromastoffe enthalten".

„Sie müssen zur Vermeidung von Verwechslungen mit den Brauselimonaden mit dem Namen einer bestimmten Fruchtart (d. h. den aus echten Fruchtsäften hergestellten Brauselimonaden) in deutlicher Weise als „künstliche Brauselimonade" oder als „Brauselimonade mit Himbeer- usw. Geschmack" etikettiert werden".

Von der bekannten Tatsache ausgehend, daß die mit natürlichem Fruchtsaft hergestellten Brauselimonaden einen deutlichen Schaum geben, setzen die Fabrikanten den künstlichen Erzeugnissen jetzt vielfach saponinhaltige Schaumerzeugungsmittel zu. Durch diesen Zusatz wird zweifellos ein Gehalt der Limonaden an natürlichem Fruchtsaft, also eine bessere Beschaffenheit vorgetäuscht.

---

[1]) Urteil vom 29. Dezember 1902.
[2]) Zeitschr. f. Unters. d. Nahr.- u. Genußm. 1906, 12, 49—50.

Die genannte Freie Vereinigung[1]) erklärte daher in einem weiteren Leitsatze die Verwendung von saponinhaltigen Schaumerzeugungsmitteln für Brauselimonaden jeder Art für unzulässig.

Über die gesundheitlichen Bedenken gegen die Saponinsubstanzen siehe weiter unten.

Verdorbene Fruchtsäfte und Limonaden.

Fruchtsirupe gehen bei ungenügendem Zuckergehalt manchmal in Gärung über.

In Fruchtsäften und Limonaden kann Bildung von Schimmel oder sonstigen niederen Organismen auftreten.

In Brauselimonaden finden sich oft Ausscheidungen verschiedener Art (Hefen, Algen, Bakterienkonglomerate und dergleichen), die teils ihre Ursache in ungenügender Reinlichkeit bei der Herstellung und Füllung der Getränke haben, teils dem zur Bereitung angewandten Wasser entstammen.

In allen diesen und ähnlichen Fällen einer Veränderung der normalen Beschaffenheit der in Rede stehenden Genußmittel sind diese für verdorben im Sinne des Nahrungsmittelgesetzes zu erklären.

Die bei manchen Fruchtsäften mit der Zeit auftretende unvorteilhafte Veränderung der Farbe berechtigt an sich hierzu jedoch noch nicht, sofern die übrigen, wertvollen, Eigenschaften des Saftes (Geschmack, Aroma) erhalten geblieben sind.

Gesundheitsschädliche Fruchtsäfte und Limonaden.

Durch verschiedene Zusätze können den Fruchtsäften und Limonaden gesundheitsschädliche Eigenschaften verliehen werden.

Über die Konservierungsmittel wurde bereits gesprochen. Eine etwa bestehende Gesundheitsschädlichkeit derselben wird sich im allgemeinen nach der vorhandenen Menge richten, die im einzelnen Falle analytisch zu bestimmen ist. Die Beurteilung überlasse der Chemiker stets dem Mediziner.

Als Farbstoffe gelangen bei der Auffärbung der natürlichen und bei der Bereitung der künstlichen Fruchtsäfte wohl ausschließlich Erzeugnisse der Teerfarbenindustrie zur Anwendung, für welche die Vorschriften des Gesetzes, betreffend die Verwendung gesundheitsschädlicher Farben bei der Herstellung von Nahrungsmitteln usw., vom 5. Juli 1887 genügen dürften. Für andere gesundheitsschädliche oder giftige Farbstoffe, als die in jenem Gesetze vorgesehenen, kommen die Bestimmungen der §§ 12 und 14 des Nahrungsmittelgesetzes in Betracht.

Aus den zur Herstellung oder Aufbewahrung dienenden Gefäßen können gesundheitsschädliche Metalle in die Fruchtsäfte und Brauselimonaden gelangen (Blei, Kupfer, Zinn, Zink).

---

[1]) Zeitschr. f. Unters. d. Nahr.- u. Genußm. 1906, **12**, 49.

Als Ersatz für die Fruchtsäure darf Oxalsäure wegen ihrer giftigen Eigenschaft nicht verwendet werden.

Ob die in neuerer Zeit zur Herstellung von Brauselimonaden benutzte Phosphorsäure in den zur Anwendung gelangenden beträchtlichen Mengen (bis zu 500 mg auf 500 ccm Brauselimonade) gesundheitlich harmlos ist, muß von medizinischen Sachverständigen entschieden werden. Jedenfalls sei darauf hingewiesen, daß ein Gehalt der Phosphorsäure an Pyrophosphorsäure zu beanstanden ist, da diese gesundheitsschädlich wirkt.[1]

Nach den Untersuchungen von E. Schaer[2] äußert die weitaus größte Mehrzahl der bis jetzt bekannten Saponine (welche als Schaumerzeugungsmittel in der Brauselimonadenindustrie verbreitet sind) ausgesprochen giftige oder zum mindesten intensive physiologische Eigenschaften auf den menschlichen Körper. Sichere chemische Unterscheidungsmerkmale zwischen indifferenten und giftigen Saponinen stehen zur Zeit nicht zur Verfügung, und eine Indentifizierung der einzelnen Saponinarten, die aus Brauselimonaden stets nur in sehr kleinen Mengen erhältlich sein werden, ist ganz undenkbar. Die Freie Vereinigung deutscher Nahrungsmittelchemiker hat infolgedessen auf ihrer 5. Jahresversammlung beschlossen, an zuständiger Stelle den Antrag zu stellen:

„Daß in Anbetracht der großen Schwierigkeiten, physiologisch verschiedene Saponinsubstanzen in kleinen Mengen scharf zu unterscheiden, grundsätzlich die Anwendung von Saponinen bei kohlensäurehaltigen oder anderen Getränken untersagt werde."

Begutachtung.

Inbezug auf die der Begutachtung von Fruchtsäften und den daraus hergestellten Erzeugnissen zu Grunde zu legende normale Beschaffenheit dieser Produkte sei an das oben Gesagte erinnert und besonders auf die angeführten Arbeiten hingewiesen.

Hier sollen an einigen Beispielen die Gesichtspunkte dargelegt werden, die im Gutachten bei der Beurteilung einiger der hauptsächlichsten Verfälschungen und Nachahmungen in Betracht kommen.

Beispiele.

1. Gewässerter Himbeersaft (Himbeersirup) mit Teerfarbstoff.

Die Untersuchung eines Himbeersaftes (Himbeersirups) ergab:
Äußere Beschaffenheit: ziemlich dünnflüssig.
Geschmack; normal, aber schwach.
Geruch: normal.
Künstlicher Farbstoff: vorhanden.
Künstlicher Süßstoff: nicht nachweisbar.

---

[1] Vergl. H. Erdmann, Lehrbuch der Anorganischen Chemie, 2. Aufl., Braunschweig 1900, S. 337.
[2] Zeitschr. f. Unters. d. Nahr.- u. Genußm. 1906, **12,** 50.

100 g Himbeersaft enthielten:

Trockensubstanz . . . .   69,47 g
Gesamtzucker (als Invertzucker) . . . . .   68,67 „
Rohrzucker . . . .   60,64 „
Zuckerfreies Extrakt. . . . .   0,80 „
Freie Säure (als Äpfelsäure) . . . . . .   0,207 „
Asche . . . .   0,103 „
Alkalität der Asche = ccm N-Säure . . .   0,78
Polarisation der 10 % Lösung:

direkt . . . . $+ 7{,}73^0$
nach der Inversion . . . . $- 2{,}60^0$
nach der Vergärung . . . . ± 0

Die niedrigen Werte für die freie Säure, für das zuckerfreie Extrakt, besonders aber für die Asche und deren Alkalität lassen klar erkennen, daß dieser Himbeersirup aus einem erheblich mit Wasser verdünnten Rohsaft (Succus) hergestellt wurde. Zur Verdeckung der Wässerung wurde der Saft mit einem künstlichen Farbstoff aufgefärbt. Im übrigen enthält der Sirup keine fremdartigen Bestandteile; so ist, wie die Resultate der Polarisation nach der Inversion und Vergärung beweisen, kein Stärkezucker vorhanden.

Gutachten: Nach dem vorstehenden Untersuchungsbefunde liegt hier ein mit Wasser stark verdünnter oder aus stark gewässertem Rohsaft hergestellter Himbeersaft vor, dem ein künstlicher Farbstoff zugesetzt wurde, um ihm die durch die Verdünnung entzogene Farbe wiederzugeben. In beiden Manipulationen ist eine Verfälschung zu erblicken.

Mit dem Zusatz des wertlosen Wassers ist der Gehalt des Fruchtsaftes an allen für seinen Genußwert wertvollen Bestandteilen herabgesetzt worden, namentlich wurde auch der Fruchtgeschmack und das Aroma erheblich verdünnt. Der Wasserzusatz hat also eine Verschlechterung des Himbeersaftes bewirkt.

Durch den weiter erfolgten Zusatz eines künstlichen Farbstoffs wird dem so verdünnten Produkte ein höherer als tatsächlich vorhandener Fruchtsaftgehalt vorgetäuscht, und der Ware infolgedessen der Schein der besseren Beschaffenheit verliehen.

Nach diesen Tatbestandsmerkmalen dürfte die Anwendbarkeit des § 10 Ziff. 1 des Gesetzes vom 14. Mai 1879 betreffend den Verkehr mit Nahrungs- und Genußmitteln gegeben sein.

2. Gewässerte Erdbeer- und Johannisbeersirupe.

In den in folgender Tabelle angeführten Sirupen sind, gegenüber normalen Sirupen[1]), die Werte für zuckerfreies Extrakt, Säuregehalt,

---

[1]) Vergl. A. Beythien, Zeitschr. f. Unters. d. Nahr.- u. Genußm. 1903 **6,** 1109.

Mineralstoffe und deren Alkalität viel zu niedrig. Die Sirupe sind also jedenfalls aus gewässerten Rohsäften hergestellt worden.

	Erdbeersirup		Johannisbeersirup	
	I	II	I	II
Extrakt	66,54 %	70,18 %	69,60 %	66,13 %
Invertzucker	23,70 %	22,64 %	28,96 %	—
Rohrzucker	39,40 %	44,36 %	37,64 %	—
Gesamtzucker (als Invertzucker). . .	65,00 %	69,33 %	68,58 %	65,43 %
Zuckerfreies Extrakt	1,54 %	0,85 %	1,02 %	0,70 %
Säure als Äpfelsäure	0,37 %	0,37 %	0,47 %	0,48 %
Mineralstoffe	0,134 %	0,085 %	0,115 %	0,106 %
Alkalität derselben = ccm N-Säure .	1,50	1,25	1,13	1,00

Für die Begutachtung sind die im vorigen Gutachten dargelegten Gesichtspunkte maßgebend.

3. Gewässerter Zitronensaft mit Zusatz von Zitronensäure.

Aroma: schwach.

Künstliche Färbung: nicht vorhanden.

Spezifisches Gewicht bei 15 °: 1,0286.

100 g Zitronensaft enthalten:

Extrakt 7,63

Zitronensäure 7,38

Zucker 0

Asche (Mineralbestandteile) 0,115

Extraktrest nach Abzug von Zitronensäure und Asche 0,135

Alkalität der Asche = ccm N-Säure 0,2

Hier deuten die verhältnismäßig sehr niedrigen Werte für spezifisches Gewicht, Asche, Alkalität der Asche und Extraktrest darauf hin, daß ein übermäßig mit Wasser gestreckter Zitronensaft vorliegt. Dieser wurde, wie der normal hohe Säuregehalt zeigt, nachträglich noch mit Zitronensäure versetzt.

Gutachten: Der Wasserzusatz stellt eine Verschlechterung dar, während der Zusatz von Zitronensäure einen höheren als vorhandenen Gehalt an Fruchtsaft vorspiegeln, also den Schein einer besseren Beschaffenheit erwecken soll. Beide Momente qualifizieren sich als Verfälschung und bilden die Grundlage des Gutachtens.

4. Himbeersirup mit Stärkesirup, Saccharin und Teerfarbstoff.

Äußere Beschaffenheit: normal.

Geschmack: süß, mit schwachem Aroma.

Künstliche Färbung: roter Teerfarbstoff nachweisbar.

Künstlicher Süßstoff: Saccharin vorhanden.

Alkoholfällung: stark (Dextrin).

100 g Himbeersirup enthielten:

Trockensubstanz	68,35 g
Freie Säure als Äpfelsäure	0,67 „
Gesamtzucker als Invertzucker	59,20 „
Rohrzucker	13,02 „
Zuckerfreies Extrakt	9,15 „
Mineralstoffe (Asche)	0,20 „
Alkalität der Asche = ccm N-Säure . . .	1,25

Polarisation der 10 %-igen Lösung im 200 mm Rohr:

Direkt	$+ 3^{0} 48'$
invertiert	$+ 1^{0} 27'$

In diesem Analysenbilde deutet die positive Polarisation nach der Inversion auf den Zusatz von Stärkesirup; ein solcher findet in der Bestimmung des zuckerfreien Extraktes und in der starken Alkoholfällung (Dextrin) seine Bestätigung. Nach der von Beythien[1]) angegebenen Art der Berechnung aus der Polarisation vor und nach der Inversion und dem Gehalt an Gesamtzucker ergibt sich, daß dieser Himbeersirup unter Verwendung von (annähernd) 48,5 % Rohrzucker und 20,3 % Stärkesirup hergestellt worden ist.

Qualitativ wurde in dem Produkte ferner Teerfarbstoff und Saccharin nachgewiesen.

Gutachten: Nach dem vorstehenden Untersuchungsergebnis stellt die vorliegende Probe keinen reinen Himbeersaft (Himbeersirup) dar, sondern die Mischung eines solchen mit etwa 20 % Stärkesirup. Zur Verdeckung der durch diesen Zusatz bewirkten Verdünnung des Saftes wurde dieser mit rotem Teerfarbstoff aufgefärbt und mit Saccharin versüßt.

Unter Himbeersirup versteht man allgemein im Handel und Verkehr ein Gemisch, welches nur aus Himbeerrohsaft (d. h. dem aus Himbeeren abgepreßten Saft) und Zucker (d. h. Rohrzucker) besteht; andere Stoffe sind dem Himbeersirup fremd. Das hier vorliegende Erzeugnis weicht nun von der Beschaffenheit, die man bei dem Himbeersirup ganz allgemein voraussetzt, mithin von der normalen Beschaffenheit des Himbeersirups in mehrfacher Hinsicht ab, indem es mit Stärkesirup, rotem Teerfarbstoffe und Saccharin versetzt worden ist.

Durch den Ersatz eines Teils des Rohrzuckers durch Stärkesirup ist der Himbeersirup direkt verschlechtert worden. Denn der zu etwa 35—40 % aus Dextrin bestehende Stärkesirup hat nicht nur bedeutend weniger Süßungskraft und daher geringeren Gebrauchswert als Rohrzucker, er ist auch weit billiger als dieser.

Mit Hülfe des Teerfarbstoffs wird die durch den Stärkesirupzusatz heller gewordene Farbe wieder hergestellt, dem Produkte dadurch also der Schein höheren Gehaltes an Fruchtsaft, d. h. besserer Beschaffenheit, verliehen.

---

[1]) Vergl. Zeitschr. f. Unters. d. Nahr.- u. Genußm. 1903, **6**, 1100.

Durch den Zusatz von Saccharin zu dem mit Stärkesirup versetzten Himbeersirup wird der Anschein erweckt, als besäße dieser einen höheren Gehalt an Rohrzucker, als tatsächlich der Fall ist.

Für alle drei Zusätze — Stärkesirup, Saccharin, Teerfarbe — dürften demnach die Tatbestandsmerkmale der Verfälschung im Sinne des § 10 des Gesetzes vom 14. Mai 1879 zutreffen.

Die Verwendung von Saccharin zur Herstellung von Nahrungs- und Genußmitteln ist außerdem durch das Süßstoffgesetz vom 7. Juli 1902 verboten.

5. Himbeersirup mit Wasserzusatz, Stärkesirup und Kirschsaft.

Äußere Beschaffenheit: normal.

Geschmack: schwaches Aroma.

Farbe: normal.

Alkoholfällung: stark.

Künstliche Färbung: Teerfarbstoffe nicht nachweisbar.
Kirschsaft vorhanden [1]).

Künstlicher Süßstoff: nicht vorhanden.

100 g Himbeersirup enthielten:

Trockensubstanz	66,95	g
Freie Säure als Äpfelsäure	0,53	„
Gesamtzucker als Invertzucker	54,98	„
Rohrzucker	26,78	„
Zuckerfreies Extrakt	11,97	„
Mineralstoffe (Asche)	0,124	„
Alkalität der Asche = ccm N-Säure	1,21	

Polarisation der 10 %-igen Lösung:

direkt	$+ 8,50^0$
nach der Inversion	$+ 4,02^0$
nach der Vergärung	$+ 2,10^0$

Bei dieser Probe weist die stark positive Drehung nach der Inversion wie nach der Vergärung (Dextrin), in Verbindung mit dem hohen Gehalte an zuckerfreiem Extrakt und der Alkoholfällung (Dextrin), auf einen Zusatz von Stärkesirup hin. Die zu niedrigen Werte für den Gehalt an Asche und deren Alkalität zeigen, daß der zur Herstellung dieses Sirups dienende Himbeerrohsaft mit Wasser oder Nachpresse verdünnt war. Die qualitative Probe läßt die Beimischung von Kirschsaft erkennen.

Gutachten: Aus diesem Untersuchungsbefunde ergibt sich, daß der zur Herstellung des vorliegenden Himbeersirups verwendete Saft der Himbeerfrüchte vor dem Aufkochen mit Zucker mit Wasser oder Nachpresse, d. h. einem wässerigen Auszuge der Himbeerpreßrückstände,

---

[1]) Nachweis nach dem Verfahren von Langkopf; vergl. Juckenack u. Pasternack, Zeitschr. f. Unters. d. Nahr.- u. Genußm. 1904, **8**, 19.

verdünnt worden ist. Ferner ist diesem Himbeersaft Stärkesirup beigemischt worden. Zudem wurde das Produkt mit farbstoffreichem Kirschsaft aufgefärbt.

Mithin ist der vorliegende Himbeersirup aus folgenden Gründen als
verfälscht zu beanstanden:

Unter Himbeersirup kann lediglich der mit Zucker aufgekochte natürliche Saft der Himbeerfrüchte verstanden werden. Durch den Zusatz
von Wasser oder Nachpresse wird der natürliche Fruchtsaft in seinen
sämtlichen Bestandteilen verdünnt und somit verschlechtert. Kirschsaft, der erheblich farbstoffreicher als Himbeersaft ist, verleiht dem
verdünnten Fruchtsafte das Aussehen der reinen Ware, also den Schein
der besseren (wertvolleren) Beschaffenheit. Kartoffelstärkesirup ist
ein in Genußwert und Zusammensetzung minderwertiges Ersatzmittel
des Rohrzuckers. Er besitzt nur höchstens die halbe Süßkraft des
letzteren und besteht zu etwa $55-60\,^0/_0$ aus Dextrin und Wasser,
also fremdartigen Stoffen, deren Zusatz zu reinem Himbeersirup eine
Verfälschung bedingt. Außerdem täuscht der Stärkesirup infolge seiner
Konsistenz und Zähklebrigkeit einen höheren als vorhandenen Gehalt
an Rohrzucker vor.

6. Künstlicher Zitronensaft mit Zusatz von anorganischen Salzen und Salizylsäure.

Ein als „Reiner und haltbarer Zitronensaft" feilgebotenes Produkt
besaß folgende Zusammensetzung[1]):

Geschmack: nach Zitronenöl.

Geruch: nach Zitronenöl.

Farbe: gelb.

Künstliche Färbung: gelber Teerfarbstoff vorhanden.

Konservierungsmittel: Salizylsäure vorhanden.

Spezifisches Gewicht bei 15^0 1,0299

Spezifisches Gewicht des entgeisteten Saftes . 1,0323

100 g Saft enthielten:

Extrakt (indirekt) . . . . 7,73 g

Freie Zitronensäure (wasserfrei) . . . . . 6,29 „

Als Ester geb. Zitronensäure (wasserfrei) . . 0,09 „

Zucker, im ganzen . . . . Spur

Mineralstoffe . . . . 0,57 „

Alkalität der Mineralstoffe = ccm N-Säure . 6,2

Stickstoff . . . . , 0,004 „

Glyzerin . . . . 0,06 „

---

[1]) Bezüglich des Untersuchungsverfahrens und der Beurteilungsnormen
für Zitronensäfte vergl. K. Farnsteiner, Zeitschr. f. Unters. d. Nahr.- u.
Genußm. 1903, **6,** 1.

Extraktrest:

   a. nach Abzug von freier Zitronensäure und
      Zucker 1,44
   b. nach Abzug von freier Zitronensäure, Zucker,
      veresterter Zitronensäure, Mineralstoffen und
      an diese gebundene Zitronensäure sowie von
      Glyzerin 0,58

Diese Probe entspricht inbezug auf ihren Gehalt an Mineralstoffen, Alkalität der Mineralstoffe und Gehalt an Extraktrest (a) nach Abzug von Säure und Zucker den Spaeth'schen Anforderungen.

Verdächtig ist die künstliche Färbung (mit Teerfarbe), und wie Geruch und Geschmack erkennen lassen, der zur Parfümierung erfolgte Zusatz von Zitronenschalenauszug. In Verbindung mit diesen Tatsachen ist es im Hinblick auf den nur spurenweise vorhandenen Stickstoffgehalt und den niedrigen Gehalt an „totalem" Extraktrest (b) zweifellos, daß hier ein Kunstprodukt vorliegt, dessen hoher Gehalt an Mineralstoffen auf absichtlichen Zusatz von Salzen zurückzuführen ist.

Gutachten: Für die Bearbeitung des näher auszuführenden Gutachtens kommen etwa folgende Gesichtspunkte in Betracht: Nach Aussehen, Geruch und Geschmack sowie im Hinblick auf den nur in Spuren vorhandenen Stickstoffgehalt und den niedrigen Gehalt an totalem Extraktrest liegt hier eine mit anorganischen Salzen versetzte Lösung von Zitronensäure vor, welche mit Zitronenschalenauszug parfümiert und mit einem Teerfarbstoffe gelb gefärbt worden ist, und welcher zur Konservierung Salizylsäure beigefügt wurde. Diese Probe stellt demnach einen künstlich bereiteten, d. i. nachgemachten Zitronensaft vor.

Verkauf und Feilhalten dieses Produktes unter der Bezeichnung „Reiner und haltbarer Zitronensaft" widerläuft den Bestimmungen des § 10 Ziff. 2 des Gesetzes vom 14. Mai 1879. Ob in dem zur Konservierung erfolgten Zusatze von Salizylsäure das Erzeugnis keine gesundheitsschädlichen Eigenschaften im Sinne des § 12 des genannten Gesetzes erhalten hat, muß durch einen medizinischen Sachverständigen beurteilt werden.

7. Nachgemachter und verfälschter Zitronensaft mit Zusatz
von Mineralstoffen, Glyzerin und Salizylsäure[1]).

Zwei als „natürlich, rein und haltbar" etikettierte Zitronensäfte zeigten folgende chemische Zusammensetzung:

	I.	II.
Spezifisches Gewicht bei 15° C	1,0355	1,0348
Spezifisches Gewicht des entgeisteten Saftes . .	1,0379	1,0368
Extrakt, direkt	9,11 %	8,66 %
Extrakt, indirekt	9,07 „	8,80 „
Freie Zitronensäure, wasserfrei	6,58 „	6,05 „

---

[1]) Vergl. K. Farnsteiner l. c., S. 20.

	I.	II.
Als Ester geb. Zitronensäure, wasserfrei . . .	0,05 %	0,06 %
Zucker, im ganzen	Spur „	0,13 „
Mineralstoffe	0,57 „	0,58 „
Alkalität der Mineralstoffe = ccm N-Säure . .	6,0	6,5
Stickstoff	0,003 „	0,035 „
Phosphorsäure (P_2O_5)	0,046 „	—
Schwefelsäure	0,069 „	—
Chlor . . . . , ...	0,014 „	—
Glyzerin	1,81 „	1,16 „
Alkohol, frei	1,22 „	1,06 „
Salizylsäure	vorhand.	vorhand.

Extraktrest:

    a) nach Abzug von freier Zitronensäure und

       Zucker   2,49   2,62

    b) nach Abzug v. freier Zitronensäure, Zucker,

       veresterter Zitronensäure, Mineralstoffen u.

       an diese gebundener Zitronensäure, sowie

       von Glyzerin . . . . — 0,12   0,61

Probe I würde inbezug auf ihren hohen Extraktrest (a) von 2,49, sowie bei den durchaus normalen Mengen von Mineralstoffen, Phosphorsäure und dem richtigen Alkalitätsgrade der Mineralstoffe den berechtigten Anforderungen für reinen Zitronensaft entsprechen. Indessen bestehen, wie die Analyse zeigt, 1,81 g des Extraktrestes aus Glyzerin, dabei ist Stickstoff nur in Spuren vorhanden. Hier liegt also ein Kunstprodukt vor, welches durch täuschende Zusätze von Mineralstoffen (Phosphaten usw.) und Glyzerin analysenfest zu machen gesucht wurde.

Ähnlich ist Probe II zu beurteilen; auch sie hat einen, allerdings geringeren, Zusatz von Mineralstoffen und Glyzerin erhalten, besteht aber — wie aus dem gegen Nr. I bedeutend höheren Stickstoffgehalt und dem weit größeren Gesamt-Extraktrest (b) hervorgeht — zweifellos zu einem erheblichen Anteil aus reinem Zitronensaft.

Begutachtung: Probe I ist im wesentlichen eine mit anorganischen Salzen und Glyzerin versetzte wässerige Lösung von Zitronensäure, also ein nachgemachter Zitronensaft im Sinne des Nahrungsmittelgesetzes.

Probe II stellt eine Mischung echten Zitronensaftes mit einem der Probe I ähnlichen Produkte dar. Hier liegt ein verfälschter Zitronensaft vor. Beide Erzeugnisse sind mit Salicylsäure versetzt.

Die Aufbauung des Gutachtens geschieht in diesen beiden Fällen n der bei den vorhergehenden Beispielen angedeuteten Weise.

8. Künstlicher Zitronensaft mit Zucker und Alkohol.

Dieses als „Zitronensaft, qualité supérieure, aus frischen Früchten" bezeichnete Produkt trug u. a. auf der Etikette den Vermerk „Erprobtes Mittel gegen Gicht und Rheumatismus". Seine Zusammensetzung war:

Geruch und Geschmack: süß, stark aromatisch, nach künst-
  licher Essenz.
Farbe: gelb, vollständig auf Wolle ausfärbbar.
Salizylsäure: nicht vorhanden.
Spezifisches Gewicht bei 15 ° C 1,0664

100 g Saft enthielten:
Extrakt, indirekt . . . . 22,92 g
Zitronensäure, wasserfrei . . . . 10,50 „
Zucker, im ganzen . . . . 12,20 „
Mineralstoffe . . . . 0,017 „
Alkohol . . . . 14,08 „
Extraktrest nach Abzug von freier Zitronensäure
  und Zucker . . . . 0,22 „

Der außerordentlich niedrige Gehalt an Mineralbestandteilen in
Verbindung mit dem geringen Extraktrest beweist, daß hier nur eine
wässerige Zitronensäurelösung vorliegt, die (jedenfalls zur Konservierung)
mit Alkohol und mit 12,2 % Zucker versetzt, mit künstlicher Essenz
parfümiert und mit einen künstlichen Farbstoffe gelb gefärbt wurde.

Wir haben es hier also auch mit einem nachgemachten Zitronensaft, oder — wie er in Anbetracht des hohen Zuckerzusatzes richtiger zu
bezeichnen wäre — mit einem nachgemachten Zitronensirup
zu tun. Die Benennung desselben als „Zitronensaft aus frischen Früchten"
ist eine zur Täuschung geeignete im Sinne des § 10 Ziff. 2 des Nahrungsmittelgesetzes.

Unter Berücksichtigung des Inhaltes der Etikette („Erprobtes Mittel
gegen Gicht und Rheumatismus") sollte diese eine Angabe über die
Menge (14 %) des zur Konservierung zugesetzten Alkohols tragen, da
dieser Umstand für viele Patienten kaum gleichgültig sein dürfte.

9. Künstlicher Himbeersirup.

Geschmack: sehr süß, nach künstlichem Fruchtäther.
Geruch: nach künstlichem Fruchtäther.
Farbe: intensiv feurig rot; Farbstoff auf Wolle vollständig
  ausfärbbar (Teerfarbstoff).
Künstlicher Süßstoff: nicht vorhanden.

100 g des Himbeersirups enthielten:
Extrakt, indirekt . . . . 41,57 g
Invertzucker . . . . 15,44 „
Rohrzucker . . . . 24,96 „
Gesamtzucker als Invertzucker . . . . . 40,40 „
Zuckerfreies Extrakt . . . . 1,17 „
Mineralstoffe (ohne P_2O_5) . . . . 0,09 „
Zitronensäure: nicht vorhanden.
Weinsäure: nicht vorhanden.
Phosphorsäure (P_2O_5) . . . . 0,125 „

Hier haben wir es mit einem vollständigen Kunstprodukte zu tun. Dieses als „Himbeersirup" feilgebotene Produkt ist nichts weiter als 40 prozentiger Zuckersirup, der mit künstlichem Fruchtäther aromatisiert und mit rotem Teerfarbstoffe gefärbt wurde. An Stelle der sonst bei diesen Erzeugnissen gebräuchlichen Wein- oder Zitronensäure wurde die billigere Phosphorsäure verwendet.

Gutachten: Unter Himbeersirup versteht man, dem Verkehrs- und Sprachgebrauche nach, ein aus Himbeerrohsaft und Zucker bereitetes Produkt. Der vorliegende Himbeersirup enthält nach dem obigen Unter- suchungsbefunde Himbeerrohsaft überhaupt nicht, er ist nichts weiter als ein mit künstlichem Fruchtäther parfümierter, mit Phosphorsäure angesäuerter und mit Teerfarbe rotgefärbter Zuckersirup. Er zeigt wohl inbezug auf Aussehen, Geschmack und Geruch entfernte Ähnlichkeit mit wirklichem Himbeersirup, ist aber aus Stoffen zusammengesetzt, die nicht der Himbeere entstammen, besitzt demnach nur den Schein, nicht das Wesen, die Beschaffenheit des ersteren.

Hier liegt ein künstlich hergestellter, d. i. nachgemachter Himbeer- sirup vor. Falls dieser nicht unter einer seinem Charakter als Surrogat entsprechenden Bezeichnung in den Verkehr gebracht wird, ist er im Sinne des § 10 des Nahrungsmittelgesetzes zu beanstanden.

Eine einwandfreie, jede Täuschung ausschließende Bezeichnung wäre „künstlicher Himbeersaft" oder „Sirup mit Himbeergeschmack".

10. Künstliche Himbeerbrauselimonade.

Die Untersuchung einer „Himbeerbrauselimonade" ergab, daß zu deren Herstellung kein Himbeersaft, sondern ein dem vorstehen- den in seiner Zusammensetzung ähnlicher künstlicher Himbeersirup Verwendung gefunden hatte, d. h. ein rotgefärbter, mit Fruchtäther und Zitronensäure versetzter Zuckersirup.

Gutachten: Unter Himbeerbrauselimonade versteht man eine Brauselimonade, zu deren Herstellung neben Zucker und kohlen- säurehaltigem Wasser Himbeersaft, d. i. der Preßsaft der Himbeere, gedient hat. Nach dem vorstehenden Befunde ist das bei dem hier untersuchten Produkte jedoch nicht der Fall gewesen. Dieses ist lediglich ein mit künstlichem Fruchtäther parfümiertes, mit Zucker und Zitronensäure versetztes kohlensaures Wasser, welchem durch künstliche Färbung mit einem Teerfarbstoffe der Anschein verliehen worden ist, als sei ein natürlicher Fruchtsaft darin enthalten. Dieses Erzeugnis hat demnach nicht das Wesen oder die Beschaffenheit, sondern nur das äußere Ansehen, den Schein der echten Himbeerbrauselimonade, es ist also eine Nachahmung der letzteren.

Der Name „Himbeerbrauselimonade" für dieses Erzeugnis ist zu beanstanden, er ruft zweifellos die Annahme hervor, daß man es hier mit einem aus Himbeersaft hergestellten Getränke zu tun habe, ist also zu einer Täuschung der Käufer geeignet. Um letztere über den wahren

Charakter dieser Brauselimonade aufzuklären, muß diese unter einer
geeigneten Bezeichnung, wie „Brauselimonade mit Himbeergeschmack"
oder „Künstliche Himbeerbrauselimonade", in den Verkehr gebracht
werden.

Unter der Bezeichnung „Himbeerbrauselimonade" ist dieses Getränk
als nachgemacht im Sinne des § 10 des Gesetzes betreffend den Verkehr
mit Nahrungsmitteln usw., vom 14. Mai 1879, zu erachten.

———

12. Kapitel.

Honig.

Besondere gesetzliche Bestimmungen und Verordnungen über den
Verkehr mit Honig bestehen weder für das Reich noch für die einzelnen Bundesstaaten.

Für die strafrechtliche Verfolgung der Honigfälschung kommt das
Nahrungsmittelgesetz in Betracht.

Begriff, Beschaffenheit und Zusammensetzung.

Honig ist der aromatische zuckerreiche Saft, der von den Arbeits-
bienen aus den verschiedensten Blüten (Blütenstaub, Nektar) gesammelt,
im Honigmagen — nach anderen Annahmen auch bloß durch die
Speicheldrüsen — besonders verarbeitet und in den Waben zur Ernährung der jungen Brut aufgespeichert wird.

Die Beschaffenheit des Honigs (Farbe, Geruch, Geschmack) hängt
sehr von den Blüten ab, von denen er gesammelt wurde.

Die Farbentöne gehen von wasserhell (Lindenblüte) durch hellgelb
(Labiaten, Rosaceen), goldgelb (Esparsette), dunkelgelb (Raps), rötlich
(Heidekraut) bis zu bräunlich (Buchweizen) und dunkelbraun (Koni-
feren) über [1].

Eine wesentliche Rolle bei der Beurteilung der Güte sowohl wie
der Reinheit eines Honigs spielen die Riechstoffe, die dem Honige das
Aroma verleihen. Woraus sie bestehen ist nicht genau bekannt; es ist
auch bisher nicht gelungen, sie aus dem Honige abzusondern. Sehr
wahrscheinlich aber sind es Gemenge der verschiedensten Stoffe, die
nur in kleinen Mengen im Honige enthalten sind [2].

Ferner ist die Art der Gewinnung von Einfluß auf die Beschaffenheit des Honigs; sie geschieht auf zwei Arten. Der durch freiwilliges
Ausfließen oder durch Zentrifugieren (Schleudern) aus den Waben erhaltene Honig, der Jungfernhonig und Schleuderhonig, ist

---

[1] Tony Kellen, Luxemburg. Bienenzeitg. 1898; Zeitschr. f. Unters. d.
Nahr.- u. Genußm. 1899, **2**, 162.

[2] Vergl. Denkschrift d. Kais. Gesundheitsamtes über den Verkehr mit
Honig.

der reinste und hat den angenehmsten Geschmack und das feinste Aroma; von geringerer Beschaffenheit ist der durch Auspressung und Erwärmung gewonnene, gemeine oder ausgelassene Honig. Dieser ist dickflüssiger, von dunklerer Farbe als jener und schließt stets Blumenstaub und Wachsteilchen ein. Er wird durch Erwärmung und Filtration (Seimen) gereinigt.

Frisch ausgelassen ist der Honig mehr oder weniger klar und dickzähflüssig, allmählich trübt er sich aber und erstarrt je nach seiner Zusammensetzung früher oder später zu einer mehr oder weniger kristallinischen Masse.

Der Koniferenhonig (Tannenhonig) ist dunkelbraun gefärbt, weniger süß; er besitzt mitunter einen eigenartig gewürzhaften, terpentinartigen Geschmack. Wegen seines Dextringehaltes erstarrt er schwieriger.

Die überseeischen sogenannten Havannahonige, ebenso wie die aus Galizien und anderen östlichen Ländern zu uns in den Handel kommenden Honige sind in der Regel sehr unrein (oft in geradezu ekelhafter Weise verunreinigt); sie haben eine schmutzig-gelbe bis braune Farbe sowie meistens einen schwachen, wenig angenehmen Geruch und Geschmack.

Vielfach werden auch ganze Waben in den Handel gebracht. Sie enthalten meist guten Honig, entstammen aber zuweilen auch Korbstöcken, deren Inhalt teils aus Bienenbrot oder gar aus abgestorbener Brut besteht.

Zusammensetzung. Der Honig besteht seiner Hauptmenge nach aus einer konzentrierten wässerigen Lösung von Invertzucker, in welcher jedoch die Lävulose überwiegt. Daneben kommen Rohrzucker und Dextrin in wechselnder Menge, ferner gummiähnliche Körper, stickstoffhaltige Verbindungen, Wachs, Farbstoffe, Riechstoffe, organische Säuren (Ameisensäure), Mineralstoffe (bei welchen die Phosphate überwiegen), endlich pflanzliche Gewebselemente und Pollenkörner vor.

	Durchschnittswerte %	Beobachteter	
		niedrigster Wert %	höchster Wert %
Wasser	18,96	8,30	33,59
Stickstoffsubstanz	1,42	0,03	2,67
Lävulose ⎫ bilden zusammen ⎰ . . .	37,11 ⎫ 72,51	27,36	49,25
Dextrose ⎰ den Invertzucker ⎱ . . .	36,20 ⎰	22,23	44,71
Rohrzucker	2,69	0,10	10,12
Dextrin (Gallisin)	3,89	0,99	9,70
Pollen und Wachs usw.	0,18	—	—
Ameisensäure	0,11	0,03	0,21
Mineralbestandteile	0,24	0,02	0,68

Der Naturhonig ist also, vom chemischen Standpunkte betrachtet, kein einheitlicher Körper, sondern ein Gemisch verschiedenartiger, in wechselnder Menge sich vorfindender Stoffe. Seine Zusammensetzung wird von den Lebensbedingungen, dem Futter und auch den Lebensgewohnheiten der Bienen beeinflußt. In welchen Mengen die hauptsächlichsten Bestandteile im Honig vorkommen, geht aus der vorstehenden Übersicht (S. 275) hervor, welche die bei der Untersuchung von 173 Honigproben erhaltenen Werte wiedergibt[1]).

Nach den „Vereinbarungen" (Heft II, S. 117) ist die mittlere Zusammensetzung des Honigs folgende:

Invertzucker . . . . , 70 — 80 %
(nach Sieben Dextrose 34,7 %,
Lävulose 39,2 %)
Rohrzucker . . . . . . bis zu 10 %
Dextrine . . . . bis zu 10 „
Mineralstoffe . . . . 0,1—0,8 „
Nichtzucker . . . . 5 „ und mehr,
Darunter Ameisensäure . . . 0,2 „
Stickstoffhaltige Bestandteile . . . 0,8 „
Wasser im Durchschnitt . . . . 20 „

Mitunter sammeln die Bienen auch den klebrigen, süß schmeckenden Überzug an der Oberfläche der Bäume und Sträucher, den sogenannten Honigtau, der für das Absonderungserzeugnis aus dem After der Blattläuse gehalten wird, mit ein und sondern ihn im Honig mit aus. Dieser Honigtau von den verschiedenen Blättern hat nach J. König[2]) folgende schwankende Zusammensetzung (in Prozenten):

Wasser	Stickstoff-substanz	Zucker		Dextrin	Asche
		vor der Inversion (Glukose)	nach reduzierend (Saccharose)		
15,92—24,88	0,75—3,17	16,70—43,80	29,14—48,86	8,59—39,40	2,86—3,02

Diese vom Nektar abweichende Zusammensetzung des Honigtaues teilt sich auch dem daraus von den Bienen bereiteten Honige mit und bewirkt u. a. besonders eine Erhöhung seines Gehaltes an Mineralbestandteilen.

Im allgemeinen drehen die Honige, bzw. ihre wässerige Lösung, die Ebene des polarisierten Lichtes nach links. Es gibt aber auch rechtsdrehende Honige, und zwar namentlich die Koniferen- und Honigtauhonige; erstere infolge ihres Dextrin-, letztere wegen ihres Saccharosegehaltes.

---

[1]) J. König, Chemie d. menschl. Nahr.- u. Genußmittel, 4. Aufl., Berlin 1903, Bd. I, S. 915—923.
[2]) J. König, l. c. Bd. I, 925.

Die rechtsdrehenden Koniferen- oder Tannenhonige nehmen nach Beseitigung der Dextrine durch Alkoholfällung eine Linksdrehung an [1]). Bei einem geringen Gehalt an Dextrinen drehen auch solche Honige schwach links, nach der Vergärung aber natürlich auch rechts.

Bei dünnflüssigen Honigen bildet sich manchmal ein kristallinischer Absatz, der vorwiegend aus Dextrose besteht und rechts dreht; hierauf ist Rücksicht zu nehmen.

Bei der mikroskopischen Prüfung sind im Honig stets Zuckerkristalle, meistens auch Wachsteilchen und Pollenkörner zu entdecken. Die beiden letztgenannten bieten jedoch kein sicheres Kennzeichen für die Echtheit eines Honigs, da sie erfahrungsgemäß auch verfälschtem Honig zugesetzt werden.

Die Reaktion des Honigs ist schwach sauer, eine Folge seines Gehaltes an Ameisensäure. Diese scheint nicht den Pflanzen zu entstammen, sondern soll dem Honige vor dem Schließen der Zellen von den Bienen mit ihrem Giftstachel zugesetzt werden und konservierend wirken.

Zur Ermittelung, ob man es mit einem kalt ausgelassenen oder heiß gepreßten oder aufgekochten Honige zu tun hat, schlägt G. Marpmann [2]) den Nachweis von Enzymen (Reaktion mit Paraphenylendiamin und Wasserstoffsuperoxyd oder Guajaktinktur) vor. Diese sind in jedem Honig vorhanden und so lange nachzuweisen, als der Honig bei Wärmegraden unter 50^0 behandelt worden ist.

Verfälschungen.

Zur Verfälschung des Honigs werden neben Wasser verschiedene Stoffe, wie Rohrzucker, Melasse, Invertzucker, Stärkezucker, Stärkesirup, ferner Tragant, Leim, Mehl und Glyzerin benutzt.

Mit Ausnahme des Invertzuckers bietet der Nachweis dieser Fälschungsmittel so lange keine Schwierigkeiten, als es sich um grobe Beimischungen handelt. Ein Zusatz von geringeren Mengen dieser Stoffe ist schon schwieriger festzustellen; doch erwächst dem Chemiker bei der Feststellung solcher Fälschungen insofern eine Hilfe, als geringe Zusätze sich nicht lohnen und daher nur selten vorgenommen worden.

1. Zusatz von Wasser.

Das spezifische Gewicht der wässerigen Honiglösung 1 + 2 (1 Honig + 2 Wasser) soll nicht unter 1,11 betragen, entsprechend 25 % Wasser im Honig. Ein höherer Wassergehalt rührt von zugesetztem Wasser her und ist als Verfälschung im Sinne des Nahrungsmittelgesetzes zu beanstanden.

---

[1]) Vergl. J. König u. W. Karsch, Zeitschr. f. analyt. Chemie 1895, **34**, 1.
[2]) Pharm. Zeitg. 1903, **48**, 1010.

2. Zusatz von Rohrzucker.

Kleine Mengen von Rohrzucker setzen die Linksdrehung des Honigs herab, größere bewirken Rechtsdrehung. Solche Honige zeigen nach der Inversion entweder eine Zunahme der Linksdrehung oder eine Umwandlung der Rechtsdrehung in Linksdrehung. Die quantitative Bestimmung geschieht nach den Vereinbarungen.

Rohrzucker besitzt zwar ungefähr denselben Grad der Süßigkeit wie Honig, es fehlen ihm aber die Bestandteile, insbesondere die Aromastoffe, die diesen wertvoll machen. Der Zusatz von Rohrzucker zum Honig ist demnach eine Verschlechterung des letzteren, also eine Fälschung.

Bienen, die in der Nähe von Zuckerfabriken und Raffinerien leben, suchen mit Vorliebe den dort befindlichen Zucker auf, wie auch vielfach Rohrzucker direkt zur Bienenfütterung verwendet wird. Der so gesammelte Zucker wird im Bienenkörper nicht vollständig in Invertzucker verwandelt; der abgeschiedene Honig enthält daher größere Rohrzuckermengen, als sich sonst im Naturhonig vorfinden. Nach den Versuchen A. Beythiens[1]) und anderer soll selbst bei ausschließlicher Rohrzuckerfütterung der Honig nicht viel über 10 % Rohrzucker enthalten, während v. Lippmann[2]) über einen Fall berichtet, wo ein solcher Honig über 16,38 % Rohrzucker enthielt.

Nach den Ansichten der Imkerkreise und vieler Nahrungsmittelchemiker (A. Beythien[3]), R. Kayser[4]) u. a.) ist das durch Zuckerfütterung der Bienen gewonnene Produkt kein reiner Bienenhonig; es ist geradeso zu beurteilen, als wenn dem Honig Rohrzucker unmittelbar zugesetzt worden wäre („Verfälschung durch die Biene").

In diesem Sinne entschied auch des Landgericht Bautzen[5]), daß in einem solchen Falle ein verfälschtes Genußmittel vorliege, „da Honig nur das von den Bienen aus Blütennektar gesammelte Produkt sei". Eine ähnliche Entscheidung traf das Landgericht Aachen. Dieselbe Auffassung hatte das Kaiserliche Patentamt[6]), als es ein nachgesuchtes Patent für ein Verfahren, „Honig durch Fütterung der Bienen mit zuckerhaltigen Fruchtsäften zu erzeugen", versagte, weil, wie in den Gründen ausgeführt wird „durch Fütterung der Bienen mit Fruchtsäften niemals Honig erzeugt werden kann, sondern durch die von den Bienen in die Zelle eingetragenen Stoffe nur ein Zuckergemisch gebildet wird, dem die Kennzeichen des echten, aus Blütennektar erzeugten Honigs fehlen".

---

[1]) Jahresbericht d. Untersuchungsamtes Dresden 1901, 20.
[2]) Zeitschr. f. angew. Chemie, 1888, 633.
[3]) l. c.
[4]) Deutsche Nahrungsmittel-Rundschau 1904, 84.
[5]) Vergl. A. Beythien, Jahresbericht d. Untersuchungsamtes Dresden 1904, 35.
[6]) Kais. Patentamt, Entsch. v. 14. Juli 1901.

3. Zusatz von Invertzucker.

Invertzucker ist bekanntlich ein Gemisch von gleichen Teilen Dextrose und Lävulose, welches bei der Spaltung des Rohrzuckers entsteht. Der von den Bienen im Honigmagen erzeugte Invertzucker unterscheidet sich in nichts von dem Erzeugnis, welches aus dem Rohrzucker durch Einwirkung von Säuren technisch im großen Maßstabe hergestellt wird. Zwar findet sich im Honig meist eine etwas größere Menge von Lävulose als Dextrose, wodurch die Linksdrehung des Honigs bedingt wird; jedoch kommen unzweifelhaft reine Naturhonige vor, welche rechtsdrehend sind, so daß sich darauf allein eine Beurteilung nicht gründen läßt. Wird der künstlich hergestellte Invertzucker auf die richtige Konzentration gebracht und in entsprechender Weise mit einigen Hauptbestandteilen des natürlichen Honigs, wie Mineralstoffen, organischen Säuren, Wachsteilchen, Farbstoff, Pflanzengummi —, ja sogar Pollenkörner sind im künstlichen Honig aufgefunden worden — versetzt oder gar mit einer gewissen Menge von reinem Honig vermischt, so wird ein solches als Honig in den Verkehr gebrachtes Erzeugnis bei der Analyse sich nicht wesentlich vom Naturhonig unterscheiden. Um die Täuschung noch weiter zu treiben, sollen sogar Wachs-Waben mit dem Kunsthonig gefüllt worden sein[1]).

Bei dem jetzigen Stande der Technik sind die durch Invertierung des Rohrzuckers dargestellten Produkte für die Gesundheit ganz unbedenklich. Der wesentliche Unterschied zwischen dem Naturhonig und dem aus Invertzucker hergestellten Kunsthonig besteht meist nur in dem verminderten Aroma des letzteren, das durch künstliche Stoffe, bis jetzt wenigstens, vollwertig nicht ersetzt werden kann. Bezüglich des Nährwertes können weder vom chemischen noch medizinischen Standpunkte Einwände erhoben werden.

Der Verkauf solcher Kunstprodukte oder Mischungen derselben mit Naturhonig unter dem Namen Honig oder ähnlichen leicht zu Irrtümern führenden Bezeichnungen stellt eine Täuschung im Sinne des Nahrungsmittelgesetzes dar.

Bei dieser Sachlage ist es erklärlich, daß die chemische Untersuchung nicht in allen Fällen den gewünschten Aufschluß darüber zu geben vermag, ob eine Ware reiner Naturhonig oder ein Kunsterzeugnis ist. In solchen Fällen empfiehlt es sich — und auch die Denkschrift weist ausdrücklich darauf hin — Sachverständige beizuziehen, die auf Grund ihrer Erfahrungen auf dem Gebiete der Bienenwirtschaft und des Honighandels imstande sind, durch Prüfung einer zweifelhaften Honigprobe durch Geruch und Geschmack ein Urteil über die Beschaffenheit und die Natur solcher Waren zu geben (sogenannte Zungen-Sachverständige). Es ist zu erwarten, daß ein erfahrener Bienen-

---

[1]) Vergl. Denkschrift d. Kais. Gesundheitsamtes über d. Verkehr mit Honig, S. 4 ff.

wirt oder sonstiger Honigkenner Kunsthonige an dem ihnen zum Teil mangelnden Aroma erkennen wird. Der preußische Ministerial-Erlaß von 30. August 1900 und ähnliche Erlasse in anderen Bundesstaaten weisen die Behörden auf die Zuziehung solcher Sachverständigen aus der Praxis hin.

Bei der Beurteilung eines Honigs auf Grund der Geschmacksprobe ist aber auch Vorsicht geboten. Gewisse aus dem Auslande, namentlich Italien und Ungarn, bei uns eingeführte Honigsorten, wie die Labiaten- und Esparsettenhonige, zeigen weder ein bestimmtes Aroma noch einen besonderen Geschmack. Wenn diese auch nicht nur in reiner Form, sondern auch als Verschnitt mit inländischem Honig auf den Markt gelangen werden, so liegt doch die Gefahr nahe, daß gerade solche Ware bei einer bloßen Sinnenprobe wegen ihres schwächeren Aromas und des wenig ausgeprägten Geschmackes dem an den inländischen Honig gewöhnten Honigsachverständigen auffallen und zur Beanstandung Veranlassung geben wird. Daraus ergibt sich; daß der Honigsachverständige besondere Vorsicht walten lassen muß, sobald er mittels der Geruch- und Zungenprobe ein Urteil über die Natur ausländischer Honige abzugeben hat.

Neben der Sinnenprüfung muß selbstverständlich immer die chemische Untersuchung eines verdächtigen Honigs vorgenommen werden.

4. Zusatz von Stärkezucker und Stärkesirup.

Bei dem billigen Preise und der großen Ausgiebigkeit des Stärkezuckers ist diese Art von Fälschung in neuerer Zeit eine der beliebtesten. Über die Zusammensetzung und den Wert des Stärkezuckers sei auf das im Kapitel „Fruchtdauerwaren" Gesagte hingewiesen (siehe S. 226).

Die charakteristischen chemischen Erkennungszeichen für Stärkezucker sind seine bedeutende Rechtsdrehung und sein Gehalt an Dextrinen. Beträgt — nach den Vereinbarungen — die Rechtsdrehung der 10%igen vergorenen Honiglösung mehr wie $+3$ Bogengrade bei Anwendung des 200 mm-Rohres, und gibt er die qualitativen Dextrinreaktionen, so ist der Honig als mit Glykose oder Stärkezucker versetzt zu bezeichnen. Dasselbe ist der Fall, wenn die nach dem Vergären quantitativ ermittelte Dextrinmenge mehr als 10% beträgt.

Technisch hergestellter Stärkezucker und -Sirup zeigt fast immer einen Gehalt an Schwefliger Säure; deren Nachweis kann daher als weitere Stütze für die Gegenwart von Stärkezucker dienen. Indessen ist bei der Beurteilung des Honigs auf Grund des Gehaltes an Schweflicher Säure Vorsicht geboten, da oft reine Naturhonige einen von dem Ausräuchern der Bienen durch Verbrennen von Schwefel herrührenden Gehalt an Schwefliger Säure aufweisen.

Als äußeres Kennzeichen eines größeren Zusatzes von Stärkesirup sei die dadurch bewirkte Zähklebrigkeit des Honigs erwähnt, die ihn zu langen Fäden ausziehbar macht.

Bemerkung. Allgemein kann auf einen Zusatz von künstlichem Invertzucker, Rohrzucker oder Dextrosezucker (Stärkezucker) geschlossen werden, wenn der Gehalt des Honigs an Nichtzucker (Differenz von Gesamtzucker und Trockensubstanz) weniger als 1,5 % beträgt.

5. Anderweitige fremdartige Zusätze.

Die Verfälschung des Honigs durch andere fremdartige Zusätze als die besprochenen, kommt nur ganz vereinzelt vor. Der Vollständigkeit halber aber sei kurz darauf hingewiesen.

Melasse kann nach dem Verfahren von E. Beckmann (Zusatz von Bleiessig und Methylalkohol) nachgewiesen werden. Melasse besitzt gewöhnlich einen hohen Gehalt an Mineralstoffen, besonders an Chloriden.

Traganth und Leim können durch Fällen der wässerigen Lösung mit Tanninlösung nachgewiesen werden [1].

Mehl. Ein Zusatz von Mehl macht den Honig schleimig und weißstreifig. Der Nachweis geschieht nach einer der bekannten Methoden.

Es braucht wohl nicht weiter ausgeführt zu werden, warum alle derartigen fremden Zusätze zum Honig eine Verschlechterung, also auch eine Verfälschung darstellen.

6. Künstliche Färbung.

Verschiedene Autoren, so u. a. A. Bömer[2] und A. Beythien[3] berichten über künstliche Gelbfärbung von Honigen, die an sich schon mit Zuckersirup verfälscht waren, mit Teerfarbstoffen. Die Gelbfärbung hat hier offenbar den Zweck, die durch den Zuckerzusatz verblaßte Farbe wieder auf ihre ursprüngliche Stärke zu bringen, dem Produkt also ein besseres Aussehen zu verleihen, als seinem Wesen entspricht. Darin liegt ein weiteres Moment der Fälschung.

In seinem bereits erwähnten Urteile hat das Landgericht Bautzen[4] auch entschieden, daß ebenfalls in dem Zusatz von Teerfarbe eine Verfälschung zu erblicken sei, einerlei ob er direkt oder durch Fütterung der Bienen in den Honig gelangt ist.

Nachgemachter Honig.

Unter dem Namen „Kunsthonig" finden sich jetzt viele Erzeugnisse im Handel, die im wesentlichen aus Invert- oder Stärkezuckersirup bestehen, dem zur Aromatisierung ein gewisser Prozentsatz echten Honigs zugesetzt ist. Solange diese Produkte ihrer wahren Natur ent-

---

[1] Vergl. J. König, Unters. landwirtsch. u. gewerbl. wicht. Stoffe, Berlin 1898, S. 479.
[2] Zeitschr. f. Unters. d. Nahr.- u. Genußm. 1901, 4, 364.
[3] Jahresbericht d. Untersuchungsamtes Dresden 1904, 35.
[4] Vergl. A. Beythien l. c.

sprechend unter dem Namen „Kunsthonig" oder „Künstlicher Honig" in den Verkehr gelangen, ist dagegen kaum etwas einzuwenden.

Anders liegt jedoch die Sache, wenn diese Kunstprodukte unter einer Bezeichnung feilgeboten und verkauft werden, welche bezweckt, den Käufer über ihre wahre Beschaffenheit zu täuschen. In einem solchen Falle sind sie als nachgemacht im Sinne des § 10 des Nahrungsmittelgesetzes zu beurteilen. Ein angeblicher „Honig", der keinen oder nur wenig Honig enthält, ist ein nachgemachtes Nahrungsmittel.

In neuerer Zeit wird vielfach versucht, durch Verwendung hochtönender Bezeichnungen die unkundigen Käufer über den wirklichen Charakter der Kunsthonige zu täuschen. Solche Bezeichnungen sind z. B. „Feinster Raffinaden - Tafelhonig, garantiert chemisch rein". „Feinster Fruchthonig", „Speisehonig", „Garantiert chemisch reiner Honig", „Zuckerhonig", „Gesundheitshonig", „Traubenzuckerhonig" u. a. m. Sehr beliebt ist auch die Benennung „Feinster präparierter Tafelhonig". Ferner werden auf den Etiketten der Gefäße, welche den Kunsthonig enthalten, Bienen und Bienenkörbe abgebildet, oder sie tragen in großer Schrift Bezeichnungen wie „Garantiert reiner Blütenhonig" und darunter oder dahinter in viel kleineren Buchstaben das Wort „Ersatz" aufgedruckt usw.

Nach dem Ergebnisse der bisherigen Rechtsprechung — und diese umfaßt bereits eine sehr große Zahl von Verurteilungen[1] — sind derartige Bezeichnungen als zur Täuschung des Publikums geeignet anzusehen.

Da die Honigfälscher sich häufig darauf auszureden versuchen, daß unter dem Namen „Tafelhonig" oder „Schweizerhonig" in Handelskreisen wie im Publikum ein Kunsterzeugnis verstanden werde, so sei noch auf zwei Kundgebungen offiziellen Charakters hingewiesen.

Ein Gutachten der Handelskammer in Berlin vom 18. August 1904 lautet:

Es besteht kein Handelsgebrauch im Handel mit Honig, nach welchem unter der Bezeichnung „Tafelhonig" oder „präparierter Tafelhonig" ein Kunstprodukt zu verstehen ist. Im Gegenteil hat sich durch die Gepflogenheit und den Sprachgebrauch im Publikum die Überzeugung gebildet, daß unter der Bezeichnung „Tafelobst", „Tafelbutter", „Tafelbier" sowie „Tafelhonig" nur beste, reinste Qualität verstanden wird[2].

Und in der Ausführungsverordnung des Kantons Graubünden zum Gesetz über die staatliche Kontrolle von Lebens- und Genußmitteln vom 12. Februar 1897 heißt es:

§ 22. Die unter Namen wie „Tafelhonig", „Schweizerhonig" usw. im Handel gehenden Surrogate (meist mit Stärkezuckersirup oder aus Mischungen von solchem mit geringem Honig bestehend) dürfen nur unter ihrem wahren Namen als „Sirup" usw., nicht aber unter Bezeichnungen verkauft werden, in denen das Wort „Honig" vorkommt.

---

[1] Vergl. die Denkschrift d. Kais. Gesundheitsamtes über d. Verkehr mit Honig.

[2] Deutsche Nahrungsmittel-Rundschau 1904, 249.

Eine ähnliche Bestimmung findet sich in den Verordnungen verschiedener anderer Schweizer Kantone.

Diese Maßnahme dünkt uns sehr nachahmenswert; ein Produkt, welches richtig als „Feinster präparierter Stärkesirup" bezeichnet ist, dürfte kaum so viele Liebhaber finden, wie mit der jetzt vielfach gebräuchlichen täuschenden Aufschrift „Feinster präparierter Tafelhonig"!

Das hier Gesagte gilt auch von Kunsthonigen, die unter Phantasienamen wie Meltose, Floridahonig u. a. in den Verkehr gelangen.

Die 4. Strafkammer des Berliner Landgerichts I entschied in ihrem Urteil vom 14. Januar 1904, welches am 14. Juni 1904 die Bestätigung des Reichsgerichtes fand, daß die Bezeichnung „Florida-Blütenhonig" mit der Schutzmarke in Form einer Biene und der klein gedruckten Deklaration „bestehend aus reinem Naturbienenhonig und ff. Invertzuckerraffinade" für ein 42 % Stärkesirup und 26 % Rohrzucker enthaltendes Produkt unzulässig sei und verurteilte den Fabrikanten wegen wissentlichen Vergehens gegen das Nahrungsmittelgesetz [1]).

Verdorbener Honig.

Sehr wasserhaltiger Honig geht häufig in alkoholische, später in saure Gärung über. Dies tritt besonders leicht bei der Aufbewahrung solchen Honigs in feuchten und warmen Räumen ein. Auch Schimmelbildung wurde unter diesen Verhältnissen beobachtet. Derartiger Honig ist als verdorben zu bezeichnen.

Desgleichen ist Honig, der in ekelerregender Weise durch Schmutz, Insektenteile usw. verunreinigt ist, als verdorben zu beanstanden.

Gesundheitsschädlicher Honig.

Gewisse außereuropäische Blumen, insbesondere Rhododendron-, Andromeda-, Azalea-, Calmiaarten, sollen giftigen Honig liefern. Dagegen werden viele unserer giftigen Pflanzen, z. B. Bilsenkraut, Schierling, Oleander u. a., von den Bienen besucht, ohne daß der davon gesammelte Honig giftig ist [2]).

Begutachtung.

Die Begutachtung eines Honigs auf Grund der erhaltenen Resultate der chemischen Untersuchung ist in vielen Fällen eine heikle Sache. Solange es sich um Zusätze wie Rohrzucker, Stärkezucker, Wasser, Leim und andere grobe Beimischungen handelt, bietet ja der Nachweis keine besonderen Schwierigkeiten. Solche treten dagegen auf, sobald Invertzucker oder ein Gemisch von solchem mit Honig vorliegt. Es wurde schon an anderer Stelle darauf hingewiesen, daß in einem solchen Falle der Ausfall der Geschmacksprobe durch einen Sachverständigen

---

[1]) Vergl. A. Beythien, l. c.
[2]) J. König, Chemie d. menschl. Nahr.- u. Genußmittel, 4. Aufl., Berlin 1904, Bd. II, S. 1001.

der Praxis maßgebend ist. Läßt aber dieser auch noch Zweifel bestehen, so sei man in der Abfassung des Gutachtens vorsichtig und vermeide es, den Honig für echt zu erklären, sondern spreche sich lieber dahin aus, „daß die Untersuchung keine Anhaltspunkte für eine Verfälschung ergeben habe".

Beispiele.

1. Honig mit Rohrzucker.

Geruch: honigartig.

Geschmack: honigartig.

Beschaffenheit: etwa zur Hälfte auskristallisiert.

Spezifisches Gewicht der Lösung $1 + 2$ . .   1,114

Polarisation der gleichen Lösung

     a) direkt (Zuckerskala) . . . . $+ 10,9$

     b) invertiert (Zuckerskala) . . . . . . $- 30,6$

Wasser . . . . 20,03 %

Zucker, direkt (als Invertzucker) . . . . 54,54 „

Zucker, nach der Inversion . . . . . . 76,83 „

Saccharose (Rohrzucker) . . . . 23,46 „

Stärkesirup: fehlt.

Pollenkörner: vorhanden.

Der aus der Differenz des Zuckers vor und nach der Inversion sich berechnende Wert für Saccharose (23,46 %) übersteigt weit den eines normalen Honigs, er ist also auf einen Zusatz von Rohrzucker und zwar in Form eines Sirups zurückzuführen. Die übrige Zusammensetzung wie auch der Geruch und Geschmack zeigen, daß ein Teil des Gemisches aus wirklichem Honig besteht; ein Zusatz von Invertzucker ist jedoch nicht ausgeschlossen.

Gutachten: Nach diesem Untersuchungsbefunde liegt hier kein reiner Bienenhonig, sondern die Mischung eines solchen mit Rohrzuckersirup vor. Der Zusatz an letzterem beträgt ungefähr 30 %.

Rohrzuckersirup ist dem Honig gegenüber als ein minderwertiger Stoff zu betrachten, da er zwar dessen Zuckergehalt, nicht aber seine anderen Bestandteile, besonders die wertvollen Aromastoffe, enthält. Welcher Art diese Aromastoffe sind, ist allerdings nach dem heutigen Stande der Wissenschaft nicht feststellbar, da sie in unwägbarer Menge im Honige vorhanden sind. Sie bilden aber dessen wertvollsten Bestandteil und bedingen in erster Linie seinen Genußwert. Durch den Zusatz von Zuckersirup wird das Aroma des Honigs in einem der Größe dieses Zusatzes entsprechende Maße verdünnt, der Honig also in seinem Genußwerte verschlechtert. Der Zusatz von Rohrzuckersirup zu Honig ist demnach eine Verfälschung des letzteren im Sinne des Nahrungsmittelgesetzes.

2. Honig mit vermutlichem Zusatz von Invertzucker.

Geruch: indifferent.

Geschmack: süß, ohne jedes Honigaroma.

Spezifisches Gewicht der wässerigen Lösung 1 + 2 1,1136

Polarisation der 10%-igen Lösung . . . — 0° 50′

Wasser . . . . 22,00 %

Stickstoffhaltige Bestandteile . . . . . 0,45 „

Invertzucker . . . . 69,25 „

Rohrzucker . . . . 6,85 „

Mineralstoffe . . . . 0,35 „

Die Zusammensetzung dieser Probe ist für Honig ganz normal und bietet keine Anhaltspunkte zur Annahme einer Verfälschung. Auffallend dagegen ist der Mangel an Honiggeruch und -geschmack. Dieser läßt den Verdacht berechtigt erscheinen, daß hier lediglich eine Lösung von Invertzucker oder das Gemisch einer solchen mit Honig vorliegt. Die chemische Analyse vermag indessen in diesem Falle keinen Aufschluß zu geben.

Gutachten: Geruch und Geschmack dieses Honigs lassen berechtigte Zweifel an seiner Echtheit aufkommen und lassen die Vermutung zu, daß er einen Zusatz von Invertzucker erhalten habe. Invertzucker bildet zwar einen normalen Bestandteil des Honigs, letzterer enthält aber außerdem noch andere Substanzen, insbesondere gewisse Aromastoffe, deren Gehalt ihm gerade seinen Wert als Genußmittel verleiht. Durch die Beimischung von Invertzucker tritt das Aroma des Honigs je nach der Größe dieses Zusatzes mehr und mehr zurück, der Honig wird dadurch also verschlechtert, verfälscht. Weil aber der Invertzucker zu den normalen Bestandteilen des Honigs zählt, so ist andrerseits sein Zusatz zu letzterem auf chemischem Wege nicht nachweisbar. Da demnach in diesem Falle die Analyse für eine Fälschung keine genügenden Anhaltspunkte bietet, so dürfte es sich empfehlen, diese Honigprobe einem erfahrenen Bienenwirte oder einem sonstigen zuverlässigen Honigkenner zur geschmacklichen Prüfung und Begutachtung vorzulegen.

3. Nachgemachter Honig (Stärkesirup mit Honig).

Ein als „Feinster Tafelhonig“ bezeichnetes Produkt besitzt folgende Zusammensetzung:

Farbe: wie Honig.

Konsistenz: sehr zähflüssig.

Geruch: indifferent.

Geschmack: sehr schwach nach Honig.

Mikroskopischer Befund: Anwesenheit von Pollenkörnern verschiedener Form.

Spezifisches Gewicht der wässerigen Lösung 1 + 2   1,1171

Polarisation der 10%-igen Lösung vor der
Inversion . . . . + 13,2 °

Polarisation der 10%-igen Lösung nach der
Inversion . . . . + 13,0°

Polarisation der 40%-igen Lösung nach der
Vergärung . . . . + 34,45°

Wasser . . . .   18,00 %

Mineralstoffe . . . .   0,30 „

Freie Säure (Ameisensäure) . . . .   0,07 „

Gesamtzucker als Invertzucker . . . .   53,64 „

Rohrzucker . . . .   1,03 „

Dextrin (durch Überführung in Dextrose) .   24,27 „

Dieses ganze Analysenbild ist durchaus verschieden von demjenigen eines Honigs. Die außerordentlich hohe Rechtsdrehung, die vor und nach der Inversion fast gleich ist, beweist, daß hier Dextrose in großer Menge vorhanden ist. Die Polarisation der 40%-igen Lösung nach deren Vergärung, also nach der Zerstörung des Zuckers, gibt die starke Rechtsdrehung von + 34,45 und ist auf Dextrin zurückzuführen. Die Menge des letzteren wurde nach dem Verfahren von Sieben durch Überführung in Dextrose usw. zu 24,27% ermittelt.

Dieser hohe Gehalt des Produktes an Dextrose und Dextrin beweist, daß es zum sehr großen Teile aus Stärkezucker besteht. Daraus erklärt sich auch der für Honig geringe Gehalt an Gesamtzucker. Denn der billige unreine Stärkezucker des Handels besteht erfahrungsgemäß zu etwa 40% aus Dextrinen. Legt man diese Menge zugrunde, so berechnet sich aus den angeführten Werten annähernd ein Verhältnis von 60 Teilen Stärkezucker zu 20 Teilen Invert- und Rohrzucker. Das wenn auch schwache Aroma und die Anwesenheit der Pollenkörner deuten auf Honig hin.

Gutachten: Nach dem vorstehenden Analysenbefunde liegt hier kein Honig, sondern ein Gemisch von etwa 3 Teilen Stärkesirup mit 1 Teil echten Honigs vor.

Stärkesirup ist dem Honig gegenüber nach Zusammensetzung und Genußwert sehr minderwertig. Sein Preis beträgt nur etwa $^1/_4$—$^1/_6$ des Honigs. Stärkesirup besteht aus etwa 40 Teilen Traubenzucker (Dextrose), 40 Teilen Dextrin und 20 Teilen Wasser; er besitzt kaum die halbe Süßkraft des zu durchschnittlich etwa 75 Teilen aus Invertzucker bestehenden Honigs. Durch den Zusatz von 60 Teilen Dextrin und Wasser im Stärkesirup zum Honige werden diesem zwei fremdartige und inbezug auf Nähr- und Genußwert völlig indifferente Stoffe einverleibt. Der Zusatz von Stärkesirup zu Honig bedeutet demnach eine erhebliche Verschlechterung des letzteren.

Der vorliegende „Tafelhonig" besteht, wie nachgewiesen wurde, zum weitaus größeren Teile (etwa 70—80%) aus Stärkesirup; er besitzt also nur den Schein, nicht aber das Wesen und den Gehalt eines echten Honigs. Aus diesem Grunde ist er für ein Kunstprodukt, für nachgemacht im Sinne des Gesetzes vom 14. Mai 1879, betreffend den Verkehr mit Nahrungsmitteln usw., zu erklären.

Unter „Tafelhonig" verstehen sowohl die Händlerkreise wie das konsumierende Publikum einen unverfälschten Bienenhonig und zwar einen solchen besonderer Güte (analog den Bezeichnungen „Tafelbutter" „Tafelobst" usw.).

Der Prospekt, der von dem „Fabrikanten" dieses Tafelhonigs den Gewerbtreibenden zugesandt wurde, rühmt dem Produkte ein „hochfeines Aroma" nach und sagt dann: „Es ist ein Tafelhonig, der speziell für Hotels in Anbetracht seiner hervorragenden Güte, schönen Aussehens und des so billigen Preises von ganz besonderem Vorteil ist."

Aus dieser Anpreisung und aus der Verwendung der hochtönenden Bezeichnung „Feinster Tafelhonig" dürfte unzweifelhaft hervorgehen, daß hier eine Täuschung in Handel und Verkehr beabsichtigt ist.

4. Nachgemachter Honig (Stärkesirup, Rohrzucker und Honig).

Ein unter dem Phantasienamen „Florida-Honig" in den Verkehr gebrachtes Produkt hatte folgende Zusammensetzung [1]:

Spezifisches Gewicht der Lösung $1+2$ 1,1148
Alkoholfällung (Dextrin): stark.
Gesamtzucker (als Invertzucker) . .   66,84 %
Rohrzucker . . . .   25,92 „
Polarisation der Lösung $1+2$ im
200 mm-Rohr (Schmidt u. Haensch):
     a) direkt . . . . + 107,0 Skalenteile
     b) invertiert . . . . . . + 56,1   „

Aus der starken Rechtsdrehung in Verbindung mit dem qualitativen Nachweise der Dextrine geht hervor, daß hier Stärkesirup in größerer Menge vorhanden ist; letztere berechnet sich zu etwa 42 %. Die Drehung nach der Inversion erweist daneben einen Gehalt an Rohrzucker, der etwa 26 % beträgt. Der Rest besteht aus Invertzucker oder Honig.

Gutachten: Der „Florida-Honig" ist demnach ein Gemisch von rund 42 % Stärkesirup, 26 % Rohrzucker und 32 % Invertzucker (vielleicht Honig). Aus den im Gutachten Nr. 3 dargelegten Gründen liegt hier ein nachgemachter Honig vor, welcher nur unter dem Namen „Kunsthonig" in den Handel gebracht werden darf.

---

[1] Vergl. A. Beythien, Jahresbericht d. Untersuchungsamtes Dresden 1904, 33.

5. Bezeichnung eines Gemisches von Honig und Rohrzucker als „Tafelhonig m/Rffde".

Ein „Honig" wurde in der Faktura als „Tafelhonig" mit dem sehr klein geschriebenen Beisatz „m/Rffde" bezeichnet. Die Analyse ergab, daß ein Gemisch von Honig und Rohrzucker vorliege.

Gutachten: Dem in der Honig- und Zuckerindustrie Bewanderten ist zwar der sehr klein geschriebene Beisatz „m/Rffde" verständlich, und er wird hieraus schließen, daß hier kein reiner Honig, sondern ein mit „Raffinade" (d. h. Rohrzucker) versetzter Honig vorliegt.

Der Laie hat aber von der Bedeutung dieses Beisatzes „m/Rffde" keinen Begriff, im Gegenteil verführt ihn das groß geschriebene Wort „Tafelhonig" zu der Annahme echten Bienenhonigs.

Ein mit Raffinade vermengter Honig ist als verfälscht zu betrachten, da er durch den Zusatz des geringerwertigen Zuckers verschlechtert wird.

Nach einer Entscheidung des Reichsgerichtes (Bd. III, S. 269 und 273) wird der Zweck der Täuschung im Handel und Verkehr nicht bloß dann verfolgt, wenn der unmittelbare Abnehmer über die wahre Beschaffenheit eines Nahrungs- und Genußmittels in Unkenntnis gelassen wird, sondern auch dann, wenn die Fabrikation bewußtermaßen dazu dient, trotz einer Aufklärung des unmittelbaren Abnehmers das von diesem unmittelbar oder mittelbar erwerbende Publikum zu täuschen. Hiebei kommt die Intelligenz und Sachkunde des Publikums in Betracht.

Wenn man also im Kreise der Honighändler auch unter der Bezeichnung „Tafelhonig m/Rffde" ein Kunstprodukt versteht, so ist doch sehr zweifelhaft, ob sie auch den Honigkonsumenten in diesem Sinne verständlich ist.

Nach diesen Aufführungen kann die vom Fabrikanten dieses Kunsthonigs gewählte Bezeichnung nicht als einwandfreie Deklaration gelten.

6. Honig mit Wasserzusatz.

Ein wegen seiner dünnflüssigen Beschaffenheit verdächtiger Honig war folgendermaßen zusammengesetzt:

Farbe: normal.

Konsistenz: auffallend dünnflüßig.

Geruch: normal.

Geschmack: normal.

Spezifisches Gewicht der wässerigen Lösung $1 + 2$ 1,0993

Wasser . . . . 29,38 %

Invertzucker . . . . 53,16 „

Rohrzucker . . . . 4.67 „

Mineralbestandteile . . . . 0,968 „

Polarisation der Lösung $1 : 10$

direkt . . . . $+$ 0,80°

invertiert . . . . $\pm$ 0

Wie die dünnflüssige Beschaffenheit und der, die für Honig äußerst zulässige Menge von 25 % weit übersteigende, Wassergehalt beweisen, hat dieser Honig einen Wasserzusatz erfahren, d. h. er ist durch den Zusatz eines fremden Stoffes ohne jeden Nähr- und Genußwert in seiner Zusammensetzung und Beschaffenheit verschlechtert worden. Der Honig ist somit als verfälscht zu beanstanden. Im übrigen zeigt er die Verhältnisse eines reinen Bienenhonigs.

13. Kapitel.

Zucker und Zuckerwaren.

Spezialgesetze.

Neben den Bestimmungen des Nahrungsmittelgesetzes kommen für den Verkehr mit Zucker und Zuckerwaren von den Spezialgesetzen in Betracht:

1. Das Gesetz vom 5. Juli 1887, betreffend die Verwendung gesundheitsschädlicher Farben bei der Herstellung von Nahrungsmitteln, Genußmitteln und Gebrauchsgegenständen; und zwar

§ 1.

Gesundheitsschädliche Farben dürfen zur Herstellung von Nahrungs- und Genußmitteln, welche zum Verkauf bestimmt sind, nicht verwendet werden.

Gesundheitsschädliche Farben im Sinne dieser Bestimmung sind diejenigen Farbstoffe und Farbzubereitungen, welche Antimon, Arsen, Baryum, Blei, Kadmium, Chrom, Kupfer, Quecksilber, Uran, Zink, Zinn, Gummigutti, Korallin, Pikrinsäure enthalten.

. . . .

§ 2.

Zur Aufbewahrung und Verpackung von Nahrungs- und Genußmitteln, welche zum Verkaufe bestimmt sind, dürfen Gefäße, Umhüllungen oder Schutzbedeckungen, zu deren Herstellung Farben der im § 1 Abs. 2 bezeichneten Art verwendet sind, nicht benutzt werden.

Auf die Verwendung von:

schwefelsaurem Baryum (Schwerspat, blanc fixe),
Barytfarblacken, welche von kohlensaurem Baryum frei sind,
Chromoxyd,
Kupfer, Zinn, Zink und deren Legierungen als Metallfarben,
Zinnober,
Zinnoxyd,
Schwefelzinn als Musivgold
sowie auf alle in Glasmassen, Glasuren oder Emails eingebrannten Farben
und auf den äußeren Anstrich von Gefäßen aus wasserdichten Stoffen

findet diese Bestimmung nicht Anwendung.

Neufeld. 19

§ 10.

Auf die Verwendung von Farben, welche die in § 1 Abs. 2 bezeichneten Stoffe nicht als konstituierende Bestandteile, sondern nur als Verunreinigungen, und zwar höchstens in einer Menge enthalten, welche sich bei den in der Technik gebräuchlichen Darstellungsverfahren nicht vermeiden läßt, finden die Bestimmungen der §§ 2—9 nicht Anwendung.

§ 14.

Die Vorschriften des Gesetzes, betreffend den Verkehr mit Nahrungsmitteln, Genußmitteln und Gebrauchsgegenständen, vom 14. Mai 1879 bleiben unberührt.

Die Vorschriften in den §§ 16, 17 desselben finden auch bei Zuwiderhandlungen gegen die Vorschriften des gegenwärtigen Gesetzes Anwendung.

2. das Süßstoffgesetz vom 7. Juli 1902; und zwar

§ 1.

Süßstoff im Sinne dieses Gesetzes sind alle auf künstlichem Wege gewonnenen Stoffe, welche als Süßmittel dienen können und eine höhere Süßkraft als raffinierter Rohr- oder Rübenzucker, aber nicht entsprechenden Nährwert besitzen.

§ 2.

Soweit nicht in §§ 3—5 Ausnahmen zugelassen sind, ist es verboten:

a) Süßstoff herzustellen oder Nahrungs- oder Genußmitteln bei deren gewerblicher Herstellung zuzusetzen;

b) Süßstoff oder süßstoffhaltige Nahrungs- oder Genußmittel aus dem Auslande einzuführen;

c) Süßstoff oder süßstoffhaltige Nahrungs- oder Genußmittel feilzuhalten oder zu verkaufen.

I. Zucker.

Begriff, Arten.

Unter „Zucker" schlechthin versteht man den kristallisierten, aus Runkelrüben oder Zuckerrohr hergestellten Rohrzucker (Saccharose). In anderen Ländern, besonders Amerika, kommen noch Ahorn, Sorghum und Zuckerpalme für die Zuckergewinnung in Betracht; Ahornzucker zeichnet sich durch ein besonders feines Aroma aus.

Der Zucker kommt in mannigfachen Formen in den Handel und wird meist nach diesen oder nach der Art der Fabrikation oder des Herkunftsortes benannt. Man unterscheidet eigentliche Raffinaden, welche durch Umkristallisieren des Rohzuckers gewonnen werden, von den durch mechanische Reinigung der Rohzuckerkristalle ohne Umkristallisation gewonnenen Verbrauchszuckern. Brot- und Hutzucker, ebenso Würfelzucker, Pilé (Zucker in unregelmäßigen Stücken), Cubes (Würfelform mit abgestumpften Ecken). Kristallzucker und gemahlener Zucker werden auf beide Arten hergestellt. Lediglich durch Abwaschen der Rohzuckerkristalle gewonnener Kristallzucker heißt im Handel Granulated oder Sandzucker. Zucker in sehr feinen Kristallen heißt auch Kastorzucker, sehr staubförmig gemahlener Puderzucker. Besonders im Konditorgewerbe verwendete Nacherzeugnisse der Raffinerien führen den Namen Farine oder Bastardzucker. Raffinierter Zucker in großen eigens gezüchteten Kristallen heißt Kandis.

Milchzucker kommt als solcher und in Gemengen mit anderen Zuckerarten im Handel vor.

Stärkezucker ist das feste Produkt, welches aus Stärke oder stärkehaltigen Stoffen durch Hydrolysierung bis zur Umwandlung des größten Teils der Stärke in Glukose gewonnen wird. Zu seiner Herstellung wird in Deutschland fast ausschließlich Kartoffelstärke (daher auch der Name Kartoffelzucker), in anderen Ländern auch Reis- und Maisstärke verwendet. Stärkezucker, der im Handel auch Traubenzucker genannt wird, besitzt höchstens $1/3$ der Süßkraft des Rohrzuckers.

Die Hauptbestandteile des Stärkezuckers sind Dextrose, Dextrine, Wasser und Mineralbestandteile. Die Dextrine sind keine Verunreinigungen, sondern nicht vollständig abgebaute Stärkeerzeugnisse und verdauliche Kohlenhydrate. Der Dextrosegehalt des Stärkezuckers beträgt 65—75 %, im Mittel 70 %, der Gehalt an Dextrin bzw. Reversionsstoffen 5—15 %. (Diese Zahlen stellen jedoch nicht den wirklichen Gehalt des Stärkezuckers an Kohlenhydraten dar; die Arbeiten hierüber sind noch nicht abgeschlossen.)

Die Sirupe des Handels sind entweder sorgfältig durch Filtration gereinigte Abläufe von Kandisfabriken, Melasseentzuckerungen, Raffinerien, selten von Rohzuckerfabriken, oder Gemische dieser Sirupe mit Stärkezuckersirup. Invertierte Raffinade kommt als flüssiger Invertzucker oder flüssige Raffinade in den Handel.

Stärkesirup, wegen seiner Ausziehbarkeit auch Kapillärsirup genannt, unterscheidet sich von dem Stärkezucker durch seinen höheren Dextrin- und Wassergehalt. Letzterer beträgt 15—20 %; der Gehalt an Dextrose 35—45 %, im Mittel 40 %, und an Dextrinen 35—45 %, durchschnittlich 40 %. Der Stärkezucker und der Stärkesirup des Handels enthalten meistens Schweflige Säure.

Als Melasse (sogenannter brauner Sirup des Handels) wird der letzte Ablauf bei der Rohzuckerfabrikation bezeichnet, aus welchem durch Kristallisation kein Zucker mehr gewinnbar ist.

(Vergl. hierzu die Vereinbarungen für das Deutsche Reich, Heft II, S. 88—98.)

Die Raffinaden, besonders die aus Rübenzucker, erhalten, um ihnen die gelbliche Farbe zu nehmen, häufig einen Zusatz von Ultramarin. Dieses ist unschädlich und gilt nicht als Verfälschung.

Ebenso gilt die Verwendung von Stärkesirup bei der Herstellung zuckerhaltiger Speisesirupe nicht als Verfälschung[1]).

---

[1]) Vereinbarungen, Heft II, S. 89.

Verfälschungen.

Verfälschungen des Zuckers kommen äußerst selten vor. Zusätze wie Schwerspat, Gips, Kreide, Mehl und ähnliche Stoffe zu Zucker werden in der Literatur wohl hier und da genannt, sie verraten sich aber schon durch ihre Unlöslichkeit allzuleicht dem Konsumenten. Selbstverständlich sind sie als Verfälschung zu erachten.

Die Verfälschung von Rohrzucker des Handels durch Zusatz von Stärkezucker hat sich wegen der hygroskopischen Eigenschaft des letzteren als nicht durchführbar erwiesen.

Verdorbener Zucker.

In schlecht gelagertem Zucker finden sich manchmal Pilzvegetationen; auch treten Zersetzungsprozesse auf, bei denen ein Teil des Zuckers in organische Säure umgewandelt wird. Solcher Zucker ist verdorben. Desgleichen ein von Milben (Zuckermilbe) befallener wie auch ein durch Schmutz verunreinigter Zucker.

Gesundheitsschädlicher Zucker.

Verschiedentlich wurde in Stärkezucker ein nicht unbeträchtlicher Arsengehalt nachgewiesen, der von der Verwendung arsenhaltiger Schwefelsäure bei der Umwandlung der Kartoffelstärke in Zucker her-rührte [1]).

II. Zuckerwaren.
Begriff, Bestandteile.

Mit dem Namen Zuckerwaren [2]) bezeichnet man eine Reihe von Nahrungs- und Genußmitteln, die aus Zucker aller Art (Rohrzucker, Invertzucker, Zuckersirup, Stärkesirup usw.) unter Mitverwendung von Mehl, Stärke, Milch, Eiern, Fett, Honig, Kakao, Schokolade, eßbaren Samen und Früchten, Fruchtsäften, Gelatine, Tragant, Gewürzen, ferner von alkoholischen Getränken, Fruchtäthern und -essenzen, ätherischen Ölen, organischen Säuren (Weinsäure, Zitronensäure, Essigsäure) usw. hergestellt werden. Sie lassen sich in mehrere Gruppen einteilen:

a) Konfekte, und zwar Marzipan (eine Zubereitung aus Mandeln und Zucker mit geringen Mengen von Gewürzstoffen) und aus eßbaren Massen hergestellte plastische Nachbildungen von allerlei Tafelverzierungen. Hierher kann man auch die mannigfaltigen Arten der Konditoreiwaren rechnen, wie Torten, Kuchen, Makronengebäcke, ferner Gefrorenes (Speiseeis, Sorbet, Granita), Crêmes und Sülzen.

b) Bonbons. Diese sind Zuckermassen, die sehr verschieden nach Form, Farbe, Geruch und Geschmack bald mit, bald ohne Füllung her-

---

[1]) Vergl. Material. z. techn. Begründung des Entwurfes z. Nahrungs-mittelgesetz.

[2]) Vergl. Vereinbarungen, Heft II, S. 99 und Deutsch. Nahrungsmittel-buch, S. 51.

gestellt werden. Hierher gehören: Dessertbonbons (Fondants, Pralinés) Karamelbonbons (Karamellen), Drops, Rocks, Berlingots usw., Gerstenzucker, Bonbons mit Füllungen von Marmeladen, Früchten, Likören, Fruchtsäften, -äthern, -essenzen und Schokolade; Sahnenbonbons, Malzbonbons; Morsellen, Plätzchen und Zeltchen aus Zucker und Schokolade; Pastillen usw.

c) **Kandierte Früchte und Dragées.** Erstere sind mit Zucker durchtränkte oder überzogene Süd- oder einheimische Früchte (siehe bei Fruchtdauerwaren); letztere sind mit Zucker oder einer Mischung von Zucker, Stärkemehl und Tragant überzogene Bonbonmassen oder aromatische Samen und Fruchtkerne.

Alle Zuckerwaren haben nur das eine miteinander gemeinsam, daß Zucker einer ihrer wesentlichen Bestandteile ist. Die Zahl der sonstigen bei der Herstellung von Zuckerwaren verwendeten Stoffe ist nahezu unbegrenzt, da fast ein jeder Stoff, der als Nahrungsmittel oder als Zusatz zu einem solchen Verwendung findet, auch gelegentlich bei der Herstellung von Zuckerwaren benutzt werden kann. Bei einer solchen völligen Unbestimmtheit einer spezifischen stofflichen Beschaffenheit der Zuckerwaren kann allein bei ihrer allgemeinen Beurteilung der Umstand in Frage kommen, ob sie ausschließlich Stoffe enthalten, die einen Gebrauchswert als Nahrungmittel besitzen oder nicht.

Eine berechtigte Veranlassung zur Kennzeichnung der einzelnen verwendeten Zuckerarten, z. B. Stärkezucker, liegt, von besonderen Fällen abgesehen, für den Verkehr mit Zuckerwaren nicht vor, da sich der Verwendungszweck nach dem Geschmack der Käufer richtet. Das gleiche gilt von der Färbung der Zuckerwaren mit unschädlichen Farbstoffen.

Die Untersuchung der Zuckerwaren beschränkt sich nach dem Gesagten daher auf den Nachweis und die Bestimmung solcher Stoffe, die als Verfälschung oder gesundheitsschädliche Beimengung in Betracht kommen.

Verfälschungen.

1. **Mineralische Zusätze.** Die hauptsächlichste Verfälschung der Zuckerwaren ist die Verwendung von mineralischen Stoffen, wie Schwerspat, Gips, Kreide, Sandpulver, Kaolin, Speckstein usw. als Beschwerungsmittel. Solche haben natürlich keinerlei Gebrauchswert und dienen dazu, die Zuckerwaren inbezug auf ihren Gehalt und ihr Gewicht mit dem Schein einer besseren Beschaffenheit zu versehen.

2. **Sonstige Zusätze,** die bei der mannigfaltigen und willkürlichen Zusammensetzung der Zuckerwaren als Verfälschungen zu betrachten sind, finden sich nur selten.

Als solche wird die Verwendung von **Stärkesirup** an Stelle von Honig bei der Herstellung von **Honigkuchen** zu gelten haben, weil hier der von den Käufern erwartete wertvolle Bestandteil durch einen minderwertigen ersetzt wurde.

Ferner dürfte in einem Zusatze von Mehl zu Marzipan eine Verfälschung zu erblicken sein, da unter dieser Bezeichnung nur eine Zubereitung aus Mandeln und Zucker verstanden wird. Der Mehlzusatz hat nur den Zweck der Verlängerung, Streckung der Masse und muß, wenn er nicht beanstandet werden soll, zum mindesten den Abnehmern bekannt gegeben werden [Deklaration [1])].

Auch der Zusatz von Mehl zu Speiseeis (Gefrorenem) ist unter Umständen als Verfälschung aufzufassen, besonders dann, wenn ein solcher nicht üblich und daher den Konsumenten weder bekannt ist noch von ihnen erwartet wird.

3. Die Verwendung künstlicher Süßstoffe bei der Herstellung von Zuckerwaren, soweit diese nicht für Kranke bestimmt sind, ist eine Verfälschung, weil sie einen höheren Zuckergehalt vortäuscht. Außerdem ist sie durch das Süßstoffgesetz vom 7. Juli 1902 verboten.

Verdorbene Zuckerwaren.

In Gärung oder sonst in Zersetzung übergegangene, schimmelig gewordene, von Insekten befallene, von Tieren (Mäusen) angefressene ekelerregende und beschmutzte Zuckerwaren sind als verdorben zu beanstanden.

Gesundheitsschädliche Zuckerwaren.

Zuckerwaren erhalten manchmal infolge ihrer Zubereitung, Verpackung oder Aufbewahrung gesundheitswidrige Eigenschaften.

1. Gesundheitsschädliche Farben. Bei der Herstellung von Zuckerwaren aller Art, besonders der billigeren Ware, gelangen öfter schädliche oder giftige Farben zur Verwendung, und zwar entweder in Form eines Anstriches der fertigen Produkte oder zur Färbung der ganzen Masse.

Von derartigen Farben wurden bisher gefunden: Bleichromat, Mennige, Grünspan, Schweinfurter Grün, Smalte (arsenhaltig), Mineralblau, Königsblau, Bremerblau (kupferhaltig), Neapelgelb (bleihaltig), Auripigment (Schwefelarsen), Zinnober, Bleiweiß, Zinkweiß, roter Spießglanz, arsenhaltige Teerfarbstoffe, Korallin, Gummigutti, Florentiner Lack (arsenhaltig) usw. Die Verwendung aller dieser und ähnlicher Farbstoffe zur Herstellung von Zuckerwaren ist durch § 1 des Gesetzes vom 5. Juli 1887, betreffend die Verwendung gesundheitsschädlicher Farben usw. verboten. Dieses Verbot erstreckt sich auch auf Verzierungen von Zuckerwaren, wie Blumen, Blätter, Figuren aus Mehlteig usw., die nicht zum Genusse bestimmt sind [2]).

---

[1]) Vergl. hierzu Deutsch. Nahrungsmittelbuch, S. 53; auch H. Matthes, Zeitschr. f. Unters. d. Nahr.- u. Genußm. 1905, **9**, 726.

[2]) Vergl. Meyer u. Finkelnburg, Gesetz, betr. d. Verkehr m. Nahrungsmitteln usw. Berlin 1885, S. 125.

2. **Gesundheitsschädliche Metalle.** Diese können auf verschiedene Weise in die Zuckerwaren gelangen. So finden sich Blei, Zink und sonstige schädliche Metallverbindungen mitunter in der Masse der Zuckerwaren vor, besonders bei den Schaumbäckereien, infolge der Verwendung von blei- und zinkhaltiger weißer Gelatine oder weißen Leimes an Stelle von Eiweiß. Aus den Herstellungsgeräten oder -werkzeugen kann Kupfer in die Zuckerwaren gelangen.

Das im Handel befindliche Hirschhornsalz (Kohlensaures Ammoniak), welches als Treibmittel beim Backen von Konditorwaren vielfach verwendet wird, ist häufig bleihaltig und hat in manchen Fällen schon Vergiftungen veranlaßt[1]).

Zuckerwaren, die mit unechtem Blattgold oder bleihaltiger Zinnfolie verziert sind, können leicht schädliche Metallverbindungen (Kupfer, Zink, Blei) aufnehmen.

In neuerer Zeit kommen Bonbons (Zuckerkugeln usw.) mit einem Überzug von technisch reinem Aluminium in den Handel, welches Spuren von Zink und Zinn enthält. Nach den Ermittelungen von A. Beythien machte der Überzug nur 0,35 % vom Gewichte dieser Bonbons aus, wovon 0,0003 % auf Zinn und 0.0005 % auf Zink fielen. Bei so geringen Mengen kann man nur von einer Verunreinigung reden. In den Gutachten medizinischer Fachbehörden wird der Genuß dieser Waren nicht als unmittelbar gesundheitsschädlich bezeichnet.

3. **Gesundheitsschädliche Aromastoffe.** Von solchen kommen blausäurehaltiges Bittermandelöl und Nitrobenzol (Mirbanöl) in Betracht. Der Preußische Ministerial-Erlaß vom 16. Mai 1902[2]) sagt hierüber:

„Zur Marzipanbereitung soll gelegentlich Bittermandelöl und Nitrobenzol Verwendung finden. Bittermandelöl, welches sich im Handel findet, ist zum Teil blausäurehaltig und dadurch unter Umständen gesundheitsschädlich. Es soll zur Verbesserung des mangelnden Aromas ebenso wie Nitrobenzol dienen, welches einen dem Bittermandelöl ähnlichen Geruch und Geschmack besitzt und dabei giftig wirkt.“

4. Die zu den Umhüllungen von Zuckerwaren benutzten **Verpackungsmaterialien** sind manchmal mit gesundheitsschädlichen Farben gefärbt. Zugelassen sind für diesen Zweck jedoch die in § 2 des Farbengesetzes vom 5. Juli 1887 angeführten Farbzubereitungen.

Begutachtung.

Die Begutachtung von Zucker und Zuckerwaren gestaltet sich nach dem Vorstehenden einfach. Soweit die in § 1 und § 2 des Gesetzes vom 5. Juli 1887, betreffend die Verwendung gesundheitsschädlicher Farben usw. und die in § 1 des Süßstoffgesetzes vom 7. Juli 1902 genannten Stoffe bei der Herstellung oder Verpackung von Zuckerwaren Ver-

---

[1]) Minist.-Blatt f. Medizinalangelegenheiten 1902, S. 216.
[2]) Meyer u. Finkelnburg, l. c. S. 124.

wendung gefunden haben, sind letztere auf Grund des betreffenden Paragraphen zu beanstanden.

Sobald es sich jedoch um andere Stoffe handelt, die geeignet sind die menschliche Gesundheit zu beschädigen oder zu zerstören, kommen bei der Beurteilung die §§ 12 oder 13 bezw. § 14 des Nahrungsmittelgesetzes zur Anwendung. In allen solchen Fällen bildet ein medizinisches Gutachten über die Gesundheitsschädlichkeit oder Giftigkeit des vom Chemiker festgestellten Stoffes die Grundlage der Beurteilung.

14. Kapitel.

Gewürze [1]).

Allgemeines.

Gewürze sind aromatische pflanzliche Stoffe, welche zum Würzen der Nahrung dienen. Als charakteristische wirksame Bestandteile kommen bei ihnen vorwiegend ätherische Öle, aromatische Körper und Harze, beim Safran auch noch Farbstoff, in Betracht.

Normale Gewürze sind fehlerlos und entsprechen ihrer Bezeichnung; flüchtige oder ätherische Bestandteile dürfen weder ganz noch teilweise aus ihnen entfernt worden sein.

Es ist indessen zu berücksichtigen, daß sowohl bei der Ernte wie auch bei der Mahlung zufällig fremde Bestandteile in die Gewürze hineingelangen können, die nur als Verunreinigungen aufzufassen sind, sobald sie ein gewisses Maß nicht überschreiten. Bei der Ernte läßt sich eine geringe Beimengung von Sand, Steinchen, Ackererde usw. kaum vermeiden.

Die mechanische Zerkleinerung findet für viele Gewürze gemeinsam in denselben Räumen, mit denselben Maschinen statt, weshalb auch das Vorkommen von fremden Stärkekörnern, Stengel- und Stielresten, Staub und dergleichen in gemahlenen Gewürzen nicht zu beanstanden ist, solange nicht aus ihrer Menge auf einen absichtlichen oder fahrlässigen Zusatz geschlossen werden kann.

Die Vereinbarungen empfehlen, bei derartig verunreinigten Gewürzen den Ausdruck „reine Ware" tunlichst zu vermeiden und statt dessen von „marktfähiger Ware" zu sprechen. Der Ausdruck „marktfähig" ist jedoch nur eine Qualitätsbezeichnung; in dem Gutachten eines Nahrungsmittelchemikers sollte er nicht gebraucht werden, weil das Nahrungsmittelgesetz diesen Begriff nicht kennt. Man spreche sich

---

[1]) Vergl. Vereinbarungen, Heft II, S. 53; ferner Vorschläge des Ausschusses d. Freien Vereinigung deutscher Nahrungsmittelchemiker zur Abänderung d. Abschnittes „Gewürze" d. Vereinbarungen, Berichterstatter E. Spaeth, Zeitschr. f. Unters. d. Nahr.- u. Genußm. 1905, **10,** 16.

deshalb nur dahin aus, ob ein zu beurteilendes Gewürz als normal, verfälscht, nachgemacht oder verdorben zu betrachten ist oder nicht.

Ferner sind bei der Beurteilung der Gewürze auf Grund des festgestellten Gehaltes an Mineralbestandteilen (Asche) die Lagerungs- und Aufbewahrungsverhältnisse der Gewürze im Groß- und Kleinhandel zu berücksichtigen, da durch Temperatursteigerungen, durch vorhandene Feuchtigkeit, durch zu trockenes Lagern und dergleichen die Ergebnisse der Bestimmung etwas beeinflußt werden können. Vor allem muß darauf aufmerksam gemacht werden, daß vor der Entnahme der Proben eine Durchmischung des Inhaltes der Aufbewahrungsgefäße zu erfolgen hat, auch empfiehlt sich, besonders bei großen Vorräten, die Entnahme der Probe an verschiedenen Stellen der Behälter, da z. B. durch den Transport, durch häufiges Hin- und Herbewegen der Transport- und Aufbewahrungsgefäße, namentlich wenn zu letzteren Schubladen benutzt werden, eine Entmischung stattgefunden haben kann.

Besondere Vorsicht wird bei der Verwertung der Analysenergebnisse dann noch anzuraten sein, wenn etwa Reste von länger aufbewahrten Gewürzen zur Prüfung vorgelegen haben sollen. (Deswegen soll auch der Sachverständige, wenn er nicht selbst die Proben entnehmen kann, den mit der Entnahme beauftragten Organen genaue Fingerzeige in diesem Sinne geben.)

Alle diese Umstände müssen von dem Sachverständigen bei der Beurteilung der Gewürze in Betracht gezogen werden, und er ist, je nach der Lage des Falles, wohlberechtigt, eine geringe Überschreitung (bis etwa 0,3 %) der in den Vereinbarungen aufgestellten höchsten Grenzzahlen nicht sofort als absichtliche Fälschung zu deuten, zumal da von verschiedenen Forschern schon an selbstgemahlenen Gewürzen Aschenzahlen erhalten wurden, die zum Teil weit außerhalb der im allgemeinen zutreffenden Grenzzahlen der Vereinbarungen lagen.

Für die Beurteilung der Frage, ob ein Gewürz verfälscht, nachgemacht oder verdorben ist, gibt im allgemeinen die chemische Untersuchung allein nur in seltenen Fällen Aufschluß. Sie ist in erster Linie durch die mikroskopische Prüfung zu beantworten, welcher die chemische meist nur ergänzend zur Seite steht [1]).

Verfälschungen.

Bei den Gewürzen treten hauptsächlich zwei Arten von Verfälschungen auf: die Entziehung wertvoller Bestandteile und der Zusatz wertloser Substanzen. Beide bewirken eine Verschlechterung (§ 10 des Nahrungsmittelgesetzes).

Erstere geschieht gewöhnlich in der Art, daß durch Extraktion mit Lösungsmitteln oder durch Destillation mit Wasserdampf den Gewürzen

---

[1]) Selbstverständlich können wir uns hier nur mit den Ergebnissen der chemischen Untersuchung befassen. Hinsichtlich der mikroskopischen Prüfung sei auf die reichhaltige Fachliteratur hingewiesen.

die ihren Gewürzwert bedingenden Bestandteile (ätherische Öle und dergleichen) — die für sich einen wertvollen Handelsartikel bilden — ganz oder teilweise entzogen werden.

Der Zusatz wertloser Substanzen erfolgt meist zu gemahlenen, seltener zu ungemahlenen Gewürzen; er ist eine der am meisten verbreiteten Arten der Nahrungsmittelfälschung überhaupt.

Als Zusätze pflanzlicher Natur zu gemahlenen Gewürzen dienen meist die von der Herstellung von Nahrungs- und Genußmitteln herrührenden minderwertigen oder ganz wertlosen Abfälle und Nebenprodukte. Von den besonders häufig beobachteten Fälschungsmitteln seien erwähnt: minderwertige getrocknete Obstsorten, vor allem Birnen, Kerne von Datteln, Steinnüsse, Holz- und Rindenpulver besonders in Form von Eichenrindenmehl, Sandelholz, Holzmehl von Nadelhölzern, Preßrückstände von fett- und ölreichen Früchten und Samen, Oliventrestern, Erdnüssen, Palmkernen, Mandeln, Leinsamen, Rapssamen und dergleichen, ferner Haselnuß-, Wallnuß-, auch Mandelschalen, Abfälle der Müllerei in Form von Kleien, minderwertige Leguminosenmehle, Kartoffelmehl, dann die zur Gewürzfälschung fabrikmäßig hergestellte Matta, ein Pulver aus größtenteils ganz wertlosen Pflanzenteilen (Hirsekleie, gedörrte Birnen, brandige Gerste usw.), Mineralstoffe (Schwerspat usw.) und Farbstoffe.

Als mineralische Beimengungen — die neben der Substanzvermehrung auch eine Gewichtserhöhung bezwecken — werden Kreide, Gips, Schwerspat, Erde, Graphit, Kohle, Hochofenschlacke, Asche, Torf, Ziegelmehl, Eisenoxyd, Ton, selbst Bleichromat und Mennige verwendet.

Die ungepulverten ganzen Gewürze werden mit ihnen ähnlichen fremden Früchten oder getrockneten Blättern vermengt. Vereinzelt findet sich bei ihnen auch die Verfälschung durch künstliche Färbung zur Verleihung des Scheins einer besseren Beschaffenheit,

Auch künstliche Nachahmungen einiger ganzer Gewürze kommen vor.

Auf diese wie auf die bei den einzelnen Gewürzen besonders beobachteten Verfälschungsarten soll in den einzelnen Abschnitten hingewiesen werden.

Selbstverständlich sind Zusätze zu Gewürzen nicht als eine Verfälschung im Sinne des § 10 N.M.G. zu beanstanden, wenn der letzteren Verkauf unter einer Deklaration erfolgt, die in keiner Weise den Käufer über die Zusammensetzung des Gemisches im unklaren läßt. Die manchmal im Handel vorkommende Bezeichnung „präpariertes Gewürz" kann jedoch nicht als eine solche Deklaration gelten. Denn das Wort „präpariert" kann nur aufgefaßt werden in dem Sinne von „entsprechend zubereitet, gemahlen" o. ä. und wird erfahrungsgemäß von den Detailhändlern wie vom Publikum so aufgefaßt, die nicht daran denken, daß mit diesem Ausdruck keine reine Ware, sondern eine mit wertlosen, vollkommen wesensfremden Stoffen vermischte bezeichnet werden soll.

Gewürze mit fremden Zusätzen, die als „präpariert" feilgeboten werden, sind als verfälscht zu beanstanden [1]).

Verdorbene Gewürze.

Gewürze, die äußerlich schon ein abnormes verdorbenes Aussehen zeigen, die schimmelig (moderig), faul, havariert, von Insekten oder deren Larven und anderen Tieren zerfressen (angestochen) sind, ferner solche, die bei miskroskopischer Betrachtung von Pilzfäden durchzogen und durchwachsen erscheinen, sind als verdorben im Sinne des Nahrungsmittelgesetzes zu beanstanden. Das gleiche gilt von Gewürzen, die in ekelerregender Weise verunreinigt sind.

Gesundheitsschädliche Gewürze.

Vereinzelt wurden Fälle von Beimischung giftiger Pflanzenteile zu Gewürzen beobachtet, so der Früchte des Schierlings (Conium maculatum) zu Anis, der Früchte von Ilicium religiosum zu Sternanis [2]) u. a. m.; sie sind wohl meistens auf Zufall oder Nachlässigkeit zurückzuführen.

Im allgemeinen sind Beimengungen gesundheitsschädlicher Art zu den immerhin doch nur in kleinen Mengen zur Verwendung gelangenden Gewürzen selten. Es sei indessen auf die Möglichkeit des Zusatzes von schädlichen Metallverbindungen und Farben (Bleichromat, Mennige usw.) hingewiesen.

In Folgendem sollen nach der Art der Vereinbarungen die einzelnen Gewürze in alphabetischer Reihenfolge besprochen werden.

Zur Beurteilung werden bei jedem Gewürze die von der Freien Vereinigung deutscher Nahrungsmittelchemiker gebilligten Anforderungen und Abänderungsvorschläge von E. Spaeth [3]) zu den höchstzulässigen Grenzzahlen der Vereinbarungen angeführt. Zum Vergleich werden die vielfach strengere Anforderungen stellenden Grenzzahlen des Codex alimentarius Austriacus [4]), des Vereins Schweizerischer analytischer Chemiker [5]) und der offiziellen amerikanischen Normen (United States Standards) beigefügt. Die Grenzzahlen beziehen sich auf lufttrockene Ware.

I. Anis.

Anis besteht aus den getrockneten Spaltfrüchten von Pimpinella Anisum L., Familie der Umbelliferen.

Normaler Anis muß aus den unverletzten, ihres ätherischen Öles

---

[1]) Vergl. E. Spaeth, Forschungsberichte 1896, **3,** 312.

[2]) Vergl. C. Hartwich, Schweiz. Wochenschr. f. Chem. u. Pharm. 1900, **39,** 104.

[3]) l. c.

[4]) Forschungsberichte 1896, **3,** 133 ff.

[5]) Nach H. Röttger, Nahrungsmittelchemie, 2. Aufl. 1903, S. 370.

weder ganz noch teilweise beraubten Anisfrüchten bestehen und einen kräftigen Geruch und Geschmack zeigen.

Als höchste Grenzzahlen haben zu gelten für Mineralbestandteile (Asche) 10 %, für den in 10 %-iger Salzsäure unlöslichen Teil der Asche (Sand) 2,5 %.

Cod. al. Austr.: Asche 10 %.

Verfälschungen. Die Beimengung ganz oder teilweise extrahierter, des wertvollen ätherischen Öles beraubter Früchte; sie sind an ihrem dunkleren Aussehen und an dem Fehlen von Geschmack und Geruch leicht zu erkennen.

Eine die Grenzzahlen übersteigende Verunreinigung mit Erde, Steinchen und dergleichen ist als Verfälschung (Verschlechterung) zu beanstanden.

Gesundheitsschädliche Zusätze. Bei italienischem Anis ist wiederholt die wohl zufällige Beimischung der Früchte des giftigen Schierlings (Conium maculatum L.) beobachtet worden. (Geruch nach Mäuseharn — Coniin — beim Befeuchten mit Kalilauge).

II. Calmus.

Als Calmus kommt der getrocknete Wurzelstock von Acorus Calmus L., geschält und ungeschält, im Handel vor.

Cod. al Austr.: Der Gehalt der ungeschälten Ware an ätherischem Öl beträgt über 2 %.

III. Fenchel.

Fenchel besteht aus den getrockneten reifen Spaltfrüchten von Foeniculum vulgare Miller, Familie der Umbelliferen.

Normaler Fenchel muß aus den unverletzten, ihres ätherischen Öles weder ganz noch teilweise beraubten Fenchelfrüchten bestehen; er muß den charakteristischen Geruch und Geschmack deutlich erkennen lassen und darf Fruchtstiele in größerer Menge nicht enthalten.

Als höchste Grenzzahlen haben zu gelten für Mineralbestandteile (Asche) 10 %, für den in 10 %-iger Salzsäure unlöslichen Teil der Asche (Sand) 2,5 %.

Cod. al. Austr.: Asche 10 %.

Verfälschungen. Die in neuerer Zeit, besonders bei galizischem und mährischem Fenchel, am meisten beobachtete Verfälschung ist der bis 75 % und mehr betragende Zusatz extrahierter Ware. Nach Neumann-Wender[1]) werden drei Sorten von extrahiertem Fenchel unterschieden:

1. die Preßrückstände der Dampfdestillation im Dampfstrom, bestehend aus kleinen deformierten, schwarzbraunen, leicht zerreiblichen Körnern mit einem minimalen Ölgehalt (Preis für 100 kg = 4 Gulden);

---

[1]) Österr. Chem. Ztg. 1899, **2**, 588.

2. die von der Destillation mit Wasser herrührenden Samen von ebenfalls brauner Farbe und etwas besserem Aussehen. (Preis für 100 kg = 7—8 Gulden);

3. Körner, die aus den Schnapsbrennereien herrühren. Diese Körner zeigen sich nur wenig verändert, der Ölgehalt beträgt noch etwa 1—2 % (Preis 100 kg = 10—11 Gulden).

Die extrahierten Früchte sind leicht an ihrer dunklen Farbe zu erkennen und auszulesen; durch Wägen der ausgelesenen extrahierten Früchte läßt sich deren zugesetzte Menge ermitteln. Extrahierte Früchte sind fast oder ganz geschmacklos. [Über den Nachweis extrahierter Fenchelsamen (Alkoholprobe usw.) siehe J u c k e n a c k und S e n d t n e r „Zur Untersuchung und Charakteristik der Fenchelsamen des Handels [1]).]"

Durch die Extraktion wird dem Fenchel der seinen Wert als Gewürz bedingende Bestandteil, das Fenchelöl, entzogen; sie stellt also eine Verfälschung durch Verschlechterung dar.

Eine weitere, fast ebenso häufig beobachtete und mit der ersten meist Hand in Hand gehende Fälschung ist die k ü n s t l i c h e F ä r b u n g des Fenchels. Sie geschieht einerseits, um reinem aber unscheinbarem Fenchel ein besseres Aussehen zu geben, andrerseits um die dunkle Farbe des extrahierten Fenchels zu verdecken und diesem den Anschein normaler (also besserer) Beschaffenheit zu verleihen. Die künstliche Färbung kommt fast nur bei dem galizischen Fenchel vor. Als Farbstoffe werden grüner Eisenocker, Chromgelb mit Schwerspat und sogenanntes Schüttgelb benutzt; letzteres ist ein durch Niederschlagen mit Alaun oder Kreide oder Barytsalzen gewonnener gelber Farbstoff der Gelbbeeren- und Quercitronrinde, der meist mit Schwerspat gefällt ist. Der aufgetragene Farbstoff ist mit der Lupe oder dem Mikroskop gut zu erkennen.

Abgesehen von der Frage der Verfälschung ist in der Verwendung von Chromgelb und baryumhaltigen Farbstoffen eine Zuwiderhandlung gegen § 1 des Gesetzes vom 5. Juli 1887, betreffend die Verwendung gesundheitsschädlicher Farben usw., zu erblicken.

Als Verfälschung ist weiter eine übergroße Menge e r d i g e r V e r - u n r e i n i g u n g e n zu erachten, wie sie sich besonders auch in Verbindung mit fremden Samen verschiedenster Art beim galizischen Fenchel häufig findet. Durch diese Zusätze wird natürlich der Gebrauchswert des Fenchels erheblich herabgesetzt. Nach dem Vorschlage von J u c k e n a c k und S e n d t n e r (l. c.) soll der Gehalt des Fenchels an erdigen Verunreinigungen 3 % nicht übersteigen.

IV. Gewürznelken (Nelken).

G e w ü r z n e l k e n (N e l k e n) sind die nicht vollständig entfalteten (unaufgeblühten) getrockneten Blüten von Eugenia aromatica Baillon (Eugenia caryophyllata Thunberg, Jambosa Caryophullus Niedenzu, Caryophyllus aromaticus L.), zu der Familie der Myrtaceen gehörend.

---

[1]) Zeitschr. f. Unters. d. Nahr.- u. Genußm. 1899, **2**, 327.

Normale ganze Nelken müssen unverletzt, voll sein und aus Unterkelch und Köpfchen bestehen; sie dürfen weder ganz noch teilweise ihres ätherischen Öles beraubt sein, müssen stark nach Eugenol riechen und schmecken und müssen beim Drucke mit dem Fingernagel aus dem Gewebe des Unterkelches leicht ätherisches Öl absondern.

Für den Gehalt an Mineralbestandteilen, an Nelkenstielen und an ätherischem Öl gelten die gleichen Anforderungen wie bei den gemahlenen Nelken.

Gemahlene Nelken müssen braunrot, braun und von kräftigem Geruch und Geschmack sein; ein Zusatz von Nelkenstielen oder von entölten Nelken bei der Herstellung der gemahlenen Ware ist unstatthaft.

Der Gehalt an Nelkenstielen darf 10 % nicht übersteigen; der Gehalt an ätherischem Öl muß mindestens 10 % betragen.

Als höchste Grenzzahlen für den Gehalt an Mineralbestandteilen (Asche) haben zu gelten 8 % und für den in 10 %iger Salzsäure unlöslichen Teil der Asche 1 %.

Cod. al. Austr.: Der Gehalt an ätherischem Öl schwankt zwischen 8 und 25 %. Eine gute Sorte soll mindestens 15 % ätherisches Öl enthalten. Der Gerbstoffgehalt erreicht 13 %, der Wassergehalt darf 9 %, der Aschengehalt 8 %, der Gehalt an in Salzsäure unlöslichen Bestandteilen der Asche 1 % nicht übersteigen.

U. S Standard: Nelken dürfen nicht weniger als 10 % flüchtiges Ätherextrakt, nicht weniger als 12 % Gerbsäure, nicht mehr als 8 % Gesamtasche, davon nicht mehr als 0,5 % salzsäurelöslich, und nicht mehr als 10 % Rohfaser enthalten. Nelken dürfen nicht mehr als 5 % Nelkenstiele beigemengt enthalten.

Schweiz. Vereinb.: Asche 7,0 %, Sand 1,0 %.

Verfälschungen. Ganze und gemahlene Nelken werden manchmal zum mehr oder minder großen Teil mit entölten Nelken vermengt, d. h. mit solchen, die durch Extraktion ihres wertvollen Bestandteiles, des Nelkenöles, beraubt worden sind. Die Menge des letzteren liegt in solchem Falle unter 10 %.

Wie alle Gewürzpulver, so enthalten auch die gemahlenen Nelken oft allerhand Zusätze von fremdartigen, minderwertigen oder wertlosen Substanzen, die eine Verschlechterung bedingen. Von solchen sind zu nennen: Nelkenstiele, Kakaoschalen, Piment, Mutternelken, fremde Stärke, Getreide- und Leguminosenmehle, Curcumawurzel usw. Der Nachweis aller derartiger Zusätze erfolgt auf mikroskopischem Wege. Außerdem kommen mineralische Beimengungen vor.

Ein Gehalt an Nelkenstielen bis zu 10 % ist nicht zu beanstanden; sie haben einen höheren Aschengehalt und enthalten 5—6 % ätherisches Öl. Ebenso ist das Vorkommen einzelner Stärkekörner der Mutternelken (Früchte des Gewürznelkenbaumes) im Nelkenpulver nicht als Fälschung anzusehen.

Um geringerwertigen Nelkensorten die schöne braunrote Färbung der teueren Amboina-Nelken zu geben, oder um ein durch Beimengung von Nelkenstielen, Piment oder entölten Nelken zu hellfarbig erscheinendes Nelkenpulver dunkler zu färben, wird gemahlenes Sandelholz zugesetzt. E. Spaeth[1]) hat Zusätze von 20—30 % Sandelholz beobachtet.

Nachmachung. Ganze Gewürznelken werden durch Kunstprodukte nachgeahmt (Kunstnelken), welche aus mit Rindenpulver braungefärbtem Teig oder aus einer weichen mit Nelkenöl getränkten Holzart hergestellt werden.

V. Ingwer.

Der Ingwer ist der gewaschene, getrocknete, von den äußeren Gewebsschichten ganz oder teilweise befreite Wurzelstock (Rhizom) von Zingiber officinale Roscoe, Familie der Zingiberaceen.

Beim ungeschälten Ingwer werden die Rhizome bloß gewaschen, abgebrüht und getrocknet; beim geschälten Ingwer werden sie vor dem Trocknen von der äußeren Korkhülle ganz oder teilweise befreit; beim gebleichten Ingwer werden sie durch Chlor oder Schweflige Säure gebleicht. Der geschälte Ingwer wird auch zum Schutz gegen pflanzliche und tierische Schädlinge mit Kalkmilch gewaschen und hat infolgedessen eine staubig-weiße Oberfläche (gekalkter Ingwer).

Normaler Ingwer, sowohl ganzer wie gemahlener, muß aus dem vorher weder ganz noch teilweise extrahierten Rhizom bestehen und muß einen angenehm gewürzhaften Geruch und einen brennenden Geschmack zeigen. Der mittlere Gehalt der lufttrockenen Ware an ätherischem Öl beträgt 2—5 %.

Als höchste Grenzzahlen des Gehaltes an Mineralbestandteilen (Asche) haben zu gelten 8 % und für den in 10 %iger Salzsäure unlöslichen Teil der Asche 3 %.

Cod. al. Austr.: Der Aschengehalt soll nicht über 8 % und nicht weniger als 1,5 % betragen. Der mittlere Gehalt an ätherischem Öl beträgt 2 % der lufttrockenen Ware.

U. S. Standard: Gemahlener oder ganzer Ingwer darf nicht weniger als 42 % Stärke, nach dem Diastaseverfahren, oder 46 % Stärke, durch direkte Inversion bestimmt (Kupfer reduzierende Substanzen nach direkter Inversion als Stärke bestimmt), nicht mehr als 8 % Rohfaser, nicht mehr als 8 % Gesamtasche, nicht mehr als 1 % Kalk und nicht mehr als 3 % in Salzsäure unlösliche Aschenbestandteile enthalten. Gekalkter Ingwer darf nicht mehr als 4 % Calciumcarbonat enthalten und muß im übrigen den Anforderungen an normalen Ingwer entsprechen.

Verfälschungen. Auch beim Ingwer besteht eine Hauptverfälschung in dem Entzuge des Ingweröles durch Extraktion mit Wasser oder verdünntem Alkohol (ausgezogener oder erschöpfter Ingwer)[2]).

---

[1]) Forschungsberichte 1894, **1**, 24.
[2]) Über den Nachweis von erschöpftem Ingwer im Ingwerpulver siehe E. Spaeth, Zeitschr. f. Unters. d. Nahr.- u. Genußm. 1905, **10**, 23.

Ausgezogener Ingwer ist am erniedrigten Gehalte an Gesamtasche und besonders ån wasserlöslichen Aschenteilen kenntlich; echter Ingwer enthält meist 2—3 %/o wasserlöslicher Asche; außerdem enthält extrahierter Ingwer selbstverständlich nur geringe Mengen von ätherischem Öl.

Als Verfälschungen des Ingwerpulvers durch fremdartige, wertlose Zusätze sind zu nennen: verschiedene Mehle, Mandelkleie, Curcuma, Lein- und Rapskuchen, Cayennepfefferschalen, Olivenkerne und besonders ausgezogener Ingwer.

VI. Kapern[1]).

Kapern sind die pfefferkorn- bis erbsengroßen, noch ganz geschlossenen, abgewelkten, in Essig und Salz oder in Salz allein eingemachten Blütenknospen des Kapernstrauches (Capparis spinosa L.), Familie der Capparidaceen.

Die Kapern sind etwas flachgedrückt, breit — schiefeiförmig oder gerundet vierseitig. Jedes Korn (Knospe) besteht aus vier ungleichen Kelchblättern, vier ungleichen Blumenblättern, zahlreichen freien Staubgefäßen und einem langgestielten grünen, keulenförmigen Fruchtknoten; dieser sitzt auf einem langen, in der Knospe in einer Schlangenwindung zusammengelegten Stiele und endet in eine fast sitzende Narbe.

Gute Kapern müssen grün, noch vollständig geschlossen und rund, nicht zerdrückt oder teilweise offen sein.

Verfälschungen und Nachahmungen. Anstatt der Kapern werden nachstehend aufgezählte, in ähnlicher Weise zubereitete, zum Teil entschieden gesundheitschädliche Pflanzenteile in den Handel gebracht:

1. die deutschen Kapern; sie sind die ähnlich den echten Kapern zubereiteten Blütenknospen des Besenginsters (Sarrothamnus scoparius Wimmer). Sie sind äußerlich schon durch ihre längliche Gestalt zu unterscheiden und besitzen einen kurzglockigen, zweilippig-fünfzähnigen Kelch, fünf ungleiche Blumenblätter (Schmetterlingsblüte), zehn zu einer Röhre verwachsene Staubgefäße und einen langen, zottigen, unter der Narbe keulig verdickten und kreisförmig eingerollten Griffel;

2. die kugelig-dreiseitigen Blütenknospen der Kapuzinerkresse (Tropaeolum majus). Sie schmecken angenehm, kressen- oder senfartig scharf, und bestehen aus einem fünfteiligen Kelch mit ei-lanzettförmigen Zipfeln, von welchen der oberste in einen langen Sporn verlängert ist, aus fünf Blumenblättern, acht freien Staubgefäßen und einem dreilappigen Fruchtknoten;

3. die Knospen der Dotterblume (Caltha palustris L.). Sie sind leicht kenntlich an den fünf eirunden (gelbgefärbten) Kelchblättern, zahlreichen freien Staubgefäßen, fünf bis zehn zusammenge-

---

[1]) Nach d. Cod. al. Austr.; vergl. Forschungsberichte 1896, **3,** 189.

drückten länglichen, vom **k u r z e n G r i f f e l** schiefgespitzten Fruchtknoten. Blumenblätter fehlen;

4. die unreifen, grünen, kahlen, schwammigen, gerundet-dreiseitigen **F r ü c h t e** einer Wolfsmilchart, des kleinen Springkrautes, **E u p h o r b i a L a t h y r i s** L. Sie sind dreifächerig, glatt, mit drei tiefen Furchen versehen; in jedem der drei Fächer ist eine ei-walzenförmige Samenknospe.

Der Verkauf und das Feilhalten dieser Pflanzenteile als Kapern oder echte Kapern fällt unter den Begriff der Nachmachung im Sinne des Nahrungsmittelgesetzes. Ihre Beimengung zu echten Kapern ist eine Verfälschung.

V e r d o r b e n e, alte Kapern sind weich, nicht selten bräunlich-schwarz gefärbt und geben beim Zerdrücken häufig eine schwärzlich-körnige Masse.

G e s u n d h e i t s s c h ä d l i c h k e i t. Die Knospen von Caltha palustris sind verdächtig, die Früchte von Euphorbia Lathyris giftig.

VII. Kardamomen.

K a r d a m o m e n sind die Früchte von Elettaria Cardamomum White et Maton, die als sogenannte **k l e i n e K a r d a m o m e n** oder **M a l a b a r - k a r d a m o m e n** aus Vorderindien stammen, oder die Früchte von einer Spielart der vorigen Pflanze, von Elettaria Cardamomum major Smith, die als sogenannte **l a n g e** oder **C e y l o n - K a r d a m o m e n** auf Ceylon wild wachsen und angebaut werden, Familie der Zingiberaceen.

Gemahlene Kardamomen dürfen nur aus den Samen bestehen; sie müssen einen angenehmen, scharf aromatischen Geruch und Geschmack zeigen.

Der Gehalt an ätherischem Öl betrage nicht unter 3%.

Die Herstellung von Mahlprodukten mit Hüllen (Fruchtschalen) ist unter entsprechender Deklaration zulässig.

Als **h ö c h s t e G r e n z z a h l e n** des Gehaltes an Mineralbestandteilen (Asche) haben zu gelten:

	Asche	In 10 %iger Salzsäure unlösliche Asche
Für **g a n z e** Kardamomen (mit Hüllen)	14 %	4 %
Für **Kardamomensamen**	10 „	4 „

V e r f ä l s c h u n g e n. In erster Linie sind hier zu nennen die runden Kardamomen von Amomum Cardamomum L. und die großen Kardamomen von verschiedenen Amomumarten; beide sind ohne Gewürz-wert, ihre Samen schmecken kampferartig.

Als Verfälschungen der gepulverten Kardamomen wurden beobachtet: Beimengungen entölter Fruchtschalen und Samen von Kardamomen, ferner von Getreide- und Leguminosenmehlen, sowie von gemahlener Backware.

Neufeld.

VIII. Koriander.

Koriander sind die getrockneten Spaltfrüchte von Coriandrum sativum L., Familie der Umbelliferen. Koriander enthält 0,1—1 % ätherisches Öl.

Als höchste Grenzzahlen für den Gehalt an Mineralbestandteilen (Asche) haben zu gelten 7,0 % und für den in 10 %-iger Salzsäure unlöslichen Teil der Asche 2,0 %.

Cod. al. Austr.: Gehalt an ätherischem Öl 0,6—0,9 %. Der Aschengehalt beträgt meist 5 %, soll aber 6 % nicht überschreiten.

IX. Kümmel.

Kümmel besteht aus den getrockneten Spaltfrüchten von Carum Carvi L., Familie der Umbelliferen. Der Gehalt an ätherischem Öl beträgt 4—7 %.

Normaler Kümmel muß aus den unverletzten, ihres ätherischen Öles weder ganz noch teilweise beraubten Kümmelfrüchten bestehen und den charakteristischen Geruch und Geschmack erkennen lassen.

Als höchste Grenzzahlen haben zu gelten für Mineralbestandteile (Asche) 8,0 %, für den in 10 %-iger Salzsäure unlöslichen Teil der Asche 2,0 %.

Cod. al. Austr.: Der Gehalt an ätherischem Öl, nach Sorte und Reifezustand wechselnd, beträgt 3—7 %; der Aschengehalt 5—6 %, soll 7 % nicht überschreiten.

Verfälschung. Als wohl einzige, aber um so häufiger zu beobachtende Verfälschung ist zu nennen die Beimengung von ausgezogenem Kümmel, dessen Nachweis durch einfaches Auslesen, wie beim Fenchel, erfolgt. Nicht selten sind hier die Früchte noch zerquetscht. Ausgezogener Kümmel ist geruch- und geschmacklos und daher als Gewürz ohne jeden Wert.

Römischer Kümmel, Mutterkümmel besteht aus den getrockneten reifen Spaltfrüchten von Cuminum Cyminum L. Sein Geruch ist eigenartig, nicht angenehm, an Kampfer erinnernd; der Geschmack gewürzhaft.

Cod. al. Austr.: Gehalt an ätherischem Öl 2—3 %, Aschengehalt der reinen Ware 6 %.

X. Majoran.

Majoran besteht aus dem getrockneten, blühenden Kraute der im Orient und in Südeuropa einheimischen, bei uns angebauten einjährigen Labiate Origanum Majorana L.

Das Gewürz kommt als zerschnittene, aus allen oberirdischen Teilen der Pflanze, also aus Blättern und Stengelteilen, oder lediglich aus Blüten und Blättern (abgerebelte Ware), bestehende Ware, seltener als Pulver oder als ganze Pflanze in den Handel.

Majoran muß einen kräftigen aromatischen Geruch zeigen. Er enthält 0,7—0,9 % ätherisches Öl.

Als höchste Grenzzahlen haben zu gelten für:

	Asche	In 10 %iger Salzsäure unlösliche Asche
1. Geschnittenen Majoran	12 %	2,5 %
2. Gerebelten oder Blatt-Majoran . .	16 „	3,5 „

Cod. al. Austr.: Majoran enthält durchschnittlich 1 % ätherisches Öl. Der Aschengehalt ist verschieden, je nachdem die Ware aus der ganzen Pflanze oder nur aus Blättern besteht. Geschnittener und gepulverter Majoran soll höchstens 10 % Asche mit 2 % in Salzsäure unlöslichen Bestandteilen (Sand), Blättermajoran höchstens 15 % Asche mit 2,5 % Sand enthalten.

Der Majoran ist immer reichlich mit Sand, Erde, Staub (durch das Einsammeln usw.) verunreinigt, soll daher immer vor dem Trocknen sorgfältig gereinigt werden.

XI. Muskatblüte.

Muskatblüte, Macis, ist der Samenmantel (Arillus) der echten Muskatnuß, abstammend von Myristica fragrans Houttuyn, Familie der Myristicaceen.

Normale Macis, ganz oder gepulvert, muß aus dem seines ätherischen Öles nicht beraubten Samenmantel der echten Muskatnuß bestehen und muß einen kräftigen gewürzhaften Geruch und einen scharf bitteren Geschmack besitzen; als Zeichen besonderer Güte gilt eine möglichst hellgelbe Farbe der Macis.

Der Gehalt an ätherischem Öl muß mindestens 4,5 % betragen.

Nach den Vereinbarungen enthält echte Macis bis zu 24 % Fett vom Schmelzpunkt 25—26 °, dessen Jodzahl zwischen 77—80 und dessen Verseifungszahl zwischen 170 und 173 liegt.

Als höchste Grenzzahlen an Mineralbestandteilen (Asche) haben zu gelten 3 % und für den in 10 %-iger Salzsäure unlöslichen Teil der Asche 0,5 %.

Cod. al. Austr.: Gehalt an ätherischem Öl 4—9,5 %, soll nicht unter 4 % sinken; Fettgehalt höchstens bis 35 %, Aschengehalt höchstens 2,5 %; in Salzsäure unlösliche Bestandteile höchstens 0,5 %.

Schweizer Vereinb.: Asche 2,0 %; in Salzsäure unlöslich 0,5 %.

U. S. Standard: Macis darf nicht weniger als 20 und nicht mehr als 30 % nichtflüchtiges Ätherextrakt, nicht mehr als 3 % Gesamtasche, davon nicht mehr als 0,5 % salzsäureunlöslich, und nicht mehr als 10 % Rohfaser enthalten.

Verfälschungen. Die gewöhnlichste Verfälschung der ganzen wie der gepulverten Macis ist die Beimengung des völlig wertlosen Samenmantels des wilden Muskatbaumes (Myristica malabarica Lam.), welcher im Handel unter dem beschönigenden Namen Bombay-Macis geführt wird. Das Pulver desselben unterscheidet sich von dem der echten oder Bandamacis durch gänzliches Fehlen aromatischer Bestandteile und einen höheren Fettgehalt (bis zu 35 % reines Fett und bis zu 67 % Ätherextrakt); die sogenannte Bombay-Macis ist ferner reich an ätherlöslichem Harz (bis zu 38 %), während echte Macis nur bis zu 6 % Harz enthält. (Über den chemischen Nachweis der Bombay-Macis in echter Macis siehe Vereinbarungen Heft II, S. 60; nach E. Spaeth geschieht der Nachweis der Bombay-Macis am einfachsten und sichersten mit dem Mikroskope). Bei der völligen Wertlosigkeit der sogenannten Bombay-Macis als Gewürz bildet ihr Zusatz zur echten eine Verschlechterung, also eine Verfälschung.

Als weitere bisher beobachtete fremdartige Zusätze zu Macis-Pulver sind anzuführen: Mehl, Mais- und Kartoffelstärke, gemahlener Zwieback, gefärbte Olivenkerne, Curcuma, Muskatnußpulver. Der Nachweis aller derartigen Fälschungsmittel geschieht mikroskopisch.

Auch Zusatz von Zucker kommt hier in Betracht [1]).

XII. Muskatnuß.

Muskatnüsse sind die nach geeignetem Trocknen und Entfernen (Zerbrechen) der harten Samenschalen gekalkten Samenkerne des Muskatnußbaumes, und zwar von Myristica fragrans Houttuyn, Familie der Myristicaceen.

Die sogenannte lange oder männliche Muskatnuß (Makassar- oder Papua-Muskatnuß) ist das getrocknete, seiner Schale beraubte Samenkorn von Myristica argentea Warbg.

Die echten Muskatnüsse, welche meistenteils ganz im Handel auftreten, zeichnen sich durch hohen Fettgehalt (durchschnittlich 34 %; Muskatbutter) und Gehalt an ätherischem Öl (8—15 %) aus. Die langen Muskatnüsse enthalten gleichviel Fett, aber weniger ätherisches Öl.

Echte Muskatnüsse müssen einen aromatischen Geruch und Geschmack zeigen und dürfen nicht von Würmern usw. angefressen sein.

Als höchste Grenzzahlen für den Gehalt an Mineralbestandteilen (Asche) haben zu gelten 3,5 % und für den in 10 %-iger Salzsäure unlöslichen Teil der Asche 0,5 %.

Cod. al. Austr.: Gehalt an ätherischem Öl mindestens 2 %, an Fett im Mittel 34 %. Der Aschengehalt wechselt je nach der an dem Samen haftenden Kalkmenge; kalkfreie Muskatnüsse liefern 2,7 % Asche, bei kalkhaltigen wurden im Maximum 6 % Asche gefunden.

Schweizer Vereinb.: Asche 5,0 %, in Salzsäure unlöslich 0,5 %.

U. S. Standard: Muskatnuß, gemahlen oder ganz, darf nicht weniger als 25 % nichtflüchtiges Ätherextrakt, nicht mehr als 5 % Gesamtasche, davon nicht mehr als 0,5 % salzsäureunlöslich, und nicht mehr als 10 % Rohfaser enthalten.

Nachgemachte Muskatnüsse. Verschiedentlich sind im Handel schon künstliche Nachbildungen der Muskatnüsse angetroffen werden.

---

[1]) Über den Nachweis von Zucker siehe E. Spaeth, Zeitschr. f. Unters. d. Nahr.- u. Genußm. 1905, **10**, 26.

Diese Kunsterzeugnisse werden aus Muskatbutter mit Leguminosenmehlen, Bruchstücken von Muskatnüssen, Ton oder sonstigen erdigen Beimengungen hergestellt.

In dem hierauf bezüglichen Preußischen Ministerialerlaß vom 9. April 1900[1]) heißt es: Die Handelskreise und die mit der Nahrungsmittelüberwachung betrauten Organe sollen darauf aufmerksam gemacht werden, daß in Belgien künstliche Muskatnüsse in von echten kaum zu unterscheidender Weise hergestellt werden. Sie sollen aus einem Gemengsel von fein pulverisierten ausgezogenen oder beschädigten Muskatnüssen und etwa 20 % mineralischer Stoffe bestehen. Erkennungszeichen sind: 1. Beim Durchschneiden fehlt ihnen die charakteristische pflanzenartige Struktur der echten Nüsse; 2. nach drei Minuten langem Behandeln mit kochendem Wasser werden sie weich und können mit den Fingern zu Pulver zerrieben werden; 3. beim Verbrennen lassen sie etwa 18 % statt 2—3 % Asche zurück; 4. sie sind im allgemeinen viel schwerer als natürliche Nüsse.

Derartige Kunsterzeugnisse sind als Nachmachungen im Sinne des § 10 des Nahrungsmittelgesetzes zu beurteilen.

Auch der Verkauf der minderwertigen langen Muskatnüsse als echte Muskatnüsse ist eventuell als Nachmachung zu betrachten, sofern nicht § 263 Str.G.B. (Betrug) in Betracht kommt.

Verfälschungen. Die Vermengung echter Muskatnüsse mit den minderwertigen sogenannten langen Nüssen oder mit den beschriebenen Kunsterzeugnissen ist eine Verfälschung.

Muskatnußpulver, welches seltener im Handel zu finden ist, wird durch Zusatz von gemahlenen Muskatnußschalen verfälscht. Bei einem so verfälschten Pulver ist der Gehalt an Cellulose bedeutend erhöht, während der Gehalt an Fett, Stärke und ätherischem Öl verringert ist.

Zur Herstellung des Muskatnußpulvers wird vielfach minderwertige verdorbene Ware verwendet; ein solches Pulver ist gleichfalls als verfälscht zu betrachten.

Verdorbene Muskatnüsse. Von Insekten angestochene, angebrochene oder schimmelige Muskatnüsse sind verdorben im Sinne des Nahrungsmittelgesetzes.

Im Handel findet man manchmal Muskatnüsse, die im Inneren vom sogenannten Muskatwurm vollständig zerfressen sind; die Wurmlöcher sind mit Kreide oder Kalk zugekittet. Solche verdorbene Nüsse fallen durch ihre Leichtigkeit und die vom Zukitten herrührenden weißen Kreideflecken auf ihrer Oberfläche auf[2]).

XIII. Paprika.

Unter Paprika oder spanischem Pfeffer versteht man die getrockneten reifen beerenartigen Früchte mehrer Capsicum-Arten, besonders von Capsicum annuum, C. longum, Familie der Solanaceen.

---

[1]) Veröffentlichungen d. Kais. Gesundheitsamtes 1900, **24,** 493.
[2]) Vergl. E. v. Raumer, Zeitschr. f. Unters. d. Nahr.- u. Genußm. 1902, **5,** 410.

Als Cayennepfeffer kommen in gepulvertem Zustande die Früchte der kleinfrüchtigen Capsicum-Arten von Capsicum frutescens L. C., fastigiatum L. u. a. in den Handel.

Die Paprikasorten besitzen hellere (Rosenpaprika) und dunklere Farbe, je nachdem die roten Fruchthüllen möglichst frei von inneren Fruchtteilen genommen werden oder nicht.

Ganzer wie gemahlener Paprika muß einen lange andauernden, brennenden Geschmack (Capsaicin) zeigen und darf keine ganz oder teilweise . extrahierten sowie künstlich aufgefärbten Früchte beigemischt enthalten.

Der alkoholische Extrakt betrage nicht unter 25 %.

Als höchste Grenzzahlen haben zu gelten für die Mineralbestandteile (Asche) 6,5 %, für den in 10 %-iger Salzsäure unlöslichen Teil der Asche 1.0 %.

Cod. al. Austr.: Paprika enthält die scharfschmeckende Substanz Capsaicin, welche nachweisbar in der Zellwand der Oberhaut der Samenträger entsteht, Fett und in der Regel 5 % einer graugrünlichen Asche; der Aschengehalt soll 6 % nicht übersteigen.

Schweizer Vereinb.: Asche 5,0 %, in Salzsäure unlöslich 0,5 %.

U. S. Standard: Cayenne-Pfeffer darf nicht weniger als 15 % nichtflüchtiges Ätherextrakt, nicht mehr als 6,5 % Gesamtasche, davon nicht mehr als 0,5 % salzsäureunlöslich, nicht mehr als 1,5 % Stärke (nach dem Diastaseverfahren bestimmt) und nicht mehr als 28 % Rohfaser enthalten.

Verfälschungen. Die Verfälschungen des Paprikas bestehen im Zusatz teils von wertlosen Substanzen, die eine Vermehrung der Masse und des Gewichtes, also eine Verschlechterung des Gewürzes bewirken, teils von Farbstoffen oder rotgefärbten Substanzen, die dazu dienen, dem Gemisch die Farbe normaler Ware, also den Schein der besseren Beschaffenheit zu verleihen. Von ersteren sind zu nennen: verschiedene Mehl- und Kleiearten (insbesondere Mais-, Wickenmehl, Roggen-, Gersten- und Hirsekleie), Gries, gepulverte Baumrinde (Eichenrinde), Koniferenholz, Sandelholz, Ölkuchenmehl, Mandelkleie, Curcuma, Zwieback, Schwerspat und dergleichen; von letzteren Ocker, Mennige, Chromrot, Teerfarbstoffe und Ziegelmehl.

Für die Beurteilung des Zusatzes von Farbstoffen kommt neben § 10 des Nahrungsmittelgesetzes das Gesetz vom 5. Juli 1887, betreffend die Verwendung gesundheitsschädlicher Farben usw., in Betracht.

Nach H. Szigeti[1]), erhält Paprika durch Vermischen mit 1 % Öl ein besseren Aussehen und kann um 25—50 % teurer verkauft werden; in solchem Falle liegt eine Verfälschung wegen Verleihung des Scheins besserer Beschaffenheit vor.

Als amerikanischer Cayennepfeffer kommt ein gebackenes und gemahlenes Gemisch von Getreidemehl, Cayennepfeffer und Wasser in den Handel; es stellt eine Verfälschung bezw. eine Nachmachung dar.

---

[1]) Zeitschr. f. d. landw. Versuchsw. in Oesterreich, 1902, **5,** 1208.

Verdorben ist wurmstichiger und mißfarbig gewordener Paprika.

Gesundheitsschädliche Eigenschaften kann Paprika durch Zusatz gesundheitsschädlicher Farben erhalten.

XIV. Pfeffer [1]).

Schwarzer Pfeffer ist die getrocknete unreife Steinfrucht von Piper nigrum L., Familie der Piperaceen.

Weißer Pfeffer ist die getrocknete reife, von dem äußeren Teil der Fruchtschale befreite Steinfrucht von Piper nigrum.

Normaler schwarzer Pfeffer im ganzen Zustande ist die Handelsware, die aus möglichst vollwertigen, Schale und Perisperm enthaltenden, ungefärbten Körnern besteht. Der Höchstgehalt an tauben Körnern, Fruchtspindeln und Stielen darf nicht mehr als 15 % betragen.

Normaler weißer Pfeffer im ganzen Zustande ist die Handelsware, die aus möglichst vollwertigen, Schale und Perisperm enthaltenden, ungefärbten Körnern besteht. Tonen und Kalken des Pfeffers ist als Fälschung anzusehen.

Normaler schwarzer Pfeffer im gemahlenen Zustande muß ausschließlich aus den Früchten des schwarzen Pfeffers hergestellt sein, er muß den kräftigen charakteristischen Geruch und Geschmack zeigen; bei der makroskopischen Prüfung muß das reichliche Vorhandensein von Perispermstücken in die Augen fallen; Pfefferschalen, Pfefferspindeln, sogenannte Pfefferköpfe, das Abgesiebte vom ganzen Pfeffer und Pfefferstaub dürfen beim Vermahlen oder dem Mahlprodukt nicht zugesetzt werden; ebenso ist das Vermahlen von Pfeffer mit mehr als 15 % tauben Körnern, Spindeln und dergleichen als eine Fälschung zu bezeichnen.

Nach der von dem Reifezustande, der Konsistenz und dem spezifischen Gewichte abhängigen Güte unterscheidet man beim schwarzen Pfeffer:

1. harten oder schweren Pfeffer mit schwerem, rundem, sehr hartem dunkelbraunem, netzig gerunzeltem Korne;
2. halbharter Pfeffer mit graubraunem, ungleich großem, leichtem Korne;
3. leichter Pfeffer mit grauschwarzem, buchtig gerunzeltem, kleinem Korne und leicht zerbrechlicher Schale.]

Normaler weißer Pfeffer im gemahlenen Zustande muß ausschließlich aus den reifen oder aus geschälten schwarzen Pfefferkörnern hergestellt sein; er muß ebenfalls den kräftigen Geruch und Geschmack zeigen; bei der makroskopischen Prüfung dürfen Schalenteile in auffallender Menge nicht zu erkennen sein; extrahierter Pfeffer darf beim Vermahlen oder dem Mahlprodukt nicht zugesetzt werden.

---

[1]) Vergl. Verhandlung d. Freien Vereinigung deutscher Nahrungsmittelchemiker a. d. 4. Jahresversammlung zu Dresden, Zeitschr. f. Unters. d. Nahr.-u. Genußm. 1905, **10**, 27.

Als höchste Grenzzahlen haben zu gelten für:

	schwarzen Pfeffer	weißen Pfeffer
Mineralbestandteile (Asche) . . .	7,0 %	4,0 %.
In 10 %iger Salzsäure unlöslicher Teil der Asche	2,0 „	1,0 „
Rohfaser[1]	nicht über 17,5 %	nicht über 7,0 %
Bleizahl nach Busse in wasser-freiem Pfefferpulver	nicht über 0,08 g Blei in 1 g	nicht über 0,03 g Blei in 1 g

Den folgenden Zahlenwerten kommt der Wert als Grenzzahlen zwar nicht zu, sie können aber bei der Beurteilung als wertvoll mit zu Rate gezogen werden.

	Schwarzer Pfeffer	Weißer Pfeffer
Stärke, bestimmt nach dem Diastase-verfahren	30—38 %	45—60 %
Piperin	4,0—7,5 „	5,5—9,0 „
Nichtflüchtiges Ätherextrakt { im ganzen . . .	nicht unter 6,0 %	nicht unter 6,0 %
Stickstoff in 100 Teilen desselben	nicht unter 3,25 „	nicht unter 3,5 „
Furfurolhydrazon, auf 5 g bei 100° getrockneten Pfeffer berechnet .	0,20—0,23 g	0,046—0,052 g

Cod. al. Austr. a) Schwarzer Pfeffer: Gehalt an Stärke nicht unter 30 %, Gehalt an Wasser höchstens 15 %, an ätherischem Öl mindestens 1 %, an Piperin mindestens 5 %, an Asche höchstens 5 %, einschließlich 2 % Sand (in Salzsäure unlöslich), an Rohfaser höchstens 14 %.

b) Weißer Pfeffer: Gehalt an Stärke nicht unter 40 %, an Wasser höchstens 15 %, an ätherischem Öl mindestens 0,8 %, an Piperin mindestens 5 %, an Asche höchstens 3 %, an Rohfaser höchstens 7 %.

Schweizer Vereinb.: Schwarzer Pfeffer 6,5 % Asche, davon 2,0 % in Salzsäure unlöslich; weißer Pfeffer 3,5 % Asche, davon 1,0 % in Salzsäure unlöslich.

U. S. Standards: a) Schwarzer Pfeffer muß frei sein von zugesetzten Pfefferschalen, Pfefferstaub und anderen Pfefferabfällen; er darf nicht weniger als 6 % nichtflüchtiges Ätherextrakt, nicht weniger als 22 % Stärke nach der Diastasemethode und nicht weniger als 28 % Stärke nach dem direkten Inversionsverfahren, ferner nicht mehr als 7 % Gesamtasche, davon 2 % salzsäureunlöslich und nicht mehr als 15 % Rohfaser enthalten. 100 Teile des nichtflüchtigen Ätherextraktes dürfen nicht weniger als 3,25 Teile Stickstoff enthalten.

b) Weißer Pfeffer darf nicht weniger als 6 % nichtflüchtiges Ätherextrakt, nicht weniger als 40 % Stärke nach dem Diastaseverfahren oder 53 % Stärke nach dem direkten Inversionsverfahren, ferner nicht mehr als 4 % Gesamtasche, davon nicht mehr als 0,5 % salzsäureunlöslich, und nicht mehr als 5 % Rohfaser enthalten. 100 Teile des nichtflüchtigen Ätherextraktes enthalten 4 Teile Stickstoff.

Verfälschungen und Nachahmungen.

1. Ganzer Pfeffer. Ganzer schwarzer und weißer Pfeffer werden

---

[1] Bestimmung nach E. Spaeth, Zeitschr. f. Unters. der Nahr.- u. Genußm. 1905, **9,** 577.

durch künstliche Pfefferkörner nachgeahmt. Diese werden zum Zwecke der Täuschung aus Ton, Mehlteig oder dergl. unter Zusätzen von Pfefferabfall, Olivenkernmehl, Dextrin, schwarzem Farbstoff usw. geformt und bilden eine Nachmachung im Sinne des Gesetzes. In Frankreich[1]) kam vor kurzem unter dem Namen „Erviop" (Anagramm für poivre) ein sogenanntes Pfeffersurrogat in den Handel, welches aus Leguminosenfrüchten bestand, denen durch Imprägnierung mit Capsicin der scharfe Geschmack und durch Behandlung mit Eisenchloridlösung die runzelige Oberfläche des Pfefferkornes verliehen war; auch hier liegt eine Nachmachung vor.

Durch Beimengung solcher Kunstprodukte wie auch durch Zusatz von Beerenfrüchten (Wachholderbeeren, Leguminosenfrüchten usw.) wird ganzer Pfeffer verfälscht.

Ein gebräuchliches Fälschungsmittel für Pfeffer sind die sogenannten Pfefferköpfe: kleine Körnchen, die keine Spur von Perisperm enthalten und nichts weiter sind als leere Schalenhülsen verkümmerter Pfefferkörner. Sie enthalten nach A. Beythien[2]) 10,0 % Asche, 1,96 % Sand, 31,67 % Rohfaser; Bleizahl 0,129.

Nach den Beschlüssen der Freien Vereinigung deutscher Nahrungsmittelchemiker[3]) ist ein Gehalt des ganzen Pfeffers von mehr als 15 % tauben Körnern, Fruchtspindeln und Stielen als Verfälschung zu betrachten. Ein solcher ist als gegeben anzusehen, wenn die Bestimmung der Mineralbestandteile, der Rohfaser, eventuell noch der Bleizahl und des Piperins, eine Überschreitung der eingangs angeführten Grenzwerte ergibt.

Als Verfälschung des ganzen weißen Pfeffers muß nach denselben Beschlüssen das Kalken und Tonen — hier sind insbesondere die stark gekalkten und getonten, mit noch etwa 20 % schwarzer Körner versehenen Penangpfeffer zu nennen — angesehen werden[4]).

2. Gemahlener Pfeffer. Am meisten ist in letzter Zeit wohl die Verfälschung des gemahlenen Pfeffers durch Zusatz von Pfefferschalen- und abfällen verbreitet. Dies sind die bei der Weißpfefferfabrikation abgerollten Pfefferschalen, die neuerdings auch noch gebleicht werden sollen, ferner die Abfall- und Absiebprodukte von Pfeffer (Pfefferköpfe, Pfefferspindeln, Pfefferstaub) usw. Nach E. Spaeth[5]) geben den sichersten Aufschluß über einen Zusatz von Pfefferschalen die Bestimmung des Gehaltes an Rohfaser und die Ermittelung der Busseschen Bleizahl, daneben die Bestimmung des Piperins und der Stärke; letztere ist in den Schalen nur zu 4—14 % enthalten. Die

[1]) Vergl. E. Collin, Ann. chim. analyt. 1904, 9, 373.
[2]) Jahresbericht d. Untersuchungsamtes Dresden 1903, S. 14.
[3]) l. c.
[4]) Allerdings soll nach dem Jahresberichte der Hamburger Handelskammer beim Penangpfeffer das Kalken allgemein üblich sein und nur bei übermäßigem Kalkgehalte eine Täuschung darstellen; vergl. Chem. Ztg. 1906, 319.
[5]) Zeitschr. f. Unters. d. Nahr.- u. Genußm. 1905, 9, 577.

Bestimmung des Aschengehaltes läßt beim Nachweise eines Schalenzusatzes im Stich. Unter Zugrundelegung der Werte 12—17 % Rohfaser für Pfeffer und etwa 30 % Rohfaser für reine Schalen kann man Schalenzusätze zum Pfeffer leicht berechnen. Um den natürlichen Verhältnissen Rechnung zu tragen, soll ein Gehalt unter 15 % an tauben Körnern, Spindeln und dergleichen nicht beanstandet werden; anderseits ist aber ein Schalengehalt. als Verfälschung anzusehen, der unter Berücksichtigung der Zusammensetzung der mittelmäßigen Handelsware in übermäßigem Grade zugesetzt wurde. Denn durch jeden Zusatz an Pfefferschalen und Abfallstoffen und durch jede Manipulation beim Mahlen des Pfeffers, welche seine Schalenmenge übermäßig erhöht, wird der Pfeffer in seinem Geld- und Gebrauchswerte vermindert, also verfälscht.

Die fremdartigen Stoffe, die dem Pfefferpulver zugesetzt werden, sind zahllos; kein anderes Nahrungs- oder Genußmittel ist wohl Gegenstand so mannigfaltiger Verfälschung. Hier seien nur beispielweise einige der beobachteten Zusätze angeführt: Mehl- und Kleiesorten, Brotkrumen, Palmkernmehl, Olivenkerne, Leinsamenkuchen, Erdnußmehl, Nußschalen, Mandelkleie, Birnenmehl, Rapskuchen, Kakaoschalen, Mandelschalen, Holz- und Baumrinden, Dattelkerne, Eicheln, Holzpulver, Mohnkuchen, Senfsamen, extrahierte Aniskörner, Wachholderbeeren, dann die sogenannte Pfeffermatta usw. usw., ferner mineralische Stoffe, wie Schwerspat, Gips, Sand usw. Der Nachweis dieser Verfälschungen erfolgt bei den organischen Stoffen mit dem Mikroskope, bei den mineralischen Zusätzen durch die Aschenbestimmung.

Mit ekelerregenden Beimengungen, wie Mäusekot und dergleichen, verunreinigter Pfeffer ist als v e r d o r b e n anzusehen.

XV. Piment, Nelkenpfeffer (Neugewürz, Almodegewürz, englisches Gewürz).

P i m e n t ist die getrocknete, nicht völlig reife Frucht (Beere) von Pimenta officinalis Berg, Familie der Myrtaceen.

Ganzer oder gemahlener Piment muß den bekannten gewürzhaften Geruch und Geschmack zeigen; der Gehalt an Pimentstielen darf 2 % und der Gehalt an überreifen schwarzen weichen Früchten 5 % nicht übersteigen. Piment darf nicht extrahiert sein.

Als h ö c h s t e G r e n z z a h l e n haben zu gelten für Mineralbestandteile (Asche) 6,0 % und für den in 10 %iger Salzsäure unlöslichen Teil der Asche 0,5 %.

Der Gehalt an ätherischem Öl beträgt nicht unter 2,0 %.

C o d. al. A u s t r.: Ätherisches Öl im Mittel 3 % (Hauptbestandteil desselben: Eugenol); der Aschengehalt soll 6 % nicht übersteigen.

S c h w e i z e r V e r e i n b.: Asche 6,0 %; in Salzsäure unlöslich 0,5 %.

U. S. S t a n d a r d: Normaler Piment enthält nicht weniger als 8 % Gerbsäure (berechnet aus der von dem wässerigen Extrakte absorbierten Gesamt-

sauerstoffmenge), nicht mehr als 6 % Gesamtasche, davon nicht mehr als 0,5 %
in Salzsäure unlöslich, und nicht mehr als 25 % Rohfaser.

Verfälschungen: Piment unterliegt denselben Verfälschungen wie
Pfeffer; besonders häufige Fälschungsmittel sind Nelkenstiele, Sandel-
holz, Pimentstiele (über 2 %), Pimentmatta, Kakaoschalen, Nußschalen,
Steinnuß usw.

Das Färben des Piments ist ebenfalls als Verfälschung zu erachten
(Schein der besseren Beschaffenheit).

Als Surrogate für Piment kommen die ähnlichen Früchte von
Myrcia acris D.C. in den Handel, welche an dem fünfteiligen Kelch-
saum leicht kenntlich sind. Ihre Bezeichnung als Piment ist eine Nachahmung im Sinne des Nahrungsmittelgesetzes.

Nach den Beschlüssen der Freien Vereinigung deutscher Nahrungsmittelchemiker [1]) ist auch die Verwendung des spanischen oder mexikanischen Pimentes, des brasilianischen und des kleinen mexikanischen
oder Kronpimentes unstatthaft.

XVI. Safran.

Safran sind die getrockneten Narben der im Herbste blühenden
kultivierten Form von Crocus sativus L., Familie der Iridaceen.

Der Safran des Handels besteht aus einzelnen abgerissenen oder
noch mit einem Stücke der oberen Griffelpartie zusammenhängenden
Narben.

Normaler Safran, sowohl ganzer wie gemahlener, muß aus den
ihres Farbstoffes und ihres ätherischen Öles weder ganz noch teilweise
beraubten Narben von Crocus sativus L. bestehen; der Geruch muß stark
aromatisch, der Geschmack bitter und gewürzhaft sein.

Der Gehalt des sogenannten naturellen Safrans an Griffeln und
Griffelteilen darf nicht mehr als 10 % betragen.

Sogenannter elegierter Safran muß vollkómmeu frei sein von
Griffeln und Griffelenden.

Als höchste Grenzzahlen des Gehaltes an Mineralbestandteilen
(Asche) haben zu gelten 8 % und für den in 10 %iger Salzsäure unlöslichen Teil der Asche 0,5 %. Die Asche darf keine anormalen Bestandteile enthalten.

Der Wassergehalt (im Wassertrockenschrank bestimmt) betrage nicht
mehr als 15 %.

Cod. al. Austr.: Der Wassergehalt soll 15 % nicht überschreiten, der
Gehalt an rein weißer Asche höchstens 8 % betragen, davon 60 % in Wasser,
29 % in Salzsäure löslich sind.

Verfälschungen und Nachahmungen.

1. Beimischung der bei der Elegierung des Safrans
abfallenden Griffel (Feminell). Diese besitzeń nicht den roten
Farbstoff der Narben, haben daher einen geringeren Wert. Den Verhält-

----

[1]) l. c.

nissen des natürlichen Safrans entsprechend ist ein Gehalt an Griffeln bis zu 10% nicht zu beanstanden. Die Bestimmung erfolgt durch Auslesen und Wägen der Griffel. Eine künstliche Färbung der Griffel hat den Zweck, ihnen das Aussehen der wertvolleren Narben zu verleihen.

2. **Extrahierung und künstliche Auffärbung.** Echter Safran wird durch Extraktion der seinen Wert als Gewürz bedingenden Stoffe beraubt, dann künstlich wieder aufgefärbt, d. h. mit dem Schein besserer Beschaffenheit versehen, also in zweifacher Hinsicht verfälscht. Zur Auffärbung dienen teils Pflanzenfarben, wie die Farbstoffe des Campècheholzes, der Ringelblume u. a., oder Teerfarbstoffe, wie Dinitrokresol, Fuchsin, Martiusgelb, Pikrinsäure, Korallin und dergleichen.

Künstlich aufgefärbter Safran wird mikroskopisch meist daran erkannt, daß die künstlichen Färbungen nicht in den Zellen eingeschlossen sind, sondern äußerlich in Form von Körnchen oder Tropfen anhaften. Eine wertvolle Vorprobe ist beim Safranpulver dessen Einlegen in konzentrierte Schwefelsäure: bei echtem Safran muß sich dabei jedes Partikel mit einer blauen Zone umgeben.

3. **Ganzer oder teilweiser Ersatz des Safrans durch fremde Körper.** Ganzer Safran wird vermischt mit ähnlichen oder ähnlich gemachten Pflanzenteilen; solche sind: Saflorblüten (von Carthamus tinctorius), Blumenblätter der Ringelblume (Calendula officinalis), Staubgefäße verschiedener Crocus-Arten, Maisgriffel, Malzkeime, sogenannter Kapsafran (Blüten von Lyperia crocea Eckl.), im Dunkelen gezogene Wickenpflanzen, zerschnittene Blüten der Pfingstrose, des Granatbaumes usw. Zum Nachweise genügt meist die morphologische Untersuchung der im Wasser aufgeweichten Teile.

Der **gemahlene Safran** enthält ebenfalls öfter die genannten Pflanzenteile beigemengt, außerdem Sandelholz, Curcuma, Cerealienstärke, Gewürzpulver (Piment, Muskatnuß, Paprika) und Teerfarben.

4. **Befeuchtung und Beschwerung.** Zur Erhöhung seines Gewichtes wird der Safran (ganzer und gemahlener) mit Honig, Glyzerin, Sirup, Öl, Fett angefeuchtet und häufig dann noch mit Schwerspat, Gips, Kreide, Magnesiumsulfat, Borax, Ätznatron, Salpeter und anderen Mineralien beschwert. Bei dem außerordentlich hohen Preise des Safrans bringen selbst verhältnismäßig geringe Zusätze solcher Art dem Fälscher schon großen Nutzen.

Vielfach werden die Fälschungen auch kombiniert; so teilt A. Beythien[1]) einen Fall mit, in dem ein „Safranpulver" aus einem mit Teerfarbe aufgefärbten Gemisch von extrahiertem Safran mit 75% Kochsalz bestand.

Die Anfeuchtungs- und Klebemittel geben dem Safran eine fettige oder schmierige Oberfläche. Der Nachweis der Mineralstoffe geschieht durch die Aschenbestimmung und durch die Analyse des im Wasser

---

[1]) Jahresbericht d. Untersuchungsamtes Dresden, 1901, S. 16.

entstandenen Sediments. Ein Fettzusatz bei Safran soll nach H. Bremer[1]) anzunehmen sein, wenn das Petrolätherextrakt aus ganz trockenem Safran über 5 $^0/_0$ beträgt, und wenn es direkt oder nach Verjagung des ätherischen Öles einen in der Wärme bleibenden, gleichmäßig transparenten Fettfleck auf Papier gibt.

Selbstredend ist der Zusatz aller das Gewicht des Safrans vermehrenden und seinen Gebrauchswert vermindernden fremdartigen Stoffe eine Verfälschung im Sinne des Nahrungsmittelgesetzes.

Verdorben ist verschimmelter und von Insekten befallener Safran. Nach R. Kayser[2]) soll Safran bei längerer und ungeeigneter Aufbewahrung, namentlich in gepulvertem Zustande, durch die Umwandlung seines in Wasser leicht löslichen Crocins in nahezu unlösliches Crocetin sein Färbungsvermögen und somit auch seinen Gebrauchswert als Färbe- und Würzemittel verlieren.

Gesundheitsschädliche Eigenschaften erhält Safran durch die Auffärbung mit gewissen Farbstoffen. Einige hiervon, wie Korallin und Pikrinsäure, sind durch das Gesetz vom 5. Juli 1887, betreffend die Verwendung gesundheitsschädlicher Farben usw., ausgeschlossen; bei anderen wie z. B. Martiusgelb erfolgt die Beurteilung nach dem Nahrungsmittelgesetze (§§ 12, 14) auf Grund des ärztlichen Gutachtens.

XVII. Salbei [3]).

Salbei sind die sowohl frisch wie getrocknet verwendeten Blätter von Salvia officinalis, Familie der Labiaten.

Salbeiblätter enthalten bis 1,5 $^0/_0$ gelbes oder grünliches ätherisches Öl, welches nach dem Standorte und der Kultur eine verschiedene chemische Beschaffenheit besitzt. Der Aschengehalt beträgt 10 $^0/_0$ mit 1 $^0/_0$ Sand.

XVIII. Saturei (Bohnenkraut).

Saturei ist das getrocknete, während der Blütezeit gesammelte Kraut von Satureja hortensis L., Familie der Labiaten.

Der Aschengehalt beträgt 10 $^0/_0$ mit 0,5 $^0/_0$ Sand.

Cod. al. Austr.: Es muß gefordert werden, daß zum Verkaufe nicht bloß der Stengel mit den nackten Zweigen kommt, was auf eine alte, viel herumgeworfene (meist auch verstaubte) Ware hinweist.

Der Aschengehalt beträgt 10 $^0/_0$ mit 0,5 $^0/_0$ Sand.

XIX. Senfmehl, Senf (Mostrich).

Senfmehl, das zur Bereitung des Tafelsenfs (Speisesenf, Mostrich) benutzt wird, wird aus den Samen mehrerer zur Familie der Cruciferen gehörenden Pflanzen hergestellt, und zwar kommen hierbei in Betracht

---

[1]) Forschungsberichte 1896, 441.
[2]) Bericht d. deutsch. chem. Gesellschaft 1884, **17,** 2230.
[3]) Cod. al. Austr.

die Samen von Brassica nigra Koch (schwarzer oder brauner Senf), die Samen von Sinapis alba L. (weißer oder gelber Senf) und die Samen von Sinapis juncea L. (Sareptasenf, russischer Senf).

Senfpulver, schwarzes (braunes) wie gelbes, darf nicht mehr als 4,5 % Mineralbestandteile (Asche) enthalten; der in 10 %iger Salzsäure unlösliche Teil der Asche betrage nicht mehr als 0,5 %.

Cod. al. Austr.: Weißer Senf gibt, mit Wasser zusammengerieben, einen scharf schmeckenden, aber nicht riechenden Körper, das Sinalbinsenföl oder Schwefel-Cyanacrinyl; schwarzer Senf das brennend scharf schmeckende und durchdringend scharf riechende ätherische Senföl. Beide Senfarten sind reich an fettem Öl (bis 30 %). Das englische Senfmehl vom Sareptasenf ist des fetten Öles beraubt. Der Aschengehalt der reinen Senfmehle beträgt 4 %, soll 5 % nicht übersteigen.

U. S. Standard: Senfmehl darf nicht mehr als 2,5 % Stärke (nach der Diastasemethode) und nicht mehr als 8 % Gesamtasche enthalten.

Tafelsenf, (Speisesenf, Mostrich) ist ein aus Senfmehl unter Zusatz von Essig (Weinmost), Salz und würzenden Beitaten (Gewürze, Kräuter, Sardellen, Zucker usw.) hergestellter, scharf schmeckender Brei.

Verfälschungen: Senfmehl wird durch fremdartige Zusätze, wie Preßrückstände ölhaltiger Samen, Mehl, Maismehl, Kleie, Curcuma und dergleichen verfälscht, die mikroskopisch leicht nachweisbar sind. Bei einem anderen häufiger vorkommenden Zusatze, dem gemahlenen Rapskuchen, ist dies nicht möglich; dieser wird bei nicht zu geringer Menge auf chemischem Wege durch die Bestimmung des Senföles bezw. der Schwefelsäure erkannt. Rapskuchen enthalten nach E. Haselhoffs Untersuchungen nur 0,18 %—0,36 % Senföl, schwarzer Senf etwa 1 %.

Die Beimischung wertloser, ähnlich aussehender Samen anderer Kohl- und Senfarten (z. B. die sogenannte indische Gelbsaat) zu Senfsamen ist ebenfalls öfter beobachtet worden.

Nach den Beschlüssen der Freien Vereinigung deutscher Nahrungsmittelchemiker [1] sind Zusätze von fremden Farbstoffen und Färbemitteln (Curcuma usw.) zum Senfpulver wie zum Speisesenf (Mostrich), als Verfälschung zu erachten, ebenso Zusätze von Mehl (Weizenmehl, Maismehl, Kartoffelmehl, Erbsenmehl und dergleichen) zu Speisesenf, wenn diese Zusätze nicht deutlich deklariert sind.

XX. Thymian.

Thymian sind die getrockneten, Blätter und Blüten tragenden Astspitzen von Thymus vulgaris L.

Deutscher Thymian enthält getrocknet etwa 1,5 %, französischer bis zu 2,5 % ätherisches Öl.

Cod. al. Austr.: Gehalt an ätherischem Öl 0,5—1 %; das Öl scheidet in der Kälte Thymol in Kristallen aus. Der Aschengehalt beträgt 8 % mit 2 % Sand.

---

[1] Zeitschr. f. Unters. d. Nahr.- u. Genußm. 1905, **10,** 32.

XXI. Vanille.

Vanille ist die nicht völlig ausgereifte, noch geschlossene, schwarzbraune Kapselfrucht von Vanilla planifolia Andrews, Familie der Orchidaceen.

Normale Vanille muß einen aromatischen Geruch und Geschmack zeigen und aus den unversehrten, nicht ausgezogenen, in der gegebenen Charakteristik gekennzeichneten Kapselfrüchten der Vanilla planifolia bestehen.

Aufgesprungene, dünne, geblichbraune, steife Früchte sowie heliotropartig riechende Früchte sind keine marktfähige Ware.

Der Gehalt an Mineralbestandteilen betrage nicht mehr als 5 %.

Cod. al. Austr.: Der wesentliche Bestandteil, das Vanillin, ist bis 4,5 % enthalten; eine gute Sorte soll mindestens 2 % enthalten.

Wassergehalt 20 bis 28 %. Aschengehalt darf 5 % nicht übersteigen.

Verfälschung. Durch Extraktion wird die Vanille des Vanillins und der sonstigen aromatischen Riech- und Schmeckstoffe beraubt, welche in Verbindung mit jenem ihren Gewürzwert bedingen. Solche ausgezogene Vanille wird mitunter mit Öl oder Perubalsam bestrichen und mit Benzoësäurekristallen oder mit künstlichem Vanillin bestreut, wodurch ihr der Schein, aber nicht das Wesen normaler Vanille verliehen wird.

An Stelle der echten Vanille (Bourbonvanille) und unter deren Namen werden sehr häufig die sogenannten Vanillons untergeschoben. Dies sind Vanillesorten anderer Abstammung, z. B. die La Guyara-, Pompona-, brasilianische, Tahiti-Vanille; sie unterscheiden sich von der echten durch ihre kürzere, bedeutend breitere Form und ihren heliotropartigen Geruch, letzterer von dem in ihnen enthaltenen, keinen Gewürzwert besitzenden Piperonal herrührend. Auch diese werden mit Kristallen von Benzoësäure oder künstlichem Vanillin bestäubt.

In allen diesen Manipulationen sind Verfälschungen oder Nachmachungen der echten Vanille zu erblicken.

XXII. Zimt.

Unter Zimt versteht man die von dem Periderm mehr oder weniger befreite, ihres ätherischen Öles nicht beraubte getrocknete Astrinde verschiedener zu der Familie der Laurineen gehörenden Cinnamonum-Arten, so von C. zeylanicum Breyne, C. Cassia Blume und Cinnamonum-Burmanni Blume var. chinense.

Beim Zimt unterscheidet man folgende Handelssorten: 1. Ceylonzimt, echter Kaneel, aus dünnen, von beiden Seiten her eingerollten Rinden bestehend, stellt die feinste Ware dar; 2. Chinesischer Zimt, Zimtcassia, besteht aus meist einfach gerollten, 1—3 mm dicken Rinden; 3. Holzzimt, Holzcassia, dicke Rinde von großem Gerbstoff- und Schleimgehalt.

Normaler Zimt, ganz oder gepulvert, muß ausschließlich aus den von ihrem ätherischen Öl nicht befreiten Rinden einer der drei genannten Cinnamonum-Arten bestehen und muß den charakteristischen Zimtgeruch und Zimtgeschmack deutlich erkennen lassen.

Der Gehalt an ätherischem Öl betrage nicht unter 1 %.

Nach den Untersuchungen von Hanuš[1]) enthält Ceylonzimt unter, Cassiazimt über 2 % Zimtaldehyd; guter gemahlener Zimt für Nahrungszwecke soll mindestens 1,5 % Zimtaldehyd besitzen.

Als höchste Grenzzahlen des Gehaltes an Mineralbestandteilen (Asche) haben zu gelten 5 % und für den in 10 %iger Salzsäure unlöslichen Teil der Asche 2,0 %.

Aus Zimtbruch hergestelltes Zimtpulver muß deutlich als solches bezeichnet sein (weil der Zimtbruch des Handels meist stark durch Sand verunreinigt ist). Hierfür haben dann als höchste Grenzzahlen für die Mineralbestandteile zu gelten 7,0 % und für den in 10 %iger Salzsäure unlöslichen Teil der Asche 3,5 %. Bei jedem nicht als Bruchzimt deutlich deklariertem Zimtpulver haben die für Zimt festgesetzten Grenzzahlen Geltung.

Cod. al. Austr.: Alle Zimtsorten enthalten durchschnittlich 1 % ätherisches Öl, etwa 4 % Stärke, bis 8 % Schleim und gewöhnlich 3 % Asche. Das alkoholische Extrakt (Alkohol von 0,833 spez. Gewicht) betrage mindestens 18 %. Der Aschengehalt soll 5 % nicht übersteigen, die Menge der in Salzsäure unlöslichen Aschenbestandteile höchstens 1 % betragen, die Asche grauweiß sein.

Schweizer Vereinb.: Asche nicht über 7 %, in Salzsäure unlöslich 2 %.

U. S. Standard: Ceylon- und Cassiazimt dürfen nicht mehr als 8 % Gesamtasche und nicht mehr als 2 % Sand enthalten.

Verfälschungen. Der ganze und gemahlene Zimt erfährt häufig eine Verfälschung durch den Zusatz extrahierter Rinde. Diese ist als Gewürz wertlos, da ihr das ätherische Öl entzogen ist, auf dem der Gewürzwert des Zimtes beruht. Das gleiche ist der Fall bei den Rinden des sogenannten wilden Zimtes und bei sehr schleimreichen, kaum nach Zimt schmeckenden Rinden. Da diese ohne jeden Würzwert sind, bedeutet ihr Zusatz eine Verschlechterung des echten Zimtes.

Zimtpulver wird durch Beimischung von gepulverten Chips (das sind die Abfälle und Späne von der Zubereitung des Ceylonzimtes), von Zimtabfall, Zimtbruch und vielerlei fremdartigen Körpern verfälscht. Als solche sind zu nennen: Mehl und Kleie der Cerealien, Brotkrumen, Kakaoschalen, Nußschalen, Mandelschalen, Rinden- und Holzpulver (Zigarrenkistenholz), Galgant (Rhizoma Galangae), sogenannte Zimt-Matta, viele der bei anderen Gewürzen (Pfeffer, Nelken) angeführten Fälschungsmittel, ferner Eisenocker, Ziegelmehl, und andere mineralische Stoffe. Des ätherischen Öles mittels Wasserdampfes oder Alkohols beraubter Zimt dient ebenfalls zur Beimischung; bei ersterem können die gequollenen Stärkekörner auf die Extraktion hinweisen.

---

[1]) Vergl. Zeitschr. f. Unters. d. Nahr.- u. Genußm. 1904, **7**, 669.

Auch der Zusatz von Zucker ist hier zu erwähnen (Nachweis siehe Vereinbarungen, Heft II, S. 70).

Im Verkaufe einer aus gemahlener Zimtrinde und einem 10 %igen Zusatz von Zucker hergestellten Ware (statt reinen gemahlenen Zimtes) wurde eine Verfälschung erblickt, da diese im gesetzlichen Sinne auch durch Vermischung einer Ware mit einer anderen von geringerem Werte vorgenommen werden könne [1]).

Für die Beurteilung eines vermuteten Stärke- oder Mehlzusatzes sei darauf hingewiesen, daß gewisse Zimtsorten nicht nur sehr reich an Stärke sind, sondern daß die einzelnen Körner an Größe und Form der Weizenstärke außerordentlich ähnlich sein können. So enthielt z. B. unzerkleinerte Zimtrinde 25 % Stärke von der typischen Form und Größe der Weizenkörner [2]).

Begutachtung.

Von der zahllosen Menge vorkommender Gewürzfälschungen sollen hier als Beispiele einige charakteristische Fälle besprochen werden, die ersehen lassen, welche Gesichtspunkte bei der Begutachtung maßgebend sind.

Beispiele.

1. Banda-Macis, rein.

Die mikroskopische Prüfung ließ nur Gewebsteile der echten Banda-Macis erkennen.

Die chemische Prüfung ergab:

Wasser . . . . 15,09 %
Mineralbestandteile . . . . 1,89 „
   davon in 10 %iger Salzsäure unlöslich 0,03 „
Ätherextrakt . . . . 1,95 „
Reaktion mit Kaliumchromat: hellgelbe Färbung.
  „   „ Ammoniak: rosa Färbung.

Nach diesem Analysenbefunde liegt hier reine, unverfälschte Banda-Macis vor.

2. Macis mit Bombay-Macis verfälscht.

Das mikroskopische Bild ließ neben den Gewebsfragmenten der echten Banda-Macis solche der sogenannten Bombay-Macis in großer Zahl erkennen.

Die chemische Untersuchung ergab:

Wasser . . . . 3,45 %
Mineralstoffe . . . . 2,62 „
   davon in 10 %iger Salzsäure unlöslich 0,26 „

---

[1]) Entscheid. d. Oberlandesgerichtes Dresden v. 30. Januar 1896.
[2]) Nach A. Beythien, Jahresbericht d. Untersuchungsamtes Dresden 1903, S. 15; vergl. auch B. Fischer, Jahresbericht d. Untersuchungsamtes Breslau 1900—1901, S. 38.

Ätherisches Öl . . . . 0,69 g
Ätherextrakt . . . . 50,03 „

Reaktion mit Kaliumchromat: schokoladenbraune Färbung.
„ „ Ammoniak: hochrote Färbung.

Neben den Farbenreaktionen beweisen die weit unter der zulässigen untersten Grenze (4,5 %) liegende Menge ätherischen Öles und auch der überaus hohe Gehalt an Ätherextrakt deutlich, daß diese Macis in hohem Grade mit sogenannter Bombay-Macis verfälscht ist. Der chemische Befund wird durch den mikroskopischen bestätigt.

Gutachten. Aus dem Ergebnisse der chemischen und der mikroskopischen Untersuchung geht hervor, daß die vorliegende Probe nicht aus echter Banda-Macis, sondern aus einem Gemenge von sogenannter Bombay-Macis mit Banda-Macis besteht, in welchem erstere bei weitem überwiegt. Hierin ist aus folgenden Gründen eine Verfälschung zu erblicken:

Die Banda-Macis oder Muskatblüte ist ein Genußmittel, das wegen seines angenehmen Aromas zum Würzen der Speisen dient; ihr Gewürzwert wird durch den hohen Gehalt (mindestens 4,5 %) an ätherischem Öl bedingt. Die sogenannte Bombay-Macis oder wilde Macis ist jener nur äußerlich ähnlich; ihr fehlt der charakteristische Macisgeruch, da sie nur minimale Mengen (0,25 %) an ätherischem Öl, dafür aber einen reicheren Fett- und Harzgehalt enthält als die echte Macis. Sie ist wegen ihrer Armut an ätherischem Öl als Gewürz unbrauchbar; ihr Preis ist auch erheblich geringer als derjenige der Banda-Macis. Durch die Mischung mit der als Gewürz wertlosen Bombay-Macis wird die echte Banda-Macis verschlechtert; dieser Zusatz ist daher eine Verfälschung im Sinne des § 10 des Gesetzes vom 14. Mai 1879, betreffend den Verkehr mit Nahrungsmitteln usw.

3. Gewürznelken (ganze) mit Zusatz entölter Ware.

Makroskopischer Befund: Ein großer Teil (etwa $\frac{1}{4}$ bis $\frac{1}{3}$) der Nelken war dunkel, fast schwarz, gefärbt und stark geschrumpft; vielen fehlte das Köpfchen. Beim Drucke mit dem Fingernagel trat bei ihnen aus dem Gewebe des Unterkelches kein Öl heraus.

Die chemische Prüfung ergab:

Mineralbestandteile . . . . 7,45 %
davon in 10 %iger Salzsäure unlöslich . 0,80 „
Gehalt an ätherischem Öl . . . . . . 6,85 „

Der niedrige Gehalt an ätherischem Öl — normale Ware enthält mindestens 10 % — wie auch der makroskopische Befund und die Nagelprobe beweisen, daß mindestens 25 % der vorliegenden Gewürznelken extrahiert (entölt) sind.

Gutachten: Sowohl die äußere Beschaffenheit wie auch der chemische Befund lassen erkennen, daß man es hier nicht mit unverfälschten Gewürznelken zu tun hat, sondern daß ein Teil der Probe aus extrahierten, d. h. durch Extraktion ihres Öles beraubten Gewürznelken besteht. Nach dem gefundenen Gehalte an ätherischem Öle beträgt die Menge extrahierter Nelken mindestens 25 %.

Gewürznelken sind ein Gewürz, dessen Wert als solches in seinem hohen Gehalte an einem äußerst kräftig schmeckenden und riechenden ätherischen Öle, dem Nelkenöle, besteht. Wird letzteres durch Extraktion den Nelken geraubt, so büßen diese ihren Gewürzwert vollständig ein. Durch den Zusatz solcher extrahierter, als Gewürz unbrauchbar gewordener Ware werden normale Gewürznelken verschlechtert, indem, je nach der Höhe dieses Zusatzes, ihr Gewürzwert herabgemindert wird. Der Zusatz von mindestens 25 % entölter Gewürznelken ist demnach als eine sehr erhebliche Verfälschung der normalen Ware zu bezeichnen.

4. Gemahlene Gewürznelken mit übermäßig viel Stielen, Mutternelken und Ziegelmehl.

Mikroskopischer Befund: Neben Gewebsteilen der Gewürznelken enthielt die Probe auffallend viel Nelkenstiele (charakteristische große, rundliche, stark verdickte Steinzellen usw.), ferner Teile von Mutternelken (getüpfelte, stark verdickte Bastfasern und typische Stärkekörner) und anderes fremdes Gewebe, schließlich mineralische Teilchen in bemerkenswerter Menge.

Die chemische Untersuchung ergab:

Wasser	10,13 %
Mineralbestandteile	20,35 „
davon Ziegelmehl.	14,80 „
Ätherisches Öl	8,25 „
Rohfaser	12,35 „

Der erniedrigte Gehalt an ätherischem Öl und der erhöhte Gehalt an Rohfaser, gegenüber normalen Gewürznelken, finden ihre Erklärung in der mikroskopisch festgestellten Anwesenheit auffallend vieler Nelkenstiele, deren Menge nach dem chemischen Befunde die zulässige Grenze von 10 % übersteigt.

Der Gehalt an Mineralbestandteilen ist weit größer als derjenige normaler Nelken, was auf die darin enthaltenen 14,8 % Ziegelmehl zurückzuführen ist.

Gutachten. Nach dem vorstehenden Befunde ist die vorliegende Probe ein Gemenge von Gewürznelken mit Nelkenstielen (über 10 %), Mutternelken und anderen fremdartigen Pflanzenteilen, dem etwa 15 % Ziegelmehl beigemischt worden sind.

Nelkenstiele enthalten nur 5—6 % ätherisches Öl; sie besitzen also gegenüber den Nelken, die mindestens 10 % ätherisches Öl enthalten, einen geringeren Gewürzwert. Nelkenstiele sind allerdings bis zu einem gewissen Grade in jedem Nelkenpulver enthalten; sobald ihr Gehalt aber, wie hier, 10 % übersteigt, ist auf einen künstlichen Zusatz zu schließen, und ein solcher bedeutet bei dem geringeren Gewürzwerte der Nelkenstiele eine Verschlechterung der Nelken. Das gleiche gilt vom Zusatz der sogenannten Mutternelken (Antophylli), welche die Früchte des Gewürznelkenbaumes bilden und ebenfalls nur einen ganz untergeordneten Gewürzwert besitzen. Der Zusatz von 15 % Ziegelmehl hat offenbar nur den Zweck der Erhöhung des Gewichtes und der Vermehrung der Substanz des Nelkenpulvers.

In allen drei Zusätzen ist eine Verfälschung der Gewürznelken im Sinne des Gesetzes vom 14. Mai 1879, betreffend den Verkehr mit Nahrungsmitteln usw., zu erblicken.

5. Gemahlener schwarzer Pfeffer mit Zusatz von Pfefferschalen.

Der Pfeffer zeigte ein dunkelfarbiges, fast schwarzes Aussehen; schon makroskopisch war ein starker Schalengehalt erkennbar.

Die chemische Untersuchung ergab:

Mineralbestandteile	6,60 %
davon in Salzsäure unlöslich	1,95 „
Rohfaser	23,80 „
Stärke (nach dem Diastaseverfahren)	22,24 „
Bleizahl nach Busse	0,104 g in 1 g

Während sich hier die Menge der Mineralbestandteile und des Sandes innerhalb der vorgeschriebenen Grenzen hält, wird der Gehalt des reinen Pfeffers an Rohfaser (höchstens 17,5 %) und seine normale Bleizahl (nicht über 0,08) erheblich überschritten, während sein Gehalt an Stärke (30—38 %) bei weitem nicht erreicht wird. Die hier gefundenen Werte bestätigen den makroskopischen Befund eines außerordentlich hohen Schalengehaltes, und zwar berechnet sich dieser aus dem Gehalte an Rohfaser zu etwa 50 %.

Gutachten. Sowohl die äußere Beschaffenheit der vorliegenden Probe wie auch das Ergebnis der chemischen Untersuchung lassen mit Sicherheit erkennen, daß dieser Pfeffer einen reichlichen Zusatz von Pfefferschalen erhalten hat; dieser berechnet sich zu etwa 50 %.

Pfefferschalen sind das Abfallprodukt von der Herstellung des weißen Pfeffers. Der Wert des Pfeffers liegt in seinem weißen Kern, welcher außer Stärke ätherisches Öl und das sogenannte Piperin enthält. Diese Bestandteile, die dem Pfefferkorn seinen Würzwert verleihen, sind in den Pfefferschalen nur in ganz geringer Menge, oder, wie das Piperin, gar nicht vorhanden; wohingegen die Schalen zu etwa 30 % aus Holzfaser bestehen, während Pfefferkörner hiervon höchstens 17 % enthalten. Durch den Zusatz der als Gewürz sehr minderwertigen Pfefferschalen wird demnach der Pfeffer in seinem Werte herabgesetzt, d. h. verfälscht. Nun kann allerdings ein Schalengehalt von 10—15 % unter Umständen als unvermeidliche, aus der Gewinnungsweise hervorgehende

Verunreinigung des Pfeffers geduldet werden; hiervon kann jedoch bei der in vorliegender Probe festgestellten Menge von etwa 50 % keine Rede mehr sein; es handelt sich hier vielmehr um eine absichtliche Beimischung, um eine Verfälschung im Sinne des Nahrungsmittelgesetzes.

6. „Pfeffer mit Surrogat".

Eine als „Pfeffer mit Surrogat" feilgebotene Probe bestand nach dem mikroskopischen Befunde aus gemahlenem Pfeffer, dem Palmkernmehl und zerkleinerter Zwieback beigemischt waren.

Gutachten: Wie die mikroskopische Untersuchung ergeben hat, besteht die vorliegende Probe aus einem Gemisch von gemahlenem Pfeffer mit Palmkernmehl und Zwieback. Diese beiden Substanzen sind dem Pfeffer gegenüber wertlos, weil ihnen die diesem Gewürze anhaftenden wertvollen Eigenschaften fehlen; ihr Zusatz zum Pfeffer stellt also eine Verfälschung des letzteren dar.

Die Bezeichnung des Gemisches als „Pfeffer mit Surrogat" kann nicht als ausreichende Kennzeichnung jenes Zusatzes gelten. Unter einem Surrogat ist begriffsmäßig ein Ersatzstoff zu verstehen, dessen Gebrauchswert dem des echten Nahrungs- oder Genußmittels wenigstens einigermaßen ähnlich ist. Dies ist bei den hier vorliegenden völlig wertlosen Zusätzen, Palmkernmehl und Zwieback, aber in keiner Weise der Fall; man kann sie daher auch nicht als „Surrogate" des Pfeffers betrachten. Die Bezeichnung des mit diesen Zusätzen versehenen Pfeffers als „Pfeffer mit Surrogat" bildet eine absichtliche Irreführung der Käufer, stellt sich also als Verfälschung im Sinne des § 10 des Gesetzes vom 14. Mai 1879 dar.

7. Fenchel mit entölten und künstlich gefärbten Körnern.

Die Untersuchung der Probe mit der Lupe zeigte, daß ein großer Teil der Körner entölt und mit einem gelbgrünen Farbstoffe bedeckt war. Die Beimengung entölter Körner wurde durch die Alkoholprobe und die Schwimmprobe (nach Juckenack und Sendtner) bestätigt. Der Fenchel enthielt außerdem viele fremde Samen und erdige Beimengungen.

Die weitere Untersuchung ergab:

Geschmack und Geruch: schwach.

Unversehrte Körner . . . . 44 % } durch Auslesen
Entölte u. verkümmerte Körner 45 „ } bestimmt.
Erdige Beimengungen . . . 8,20 „
Fremde Samen . . . . . 2,80 „
Verhalten beim Schütteln mit
Alkohol nach dem Schütteln mit Wasser: Farbstoff.
Art des Farbstoffs: grüner Eisenocker.

Farbe des wässerigen Extraktes: braun.

Farbe des alkoholischen Extraktes: blaßgrün.

Gutachten: Nach diesem Untersuchungsergebnisse besteht die vorliegende Fenchelprobe zu etwa 45 % aus extrahierten, d. h. entölten Samen. Der Gewürzwert des Fenchels beruht auf seinem Gehalte an ätherischem Öl (Fenchelöl); durch Entziehung des letzteren wird der Fenchel dieses Wertes beraubt. Der Zusatz von 45 % entölten Körnern stellt ebenso wie die das zulässige Maß weit überschreitende Beimengung von 8,2 % erdigen Substanzen und 2,8 % fremden Samen eine bedeutende Verschlechterung des Fenchels, also eine Verfälschung desselben, dar.

Die künstliche Färbung der entölten Körner mit grünem Eisenocker hat den Zweck, die durch die Extraktion bewirkte dunkle Färbung der Körner zu verdecken und diesen das Aussehen unversehrter Fenchelsamen zu geben. Auch sie qualifiziert sich als eine Verfälschung (Verleihung des Scheines besserer Beschaffenheit).

Der Fenchel ist sonach auf Grund des § 10 des Gesetzes vom 14. Mai 1879, betreffend den Verkehr mit Nahrungsmitteln usw., zu beanstanden.

8. Safranblüten mit Beimischung von Ringelblumen und Safrangriffeln.

Die makroskopische Untersuchung einer Probe „Safranblüten" ergab, daß sie Blumenblätter der Ringelblume (Calendula off.) in großer Anzahl und außerdem Safrangriffel in übermäßiger Menge beigemengt enthielt. Die Calendula-Blütten wurden durch Aufweichen in Wasser an ihrer Form erkannt. Die Menge der Safrangriffel wurde durch Auslesen und Wägen zu etwa 18 % festgestellt.

Gutachten: Normaler Safran darf nicht mehr als 10 % Griffel und Griffelteile enthalten; ein höherer Gehalt ist als absichtlicher Zusatz und — da die Griffel wegen ihres Mangels an Safranfarbstoff und ätherischem Öl nicht den Gebrauchswert der Safrannarben haben — daher als Verfälschung anzusehen. Ebenso ist die Beimengung der Ringelblumenblätter als eines fremdartigen, ganz wertlosen Bestandteiles eine Verfälschung im Sinne des Gesetzes. Diese Gesichtspunkte sind für den Aufbau des Gutachtens maßgebend.

9. Safranpulver mit Saflor und Schwerspat, mit Korallin gefärbt.

Die mikroskopische Prüfung zeigte, daß neben den Gewebsteilen des Safrans diejenigen des Saflors (charakteristische Pollenkörner usw.) in reichlicher Menge vorhanden waren.

Das Pulver war von auffallend leuchtend roter Farbe.

Die chemische Untersuchung ergab:

Mineralbestandteile . . . . 21,9 %
Baryumsulfat . . . . 14,8 „
Farbstoff: in Ammoniak mit karminroter Farbe löslich,
  durch Salzsäure und durch Zinnchlorür aus dieser
  Lösung als gelber Niederschlag fällbar (Korallin).

Neben dem — mikroskopisch nachgewiesenen Saflor — enthält dieses
Safranpulver noch 14,8 % Schwerspat und ist mit Korallin aufgefärbt.

Gutachten: Nach dem Ergebnisse der mikroskopischen und
chemischen Untersuchung liegt hier ein mit Saflorblüten und etwa 15 %
Schwerspat vermischter, mit Korallin künstlich aufgefärbter gemahlener
Safran vor. Sowohl Saflor wie Schwerspat sind fremdartige, wertlose
Zusätze; sie dienen lediglich zur Vermehrung bezw. Beschwerung des
gemahlenen Safrans und stellen in der vorhandenen Menge bei dem
hohen Preise des Safrans eine starke Verfälschung des letzteren dar.

Die Auffärbung mit Korallin ist augenscheinlich erfolgt, um den
Zusatz an Schwerspat zu verdecken. Wegen seiner gesundheitschädlichen
Eigenschaften ist die Verwendung von Korallin durch § 1 Abs. 2 des
Gesetzes vom 5. Juli 1887, betreffend die Verwendung gesundheits-
schädlicher Farben usw., bei der Herstellung von Nahrungs- und Genuß-
mitteln verboten.

10. Senf mit Weizenkleie.

In Speisesenf wurde mikroskopisch ein nicht unbeträchtlicher Gehalt
an Weizenkleie festgestellt.

Gutachten: Speisesenf darf nur aus Senfsamen, Essig, Salz und
Gewürzen oder würzenden Zutaten hergestellt werden. Der Zusatz von
Weizenkleie bedeutet eine Verschlechterung, er macht den Senf minder-
wertig. Die Weizenkleie zählt nicht zu den menschlichen Nahrungs-
mitteln, sie ist ein Viehfutter. Sie hat außerdem die Eigenschaft, eine
große Menge Flüssigkeit zu binden: durch den Kleienzusatz wird der
Senf also „verlängert“. Durch diese Beimengung wird demnach der
Speisesenf verschlechtert und in seinem Genußwerte herabgesetzt.
Dieser Senf ist deshalb als verfälscht im Sinne des Nahrungsmittelgesetzes zu beanstanden.

11. Künstliche Muskatnüsse [1]).

Größe und äußere Form der „Muskatnüsse“ bot nichts Auffallendes.
Der Geruch und der Geschmack waren sehr schwach und nicht normal.
Beim Durchschneiden der Nüsse zeigte sich ein Fehlen jeder vegetabilischen
Struktur. Bei drei Minuten langem Einlegen der Nüsse in kochendes Wasser
wurden sie weich und ließen sich zwischen den Fingern zerreiben.

---

[1]) Nach F. Ranwez, Ann. Pharm. 1900, **6**, 1; Ref. Zeitschr. f. Unters.
d. Nahr.- u. Genußm. 1900, **3**, 558.

Die Analyse ergab:

Wasser . . . . 11,09 %
Mineralbestandteile . . . . 11,33 „
In Salzsäure unlöslich . . . . 3,90 „
Ätherextrakt (Muskatbutter) . . . . 15,42 „
Ätherisches Öl . . . . 1,76 „
Cellulose . . . . 8,24 „

Mikroskopisch waren Gewebsteile von Muskatnuß und Leguminosenmehl neben mineralischen und fettigen Beimengungen erkennbar.

G u t a c h t e n.   Hier liegt ein aus Bruchstücken von Muskatnüssen, Leguminosenmehl und erdigen Bestandteilen zusammengesetztes Kunstprodukt vor.   Diese sogenannten Muskatnüsse haben nur die äußere Beschaffenheit, nicht aber das Wesen der echten Muskatnüsse; sie sind n a c h g e m a c h t im Sinne des Nahrungsmittelgesetzes vom 14. Mai 1879.

---

15. K a p i t e l.

Kaffee und Kaffee-Ersatzstoffe.

Kaffee.

S p e z i a l g e s e t z g e b u n g.

K a i s e r l i c h e   V e r o r d n u n g,   b e t r e f f e n d   d a s   V e r b o t   v o n   M as c h i n e n   z u r   H e r s t e l l u n g   k ü n s t l i c h e r   K a f f e e b o h n e n.   V o m 1. Feb r u a r 1891.

Das gewerbsmäßige Herstellen, Verkaufen und Feilhalten von Maschinen, welche zur Herstellung künstlicher Kaffeebohnen bestimmt sind, ist verboten usw.

Begriff und Zusammensetzung.

Unter K a f f e e als Handelsware versteht man die fast gänzlich von der inneren Samenhaut befreiten Samen gewisser Arten der Kaffeepflanze, Coffea, namentlich von C. arabica L. und C. liberica Bull.

Die „K a f f e e b o h n e n" sind die fast ausschließlich aus dem, den kleinen Keimling umschließenden, hornartigen Nährgewebe (Endosperm oder Sameneiweiß) bestehenden Samen der zweisamigen Kaffeefrüchte. Auf der flachen Seite der plankonvexen Kaffeebohne ist eine von der Samenhaut („Silberhäutchen") ausgekleidete Längsfurche („Naht") erkennbar.   Die von einsamigen Kaffeebohnen herrührenden, allseits gerundeten Samen heißen P e r l k a f f e e.

Nach den Ursprungsländern unterscheidet man arabischen Kaffee (Mokka), afrikanischen Kaffee (West- und Ostafrika), indischen Kaffee (Java, Menado, Ceylon), westindischen Kaffee (Cuba, Jamaika, Domingo, Portorico), mittelamerikanischen Kaffee (Mexiko, Costarica, Guatemala,

Nicaragua), südamerikanischen Kaffee (Venezuela, Ecuador, Surinam, Brasilien). Der Liberiakaffee entstammt einer eigenen Art; er hat größere Samen als der arabische.

Nach gründlicher Säuberung von verunreinigenden Bestandteilen und Entfernung der anhaftenden Samenhäutchen wird der Rohkaffee zur gebrauchsfähigen Zubereitung nach verschiedenen Verfahren bearbeitet und zur Herbeiführung eines möglichst gleichmäßigen Aussehens geglättet und poliert; soweit dadurch dem Kaffee nur ein gleichmäßiges, gefälliges Aussehen erteilt, sein Wert aber nicht vermindert wird, ist gegen dieses Verfahren nichts einzuwenden.

Für den Gebrauch wird der Rohkaffee geröstet oder gebrannt und dadurch in seinem Äußeren wie in seiner chemischen Zusammensetzung erheblich verändert. Nach den Vereinbarungen ist die Anfeuchtung der Kaffeebohnen vor dem Rösten, welches bei einem gleichmäßigen Wassergehalte ebenfalls gleichmäßiger erfolgt, nicht zu beanstanden, sofern weder eine Beschwerung mit Wasser noch eine Vortäuschung einer besseren Beschaffenheit dadurch bewirkt wird.

Wenn der geröstete Kaffee längere Zeit, besonders bei Luftzutritt, aufbewahrt wird, so macht sich allmählich eine Abnahme seines Genußwertes geltend, indem sein Geschmack teils durch Verflüchtigung des feinen Aromas, teils durch Zersetzung des Kaffeefettes eine Beeinträchtigung erfährt. Um diese Erscheinungen zu verhindern und das Aroma des Kaffees zu erhalten, werden die Bohnen vor, während oder nach dem Rösten glasiert, d. h. sie werden mit schützenden Überzügen verschiedener Art versehen. Ob und inwieweit solche zulässig sind oder nicht, muß vom Nahrungsmittelchemiker von Fall zu Fall entschieden werden; maßgebend ist bei der Beurteilung, ob durch die Zusätze eine Beschwerung des Kaffees zu Täuschungszwecken verursacht wird, und eventuell, ob die Gefahr einer Gesundheitsbeschädigung besteht.

Die Erhaltung des Aromas wird am häufigsten durch Karamelisierung des Kaffees mit Rohr- oder Stärkezucker während des Röstens zu erreichen gesucht. Dabei kann durch Zurückbleiben von karamelisiertem oder unzersetztem Zucker eine Beschwerung des Kaffees und damit eine höhere Ausbeute an verkaufsfertiger Ware stattfinden. Durch die dunklere Farbe und den bitteren Geschmack des karamelisierten Kaffees wird bei Unkundigen die Vorstellung erweckt, der Kaffee sei ausgiebiger und „kräftiger" als die normale Handelsware. Als ein Nachteil des Zuckerzusatzes muß noch hervorgehoben werden, daß die die Oberfläche der Kaffeebohne in gleichmäßig dicker, schwarzglänzender Schicht bedeckende Karamelhaut geeignet ist, die Erkennung der Güte des Kaffees bedeutend zu erschweren und insbesondere die Anwesenheit unreifer und daher minderwertiger Bohnen, die in geröstetem Zustande gelb aussehen, zu verdecken[1]). Statt des Zuckers werden zum Glasieren auch die Auszüge aus Feigen,

---

[1]) Vergl. Der Kaffee, herausg. v. Kais. Gesundheitsamt, 1903, S. 98.

Datteln und anderen zuckerhaltigen Früchten verwendet. Zur Verbesserung des Geschmackes werden dem Kaffee während des Röstens auch wässerige Auszüge des Kaffeefruchtfleisches zugesetzt; dadurch wird eine Vermehrung des Gehaltes an Wasser, Coffeïn, Fett und wasserlöslichen Stoffen erzielt, während eine Veränderung des Aussehens nicht herbeigeführt wird.

Dem fertig gerösteten Kaffee werden zur Glasierung wässerige Lösungen von Rübenzucker, Stärkesirup, Dextrin, Stärke, Arabischem Gummi, Hühnereiweiß und Gelatine zugesetzt. Durch den Wassergehalt wie durch die Trockensubstanz dieser Lösungen kann eine Beschwerung des Kaffees hervorgerufen werden.

Nach den Vereinbarungen [1]) ist die Verwendung aller dieser Aufbesserungsmittel zum Glasieren des Kaffees unter der Voraussetzung ihrer Deklaration als zulässig zu erachten. Die Verwendung von Melassesirup wird dagegen ausgeschlossen. Der nach einem dieser Verfahren überzogene Kaffee soll nach den Vereinbarungen nicht mehr als 4 % eines nach dem Verfahren von Hilger [2]) abwaschbaren Überzuges enthalten.

Von sonstigen zur Erhaltung des Aromas dienenden Mitteln ist die Verwendung von Harzglasur zum Überziehen des Kaffees nicht zu beanstanden; jedoch sollen nur feine Harze (Schellack usw.) dazu benutzt werden; auch hier ist eine Deklaration unerläßlich. Ein Zusatz tierischer oder pflanzlicher Fette ist jedenfalls nur bei einer Deklaration und nach Lage des einzelnen Falles nicht zu beanstanden.

Der Zusatz von kondensierten Röstprodukten des Kaffees, welche neben den geschätzten Kaffeearomastoffen auch brenzliche Öle und andere Substanzen enthalten, ist nur dann zu beanstanden, wenn dem Kaffee dadurch schlecht riechende und schmeckende Bestandteile zugeführt werden. Auch eine beträchtliche Gewichtsvermehrung kann unter Umständen hierbei erfolgen.

Was die Zusammensetzung des Kaffees anbelangt, so ist zu beachten, daß diese durch das Rösten verschiedene Veränderungen erfährt: der Rohrzucker wird mehr oder weniger karamelisiert oder zerstört, aus der Kaffeegerbsäure und der Rohfaser werden stickstofffreie Extraktstoffe und ätherlösliche Stoffe gebildet, das Coffeïn wird zum Teil verflüchtigt usw.

Der Gehalt an Coffeïn beträgt im rohen wie im gerösteten Kaffee 1,00 bis 1,75 %, der an Kaffeefett, d. h. an durch Äther oder Petroläther ausziehbaren Stoffen, 10—13 %, die im gerösteten Kaffee eine Erhöhung von 1—2 % erfahren. Das Kaffeefett scheint der Träger des Kaffeearomas zu sein. Der Rohrzuckergehalt schwankt im rohen Kaffee zwischen 6 und 12 %; durch das Rösten wird der Zucker in

---

[1]) Heft III, S. 32.
[2]) Dortselbst, S. 28.

Karamel umgewandelt, das dem Kaffee die braune Farbe und den
bitteren Geschmack verleiht; der gebrannte Kaffee enthält durchschnittlich 1,25 %, höchstens 2 % Zucker; manchmal geht dieser Gehalt bis
auf 0 % herunter. Der Gehalt der in Zucker überführbaren Stoffe beträgt beim gebrannten Kaffee etwa 20 %. Der rohe Kaffee enthält
etwa 4—8 % Kaffeegerbsäure, die ebenfalls durch das Rösten
eine Abnahme auf die Hälfte erfahren kann.

Der Wassergehalt schwankt beim Rohkaffee innerhalb weiter
Grenzen, von 9—18 %; er hängt vom Reifezustande, von der Erntebereitung, Versendung und Lagerung, etwaiger Havarie und künstlicher
Beschwerung ab. Regelrechte Handelsware zeigt einen Wassergehalt
von 9—13 %. (In Belgien und Rumänien ist für rohen Kaffee ein
Wassergehalt von 12 % als höchste noch zulässige Grenze festgesetzt[1]). Beim frisch gebrannten Kaffee beträgt der Wassergehalt
im Mittel 1,75 %[2]), kann sich aber bei ungünstiger, besonders feuchter
Lagerung beträchtlich erhöhen, soll jedoch keinesfalls 5 % übersteigen.

Der Gehalt des Kaffees an Mineralbestandteilen bewegt sich
zwischen 4 und 5 %; er ist selten höher. Von Wichtigkeit für die
Untersuchung des gemahlenen Kaffees ist der geringe Gehalt der Kaffeeasche an Chlor und Kieselsäure.

Zahlreiche Untersuchungen ergaben folgende mittlere Zusammensetzung für den rohen und gerösteten Kaffee[3]):

	Wasser %	Eiweiß-stoffe %	Fett u. Öl (Äther-extrakt) %	Rohr-zucker %	Gerb-säure %	Stickstoff-freie Extrakt-stoffe %	Rohfaser %	Asche %	Coffeïn %
Roh . . .	11,50	12,05	12,50	8,50	6,50	18,35	26,50	4,10	1,31
Geröstet	1,75	13,95	14,10	1,25	4,75	32,80	26,65	4,75	1,28

Verfälschungen.

Die bei der Bearbeitung des rohen und gerösteten Kaffees innerhalb gewisser Grenzen zulässigen Behandlungsverfahren können bei
unredlicher Art der Ausführung dazu dienen, die Ware zu beschweren
oder über ihre wirkliche Beschaffenheit zu täuschen. Die Entscheidung
darüber, ob eine bestimmte Behandlungsweise den Zweck der Täuschung
verfolgt oder nicht, ist oft schwer zu treffen und muß im einzelnen
Falle dem Urteile der Sachverständigen sowie der Praxis der Gerichte
anheimgegeben werden.

Die hier aufgezählten Arten der Verfälschung dürften im ganzen

---

[1]) Vergl. Der Kaffee, S. 89.
[2]) Vereinbarungen, Heft III, S. 26.
[3]) Dortselbst, l c.

heutzutage wohl nur vereinzelt anzutreffen sein. Der Hauptbetrug im Kaffeehandel soll zurzeit darin bestehen, daß ganz geringwertige Kaffeesorten als feinste Sorten zu entsprechend hohen Preisen verkauft werden; mit der chemischen Untersuchung ist in solchen Fällen leider nichts auszurichten [1]).

1. **Wasserzusatz.** Der Wasserzusatz erfolgt beim **rohen Kaffee**, indem man diesen mit Wasser benetzt oder mit Wasserdampf behandelt, wodurch die Bohnen quellen. Hierbei wird einerseits durch die Wasseraufnahme das Gewicht des Kaffees vermehrt, andererseits wird kleinbohnigen Kaffeesorten das Aussehen von großbohnigen gegeben; in beiden Fällen wird der Anschein einer besseren Beschaffenheit erweckt. (Über die Höhe des zulässigen Wassergehaltes siehe oben.)

Beim **gebrannten Kaffee** geschieht der Wasserzusatz nach dem Rösten zur Erhöhung des Gewichtes der Ware, und zwar durch Übergießen des Kaffees mit Wasser oder Behandlung mit Wasserdampf. Da hierbei der Kaffee aber das Wasser nur schwer aufsaugt und nach dem Mahlen teigartig wird, so wird ihm neuerdings [2]) Borax zugesetzt, welcher, abgesehen davon, daß er das Gewicht des Kaffees erhöht, die Bohnen härter und glänzender erscheinen läßt und den Wasserzusatz verdeckt. Durch dieses Verfahren soll man das Gewicht des Kaffees um 12 % erhöhen können. Der Nachweis dieser Fälschung geschieht durch Bestimmung des Wassergehaltes und Prüfung der Kaffeeasche auf Borax.

2. **Künstliche Färbung.** Zur künstlichen Färbung des **rohen Kaffees** dient eine große Anzahl von Farben; vorzugsweise wurden bisher beobachtet Bleichromat, Mennige, Ocker (oft arsenhaltig), Azogelb, Graphit, Kohle, Eisenpulver, Indigo, Berliner Blau, Smalte, Kupfervitriol, Ultramarin, Eisentannat, Chromoxyd usw. Auch sogenannte Appreturen finden Verwendung, d. h. Mischungen von Farbstoffen mit Ton und Gips, die meist zur Glättung der Bohnen und gleichmäßigeren Verteilung der Färbung noch Talk enthalten. Die künstliche Färbung des rohen Kaffees wird entweder vorgenommen, um die Schäden eines havarierten oder sonstwie unansehnlich gewordenen Kaffees zu verdecken, oder sie hat den Zweck, eine bessere Kaffeesorte vorzutäuschen. (NB. Es gibt gelbe, grüne und blaue Kaffeesorten.) Fast immer dürfte mit der künstlichen Färbung die Absicht der Täuschung verbunden sein (Verfälschung im Sinne des Nahrungsmittelgesetzes). Die Verwendung gesundheitsschädlicher Farben ist durch das Gesetz vom 5. Juli 1887, bzw. durch das Nahrungsmittelgesetz, §§ 12, 14, verboten. Dieses Verbot gilt auch in dem Falle, daß die verwendeten gesundheitsschädlichen Farben in so geringen Mengen im Kaffee enthalten sind, daß eine un-

---

[1]) Vergl. S. W. Abbott, Bericht d. Gesundheitsamtes v. Massachusettes 1900, S. 40.

[2]) Vergl. E. Bertarelli, Zeitschr. f. Unters. d. Nahr.- u. Genußm. 1900, **3,** 681.

mittelbare Schädigung der Gesundheit nicht zu erwarten ist, wie auch wenn der Farbstoff in Wasser unlöslich ist und meist ungenossen im Kaffeesatz zurückbleibt[1]).

Der geröstete Kaffee wird manchmal ebenfalls künstlich gefärbt; als Färbmittel dienen Caput mortuum (Eisenoxyd) und Ocker. Hier soll durch die Färbung besonders eine ungleichmäßige Beschaffenheit des Kaffees verdeckt werden, wie sie durch die Beimischung unreifer, nach dem Rösten sehr hellfarbiger, oder verbrannter Bohnen veranlaßt wird. Nach den Vereinbarungen ist das Färben des gerösteten Kaffees, soweit es nicht durch zulässige Mittel zur Haltbarmachung (Glasieren) herbeigeführt wird, unstatthaft; desgleichen ein Kandieren des Kaffees, wenn es die Verdeckung einer unzureichenden Röstung bezweckt.

Der Nachweis der künstlichen Färbung kann auf chemischem und miskroskopischem Wege erfolgen[2]).

3. Fremdartige Zusätze. Zur Erhöhung des Gewichtes der Kaffeebohnen dienen verschiedene Stoffe. In erster Linie wird dieser Zweck durch eine mißbräuchliche Anwendung der an sich zulässigen Glasierungsverfahren erreicht. Eine solche liegt vor, wenn die Menge des an der Oberfläche des Kaffees anhaftenden, nach dem Verfahren von Hilger abwaschbaren Überzuges die in den Vereinbarungen festgesetzte Grenze von 4 % des Kaffeegewichtes überschreitet[3]).

Hier wäre auch das sogenannte „Ölen" oder „Glänzen" des Kaffees zu erwähnen. Es ist auf die irrtümliche Meinung zurückzuführen, daß das höchste Aroma des Kaffees beim Rösten bis zum Austritt des Fettes aus den Poren erzielt würde, daß also der Fettglanz der Bohnen das Zeichen einer besonderen Güte sei. Um einen solchen hervorzurufen, werden dem gebrannten Kaffee tierische Fette (Butter, Schweinefett) oder Pflanzenöle (besonders Erdnußöl) zugesetzt. Dadurch wird dem Kaffee der Schein einer besseren Beschaffenheit verliehen; denn es ist nach der Denkschrift des Kaiserlichen Gesundheitsamtes unwahrscheinlich, daß das Öl die Poren der Kaffeebohnen verschließe und zur Erhaltung des Aromas beitrage. Jedenfalls ist der Zusatz tierischer oder pflanzlicher Fette nur bei Deklaration zulässig und je nach der Lage des einzelnen Falles zu beurteilen. Die in neuerer Zeit sehr übliche Verwendung von mineralischen Ölen zum „Glänzen" des Kaffees bildet unter allen Umständen eine Verfälschung; sie sind nur Beschwerungsmittel ohne jeden Nährwert. Das gleiche gilt von der Benutzung von Glyzerin zum genannten Zwecke.

Über die Prüfung auf Überzugsmittel cf. Vereinbarungen Heft III, S. 28.

Als Beschwerung und daher Verfälschung ist auch die Überziehung

---

[1]) Der Kaffee, S. 92.
[2]) Vergl. Vereinbarungen, Heft III, S. 28.
[3]) Vergl. dazu die Versuche von E. Orth, Zeitschr. f. Unters. d. Nahr.- u. Genußm. 1905, **9**, 137.

der rohen Kaffeebohnen mit Talk zu beanstanden, die angeblich zur Erzeugung einer glänzenden Oberfläche geschieht.

Kaffeebohnen, denen durch Auslaugen mit Wasser wertvolle lösliche Bestandteile, wie Coffeïn und andere Extraktstoffe, entzogen worden sind, und die unter Verschweigung dieses Umstandes verkauft werden, sind ebenfalls verfälscht im Sinne des Nahrungsmittelgesetzes.

Weit mehr als der ungemahlene ist der gemahlene Kaffee Gegenstand der Verfälschung, und zwar durch Beimischung fremdartiger, mehr oder minder wertloser Stoffe, die lediglich zur Vermehrung seiner Menge und Erhöhung seines Gewichtes dienen. Die gebräuchlichsten sind:

Kafeesatz, d. h. ausgelaugter Kaffee. Durch seinen Zusatz wird der Gehalt an wässerigem Extrakt, an Fett (Ätherauszug) und Coffeïn herabgesetzt, während die relative Menge der Rohfaser zunimmt. Kaffeesatz hat in der Regel weniger als 10 % Extrakt und in der Asche höchstens 6 % in Wasser lösliche Bestandteile.

Kaffeeersatzstoffe. Als Anhaltspunkte für ihren chemischen Nachweis seien angeführt, daß ihr Fettgehalt (mit Ausnahme der Ölsamen) nur 1—3 % beträgt (gegen 10—13 % beim Kaffee), daß sie. 30—50 % Zucker (in Fehlingscher Lösung reduzierbare Stoffe) und bis zu 80 % in Zucker überführbare Stoffe enthalten (letztere sind im Kaffee nur zu etwa 20 % vorhanden). Die Indentifizierung der Kaffeeersatzstoffe erfolgt auf mikroskopischem Wege.

Mineralische Stoffe. Als solche kommen Erde, Sand, mit Ocker gefärbter Schwerspat und dergl. vor; sie erhöhen den Gehalt des Kaffees an Mineralbestandteilen, der selten 5 % überschreitet.

Nachahmungen.

Anfang der neunziger Jahre kamen künstliche Kaffeebohnen in den Handel, Nachbildungen roher und gebrannter Bohnen, welche mit Hilfe von Maschinen aus verschiedenartigen Rohstoffen (Ton, Mehlteig und anderen Pasten mit oder ohne Zusatz vom Kaffeeabfall) in allen Formen, Größen und Farben hergestellt wurden. Derartige Kunstprodukte bilden eine Nachahmung, ihr Zusatz zu echten Kaffeebohnen eine Verfälschung im Sinne des § 10 des Gesetzes vom 14. Mai 1879. Seit dem Erlaß der Kaiserlichen Verordnung vom 1. Februar 1891, betreffend das Verbot von Maschinen zur Herstellung künstlicher Kaffeebohnen, wurden letztere im Handel nicht mehr beobachtet.

An ihre Stelle trat eine andere Art von Nachahmung gebrannter Kaffeebohnen, nämlich der aus gespaltenen und gerösteten Erdnüssen (Arachis hypogaea) bestehende sogenannte afrikanische Nußbohnenkaffee. Dieser ist dem Bohnenkaffee bei flüchtiger Betrachtung in der äußeren Form ähnlich und wird ihm daher mit Erfolg als Verfälschungsmittel beigemengt[1]). Dieselbe Rolle spielen gebrannte Maiskörner und

---

[1]) Vergl. v. Raumer Forschungsberichte 1894, 1, 293.

Lupinensamen, letztere besonders bei Perlkaffee. Alle sind makroskopisch und miskroskopisch erkennbar.

Als nachgemacht sind auch Kaffeebohnen zu erachten, die aufgequollen sind, um sie als bessere Qualität erscheinen zu lassen [1]).

Eine Nachahmung dürfte auch unter Umständen in den als „Appretation" und „künstliche Fermentation" benannten Behandlungsweisen zu erblicken sein. Bei der Appretation wird der mit Wasser befeuchtete Kaffee ganz leicht angeröstet; bei der sogenannten künstlichen Fermentation (die mit einem Gärungsvorgang nichts zu tun hat) wird der Kaffee nach dem Quellen durch Zusatz von Farbe gelb gefärbt (sogenannter Fabrikmenado). In beiden Fällen nimmt hierbei grüner Kaffee die Farbe der wertvolleren gelben Sorten an, erhält also den Anschein einer besseren Beschaffenheit.

Dann ist noch ein Verfahren zu erwähnen, welches sich ebenfalls als Nachahmung wertvollerer Kaffeesorten qualifiziert; es ist die Behandlung des Kaffees durch Zentrifugieren mit Sägemehl. Durch dieses angeblich zum Trocknen geübte Verfahren wird die „Naht" der rohen Kaffeebohnen mit Sägemehl ausgefüllt und ihr so das für gewisse feinere Kaffeesorten charakteristische weiße Aussehen erteilt. Derartig behandelter Kaffee soll zu Täuschungszwecken benutzt werden; so wurden brasilianische Kaffeesorten (Santos-Kaffee) mit künstlicher „weißer Naht" häufig als Mexiko-, Guatemala- und Portorico-Kaffee, die wesentlich wertvoller sind, verkauft [2]).

Verdorbener Kaffee.

Auf dem Transport wird der Kaffee durch See- oder Süßwasser in seinem Gebrauchswerte oft erheblich geschädigt (Havarie); er verliert dabei seine Farbe und wird unansehnlich; bei längerer Einwirkung des Wassers wird er ausgelaugt. Manchmal ist indessen ein havarierter Kaffee noch marktfähig, wenn auch minderwertig; in solchem Falle ist nach den Vereinbarungen eine Deklaration erforderlich. Zur Erkennung einer Havarie durch Seewasser kann die Chlorbestimmung dienen; der Kochsalzgehalt des Kaffees darf nicht über 0,6 und nicht unter 0,15 % betragen [3]).

Ferner kann Kaffee durch eine unzweckmäßige Art der Ernte, der Erntebereitung und der Aufbewahrung und infolgedessen durch Schimmeln, Faulen, Annahme fremdartiger Gerüche usw. verdorben werden.

Der Grad der Verdorbenheit ist von Fall zu Fall zu beurteilen.

Gesundheitsschädlicher Kaffee.

Gesundheitsschädliche Eigenschaften können dem Kaffee durch Färben mit gesundheitschädlichen Färbemitteln erteilt werden. Das Nähere hierüber wurde bereits oben ausgeführt.

---

[1]) R. G. IV. Urt. v. 5. Februar 1894.
[2]) Vergl. Der Kaffee, S. 91.
[3]) K. B. Lehmann, Hygienische Untersuchungsmethoden 1901, S. 452.

Kaffee-Ersatzstoffe.

Kaffee-Ersatzstoffe sind geröstete (karamelisierte) pflanzliche Stoffe, die, teils für sich, teils mit echtem Kaffee gemischt, zur Herstellung von Aufgußgetränken dienen. Sie besitzen ebensowenig einen Nährwert wie der Kaffee, mit dem sie in Farbe und Geschmack eine mehr oder weniger große Ähnlichkeit zeigen. Für die Bestimmung ihres Gebrauchswertes ist die Geschmacksprobe fast allein auschlaggebend; die chemische Untersuchung steht dieser nur ergänzend zur Seite.

Die Zahl der für die Herstellung der Kaffee-Ersatzstoffe verwendeten und verwendbaren Rohstoffe ist fast unbegrenzt; zulässig sind alle kohlenhydrat-, gerbstoff- und ölhaltigen pflanzlichen Stoffe, sofern sie nicht verdorben oder gesundheitsschädlich sind.

Nach den Rohstoffen kann man zurzeit folgende Gruppen unterscheiden [1]:

1. Zubereitungen aus gebranntem Zucker;
2. Zubereitungen aus zuckerhaltigen Wurzeln und Rüben (Zichorien, Zuckerrüben, Löwenzahn);
3. Zubereitungen aus zuckerreichen Früchten (Feigen, Datteln, Johannisbrot);
4. Zubereitungen aus mehlhaltigen Früchten (Roggen, Gerste oder Malz, Leguminosen, Eicheln usw.);
5. Zubereitungen aus fettreichen Rohstoffen (Erdnuß, Dattelkerne usw.);
6. Mischungen verschiedener Kaffee-Ersatzstoffe.

Die Zusammensetzung der Kaffee-Ersatzstoffe ist, je nach Art der verwendeten Rohstoffe, außerordentlich verschieden. Für ihren Wassergehalt lassen sich auch bestimmte Grenzzahlen nicht aufstellen, da gewisse Sorten (Feigenkaffee, auch Zichorienkaffee) von den Käufern recht „fett“, d. h. naß, gewünscht werden; solche enthalten bis 25 % Wasser und darüber. Trockene Kaffee-Ersatzstoffe können bis 12 % Wasser enthalten.

Der Aschengehalt darf nach den Vereinbarungen bei Ersatzstoffen aus Wurzeln bis 8 %, aus Früchten bis 4 % (aus Feigen bis 7 %); der Sandgehalt bei Ersatzstoffen aus Wurzeln bis 2,5 %, aus Früchten bis 1 % betragen.

Von Wichtigkeit ist die Art der Bezeichnung der Kaffee-Ersatzstoffe, da die Gefahr naheliegt, daß durch unbestimmte oder zweideutige Aufschriften die wirkliche Beschaffenheit der Ware verschleiert und ein nicht vorhandener Kaffeegehalt vorgetäuscht wird. Die Kaffee-Ersatzstoffe müssen daher unter einer ihrer wirklichen Beschaffenheit entsprechenden Bezeichnung in den Handel gebracht werden. In Verbindung mit dem Namen der Ersatzmittel ist auch das Wort „Kaffee“ zulässig, z. B. „Malzkaffee“ [2]; derartige Bezeichnungen müssen aber

---

[1] Vergl. Vereinbarungen, Heft III, S. 34.
[2] Vergl. Urteil d. Landgerichtes II, Berlin vom 4. Dezember 1897.

dem Wesen des darin enthaltenen Ersatzstoffes entsprechen. Bei Ersatzstoffmischungen soll der Name dem Hauptbestandteil entnommen werden.

Mischungen von **Kaffee** mit Kaffee-Ersatzstoffen sind als „Kaffee-Ersatzmischungen" zu bezeichnen. Als „Kaffee"mischung soll nur eine Mischung von mehreren Sorten echten Kaffees bezeichnet werden.

Verfälschungen. Im allgemeinen kommen bei den Kaffee-Ersatzstoffen Verfälschungen nur insofern vor, als den gesuchteren Ersatzstoffen, wie Zichorien, Eichel- und Malzkaffee, minderwertige Sorten beigemischt werden; der Nachweis erfolgt in solchen Fällen mikroskopisch.

Auch künstliche Beschwerungen durch Wasser oder Mineralstoffe und der Zusatz völlig wertloser Substanzen kommen vor. Von solchen sind bekannt geworden [1]): Sand, Erde, Ziegelmehl, Schwerspat, Schlacke, Ocker, Steinkohlenasche, ausgelaugte Zuckerrübenschnitzel, Torf, Eichenlohe, Sägemehl und Kaffeesatz. Derartige auf Täuschung oder Übervorteilung des Publikums berechnete Zusätze sind nach § 10 des Nahrungsmittelgesetzes und § 263 des Strafgesetzbuches zu beurteilen. Ebenso sind Zusätze von Mineralölen und Glyzerin zu verwerfen. Die Beimischung künstlicher Süßstoffe ist nach dem Süßstoffgesetz vom 7. Juli 1902 untersagt.

Dahingegen ist der Zusatz von Pflanzenölen, gerbsäurehaltigen Pflanzenstoffen oder Auszügen aus ihnen, von Kochsalz und von Alkalikarbonaten in kleinen Mengen sowie von koffeïnhaltigen Pflanzenstoffen oder Auszügen aus ihnen nicht zu beanstanden, sofern durch diese letzteren Zusätze nicht echter Kaffee vorgetäuscht werden soll.

Als Nachahmung dürfte der Verkauf eines aus gerösteter oder glasierter Gerste bestehenden Kaffee-Ersatzmittels als Malzkaffee zu erachten sein.

Verdorben sind Kaffee-Ersatzstoffe, wenn sie mit Schimmelpilzen durchsetzt oder versauert, verbrannt oder aus verdorbenen Rohstoffen hergestellt sind.

Begutachtung.

Beispiele.

1. Kaffee mit Harzglasur.

Durch die Untersuchung wurde festgestellt, daß Kaffeebohnen mit einer Harzschicht (Schellack) überzogen waren; im übrigen waren sie inbezug auf Beschaffenheit und Aroma fehlerfrei. Die Menge des Harzes wurde zu 0,997 g in 100 g Bohnen gefunden.

Gutachten: Wie die Untersuchung ergab, waren die Kaffeebohnen mit einem Überzuge von Schellack glasiert. Dieser Überzug hat den Zweck, die flüchtigen Stoffe der gerösteten Kaffeebohnen vor Verdunstung und Veränderung zu schützen, er wirkt also konservierend, ohne eine wesentliche Beschwerung des Kaffees zu bilden. Da die Kaffeebohnen

---

[1]) Vergl. Der Kaffee, S. 110.

sonst von gutem Aroma und normaler Beschaffenheit waren, der Geschmack und das Aussehen des Kaffeegetränkes durch den Schellacküberzug auch nicht beeinflußt werden, so ist dieser nicht zu beanstanden. Immerhin bildet jedoch die Harzglasur den Zusatz eines fremdartigen Stoffes zum Kaffee, weshalb eiue Deklaration derselben unerläßlich ist.

2. Kaffee mit Überzug von Mineralöl.

Schon das fettige Aussehen des Kaffees deutete auf starke Ölung. Die chemische Untersuchung ergab einen Zusatz von 2 %/o Öl, und zwar von Mineralöl.

Gutachten: Es liegt hier ein mit etwa 2 %/o Mineralöl (Vaseline oder Paraffinöl) geölter Kaffee vor. In diesem Zusatze ist eine Verfälschung des Kaffees zu erblicken. Da das durch Röstung hervorgerufene fettige Aussehen der Kaffeebohnen vielfach für ein Merkmal der Güte des Kaffees gilt, so wird diesem der Schein einer besseren Beschaffenheit verliehen, wenn die Erzeugung des Fettglanzes durch Zusatz fremder Fette geschieht. Die Verwendung von Mineralöl, einer fremdartigen, für die Ernährung ganz indifferenten Substanz, in der verhältnismäßig großen Menge von 2 %/o stellt außerdem eine nicht unerhebliche Beschwerung des Kaffees mit einem wertlosen Stoffe dar.

3. Nachgemachter Malzkaffee[1]).

Ein aus gerösteter und glasierter Gerste bestehendes Kaffeesurrogat war als „Malzkaffee" verkauft worden.

Gutachten: Unter Malzkaffee versteht man geröstetes Malz. Malz wiederum ist Gerste, in welcher der Keimling so weit gewachsen ist, daß er fast aus dem Korne hervorragt. Durch dieses Wachstum werden die in dem Gerstenkorn vorhandenen Eiweißstoffe sowie die Stärke in lösliche Formen übergeführt; geröstetes Malz erscheint demnach für Genußzwecke wertvoller als geröstete Gerste. Ferner tritt bei der Malzbereitung durch den Keimungsprozeß ein wesentlicher Gewichtsverlust ein, sodaß auch, abgesehen von den Kosten der Herstellung, Malzkaffee teurer zu stehen kommt als Gerstenkaffee. Ein aus gerösteter und glasierter Gerste bestehendes Kaffeesurrogat ist demnach nur äußerlich dem Malzkaffee ähnlich, steht ihm aber an Genuß- wie Geldwert erheblich nach. Ein unter der Bezeichnung Malzkaffee verkaufter Gerstenkaffee ist deshalb als nachgemacht im Sinne des § 10 des Gesetzes vom 14. Mai 1879 zu beanstanden.

---

[1]) Nach H. Schlegel, Jahresbericht d. Untersuchungsamtes Nürnberg 1902, S. 51.

16. Kapitel.

Tee.

Spezialgesetze kommen für die Beurteilung von Tee nicht in Betracht.

Begriff, Beschaffenheit und Bestandteile.

Unter Tee versteht man die in eigentümlicher Weise zubereiteten getrockneten und zusammengerollten Blattknospen und Blätter des Teestrauches (Thea chinensis L., Camellia Thea Link, Familie der Camellien). Von den beiden Hauptspielarten wird der klein- und dickblätterige Tee in China und Japan, der groß- und dünnblätterige (Assam)-Tee vorwiegend in Indien und Ceylon angebaut. Die Blattknospe trägt den chinesischen Namen Pecco.

Im Handel unterscheidet man, je nach der Behandlungsweise der Blätter, grünen, gelben, schwarzen und roten Tee, die alle von derselben Pflanze dargestellt werden können.

Beim grünen Tee werden die frisch geernteten Blätter in der Sonne, beim gelben Tee im Schatten getrocknet. Danach werden beide in Pfannen über Feuer schwach geröstet.

Bei der Darstellung des schwarzen Tees läßt man die gepflückten Blätter 1—2 Tage welken, wodurch sie ihre Elastizität verlieren und gerollt werden können. Die noch feuchten gerollten Blätter werden aufgeschichtet und einige Tage der sich bald entwickelnden Gärung (Fermentierung) überlassen, wobei eine beträchtliche Abnahme des Gerbstoffes stattfindet. Die weitere Behandlung (Röstung) geschieht wie beim grünen Tee. Die braunschwarze Farbe des schwarzen Tees ist auf die Zerstörung des Chlorophylls beim Welken zurückzuführen. Der rote Tee wird aus den vollständig entfalteten Blättern in derselben Weise wie der schwarze gewonnen. .

Der Abstammung nach unterscheidet man Chinesischen, Ceylon- und Java-Tee. Von jedem gibt es eine Anzahl von mehr oder weniger scharf charakterisierten Sorten[1]).

Die Bruchstücke von Zweigspitzen und Blättern, der Teestaub usw. werden für sich oder unter Zusatz von Bindemitteln in würfel- oder -ziegelähnliche Formen gepreßt und als Würfeltee, Ziegeltee, Backsteintee, Lie-tea (Lügentee) und dergleichen in den Verkehr gebracht.

Zur Parfümierung werden dem Tee wohlriechende Blätter oder Blüten beigepackt, ohne jedoch mit ihm vermischt zu werden. Als Geschmacksverbesserungsmittel sollen Rosenblätter, die riechenden Samen von Sternanis, die „Tschucholi“ genannten Achänen einer Komposite und die jungen Blätter einer Viburnum-Art von den Chinesen angewendet werden.

---

[1]) Vergl. Vereinbarungen, Heft III, S. 47.

Die Güte der Teesorten hängt von dem Alter der Blätter ab. Im allgemeinen werden für die Herstellung des Tees die Blattknospen und die ersten vier entfalteten Blätter gesammelt.

Die Zusammensetzung des Tees wechselt ebenfalls mit dem Alter des Blattes. So nimmt der Gehalt an Coffein (Teïn) und Proteïnstoffen mit der voranschreitenden Wachstumszeit ab, während Tannin und Rohfaser zunehmen; ebenso das Ätherextrakt, welches vorwiegend aus Coffeïn, Wachs und Gerbstoff besteht (letzterer macht am Ende des Wachstums nahezu die Hälfte des Extraktes aus). Im Gehalt an Mineralstoffen ist ein wesentlicher Unterschied zwischen älteren und jüngeren Blättern inbezug auf die Aschenmenge nicht zu beobachten; wohl aber zeigen sich Verschiedenheiten in der chemischen Zusammensetzung, indem im allgemeinen die wasserlöslichen Aschenbestandteile (Kali, Phosphorsäure) mit dem Alter abnehmen. während Kalk, Magnesia, Eisen, Mangan, Natron und Schwefelsäure zunehmen, Chlor und Kieselsäure sich gleichbleiben.

Welche Schwankungen in der Zusammensetzung der Teeblätter auftreten, zeigt folgende Tabelle [1]):

Wasser	4 —16 %
Stickstoff	2,5— 6 „
Coffein (Teïn)	0,9— 4,5 „
Ätherisches Öl	0,5— 1 „
Fett, Chlorophyll, Wachs	1,3—15,5 „
Gummi, Dextrine	0,5—10,0 „
Gerbstoff	8 —26 „
Rohfaser	9,9—15,7 „
Asche	3,8— 8,4 „
Wasserlösliche Bestandteile	24 —40 „

Nach den Vereinbarungen soll der Wassergehalt des Tees 8—12 % betragen; der Aschengehalt soll 8 % nicht überschreiten; der in Wasser lösliche Teil der Asche muß mindestens 50 % der Gesamtasche betragen.

Die Menge des in Wasser löslichen Bestandteiles der Teeblätter schwankt für verschiedene Teesorten innerhalb sehr weiter Grenzen; doch soll das wässerige Extrakt für grünen Tee mindestens 24 % betragen [2]). Der Coffeingehalt der Handelssorten soll wenig-stens 1,0 % betragen.

Um vergleichbare Resultate zu erhalten, müssen die Untersuchungen nach den in den Vereinbarungen niedergelegten Verfahren ausgeführt werden; andernfalls sind Abweichungen genau anzugeben.

Die Identifizierung der Bestandteile einer Teeprobe kann nur auf botanischem Wege geschehen. Die chemische Analyse kann

---

[1]) Vereinbarungen, Heft III, S. 49.
[2]) Über die Bestimmung des wässerigen Extraktes vergl. Beythien, Bohrisch u. Deiter, Zeitschr. f. Unters. d. Nahr.- u. Genußm. 1900, **3,** 148.

darüber Aufschluß geben, ob ein Tee gehaltvoll, nicht aber, ob er gut ist.

Der Genußwert des Tees wird am besten von Teekennern durch den Geschmack beurteilt. Jedenfalls ist der Gehalt an Teïn kein Maßstab für seine Güte; der Träger des angenehmen Geschmacks ist vielmehr das Teeöl, das ätherische Öl des Tees, von noch unbekannter Zusammensetzung. Der Gerbstoff ist gleichfalls von Einfluß auf Geschmack und Aroma des Tees.

Verfälschungen.

Bei dem hohen Preise des Tees erscheint dessen Verfälschung selbst bei verhältnismäßig geringen Zusätzen sehr lohnend; tatsächlich sind auch zahlreiche Angaben über Teeverfälschungen in der Literatur zu finden. Demgegenüber weisen A. Beythien, P. Bohrisch und J. Deiter[1]) darauf hin, daß sich solche Fälschungen in den Jahresberichten der planmäßig die Nahrungsmittelkontrolle ausübenden Untersuchungsstellen schon seit Jahren nicht mehr registriert finden; von 130 Proben namentlich auffallend billiger Teesorten, welche diese Forscher untersuchten, erwies sich keine einzige als verfälscht. Sie ziehen aus diesen Tatsachen den Schluß, daß infolge von Änderungen in den Produktionsverhältnissen des Tees, Anbau erträgnisreicherer Varitäten der Teestaude usw. jetzt unverfälschte Tees zu weit billigerem Preise in den Handel gelangen als früher.

Die hauptsächlichsten bekannten Arten der Verfälschung sind folgende:

1. Vermischung besserer (wertvollerer) Teesorten mit geringerwertigen. Der Verkauf eines solchen Gemisches unter der Bezeichnung und zu dem Preise der wertvolleren Sorte stellt eine Täuschung der Abnehmer dar. Der Nachweis ist in solchen Fällen nur durch Teekenner (Geschmacksprobe usw.) zu bringen. Unter Umständen kommt hier § 263 Str. G. B. (Betrug) oder das Gesetz, betreffend den unlauteren Wettbewerb, in Frage.

2. Zusatz gebrauchter Teeblätter. Die Vermischung von gutem Tee mit schon einmal gebrauchten Teeblättern, denen alle Bestandteile von Genußwert entzogen sind, soll in manchen Ländern (Rußland, England) in großem Maßstabe betrieben werden. Die beim Auslaugen des Tees etwa verloren gegangene dunkle Farbe sucht man durch Catechu wiederherzustellen. Die Chinesen benutzen dazu Reiswasser und Farbstoffe (Vogl). A. Beythien[2]) fand auch in Tee erbsengroße kugelige Konglomerate von extrahierten Teeblatt- und Stengelteilen mit viel Sand und Schmutz, die durch ein Klebemittel (Stärkekleister) zu-

---

[1]) Zeitschr. f. Unters. d. Nahr.- u. Genußm. 1900, **3,** 145.
[2]) Zeitschr. f. Unters. d. Nahr.- u. Genußm. 1900, **5,** 457; vergl. auch A. Nestler, dortselbst 1902, **5,** 245.

sammengehalten waren. Daß diese Beimischungen eine Verfälschung darstellen, braucht wohl nicht näher erörtert zu werden.

Der Nachweis dieser Verfälschung läßt sich durch Bestimmung einzelner Bestandteile (Teïn, Extrakt, Gerbstoff) bei den großen Schwankungen, denen diese unterliegen, kaum führen. Auch kann der Extrakt- und Gerbstoffgehalt durch Zusatz von Catechu wieder normal gemacht werden. Dagegen soll das von A. Nestler[1]) ausgearbeitete mikrochemische Verfahren zur Erkennung extrahierter Teeblattfragmente, welches auf dem direkten Nachweis des Teïns durch Sublimation beruht, gute Dienste leisten.

3. **Zusatz fremder Blätter.** Dem Tee werden getrocknete Blätter verschiedener Art beigemengt; solche sind Weidenblätter (Salix alba und petandra), Blätter des teïnfreien sogenannten wilden Tees, dann Blätter von Epilobium hirsutum und angustifolium, Ulmus campestris, Prunus spinosa, Fraxinus excelsior, Fragaria vesca, Sambucus niger, Rosa canina, Ribes nigrum usw.

Der russische Tea wird hauptsächlich mit dem sogenannten Koporischen Tee (Koporka, Ivantee) verfälscht, der wiederum mit erschöpften Teeblättern vermengt wird. Der Koporische Tee besteht hauptsächlich aus Blättern von Epilobium angustifolium, von Spiraea ulmaria und aus dem jungen Laub von Sorbus aucuparia. Die getrockneten Blätter werden mit heißem Wasser aufgequellt, mit Humus durchgerieben, getrocknet, mit dünner Zuckerlösung besprengt, wieder getrocknet und parfümiert. Auch der Zusatz von Teefrüchten wurde beobachtet.

Alle diese pflanzlichen Beimengungen werden auf botanischem, namentlich mikroskopischen Wege nachgewiesen. Sie haben mit dem Tee nur einen größeren oder geringeren Gerbstoffgehalt gemein, sind im übrigen ohne dessen Genußwert und bilden daher eine Verfälschung des Tees, wenn ihr Zusatz verschwiegen wird.

4. **Auffärbung des Tees.** Um mißfarbig oder unscheinbar gewordenem Tee ein normales Aussehen, d. h. den Schein einer besseren Beschaffenheit zu geben, wird er aufgefärbt. Als Färbemittel werden genannt: Berlinerblau, Turnbulls Blau, Indigo, Grafit, Karamel, Campècheholz, Catechu, Humus, Kino, Curcuma, Bleichromat u. a. m.

5. **Mineralische Zusätze.** Als Beschwerungsmittel können dienen: Ton, Gips, Schwerspat, Speckstein, Sand usw.

Verdorbener Tee.

Es kann vorkommen, daß der Tee, ebenso wie der Kaffee, beim Transport mit See- oder Süßwasser in Berührung kommt. Ein solcher havarierter Tee zeigt eine Abnahme an wässerigem Extrakt und an Gesamtasche, besonders an wasserlöslichen Anteilen der letzteren, während der Teïngehalt wegen der geringen Löslichkeit des Teïns in kaltem

---

[1]) Dortselbst 1901, **4,** 292, ferner 1902, **5,** 245; vergl. auch P. Kley, Chem. Ztg. 1901, **25,** 351.

Wasser nur eine unbedeutende Verminderung erfahren soll [1]). Äußerlich ist ein durch Wasser beschädigter und wieder getrockneter Tee unschwer zu erkennen. Dazu kommt, daß er beim Lagern in feuchtem Zustande in Gärung übergeht und direkt, wie auch im Aufguß, einen muffig-moderigen Geschmack und Geruch zeigt und meist Schimmelbildung erkennen läßt. Havarie durch Meerwasser soll an dem erhöhten Chlorgehalte der wasserlöslichen Mineralbestandteile kenntlich sein.

Havarierter Tee ist als verdorben zu erachten.

In den Ursprungsländern wird der Tee zum Schutze gegen Eindringen von Wasser und zur Erhaltung des Aromas in Bleifolie verpackt, welche einen Bleigehalt bis zu 98,5 % hat [2]). Diese Verpackung ist, zumal wenn eine Zwischenlage von Papier eingeschaltet wird, meistens mit einer Gefahr für die Gesundheit nicht verknüpft, da hier Blei gar nicht oder höchstens in Spuren in den Tee übergeht. Anders jedoch bei Havarie; so berichtet P. Buttenberg [3]), daß in Bleifolie eingepackte Tees infolge von Havarie einen Bleigehalt von 16,6—20,8 mg Blei in 100 g Tee zeigten; sie waren ganz gleichmäßig mit Blei infiltriert. Es ist daher angezeigt, auf Blei zu prüfen, sobald der Verdacht besteht, daß eine mit Wasser beschädigte Ware vorliegt. Die Beurteilung der Gesundheitsschädlichkeit ist natürlich dem medizinischen Sachverständigen zu überlassen.

Die Verwendung gesundheitsschädlicher Farben (Bleichromat usw.) ist nach dem Gesetz vom 5. Juli 1887 zu beurteilen.

Tee-Ersatzstoffe.

Im Handel findet sich unter den verschiedensten Namen eine Anzahl von Ersatzmitteln des Tees, die aus getrockneten Blättern bestehen, welche einen mehr oder weniger aromatischen Aufguß geben. Eine Verwechslung mit dem Tee ist schon meist der äußeren Form nach ausgeschlossen; Geruch und Geschmack sind verschieden. Gegen den Verkauf dieser Surrogate dürfte kaum etwas einzuwenden sein, solange er nicht unter Bezeichnungen geschieht, die zu Täuschungen Anlaß geben. Der Zusatz der Ersatzstoffe zu Tee ohne Deklaration ist eine Verfälschung des letzteren.

Einige dieser Ersatzmittel sind:

Mate- oder Paraguaytee; die gerösteten Blätter und jungen Zweige von Ilex paraguayensis; er enthält ebenfalls Coffeïn.

Bourbonischer Tee, auch Faam-Tee; Blätter der vanilleduftenden Orchidee Angraecum fragrans (St. Mauritius, Madagaskar).

Böhmischer, kroatischer Tee; Blätter von Lithospermum officinale, auch von Vaccinium-Arten. Er soll, als schwarzer und grüner Tee zubereitet, als Beimengungsmittel zu echtem Tee dienen.

---

[1]) Vergl. P. Buttenberg, Zeitschr. f. Unters. d. Nahr.- u. Genußm. 1905, **10**, 116.

[2]) Vergl. R. Sendtner, Arch. f. Hygiene 1893, **17**, 434.

[3]) Zeitschr. f. Unters. d. Nahr.- u. Genußm. 1905, **10**, 110.

Harzer Gebirgstee; nach Heider ein Gemisch von Blüten der Schafgarbe, Schlehe und Lawendeln mit Huflattich- und Pfefferminzblättern, unter Zusatz von Sassafrasholz und Süßholzwurzeln.

Als deutscher Tee findet sich ein Gemisch von getrockneten jungen Erdbeer- und Brombeerblättern im Handel.

usw. usw.

Begutachtung.

Beispiele.

1. Verdacht auf Zusatz gebrauchter Blätter.

Bei einer Probe Tee lag der Verdacht vor, daß extrahierte Teeblätter beigemengt seien.

Äußere Beschaffenheit: normal.

Geruch und Geschmack des Aufgusses: normal.

Pharmakognostisch-mikroskopischer Befund: fremde Blätter nicht vorhanden.

Teïnprobe nach Nestler: bei allen Präparaten positiv.

Die chemische Untersuchung ergab:

Wasserlösliches Extrakt . . . . . 38,21 %
Mineralstoffe . . . . 5,88 „
   davon wasserlöslich . . . . . 3,74 „ oder 63 %

Diese Werte halten sich durchweg innerhalb der für echten Tee aufgestellten Grenzen.

Gutachten: Auf Grund der botanischen wie der chemischen Untersuchung zeigt die vorliegende Probe in allem die Verhältnisse des echten Tees. Der Verdacht auf Zusatz gebrauchter Blätter ist demnach nicht gerechtfertigt.

2. Schwarzer Tee mit Zusatz extrahierter Blätter[1]).

Der Tee bestand zum Teil aus unverletzten echten Teeblättern, enthielt daneben viele Stengelteile und außerdem zahlreiche braunschwarze runde kugelige Gebilde von etwa Erbsengröße. Letztere erwiesen sich als Konglomerate von grobpulverigen Teeblatt- und Stengelteilen mit viel Sand und Schmutz, welche offenbar mit Hilfe eines Klebemittels zusammengeformt waren. Die Beobachtung, daß unter dem Mikroskop zahlreiche Stärkekörner erkennbar waren, und daß die wässerige Lösung gegen Jodkalium Blaufärbung zeigte, berechtigt zu dem Schlusse, daß hier Stärkekleister als Klebemittel verwendet worden war.

Die chemische Untersuchung der Probe ergab:

Wasser . . . . 9,27 %
Extrakt . . . . 31,69 „
Asche . . . . 8,04 „

---

[1]) Nach A. Beythien, Zeitschr. f. Unters. d. Nahr.- u. Genußm. 1902, **54**, 57.

Wasserlösliche Asche . . . . 1,74 %
Von der Asche sind wasserlöslich . . . . . 21,64 „

Die Teïnprobe nach Nestler ergab, daß mehr als die
Hälfte der Fragmente, besonders die zusammen-
geklebten Konglomerate, kein Teïn enthielten.

In diesem Befunde fällt neben der äußeren Beschaffenheit des Tees schon der hohe Aschen- und Wassergehalt auf, während der Extrakt-gehalt innerhalb der normalen Grenzen liegt. Der für die Beurteilung des Tees wertvollste Anhaltspunkt, der niedrige Gehalt der Asche an wasser-löslichen Bestandteilen, macht den Verdacht einer Verfälschung mit ex-trahierten Blättern zur Gewißheit. Dieser findet seine Bestätigung in dem Ergebnis der Nestlerschen Teïnprobe, wonach etwa die Hälfte der Be-standteile des Tees, bssonders die erwähnten Konglomerate, aus ge-brauchten Teeblättern bestehen.

Gutachten: Nach dem Ergebnisse der Untersuchung besteht die vorliegende Teeprobe zum großen Teil aus gebrauchten, d. h. durch Auslaugung mit Wasser ihrer wertvollen Bestandteile beraubten Blättern. Als Beimischung enthält der Tee zahlreiche rundliche, erbsengroße Ge-bilde von braunschwarzer Farbe, die sich als Konglomerate von ebenfalls extrahierten Teefragmenten mit Sand, Staub und Stärkekleister erwiesen. Abgesehen von den letztgenannten fremdartigen Stoffen ist in der Bei-mischung gebrauchter, daher wertloser Teeblätter zum Tee eine Ver-fälschung im Sinne des Gesetzes vom 14. Mai 1879, betreffend den Ver-kehr mit Nahrungsmitteln usw., zu erblicken.

3. Havarierter, bleihaltiger Tee[1]).

Schon die äußere Beschaffenheit war die einer havarierten Ware; die einzelnen Blätter waren geschrumpft und mißfarbig; der ganze Tee von Schimmelpilzwucherungen durchsetzt.

Geruch und Geschmack des Tees wie auch eines aus ihm be-reiteten Aufgusses waren moderig.

Die chemische Untersuchung ergab folgendes:

Wasser . . . . 9,46 %
Wässeriges Extrakt . . . . 26,40 „
Teïn . . . . 2,46 „
Asche . . . . 3,76 „
Wasserlösliche Asche . . . . 1,40 „
Von der Asche sind wasserlöslich . . . . . 37,20 „
Blei . . . . 0,02 „

Die Werte für das wässerige Extrakt und die Asche sind auffallend niedrig; im Verein mit diesen ist der geringe Gehalt an wasserlöslichen Bestandteilen der Asche (37,20 %) ein Zeichen für eine wässerige Aus-laugung des Tees. Der normale Gehalt an Teïn spricht jedoch dafür,

---

[1]) Nach P. Buttenberg, l. c. 115.

daß hier kein durch heißes Wasser erschöpfter, also kein gebrauchter Tee vorliegt.

Gutachten: Die chemische Zusammensetzung und die äußere Beschaffenheit des Tees beweisen, daß dieser eine weitgehende Beschädigung durch Wasser (Havarie) erlitten hat; er ist deshalb als verdorben im Sinne des Nahrungsmittelgesetzes zu erklären.

Der außerordentlich hohe Bleigehalt des Tees stammt offenbar aus der zu seiner Verpackung verwendeten Bleifolie und ist ebenfalls eine Folge der Wasserbeschädigung. Inwieweit ein solcher Bleigehalt geeignet ist, dem Tee gesundheitsschädliche Eigenschaften zu verleihen, muß der Beurteilung eines ärztlichen Sachverständigen anheimgestellt werden.

———

17. Kapitel.

Kakao und Schokolade.

Spezialgesetze.

Die Bestimmungen des für den Verkehr mit Kakao und Kakaowaren bestehenden Zollgesetzes beziehen sich nur auf die zur Ausfuhr bestimmten Waren; für deren Beurteilung als Nahrungs- und Genußmittel sind sie nicht maßgebend. Des Interesses und der Vollständigkeit halber seien die auf die Zusammensetzung der Kakaowaren bezüglichen Bestimmmungen daraus hier angeführt.

Gesetz, betreffend die Vergütung des Kakaozolls bei der Ausfuhr von Kakaowaren, vom 22. April 1892.

Im Falle der Ausfuhr von Waren, zu deren Herstellung Kakao verwendet worden ist, oder der Niederlegung solcher Waren in öffentlichen Niederlagen oder Privatlagern unter amtlichem Mitverschluß kann nach Maßgabe der vom Bundesrat zu erlassenden Bestimmungen der Zoll für die dem Gehalt der Waren an Kakao entsprechende Menge von rohem Kakao in Bohnen ganz oder teilweise vergütet werden.

. . . .

Auszug aus den Ausführungsbestimmungen zu diesem Gesetz, vom 9. Juli 1896.

§ 1. . . . .

Abs. 2.: Zur Vergütung werden vorerst nur zugelassen:

a) Kakaomasse, gemahlen, gestoßen oder gequetscht, in Teig-, Pulver- oder sonstiger Form, unentölt oder mehr oder weniger entölt, ohne Beimischung anderer Stoffe, insbesondere ohne Beimischung von Abfällen der Verarbeitung von Rohkakao (Staub, Gries, Schalen usw.). Kakaopulver (Kakaomasse in Pulverform, mehr oder weniger entölt) darf Alkalien bis zu 3 % enthalten;

b) Schokolade, welche lediglich aus einer Mischung von Kakaomasse der unter a bezeichneten Art und Zucker (Rüben- und Rohrzucker) besteht, wobei ein Zusatz von Gewürzen und medizinischen Stoffen bis zu 1% gestattet ist. Die Kakaomasse muß in der Schokolade in einer Menge von mindestens 40 % vorhanden sein;

c) kakaohaltige Zuckerwaren, einschließlich der nicht unter b fallenden Schokolade, welche mindestens 10 % Kakaomasse und 50 % Zucker der zu b gedachten Art enthalten.

. . . .

§ 9. Absatz 3: Durch die chemische Untersuchung ist festzustellen, daß die Ware die in § 1 dieser Bestimmungen vorgeschriebene Beschaffenheit besitzt.

Die Untersuchung hat sich insbesondere zu erstrecken auf:

1. die Bestimmung des Zuckergehaltes;
2. den Zusatz von Stärkezucker;
3. den Zusatz von stärkemehlhaltigen Stoffen (durch mikroskopische Untersuchung);
4. den prozentualen Gehalt an Fett beziehungsweise den Zusatz fremder Fette;
5. den Aschengehalt. Dieser ist mit Schwefelsäure nach der Scheiblerschen Methode unter Abzug eines Zehntels zu ermitteln, und die Asche ist darauf zu prüfen, ob fremde Mineralbestandteile außer den zum Aufschließen üblichen Alkalien darin enthalten sind. . . . .

. . . .

Bundesratsbeschluß, betreffend Änderung der vorstehenden Ausführungsbestimmungen, vom 3. November 1898.

. . . .

1. In § 1 Absatz 2 unter a, letzter Satz, ist statt „Alkalien bis zu 3%" zu setzen „bis zu 3 % bei der Herstellung zugesetzte Alkalien".

2. In § 9 Absatz 4 erhält die Ziffer 5 folgende Fassung:

„5. den Aschengehalt; dieser darf bei pulverförmigem Kakao 9,5 % und bei Kakaomasse in Teig oder sonstiger -Form 4,5 % nicht übersteigen. Die Asche ist darauf zu prüfen, ob fremde Mineralbestandteile darin enthalten sind."

I. Kakao [1]).

Herstellung und Zusammensetzung.

Das Ausgangsmaterial zur Herstellung des Kakaos und der Kakaofabrikate sind die zweckentsprechend bearbeiteten Kakaobohnen, die Samen des Kakaobaumes (Theobroma Cacao L.). Durch Erwärmen und Verreiben der gerösteten und enthülsten Kakaobohnen wird die Kakaomasse hergestellt. Diese darf keinerlei fremde pflanzliche

---

[1]) Siehe Vereinbarungen, Heft III, S. 68; vergl. dazu die Vorschläge des Ausschusses der Freien Vereinigung deutscher Nahrungsmittelchemiker zur Abänderung des Abschnittes „Kakao und Schokolade" der Vereinbarungen, Berichterstatter: H. Beckurts, Zeitschr. f. Unters. d. Nahr.- u. Genußm. 1906, **12,** 63.

Beimengungen (Stärke aller Art, Mehle usw.), keine fremden Mineralstoffe und kein fremdes Fett enthalten. Kakaoschalen (Kakaostaub, Kakaokeime) sind, so gut es möglich ist, zu entfernen. Kakaomasse hinterläßt 3—5 % Asche und enthält 52—56 % Fett[1]).

Kakaopulver, entölter Kakao, löslicher Kakao, aufgeschlossener Kakao sind gleichbedeutende Bezeichnungen für eine in Pulverform gebrachte Kakaomasse, nachdem diese durch Auspressen bei gelinder Wärme von einem Teil des ursprünglichen Fettgehaltes befreit und in der Regel einer Behandlung unter Zusatz von Kalium- bzw. Natriumcarbonat oder Ammonium- bzw. Magnesiumcarbonat unterworfen oder einem starken Dampfdruck ausgesetzt worden ist.

Je nach der Menge des entzogenen Fettes wird der Aschengehalt eines Kakaopulvers größer oder kleiner sein. Nach den Vereinbarungen ist deshalb der gefundene Aschengehalt auf Kakaomasse (mit za. 50 % Fett) oder auf fettfreie Kakaomasse umzurechnen; der Aschengehalt würde nach dieser Umrechnung

    a) bei nicht mit Alkalien aufgeschlossenem Kakaopulver derselbe sein wie bei Kakaomasse;

    b) bei mit kohlensauren Alkalien aufgeschlossenem Kakao ein größerer sein, doch darf die Zunahme 2 % des entölten Pulvers nicht übersteigen.

Da der durchschnittliche Fettgehalt der Kakaomasse aber zu 55 % angenommen werden muß, und andererseits die Ausführungsbestimmungen der Zollverwaltung zu dem Gesetz, betreffend die Vergütung des Kakaozolles usw. vom 22. April 1892, für auszuführende Kakaopulver 3 % zugesetzter Alkalien zulassen (siehe oben), so hat der genannte Ausschuß[2]) die Anforderungen für die Beurteilung des Kakaopulvers folgendermaßen formuliert (wobei zu berücksichtigen ist, daß es sich einstweilen um Abänderungsvorschläge, nicht um Vereinbarungen handelt):

Kakaopulver, entölter Kakao, löslicher Kakao, aufgeschlossener Kakao darf keinerlei fremde pflanzliche Beimengungen (Stärke aller Art, Mehl usw.) und kein fremdes Fett enthalten, muß auch, soweit es maschinentechnisch möglich ist, von Kakaoschalen befreit sein.

Die Festsetzung eines Mindestfettgehaltes ist erwünscht, bleibt aber vorbehalten.

Bei nur gepulvertem Kakao und bei mit Ammoniumcarbonat behandeltem, bzw. starkem Dampfdruck ausgesetztem Kakaopulver ist der Gehalt an Asche, je nachdem mehr oder weniger Fett entzogen wurde, größer oder kleiner; er muß, auf Kakaomasse mit 55 % Fett umgerechnet, der gleiche sein wie bei Kakaomasse.

Das mit kohlensauren Alkalien (holländisches Verfahren) bzw. Magnesiumcarbonat aufgeschlossene Kakaopulver darf, auf Kakaomassen mit 55 % Fett

---

[1]) Vergl. H. Beckurts l. c. 64 über die Gründe, weshalb die in den Vereinbarungen angegebenen Werte (2—5 % Asche, 48—54 % Fett) heraufzusetzen sind.

[2]) Vergl. H. Beckurts l. c. 65.

umgerechnet, nicht mehr als 8 % Asche hinterlassen. Der Gehalt an Wasser darf 6 % nicht übersteigen.

Die Menge des zugesetzten Alkalis erfährt man unter Berücksichtigung der natürlichen Alkalität[1]) und der in der Asche vorhandenen Alkaliphosphate durch Ermittelung der Alkalität der wässerigen Lösung der Asche. Übermäßig alkalische Kakaopulver verraten sich durch alkalischen Geschmack und verringertes natürliches Aroma.

Wieweit das in neuerer Zeit oft sehr weit gehende Entölen des Kakaopulvers getrieben werden darf, bzw. welcher Mindestgehalt an Kakaofett verlangt werden soll, ist zur Zeit noch Gegenstand bedeutender Meinungsverschiedenheiten in Fachkreisen, weshalb zu dieser Frage vorläufig noch eine abwartende Stellung genommen werden muß.

Zusammensetzung. Neben Stärke, Gerbstoff, Mineralstoffe und Proteïnsubstanzen enthält der Kakao als charakteristische Bestandteile Kakaofett, die Alkaloide Theobromin und Coffein und den Farbstoff Kakaorot.

Kakaobohnen, Kakaomasse und Kakaoschalen haben nach Weigmann folgende mittlere Zusammensetzung:

| | Wasser % | Stickstoff-Substanz % | Theobromin % | Fett % | Stärke % | Stickstofffreie Extraktstoffe % | Rohfaser % | Asche % | In der Trockensubstanz | | |
									Stickstoffsubstanz %	Theobromin %	Fett %
Ungeschälte geröstete Bohnen	6,79	14,13	1,58	46,19	6,09	18,04	4,63	4,16	15,56	1,69	49,56
Geschälte geröstete Bohnen	5,58	14,13	1,55	50,09	8,77	13,91	3,93	3,59	14,96	1,64	53,04
Kakaomasse	4,16	13,97	1,56	53,03	9,02	12,79	3,40	3,63	14,88	1,66	56,08
Kakaoschalen	11,19	13,61	0,76	4,21	43,19[2])		17,16	9,88[3])	15,32	0,85	4,74

Die Jodzahl von reinem Kakaofett liegt in der Regel zwischen 33 und 38; höhere Jodzahlen wurden nur vereinzelt beobachtet.

Bei der Beurteilung von Kakao und Kakaopräparaten darf nicht außer acht gelassen werden, daß man es nicht mit unveränderten Naturprodukten, sondern mit Kunsterzeugnissen zu tun hat, zu deren Herstellung eine mehr oder weniger umfangreiche technische Bearbeitung

---

[1]) H. Beckurts, l. c. 66.
[2]) Mit 8,73 % in Zucker überführbaren Stoffen.
[3]) Mit 4,06 % Sand.

notwendig ist. Infolgedessen ist es auch nicht immer leicht, dabei die Grenze zwischen berechtigten Handelsbräuchen und Handelsmißbräuchen zu ziehen.

Verfälschungen.

Die Verfälschungen des Kakaos bestehen größtenteils in B e i - m e n g u n g e n fremder, minderwertiger oder wertloser, Stoffe, die nur zur Vermehrung der Menge und des Gewichtes dienen und eine Ver- schlechterung des Kakaos darstellen. Soweit diese Zusätze dem Ab- nehmer verschwiegen bleiben, von diesem also in der Ware nicht ver- mutet oder erwartet werden, bilden sie eine Verfälschung im Sinne des Nahrungsmittelgesetzes. Als derartige Beimengungen wurden beobachtet:

1. M e h l u n d S t ä r k e aller Art, Getreidestärke, Kartoffel-, Arrow- root-, Sagostärke, Eichelmehl, Zichorienmehl u. dergl., ferner auch die Preßrückstände von Wall- und Haselnüssen, gepulverte Baumrinden usw. Der Nachweis geschieht mikroskopisch.

Neben Mehl wurden in entöltem Kakao auch Zucker und Dextrin als Fälschungsmittel gefunden[1]). Der Nachweis bereitet keine Schwierig-- keiten; Dextrin findet sich im Rückstande des alkoholischen Auszuges.

2. M i n e r a l i s c h e S u b s t a n z e n, wie Eisenoxyd, Bolus, roter Ocker, Ziegelmehl usw. Maßgebend für die Beurteilung ist der Aschen- gehalt, wobei der zur sogenannten Aufschließung des Kakaos verwendete Zusatz von Alkali- usw.-Carbonaten zu berücksichtigen ist; die Menge der letzteren kann annähernd aus dem Alkaligehalte berechnet werden. Nach einem Gutachten des Kaiserlichen Gesundheitsamtes[2]) ist eine Ver- mehrung der Aschenbestandteile beim Aufschließen um 5 % mit Rück- sicht auf den hohen Preis des reinen Kakaos als Fälschung aufzufassen.

Da ein übermäßiger Gehalt an Alkalicarbonaten durch den Ge- schmack störend wirkt, wird er durch Zusatz von Phosphorsäure zu ver- decken gesucht, worauf bei der Analyse eventuell zu achten ist.

Vgl. hierzu auch die Anforderungen an den Aschengehalt in den oben angeführten Abänderungsvorschlägen von H. B e c k u r t s[3]). Ein größerer Gehalt an salzsäureunlöslichen Mineralstoffen (Sand) ohne gleich- zeitige Vermehrung des Kakaoschalengehaltes läßt auf eine zufällige oder durch Mühlsteine veranlaßte Beimengung schließen.

3. K a k a o s c h a l e n u n d K a k a o k e i m e in fein gepulvertem Zu- stande. Die äußeren holzigen Schalen der Kakaobohnen sind bei einem geringen Theobromin- und Fettgehalte sehr reich an Holzfaser, Asche und Sand, sie sind daher als Genußmittel fast wertlos. Der sog. K a k a o a b f a l l, dessen Zusatz zum Kakaopulver bei genügender Deklaration zulässig ist, wird aus dem e n t h ü l s t e n Kakao hergestellt und unterscheidet sich

---

[1]) Vergl. E l s n e r, Praxis des Chemikers, 6. Aufl. Hamburg u. Leipzig 1895, S. 450.

[2]) Vergl. J. K ö n i g, Chemie d. menschl. Nahrungs- u. Genußmittel, 4. Aufl. Berlin 1904, Bd. II, S. 1117.

[3]) l. c. 84.

von den Kakaoschalen durch seinen geringeren Rohfaser- und seinen erheblich höheren Fettgehalt[1]).

Ein gewisser Gehalt an Kakaoschalen ist unvermeidlich, da es technisch nicht möglich ist, die Schalen vollkommen von den Kernen zu befreien. Nach Welmans müssen deshalb 1—2 % Schalen geduldet werden; diese Menge erhöht sich im Puderkakao, je stärker die Entfettung ist. Ein einwandfreies Verfahren zur Bestimmung des Schalengehaltes im Kakao gibt es trotz vieler und mannigfacher Vorschläge bisher noch nicht; letztere finden sich in der angeführten Arbeit von H. Beckurts[2]) zusammengestellt.

4. Farbstoffe, wie Sandelholz und andere Holzpulver, braune und rote Teerfarbstoffe, auch Ocker, Eisenoxyd usw. Diese Zusätze sind nötig, wenn dem Kakao ungefärbte Stoffe in beträchtlicher Menge beigemengt sind, um ihm den Schein der normalen, also wertvolleren Beschaffenheit zu geben. —

5. Übermäßige Entölung. In neuerer Zeit wird die an sich ja zum Teil notwendige Entfernung des natürlichen Fettes, das „Entölen" des Kakaos, außerordentlich weit getrieben. Durch einen solchen übermäßigen Entzug des Kakaofettes (welches bekanntlich für sich einen geschätzten Handelsartikel bildet), sollen nach Juckenack, Zipperer, Welmans, Hueppe u. a. Geruch und Geschmack des Kakaopulvers nachteilig beeinflußt werden, wozu noch ungünstige physiologische Wirkungen kommen (F. Hueppe, R. O. Neumann). Es sprechen daher starke Gründe dafür, in dem übermäßigen Fettentzuge eine Verschlechterung des Kakaos zu erblicken. Deshalb hat R. O. Neumann vorgeschlagen, den Mindestfettgehalt von Fett im Kakao zu 30 % festzusetzen, während Hueppe 20 % und Juckenack, im Einvernehmen mit der 4. Jahresversammlung der Freien Vereinigung deutscher Nahrungsmittelchemiker, 25 % Fett als Minimalgehalt für normale Ware fordert. Zurzeit sind im Handel Kakaopulver zu treffen, die bis auf etwa 12 % herab entölt sind.

Da die Untersuchungen über diesen Gegenstand noch nicht abgeschlossen sind, kann vorläufig eine untere Grenzzahl für den Fettgehalt des Kakaos nicht aufgestellt werden[3]).

Nachmachungen des Kakaos dürften selten vorkommen. Eine solche lag in dem von E. Spaeth[4]) mitgeteilten Falle vor, in welchem ein Gemisch von Mehl, Zucker, Sandelholz und Spuren von Kakao als Kakaopulver ausgegeben worden war.

Verdorben ist ein von Schimmel befallener oder unangenehmen, ranzigen Geschmack zeigender Kakao. Ein übelriechendes und schmeckendes Ätherextrakt läßt auf Verwendung verdorbenen Rohmaterials schließen.

---

[1]) Vergl. F. Filsinger, Zeitschr. f. öffentl. Chemie 1898, 809.
[2]) l. c. 73.
[3]) Vergl. H. Beckurts l. c. 67.
[4]) Forschungsberichte 1894, **1**, 344.

II. Schokolade.

Zusammensetzung.

Schokolade nennt man die mit Rohr- oder Rübenzucker gleichmäßig verarbeitete Kakaomasse. Sie darf nach den Vereinbarungen einen bis zu 1 % ansteigenden Zusatz von Gewürzen (Vanille, Vanillin, Zimt, Nelken etc.) enthalten, wobei allerdings darauf hingewiesen werden muß, daß es an Methoden zur Bestimmung des Gewürzgehaltes fehlt. Manche Schokoladen erhalten außerdem noch einen Zusatz von Kakaofett (Kakaobutter, d. i. das durch Abpressen der Kakaomasse gewonnene Fett); Speise- und Dessertschokoladen bisweilen Zusätze von Mandeln, Nüssen oder Kokosnuß.

Milchschokolade ist unter Verwendung eines Zusatzes von Milch oder Rahm hergestellt.

Schokoladenmehle sind Mischungen aus Kakaopulver und Zucker.

Unter Kuvertüre oder Überzugsmasse versteht man Gemische von Schokolade mit Kakaobutter und Kakaomasse, welche durch diesen Zusatz in der Wärme dünnflüssig sind und zum Überziehen oder Übergießen von Konditorwaren dienen.

Schokoladen dürfen außer dem erwähnten Zusatz von Gewürzen keine fremden pflanzlichen Beimengungen (Stärke, Mehl u. dergl.), kein fremdes Fett und keine fremden Mineralbestandteile enthalten; sie müssen so gut als möglich von Kakaoschalen befreit sein.

Die ohne Deklaration feilgebotene Schokolade besteht aus 33,5 bis 50 % Kakaomasse, bezw. einer Mischung von Kakaomasse und Kakaofett, und 66,5—50 % Zucker; der Gehalt an Zucker + Fett soll nicht mehr als 85 % betragen.

Schokoladen mit mehr als 66,5 % Zucker sollen nach dem Vorschlage des genannten Ausschusses [1] als „stark gezuckert" deklariert werden, doch soll auch in diesen der Zuckergehalt 70 % nicht übersteigen.

Der Aschengehalt der Schokoladen soll nicht unter 1 % und nicht über 2,5 % betragen.

Die Bezeichnung Milchschokolade ist nur dann berechtigt, wenn tatsächlich Milch, sei es in flüssiger oder in Pulverform, mit allen ihren Bestandteilen zugesetzt worden ist [2].

Schokoladenpulver ist gleichbedeutend mit gepulverter Schokolade und wie diese zu beurteilen.

Kuvertüre oder Überzugsmasse, ebenso Speise- und Dessertschokoladen müssen den an Schokolade gestellten Anforderungen genügen, dürfen aber Zusätze von Nüssen und Mandeln bis zu 5 % enthalten.

---

[1] Vergl. H. Beckurts l. c. 85.
[2] Vergl. O. Laxa, Zeitschr. f. Unters. d. Nahr.- u. Genußm. 1904, **7**, 471.

Zusatz von Stoffen zu diätetischen oder medizinischen Zwecken zu Schokolade ist zulässig, doch darf die Summe dieser Zusätze und des Zuckers nicht mehr als 70 % ausmachen [1]).

Verfälschungen.

1. Zusatz von Mehl und Stärke aller Art. Der Zusatz von Mehl, Cerealien- oder Kartoffelstärke zu Schokolade ist sehr verbreitet. Sofern er verschwiegen wird, bildet er eine Verfälschung, da er die Schokolade verschlechtert. Selbst wenn er aber auch in einwandfreier Weise gekennzeichnet ist, soll die Summe des Mehlzusatzes und des Zuckers nicht mehr als 70 % betragen [1]). Jedenfalls kann bei einem sehr bedeutenden Gehalt der Schokolade an Mehl (es kommen Schokoladen mit 25 % und mehr Mehl im Handel vor) auf Grund des § 367 Ziff. 7 des Strafgesetzbuches gefordert werden, daß die Höhe des Mehlgehaltes den Käufern in deutlich erkennbarer Weise bekannt gegeben wird.

Auch zur Herstellung von Trinkschokolade (in Cafés und Restaurants) ist die Verwendung von Schokolade mit Mehl nach einer Entscheidung des Preußischen Kammergerichts [2]) eine Verfälschung, wenn dieser Zusatz verschwiegen wird.

Der Nachweis von Mehl oder Stärke geschieht mikroskopisch in der nacheinander mit Äther und Wasser ausgeschüttelten gepulverten Schokolade (vgl. Vereinbarungen, Heft III, S. 73).

2. Der Zusatz von Farbstoffen, meist braune und rote Teer- oder Tonfarben und Sandelholz, hat in erster Linie den Zweck, dem Erzeugnis nicht nur ein schöneres, sondern auch wertvolleres Aussehen zu geben. Über den Nachweis siehe H. Beckurts l. c. 77.

3. Ersatz des Kakaofettes durch fremde Fette. In der Schokolade wird häufig das Kakaofett durch billigere Fette pflanzlichen oder tierischen, selbst mineralischen Ursprungs zu ersetzen gesucht. Von solchen sind zu nennen: Kokosfett, Dikafett (von Mangifera gabonensis), Kakaoline (von flüssigen Glyzeriden befreites Kokosfett), Nukoine (Gemisch von Palmkern- und Kokosfett), künstliche Kakaobutter (durch Kochen von Paraffin- und minderwertigem Fett mit Kakaoschalen hergestellt), Sesamöl, Margarine, Rindsfett, Hammelfett und Paraffinöl. Alle diese Fette sind dem Kakaofette gegenüber minderwertig oder (wie Paraffin) wertlos. Sie beeinträchtigen den Wohlgeschmack der Schokolade, setzen also deren Genußwert herab. Da sie (mit Ausnahme der Mineralöle) leichter dem Verderben ausgesetzt sind als Kakaofett, so wird durch ihre Beimengung auch die Haltbarkeit der Schokolade verringert.

Der Nachweis fremder Fette geschieht im Ätherextrakt nach den bekannten Methoden [3]).

---

[1]) Vergl. H. Beckurts l. c. 85.
[2]) Urteil v. 25. April 1904.
[3]) Vergl. Vereinbarungen, Heft III, S. 71 u. H. Beckurts l. c. S. 72.

4. **Zusatz von sogen. Fettsparern.** Als sogen. Fettsparer werden den Schokoladen Dextrin, Gelatine, Tragant u. dergl. zugesetzt. Sie ermöglichen die Verarbeitung großer Mengen Zucker, ohne zugleich, was sonst nötig ist, viel Fett verwenden zu müssen. Ein Zusatz von 0,02 % Tragant z. B. soll die Herstellung einer Schokolade mit 70 % Zucker ermöglichen. Der Nachweis dieses an und für sich geringen Zusatzes ist schwierig; es gelingt aber bei Besichtigung des Schlämm-rückstandes mit der Lupe, die gequollenen Tragantpartikelchen heraus-zufinden. Neben dem geringen Fettgehalt sollen sich die Tragant-schokoladen durch einen, den Wassergehalt normaler Ware (1—1,5 %) übersteigenden Wassergehalt auszeichnen [1]). Der Zusatz von sogen. Fett-sparern ist demnach geeignet, eine bessere Beschaffenheit der Schokolade vorzuspiegeln.

5. **Zusatz von übermäßig viel Zucker oder von Stärke-zucker.** Schokoladen können unter Zuhilfenahme von Kakaobutter oder von sog. Fettsparern durch übermäßigen Zuckerzusatz (Überfüllung) gefälscht werden, auch können sie an Stelle des von den Käufern ver-muteten Rohr- oder Rübenzuckers anderen Zucker enthalten. (Über den zulässigen Zuckergehalt der Schokoladen s. oben.)

6. **Der Zusatz sonstiger fremdartiger Stoffe** ohne Nähr- und Genußwert, wie gepulverte Kakaoschalen, Mandel- und Nußschalen, Baumrinden usw., ist selbstverständlich eine Verfälschung.

Zu erwähnen ist hier auch der Ersatz der Vanille oder des Vanillins durch billigere aromatische Substanzen, wie Perubalsam, Tolubalsam, Storax, Benzoeharz, in Produkten, die als Vanilleschokolade feilgeboten werden.

Nachmachungen.

Unter dem Namen „Schokoladenmehl" fand sich vor einiger Zeit ein künstlich gefärbtes Gemisch von Mehl und Zucker mit nur 9—18 % Schokolade- oder Kakaopulver im Handel [2]). Hier liegt offen-bar ein nachgemachtes Produkt vor; dessen Verkauf unter dem Namen „Schokoladenmehl" widerläuft zweifellos den Bestimmungen des § 10 des Nahrungsmittelgesetzes, da unter dieser Bezeichnung nur ein aus Schokolade bestehendes Mehl (Mahlprodukt) verstanden werden kann. Die später für diese Erzeugnisse gebrauchte Benennung „Suppen-pulver" ist einwandfrei.

Als **Kunst- oder Surrogatschokolade** ist nach einer Ent-scheidung des Landgerichts Dresden ein unter Beimischung fremder Stoffe wie Johannisbrot, Sesamöl, Kokosfett, Kakaoschalen und Erdfarben hergestelltes Erzeugnis zu betrachten. Die Aufschrift „mit Mehlzusatz" oder „mit Zusatz" ist für ein solches nicht genügend, sie bezieht sich nur auf Mehl, deckt aber nicht die Beimischung der genannten Stoffe [3]).

---

[1]) Vergl. Filsinger, Zeitschr. f. öffentl. Chemie 1903, **9**, 6.
[2]) Vergl. A. Beythien u. H. Hempel, Zeitschr. f. Unters. d. Nahr.- u. Genußm. 1901, **3**, 23.
[3]) Vergl. Filsinger, Forschungsberichte 1895, 255.

Als nachgemachte Milchschokolade ist eine solche anzusehen, zu deren Bereitung nicht Milch (in flüssiger oder fester Form), sondern nur einzelne von deren Bestandteilen, wie das billige Kaseïn und Milchzucker, verwendet wurden. Nach O. Laxa[1]) ist ein Kaseïnzusatz als erwiesen anzusehen, wenn die Menge des Kaseïns die Menge der vorhandenen Laktose überschreitet. Wenn aber die Milchbestandteile in dem in der Milch vorhandenen Verhältnisse zugesetzt wurden, ist die Entscheidung, ob wirklich Milch verwendet wurde, fast unmöglich.

Verdorbene Schokolade.

Durch die Einwirkung der Feuchtigkeit, der Hitze und des Alters wird Schokolade grau und fleckig; das in ihr enthaltene Fett wird ranzig und verleiht der Schokolade einen üblen Geschmack. Auch die Entwicklung von Schimmelwucherungen auf der Schokolade wird durch ungeeignete Aufbewahrung begünstigt.

Alle derartig veränderten Schokoladen, wie überhaupt solche von ekelerregender Beschaffenheit und üblem Geruch und Geschmack sind als verdorben zu bezeichnen.

Inwieweit sie gesundheitsschädlich sind, hat der Arzt zu entscheiden.

Begutachtung.
Beispiele.
1. Schokolade mit Mehl und Sandelholz.

Beide Zusätze wurden mikroskopisch festgestellt.

Gutachten: Mehl ist kein normaler Bestandteil der Schokolade, vielmehr ein Stoff, welcher an Geschmack, Nährwert und Kaufwert der Schokolade weit nachsteht und ihr daher eine geringere Beschaffenheit, einen geringeren Wert verleiht, als denjenigen, welchen die Konsumenten erwarten und verlangen. Sandelholz ist ein der Schokolade fremder Körper ohne jeden Nähr- und Genußwert, dessen Zusatz der Schokolade den Schein eines höheren Kakaogehaltes, also einer besseren Beschaffenheit, verleiht, zugleich aber ebenfalls eine Verschlechterung derselben bewirkt.

In dem Verkauf der Schokolade unter Verschweigung dieser Zusätze ist eine Verfälschung zu erblicken.

2. Schokolade mit Sesamöl, Kakaoschalen und Mehl.

Die mikroskopische Prüfung ergab neben den Gewebselementen des Kakaos diejenigen der Kakaoschalen in beträchtlicher Menge, ferner viel Mehl (Kartoffelmehl).

Der chemische Befund war folgender:

---

[1]) l. c.

Rohrzucker . . . . 48,67 %
Mehl (schätzungsweise) . . . . 25,00 „
Rohfaser . . . . 2,20 „
Rohfaser auf fettfreie Kakaomasse berechnet 32,60 „
Fett . . . . 19,55 „

Die Untersuchung des Fettes ergab:
Jodzahl . . . . 61,66 %
Baudouins Reaktion . . . . . starke Rotfärbung
Soltsiens Reaktion . . . . . „ „

Nach diesem Untersuchungsergebnisse besteht das Fett zu ungefähr 50 % aus Sesamöl. Die benutzte Kakaomasse enthält etwa 15 % Schalen; außerdem sind der Mischung noch etwa 25 % Kartoffelmehl zugesetzt.

Gutachten: Nach der allgemeinen Verkehrsauffassung, welche sich mit den vom Verbande deutscher Schokoladefabrikanten aufgestellten Grundsätzen deckt, und welcher auch vom Standpunkte des Nahrungsmittelchemikers beigepflichtet werden muß, darf Schokolade nur aus einer Mischung von geröstetem und enthülstem Kakao und Zucker, eventuell noch unter Zusatz von Kakaobutter und Gewürz bestehen. Kakaobutter stellt einen normalen Bestandteil des Kakaos und somit auch der Schokolade dar; letztere behält den Charakter reiner Schokolade auch dann, wenn ihr Kakaobutter noch besonders zugesetzt wird.

Dagegen ist der Zusatz fremder Fette wie Sesamöl bei der Herstellung von Schokolade aus folgenden Gründen als Verfälschung zu erachten: Sesamöl bildet einen der Schokolade völlig fremden Stoff, der nicht nur erheblich billiger als Kakaobutter ist, sondern dieser vor allem in Aroma und Geschmack bedeutend nachsteht. Dazu kommt, daß fremde Fette dem Verderben (Ranzigwerden) viel leichter und schneller als die Kakaobutter unterworfen und darum auch in hohem Grade geeignet sind, die Haltbarkeit und den Wohlgeschmack der Schokolade und damit ihren Genußwert herabzusetzen.

Kakaoschalen besitzen zwar in geringem Maße noch den Geschmack und das Aroma des Kakaos, bestehen aber zum größten Teil aus unverdaulicher Substanz (Rohfaser) und verringern daher den Nährwert der Schokolade.

Der Zusatz von Mehl hat in der Schokolade eine Verringerung des Kakaogehaltes zu Folge; in der hier festgestellten Höhe — etwa 25 % — bedeutet er eine ganz erhebliche Verschlechterung der Schokolade.

Sofern die Zusätze von Sesamöl, Kakaoschalen und Mehl nicht in unzweideutiger Weise zur Kenntnis der Käufer gebracht werden, ist ihre Verwendung bei der Bereitung von Schokolade als eine Verfälschung im Sinne des Nahrungsmittelgesetzes anzusehen.

3. Verfälschter Kakao (Kakaomischung[1]).

Zwei als „Kakaomischung" bezeichnete Proben zeigten bei der Untersuchung folgende Zusammensetzung:

Mikroskopischer Befund:

Probe I.	Probe II.
Neben wenig Kakao viel Zucker, Hafer- und Weizenmehl, sowie Kakaoschalen.	Neben viel Zucker wenig Bestandteile der Kakaobohne.

Chemischer Befund:	Probe I.	Probe II.
Zucker	27,07 %	65,03 %
Fett	14,71 „	10,43 „
Jodzahl des Fettes	39,88 „	35,60 „
Getreidemehl (schätzungsweise) etwa	20,00 „	—

In Probe I liegt demnach ein Gemisch von etwa 53 % stark schalenhaltigen Kakaos mit 27 % Zucker und 20 % Mehl vor.

Bei Probe II handelt es sich um ein zu etwa $^2/_3$ aus Zucker bestehendes Produkt.

Gutachten: In der Erwägung, daß unter der Bezeichnung „Kakaomischung" lediglich ein Gemisch verschiedener Kakaosorten zu verstehen ist, sind beide Proben als verfälscht zu beanstanden. Die ausführliche Begründung des Gutachtens geschieht in der oben angedeuteten Weise.

4. Nachgemachte Schokolade mit ungenügender Deklaration[2].

Ein als „Feine Vanille-Blockschokolade (mit Zusatz)" bezeichnetes Produkt hatte folgende Zusammensetzung:

Kakaomasse	10,5 %
Kakaoabfall (Kakaoschalen)	7,0 „
Zucker	56,0 „
Weizenmehl	14,0 „
Sesamöl	4,2 „
Kakaobutter	8,3 „

Dieses Produkt hat nur den Schein, nicht auch das Wesen einer „Schokolade", indem es zu mehr als 25 % aus Stoffen besteht, die nach der allgemeinen Verkehrsauffassung der Schokolade völlig fremd sind. Es ist mithin der echten Schokolade im Sinne des Nahrungsmittelgesetzes nur nachgemacht und deshalb nur als Schokoladensurrogat zu bezeichnen.

Will man aber mit Rücksicht darauf, daß das Fabrikat zum größten Teil solche Bestandteile enthält, wie sie der Schokolade eigentümlich

---

[1] Nach A. Beythien, Jahresbericht d. Untersuchungsamtes Dresden 1903, 29.

[2] Nach einem Urteil des Landgerichtes Darmstadt vom 15. März 1902.

sind, selbst ein „Nachmachen" nicht für gegeben erachten, so würde zweifelsohne immerhin eine „Verfälschung" der Schokolade vorliegen, indem dieser Fremdstoffe, wie Kakaoabfall (in der Hauptsache Sand und Gewebsfasern), Mehl und Sesamöl, zugesetzt worden sind, durch welche ihr Nähr- und Genußwert erheblich verringert, also eine bedeutende Verschlechterung der Ware verursacht worden ist.

Die Bezeichnung des Produktes als „Feine Vanille-Blockschokolade (mit Zusatz)" ist nicht geeignet und genügt nicht, das Publikum über die wahre Beschaffenheit der Ware aufzuklären. Die Käufer können aus dieser Bezeichnung unter keinen Umständen entnehmen, daß die Schokolade Stoffe enthält, welche fast keinen Nähr- oder Genußwert haben, wie z. B. Kakaoabfall, oder welche den Genußwert erheblich verringern, wie Sesamöl. Sie werden im Gegenteil weit eher annehmen, daß damit eine Verbesserung der Schokolade durch irgendeinen Zusatz angedeutet werden soll, und werden somit durch die Bezeichnung „mit Zusatz" nicht nur über die wahre Beschaffenheit der Ware im unklaren gelassen, sondern durch diese Bezeichnung sogar besonders getäuscht werden.

———

18. Kapitel.

Essig.

Gesetzliche Bestimmungen.

Eine besondere reichsgesetzliche Regelung des Verkehrs mit Essig hat nicht stattgefunden. In einzelnen Bundesstaaten, Provinzen und Städten sind aber Verordnungen ergangen, welche sich teils auf den Mindestgehalt des Essigs an Essigsäure, teils auf die sogenannte Essigessenz beziehen.

So erließ die Regierung von Oberbayern am 6. September 1901 [1]) folgende oberpolizeiliche Vorschrift:

„Konzentrierte Essigsäure oder Essigessenzen jeder Art dürfen nur in dicht verschlossenen Behältern (Krügen, Flaschen) in den Handel gebracht werden, welche mit folgender Aufschrift in roten Buchstaben auf weißem Grunde: — Vorsicht — nur nach entsprechender Verdünnung mit Wasser zu Genußzwecken zu verwenden! — versehen sind, ferner neben dieser Aufschrift und getrennt von ihr eine weitere, die Angabe des Essigsäuregehaltes in Prozenten und Gebrauchsanweisung enthaltende Aufschrift tragen."

Die an anderen Orten erlassenen Verordnungen über den Handel mit Essigessenz haben alle einen ähnlichen Inhalt. In manchen ist der Begriff Essigessenz durch Angabe des Essigsäuregehaltes noch näher definiert; so bezieht sich die Verordnung des Polizeipräsidiums zu Berlin, betreffend den Kleinhandel mit Essigsäure (Essigessenz) zu

---

[1]) Kreis-Amtsblatt f. Oberbayern v. 14. September 1901, Nr. 31, S. 133.

Genußzwecken, vom 5. August 1902, auf Essigsäure von mehr als 15 %
Stärke.

Zusammensetzung und Beschaffenheit.

Unter Essig[1]) oder Speiseessig versteht man das bekannte
sauere Genuß- und Konservierungsmittel, welches durch Essiggärung
aus alkoholischen Flüssigkeiten erzeugt oder durch Verdünnung von
konzentrierten Essigsäurelösungen (Essigessenzen) mit Wasser gewonnen wird.

Je nach der Gewinnungsart unterscheidet man zwei Arten von
Essig, den Gärungsessig und den Destillationsessig.

I. Gärungsessig.

Gärungsessig wird auf verschiedene Weise durch Gärungsprozesse
aus alkoholischen Flüssigkeiten dargestellt. Wesentlich ist dabei die
Umwandlung des Alkohols in Essigsäure durch Oxydation; sie geschieht
mit Hilfe der als Essigbilder bekannten Gärungserreger, Bakterien und
Mycodermaarten. Hierzu gehören der gewöhnliche Essigpilz, Mycoderma
aceti Pasteur, die Essigmutter, Bacterium xylinum, ferner Bacterium
oxydens, Bacterium industrium usw.

Man unterscheidet nach dem zur Herstellung verwendeten Rohmaterial: Branntweinessig oder Spritessig, Weinessig,
Obst- und Obstweinessig, Bieressig, Malzessig, Stärke-
zuckeressig, Honigessig.

Kräuteressig wird durch Ausziehen von Kräutern mit Essigsorten dargestellt.

Unter Essigsprit versteht man einen Gärungsessig mit höherem
Essigsäuregehalt, aus dem durch Verdünnung mit Wasser Speiseessig
gewonnen wird.

Der Höchstgehalt eines durch natürliche Gärung erzeugten Essigs
an Essigsäure beträgt etwa 14—15 %.

Weinessig muß aus oder mit Wein auf dem Wege der Essiggärung hergestellt sein und die Elemente des Weins in durch die Essiggärung veränderter Form und durch die eventuelle Verdünnung verminderter Menge enthalten.

Als echter oder reiner Weinessig hat nur ausschließlich aus
Wein hergestellter Speiseessig zu gelten.

Weinessig ohne weitere Bezeichnung soll nach einer Ab-
machung der Deutschen Weinessigfabrikanten wenigstens 20 % solchen
reinen, echten Weinessigs enthalten. Gesetzliche Bestimmungen bestehen
hierüber nicht.

Als Wein muß hier selbstredend Wein im Sinne des Weingesetzes

---

[1]) Das Kapitel „Essig" bezieht sich natürlich nur auf den Speiseessig.
Die sogenannten Toilette- oder Räucheressige fallen unter den Begriff der
Parfümerien (kosmetischen Mittel), sind also Gebrauchsgegenstände.

verstanden werden, d. h. das durch alkoholische Gärung aus dem Safte der Weintrauben oder nach § 2 Ziff. 4 unter Zusatz von Zucker unter bestimmten Einschränkungen hergestellte Getränk.

Der Österreichische Lebensmittelbeirat hat über die Beurteilung von Weinessig folgende Beschlüsse gefaßt [1]):

Weinessig ist das aus Naturwein durch Essiggärung hergestellte Produkt. Es kann als „echt“ oder „Original“ bezeichnet werden, wenn keine Verdünnung mit Wasser stattgefunden hat. Wird der Weinessig behufs Herabsetzung des Säuregehaltes mit Wasser verdünnt, so darf er als „Weinessig“ bezeichnet werden; als „echt“ oder „Original“ jedoch nur, wenn das Wort „verdünnt“ hinzugefügt wird. Ein Auffärben des gewöhnlichen Weinessigs mit Karamel sowie von verblaßtem Rotweinessig mit einem Pflanzenfarbstoff ist gestattet. Eine Mischung von Weinessig mit Essig anderer Herkunft darf nicht als „Weinessig“ bezeichnet werden.

Nach den Vereinbarungen für das Deutsche Reich dürfen Fruchtessige, überhaupt Essigsorten, deren Abstammung im Handelsverkehr genau angegeben wird, keine Beimengungen von Spiritusessig oder dem aus Essigsäure oder Essigessenz hergestellten Erzeugnis enthalten.

II. Destillationsessig.

Aus dem durch trockene Destillation des Holzes gewonnenen Holzessig wird durch Entfernung der zahlreichen Verunreinigungen und wiederholte Destillation die Essigessenz dargestellt. Sie stellt eine hochprozentige (bis zu 80 %) wässerige Lösung von Essigsäure dar. Eine solche zu Speisezwecken bestimmte Essigsäure darf keine Holzteerbestandteile (Phenole, Kreosot usw.) mehr enthalten.

Wegen der gefährlichen Eigenschaften der starken Essigsäurelösungen sind für den Verkehr mit Essigessenzen in fast allen Bundesstaaten einschränkende Vorschriften erschienen (siehe oben). Eine reichsgesetzliche Regelung desselben dürfte zu erwarten sein.

Die Zusammensetzung der Essige des Handels ist je nach dem Gehalt der verwendeten alkoholischen Flüssigkeit großen Schwankungen unterworfen. J. König [2]) macht darüber folgende Angaben (in Gewichtsprozenten):

	Anzahl d. Sorten	Spez. Gewicht	Essigsäure-hydrat	Extrakt	Mineral-stoffe
Spritessig	4	1,0074—1,0218	6,62—12,03	Spur—0,918	0,031—0,191
Gewöhnlicher Haushaltungsessig	15	1,0055—1,0170	3,50— 5,54	0,09—0,960	0,02 —0,430
Malzessig	5	—	2,88— 4,76	1,00—4,01	0,140

Wein- und Obstessig ergaben im Mittel von 17 beziehungsweise 23 Analysen:

---

[1]) Deutsche Nahrungsmittel-Rundschau 1904, 3.
[2]) Chemie d. menschl. Nahr.- u. Genußmittel, 4. Aufl., Berlin 1904, Bd. II, S. 1366.

	Essig-säure	Alkohol	Ex-trakt	Nichtfl. Säure (Weinsäure)	Wein-stein	Zucker	Glyzerin	Mineral-stoffe	P_2O_5
Weinessig	5,57	0,57	1,89	0,126	0,165	0,35	0,51	0,27	0,053
Obstessig	4,49	—	2,81	0,140	—	0,31	—	0,38	0,028

Selbstverständlich richtet sich die Zusammensetzung des Essigs ganz nach den dabei verwendeten Materialien und dem Grade der Vergärung.

Die Unterscheidung der einzelnen Essigsorten ist nicht mit voller Sicherheit möglich[1]). Als Anhaltspunkte mögen folgende Angaben dienen:

Branntweinessig enthält nur wenig Extrakt und wenig Asche von neutraler oder schwach alkalischer Reaktion; er kann Alkohol und Aldehyd enthalten.

Wein-, Obst-, Bier- und Malzessig enthalten stets mehr Extrakt und Asche, die alkalisch reagiert sowie Phosphorsäure aufweist; sie können Aldehyd und Alkohol enthalten. Im Weinessig sind gewöhnlich Weinstein, kleine Mengen Glyzerin und mitunter freie Weinsäure enthalten. Da bei dem Vorgang der Essiggärung oft der Weinstein und das Glyzerin des Weines zu einem erheblichen Teile zerstört werden, so ist man nicht berechtigt, ziffermäßige Mindestanforderungen für den Gehalt des Weinessigs an diesen beiden Bestandteilen zu stellen; selbst das völlige Fehlen der Weinsteinsäure liefert noch keinen Beweis dafür, daß ein Weinessig nicht aus Wein hergestellt sei.

K. Farnsteiner[2]) legt bei der Entscheidung der Frage nach dem Weingehalt den wesentlichsten Wert auf die Menge des im Weinessig vorhandenen Extraktgehaltes. Selbstverständlich beweist die Gegenwart einer gewissen Menge Extrakt noch nicht die Gegenwart von Wein; aber das Fehlen von Extraktstoffen beweist das Fehlen des Weines. Ob etwa ein Tresterauszug oder eine Verarbeitung von Trester-, Rosinen-, Obstwein und dergleichen vorliegt, ist natürlich nach dem Extraktgehalt ebenfalls nicht zu entscheiden. Auch der Gehalt an Mineralstoffen liefert keinen Anhalt für die Berechnung des etwaigen Weingehaltes; denn einerseits werden zuweilen Mineralstoffe oder Nährsalze dem Essiggut zugesetzt, andrerseits überwiegen bei Weingehalten bis zu 30 % die aus dem verdünnten Spiritus usw. stammenden Mineralstoffe. Ein Mindergehalt an Mineralstoffen wird also kaum vorkommen.

Bei der Berechnung des Weingehaltes eines Weinessigs aus dem Extraktgehalte des letzteren ist daher zu berücksichtigen, daß schon der zweite Bestandteil des Essiggutes, verdünnter Spiritus oder gewöhnlicher Essig, eine gewisse Extraktmenge liefert. Man wird also etwa 0,1 g Extrakt bei niedrigem Weingehalte als nicht von Wein herrührend annehmen. Nimmt man ferner als Extraktgehalt des Weines 1,5 g in 100 ccm an, so wird man als Ergebnis der Berechnung stets das Maximum des angewandten Weines erhalten. Ein Weinessig, der z. B. 0,4 g Extrakt an 100 ccm enthält, wird nicht mehr als 20 % Weingehalt besitzen.

---

[1]) Vergl. Vereinbarungen, Heft II, S. 82.
[2]) Forschungsberichte 1896, **3**, 56.

Phosphorsäure ist in jedem Weinessig in bestimmbarer Menge vorhanden. Bei dem sehr wechselnden Gehalte der Weine an Phosphorsäure — 10—60 mg und mehr in 100 ccm — lassen sich an Weinessig in dieser Beziehung kaum bestimmte Anforderungen stellen.

Obstessig enthält gewöhnlich Äpfelsäure.

Bier-, Malz- und Stärkezuckeressige enthalten meistens Dextrin; in den ersteren beiden finden sich aufgelöste Proteïnstoffe bezw. Amide.

Die Essigessenz kann kleine Mengen von Holzteerbestandteilen (Kreosot, Phenole usw.) enthalten.

Zur Unterscheidung des Gärungsessigs von dem aus Essigsäure (Essigessenz) hergestellten Präparate kann die mikroskopische oder bakteriologische Untersuchung mit herangezogen werden.

Was die Konzentration des Essigs anbelangt, so soll nach den Vereinbarungen Speisessig im allgemeinen 3,5 %, keinesfalls unter 3 % Essigsäure ($C_2H_4O_2$) enthalten.

Nach den Normen des Württembergischen Verbandes der Essigfabrikanten[1]) soll:

> Einfacher Speise- und Tafelessig im allgemeinen nicht unter 4 %, mindestens aber 3,5 %;
>
> Weinessig und Einmacheessig nicht unter 5 %;
>
> Doppelessig nicht unter 7 %, und
>
> Dreifacher Essig (Essigsprit) nicht unter 10,5 % Essigsäure enthalten. — (% = Gramm in 100 ccm).

Diese Normen wurden von verschiedenen Städten (Stuttgart, Ulm) zur amtlichen Vorschrift erhoben[2]).

Durch die Gärungsvorgänge entstehen neben Essigsäure auch andere Produkte in geringen Mengen, von denen namentlich der Essigäther den Gärungsessigen, vorzüglich dem Weinessig, ein besonders angenehmes Aroma verleiht. Zur Erzielung eines solchen werden Speiseessigen vielfach auch würzhafte Kräuter, wie Estragon, Lorbeer, ferner Himbeeren, Erdbeeren usw., zugesetzt.

Verfälschungen.

1. **Fremde Säuren.** Der Essig erfährt manchmal Verfälschungen durch Zusatz fremder Säuren, die an sich keinen Genußwert besitzen. Von mineralischen Säuren sollen Schwefelsäure, Salzsäure, selbst Salpetersäure, von organischen Säuren Weinsäure und Oxalsäure in Essig gefunden worden sein. Zum qualitativen Nachweise der freien Mineralsäuren dient Methylviolett 2 B. Nr. 56 der Farbenfabriken vorm. Bayer & Co. in Elberfeld (vgl. Vereinbarungen).

Es ist zu beachten, daß die Speiseessige durch Verdünnung mit

---

[1]) Deutsche Nahrungsmittel-Rundschau 1904, 54.
[2]) Vergl. Zeitschr. f. öffentl. Chemie 1900, 496.

Brunnenwasser hergestellt werden und daher Schwefel-, Salz- und Salpetersäure in mehr oder weniger großer Menge in Form von Salzen enthalten können. Allerdings soll das zur Verdünnung genommene Wasser den an Trinkwasser gestellten Anforderungen genügen.

2. Der Zusatz scharf schmeckender Stoffe, wie Paprika und Pfeffer, ist als Verfälschung zu erachten, sofern er nicht deklariert wird. Solche Zusätze dienen meist zur Verschärfung des Geschmacks bei starker Verdünnung des Essigs, bezwecken also die Vortäuschung eines höheren Gehaltes an Essigsäure. Der Nachweis solcher scharf schmeckender Stoffe geschieht durch Prüfung des Ätherauszuges auf seinen Geschmack; die Feststellung ihrer Natur auf chemischem Wege ist schwierig und meist nicht sicher.

3. Der Zusatz von Konservierungsmitteln ist — abgesehen von der Frage ihrer Gesundheitsschädlichkeit — nur zulässig, wenn die Bezeichnung des Essigs einen Hinweis auf solche enthält.

4. Die Beimischung minderwertiger zu besseren Essigsorten ist eine häufig vorkommende Art der Verfälschung. Insbesondere wird der wertvollere Wein- und Obstessig mit Spritessig oder Essigessenz versetzt. Leider ist man zurzeit noch nicht in der Lage, derartige Beimischungen mit Sicherheit nachweisen zu können. Die oben angeführten Merkmale sind selbst für die reinen, unvermischten Essigsorten nicht ganz sicher. Die als eigenartig bezeichneten Bestandteile bieten zur Erkennung von Mischungen nur selten eine Handhabe; einerseits können sie ganz fehlen, andrerseits können sie dem Essig leicht beigemengt werden, so daß selbst ein positiver Befund kein sicherer Beweis für die Reinheit einer Essigsorte ist. Dies beachte man bei der Begutachtung und sei daher vorsichtig in der Ausdrucksweise.

5. Übermäßiger Zusatz von Wasser. Eine zu starke Verdünnung des Essigs mit Wasser stellt eine Verschlechterung des ersteren dar. Einerseits wird dadurch die konservierende Eigenschaft des Essigs beeinträchtigt und sein Genußwert überhaupt herabgemindert, andrerseits neigt ein zu stark verdünnter Essig allzuleicht zum Verderben durch Kahmbildung und Essigälchen. Nach den Vereinbarungen soll der Speiseessig keinesfalls unter 3 % Essigsäure enthalten.

Nachmachung.

Als nachgemacht kommen wohl nur Essige in Frage, die unter einer bestimmten Bezeichnung feilgeboten werden, welche ihrem Wesen nicht entspricht, z. B. Weinessig, der unter Verwendung eines nach dem Weingesetze für den Verkehr verbotenen Kunstweines, wie Rosinenwein, dargestellt wurde. Es kann keinem Zweifel unterliegen, daß die Herstellung eines solchen „Weinessigs" eine Nachahmung eines Nahrungsmittels zum Zwecke der Täuschung im Handel und Verkehr ist, und daß es unter einer zur Täuschung geeigneten Bezeichnung geschieht, wenn dieses Fabrikat als Weinessig feilgeboten wird. Die Herstellung und der Verkauf eines solchen Produkts verstößt gegen § 10 bezw.

§ 11 des Nahrungsmittelgesetzes; unter Umständen tritt noch § 367,7 des Reichs-Strafgesetzbuches in Wirksamkeit[1]).

Der Nachweis einer derartigen Nachahmung wird allerdings mit Hilfe der chemischen Analyse kaum zu führen sein; (vgl. Ziffer 4); man ist auch hier auf Indizien angewiesen.

Verdorbener Essig.

Speiseessig soll klar und durchsichtig sein. Er unterliegt jedoch vielfach krankhaften Veränderungen; so bildet sich auf seiner Oberfläche die bekannte Kahmhaut, oder es treten im Essig gallertartige Pilzwucherungen (Essigmutter) auf. Essige, welche diese Erscheinungen zeigen, sind verdorben im Sinne des Nahrungsmittelgesetzes.

Essigälchen. Sehr häufig treten in Essigen die sogenannten Essigälchen, Anguillula oxoophila, auf, kleine, bewegliche, zur Familie der Fadenwürmer (Nematoden) zählende Tierchen, die bei scharfer Beobachtung mit freiem Auge erkennbar sind. Sie finden sich hauptsächlich im Gärungsessig, kommen allerdings auch in dem aus verdünnter Essig-essenz hergestellten Speiseessig vor, wo sie jedoch nach Rothenbach[2]) infolge des Mangels an Extrakstoffen bald zugrunde gehen.

In konzentrierteren Essigsäurelösungen sterben die Älchen bald ab, erst in 10%igem Essig bleiben sie am leben; eine gute Vermehrung findet aber erst bei weniger als 6% Säure statt, und zwar um so besser, je weniger Säure vorhanden ist. Die günstigste Temperatur für ihre Entwicklung liegt bei 20—29° C; eine Temperatur von 44° tötet die Essigälchen in einer Minute, während sie gegen Kälte unempfindlicher sind. Unter völligem Luftabschluß sterben sie in etwa 3 Tagen[3]). Hieraus erklärt sich die bekannte Tatsache, daß die Aufbewahrung des Essigs in unverschlossenen Behältern und bei mittlerer Temperatur die Bildung der Älchen begünstigt.

Einzeln oder in geringer Zahl auftretende Essigälchen kommen leicht vor und können nicht beanstandet werden. Dagegen ist ein Essig, der durch Massen von Essigälchen trübe erscheint, für verdorben zu erklären. Ein solcher Essig kann auch durch bloße Filtration nicht wieder zu einem normalen gemacht werden, da durch die Älchen einerseits der Essigsäuregehalt herabgemindert (aufgezehrt), andrerseits aber auch der Essig selbst durch deren Stoffwechselprodukte verunreinigt wird.

Durch Destillation gewonnener Essig (Essigessenz), welcher empyreumatische Produkte, wie Kreosot, Phenol und dergleichen, enthält, ist ungeeignet zum menschlichen Genusse.

---

[1]) Vergl. Deutsche Nahrungsmittel-Rundschau 1903, 117.

[2]) Deutsche Essigindustrie 1899, Nr. 40; Zeitschr. f. Unters. d. Nahr.- u. Genußm. 1900, **3**, 371.

[3]) Vergl. W. Henneberg, Zentralbl. f. Bakteriologie, II. Abt. 1900, **6**, 180—184.

Gesundheitsschädlicher Essig.

Gesundheitsschädliche Eigenschaften kann der Essig durch Aufnahme schädlicher oder giftiger Metallsalze (Kupfer, Blei, Zink, Zinn) aus den Aufbewahrungsgefäßen, Zapfhähnen, Meßgefäßen, Trichtern und Gummischläuchen erhalten. Aus diesem Grunde ist die Verwendung von Metallgeräten bei der Behandlung des Speiseessigs in manchen Verwaltungsbezirken auch untersagt[1]).

Die Verfälschung des Essigs mit der giftigen Oxalsäure oder mit arsenhaltigen Mineralsäuren ist ebenfalls geeignet, ihm gesundheitsschädliche Eigenschaften zu verleihen.

Ist auf der Grundlage der chemischen Untersuchung durch einen medizinischen Sachverständigen die Gesundheitsschädlichkeit oder -gefährlichkeit eines Speiseessigs festgestellt, so kommen für seine Beurteilung die §§ 12, 14 oder 13 des Nahrungsmittelgesetzes in Betracht.

Begutachtung.

Beispiele.

1. Weinessig.

Gehalt an Grammen in 100 ccm:	I.	II.	III.
Geruch und Geschmack	aromatisch	aromatisch	aromatisch
Extrakt.	1,025	0,831	0,480
Mineralbestandteile . .	0,120	0,108	0,075
Phosphorsäure . . .	0,017	Spur	Spur
Weinsteinsäure . . .	vorhanden	Spur	Spur
Essigsäure	6,181	5,523	6,324

Sämtliche Bestandteile dieser drei Proben deuten auf die Verwendung von Wein bei der Herstellung der Essige hin; allerdings liegt in keinem Falle ein nur aus Wein hergestellter, unverdünnter Essig vor, wie aus den für Extrakt und Mineralstoffen ermittelten Werten hervorgeht. Bei Probe I würde sich, wenn man einen Extraktgehalt von 1,5 g in 100 ccm als Minimum zugrunde legt, ein Gehalt von etwa 65—70 %, bei Probe II ein solcher von etwa 50 % und bei Probe III von etwa 25—30 % Weinessig berechnen. Es ist indessen zu berücksichtigen, daß der Gehalt an Extrakt und Mineralstoffen durch andere Zusätze erhöht werden kann. Für die tatsächliche Gegenwart von Weinessig spricht in allen drei Fällen die Anwesenheit von Phosphorsäure und Weinsteinsäure wie auch das charakteristische Aroma.

Gutachten. Da positive Anhaltspunkte für die Höhe des Gehaltes dieser drei Essige an reinem Weinessig fehlen, so vermeide man im Gutachten Angaben über eine solche. Man kann nur sagen, daß alle drei

---

[1]) So ist z. B. in der Oberpolizeilichen Vorschrift der kgl. Regierung von Schwaben und Neuburg vom 29. Juni 1892, § 7, beim Ausschank von Essig die Benutzung von Trichtern, Seihern und Hähnen aus Metall jeder Art verboten.

Proben die Verhältnisse von Essigen aufweisen, die unter Verwendung
von Wein hergestellt wurden. Als reine Weinessige, d. h. als
solche, die lediglich aus Wein ohne weitere Zusätze oder Verdünnung
gewonnen wurden, können sie jedoch nicht angesprochen werden und
dürfen daher auch unter dieser Bezeichnung nicht in den Verkehr gebracht
werden.

2. Nachgemachter bezw. verfälschter Weinessig.

	I.	II.
Farbe	braun	farblos
Geruch und Geschmack .	ohne Aroma	ohne Aroma
Essigsäure in 100 ccm	4,020 g	2,450 g
Extrakt „ „ „	0,230 „	0,133 „
Mineralstoffe „ „ „	0,025 „	0,023 „
Phosphorsäure in „ „	fehlt	fehlt
Weinsteinsäure „ „ „	fehlt	fehlt
Karamel	vorhanden	—

In diesen beiden Proben liegt der Gehalt an Extrakt und Mineralstoffen weit unter der Grenze für einen selbst nur 20 % Wein enthaltenden Essig. Auch der vollständige Mangel an Phosphorsäure und Weinsteinsäure einerseits, wie an dem für Weinessig charakteristischen Aroma
andrerseits, sind ein Beweis dafür, daß hier von Weinessig keine Rede
sein kann; vielmehr scheinen beide Proben aus Essigsprit hergestellt
worden zu sein.

Probe I ist durch Karamel, wahrscheinlich in Form von sogenannter
Zuckercouleur, gefärbt; diesem Zusatze hat sie auch teilweise ihren
Gehalt an Extrakt zu verdanken.

Probe II zeigt einen für Speiseessig zu geringen Gehalt an Essigsäure (Minimum 3 %) und ist daher auch wegen zu starker Verdünnung
als verfälscht zu beanstanden.

Gutachten. Unter Weinessig versteht man einen unter Verwendung von mindestens 20 % Wein hergestellten Essig. Sein Vorzug
vor dem gewöhnlichen Essig liegt hauptsächlich in dem aromatischen
Geruch und Geschmack, welche er dem Wein bezw. den bei der Essiggärung und Lagerung entstandenen Umwandlungsprodukten der Weinbestandteile verdankt.

Nach dem Befunde der vorstehenden Untersuchung besitzen beide
als Weinessig bezeichnete Proben nicht die Zusammensetzung und die
Eigenschaften eines solchen. Es liegen vielmehr in beiden Fällen
Essige vor, die jedenfalls durch Verdünnen von Essigsprit mit Wasser
hergestellt wurden. Zur Färbung wurde Probe I außerdem noch mit
Karamel (Zuckercouleur) versetzt.

Beide Proben besitzen also nur den Schein, nicht aber das Wesen
des Weinessigs; sie sind daher für nachgemacht im Sinne des Gesetzes
vom 14. Mai 1879, betreffend den Verkehr mit Nahrungsmitteln usw.,

zu erklären, sobald sie unter der Bezeichnung „Weinessig" in den Verkehr gebracht werden.

Probe II besitzt außerdem einen zu geringen Gehalt an Essigsäure, d. h. an dem für seine Verwendung wertvollen Bestandteile. Nach den Festsetzungen der Essigfabrikanten wie auch nach den Vereinbarungen der vom Kaiserlichen Gesundheitsamt einberufenen Kommission Deutscher Nahrungsmittelchemiker soll der Gehalt eines Speiseessigs an Essigsäure $3\frac{1}{2}\%$, mindestens aber 3% betragen. Die vorliegende Probe (II) ist daher als mit Wasser gestreckt, d. h. verfälscht im Sinne des Nahrungsmittelgesetzes zu beanstanden. Der Färbung der Probe I mit Zuckercouleur stehen keine Bedenken entgegen.

3. Essigessenz unter täuschender Bezeichnung[1]).

Eine als „Weinessig-Essenz" auf der den Flaschen angehefteten Etikette bezeichnete Probe hatte folgende Zusammensetzung:

Essigsäure . . . . 63,84 %
Extrakt . . . . 0,328 „
Mineralstoffe . . . . 0,011 „
Zuckercouleur: vorhanden.

Es lag somit eine gewöhnliche, durch Zuckercouleur braun gefärbte Essigessenz vor, aus welcher durch entsprechende Verdünnung mit Wasser ein Speiseessig, aber kein Weinessig bereitet werden kann.

Als „nachgemacht" kann das Präparat nicht bezeichnet werden, da eine wirkliche Weinessig-Essenz im Handel nicht existiert.

Die Bezeichnung muß indessen als zur Täuschung des Publikums geeignet erklärt werden, da man in den Glauben versetzt wird, als resultiere nach dem Verdünnen mit Wasser ein Essig mit gleichen oder ähnlichen Eigenschaften, wie sie Weinessig besitzt.

---

19. Kapitel.

Bier.

Spezialgesetze.

Während bei den übrigen Nahrungsmitteln die Frage der zu ihnen gehörigen, bzw. ihnen nicht zukommenden Bestandteile leicht beantwortet werden kann, befindet sich das Bier demgegenüber in einer eigentümlichen Ausnahmestellung, da bei ihm die Besteuerungsverhältnisse zu berücksichtigen sind, die in einzelnen Bundesstaaten, abweichend von der Reichsgesetzgebung, landesgesetzlich geregelt sind.

---

[1]) Vergl. H. Lührig, Jahresbericht d. Untersuchungsamtes Chemnitz 1904, S. 22.

Für die Beurteilung des Bieres kommen neben den allgemeinen Gesetzen nachstehende besondere gesetzliche Bestimmungen in Betracht.

a) Deutsches Reich.

Auszug aus dem Brausteuergesetz vom 3. Juni 1906[1]); gültig für das innerhalb der Zollinie liegende Gebiet des Deutschen Reiches, jedoch mit Ausschluß der Königreiche Bayern und Württemberg, des Großherzogtums Baden, Elsaß-Lothringens, des Großherzoglich Sächsischen Vordergerichtes Ostheim und des Herzoglich Sachsen-Koburg- und Gothaischen Amtes Königsberg.

Bierbereitung.

§ 1. Zur Bereitung von untergärigem Bier darf nur Gerstenmalz, Hopfen, Hefe und Wasser verwendet werden. Die Bereitung von obergärigem Bier unterliegt derselben Vorschrift; es ist jedoch hierbei auch die Verwendung von anderem Malze und von technisch reinem Rohr-, Rüben- oder Invertzucker sowie von Stärkezucker und aus Zucker der bezeichneten Art hergestellten Farbmitteln zulässig.

Für die Bereitung besonderer Biere sowie von Bier, das nachweislich zur Ausfuhr bestimmt ist, können Abweichungen von der Vorschrift im Absatz 1, gestattet werden.

Die Vorschrift im Absatz 1. findet. keine Anwendung auf die steuerfreie Haustrunkbereitung (§ 9).

Gegenstand der Brausteuer.

§ 2. Die Brausteuer wird von dem. zur Bierbereitung verwendeten Malze und Zucker erhoben. Unter Malz wird alles künstlich zum Keimen gebrachte Getreide verstanden. Der dem obergärigen Biere nach Abschluß des Brauverfahrens und außerhalb der Braustätte zugesetzte Zucker unterliegt nicht der Brausteuer. Der Bundesrat ist befugt, den Zucker von der Brausteuer gänzlich frei zu lassen.

Als Zucker im Sinne dieses Gesetzes sind die im § 1 Abs. 1 bezeichneten Zuckerstoffe einschließlich der daraus hergestellten Farbmittel zu verstehen.

Herstellung bierähnlicher Getränke; Handel mit Bierextrakten und dergl.

§ 3. Die Brausteuer kann auch von dem zur Bereitung bierähnlicher Getränke verwendeten Malze und Zucker erhoben werden. Die Herstellung solcher Getränke kann unter Steueraufsicht gestellt, auch kann die Verwendung von anderen Malzersatzstoffen als Zucker verboten werden. Die näheren Bestimmungen trifft der Bundesrat.

Andere als die am Schlusse des § 1 Abs. 1 bezeichneten, zur Herstellung von Bier oder bierähnlichen Getränken bestimmten Zubereitungen (Bierextrakte und dergl.) dürfen nicht in den Verkehr gebracht werden.

---

[1]) Reichs-Gesetzblatt 1906, Nr. 32, S. 675.

Ausführungsbestimmungen zum Brausteuergesetz
vom 3. Juni 1906.

Zu den §§ 1, 2 des Gesetzes.

§ 1. **Braustoffe.** Bei der Bereitung von Bier ist nicht nur die Verwendung von Malzersatzstoffen jeder Art — mit der für obergärige Biere zugelassenen Ausnahme —, sondern auch aller Hopfenersatzstoffe sowie aller Zutaten irgendwelcher Art, auch wenn sie nicht unter den Begriff der Malz- oder Hopfenersatzstoffe gebracht werden können, verboten. Der Ausdruck „Bereitung" ist im weitesten Sinne zu verstehen und umfaßt alle Teile der Herstellung und Behandlung des Bieres bis zu seiner Abgabe an den Verbraucher.

Hinsichtlich der Zulässigkeit der Verwendung und der Höhe der Steuer macht es keinen Unterschied, ob das Malz in ganzen Körnern oder zerkleinert, trocken oder angefeuchtet, ungedarrt, gedarrt oder geröstet zur Bierbereitung verwendet wird. Dagegen ist die Verwendung von Malzauszügen, insbesondere von Malzextrakt, nicht zulässig.

Zur Bereitung von obergärigem Biere darf Malz aus Getreide aller Art, auch aus Buchweizen, Mais und Dari, nicht aber aus Reis verwendet werden.

Als technisch rein gilt Zucker von solcher Reinheit, wie sie in dem bei der Herstellung von Zucker gebräuchlichen Verfahren erreicht wird.

§ 2. **Abweichungen.** . . . .

§ 3. **Farbebiere.** Der Vorschrift im § 1 Absatz 1 des Gesetzes unterliegt auch die Bereitung von Farbebier.

Zur Färbung von untergärigem Biere dürfen nur Farbebiere verwendet werden, die aus Gerstenmalz hergestellt sind.

Für das zur Bereitung von Farbebier verwendete Malz ist die Brausteuer zu entrichten. Die Verwendung der Farbebiere zur Bierbereitung unterliegt den von der obersten Landesfinanzbehörde anzuordnenden Aufsichtsmaßnahmen.

§ 4. **Zucker.** . . . .

Zu § 3 des Gesetzes.

§ 5. **Bierähnliche Getränke.** Als bierähnlich sind solche Getränke anzusehen, die aus Malz oder unter Mitverwendung von Malz hergestellt sind und als Ersatz für Bier genossen zu werden pflegen. Es macht keinen Unterschied, ob die Getränke gegoren sind oder nicht. Das Malz, das zu ihrer Bereitung unmittelbar oder mittelbar (z. B. in Gestalt von Malzauszügen) verwendet wird, unterliegt der Brausteuer.

Sollen bierähnliche Getränke als Bier oder unter einer Bezeichnung in den Verkehr gebracht werden, die geeignet ist, die Meinung zu erwecken, daß sie Bier seien, so findet auf ihre Bereitung die Vorschrift im § 1 Abs. 1 des Gesetzes mit der Maßgabe Anwendung, daß ungegorene Getränke den obergärigen Bieren gleichzustellen sind.

Die Bereitung der bierähnlichen Getränke unterliegt im übrigen den gleichen Vorschriften wie die Bereitung von Bier. Findet sie in besonderen Anstalten statt, so sind diese als Brauereien anzusehen.

. . . .

Neufeld. 24

b) Bayern.

Auszug aus dem Gesetz über den Malzaufschlag vom
vom 16. Mai 1868, in neuer Fassung vom 10. Dezember 1889[1]).

Verbot der Malzsurrogate.

Artikel 7. Es ist verboten, zur Bereitung von Bier statt Malzes (Dörr- oder
Luftmalzes) Stoffe irgendwelcher Art, als Zusatz oder Ersatz oder
ungemälztes Getreide für sich, sowie mit ungemälztem Getreide ver-
mischtes Malz zu verwenden.

Zur Erzeugung von Braunbier darf nur aus Gerste bereitetes
Malz verwendet werden.

Durch die Bestimmungen dieses Artikels ist die Verwendung von
Malzsurrogaten, als: Griesmehl, rohe Getreidearten, Kartoffelmehl oder
Kartoffelstärke, Reis, Mais, Sirup (Melasse), Trauben- und Brauzucker-
fabrikate, Biercouleur, Malzbrauzucker, Glyzerin, Weinsäure, Lakritzen-
saft, Zichorien, Karamel zur Bierbereitung in Bayern verboten.

Außerdem dürfen nach dem bayerischen Landtagsabschiede
vom 10. November 1881 zur Bereitung von Braunbier andere Stoffe
als Gerstenmalz und Hopfen (bei Vermeidung der Anwendung der Strafgesetze wegen Fälschung von Getränken) nicht verwendet werden.

Mithin ist in Bayern sowohl steuerrechtlich als polizeilich unter
Bier nur das aus Gerstenmalz, Hopfen und Wasser bereitete Getränk
zu verstehen[2]).

c) Württemberg.

Auszug aus dem Gesetz, betreffend die Biersteuer,
vom 4. Juli 1900[3]).

1. Malzsteuer.

Gegenstand.

Artikel 3. Zur Bereitung von Bier dürfen statt Darr- oder Luftmalz und
Hopfen Stoffe irgendwelcher Art als Ersatz oder Zusatz nicht verwendet werden.

Zur Bereitung von untergärigem Bier darf als Malz nur Gerstenmalz Verwendung finden.

d) Baden.

Auszug aus dem Gesetz, die Biersteuer betreffend,
vom 30. Juni 1896[4]).

Artikel 6. Bei der Bierbereitung dürfen statt Malzes Stoffe irgendwelcher
Art als Ersatz oder Zusatz, also auch ungemälztes Getreide, nicht
verwendet werden.

---

[1]) Gesetz- u. Verordnungsblatt 1889, Nr. 48; nach v. Buchka, Nahrungsmittelgesetzgebung, 218.

[2]) Vergl. Materialien z. techn. Begründung d. Nahrungsmittelgesetzes.

[3]) Regierungsbl. f. d. Königreich Württemberg 1900, 542; v. Buchka l. c. 219.

[4]) Gesetz- u. Verordnungsbl. f. d. Großherzogtum Baden 1896, 153;
v. Buchka, l. c. 220.

Zur Erzeugung von untergärigem Bier darf nur Gerstenmalz Verwendung finden.

Auszug aus der Verordnung, den Vollzug des Gesetzes über die Biersteuer vom 30. Juni 1896 betreffend, vom 29. Juli 1896 [1]).

§ 2. 1. Malz im Sinne des Gesetzes ist alles künstlich, d. h. durch besondere, die Herbeiführung des Keimprozesses bezweckende Veranstaltungen zum Keimen gebrachte Getreide.

2. Unter Getreide sind nur die Getreidearten im engeren Sinne (wie Weizen, Gerste, Mais) zu verstehen. Reis fällt nicht unter den Begriff des Getreides.

Begriff und Zusammensetzung.

Bier ist ein durch weinige Gärung ohne Destillation erzeugtes, noch in einem gewissen Stadium der Nachgärung befindliches Getränk, zu dessen Herstellung vorherrschend Malz, Hopfen, Hefe und Wasser verwendet werden. Es enthält als wesentliche Bestandteile Alkohol, Kohlensäure und einen erheblichen Anteil unvergorener Extraktbestandteile.

Je nach der Beschaffenheit des Malzes und der anderen Materialien, nach der Art der Herstellung (Sudverfahren, Gärverfahren), der Hopfengabe, der Würzekonzentration, dem Vergärungsgrade, der Dauer und Art der Nachbehandlung, Kellerbehandlung und Lagerung gibt es eine große Anzahl verschiedener Biersorten. Im allgemeinen kann man unterscheiden [2]):

1. Helle und dunkele Biere, je nach der Art des verwendeten, bei niedrigen oder höheren Temperaturen abgedarrten Malzes. Tief dunkele Färbungen des Bieres werden durch Zusatz von gebranntem Malz (Karamel- oder Farbmalz) oder von gebranntem Zucker (Zuckercouleur) oder durch Überhitzung der Würze erzielt.

2. Obergärige und untergärige Biere. Bei den ersteren verläuft die Gärung bei höheren Temperaturen in kürzerer Zeit unter Ausscheidung der Hefe an der Oberfläche (z. B. Weißbiere, westfälisches Altbier, belgische und englische Biere). Bei letzteren verläuft die Gärung bei niedrigen Temperaturen in längerer Zeitdauer unter Absitzen der Hefe am Boden des Gärgefäßes.

3. Stark oder schwach eingebraute Biere, je nach der Höhe der Stammwürze.

4. Hoch und niedrig vergorene Biere, je nach der Höhe des Vergärungsgrades; weinige, vorherrschend alkoholreiche und extraktarme, und vollmundige, extraktreiche, wenig vergorene Biere. Doppelbiere nennt man an manchen Orten etwas stärker als ortsüblich eingebraute Biere. Dahin gehören auch die Bockbiere.

Das sogenannte Nachbier (Konvent, Schöps, in manchen Gegenden auch Weißbier) wird hergestellt, indem das bei der Bierbereitung ver-

---

[1]) Dortselbst, 226.
[2]) Vergl. Vereinbarungen Heft III, S. 1.

24*

wendete Malz wiederholt ausgezogen, und die so gewonnene sehr dünne Würze wie beim Bier weiterbehandelt wird. Die Nachbiere zeigen in der Regel eine Würzekonzentration von 3—4 %; sie enthalten 1—2 % Extrakt, etwa 1 % Alkohol, 0,06—0,08 % Asche und besitzen eine Acidität von 0,03—0,05 ccm Normalalkali. Nachbiere sind leicht Veränderungen unterworfen, besonders neigen sie dazu, sauer und hefetrüb zu werden; sie werden in dieser Beziehung geradeso beurteilt wie andere Biere.

Welche Materialien bei der Herstellung der einzelnen Biersorten in den verschiedenen Bundesstaaten zulässig sind, geht aus den eingangs angeführten gesetzlichen Bestimmungen hervor.

Durch das Brausteuergesetz vom 3. Juni 1906 wurde für dessen Geltungsbereich der Begriff „bierähnliche Getränke" offiziell neu eingeführt. Als solche sind Getränke anzusehen, die aus Malz oder unter Mitverwendung von Malz hergestellt sind und als Ersatz für Bier genossen zu werden pflegen. Es macht keinen Unterschied, ob die Getränke gegoren sind oder nicht. Hierher gehören die unter allerhand Phantasienamen im Handel befindlichen, mit Kohlensäure imprägnierten Bierwürzen. Die Bezeichnung „alkoholfreies Bier" für diese Getränke ist nach einer Entscheidung des Kaiserlichen Patentamtes nicht zulässig [1]).

Darnach enthält diese Bezeichnung eine mißbräuchliche Verwendung des Wortes „Bier" und muß daher als unlauterer Wettbewerb gelten. Das Charakteristische am Bier ist gerade der mäßige Alkoholgehalt nebst anderen Bestandteilen. Wird einer dieser Bestandteile fortgelassen, so ist die Bezeichnung „Bier" nicht mehr zulässig.

Wo in folgendem von „Bier" ohne weitere Bezeichnung die Rede ist, handelt es sich um die untergärigen Schenk-, Lager-, Export- und Doppelbiere, welche aus Gerstenmalz hergestellt und offiziell unter dem Namen „Braunbiere" zusammengefaßt werden.

Die Zusammensetzung des Bieres ist naturgemäß eine außerordentlich komplizierte, und unsere Kenntnis derselben weist in qualitativer, noch mehr aber in quantitativer Beziehung manche Lücken auf.

Nach dem gegenwärtigen Stande der Wissenschaft enthält das normale Bier [2]) Achroodextrine, Maltose, Glukose, Pentosen, Galaktoxylan, Amylan, Gummi, Hefengummi, Pektinstoffe, karamelartige Substanzen, Eiweiß, Peptone, Amide und Amidosäuren, Invertin, den Alkaloïden nahestehende Körper, Hopfenharz, Hopfenbittersäure, Hopfenöl, Hopfengerbstoff, Kohlensäure, Milchsäure, Bernsteinsäure, Essigsäure, Ameisensäure, Salze der organischen Säuren, primäre Phosphate, Chloride, Sulfate, Glyzerin, Alkohol, Aldehyd, Ester und Wasser.

---

[1]) Vergl. Zeitschr. f. öffentl. Chemie 1899, 179.
[2]) Vergl. E. Prior, Chemie u. Physiologie d. Malzes u. Bieres, Leipzig 1896, S. 493.

Nach E. Prior (l. c.) kann man drei untergärige Biertypen unterscheiden, an die sich alle übrigen deutschen Biere im Charakter mehr oder weniger anlehnen: das Münchener oder bayrische, das Wiener und das Pilsener Bier.

Das Münchener oder bayerische Bier ist infolge seines höheren Gehaltes an karamelartigen Stoffen und Röstprodukten tiefer gefärbt als die anderen. Es schmeckt vollmundig, sehr malzig und, je nach dem Hopfengehalte, mehr oder weniger süß.

Das Wiener Bier ist von goldgelber Farbe, weniger malzig und süß, auch nicht so vollmundig als das bayerische und nicht bitter, bei vorzüglichem Aroma.

Das Pilsener Bier ist durch seine hell weingelbe, ins Grünliche spielende Farbe, sein ausgesprochenes feines Hopfenaroma und einen mehr bitteren als malzigen Geschmack ausgezeichnet.

Wenn auch zwischen diesen drei Biertypen in der Zusammensetzung des Extraktes unzweifelhaft Verschiedenheiten bestehen, so können diese doch mit den heutigen Mitteln der chemischen Analyse nicht nachgewiesen werden. Ihre Unterschiede sind hauptsächlich durch die äußere Beschaffenheit, den Geschmack und den Trunk charakterisiert.

Von den einzelnen Biertypen werden wiederum verschiedene Sorten hergestellt, die sich in der Hauptsache durch ihren Extrakt- und Alkoholgehalt, ihren Vergärungsgrad und die Menge der Hopfenbestandteile voneinander unterscheiden und daher auch mit Hilfe der Analyse erkannt werden können.

Der Alkoholgehalt der verschiedenen Biere schwankt zwischen 1,5 und 6 Gewichtsprozenten, der Extraktgehalt zwischen 2 und 8 %. Beide sind von der Konzentration der Stammwürze und dem Vergärungsgrade abhängig; feste Grenzen dafür gibt es nicht. Gewöhnlich beträgt der Extraktgehalt nicht mehr als das Doppelte des Alkoholgehaltes; je nach dem relativen Überwiegen des ersteren oder des letzteren bezeichnet man die Biere als weinig oder als vollmundig.

Die Konzentration der Stammwürze bewegt sich je nach der Geschmacksrichtung und dem Bierpreise bei deutschen Bieren etwa zwischen 10 und 14 %; bestimmte Anforderungen bestehen hierfür nicht. Die Kenntnis der Würzekonzentration ist notwendig, wenn es sich darum handelt, ob ein Bier durch Wasserzusatz gefälscht wurde.

Der Vergärungsgrad der Biere soll ungefähr die Hälfte des ursprünglichen Extraktes betragen; doch kann er darüber und wesentlich darunter gehen, ohne zu einer Beanstandung Veranlassung geben zu können. Denn bedauerlicherweise existieren bisher in Deutschland keine Vorschriften über die Höhe des Vergärungsgrades, wie dies z. B. in einzelnen Kantonen der Schweiz der Fall ist. Der Vergärungsgrad bildet aber zurzeit immer noch das einzige Kriterium zur Beurteilung der Reife

eines Bieres[1]); ein zu geringer Vergärungsgrad bedingt in den meisten
Fällen auch eine geringe Haltbarkeit des letzteren. Die Freie Vereinigung
bayerischer Chemiker setzte die unterste Grenze für den Vergärungsgrad
deshalb auf 44 % fest, während manche Hygieniker für bayerisches Bier
eine solche von mindestens 48 % fordern[2]).

Das Extrakt enthält alle nichtflüchtigen Bestandteile des Bieres in
dem Maße, wie sie aus der Gerste in dieses übergehen und wie sie bei
der Gärung gebildet werden; die wesentlichsten sind Maltose, verschiedene
Arten von Dextrin, Proteïne und Salze, insbesondere Phosphate, ferner
Glyzerin, Säuren usw. Auf die Trockensubstanz der Stammwürze bezogen beträgt der Gehalt des Bieres an Stickstoff und an Phosphorsäure bei Verwendung eines der üblichen Rohstoffe je 0,4—0,5 %; bei
Verwendung von Zucker an Stelle von Malz verringert sich der Stickstoffgehalt wesentlich. Der natürliche Gehalt an Glyzerin soll 0,3 % des
Bieres nicht überschreiten.

Der Gehalt an Mineralbestandteilen geht in der Regel nicht
über 0,3 % hinauf, sofern das Bier nicht mit sehr salzreichem Wasser
hergestellt ist. Ein höherer Aschengehalt kann Anhaltspunkte für Zusatz
von Neutralisationsmitteln oder Kochsalz bieten und zu weiterer Untersuchung veranlassen. Jedes Bier enthält Schwefelsäure und häufig
Schweflige Säure oder deren Salze, desgleichen Chloride aus
den Rohmaterialien und dem Brauwasser. Größere Mengen Schwefelsäure und Chlor können nur unter Berücksichtigung der Abstammung
des Bieres beurteilt werden. Größere Mengen Schwefliger Säure, welche
durch mehr als 10 g Baryumsulfat aus 200 ccm Bier angezeigt werden,
können als zum Zwecke der Haltbarmachung zugesetzt angesehen werden.

Die Gesamtsäure (ausschließlich Kohlensäure) überschreitet selten
eine 3 ccm Normalalkali für 100 g Bier entsprechende Menge. Säuremengen unter 1,2 ccm Normalalkali machen das Bier der Neutralisation
verdächtig. Gewisse obergärige Biere, z. B. Berliner Weißbier, können
bei langer Lagerung jedoch weit höhere Säuremengen (bis 7 ccm Normalalkali in 100 g entsprechend) aufweisen.

Flüchtige Säuren sind in gut ausgegorenen Bieren nur in ganz
geringer Menge vorhanden. Mehr als kaum nachweisbare Spuren von
Essigsäure lassen auf Säuerung schließen.

Der Kohlensäuregehalt des im Konsum befindlichen Bieres
schwankt zwischen 0,22 und 0,27 %, während dem Lagerfasse direkt
entnommene Biere 0,4 % enthalten. Biere, deren Kohlensäuregehalt
unter 0,22 % gesunken ist, haben an Wohlgeschmack eingebüßt und
sind mehr oder weniger „schal". (Prior.)

Der Zusatz von Hopfen erhöht die Haltbarkeit des Bieres, indem

---

[1]) Vergl. E. Prior, Vereinbarungen, betr. d. Untersuchung u. Beurteilung
des Bieres; bearbeitet im Auftrage des Ausschusses d. Freien Vereinigung
bayerischer Vertreter d. angew. Chemie, München 1898, S. 34 u. 35.

[2]) Vergl. J. B. Lehmann, Praktische Methoden d. Hygiene, 2. Aufl.
1901, S. 483.

gewisse Bestandteile des ersteren (Hopfenbitter, Hopfenharz, Hopfenöl usw.)
den zu raschen Gärungsprozeß und namentlich die Nachgärung aufhalten
und aus der Würze Stoffe abscheiden, welche die Haltbarkeit des Bieres
beeinträchtigen würden. Außerdem macht der Hopfen das Bier der
Gesundheit zuträglicher und für den Genuß angenehmer, indem er durch
seine Bitterstoffe eine bessere Verdauung bewirkt und zugleich dem Bier
ein erfrischenderes Aroma erteilt.

Da ein gewisser Gehalt an schwefelsauerem und kohlen-
sauerem Calcium für die Bierbereitung als wesentlich erachtet wird,
so ist der Zusatz solcher Salze zu salzarmen Wässern gestattet, wie auch
die Verwendung von Kochsalz für gewisse Biere notwendig ist. Unter
allen Umständen sind aber die Salze vor oder während des Brauvorganges
zuzufügen. Der Zusatz von Säuren zum Wasser, wie Schwefelsäure,
ist unzulässig. (Vereinbarungen.)

Als unschädliches Konservierungsverfahren ist nur das Pasteurisieren, d. h. das Erhitzen des Bieres auf 50—70° statthaft. Hierbei
werden allerdings gewisse Veränderungen in der Zusammensetzung des
Bieres herbeigeführt, die meist auch in dessen verändertem Geschmacke
zum Ausdruck gelangen. Zur Feststellung stattgefundener Pasteurisierung
hat A. Bau[1]) den Nachweis der Anwesenheit des Enzyms Invertin durch
die Hydratisierung einer Rohrzuckerlösung vorgeschlagen. Invertin wird
bei höherer Temperatur (über 57° C) getötet oder doch geschwächt.

Gegen die Anwendung von Klärungsmitteln für Bier, die an
sich unschädlich sind und insbesondere nicht die Substanz des Getränkes
verändern oder diesem den Schein einer besseren als der wirklichen
Beschaffenheit verleihen, ist nichts einzuwenden. Sie können auch
gegebenenfalls die charakteristische Beschaffenheit als „bayerisches Bier"
nicht in Frage stellen[2]). Solche Klärungsmittel sind Weißbuchen- und
Haselnußspäne, Hausenblase, Isinglas, Tannin. Gelatine hat dagegen
den Nachteil, daß sie sich nicht vollständig wieder abscheidet, sondern
teilweise im Biere verbleibt.

Als Färbemittel für untergärige Biere darf jetzt allgemein nur
Farbmalz verwendet werden. Für obergärige Biere ist außerdem im
Geltungsbereiche des Brausteuergesetzes vom 3. Juni 1906 die Ver-
wendung von Farbmitteln zulässig, die aus technisch reinem Rohr-,
Rüben- oder Invertzucker sowie aus Stärkezucker hergestellt wurden
(Zuckercouleur).

Die eingehende Untersuchung des Bieres bereitet, entsprechend seiner komplizierten Zusammensetzung, große Schwierigkeiten;
soweit es sich dabei um die Beurteilung der Beschaffenheit, der Fehler
und Mängel, eines Bieres handelt, ist sie Sache des Zymotechnikers,
nicht des Nahrungsmittelchemikers. Dieser hat nur die Aufgabe, gesetzlich

---

[1]) Wochenschr. f. Brauerei 1902, **19**, 44.
[2]) R.G. I, Urt. v. 5. Juli 1883.

nicht erlaubte Zusätze und Verfälschungen festzustellen und die Frage zu beantworten, ob und eventuell warum ein Bier verdorben ist oder nicht.

Eigenschaften. Gutes, normales Bier soll klar sein und weder durch Hefe noch sonstige Organismen, noch ungelöste Körper irgendwelcher Art getrübt oder schleierig erscheinen, sofern es sich nicht um besondere Biersorten, wie Lichtenhainer, Berliner Weißbier u. ä., handelt. Es soll einen reichlichen Gehalt an Kohlensäure haben, der beim Ausschänken eine Schaumdecke von rahmartiger, nicht großblasiger Beschaffenheit bildet und unter längere Zeit andauerndem Aufsteigen von Gasblasen (Mousseux) aus der Flüssigkeit entweicht. Die Kohlensäure verleiht dem Bier nicht nur einen erfrischenden Geschmack und ist dadurch ein Hauptfaktor seines Wertes als Genußmittel, sie trägt auch ganz wesentlich zu seiner Bekömmlichkeit bei. Durch Spunden oder Einpressen von künstlicher Kohlensäure kann man den Kohlensäuregehalt eines Bieres erhöhen. Die künstlich eingepreßte Kohlensäure bewirkt zwar beim Ausschank anfangs starke Schaumbildung, sie entweicht aber bald und reißt, namentlich bei zu stark gespundeten Bieren, noch einen Teil der gebundenen Kohlensäure mit, weshalb solche Biere weniger schaumhaltend sind und schneller schal werden. Das gleiche gilt vom Einpressen von Luft in das Bier, wie es bei vielen Ausschankvorrichtungen (Bierpumpen, Spritzhähne u. dergl.) geschieht.

Im rechtsrheinischen Bayern ist durch oberpolizeiliche Vorschriften die Verwendung von sogen. Pressionsvorrichtungen (Spritzhähne, Bierspritzen, Bierpumpen usw.) und infolgedessen auch von Bierleitungen beim Ausschanke von Bier verboten.

Der Geschmack des Bieres soll rein und der dem Bier eigentümliche sein; er sei frei von jedem Nebengeschmacke. Aus dem Geschmacke lassen sich manche Fabrikationsfehler erkennen, die sich durch die Analyse nicht feststellen lassen; doch ist es für einen mit der Geschmacksprobe des Bieres nicht völlig Vertrauten gefährlich, allzuweite Schlüsse daraus zu ziehen. Neben dem prickelnden Kohlensäuregeschmack soll bei untergärigen Bieren kein Säuregeschmack hervortreten. Bei manchen obergärigen Bieren (z. B. englischen und belgischen) ist ein solcher jedoch normal und deshalb auch bei hoher Acidität nicht zu beanstanden; letztere hat allerdings bei diesen Bieren ihren Grund in einem hohen Gehalte an Milchsäure, nicht an flüchtiger Säure.

Das Bier ist eine in steter Veränderung befindliche Flüssigkeit. Es enthält stets noch geringe Mengen des Gärungserregers und gärungsfähiger Stoffe, welche aufeinander einwirken, sobald die erforderlichen Bedingungen geschaffen sind, und zwar in dem Maße ihres Mengenverhältnisses. Man bezeichnet diese Erscheinung mit Nachgärung. Vollzieht sich diese langsam, so werden erst in längeren Zeiträumen Veränderungen, wie starke Kohlensäureansammlung, höhere Vergärung und auch Hefetrübung, zur Wahrnehmung gelangen. Bei Vorhandensein von viel gärungsfähigen Stoffen kann die Nachgärung sehr heftig unter reichlicher Abscheidung von Hefe vor sich gehen, wobei das Bier aber noch nicht verdorben erscheint und sich auch auf natürliche Weise unter Hefeabsatz klärt. (Vereinbarungen.)

Vom Standpunkte der Ernährung betrachtet, ist das Bier zugleich Nahrungs- und Genußmittel, in welchem das Extrakt das im engeren Sinne nährende, der Alkohol und die Kohlensäure das anregende Prinzip darstellen.

Es ist noch der aus anderen Stoffen als Gerstenmalz, Hopfen und Wasser hergestellten Biere zu gedenken. Zur Herstellung o b e r g ä r i g e r B i e r e ist überall die Verwendung von Malz aus anderem Getreide zulässig (Weizenbier, Maisbier); dabei fällt Reis nicht unter den Begriff des Getreides. Außerhalb Bayerns, Württembergs und Badens dürfen zudem auch technisch reiner Rohr-, Rüben- oder Invertzucker sowie Stärkezucker und aus diesen Zuckerarten hergestellte Färbemittel bei der Bierbereitung verwendet werden. Alle übrigen Surrogate und Zusätze, insbesondere auch Malzextrakte, sind dagegen jetzt im ganzen Deutschen Reiche in der Bierbrauerei durch die Steuergesetze verboten.

Vom Standpunkte der Nahrungsmittelkontrolle fordern die Vereinbarungen, daß auch die Benutzung der steuergesetzlich zulässigen Ersatzmittel für Malz, sofern nicht die Herkunft oder die Bezeichnung des Bieres ohne weiteres ihre Verwendung erkennen läßt, beim Verkauf des Bieres ausdrücklich angegeben (deklariert) werden muß.

Verfälschungen.

Mit Rücksicht auf die beim Bier bestehenden besonderen Verhältnisse sollen in diesem Abschnitte auch die Verletzungen der steuergesetzlichen Bestimmungen Erwähnung finden.

Für die u n t e r g ä r i g e n B i e r e (Braunbiere) ist durch die Einführung des Brausteuergesetzes vom 3. Juni 1906 die Beurteilung gegen früher eine wesentlich einfachere geworden; hier gelten jetzt dieselben Anforderungen, die landesgesetzliche Bestimmungen vorher schon an bayerische, württembergische und badische Biere stellten, nämlich daß zu ihrer Herstellung nur Gerstenmalz, Hopfen, Hefe und Wasser verwendet werden dürfen. Hierdurch ist der Begriff der normalen Beschaffenheit für untergäriges Bier gegeben. Ein untergäriges Bier, welchem andere Stoffe in noch so geringen Quantitäten beigemengt sind, darf nicht als echtes Bier gelten, ist vielmehr als verfälscht im Sinne des § 10 Ziff. 1 des Nahrungsmittelgesetzes zu erachten [1]).

Nach § 1 Abs. 2 des genannten Brausteuergesetzes können für die Bereitung von Bier, das nachweislich zur Ausfuhr bestimmt ist, Abweichungen von der vorerwähnten Vorschrift des Abs. 1 gestattet werden. Ein derartiges Zugeständnis findet sich in den angeführten Gesetzen von Bayern, Württemberg und Baden nicht. Für die Zusammensetzung des

---

[1]) Vergl. R.G. I. Urt. v. 18. Dezember 1882.

bayerischen Bieres hat vielmehr das Reichsgericht[1]) entschieden, daß es gleichgültig ist, ob es für den bayerischen oder nichtbayerischen Verbrauch gebraut worden war.

Der Verkauf von verfälschtem Bier unter Angabe eines unwahren Ursprungsortes kann als Betrug (§ 263 Str.G.B.) im ideellen Zusammenfluß mit einem Vergehen gegen das Nahrungsmittelgesetz bestraft werden[2]).

1. **Vermischen von Bier mit Bier.** Durch Vermischung einer besseren, gehaltvolleren Biersorte mit einer gehaltärmeren und geringerwertigen wird erstere in ihrer regelmäßigen Beschaffenheit verschlechtert. Der Verkauf eines solchen Gemisches unter der Bezeichnung der gehaltreicheren Biersorte ist nach obergerichtlichen Entscheidungen eine Verfälschung[3]). Der Nachweis geschieht durch Vergleich der Analysen der verdächtigen mit einer echten Probe.

Ebenso bedeutet der Zusatz von **abgestandenem Bier**[4]), von **Tropfbier**[5]) und von **Neigbier**[6]) wie überhaupt von jedem **verdorbenen Bier** zu frischem Bier eine Verschlechterung des letzteren, und daher eine Verfälschung im Sinne des § 10 N.M.G.

2. **Zusatz von Wasser.** Der Zusatz von Wasser zu **fertigem** Bier ist eine Verfälschung. Denn als solche ist der Zusatz eines an und für sich zur Zubereitung gehörenden Stoffes in einem Stadium, in welchem das nicht mehr ordnungsmäßig ist, aufzufassen[7]). Der Zusatz von Wasser wird ebenfalls durch Vergleich der Analysenergebnisse, besonders der für spezifisches Gewicht, Extrakt, Asche und Stammwürze gefundenen Werte, der verdächtigen mit einer authentischen Probe erwiesen; seine Größe kann aus einem dieser Werte, z. B. der Stammwürze, annähernd berechnet werden.

3. **Zusatz von Alkohol.** Solcher erfolgt hie und da zur Konservierung des Bieres. Er ist aus demselben Grunde zu beanstanden wie der Wasserzusatz. Ein erheblicher Alkoholzusatz ergibt sich aus einem abnorm hohen Vergärungsgrade bei verhältnismäßig niedrigem Extraktgehalte des Bieres wie auch aus der sich daraus ableitenden hohen, dem Charakter des Bieres nicht entsprechenden Würzekonzentration. Man sei indessen mit Schlüssen auf Alkoholzusatz vorsichtig, da ein Zusatz von Zucker vor der Vergärung dasselbe Analysenbild liefert.

4. **Zusatz von Zucker.** Der Nachweis von **Rohrzucker** im Bier läßt sich nur dann erbringen, wenn das Bier sofort nach erfolgtem

---

[1]) R.G. I. Urt. v. 30. März 1886; vergl. M. Stenglein, Strafrechtl. Nebengesetze, 3. Aufl. Berlin 1903, S. 346.

[2]) R.G. III. Urt. v. 3. März 1884.

[3]) R.G. II. Urt. v. 29. November 1889; Oberlandesger. Dresden, Urt. v. 17. Juni 1897.

[4]) R.G. Urt. v. 8. Februar 1897 u. a.

[5]) Oberlandesgericht München, Urt. v. 24. September 1896 u. a.

[6]) R.G. I. Urt. v. 1. Oktober 1885; II. v. 29. November 1889; IV. v. 6. März 1896 u. a.

[7]) R.G. I. Urt. v. 10. Januar 1893.

Zusatze untersucht wird. In diesem Falle gibt die Bestimmung des Zuckers vor und nach der Inversion und die Osazonprobe Aufschluß; es ist jedoch zu beachten, daß ein Teil des vorhandenen Achroodextrins III ebenfalls hydrolysiert wird. War das Bier schon vor längerer Zeit mit Rohrzucker versetzt worden, so ist dieser durch das Invertin des Bieres hydrolysiert; falls die gebildete Glukose und Lävulose noch nicht vergoren sind, kann auch hier die Osazonprobe Aufschluß geben. Der Nachweis eines Rohrzuckerzusatzes ist jedoch nur als erbracht anzusehen, wenn Inversion und Osazonprobe übereinstimmen [1].

Der Nachweis eines Stärkezuckerzusatzes ist zurzeit nicht mit Bestimmtheit zu erbringen, da das bei der Osazonprobe entstehende Glukosazon ebensogut aus invertiertem oder durch Hydrolyse von Maltose entstandenem Rohrzucker wie aus zugesetztem unvergorenem Stärkezucker gebildet worden sein kann.

Der Zusatz von Zucker jeder Art zu untergärigem Bier ist durch die Steuergesetze im ganzen Reiche verboten; er ist auch als Verfälschung im Sinne des Nahrungsmittelgesetzes zu beurteilen. Das gleiche gilt für den Zusatz von Zucker zu obergärigen Bieren in Bayern, Württemberg und Baden, während in den übrigen Staaten des Reiches der Zusatz von technisch reinem Rohr-, Rüben- und Invertzucker sowie von Stärkezucker zu obergärigen Bieren zulässig ist. In dem Zusatz technisch nicht reinen Zuckers ist auch in diesen Ländern eine Verfälschung zu erblicken [2].

5. Malzsurrogate. Als Ersatzstoffe für Malz können neben den genannten Zuckerarten in Betracht kommen: Weizen, Mais, Hirse, Hafer, Reis und andere stärkemehlhaltige Früchte, zum Teil in Form von Malz. Einige dieser Surrogate, wie Stärke und Reis, sind sehr arm an Stickstoffsubstanzen und enthalten keine oder nur geringe Mengen von Pentosanen; die aus ihnen erzeugten Biere sind daher auch ärmer an diesen Stoffen und in der Regel nicht so vollmundig wie reine Malzbiere. In stickstoffreicher Rohfrucht befindet sich der größte Teil der Stickstoffsubstanzen in unlöslichem Zustande, während er im Malze zu hohem Prozentsatze in löslicher Form enthalten ist. Das Extrakt des Rohfruchtbieres wird daher meist stickstoffärmer als das des reinen Malzbieres sein. Es hängt von der Natur und Menge der angewendeten Surrogate ab, ob der Stickstoffgehalt des Bierextraktes so weit gesunken ist, daß hieraus auf die Mitverwendung von Surrogaten geschlossen werden kann. Nach E. Prior [3] beträgt der Stickstoffgehalt des Extraktes reiner Malzbiere mindestens 1 % vom Extrakt; ergibt die Analyse eine Zahl unter 0,9 %, so kann mit Sicherheit Surrogatverbrauch angenommen werden. Wenn das Malz nicht sehr reich an Diastase und der Prozentgehalt der Surrogates nicht unerheblich war, so ist das unter Zusatz des letzteren

---

[1] Vergl. E. Prior, Chemie u. Physiologie des Malzes u. Bieres, S 563.
[2] Vergl. R. G. II, Urt. v. 4. März 1884.
[3] l. c. S. 497.

erzeugte Bier niedriger vergoren und weniger dextrinhaltig als reines Malzbier. Bei Verwendung von sehr diastasereichen Malzen und geringem Prozentsatze Surrogat entstehen sehr zuckerreiche, hochvergärende Würzen und dementsprechend extraktarme, alkoholreiche Biere.

Für untergärige Biere sind alle Ersatzstoffe für Gerstenmalz durch die Steuergesetze verboten; sie bilden zugleich eine Verfälschung wegen Verschlechterung (Entscheidung über die Verwendung von Weizen zur Erzeugung von bayerischem Braunbier [1]). Für obergärige Biere ist auch die Verwendung von Malzen aus anderen Getreiden als Gerste in allen Bundesstaaten gestattet; ausgeschlossen ist durch das Brausteuergesetz (Ausführungsbestimmungen § 1 Abs. 3) und durch das badische Gesetz (Vollzugsverordnung § 2 Ziff. 2) die Verwendung von Reis. Die Verwendung anderer Ersatzstoffe für Gerstenmalz bei der Bereitung von obergärigem Bier, insbesondere von ungemälzten Getreidefrüchten, ist im ganzen Reiche verboten, bis auf die im § 1 des Brausteuergesetzes angeführten Ausnahmen.

6. **Glyzerin.** Ein Zusatz von Glyzerin wird durch dessen Bestimmung nachgewiesen (s. Vereinbarungen). Normales Bier enthält nie mehr als 0,3 % Glyzerin, meist jedoch erheblich weniger. Der Glyzerinzusatz erfolgt zur Verbesserung des Geschmackes, der dadurch süßer, runder, „vollmundiger" wird; dadurch wird der Glaube erweckt, daß ein extraktreicheres, also wertvolleres Bier vorliege. Er stellt also eine Verfälschung dar, abgesehen davon, daß er auch durch das Verbot der Steuergesetze getroffen wird.

7. **Süßholz und Süßholzextrakt.** An Stelle von Kohlenhydraten wird dem Bier auch Süßholz oder Extrakt daraus zugesetzt; der Nachweis erfolgt durch die Bestimmung des Glycirrhizins nach dem Verfahren von R. Kayser [2]). Dieser Zusatz ist ebenso zu beurteilen wie der des Glyzerins [3]).

8. **Künstliche Süßstoffe.** Hiervon gilt das gleiche. Der Zusatz künstlicher Süßstoffe ist außerdem durch das Süßstoffgesetz vom 7. Juli 1902 verboten. Der Nachweis geschieht nach den bekannten Methoden.

9. **Zusatz von Konservierungsmitteln.** Zur Erhöhung der Haltbarkeit werden dem Biere **Schweflige Säure** resp. ihre Salze (**saures schwefligsaures Calcium, Natrium oder Kalium**) zugesetzt. Es ist jedoch zu beachten, daß diese auch zur Desinfektion der Geschirre und Schläuche dienen und infolgedessen bei ungenügender Beseitigung als zufällige Verunreinigung im Biere auftreten können. Auch aus geschwefeltem Hopfen kann Schweflige Säure in das Bier gelangen. Nach den Vereinbarungen können größere Mengen von Schwefliger Säure, welche durch mehr als 10 mg schwefelsaures Baryum

---

[1]) München, Urt. v. 24. Februar 1882, vergl. Stenglein, l. c. S. 345.
[2]) Zeitschr. f. d. ges. Brauwesen 1885, 166.
[3]) Vergl. R. G. I. Urt. v. 18. Dezember 1882.

aus 200 ccm Bier angezeigt werden, als zum Zwecke der Haltbarmachung zugesetzt angesehen werden.

Von den zum ausgesprochenen Zwecke der Konservierung dem Biere zugesetzten Mitteln ist wohl das am meisten verbreitete die Salizylsäure. (Über den Nachweis vgl. Vereinbarungen, Heft III, S. 11.) Da diese auch in der Mälzerei und zum Abwaschen der Hefe Verwendung findet, so kann sie in geringen Mengen aus dem Malz oder der Hefe in das Bier übergehen: eine schwache Reaktion auf Salizylsäure läßt daher noch nicht auf einen absichtlichen Zusatz schließen.

Letzteres gilt auch von der Borsäure, welche nach Brand zu den normalen Bestandteilen des Hopfens zählt. Ihr Zusatz zum Bier dürfte übrigens selten vorkommen.

Sonst kommen hier noch Fluorverbindungen, Wasserstoffsuperoxyd, Formaldehyd und Benzoësäure in Frage, die vereinzelt beobachtet wurden.

Nach den Steuergesetzen ist der Zusatz aller dieser und ähnlicher Mittel verboten.

Bei den meisten dieser Stoffe, namentlich bei der Schwefligen Säure, kommt die Frage der Gesundheitsschädlichkeit in Betracht, die von einem ärztlichen Sachverständigen beantwortet werden muß; um diesem die nötige Grundlage zu seinem Gutachten zu geben, ist in jedem Falle, wenn möglich, eine quantitative Bestimmung des Konservierungsmittels erforderlich.

10. Hopfenersatzstoffe. Anstatt des Hopfens soll, nach meist allerdings wenig verbürgten Angaben, eine Anzahl anderer pflanzlicher Bitterstoffe und Alkaloide, auch Aloë und Pikrinsäure, Verwendung finden. Selbstverständlich ist ihr Zusatz schon durch die Steuergesetze im ganzen Reiche verboten. Da zudem die meisten dieser Stoffe mehr oder weniger starke Gifte oder drastisch wirkende Mittel sind, bedeutet ihr Vorkommen im Bier eine Verletzung der §§ 12 oder 14 des Nahrungsmittelgesetzes, sofern nicht, wie bei Pikrinsäure, das Gesetz vom 5. Juli 1887 in Anwendung zu kommen hat. Über den Nachweis siehe Vereinbarungen. Übrigens wird von maßgebenden Fachleuten die tatsächliche Verwendung von Hopfenersatzstoffen, wenigstens bei deutschen Bieren, stark bezweifelt.

11. Neutralisationsmittel. Zur Neutralisation von saurem (das ist verdorbenem) Bier werden dem Biere Alkalien, meist Natriumbicarbonat, zugesetzt. Für einen solchen Zusatz spricht in erster Linie ein höherer Gehalt an Mineralstoffen, ferner ein Gehalt der Asche an kohlensaurem Alkali (Aufbrausen mit Salzsäure). In den meisten Fällen ist jedoch der Zusatz an Natriumbicarbonat nicht so groß, daß der Gehalt von 0,3 % an Mineralbestandteilen überschritten wird; bei solchen mäßig neutralisierten Bieren findet auch mit Salzsäure kein Aufbrausen der Asche statt, weil teilweise die Alkaliphosphate sich beim Glühen mit den Karbonaten zu zweibasisch phosphorsauren Salzen umsetzen, teilweise die phosphorsauren Salze die Kohlensäure austreiben und mit

den Karbonaten unlösliche Doppelsalze bilden. Oft weist auch eine geringe, unter 1,2 ccm Normalalkali für 100 Gramm liegende Acidität auf eine stattgehabte Neutralisation hin. Der quantitative Nachweis eines Zusatzes von Neutralisationsmitteln kann mit genügender Sicherheit und Genauigkeit mit dem Verfahren von E. Spaeth[1]) erbracht werden.

Der Zusatz von Neutralisationsmitteln geschieht, um sauerem, das ist verdorbenem Bier, den Schein der normalen, also der besseren Beschaffenheit zu verleihen; er stellt also eine Verfälschung dar[2]). Oft wird ein solcher Zusatz die Zersetzung des Bieres noch befördern und dessen gesundheitsschädlichen Eigenschaften erhöhen[3]).

12. Moussierpulver. Unter diesem Namen wird schalem, abgestandenem Biere manchmal ein Gemisch von Natriumbicarbonat und Weinsäure zugesetzt, um ihm durch die entstehende lebhafte Kohlensäureentwicklung den Schein der Frische (der besseren Beschaffenheit) zu geben. Der Nachweis geschieht in bekannter Weise.

13. Färben des Bieres. Zum Färben des untergärigen Bieres darf im ganzen Reiche nur Farbmalz und Karamelmalz (Gerstenmalz!) oder ein daraus bereitetes sogenanntes Farbebier Verwendung finden. Für obergäriges Bier dürfen außerhalb Bayerns, Württembergs und Badens auch Farbmittel in Anwendung kommen, die aus anderen Malzen oder aus technisch reinem Rohr-, Rüben- oder Invertzucker oder aus Stärkezucker hergestellt wurden (sogenannte Biercouleur, Zuckercouleur).

Dagegen verstößt der Zusatz von anderen Färbemitteln (Teerfarbstoffe, pflanzliche Zubereitungen) sowohl gegen die Steuergesetze als auch, falls sie einem minderwertigen Bier den Schein eines wertvolleren geben sollen[4]), gegen § 10 des Nahrungsmittelgesetzes.

Über den Nachweis von Teerfarbstoffen vergleiche Vereinbarungen, Heft III, S. 14. Die anderen Bierfärbemittel sind meist nicht mit Sicherheit festzustellen.

Nachmachung.

Als nachgemacht im Sinne des § 10 N.M.G. hat ein Bier zu gelten, welches nur die äußere Beschaffenheit (Farbe, Aussehen), nicht aber die Zusammensetzung und den Gehalt desjenigen Bieres besitzt, dessen Bezeichnung es trägt. Dabei kann es als „Bier" schlechthin doch von normaler Zusammensetzung sein und insbesondere den gesetzlichen Anforderungen genügen. Es wird sich dabei in der Regel um die Unterschiebung von minderwertigen Bieren an Stelle von solchen bestimmter Herkunft und Güte handeln. So wurde z. B. als nach-

---

[1]) Zeitschr. f. angew. Chemie 1898, 4.
[2]) R. G. I. Urt. v. 21. Mai 1885 und 30. November 1885.
[3]) Vergl. J. B. Lehmann, l. c., S. 487.
[4]) R. G. I. Urt. v. 30. März 1885.

gemachtes böhmisches Bier eine Mischung aus drei Teilen gewöhnlichen Lagerbiers mit einem Teil einfachen Biers anerkannt[1]).

Man trifft aber auch Kunstprodukte. So teilt A. Beythien[2]) die Zusammensetzung einer Anzahl nachgemachter Malzbiere mit, welche nichts weiter als gewöhnliche einfache Biere darstellten, denen durch Zusatz von Zucker und brauner Farbe ein besserer Anstrich verliehen worden war, und die unter der Bezeichnung „Malzbier" in den Verkehr gelangten[3]).

Als Nachahmung des als Nahrungsmittel angesehenen Malzbierextraktes wurde ein Erzeugnis beurteilt[4]), welches die Aufschrift trug „Malzbierextrakt zur Herstellung eines angenehm schmeckenden gesunden Hausbiers", und aus 20 kg Malzextrakt, 90 kg Kandiszucker, 10 kg Zuckercouleur, 6 g Hopfenöl sowie Hopfenblütenabkochung hergestellt war.

Verdorbenes Bier.

Seinem Gehalte an Kohlenhydraten, Eiweißstoffen und Alkohol entsprechend bietet das Bier Mikroorganismen aller Art einen äußerst günstigen Nährboden und ist daher durch deren Tätigkeit manchen Veränderungen ausgesetzt, die es als verdorben erscheinen lassen.

Nach den Vereinbarungen der Freien Vereinigung bayerischer Vertreter der angewandten Chemie sind im Verkehr nicht zulässig:

a) sauere Biere;

b) Biere, welche einen ekelerregenden Geschmack und Geruch besitzen;

c) trübe Biere, gleichgültig von welcher Ursache die Trübung herrührt;

d) durch suspendierte Hefe nicht vollkommen klare, d. h. schleierige oder staubig erscheinende Biere, deren wirklicher Vergärungsgrad unter 48 % liegt;

e) Biere, welche durch Bakterien schleierig erscheinen und gleichzeitig Anzeichen von Verderbnis haben.

Sauere Biere. Ein Bier gilt als stichig oder sauer, wenn seine Acidität (nach dem Entfernen der Kohlensäure) mehr als 3 ccm Normalalkali für 100 ccm Bier beträgt, und wenn zugleich sein Geschmack die eingetretene Säuerung erkennen läßt. Letztere wird durch Bakterien bewirkt und rührt vorwiegend von der Bildung von Essigsäure her, gegen welche das Geschmacksorgan außerordentlich empfindlich ist. Ein höherer Säuregehalt kann indessen auch durch vermehrte Milchsäurebildung bedingt sein, wie dies namentlich bei obergärigen Bieren öfter der Fall ist, ohne daß diese verdorben wären; in solchen Fällen ist

[1]) R. G. Urt. v. 20. Mai 1889.
[2]) Jahresbericht d. Untersuchungsamtes Dresden 1902, 28.
[3]) Vergl. Landger. Dresden, Urt. v. 30. November 1899.
[4]) Oberlandesger. München, Urt. v. 12. Dezember 1896.

der saure Geschmack nicht unangenehm, er wird sogar bei manchen Biersorten·direkt erwartet (englische Biere usw.).

Ein Verdacht eingetretener Säuerung muß durch Bestimmung der flüchtigen Säuren bestätigt werden. Nach Prior[1]) schwankt die Menge der flüchtigen Säuren zwischen 2,7 bis 3,0 und 7,5 ccm $^1/_{10}$ normaler Lauge für 100 ccm Bier. Sauere Biere liefern stets erheblich höhere, meist über 8 ccm betragende Werte.

Sauere Biere sind meist auch bakterientrüb und enthalten im Absatz dann viele Essigsäurebakterien.

Ekelerregender Geschmack und Geruch bei Bieren kann, außer durch die besprochene Säuerung, durch verschiedene Bierkrankheiten hervorgerufen werden; letztere haben ihre Ursache fast immer in grober Unreinlichkeit im Betriebe. Auch können zufällige oder absichtliche Beigaben verdorbenen Bieres, Verwendung verunreinigten Wassers, Infektion mit gewissen Hefen, Bakterien oder Schimmelpilzen, schlechte und zu lange Lagerung, Fabrikationsfehler u. dergl. den Anlaß zu den Geschmacks- und Geruchsveränderungen geben. Der Nahrungsmittelchemiker hat unter allen Umständen jedes Bier mit ekelerregendem Geschmack und Geruch als verdorben zu beanstanden, einerlei ob er in der Lage war, die Ursache der Geschmacks- oder Geruchsverderbnis feststellen zu können oder nicht[2]).

Trübe Biere. Starke Trübungen und Absätze soll ein regelrecht hergestelltes Bier unter keinen Umständen aufweisen. Jedoch ist zu beachten, daß auf der Flasche reifende Biere einen ihnen eigentümlichen Bodensatz enthalten. Nach den Vereinbarungen der Freien Vereinigung bayerischer Vertreter der angewandten Chemie sind nicht vollkommen klare, das heißt staubig oder schleierig erscheinende Biere im Verkehr noch zulässig, wenn die staubige Beschaffenheit veranlaßt ist:

 durch Eiweiß (Glutin-)Körperchen;
 durch Dextrine (Amylo- und Erythrodextrine oder gummöse Stoffe);
 durch Hopfenharzausscheidungen;
 durch Hefe, wenn zugleich der wirkliche Vergärungsgrad 48 $^0/_0$ oder darüber beträgt.

Schales Bier. Wenn das Bier seine Kohlensäure zum größten Teil oder ganz verliert, so büßt es seinen Genußwert ein, es wird schal, „es steht ab". Dieser Zustand kann durch unsachgemäße Kellerführung, durch hohe Temperatur der Keller oder zu langes unzweckmäßiges Lagern hervorgerufen werden. Außerdem tritt er ein, wenn Bier einige Zeit bei gewöhnlicher Temperatur in offenen oder nicht hermetisch verschlossenen Gefäßen steht.

Bier ist vermöge seines erfrischenden Geschmackes und seiner Zusammensetzung (Kohlensäure!) ein Genußmittel. Genußmittel müssen anregend sein, um als solche zu wirken; schales Bier ist daher nicht

---

[1]) Vereinbarungen, betr. Unters. u. Beurteilung d. Bieres, S. 37.
[2]) Dortselbst, S. 38.

mehr Genußmittel, es ist als solches verdorben. Aus diesem Grunde ist z. B. auch in München die Abgabe schalen Bieres durch ortspolizeiliche Vorschrift verboten.

Wenn Bier längere Zeit in offenen Gefäßen steht, so teilen sich seinem Geschmacke außerdem leicht Gerüche (Tabaksrauch, übelriechende Wirtshausluft usw.) mit, die ebenfalls seinen Genußwert beeinträchtigen; auch unterliegt derartiges Bier leicht der Einwirkung niederer Organismen, wird sauer und gesundheitlich oft bedenklich verändert. Deshalb ist es in Bayern auch durch oberpolizeiliche Vorschriften verboten, Neig- und Tropfbier in den Schanklokalen aufzubewahren und bereit zu halten.

Bier, das eine wenn auch nicht lange Zeit nach dem Abzapfen im Glase gestanden hat, steht frisch verzapftem Bier im Genußwerte erheblich nach. Wer in einer Wirtschaft Bier bestellt, der verlangt und erwartet lediglich frisch gezapftes Bier zu erhalten. Erhält er statt dessen Bier, das nur teilweise frisch gezapft ist und teilweise schon im Glase gestanden hat, so erhält er ein Genußmittel, dessen normale, vom Käufer vorausgesetzte Beschaffenheit verschlechtert ist[1].

Im Anschluß hieran ist noch einiges über die im Wirtschaftsbetrieb sich ergebenden Restbiere zu sagen. Man kann im allgemeinen folgende Arten unterscheiden:

1. Das sogenannte Faßrestbier, das ist das Bier, welches in größerer Menge von einem auf den anderen Tag im Fasse zurückbleibt und an sich noch ganz einwandfrei ist. Für dessen Ausschank am nächsten Tage muß entweder der Spund des Fasses dicht verschlossen oder das Bier in wohlgereinigte, hermetisch verschlossene Flaschen abgefüllt und kühl aufbewahrt werden.

2. Das sogenannte Neigebier, Kippbier, das heißt der beim normalen Ausschanke im Fasse zurückbleibende und erst durch Umstürzen (Neigen, Kippen) des Fasses entleerbare Bierrest. Es ist gewöhnlich durch Pechstückchen und Holzteilchen verunreinigt und hat den größten Teil seiner Kohlensäure verloren. Nach einem Gutachten des Obersten Sanitätsrates in Wien[2] ist solches Bier als Abfallbier zu betrachten und darf frischem Bier nicht beigemengt werden.

3. Das sogenannte Überlaufbier oder Tropfbier, das beim Einschenken der Trinkgefäße oder beim Spritzen des Bierhahns überlaufende Bier, welches in untergestellten Gefäßen aufgefangen wird. Da es an den gebrauchten oder nicht gebrauchten Trinkgefäßen und möglicherweise dabei auch über die Hände des Einschenkers herabläuft, da es ferner gewöhnlich in offenen, der Luft und der Beschmutzung durch Staub, Insekten usw. ausgesetzten Gefäßen aufgefangen wird, ist es ekelerregenden Verunreinigungen aller Art ausgesetzt. Dazu kommt, daß

---

[1]) Landger. Frankfurt a. M., Urt. v. 5. Dezember 1901; vergl. auch R. G.-Urt. v. 8. Febr. 1897.

[2]) Vergl. Zeitschr. f. Unters. d. Nahr.- u. Genußm. 1901, **4**, 1184.

Neufeld. 25

ein solches Bier nach wenigen Minuten abgestanden und matt ist. Es
ist daher unter allen Umständen als verdorben zu betrachten; sein Zusatz zu frischem Bier bildet eine Verfälschung [1]).

4. Die Bierneigen (auch Neigbier), die in den Trinkgefäßen
der Gäste stehengebliebenen Bierreste, die oft Speisereste (Fleisch-, Käse-,
Brotstückchen), Teilchen von Tabakblättern, Zigarrenasche, Speichel
(Schleim), Insektenteile, Hefe, Pilzfäden, Gewebefasern (von Tischdecken),
Holz- und Pechteilchen, Sand usw. enthalten; (der Nachweis dieser Verunreinigungen ist gewöhnlich leicht mikroskopisch zu erbringen und dadurch das Bier als Bierneige zu kennzeichnen). Ohne an sich verdorben
(das heißt sauer) oder gesundheitschädlich sein zu brauchen, ist derartiges
Bier in hohem Grade unappetitlich und ekelerregend und daher zum
mindesten in seiner Beschaffenheit verschlechtert; sein Zusatz zu frischem
Bier ist nach zahlreichen gerichtlichen Entscheidungen [2]) eine Verfälschung im Sinne des Nahrungsmittelgesetzes.

Durch Beimischung der vorstehend unter 2, 3 und 4 genannten
Restbiere wird unter allen Umständen eine Verschlechterung des frischen
guten Bieres herbeigeführt; dabei behält letzteres meistens den ursprünglichen Schein einer besseren Beschaffenheit bei.

Im allgemeinen gilt jedes Bier als verdorben, dem ekelerregende
oder zur menschlichen Nahrung nicht geeignete Gegenstände beigemischt
sind; so z. B. auch Bier, bei dessen Bereitung eine Katze mitgekocht
wurde [3]).

Gesundheitsschädliches Bier.

Verschiedene der als Verfälschung des Bieres geltenden Zusätze besitzen die Eigenschaft, die menschliche Gesundheit zu beschädigen; so
manche der zur Konservierung zugesetzten Stoffe, besonders wenn ihre
Menge eine gewisse Höhe übersteigt (Schweflige Säure, Fluorverbindungen
usw.), manche der als Ersatz angeführten pflanzlichen Bitterstoffe, dann
Pikrinsäure usw.

Durch Zufall können auch Gifte in das Bier gelangen. So wurden
vor einigen Jahren in England in Bieren schädliche Mengen von Arsen
gefunden, die aus dem zur Herstellung der Biere verwendeten Zucker
stammten; in diesen waren sie durch unreine, stark arsenhaltige Schwefelsäure geraten [4]).

Auch auf die Möglichkeit des Vorkommens schädlicher Metalle im
Bier sei hingewiesen, besonders von Blei, welches von dem zur Reinigung
der Bierflaschen verwendeten Bleischrot in diesen zurückbleibt (vergl.

---

[1]) Oberlandesger. München, Urt. v. 24. September 1896; Landger. I,
Berlin, Urt. v. 18. Oktober 1900; Landger. Chemnitz, Urt. v. 5. Oktober 1900;
u. a. m.

[2]) R.G. I. Urt. v. 1. Oktober 1885; R.G. II, Urt. v. 29. November 1889;
Oberlandesger. München, Urt. v. 24. September 1896; u. a. m.

[3]) Vergl. Stenglein l. c. 346.

[4]) Vergl. Bericht d. Kommission über Arsenik im Bier usw. Analyst. 1901,
26, 13.

Verbot des § 2, Ziff. 3, Abs. 2 des Gesetzes, betr. den Verkehr mit blei- und zinkhaltigen Gegenständen, vom 25. Juni 1887).

Alle verdorbenen, insbesondere die saueren und trüben Biere sowie alle Biere von ekelerregender Beschaffenheit (Restbiere u. dergl.) stehen im Verdachte, gesundheitsschädlich zu sein. Im einzelnen Falle erfolgt die Beurteilung dieser Eigenschaft durch den ärztlichen Sachverständigen.

Begutachtung.

Beispiele.

Die Begutachtung eines Bieres inbezug auf seine Qualität, auf Fabrikationsfehler u. dergl. ist nicht Sache des Nahrungsmittelchemikers. Dieser beschränke sich darauf festzustellen, ob ein Bier gesund, verdorben oder verfälscht ist, bzw. ob es gesetzlich nicht zulässige Stoffe enthält.

Die Angabe der Analysendaten geschieht beim Bier als Gramm in 100 Gramm.

1. Bier mit Wasserzusatz (hefetrübe).

Die Geschmacksprobe, welche gleich nach dem Eintreffen des Bieres vorgenommen wurde, ließ schon vermuten, daß dieses stark mit Wasser versetzt sei. Die Untersuchung ergab folgendes:

Äußere Beschaffenheit: auffallend hellfarbig, vollständig trübe.

Geschmack: auffallend dünn.

Mikroskopischer Befund: die Trübung war durch Hefe veranlaßt.

Spezifisches Gewicht bei 15° C . . .   1,0086

Ursprünglicher Extrakt der Würze . .   8,72 %

Vergärungsgrad (wirklicher) . . . .   59,80 „

Acidität für 100 g Bier . . . . .   2,66 ccm Normalalkali.

In 100 Gramm sind enthalten:

Alkohol . . . . 2,64 g

Extrakt . . . . 3,51 „

Mineralbestandteile . . . . 0,135 „

In diesem Analysenbilde bleiben alle Werte, insbesondere die Zahlen für Mineralstoffe, Alkohol und Extrakt und der aus letzteren sich berechnenden Stammwürze weit hinter denen eines normalen Bieres zurück; dieser Umstand, wie auch der auffallend wässerige Geschmack lassen auf einen erheblichen Wasserzusatz schließen. Um dessen Größe kennen zu lernen, wurde die Entnahme einer Probe von dem Sude, dem das verdächtige Bier entstammen sollte, in der Brauerei angeordnet. Die Untersuchung dieser Vergleichsprobe ergab:

Äußere Beschaffenheit: klar, dunkler in der Farbe als die verdächtige Probe.

Geschmack: normal.

Spezifisches Gewicht bei 15° C 1,0202
Ursprünglicher Extrakt der Würze . . 13,00 %
Vergärungsgrad (wirklicher) . . . . 49,40 „
Acidität für 100 g Bier . . . . . 2,75 ccm Normalalkali.

100 Gramm Bier enthielten:

Alkohol . . . . 3,33 g
Extrakt . . . . 6,59 „
Mineralbestandteile . . . . 0,175 „

Durch den Vergleich der verdächtigen Probe mit der vorstehenden wird der Wasserzusatz zweifellos bewiesen. Dieser berechnet sich aus den Stammwürzen der beiden Biere folgendermaßen:

a) Gehalt des verdächtigen Bieres an zugesetztem Wasser:
$$8{,}72 : 100 = 13{,}0 : x; \quad x = 32{,}93;$$
d. h. in 100 g des verdächtigen Bieres sind 32,93 g zugesetztes Wasser enthalfen.

b) Größe des Wasserzusatzes:
$$100 : 8{,}72 = y : 13{,}0; \quad y = 149;$$
d. h. zu 100 g guten Bieres wurden 49 g Wasser zugesetzt.

Gutachten: Nach diesem Befunde hat das zur Untersuchung vorgelegte Bier einen starken Wasserzusatz erfahren, und zwar berechnet sich, daß in 1 Liter des verdächtigen Bieres etwa 325 g zugesetztes Wasser enthalten sind, bzw. daß zu je 1 Liter guten Bieres etwa 490 g Wasser zugesetzt wurden.

Durch die Beimischung des keinerlei Nähr- und Genußwert besitzenden Wassers wird das Bier in allen seinen Bestandteilen verdünnt und in seinem Wert als Nahrungs- und Genußmittel herabgesetzt. Diese Herabminderung ist im vorliegenden Falle sehr bedeutend, da die Menge zugesetzten Wassers etwa ein Drittel des Getränkes ausmacht.

Der Zusatz von Wasser zum fertigen Bier bewirkt demnach eine Verschlechterung des letzteren, stellt also eine Verfälschung dar.

Auf Grund der starken Hefetrübung ist außerdem das vorliegende Bier als verdorben zu bezeichnen. Die Ursache dieser Trübung dürfte in der Verdünnung mit Wasser zu erblicken sein, durch welche die Haltbarkeit des Bieres beeinträchtigt, das Hefewachstum begünstigt wird.

2. Saueres Bier.

Äußere Beschaffenheit: trübe.

Geruch: säuerlich.

Geschmack: sauer, widerlich.

Miskroskopischer Befund: das Bier enthielt massenhaft Kokken, Diplokokken und Sarcina.

Spezifisches Gewicht bei 15° C . . . 1,0138
Ursprünglicher Extrakt der Würze . . 9,56 %
Vergärungsgrad (wirklicher) . . . . 50,30 %
Acidität für 100 g . . . . 3,60 ccm Normalalkali.

In 100 g Bier sind enthalten:

Alkohol . . . . 2,450 g
Extrakt . . . . 4,750 „
Mineralbestandteile . . . . 0,143 „
Flüchtige Säure (als Essigsäure) . . . . . 0,067 „

Die das zulässige Maß (3,0) weit überschreitende hohe Acidität in Verbindung mit dem saueren Geschmacke des Bieres sind die Kennzeichen eingetretener Säuerung, welche in dem hohen Gehalt an flüchtiger Säure ihre Bestätigung und durch die massenhaft vorhandenen Bakterien ihre Erklärung findet.

Gutachten: Die vorliegende Bierprobe ist wegen ihres saueren, widerlichen Geschmackes und ihrer hohen Acidität in Verbindung mit der hochgradigen Bakterientrübung für verdorben und ungeeignet zum menschlichen Genusse zu erklären.

3. Neutralisiertes saueres Bier.

Äußere Beschaffenheit: vollständig trübe (undurchsichtig).
Geschmack: schlecht, verdorben.
Ursache der Trübung: nach dem mikroskopischen und mikrochemischen Befunde Kleister- und Bakterientrübung.

Spezifisches Gewicht bei 15° C . . . 1,0195
Ursprünglicher Extrakt der Würze . . 9,90 %
Vergärungsgrad (wirklicher) . . . . 40,70 %
Acidität für 100 g Bier . . . . . 1,65 ccm Normalalkali.

100 g Bier enthielten:

Alkohol . . . . 2,060 g
Extrakt . . . . 5,880 „
Mineralbestandteile . . . . 0,303 „
Phosphorsäure (P_2O_5) in 100 g Asche . 0,021 „
Alkalität der Mineralbestandteile aus
 100 g Bier . . . . 0,92 ccm Normalsäure.
Verhalten der Asche gegen Salzsäure: leichtes Aufbrausen.
Zusatz von Natriumbicarbonat zu 100 ccm Bier nach der
 Methode von E. Spaeth bestimmt 1,4 g.

Seiner Beschaffenheit (Bakterientrübung) und seinem Geschmacke nach ist das Bier für verdorben zu erklären. Im Befunde der chemischen Analyse fällt zunächst der für ein mit etwa 10 % Stammwürze eingesottenes Bier ungewöhnlich hohe Gehalt an Mineralstoffen (0,303 g) und das Mißverhältnis zwischen diesem und dem Gehalte an Phosphorsäure (0,021 % der Asche) auf. Der hierdurch erregte Verdacht auf Zusatz eines Neutralisationsmittels wird durch die hohe Alkalität der Mineralbestandteile und deren Verhalten gegen Salzsäure (Kohlensäureentwicklung) bestätigt, und zwar deuten diese beiden Momente darauf hin, daß dem Bier Natriumbicarbonat zugesetzt wurde. Nach dem Verfahren von E. Spaeth wurde die Höhe dieses Zusatzes zu 1,4 g in 100 ccm Bier festgestellt.

Gutachten: Die vorliegende Bierprobe ist auf Grund ihres Geschmackes und ihrer vollständig trüben Beschaffenheit, die auf Kleister- und Bakterientrübung zurückzuführen ist, für verdorben im Sinne des Nahrungsmittelgesetzes zu erklären.

Außerdem hat die chemische Untersuchung ergeben, daß diesem Biere doppeltkohlensaures Natron, und zwar in der Menge von etwa 140 Gramm auf je 1 Hektoliter, zugesetzt worden ist. Das doppeltkohlensaure Natron dient als sogenanntes Entsäuerungsmittel; sein Zusatz erfolgt, um in saurem Bier die Säure zu neutralisieren und so die Säuerung zu verdecken; er hat also den Zweck, verdorbenem oder im Verderben begriffenem Bier den Schein der normalen, d h. der besseren Beschaffenheit zn verleihen. Hierin liegt ein Tatbestandsmerkmal der Verfälschung.

Das vorliegende Bier ist demnach sowohl als verdorben wie auch als verfälscht im Sinne des Gesetzes vom 14. Mai 1879, betreffend den Verkehr mit Nahrungsmitteln usw., zu erachten. Inwieweit ein derartiges Bier geeignet ist, die menschliche Gesundheit zu beschädigen, muß der Beurteilung eines ärztlichen Sachverständigen überlassen bleiben.

Selbstverständlich bildet der Zusatz von doppeltkohlensaurem Natron zum Bier auch eine Verletzung der steuergesetzlichen Bestimmungen.

4. Nachgemachtes Malzbier [1]).

Ein als echtes Malzbier bezeichnetes Bier hatte folgende Zusammensetzung:

> Äußere Beschaffenheit: klar, von tiefbrauner Farbe.
> Geschmack: dünn, süßlich.
> Spezifisches Gewicht bei 15° C 1,0209
> Ursprünglicher Extrakt der Würze . 7,49 %
> Vergärungsgrad . . . . 21,55 %
> Acidität für 100 g Bier . . . . . . 1,80 ccm Normalalkali.

In 100 Gramm sind enthalten:
> Alkohol . . . . 0,810 g
> Extrakt . . . . 5,880 „
> Mineralstoffe . . . . 0,080 „
> Stickstoffsubstanz . . . . 0,130 „
> Zucker als Maltose . . . . 3,720 „

Der ungemein niedrige Gehalt an Stickstoffsubstanzen und Mineralbestandteilen, welche hauptsächlich zur Schätzung der eingemaischten Malzmenge geeignet sind, weist darauf hin, daß die vorliegende Probe nur einem sogenannten einfachen Biere von höchstens 5 % Stammwürze

---

[1]) Nach A. Beythien, Jahresbericht d. Untersuchungsamtes Dresden 1902, 28.

entspricht, während der geringe prozentische Stickstoffgehalt des Bier-extraktes und die hohe, nicht aus Maltose, sondern Invertzucker be-stehende Zuckermenge auf die Verwendung von Malzsurrogaten — Rohr-zucker — zurückzuführen ist. Die tiefbraune Farbe dieses Getränkes deutet auf die Verwendung von Färbemitteln hin.

Gutachten: Unter echtem Malzbier versteht man im allgemeinen — und darauf deutet auch schon der Name hin — ein besonders viel Malz enthaltendes, also stark eingebrautes und unter Ausschluß von Surro-gaten hergestelltes untergäriges Bier. Im Gegensatz hierzu liegt hier ein mit nur sehr niedrigem Malzgehalt eingebrautes sogenanntes ein-faches Bier vor, dem durch Zusatz von Zucker und einem braunen Färbe-mittel (Biercouleur) ein etwas vollerer Geschmack und das Aussehen eines vollwertigen Malzbieres gegeben wurde. Das Produkt besitzt also nur den äußeren Schein, nicht aber das Wesen eines echten Malzbieres, mit dessen Bezeichnung es offenbar zum Zwecke der Täuschung ver-sehen wurde; es ist daher als nachgemacht im Sinne des Nahrungs-mittelgesetzes zu bezeichnen.

Da unter Malzbier ein untergäriges Bier verstanden wird, so liegt außerdem in dem Zusatze des Zuckers und des Färbemittels eine Ver-letzung der steuergesetzlichen Vorschriften.

5. Bier mit Bierneigen.

Äußere Beschaffenheit: klar, abgestanden, sehr schwache Kohlensäureentwicklung; beträchtlicher Bodensatz.

Geruch: normal.

Geschmack: schal nicht sauer.

Mikroskopischer Befund: Im Bodensatz konnten neben Konglomeraten von Hefezellen Bakterien, Holzpartikel-chen, Pechstückchen, Insektenglieder, Brotkrumen (Stärke), Fragmente von Tabakblatt, rotgefärbte Baum-wollfasern nnd Sand festgestellt werden.

Spezifisches Gewicht bei 15 °C . . .	1,0170
Ursprünglicher Extrakt der Würze . .	12,90 g
Vergärungsgrad	53,48 „
Acidität für 100 g Bier	2,65 ccm Norm.-Alkali.

In 100 g Bier sind enthalten:

Alkohol	3,58 g
Extrakt	6,00 „
Mineralbestandteile	0,202 „

Die chemische Zusammensetzung dieses Bieres bietet, abgesehen von dem Mangel an Kohlensäure, nichts Auffallendes. Dagegen geht aus den mikroskopisch nachgewiesenen Bestandteilen des erheblichen Bodensatzes mit Deutlichkeit hervor, daß man es hier mit einem aus stehengebliebenen Bierresten zusammengegossenen, sogenannten

Neigbier oder zum mindesten mit einem, stark mit solchem vermischten Biere zu tun hat.

Gutachten: Die äußere Beschaffenheit und der schale Geschmack des vorliegenden Bieres tun dar, daß dieses abgestanden ist, d. h. es hat den größten Teil seiner Kohlensäure und damit seinen Genußwert eingebüßt. Wie weiter die mikroskopische Prüfung des ziemlich beträchtlichen Bodensatzes zeigt, ist dieses Bier in ekelerregender Weise durch allerhand Stoffe verunreinigt, die erkennen lassen, daß es Bierreste beigemischt enthält, wie sie in den Wirtschaften in den Gläsern der Gäste zurückbleiben, sogenannte Bierneigen. Solche, mit dem menschlichen Munde in Berührung gekommene Bierneigen sind geeignet, Ekel zu erregen; sie sind ihrer Beschaffenheit nach verdorben im Sinne des Nahrungsmittelgesetzes, wenn auch die chemische Zusammensetzung des Neigbieres, wie im vorliegenden Falle, noch eine ganz normale ist. Wird ein solches Neigbier mit frischem, gutem Bier vermischt, so erhält letzteres dadurch eine Verschlechterung, seine Qualität wird herabgesetzt; dabei wird der Anschein erweckt, als ob normales gutes Bier verabreicht würde, also das konsumierende Publikum getäuscht. Die Vermischung frischen Bieres mit Bierneigen stellt mithin eine Verfälschung des ersteren dar.

6. Gutachten über die Verwendung von Biercouleur zur Herstellung von bayerischem Bier.

Biercouleur ist eine sirupdicke, lakritzenartig schmeckende Flüssigkeit, die vorwiegend karamelartige Substanzen, Maltose und geringe Mengen Zucker enthält. Sie verleiht dem Bier eine dunkle Farbe, einen gelblichen Schaum und süßlichen Geschmack.

Der Zusatz von Biercouleur zu einem sonst in jeder Beziehung einwandfreien, ja guten bayerischen Bier ist aus folgenden Gründen zu beanstanden.

Nach Artikel 7 des bayerischen Malzaufschlaggesetzes vom 16. Mai 1868 — 10. Dezember 1889 dürfen zur Bereitung von untergärigem Bier neben Hopfen und Wasser an Stelle von Gerstenmalz als Ersatz oder neben diesem als Zusatz keinerlei Stoffe verwendet werden. Die Beigabe von Biercouleur zu den allein erlaubten Stoffen, Gerstenmalz und Hopfen, bildet deshalb eine Übertretung des genannten Gesetzes.

Sie bildet aber auch zugleich eine Verletzung des § 10 des Gesetzes vom 14. Mai 1879, betreffend den Verkehr mit Nahrungsmitteln usw., indem durch die unberechtigte Verwendung von Biercouleur das bayerische Bier verfälscht wird. Denn bayerisches Bier, dessen zulässige Herstellung auf gewisse Stoffe beschränkt ist, gilt regelmäßig als verfälscht, sobald ihm andere als die gesetzlich und herkömmlich zulässigen Stoffe beigemengt sind. Der Zusatz geschieht zum Zwecke der Täuschung im Handel und Verkehr, um einer an sich guten Ware den Schein einer noch besseren Ware zu geben, indem vom Publikum aus der dunkleren

Farbe des Bieres geschlossen wird, daß sich in dem Getränke eine größere Malzmenge befinde, daß das Bier ein gehaltreicheres sei, als es tatsächlich ist.

20. Kapitel.

Wein.

Gesetzliche Bestimmungen.

Der Verkehr mit Wein regelt sich in erster Linie nach dem Gesetz betreffend den Verkehr mit Wein, weinhaltigen und weinähnlichen Getränken, vom 24. Mai 1901 (Weingesetz).

Hierzu erschien die Bekanntmachung des Bundesrates, betreffend Bestimmungen zur Ausführung des Gesetzes über den Verkehr mit Wein, weinhaltigen und weinähnlichen Getränken, vom 2. Juli 1901.

Indessen werden nicht alle Fragen, die sich im Verkehr mit Wein ergeben, durch das Weingesetz berührt, daher bleiben daneben die Vorschriften des Nahrungsmittelgesetzes bestehen:

§ 19. Die Vorschriften des Gesetzes vom 14. Mai 1879 bleiben unberührt, soweit die §§ 2—11 des gegenwärtigen Gesetzes nicht entgegenstehende Bestimmungen enthalten. Die Vorschriften in den §§ 16, 17 des Gesetzes vom 14. Mai 1879 finden auch bei Zuwiderhandlungen gegen die Vorschriften des gegenwärtigen Gesetzes Anwendung.

Auch die Gesetze, betreffend die Verwendung gesundheitsschädlicher Farben bei der Herstellung von Nahrungsmitteln, Genußmitteln und Gebrauchsgegenständen, vom 5. Juli 1887, und das Süßstoffgesetz vom 7. Juli 1902 behalten ihre Gültigkeit, soweit das Weingesetz keine entgegenstehende Bestimmungen enthält.

Begriff und Zusammensetzung.

Wein ist das durch alkoholische Gärung aus dem Safte der Weintraube hergestellte Getränk. (§ 1 des Weingesetzes.)

Wein im Sinne des Gesetzes ist auch jedes Getränk, das einer nach § 2 des Weingesetzes erlaubten Behandlung (anerkannte Kellerbehandlung) unterworfen worden ist und die erlaubten geringfügigen Zusätze erhalten hat: wer es als Wein oder auch als Naturwein oder reinen Wein bezeichnet, macht sich keiner Täuschung schuldig. Hiervon besteht nur eine Ausnahme: gezuckerter Wein darf zwar als Wein, nicht aber als Naturwein, reiner Wein oder zuckerfreier Wein bezeichnet werden [§ 4][1]).

---

[1]) Vergl. Th. v. d. Pfordten, Gesetz, betr. d. Verkehr mit Wein usw., München 1901, S. 8.

Die Zusammensetzung eines von so vielen Faktoren beeinflußten Erzeugnisses, wie es der Wein ist, ist naturgemäß großen Verschiedenheiten unterworfen. Sie schwankt nach Lage, Jahrgang, Traubensorte und Art der Behandlung des Weines in mehr oder weniger weiten Grenzen; immerhin lassen sich aber für letztere auf Grund der Erfahrung gewisse Werte aufstellen, die in der Regel zutreffen und zur Beurteilung der Weine wertvolle Anhaltspunkte bieten. Allerdings kommen auch bei zweifellos echten reinen Naturweinen Ausnahmen vor, und es muß davor gewarnt werden, diese Grenzwerte als allein maßgebende Normen zur Beurteilung der Weine zu betrachten, wenn auch die weitaus größte Mehrzahl der letzteren eine in den mittleren Grenzen liegende Zusammensetzung zeigt.

Th. W. Fresenius[1]) sagt über die Beurteilung der Weine: Findet man Abweichungen von den gewöhnlichen Grenzen, so hat man sich zu überlegen, ob sie derartige sind, daß überhaupt ein Naturwein vorliegen kann, oder ob sie eventuell, durch besondere Umstände bedingte Ausnahmen sind. In letzterem Falle hat man zu versuchen, ob sich aus den Angaben über Lage, Jahrgang (insbesondere zeigen ganz alte Weine vielfach Abweichungen von den Grenzwerten), Traubensorte, Rebkrankheiten, oder aus der Beschaffenheit des Weines, ob er essigstichig, kahmig usw. ist, nicht eine Erklärung für die ungewöhnliche Zusammensetzung ableiten läßt, und hat dann in dem Gutachten, sei es ein privates, sei es ein gerichtliches, auf die Abnormität jedenfalls hinzuweisen.

Man kann bei einem reinen Naturwein auf Grund der Analyse nur feststellen, ob die Zusammensetzung des Weines normal ist, d. h. man kann sagen, daß die einzelnen bestimmten Werte normal sind und auch in gegenseitigen normalen Verhältnissen zueinander stehen, sowie daß sich qualitativ keine fremden Stoffe nachweisen ließen. Dagegen kann man niemals unbedingt positiv behaupten, „daß ein reiner Naturwein vorliege", da auch trotz ganz normaler Zusammensetzung die Möglichkeit nicht ausgeschlossen ist, daß der Wein dennoch gewisse Zusätze erfahren hat. Ebenso kann man auf Grund der chemischen Analyse wohl nur in ganz seltenen Fällen die Frage beantworten, ob ein Wein tatsächlich einer bestimmten Lage und einem bestimmten Jahrgange entspricht. Dies ist mehr Aufgabe der Sachverständigen aus der Praxis, die mit Hilfe der Geschmacksprobe ihr Urteil bilden und deren Beiziehung auch im neuen Weingesetze berücksichtigt wird. Allerdings ist die auf dem Weinmarkte allgemein übliche Zungenprobe wohl nie geeignet, einen Ersatz für die Analyse zu bieten. Denn sie beruht nur auf einer durchaus subjektiven Beurteilung, die nicht mit zahlenmäßigen Größen operieren kann und vor allen Dingen bei gerichtlichen Gutachten vollkommen versagt. Die Zungenprobe ist ja zweifellos von Bedeutung, jedoch nur als Vorprüfung oder zur Stützung eines analyti-

---

[1]) F. Borgmann u. W. Fresenius, Anleitung zur chemischen Analyse des Weines. Wiesbaden 1898, S. 159.

schen Befundes. Niemals jedoch darf sie die alleinige oder hauptsächliche Grundlage einer strafrechtlichen Verfolgung wegen Weinfälschung sein.

Die Weinanalyse liefert im allgemeinen gute Ergebnisse inbezug auf die Kenntnis und Beurteilung von gestreckten Weinen und Kunstweinen. Ganz unerläßlich ist sie natürlich, sobald es sich darum handelt, den Wein auf die gesetzlichen Bestimmungen hin zu prüfen, zumal auf die darin enthaltenen Fremdstoffe und Konservierungsmittel. Von sehr großer Wichtigkeit ist sie ferner für den Identitätsnachweis von Weinen.

Wie schon hervorgehoben wurde, schwankt der Gehalt der Weine an den einzelnen Bestandteilen innerhalb weiter Grenzen. Die Zusammensetzung der deutschen Weine aller hauptsächlichen Weinbaugebiete und Lagen wird seit 1886 alljährlich durch die Kommission für Weinstatistik veröffentlicht. Bei der Beurteilung von Weinen sind diese Veröffentlichungen der Weinstatistik sehr wertvoll zur Orientierung über die Schwankungen, welche Weine bestimmter Weinbaugebiete in ihrer Zusammensetzung aufweisen.

Es würde über den Rahmen dieses Buches hinausgehen, wenn hier von allen Bestandteilen eine Zusammenstellung der Mengen gegeben würde, wie sie in der Regel im Wein gefunden werden; es möge genügen, auf die bei den zur Beurteilung besonders wichtigen Stoffen vorkommenden Verhältnisse hinzuweisen.

Alkohol. Der Alkoholgehalt deutscher Weine bewegt sich meist zwischen 4,5 g und 10 g in 100 ccm. Da die Tätigkeit der Weinhefe erlischt, sobald 14,3 g Alkohol in 100 ccm vorhanden sind, so ist ein diese Höhe überschreitender Gehalt auf Spritzusatz zurückzuführen.

Ein niedriger Alkoholgehalt fällt meist mit einem hohen Säuregehalt zusammen und umgekehrt.

Über das Verhältnis von Alkohol zu Glyzerin heißt es in den Anhaltspunkten zur Beurteilung der Weine, welche die erste Kommission zur Beratung einheitlicher Weinuntersuchungsmethoden im Jahre 1884 aufgestellt hat:

Das Verhältnis zwischen Weingeist und Glyzerin kann bei Naturweinen schwanken zwischen 100 Gewichtsteilen Weingeist zu 7 Gewichtsteilen Glyzerin und 100 Gewichtsteilen Weingeist zu 14 Gewichtsteilen Glyzerin. Bei Weinen, welche ein anderes Glyzerinverhältnis zeigen, ist auf Zusatz von Weingeist bzw. Glyzerin zu schließen.

Da bei der Kellerbehandlung zuweilen kleine Mengen von Weingeist (höchstens 1 Volumprozent) in den Wein gelangen können, so ist bei der Beurteilung der Weine hierauf Rücksicht zu nehmen.

Bei Beurteilung von Süßweinen sind diese Verhältnisse nicht immer maßgebend.

Bei alten Weinen finden sich infolge der Alkohol- und Wasserverdunstung manchmal ungewöhnlich hohe Gehalte an Glyzerin im Verhältnis zum Alkohol; diese abnormen Fälle sind aber bei der gewöhnlichen Weinbeurteilung nicht heranzuziehen.

Bei kahmig oder essigstichig gewordenen Weinen kann ein Teil des Alkohols zerstört und dadurch das Alkohol-Glyzerinverhältnis verändert werden.

Der Begriff „alkoholfreier Wein" ist eine contradictio in adjecto; er trägt einen inneren Widerspruch in sich, da nach § 1 des Weingesetzes Wein das durch alkoholische Gärung aus dem Safte der Weintraube hergestellte Getränk ist.

Extrakt. Der Gesamtbegriff Extrakt umfaßt die bei der Weinanalyse jedesmal zu bestimmenden Bestandteile, Säure, Glyzerin und Mineralstoffe sowie noch eine Reihe anderer Stoffe (Stickstoffverbindungen, zu Neutralsalzen gebundene organische Säuren, Tannin usw.). Über den Extraktgehalt der Weine spricht sich die Kommission von 1884 folgendermaßen aus:

Weine, welche lediglich aus reinem Traubensafte bereitet sind, enthalten nur in seltenen Fällen Extraktmengen, welche unter 1,5 g in 100 ccm liegen. Kommen somit extraktärmere Weine vor, so sind sie zu beanstanden, falls nicht nachgewiesen werden kann, daß Naturweine derselben Lage und desselben Jahrganges mit so niederen Extraktmengen vorkommen.

Nach Abzug der „nichtflüchtigen Säuren" beträgt der Extraktrest bei Naturweinen nach den bis jetzt vorliegenden Erfahrungen mindestens 1,1 g in 100 ccm, nach Abzug der „freien Säuren"[1] mindestens 1,0 g in 100 ccm. Weine, welche geringere Extraktreste zeigen, sind zu beanstanden, falls nicht nachgewiesen werden kann, daß Naturweine derselben Lage und desselben Jahrganges so geringe Extraktreste enthalten.

Durch den Beschluß des Bundesrates vom 2. Juli 1901 wurde in den Ausführungsbestimmungen zum Weingesetze festgesetzt, daß der Gesamtgehalt an Extraktstoffen bei Weißweinen nicht unter 1,6 Gramm, bei Rotweinen nicht unter 1,7 Gramm in 100 ccm, herabgehen darf. Bei der Feststellung des Extraktgehaltes ist die 0,1 g in 100 ccm Wein übersteigende Zuckermenge in Abzug zu bringen und außer Betracht zu lassen.

Der Extraktgehalt der Weißweine nach Abzug der nichtflüchtigen bezw. der Gesamtsäuren wurde in den Ausführungsbestimmungen auf der angeführten Höhe belassen, in Erwägung, daß bei manchen reinen Naturweinen diese Werte nur eben, bisweilen sogar nicht einmal erreicht werden.

Bei Rotwein darf der nach Abzug der nichtflüchtigen Säuren verbleibende Extraktgehalt nicht unter 1,3 Gramm, der nach Abzug der Gesamtsäuren verbleibende Extraktgehalt nicht unter 1,2 Gramm heruntergehen.

Weine aus sehr schlechten Jahrgängen, auch Weine aus Trauben, die von der Peronospora befallen waren, können niedrigere Extraktreste

---

[1] „Freie Säuren" ist hier identisch mit „Gesamtsäuren", wie aus der amtlichen Anweisung zur Untersuchung des Weines vom 25. Juni 1896 hervorgeht.

aufweisen; solche Weine unterscheiden sich von den gewässerten durch ihren hohen Säuregehalt.

Ferner ist zu berücksichtigen, daß auch beim Lagern der Weine das Extrakt durch Ausscheidungen vermindert, durch Verdunstung von Alkohol und Wasser vermehrt werden kann. Auch im Weine verbleibende Schönungsmittel können das Extrakt erhöhen.

Mineralstoffe. In den „Anhaltspunkten" der Kommission von 1884 heißt es hinsichtlich der Mineralstoffe:

Weine, welche weniger als 0,14 g Mineralstoffe in 100 ccm enthalten, sind zu beanstanden, wenn nicht nachgewiesen werden kann, daß Naturweine derselben Lage und desselben Jahrganges, die gleicher Behandlung unterworfen waren, mit so geringen Mengen von Mineralstoffen vorkommen.

Nach den Ausführungsbestimmungen zum Weingesetz vom 24. Mai 1901 darf der Gehalt an Mineralbestandteilen bei Weißweinen nicht unter 0,13 Gramm, bei Rotweinen nicht unter 0,16 Gramm in 100 ccm Wein sinken. Bei letzteren ist jedoch zu berücksichtigen, daß gewisse Sorten (z. B. die kleinen Rotweine aus Portugieser Trauben in einigen Weinbaugebieten) diese Grenzzahl in naturreinem Zustande häufig nicht erreichen werden (siehe Anmerkung)[1].

Über das Verhältnis zwischen Extraktgehalt und Mineralstoffen sagt die genannte Weinkommission:

Ein Wein, der erheblich mehr als 10% der Extraktmenge an Mineralstoffen ergibt, muß entsprechend mehr Extrakt enthalten, wie sonst als Minimalgehalt angenommen wird. Bei Naturweinen kommt sehr häufig ein annäherndes Verhältnis von 1 Gewichtsteil Mineralstoffe auf 10 Gewichtsteile Extrakt vor. Ein erhebliches Abweichen von diesem Verhältnis berechtigt aber noch nicht zur Annahme, daß der Wein gefälscht sei.

Extraktarme Naturweine sind auch stets arm an Mineralstoffen (im Gegensatz zu den petiotisierten Weinen).

Beim Entsäuern des Weines kann der Aschegehalt zunehmen, was zu beachten ist. Manchmal wird der Versuch gemacht, durch Zusatz von Kochsalz oder anderen Salzen den Gehalt eines Weines an Mineralstoffen künstlich zu erhöhen.

Durch Abscheidung von Weinstein (hauptsächlich infolge zunehmenden Alkoholgehaltes bei fortschreitender Gärung) kann der Kaligehalt eines Weines und damit die Gesamtmenge der Mineralbestandteile etwas vermindert werden. Andrerseits kann in trockenen Jahren infolge geringer Zufuhr von Mineralstoffen, besonders Kali, die freie Weinsäure des Saftes nicht völlig in den halbgebundenen Zustand übergeführt werden, daher abnorm aschenarme Naturweine in der Regel

---

[1] Anmerkung. Durch eine Verfügung des Bundesrates vom 30. Juli 1901 wurde den Weinen aus Portugieser Trauben hinsichtlich des Gehaltes an Extraktstoffen und Mineralbestandteilen eine Ausnahmestellung eingeräumt, die jedoch am 26. Oktober 1906 wieder außer Kraft gesetzt wurde (Deutsche Weinzeitung 1906, **43,** 902).

noch beträchtliche Mengen freier Weinsäure enthalten (L. Grünhut[1]).
Um in gefälschten Weinen den Gehalt an Mineralstoffen auf eine normale
Höhe zu bringen, werden besonders Natronsalze (Natrium bicarbonicum,
phosphoricum etc.) zugesetzt. Ihr Nachweis gelingt durch Bestimmung
des Natriums, dessen Menge nach K. Windisch 15 mg, nach O. Krug[2])
10 mg in 100 ccm Wein nicht überschreiten soll.

Über die einzelnen Mineralstoffe sagt die Kommission von
1884 in ihren Anhaltspunkten:

Für die einzelnen Mineralstoffe sind allgemeingültige Grenzwerte nicht
anzunehmen. Die Annahme, daß bessere Weinsorten stets mehr Phosphorsäure
enthalten sollen als geringere, ist unbegründet.

Jedenfalls spielt hier die Bodenbeschaffenheit eine Rolle. So fand
C. A Neufeld[3]) bei seinen Untersuchungen über die Weine der
Hercegovina, daß ein und dieselbe Traubensorte Weine lieferte, die je
nach dem Phosphorsäuregehalte des Bodens arm oder reich an Phosphaten
waren.

Glyzerin. Glyzerin findet sich (abgesehen von Süßweinen) in
normalen Weinen etwa zwischen 0,40 und 1,00 g in 100 ccm[4]).
Neben der absoluten Menge des Glyzerins sind auch noch die Verhältnisse in Betracht zu ziehen, in denen dieselbe zu der Menge des vorhandenen Alkohols und des Extraktes steht. Das Alkohol-Glyzerinverhältnis bewegt sich, wie schon früher erwähnt wurde, zwischen 100 : 14
und 100 : 7 (bzw. 6).

Unter Berücksichtigung des Umstandes, daß die hohen Glyzerin-
Alkoholverhältnisse meist nur bei feineren körperreichen Weinen vorkommen, hat die Weinstatistikkommission im Jahre 1898 vorläufig
folgende Grenzwerte aufgestellt:

Eine Beanstandung wegen Glyzerinzusatzes ist dann angezeigt, wenn bei
einem 0,05 g in 100 ccm übersteigenden Gesamtglyzeringehalt:

1. der Extraktrest nach Abzug der nichtflüchtigen Säure vom Extrakt zu
   mehr als $^2/_3$ aus Glyzerin besteht (dies bezieht sich nur auf Weine mit
   mehr als 10 Glyzerin auf 100 Alkohol) oder

2. bei einem Verhältnisse von Glyzerin zu Alkohol von mehr als 10 : 100
   der Gesamtextrakt nicht mindestens 1,8 g in 100 ccm oder der nach Abzug des Glyzerins vom Extrakt verbleibende Rest nicht mindestens 1 g
   in 100 ccm beträgt.

Mit Rücksicht auf die der erlaubten Kellerbehandlung unterworfenen
Weine und da in dieser Beziehung über die gallisierten Weine noch
keine, über die Naturweine nur eine ungenügende Erfahrung vorlag,
ergänzte die Weinstatistikkommission später diesen Beschluß dahin, daß
er nur als vorläufiger Vorschlag aufzufassen sei.

---

[1]) Die Chemie des Weines, Stuttgart, S. 124.
[2]) Zeitschr. f. Unters. d. Nahr.- u. Genußm. 1905, **10,** 417.
[3]) Zeitschr. f. Unters. d. Nahr.- u. Genußm. 1901, **4,** 343.
[4]) Vergl. Borgmann-Fresenius, l. c. S. 172.

Gesamtsäure. Nach der Weinstatistik schwankt der Gehalt der Weine an Gesamtsäure zwischen 0,31 und 1,70 g in 100 ccm; er liegt in der Regel zwischen 0,45 und 1,25 g, bei Südweinen ist er häufig noch geringer. Weißweine zeigen durchschnittlich einen höheren Gehalt an Gesamtsäure als Rotweine.

Durch Weinsteinabscheidung beim Lagern und durch die zersetzende Tätigkeit von Mikroorganismen kann eine oft starke Säureverminderung eintreten. Durch verschiedene Weinkrankheiten (Essigstich, Milchsäurestich usw.) wird der Säuregehalt erhöht.

Flüchtige Säuren. In geringen Mengen finden sich flüchtige Säuren in allen Weinen; Rotweine enthalten meist mehr als Weißweine, was auf die Art ihrer Gewinnung zurückzuführen ist. Südweine enthalten oft verhältnismäßig viel flüchtige Säuren, ohne dadurch im Geschmack (Essigstich) beeinflußt zu werden; jedenfalls ist die flüchtige Säure dieser Weine nicht immer identisch mit Essigsäure. Die Wahrnehmbarkeit des Stichgeschmackes in einem Weine hängt außer vom Gehalte an flüchtiger Säure auch ganz wesentlich vom Gehalte an Mineralstoffen ab. Der aschenreichere Wein schmeckt weniger leicht stichig als der aschenärmere. Die Wahrnehmbarkeit des Stichgeschmacks wird ferner um so mehr herabgedrückt, je höher die Alkalinität der Asche ist, und je mehr diese Alkalinität die Acidität des im Weine vorhandenen Weinsteins übertrifft (W. Möslinger[1]).

Über die flüchtigen Säuren hat die Freie Vereinigung bayerischer Vertreter der angewandten Chemie im Jahre 1897 auf Vorschlag W. Möslingers folgende Beurteilungsnormen für deutsche Weine aufgestellt[2]):

a) Das erste jugendliche Stadium des Weines ausgenommen, sollen deutsche Weißweine hinsichtlich der flüchtigen Säure als normal gelten, wenn sie nicht mehr als 0,09, deutsche Rotweine, wenn sie nicht mehr als 0,12 g flüchtige Säure in 100 ccm aufweisen.

b) Als nicht mehr normal, aber noch nicht zu beanstanden sollen deutsche Weißweine gelten, welche zwar über 0,09, aber nicht über 0,12, deutsche Rotweine, die zwar über 0,12, aber nicht über 0,16 flüchtige Säure in 100 ccm enthalten.

c) Deutsche Weißweine, die über 0,12 und deutsche Rotweine, die über 0,16 flüchtige Säure in 100 ccm enthalten, stellen keine normale Handelsware vor, sind gutachtlich in dieser Weise zu bezeichnen und zu beanstanden auch dann, wenn die Kostprobe nichts Auffälliges ergibt.

d) Ein Weißwein oder Rotwein ist dann als „verdorben" im Sinne des Nahrungsmittelgesetzes anzusehen, wenn bei einem Gehalte von über 0,12 bzw. 0,16 g flüchtiger Säure in 100 ccm auch die Kostprobe ganz zweifellos und überzeugend das Verdorbensein erweist.

e) Deutsche Edelweine und Weine, die länger als 10 Jahre im Fasse gelagert haben, werden von den Bestimmungen in a, b und c nicht getroffen.

---

[1]) Forschungsberichte 1897, **4,** 339.
[2]) Dortselbst.

Die Beurteilung derselben nach ihrem Gehalte an flüchtiger Säure hat unter Berücksichtigung der besonderen, von Fall zu Fall verschiedenen Verhältnisse zu geschehen.

Diese Beschlüsse beziehen sich nicht auf ausländische Weine, die häufig an sich schon einen weit höheren Gehalt an flüchtiger Säure aufweisen.

Weinstein. Fast alle Weine enthalten Weinstein; sein Gehalt schwankt nach M. Barth zwischen 0,036 g und 0,352 g in 100 ccm. Es sind auch schon echte Weine ohne Weinstein beobachtet worden.

Bei starker Temperaturerniedrigung wird besonders bei alkoholreichen Weinen ein Teil des Weinsteins in unlöslicher Form ausgeschieden. Auch Gipsen, Entsäuern mit kohlensaurem Kalk und Weinkrankheiten können Ursache der Weinsteinausscheidung sein.

Freie Weinsteinsäure. Diese findet sich in vielen Weinen gar nicht, in anderen nur in sehr geringen Mengen. Nach den Anhaltspunkten der Weinkommission von 1884 soll die Menge der freien Weinsteinsäure in Naturweinen nicht mehr als $^{1}/_{6}$ der gesamten nichtflüchtigen Säuren betragen. Nach den neueren Arbeiten von Kulisch kann sie dieses Verhältnis jedoch beträchtlich übersteigen. Trotzdem ist ein relativ hoher Gehalt an freier Weinsäure verdächtig. Nach den Analysen der deutschen Weinstatistik schwankt die Menge der freien Weinsteinsäure zwischen 0 und 0,18 g in 100 ccm.

Gesamtweinsteinsäure. Die Werte für die Gesamtweinsteinsäure sind bei den einzelnen Jahrgängen ganz verschieden; sie bewegen sich zwischen 0,04 und 0,562 g in 100 ccm. Mit der Ausscheidung von Weinstein nimmt selbstverständlich auch der Gehalt eines Weines an Gesamtweinsteinsäure ab.

Von den übrigen im Wein hauptsächlich vorkommenden Säuren bildet die Äpfelsäure neben Weinsteinsäure den wesentlichen Bestand der organischen Säuren; ihr Gehalt beträgt nach Kayser 0,27—0,39 g in 100 ccm.

Bernsteinsäure tritt immer als Nebenprodukt der alkoholischen Gärung auf.

Zitronensäure findet sich im echten Wein nur in sehr geringen Mengen (etwa 0,003 g in 100 ccm). Die Anwesenheit größerer Mengen deutet auf Zusätze.

Die anderen als die hier berührten Bestandteile des Weines sollen, soweit sie für die Beurteilung in Frage kommen, an geeigneter Stelle besprochen werden.

I. Die erlaubten Arten der Weinbehandlung.

Text des Gesetzes vom 24. Mai 1901.

§ 2. Als Verfälschung oder Nachahmung des Weines im Sinne des § 10 des Gesetzes, betreffend den Verkehr mit Nahrungsmitteln, Genußmitteln und Gebrauchsgegenständen, vom 14. Mai 1879 (Reichs-Gesetzbl. S. 145) ist nicht anzusehen:

1. die anerkannte Kellerbehandlung einschließlich der Haltbarmachung des
   Weines, auch wenn dabei Alkohol oder geringe Mengen von mechanisch
   wirkenden Klärungsmitteln (Eiweiß, Gelatine, Hausenblase u. dergl),
   von Tannin, Kohlensäure, Schwefliger Säure oder daraus entstandener
   Schwefelsäure in den Wein gelangen; jedoch darf die Menge des zugesetzten Alkohols, sofern es sich nicht um Getränke handelt, die als
   Dessertweine (Süd-, Süßweine) ausländischen Ursprunges in den Verkehr
   kommen, nicht mehr als ein Raumteil auf einhundert Raumteile Wein
   betragen;
2. die Vermischung (Verschnitt) von Wein mit Wein.
3. die Entsäuerung mittelst reinen gefällten kohlensauren Kalkes.
4. der Zusatz von technisch reinem Rohr-, Rüben- oder Invertzucker, technisch
   reinem Stärkezucker, auch in wässeriger Lösung, sofern ein solcher Zusatz
   nur erfolgt, um den Wein zu verbessern, ohne seine Menge erheblich zu
   vermehren; auch darf der gezuckerte Wein seiner Beschaffenheit und
   seiner Zusammensetzung nach, namentlich auch in seinem Gehalt an
   Extraktstoffen und Mineralbestandteilen nicht unter den Durchschnitt der
   ungezuckerten Weine des Weinbaugebietes, dem der Wein nach seiner
   Benennung entsprechen soll, herabgesetzt werden.

§ 3 Nr. 1. . . . jedoch ist der Zusatz wässeriger Zuckerlösung zur vollen
Rotweintraubenmaische zu dem im § 2 Nr. 4 angegebenen Zwecke mit den
dort bezeichneten Beschränkungen behufs Herstellung von Rotwein gestattet.

Ausführungsbestimmungen vom 2. Juli 1901.

Für die Beurteilung der Beschaffenheit und Zusammensetzung gezuckerter
Weine nach der im § 2 Nr. 4 zweiter Halbsatz bezeichneten Richtung gelten
folgende Grundsätze:

a) Bei Beurteilung der Beschaffenheit ist auf Aussehen, Geruch und Geschmack des Weines Rücksicht zu nehmen.
b) Die chemische Untersuchung hat sich auf die Bestimmung aller Bestandteile des Weines zu erstrecken, welche für die Beurteilung der Frage von
   Bedeutung sind, ob das Getränk als Wein im Sinne des Gesetzes anzusehen und seiner Zusammensetzung nach durch die Zuckerung nicht unter
   den Durchschnitt der ungezuckerten Weine des Weinbaugebietes herabgesetzt worden ist, dem es nach seiner Benennung entsprechen soll.
c) Insbesondere darf durch den Zusatz wässeriger Zuckerlösung bei Wein,
   welcher nach seiner Benennung einem inländischen Weinbaugebiet entsprechen soll, und zwar:

   bei Weißwein:

   der Gesamtgehalt an Extraktstoffen nicht unter 1,6 Gramm, der
   nach Abzug der nicht flüchtigen Säuren verbleibende Extraktgehalt nicht unter 1 Gramm,
   der nach Abzug der Gesamtsäuren verbleibende Extraktgehalt
   nicht unter 1 Gramm,
   der Gehalt an Mineralbestandteilen nicht unter 0,13 Gramm,

   bei Rotwein:

   der Gesamtgehalt an Extraktstoffen nicht unter 1,7 Gramm, der
   nach Abzug der nicht flüchtigen Säuren verbleibende Extraktgehalt

nicht unter 1,2 Gramm,

der Gehalt an Mineralbestandteilen nicht unter 0,16 Gramm
in einer Menge von 100 Kubikzentimetern Wein herabgesetzt sein.

Bei der Feststellung des Extraktgehaltes ist die 0,1 Gramm in 100 Kubikzentimetern Wein übersteigende Zuckermenge in Abzug zu bringen und außer Betracht zu lassen.

1. Die anerkannte Kellerbehandlung.

Unter anerkannter Kellerbehandlung ist eine durch das Wesen des Weines bedingte und daher notwendige Behandlung des Traubensaftes zu verstehen, die entweder auf langjähriger Erfahrung beruht oder sich auf eine allgemein als wirtschaftlich zulässig erachtete wissenschaftliche oder praktische Erfahrung stützt; allgemeine Übung des fraglichen Verfahrens ist nicht erforderlich, um die Kellerbehandlung als anerkannt erscheinen zu lassen[1]).

In § 2 Nr. 1 werden „nur diejenigen Arten der Bereitung des Weines, für welche sich ein praktisches Bedürfnis nach gesetzlicher Klarstellung fühlbar gemacht hat, aufgezählt. Im übrigen bleibt das Nahrungsmittelgesetz unberührt; es ist daher, wenn andere als die im Entwurfe behandelten Bereitungsarten in Frage stehen, nach wie vor die Entscheidung darüber, ob eine Verfälschung des Weines vorliegt oder nicht, der richterlichen Beurteilung überlassen"[2]).

Alkoholzusatz. Dem deutschen Wein darf bei der anerkannten Kellerbehandlung bis zu 1 Volumenprozent (0,80 g in 100 ccm) Alkohol zugesetzt werden. Deutet das Alkoholglyzerinverhältnis auf einen größeren Alkoholzusatz hin, so ist ein solcher erst erwiesen, wenn das Verhältnis des um 0,8 verminderten Alkoholwertes zum Glyzerin darauf schließen läßt.

Mechanisch wirkende Klärungsmittel. Hierher gehören die zur Schönung des Weines benutzten eiweiß- und leimhaltigen Klärungsmittel, wie Caseïn, Milch, Eiweiß, Gelatine, Hausenblase und dergl., und die erdigen, wie Kaolin und spanische Erde.

Tannin wird in Form von Galläpfelgerbstoff oder Traubenkernauszug besonders gerbstoffarmen Weinen zugesetzt. Zur Schönung wird der Traubenkernauszug in Verbindung mit Gelatine verwendet.

Kohlensäure wird gewissen Weinen imprägniert, die durch die Kellerbehandlung ihre natürliche Kohlensäure vollständig verloren haben.

Schweflige Säure und die daraus entstandene Schwefelsäure. Schweflige Säure wird zur Konservierung des Weines und zur Bekämpfung gewisser Weinkrankheiten verwendet. Durch § 20 des Weingesetzes ist der Bundesrat ermächtigt, für den Zusatz der bei der Kellerbehandlung zulässigen Stoffe Grenzen festzustellen; hiervon hat er bisher keinen Gebrauch gemacht. Der Chemiker hat infolgedessen die

---

[1]) M. Stenglein, Die strafrechtlichen Nebengesetze, 3. Aufl. Berlin 1903, S. 382, Bem. 2.

[2]) Textausgabe d. Weingesetzes v. Jahre 1892, Berlin 1892; Begründung S. 14.

Menge der im Weine vorhandenen Schwefligen Säure (die freie und die an organische Weinbestandteile gebundene) zu bestimmen, und der medizinische Sachverständige wird dann beurteilen, ob die festgestellte Menge geeignet ist, die menschliche Gesundheit zu schädigen. Hierbei kommen die Bestimmungen des Nahrungsmittelgesetzes in Betracht.

Die Verwendung von Reinzuchthefe wird in der Begründung zu dem Weingesetzentwurfe ausdrücklich als zur anerkannten Kellerbehandlung gehörig anerkannt[1]. Auch der Zusatz kleiner Mengen von Ammoniaksalzen, z. B. von 20—30 g Chlorammonium auf das Hektoliter, das mitunter, wenn es der Hefe an stickstoffhaltigen Nährstoffen fehlt, zur vollen Durchgärung des Mostes notwendig werden kann, darf als zur anerkannten Kellerbehandlung gehörig und daher als zulässig erachtet werden[2].

Der Zusatz von Zuckercouleur zum Färben des Weines kann nach einer Entscheidung des Reichsgerichtes in einem Falle zur anerkannten Kellerbehandlung gehören, im anderen zu Fälschungszwecken mißbraucht werden. Im letzteren Falle ist dieser Zusatz nach § 10 des Nahrungsmittelgesetzes zu beurteilen. Nach K. Windisch[3] kann der Zusatz von Zuckerfarbe zum Wein mangels einer technischen Wirkung nicht zur anerkannten Kellerbehandlung gerechnet werden. Er habe nur den Zweck der Färbung und sei dann strafbar, wenn er zum Zweck der Täuschung im Handel und Verkehr geschieht. W. fordert daher kein völliges Verbot, wohl aber Deklarationspflicht.

2. Die Vermischung (Verschnitt) von Wein mit Wein.

Der Verschnitt (Coupage) setzt, wenn er zulässig sein soll, voraus, daß sämtliche zu vermischende Weine „Wein" im Sinne des Gesetzes sind. Unter den Namen einzelner Weinlagen (Niersteiner, Bordeaux usw.) dürfen Verschnitterzeugnisse auch dann in den Verkehr gebracht werden, wenn nicht alle ihre Bestandteile jener Weinlage entstammen, sofern ihnen nur durchweg die Eigenschaften der betreffenden Weinsorten in Farbe, Geruch, Geschmack usw. zukommen. Sobald aber bestimmte Zusicherungen hinsichtlich Sorte oder Jahrgang (z. B. echter 1893er Zeltinger) gemacht sind, darf kein dem nicht entsprechender Verschnittwein benutzt werden[4].

Jeder Verschnitt von Rotwein und Weißwein ist ohne jede Beschränkung gestattet.

Die Zugabe von Weinneigen zu Wein ist jedoch nach der Entscheidung des Landgerichtes Frankfurt a. O. vom 29. November 1892 als Verfälschung anzusehen[5].

---

[1] Reichstagsdrucksache Nr. 129 (10. Legislaturperiode, II. Session 1900/1901), S. 6.

[2] K. Windisch, Wein-Gesetz, Berlin 1902, S. 19.

[3] Zeitschr. f. Unters. d. Nahr.- u. Genußm. 1905, 9, 344.

[4] E. Braun, Reichsgesetz, betr. Verkehr mit Wein usw., Berlin 1905, S. 19.

[5] G. Lebbin, Die Reichsgesetzgebung über d. Verkehr mit Nahrungsmitteln usw. Berlin 1900, S. 29.

3. Die Entsäuerung mittels reinen gefällten kohlensauren Kalkes.

Bei der Entsäuerung des Weines mit kohlensaurem Kalk (Chaptalisieren) wird ein Teil der vorhandenen Weinsäure als weinsaurer Kalk abgeschieden. Erst bei weiterem Zusatz von Kalk verbindet sich dieser mit den übrigen Säuren und bildet lösliche Kochsalze, die den Mineralstoffgehalt des Weines erhöhen. Die Verwendung von neutralem weinsaurem Kali oder kohlensaurem Kali zur Entsäuerung des Weines ist nach den Motiven zum älteren Weingesetze unstatthaft, da sie den Kaligehalt des Weines erhöhen.

4. Der Zusatz von Zucker auch in wässeriger Lösung.

In vielen Jahren werden infolge der ungünstigen klimatischen und meteorologischen Verhältnisse sehr zuckerarme und säurereiche Moste erzielt, aus denen nur alkoholarme, saure und wenig haltbare Weine gewonnen werden können. Eine Verbesserung dieser Weine ist unumgänglich notwendig; sie wird durch das Gallisieren erreicht, d. h. durch Zusatz wässeriger Zuckerlösung, wodurch der Säuregrad herabgesetzt und der fehlende Zucker ergänzt wird.

Nach § 2 Nr. 4 ist der Zusatz von technisch reinem Rohr-, Rüben- oder Invertzucker und technisch reinem Stärkezucker in wässeriger Lösung zulässig. Der Zusatz darf aber nur erfolgen, um den Wein zu verbessern, ohne seine Menge erheblich zu vermehren.

Bei jeder Zuckerung tritt eine gewisse Vermehrung des Weines ein; diese soll nach dem Gesetze, soweit sie unvermeidlich und unerheblich ist, statthaft sein. Sowie aber infolge der Zuckerung, insbesondere des Zusatzes wässeriger Zuckerlösung, auch nur tatsächlich eine erhebliche Vermehrung der Weine eintritt, selbst ohne daß der Wille des Weinbereitenden zunächst darauf gerichtet war, ist die Zuckerung unerlaubt und der § 10 des Nahrungsmittelgesetzes anwendbar [1]). Sowohl Zweck wie Erfolg soll also nach dem Gesetze beim Gallisieren nicht die Streckung, sondern eine Verbesserung des Weines sein. Ein Wein oder Most, der eine Verbesserung nicht nötig hat, darf daher nicht gallisiert werden [2]).

Was als erhebliche Vermehrung zu gelten hat, ist von Fall zu Fall vom Richter zu entscheiden. Anträge auf eine gesetzliche Feststellung des Begriffes durch Zahlen wurden nicht angenommen. Im allgemeinen werden für die Entscheidung dieser Frage die Grundsätze maßgebend sein, welche bei der Beratung des Weingesetzes im Reichstage aufgestellt worden sind.

Der gezuckerte Wein darf seiner Beschaffenheit und seiner Zusammensetzung nach, namentlich auch in seinem Gehalt an Extrakt-

---

[1]) R.G. I. Urt. v. 25. Februar 1903.
[2]) Vergl. E. Braun, l. c., S. 22.

stoffen und Mineralbestandteilen, nicht unter den Durchschnitt der ungezuckerten Weine des Weinbaugebietes, dem er nach seiner Benennung
entsprechen soll, herabgesetzt werden. Der Durchschnitt ist selbstverständlich etwas ganz anderes als die unterste Grenze.

Nach den Ausführungsbestimmungen vom 2. Juli 1901 ist bei der
Beurteilung der Beschaffenheit der gezuckerten Weine auf Aussehen,
Geruch und Geschmack des Weines Rücksicht zu nehmen; es
sollen auch die „Imponderabilien des Weines" gewahrt worden. Es ist
deshalb in den Strafprozessen wegen Weinfälschung außer der chemischen
Analyse geeignetenfalls eine Begutachtung durch zuverlässige Sachverständige der Weinbranche, die nicht Chemiker sind, in der
gedachten Hinsicht herbeizuführen, insbesondere die sogenannte Zungen-
und Nasenprobe vorzunehmen[1]).

Die vom Bundesrat in den Ausführungsbestimmungen vom 2. Juli
1901 aufgestellten Grenzzahlen (s. oben) haben nicht für sich allein
ausschlaggebende Bedeutung. Gezuckerte Weine, die diesen Zahlen
nicht genügen, sind zu beanstanden. Diejenigen aber, welche sich innerhalb der Grenzzahlen halten, sind nicht deshalb ohne weiteres „Wein" im
Sinne des Weingesetzes. Sie müssen sich vielmehr auch ihrer sonstigen
chemischen Zusammensetzung nach als „Wein" in diesem
Sinne qualifizieren, ganz abgesehen davon, daß auch ihre Beschaffenheit die „Imponderabilien des Weines" nicht vermissen lassen darf.

Rationelles Gallisieren soll auf Grund des bekannten Säure- und
Zuckergehaltes des Mostes ausgeführt werden und, da der Säuregehalt
an und für sich fast stets zurückgeht (bei gallisiertem Wein allerdings
weniger als bei Naturwein), keine stärkere Verdünnung bewirken, als
daß 0,7—0,8 g Säure in 100 ccm des verdünnten Mostes vorhanden
sind; der Zuckergehalt sei so bemessen, daß er etwa 18 g auf 100 ccm
des verdünnten Mostes ausmacht[2]).

Die Frage, ob ein vorliegender Wein ein Naturwein oder ein
gallisierter Wein ist, läßt sich aus den Ergebnissen der Analyse zurzeit
nicht in allen Fällen mit Sicherheit beantworten. Für nicht zu stark
gallisierte Weine darf im allgemeinen angenommen werden, daß sie die
gleichen Verhältnisse der einzelnen Bestandteile zueinander zeigen wie
Naturweine, selbstverständlich mit dem Unterschiede, daß der Alkohol
(und das Glyzerin) den übrigen Körpern gegenüber erhöht erscheint.

Wenn der totale Extraktrest, d. h. die Differenz zwischen zucker-
freiem Extrakt und den bestimmten Extraktteilen (Säure, Glyzerin und
Mineralstoffe) unter 0,2 herabgeht, so dürfte auch für einen gallisierten
Wein eine recht starke Verdünnung vorliegen[2]).

Nach W. Möslinger[3]) soll der Säurerest, d. h. der Säuregehalt
des Weines, nach Abzug der auf Weinsäure umgerechneten flüchtigen

---

[1]) Erlaß des Preußischen Justizministers an die Oberstaatsanwälte
von 1904.

[2]) Vergl. Borgmann-Fresenius, l. c. 189.

[3]) Zeitschr. f. Unters. d. Nahr.- u. Genußm. 1899, **2**, 93.

Säuren und nach Abzug des saueren Anteils der Weinsäure, also der gesamten freien Weinsäure und der Hälfte der halbgebundenen (als Weinstein vorhandenen) Weinsäure ein Kriterium für stattgehabte Gallisierung bieten. Dieser Säurerest (der im wesentlichen aus Äpfelsäure, Bernsteinsäure und Gerbstoff besteht) soll bei Weinen mit weniger als 1,70 g Extrakt in 100 ccm nicht weniger als 0,28 g betragen. Bei übermäßig gallisierten Weinen, ebenso wie bei Trester- und Rosinenweinen, soll er unter diese Grenze sinken. Es ist indessen noch nicht zur Genüge erwiesen, ob dem Säurerest als Kriterium eine maßgebende Bedeutung zukommt. Gesetzlich ist er nicht festgelegt.

Nach § 3 Abs. 2 des Weingesetzes dürfen Getränke, die unter Verwendung eines nach § 2 Nr. 4 nicht gestatteten Zusatzes hergestellt sind, weder feilgeboten noch verkauft werden. Dies bedeutet ein Verbot der überstreckten Weine, die jetzt auch unter Deklaration nicht mehr in den Verkehr gebracht werden dürfen.

Durch das Verkaufsverbot werden die überstreckten Weine den sogenannten „Kunstweinen" gleichgestellt; sie müssen den weinähnlichen Getränken beigezählt werden, deren gewerbsmäßige Herstellung und Verkauf in § 3 des Weingesetzes verboten werden. Damit ist aber auch der Verschnitt der überstreckten Weine mit wirklichem Weine, d. h. die sogenannte Rückverbesserung der überstreckten Weine verboten; denn ein überstreckter Wein ist nicht mehr „Wein" im Sinne des Weingesetzes; das ergibt sich aus der Begriffsbestimmung im § 1 des neuen Gesetzes. Nach § 2 ist aber nur der Verschnitt von Wein mit Wein erlaubt, also nur von Weinen im Sinne des Weingesetzes[1]).

Für die sogenannte Trockenzuckerung, d. h. die Verbesserung der Weine durch Zusatz von Zucker ohne Wasser, gelten alle für die Verbesserung der Weine mit Zucker in wässeriger Lösung festgesetzten Beschränkungen. Durch den Zuckerzusatz wird der Alkoholgehalt erhöht und infolgedessen gleichzeitig die Säure vermindert, indem dadurch Weinstein, weinsaurer Kalk usw. in größerer Menge abgeschieden werden. Durch diese Abscheidung kann der Gehalt eines Weines an Mineralbestandteilen unter die gesetzliche Grenze herabgedrückt werden, falls er diese vorher nur wenig überstieg.

Die in den Ausführungsbestimmungen festgesetzten Grenzzahlen haben für Naturwein keine Gültigkeit. Wenn ein solcher die dort aufgestellten Werte für Extrakt- und Mineralstoffgehalt nicht erreicht, so darf er doch als Naturwein feilgeboten und verkauft werden. Allerdings wird es nicht immer leicht sein, für die Naturreinheit eines solchen Weines den positiven Beweis zu erbringen.

Die Bestimmungen des § 2 finden nur Anwendung auf Wein im Sinne des § 1, nicht auf weinhaltige und weinähnliche Getränke, also

---

[1]) Vergl. K. Windisch, Wein-Gesetz, S. 54, und Zeitschr. f. Unters. d. Nahr.- u. Genußm. 1905, **9**, 385.

z. B. auf Obstwein, Beerenwein, Schaumwein. Für solche Getränke ist die Frage, ob Fälschung oder Nachahmung vorliegt, nur aus § 10 des Nahrungsmittelgesetzes zu beurteilen; Zusätze und Verfahren, die § 2 für Wein als zulässig erklärt, sind für diese Getränke ebensowenig ohne weiteres erlaubt als Zusätze, die das im § 2 festgesetzte Maß überschreiten, schlechthin unzulässig sind[1]).

Gallisierte Weine dürfen nicht als Naturwein bezeichnet werden. Es heißt im Weingesetz:

§ 4. Es ist verboten, Wein, welcher einen nach § 2 Nr. 4 gestatteten Zusatz erhalten hat, oder Rotwein, welcher unter Verwendung eines nach § 3 Abs. 1 Nr. 1 gestatteten Aufgusses hergestellt ist, als Naturwein oder unter anderen Bezeichnungen feilzuhalten oder zu verkaufen, welche die Annahme hervorzurufen geeignet sind, daß ein derartiger Zusatz nicht gemacht ist.

Indem das Weingesetz unter bestimmten Voraussetzungen und Einschränkungen das Gallisieren erlaubt, gibt es zu, daß ein unter Beachtung der gesetzlichen Vorschriften gallisierter Wein „Wein" im Sinne des § 1 ist, und gestattet, daß er als solcher ohne einen Deklarationszwang verkauft werden darf. Dagegen ist es verboten, solchen Wein als Natur- oder reinen Wein feilzuhalten oder zu verkaufen.

Ein als „naturrein" bezeichneter Wein darf nur nach dem unter § 2 Nr. 1, 2 und 3 gestatteten Verfahren behandelt worden sein (anerkannte Kellerbehandlung, Verschnitt mehrerer Naturweine, Entsäuerung mit reinem gefällten kohlensauren Kalk).

Sind bei der Zuckerung des Weines die Vorschriften des § 2 Nr. 4 des Gesetzes nicht eingehalten worden, so wird regelmäßig eine Verfälschung im Sinne des Nahrungsmittelgesetzes anzunehmen sein[2]).

Insbesondere wird durch § 10 des Nahrungsmittelgesetzes die sogenannte Mouillage betroffen, d. h. eine über den Rahmen des § 2 Nr. 1 hinausgehende Versetzung des Weines mit Wasser und Sprit, wodurch eine Vermehrung bis auf das $1^{1}/_{2}$ fache des ursprünglichen Volumens und noch weiter erzielt wird, während der Alkoholgehalt dem ursprünglichen gleich bleibt[3]). Ein mouillierter Wein weist eine Erniedrigung des Gesamtextraktes und seiner einzelnen Bestandteile sowie ein unrichtiges Alkohol-Glyzerinverhältnis auf.

Für die Dessertweine (Süd- und Süßweine) ist zwar keine bestimmte Grenze des Alkoholzusatzes festgelegt, indessen ist auch hier der Alkoholzusatz durch die Bestimmungen des Nahrungsmittelgesetzes und eventuell den § 263 St.G.B. beschränkt; denn ein übermäßiger Alkoholzusatz kann sich je nach Lage des Falles als Verfälschung oder gar als Betrug darstellen[4]).

---

[1]) Th. v. d. Pfordten, l. c. S. 24.
[2]) Braun, l. c. S. 21.
[3]) Th. v. d. Pfordten, l. c. S. 24.
[4]) Braun, l. c. S. 17; vergl. auch Stenglein, Strafrechtliche Nebengesetze, S. 382, Bem. 4.

II. Verbotene Arten der Herstellung.
Text des Gesetzes vom 24. Mai 1901.

§ 3. Es ist verboten die gewerbsmäßige Herstellung oder Nachmachung von Wein unter Verwendung:

1. eines Aufgusses von Zuckerwasser oder Wasser auf Trauben, Traubenmaische oder ganz oder teilweise entmostete Trauben: jedoch ist der Zusatz wässeriger Zuckerlösung zur vollen Rotweintraubenmaische zu dem im § 2 Nr. 4 angegebenen Zwecke mit den dort bezeichneten Beschränkungen behufs Herstellung von Rotwein gestattet;

2. eines Aufgusses von Zuckerwasser auf Hefen;

3. von getrockneten Früchten (auch in Auszügen oder Abkochungen) oder eingedickten Moststoffen, unbeschadet der Verwendung bei der Herstellung von solchen Getränken, welche als Dessertweine (Süd-, Süßweine) ausländischen Ursprunges in den Verkehr kommen. Betriebe, in welchen eine derartige Verwendung stattfinden soll, sind von dem Inhaber vor dem Beginne des Geschäftsbetriebes der zuständigen Behörde anzuzeigen;

4. von anderen als den in § 2 Nr. 4 bezeichneten Süßstoffen, insbesondere von Saccharin, Dulcin oder sonstigen künstlichen Süßstoffen;

5. von Säuren, säurehaltigen Stoffen, insbesondere von Weinstein und Weinsäure, von Bukettstoffen, künstlichen Moststoffen oder Essenzen, unbeschadet der Verwendung aromatischer oder arzneilicher Stoffe bei der Herstellung von solchen Weinen, welche als landesübliche Gewürzgetränke oder als Arzneimittel unter den hierfür gebräuchlichen Bezeichnungen (Wermutwein, Maiwein, Pepsinwein, Chinawein und dergl.) in den Verkehr kommen;

6. von Obstmost und Obstwein, von Gummi oder anderen Stoffen, durch welche der Extraktgehalt erhöht wird, jedoch unbeschadet der Bestimmungen im § 2 Nr. 1, 3, 4.

Getränke, welche den vorstehenden Vorschriften zuwider oder unter Verwendung eines nach § 2 Nr. 4 nicht gestatteten Zusatzes hergestellt sind, dürfen weder feilgehalten noch verkauft werden. Dies gilt auch dann, wenn die Herstellung nicht gewerbsmäßig erfolgt.

Die Verwertung von Trestern, Rosinen und Korinthen in der Branntweinbrennerei wird durch die Bestimmungen des Abs. 1 nicht berührt; jedoch unterliegt sie der Kontrolle der Steuerbehörden.

Der § 3 bedeutet ein Verbot der Herstellung von Tresterwein, Hefenwein, Rosinenwein, Wein aus eingedicktem Most usw., Getränke, welche in der Begründung zu dem Regierungsentwurfe unter dem Namen „Kunstwein" zusammengefaßt werden.

Wie sich ferner aus der Begründung des Regierungsentwurfes und aus den Verhandlungen in der Kommission ergibt, beziehen sich die Vorschriften des § 3 bloß auf die Herstellung und Nachmachung von Wein, d. h. Traubenwein, nicht aber auf Getränke, die nach Aussehen und Geschmack eine Verwechslung mit Traubenwein ausschließen. Hierzu zählen in erster Linie die Obst- und Beerenweine, dann aber auch die in einigen Gegenden Deutschlands (Schlesien, Posen, Ost- und Westpreußen, ebenso in Teilen von Bayern usw.) eingeführten sogenannten Kunstweine, welche gewöhnlich aus

Alkohol, Zucker, Säure, Gewürzen, Kirschsaft und anderen Stoffen bestehen, meist keinen wirklichen Wein enthalten und mit Traubenwein nicht verwechselt werden können. (Gelbwein, Kirschwein; Muskat-Façon, Roussillon-Façon usw.).

1. Tresterweine (Petiotisierte Weine).

Durch Aufguß von Zuckerwasser oder Wasser auf Trauben, Traubenmaische oder ganz oder teilweise entmostete Trauben erhält man die Tresterweine, durch Vereinigung solcher Auszüge mit dem vorher abgepreßten Most die petiotisierten Weine.

Ihrer Bereitungsweise entsprechend haben diese Produkte meist einen relativ hohen Gehalt an Mineralstoffen, namentlich Kali und Kalk, und an Gerbstoff, dagegen sind sie arm an Extraktstoffen, Stickstoff, freien Säuren und Phosphorsäure.

Tresterweine sind besonders durch einen im Vergleich zum Extrakt hohen Gehalt an Mineralstoffen (wesentlich mehr als $^1/_{10}$ des Extraktes), ausgezeichnet, und zwar die mit Weinsteinsäure versetzten in geringerem Grade als die ohne Weinsteinsäurezusatz gebliebenen, weil bei den ersteren Abscheidungen von weinsauren Salzen in höherem Maße stattgefunden haben als bei letzteren. Der Alkoholgehalt der Tresterweine ist meist niedrig.

Ein weiteres Kriterium der Tresterweine ist ihr außergewöhnlich hoher Gehalt an Gerbstoff. Normale Weißweine zeigen höchstens einen Gerbstoffgehalt von 0,02 g, meistens aber einen solchen von 0,001 bis 0,005 g in 100 ccm. Weine mit höherem Gerbstoffgehalte sind entweder längere Zeit mit den Trestern in Berührung gewesen (Maischegärung) oder sie sind Tresterweine. Weine, welche nach Abzug der fünffachen Menge des Gerbstoffgehaltes vom Gesamtextrakt weniger als 1,5 g Extraktrest zeigen, sind verdächtig, Tresterweine oder Verschnitte von Wein mit Tresterwein oder übermäßig verlängerte, über Trestern vergorene Weine zu sein (M. Barth[1]). Rote Tresterweine sind gerbstoffärmer als die entsprechenden normalen Weine, da die Rotweintrester bereits extrahiert sind.

Der Gerbstoffgehalt bietet allerdings für sich allein kein sicheres Beurteilungsmoment; denn einerseits kann er auch vom Schönen mit großen Tanninmengen stammen, andrerseits kann er mit Hilfe von Eiweiß oder Gelatine aus den Tresterweinen entfernt werden.

Die Gesamtsäure der Tresterweine ist meist niedrig; dabei neigen sie zum Essigstich. Der Möslingersche Säurerest liegt gewöhnlich unter 0,28. Das Alkohol-Glyzerinverhältnis ist meist hoch (100:10).

Da die Zusammensetzung der Trester- und petiotisierten Weine vielfach nicht sehr wesentlich von derjenigen reiner Naturweine abweicht,

---

[1] Zeitschr. f. Unters. d. Nahr.- u. Genußm. 1899, **2**, 115; siehe dort auch Näheres über die Bestimmung des Gerbstoffes.

so ist ihre Erkennung, besonders in Verschnitten mit anderen Weinen, mit Hilfe der chemischen Analyse häufig nicht möglich.

2. Hefenwein.

Die Hefenweine werden durch Aufguß von Zuckerwasser auf Weinhefe (auch Bierhefe) hergestellt; sie erhalten oft Zusätze von Weinsäure und Tannin.

Die Hefenweine besitzen meist einen überaus hohen Stickstoffgehalt bei geringem Gehalt an Extrakt und Säuren und hohem Gehalt an Mineralbestandteilen. Sie erhalten häufig Zusätze von Weinsäure, wodurch dann ihr Extraktgehalt entsprechend erhöht wird.

3. Wein aus getrockneten Früchten (auch in Auszügen oder Abkochungen) und eingedicktem Most.

Rosinen, Korinthen, getrocknete Weinbeeren, eingedickter Most, auch andere getrocknete zuckerhaltige Früchte, wie Feigen, Datteln und dergleichen geben, mit Wasser ausgezogen oder verdünnt, nach der Gärung Getränke, die chemisch von Traubenwein kaum zu unterscheiden sind, wenn sie auch meist einen eigentümlichen Geschmack aufweisen. Diese Erzeugnisse enthalten fast alle charakteristischen Bestandteile des Weines, namentlich Extrakt und Mineralstoffe, in mehr als genügender Menge und ermöglichen daher eine fast unbegrenzte Streckung des Weines. Hierher gehören auch die Rosinenweine. Nach der Art ihrer Herstellung zeigen sie in ihrer Zusammensetzung große Ähnlichkeit mit den Tresterweinen; besonders hoch ist bei ihnen gewöhnlich der Gehalt an flüchtiger Säure. Durch § 3 Nr. 3 ist die Herstellung aller solcher Getränke ganz verboten.

Dagegen dürfen getrocknete Früchte und eingedickte Moststoffe bei der Herstellung von Getränken Verwendung finden, welche als Dessertweine (Süd-, Süßweine) ausländischen Ursprungs in den Verkehr kommen. Selbstverständlich dürfen derartige Weine dann aber nicht als ausländische Naturweine (z. B. als „echter Madeira") oder unter einer solchen Bezeichnung ausgegeben werden, daß die Art ihrer Zubereitung unersichtlich ist. Wer dies gleichwohl täte, würde sich gegen § 10 des Nahrungsmittelgesetzes vergehen[1]).

4. Verwendung von anderen als den in § 2 Nr. 4 bezeichneten Süßstoffen, insbesondere von Saccharin, Dulcin oder sonstigen künstlichen Süßstoffen.

Die in § 2 Nr. 4 angeführten, erlaubten Süßstoffe sind technisch reiner Rohr-, Rüben- oder Invertzucker und technisch reiner Stärkezucker. Von den hier verbotenen anderen Süßstoffen käme eventuell das Glykosid des Süßholzes, das Glycyrrhizin, in Betracht.

______

[1]) Vergl. Braun, l. c. S. 31.

Die hier auch angeführten künstlichen Süßstoffe sind inzwischen durch das Süßstoffgesetz vom 7. Juli 1902 bei der Herstellung von Nahrungs- und Genußmitteln überhaupt verboten worden.

5. Verwendung von Säuren, säurehaltigen Stoffen, Bukettstoffen, künstlichen Moststoffen und Essenzen.

Der Zusatz von Säuren geschieht, um die durch Wässerung des Weines hervorgerufene Verdünnung für den Geschmack zu verdecken. Er läßt sich, neben dem qualitativen Nachweis bezw. der quantitativen Bestimmung, meistens an einer Veränderung der gewöhnlich beobachteten gegenseitigen Verhältnisse der einzelnen Bestandteile des Weines erkennen.

Der Zusatz von Bukettstoffen und Essenzen erfolgt zu geringeren Weinen, um diesen den Charakter der wertvolleren Edelweine, also den Schein einer besseren Beschaffenheit zu verleihen. Der chemische Nachweis eines derartigen Zusatzes ist bei dem derzeitigen Stande der Wissenschaft wohl nur in den äußerst seltenen Fällen möglich, wo es gelingt, eine Bestimmung der Ester oder der höheren Alkohole heranzuziehen. Im allgemeinen sind die verschiedenen Vorschläge zur Bestimmung der am Bukett beteiligten Stoffe (Ester, höhere Alkohole, Aldehyde, Äther) bisher ohne praktische Bedeutung, da die Befunde keinen Maßstab für die Beurteilung geben. Hier bietet die Kostprobe durch erfahrene Weinfachleute wohl die besten Anhaltspunkte.

Unter das Verbot der säurehaltigen Stoffe fallen streng genommen alle Substanzen, die freie Säuren enthalten; so auch die in § 3 Nr. 3 besonders aufgeführten getrockneten Früchte und eingedickten Moststoffe und die in § 3 Nr. 6 genannten Obstmoste und Obstweine, ferner alle zur Auffärbung von Rotweinen benutzten Frucht- und Pflanzensäfte (Heidelbeersaft, Kirschsaft, Malvensaft usw.). Durch dieses Verbot wird auch die Verwendung von in Weinsteinsäure gelöster Hausenblase zur Schönung (Klärung) des Weines getroffen, weil die Weinsteinsäure im Weine zurückbleibt[1]).

Künstliche Moststoffe (Weinextrakte, Mostsubstanzen) sind nach der Begründung des Regierungsentwurfs zum Weingesetze meist eingedickte Auszüge oder Abkochungen von Früchten oder Pflanzen verschiedener Art (z. B. Tamarindenmus), Zubereitungen, die oft Weinhefe und Weinsäure, zuweilen aber auch gesundheitsschädliche Stoffe enthalten.

6. Verwendung von Obstmost und Obstwein, von Gummi oder anderen Stoffen, durch welche der Extraktgehalt erhöht wird.

Obstmost und Obstwein zeigen in ihrer chemischen Zusammensetzung gewöhnlich gewisse Verschiedenheiten vom Traubenwein; so enthält

---

[1]) R.G. I. Urt. v. 3. April 1905.

Apfelwein meist mehr Mineralstoffe und durch Alkohol fällbare Pektinstoffe, sowie einen höheren Extraktgehalt als Traubenwein, dagegen keine Weinsäure. Indessen kommen diese Verschiedenheiten beim Verschnitt eines Traubenweines mit Obstwein kaum oder gar nicht zur Geltung, und es ist nur in seltenen Fällen möglich, einen solchen auf chemischem Wege nachzuweisen. Ein starker Zusatz von Obstwein kann meist durch den Geruch und Geschmack erkannt werden.

Der Nachweis von Gummi und Dextrin erfolgt nach der offiziellen Anweisung (Bekanntmachung, betreffend Vorschriften für die chemische Untersuchung des Weines, vom 25. Juni 1896; Nr. 19).

Zu den Stoffen, welche den Extraktgehalt erhöhen, zählen Glyzerin, mineralische Salze usw.; auch die bei der Destillation des Weines in der Blase zurückbleibende Weinschlempe fällt, da sie säurehaltig ist, ebenfalls unter das Verbot von Nr. 5 des § 3 [1]).

III. Verbotene Zusätze zu Wein, weinhaltigen und weinähnlichen Getränken.

Text des Gesetzes vom 24. Mai 1901.

§ 7. Die nachbenannten Stoffe, nämlich:
> lösliche Aluminiumsalze (Alaun und dergl.), Baryumverbindungen, Borsäure, Glyzerin, Kermesbeeren, Magnesiumverbindungen, Salizylsäure, Oxalsäure, unreiner (freien Amylalkohol enthaltender) Sprit, unreiner (nicht technisch reiner) Stärkezucker, Strontiumverbindungen, Teerfarbstoffe,

oder Gemische, welche einen dieser Stoffe enthalten, dürfen Wein, weinhaltigen oder weinähnlichen Getränken, welche bestimmt sind, anderen als Nahrungs- oder Genußmittel zu dienen, bei oder nach der Herstellung nicht zugesetzt werden.

Der Bundesrat ist ermächtigt, noch andere Stoffe zu bezeichnen, auf welche dieses Verbot Anwendung zu finden hat.

§ 8. Wein, weinhaltige und weinähnliche Getränke, welchen, den Vorschriften des § 7 zuwider, einer der dort oder der vom Bundesrate gemäß § 7 bezeichneten Stoffe zugesetzt ist, dürfen weder feilgehalten noch verkauft noch sonst in den Verkehr gebracht werden.

Dasselbe gilt für Rotwein, dessen Gehalt an Schwefelsäure in einem Liter Flüssigkeit mehr beträgt, als sich in zwei Gramm neutralen schwefelsauren Kaliums vorfinden. Diese Bestimmung findet jedoch auf solche Rotweine nicht Anwendung, welche als Dessertweine (Süd-, Süßweine) ausländischen Ursprungs in den Verkehr kommen.

Ausführungsbestimmungen vom 2. Juli 1901.

III. Zu § 7. Das Verbot des § 7 Abs. 1 des Gesetzes findet auch auf lösliche Fluorverbindungen und Wismutverbindungen sowie auf Gemische, welche einen dieser Stoffe enthalten, Anwendung.

---

[1]) Vergl. K. Windisch, Wein-Gesetz, S. 80.

Die Bestimmungen dieser beiden Paragraphen gelten nicht nur für
Wein im Sinne des § 1, sondern auch für alle weinhaltigen und weinähnlichen Getränke, wie Schaumwein, Obstweine, Beerenweine, Kunstweine, dann auch für Weinpunschessenzen usw. Auf Spirituosen —
Kognak, Arrak, Rum — bezieht sich § 7 dagegen nicht[1]).

Nach der Begründung zu dem Weingetze vom 20. April 1892 wird
die Frage, ob ein Wein als „verfälscht" im Sinne des § 10 des Nahrungsmittelgesetzes zu betrachten ist, durch die Bestimmungen der §§ 7 und 8
nicht berührt. Die Zulässigkeit des Zusatzes anderer als der hier
verbotenen Stoffe zu Wein, weinhaltigen und weinähnlichen Getränken
ist an der Hand des Nahrungsmittelgesetzes zu prüfen. Für Farben,
die bei der Schaumweinfabrikation in Frage kommen, sind noch die
Vorschriften des Gesetzes vom 5. Juli 1887 zu beachten.

Auch Mischungen, die einen der genannten Stoffe enthalten, fallen
unter das Verbot des § 7; dies gilt namentlich für die unter allerhand
Phantasie-Namen feilgebotenen Geheimmittel zur Konservierung oder
Schönung des Weines.

Lösliche Aluminiumsalze (Alaun u. dergl.). Beim Nachweis ist darauf Rücksicht zu nehmen, daß Tonerde in geringen
Mengen im Naturwein vorkommt, daß sie ferner durch die Klärerde
oder sonstwie mechanisch in den Wein gelangen kann und hierin nicht
ganz unlöslich ist. Ein Zusatz löslicher Aluminiumsalze ist deshalb nur
als sicher anzunehmen, wenn Tonerde in größerer Menge nachweisbar ist.

Baryumverbindungen. Diese gelangen in den Wein zur
„Entgipsung", d. h. zur Beseitigung des hohen Schwefelsäuregehaltes,
des Kennzeichens der stattgehabten Gipsung. Nach den Motiven zum
Weingesetze von 1892 sind von dem an Baryumverbindungen im Weine
zurückbleibenden Überschusse schon wenige Milligramme imstande, Vergiftungserscheinungen hervorzurufen.

Borsäure und borsaure Salze dienen als Konservierungsmittel.
Es ist zu beachten, daß sich Borsäure in den meisten Trauben- und
Obstweinen von Natur in — allerdings sehr geringen — Mengen findet[2]).
Zum Nachweise eines Zusatzes muß deshalb die Menge der Borsäure
quantitativ bestimmt werden.

Glyzerin. Das Glyzerin findet sich als normales Gärungsprodukt
in jedem Weine. Der Zusatz von Glyzerin, das sogenannte Scheeli-
sieren, erhöht den Extraktgehalt, macht den Wein süßer und gibt ihm
einen, sonst nur erstklassigen Weinen eigenen, vollmundigen Geschmack,
verleiht ihm also den Schein einer wertvolleren Beschaffenheit. Sein
Verbot beruht nur auf wirtschaftlichen, nicht auf hygienischen Gründen.

Da die Menge des bei der Gärung entstehenden Glyzerins großen
Schwankungen unterliegt, so ist der Nachweis eines Glyzerinzusatzes

---

[1]) Vergl. Stenglein, Die strafrechtl. Nebengesetze, S. 380, Bem. 1 zu § 1.
[2]) K. Windisch fand in Weinen Mengen von 1,25—33 mg Borsäure im
Liter. Arbeiten a. d. Kais. Gesundheitsamte 1898, S. 391 ff.

auf chemischem Wege oft schwierig. Als Grundlage der Beurteilung dient das Alkohol-Glyzerin-Verhältnis.

Kermesbeeren, Phytolacca decandra, werden in südlichen Ländern zur Färbung des Rotweines benutzt. Sie wurden wegen ihrer gesundheitsschädlichen Wirkung (Brechreiz) verboten.

Magnesiumverbindungen. Ihr Zusatz ist wegen ihrer abführenden Wirkung verboten. Da jeder Wein Magnesia in beträchtlichen Mengen enthält (0,003—0,035 %), so kann ein Zusatz nur durch eine quantitative Bestimmung nachgewiesen werden.

Salizylsäure wird ebenfalls als Konservierungsmittel dem Weine zugesetzt. Das Verbot erfolgte wegen ihrer gesundheitlichen Wirkungen. Auch hier ist zu berücksichtigen, daß Naturweine vielfach Salizylsäure enthalten; indessen sind diese Mengen so klein, daß sie keine konservierende Wirkung auszuüben vermögen. Jedenfalls ist zum Nachweise eines Zusatzes die Salizylsäure quantitativ zu bestimmen.

Oxalsäure wurde wegen ihrer Giftigkeit aufgenommen; ihr Zusatz ist vereinzelt beobachtet worden.

Unreiner Sprit. Als solcher ist amylalkoholhaltiger, d. h. nicht entfuselter Sprit zu verstehen.

Unreiner Stärkezucker. Wegen seines Gehaltes an unvergärbaren, den Extrakt vermehrenden Bestandteilen ist dieser für Wein schon nach § 3 Nr. 6 ausgeschlossen. Durch die Aufnahme in den § 7 ist seine Verwendung auch für weinhaltige und weinähnliche Getränke (Obst- und Beerenweine usw., auch für den sogenannten Haustrunk) untersagt.

Strontiumverbindungen, besonders weinsaures Strontium, dienen wie die Baryumverbindungen zum Entgipsen von Weinen. Geringe Mengen bleiben im Wein gelöst.

Teerfarbstoffe. Die Teerfarbstoffe werden zur Auffärbung schwach gefärbter Weine verwendet; sie dienen also dazu, diesen den Schein einer besseren Beschaffenheit zu geben. Da das Verbot des Zusatzes sich auch auf weinhaltige Getränke erstreckt, so gilt es z. B. auch für Punschessenzen, die als weinhaltig feilgeboten werden, z. B. Rotwein- oder Burgunder-Punschessenz; diese Auffassung wurde durch gerichtliche Entscheidung bestätigt[1]).

Lösliche Fluorverbindungen. Die stark antiseptisch wirkenden, gesundheitlich nicht einwandfreien Salze der Fluorwasserstoffsäure und der Kieselfluorwasserstoffsäure werden zur Konservierung verwendet; sie bilden einen Bestandteil vieler zu diesem Zweck angepriesenen Geheimmittel.

Wismutverbindungen sollen in Frankreich als Konservierungsmittel für Obstwein empfohlen worden sein. In Deutschland ist ihre Verwendung noch nicht beobachtet worden.

---

[1]) Vergl. Lührig, Jahresbericht d. Untersuchungsamtes Chemnitz 1904, S. 28.

Gehalt der Rotweine an Schwefelsäure. Der von Natur aus geringe Schwefelsäuregehalt der Weine kann auf zweierlei Art erhöht werden: durch Oxydation der beim Schwefeln — welches zur anerkannten Kellerbehandlung gehört — in den Wein gelangenden Schwefligen Säure und durch Gipsen. Das Gipsen geschieht in Südeuropa und Frankreich zur Konservierung der Weine und zur Erhöhung ihrer Farbe; dabei werden die Trauben oder die Traubenmaische mit gemahlenem Gips bestreut. Dieser bewirkt verschiedene Umsetzungen: es bildet sich Kaliumsulfat, welches gelöst bleibt, während Calciumtartrat ausgeschieden wird. Gegipste Weine sind daher durch einen hohen Schwefelsäuregehalt charakterisiert. Der Gehalt an neutralem Kaliumsulfat kann 4 g und mehr im Liter betragen und wird dann wegen seiner abführenden Wirkung als gesundheitsgefährlich angesehen. Nach der Vorschrift des § 8 darf der Gehalt an Schwefelsäure in einem Liter Flüssigkeit nicht mehr betragen, als sich in 2 g neutralem Kaliumsulfat vorfindet.

Ein abnorm hoher Gehalt an Schwefelsäure bei einem niedrigen Gehalt an Weinstein läßt auf Gipszusatz schließen. Die Asche kann bei stark gegipsten Weinen neutrale Reaktion zeigen.

Die Bestimmung des § 8 über den Schwefelsäuregehalt bezieht sich nur auf Rotweine, und von diesen sind noch die Dessertweine (Süd- und Südweine) ausländischen Ursprungs ausgenommen. Bei einem übermäßig hohen Schwefelsäuregehalte können aber auch diese Weine ebenso wie die Weißweine, und zwar auf Grund des Nahrungsmittelgesetzes, beanstandet werden [1]).

Da ein mehr als 2 g Kaliumsulfat im Liter enthaltender Rotwein nicht mehr ein „Wein" im Sinne des Gesetzes ist, so ist seine Verwendung zum Verschnitt auch nicht zulässig (§ 2 Nr. 2).

IV. Beurteilung der im Weingesetze nicht angeführten Zusätze.

Nach § 19 des Weingesetzes vom 24. Mai 1901 bleiben die Vorschriften des Nahrungsmittelgesetzes vom 14. Mai 1879 unberührt, soweit die §§ 2 bis 11 des ersteren nicht entgegenstehende Bestimmungen enthalten.

Dasselbe gilt von den Vorschriften des Gesetzes vom 5. Juli 1887, betr. die Verwendung gesundheitschädlicher Farben, und des Süßstoffgesetzes vom 7. Juli 1902.

Nach der Rechtsprechung des Reichsgerichtes [2]) ist der Zusatz fremdartiger Stoffe zum Naturwein — unbeschadet der Bestimmungen des Weingesetzes — eine Verfälschung wegen Verschlechterung [3]).

---

[1]) Vergl. K. Windisch, Wein-Gesetz, S. 102.
[2]) R.G. I. Urt. v. 1. Nov. 1880. — II. Urt. v. 2. Okt. 1886. — II. Urt. v. 12. Dez. 1887.
[3]) Vergl. Stenglein, Strafrechtl. Nebengesetze, S. 345.

Wasser. Der Zusatz von Wasser zum Wein ist nur in Verbindung mit Zucker zum Gallisieren innerhalb der Grenzen des § 2 Nr. 4 gestattet. Im übrigen ist jedes Wasser, das nicht als natürlicher Bestandteil dem Wein innewohnt, sondern nachträglich beigemengt ist, ein ihm fremder Körper. Demnach sind in dem Wasserzusatze zu Wein die Merkmale eines Vergehens gegen § 10 des Nahrungsmittelgesetzes gegeben, sofern durch diesen Zusatz eine substantielle Verschlechterung des Weines, in der Absicht der Täuschung, bewirkt ist[1].

Der Nachweis von Salpetersäure im Wein läßt auf einen Zusatz von nitrathaltigem Wasser schließen; ist jedoch für sich allein nicht ausschlaggebend, da Nitrate auch z. B. beim Ausspülen der Fässer mit dem Wasser in den Wein gelangen können. Auch ist das Auftreten von Salpetersäure noch kein Beweis dafür, daß das Wasser gesundheitlich nicht einwandfrei sei. Ein Fehlen der Nitrate ist selbstverständlich kein Beweis für eine unterbliebene Wässerung.

Alkohol. Ein über das nach § 2 Nr. 1 zulässige Maß hinausgehender Zusatz von Sprit — auch in Verbindung mit Wasser (Mouillage) — wird ebenfalls durch § 10 des Nahrungsmittelgesetzes betroffen.

Für die Dessertweine (Süß- und Südweine) ist allerdings keine bestimmte Grenze des Alkoholzusatzes festgesetzt; indessen kann ein übermäßiger Alkoholzusatz sich auch hier je nach der Lage des Falles als Verfälschung oder gar als Betrug (§ 263 Str.G.B.) darstellen[2].

Zucker. Durch den Zusatz von Zucker zum fertigen Wein wird diesem ein seinem Wesen und Gehalt nicht entsprechender Schein verliehen (§ 10 des Nahrungsmittelgesetzes). Da Zucker ferner ein den Extraktgehalt erhöhender Stoff ist, so ist sein Zusatz schon nach § 3 Nr. 6 des Weingesetzes verboten.

Kochsalz. Der Zusatz von Kochsalz erfolgt zur Erhöhung des Gehaltes an Mineralstoffen. Früher war die Verwendung von Kochsalz zum Schönen gestattet. Mit Rücksicht darauf setzte die Weinkommission von 1884 als Minimalgrenze 0,05 g Chlornatrium in 100 ccm fest, während normale Weine nicht über 0,015 g enthalten. Unter besonderen Umständen, z. B. bei Weinen aus Trauben von kochsalzreichem Boden (Meeresküste), können hohe Chlorgehalte vorkommen, aber auch hier reicht die erstgenannte Grenze aus.

Durch den Zusatz von Kochsalz wird der Gehalt an Mineralstoffen erhöht. In diesem Falle ist nach einer Anregung der Weinstatistikkommission bei deutschen Weinen zu fordern, daß der Gesamtgehalt an Mineralbestandteilen nach Abzug des mehr als 0,005 g betragenden Kochsalzgehaltes noch die vorgeschriebene Minimalgrenze erreiche[3].

In der durch den Kochsalzzusatz bewirkten Erhöhung des Gehaltes an Mineralstoffen ist die Vortäuschung einer besseren Beschaffenheit eines Weines zu erblicken.

---

[1] R.G. Urt. v. 7. März 1898.
[2] Vergl. E. Braun, l. c. S. 17.
[3] Vergl. Borgmann-Fresenius, l. c. S. 179.

Künstliche Färbung. Durch das Weingesetz (§ 7) ist nur die Färbung mit Teerfarbstoffen und mit Kermesbeeren ausdrücklich verboten. Pflanzenfarbstoffe sind dagegen nicht genannt, wenn auch der Zusatz von säurehaltigen Frucht- und Pflanzensäften nach § 3 Nr. 5 beanstandet werden kann. Neben diesen Bestimmungen ist für die Herstellung von Wein noch § 1 des Gesetzes vom 5. Juli 1887, betr. die Verwendung gesundheitsschädlicher Farben, zu beachten. Über den Zusatz von Zuckercouleur wurde bereits bei dem Abschnitt „Erlaubte Kellerbehandlung" gesprochen.

Im allgemeinen wird sich eine jede Färbung des Weines wohl regelmäßig auch als Nachahmung oder Verfälschung im Sinne des § 10 des Nahrungsmittelgesetzes darstellen, insbesondere regelmäßig dann, wenn sie verschwiegen wird.

Verdorbener Wein.

Es gibt eine große Zahl von Krankheiten und Fehlern des Weines, die diesen als zum Genusse untauglich, als verdorben im Sinne des Nahrungsmittelgesetzes erscheinen lassen. Ihre Ursache liegt meistens in nachlässiger, unsachgemäßer Behandlung des Weines, in unreinlicher Kellerwirtschaft, zu hoher Temperatur der Lagerräume usw., dann in schlecht geerntetem, verdorbenem Traubenmaterial, zuweilen auch in der Gegenwart gelegentlich in den Wein geratener fremdartiger Stoffe. Die meisten dieser Weinkrankheiten sind noch wenig erforscht.

Der Essigstich. Der Essigstich wird durch die Oxydation des Alkohols zu Essigsäure durch den Essigpilz (Mycoderma aceti) oder die Essigsäurebakterien hervorgerufen; daneben entstehen gewöhnlich noch andere Oxydationsprodukte in geringen Mengen.

Bis zu einem gewissen Grade gehört die Essigsäure zu den normalen Bestandteilen des Weines; außerdem enthält dieser noch kleine Mengen von anderen flüchtigen Säuren, wie Buttersäure, höhere Fettsäuren, Ameisensäure.

Über den Gehalt der Weine an flüchtiger Säure hat die Freie Vereinigung bayerischer Vertreter der angewandten Chemie Beurteilungsnormen aufgestellt, die bereits oben mitgeteilt worden sind (S. 399). Danach ist ein Weißwein oder Rotwein dann als „verdorben" im Sinne des Nahrungsmittelgesetzes anzusehen, wenn bei einem Gehalte von über 0,12 bezw. 0,16 g flüchtiger Säure in 100 ccm auch die Kostprobe ganz zweifellos und überzeugend das Verdorbensein erweist.

Bei der Beurteilung der Weine hinsichtlich ihres Gehaltes an flüchtigen Säuren ist die Bestimmung des letzteren insofern nicht allein maßgebend, als keine Grenzzahl angegeben werden kann, bei deren Überschreitung ein Wein unter allen Umständen beanstandet werden muß. Die Beanstandung eines Weines wegen eines zu hohen Gehaltes an flüchtigen Säuren erfolgt auf Grund des § 10 Nr. 2 und § 11 des Gesetzes vom 14. Mai 1879, der das Verdorbensein des Weines zur Voraussetzung hat. Man muß daher feststellen, ob ein Wein durch

Essigstich wirklich verdorben und ungenießbar geworden ist, und dies läßt sich nur durch die Geschmacksprobe konstatieren. Die Bestimmung der flüchtigen Säuren ist nur als ein weiteres Beweismoment oder als Bestätigung des Befundes der Geschmacksprobe anzusehen.

Sauere und alkoholarme Weine sind oft schon bei 0,10 g flüchtigen Säuren in 100 ccm ungenießbar, während die alkohol- und zuckerreichen Süd- und Süßweine 0,20 g und mehr flüchtige Säuren in 100 ccm enthalten können, ohne irgendwie verdorben zu sein, und ohne daß der Geschmack die Anwesenheit dieser Säuren verriete[1]). Alte Edelweine sind auch meist reich an flüchtigen Säuren. Es ist sehr wahrscheinlich, wenn auch noch nicht erwiesen, daß nicht allein die Menge, sondern auch die Art der flüchtigen Säuren den Geschmack der Weine wesentlich beeinflußt[2]).

Der Kahm oder die Kuhnen. Dieser Zustand wird durch den Kahmpilz, Mycoderma vini (Saccharomyces Mycoderma) hervorgerufen, welcher sich auf der Oberfläche namentlich junger, eiweißreicher und alkoholarmer Weine in Form einer weißen Haut ausbreitet, die allmählich an Dicke zunimmt (der Wein wird kahmig). Durch die Tätigkeit dieses Sproßpilzes, welcher des Luftzutritts bedarf, werden der Alkohol, die Extraktbestandteile und die Säuren des Weines zerstört, unter Bildung von Kohlensäure und Wasser und geringer Mengen unangenehm riechender flüchtiger Säuren (Buttersäure, Baldriansäure).

Kahmiger Wein ist verdorben.

Der Milchsäurestich. Er kommt durch Tätigkeit von Milchsäurebakterien zustande und findet sich vorwiegend bei milden, säurearmen Weinen; besonders empfänglich sind stark gewässerte Weine, Hefen- und Tresterweine. Der Milchsäurestich beruht darauf, daß einige Bestandteile des Weines, Zucker, Gerbsäure usw., in Milchsäure verwandelt werden, die dem Wein einen eigentümlichen sauren Geschmack erteilt. Durch weitergehende Bakterienwirkung kann die Milchsäure in übel riechende und schmeckende Fettsäuren übergeführt werden. Eine Ursache des Milchsäurestiches ist oft die Aufstellung von in Milchsäuregärung befindlichen Substanzen, z. B. Sauerkraut, in Weinkellern.

Der Böckser (Geruch nach faulen Eiern). Seine Ursache ist die Bildung von Schwefelwasserstoff bei der Einwirkung des gärenden Weines auf Schwefel oder bei der fauligen Zersetzung von Hefe. Durch geeignete Mittel (Abziehen in geschwefelte Fässer) kann der Schwefelwasserstoff beseitigt werden. Bei vielen jungen Weinen tritt im Anfangsstadium vorübergehend und bald verschwindend der Böcksergeschmack auf.

Das Schwarzwerden des Weines. Hierbei färbt sich der Wein an der Luft blauschwarz, nach längerer Zeit setzt sich ein schwarzer

---

[1]) Vergl. dazu C. A. Neufeld, Die Weine der Hercegovina, Zeitschr. f. Unters. d. Nahr.- u. Genußm. 1901, **4**, 340; dortselbst weitere Literaturangaben.

[2]) K. Windisch, Die chem. Untersuchung u. Beurteilung d. Weines. Berlin 1896, S. 292.

Niederschlag ab. Diese Erscheinung tritt bei gerbstoffreichen, säurearmen Weinen (besonders bei Tresterweinen) auf, die längere Zeit mit Eisenteilen in Berührung waren. Das als Oxydul durch die Säure im Weine gelöste Eisen oxydiert sich bei Luftzutritt und bildet mit der Gerbsäure schwarzes gerbsaures Eisenoxyd. Durch geeignete Mittel (Schönen, Lüften, Verschnitt mit säurereichem Wein) kann dieser Weinfehler meistens beseitigt werden. —

Noch eine große Anzahl von Krankheiten treten beim Most und Wein auf, deren nähere Beschreibung hier zu weit führen würde [1]). So können die Weine schleimig (zäh, lang, weich), braun, rot (rostig), bitter werden, sie können trüb werden, umschlagen (brechen), der Most kann in Mannitgärung übergehen usw. Die Erreger dieser Krankheiten sind Bakterien oder Sproßpilze verschiedener Art, die vielfach durch faulige Beeren in den Most geraten.

Durch Lagern in schlecht gereinigten Fässern nimmt der Wein manchmal einen Schimmelgeruch und -geschmack an, er wird schimmelig.

Gewöhnlich wird unter dem Einfluß aller dieser Krankheiten und Fehler der Genuß- und Gebrauchswert des Weines bedeutend herabgesetzt oder ganz vernichtet: der Wein ist alsdann verdorben im Sinne des Nahrungsmittelgesetzes.

Gesundheitsschädlicher Wein.

Schweflige Säure. Die Schweflige Säure gelangt bei dem gesetzlich zulässigen Schwefeln der Fässer in den Wein, wo sie sich mit der Zeit zu Schwefelsäure oxydiert. Nach den physiologischen Versuchen von L. Pfeiffer üben größere Mengen von Schwefliger Säure gesundheitsschädigende Wirkungen aus. Nun haben aber C. Schmitt und M. Ripper nachgewiesen, daß ein Teil der Schwefligen Säure im Weine in organischer Bindung als sogen. Aldehydschweflige Säure vorhanden ist, welche viel weniger gesundheitsschädlich sein soll, als die freie Schweflige Säure (C. Schmitt, Leuch).

Die Freie Vereinigung bayerischer Vertreter der angewandten Chemie [2]) beschloß, Weine, die mehr als 80 mg Schweflige Säure (SO_2) im Liter enthalten, als „stark geschwefelt" zu bezeichnen, während der Verein Schweizerischer analytischer Chemiker, mit Rücksicht auf die schwächeren physiologischen Eigenschaften der Aldehydschwefligen Säure, die obere zulässige Grenze für die gesamte Schweflige Säure auf 200 mg, für die freie Schweflige Säure auf 20 mg im Liter festsetzte.

Eine gesetzliche Grenzzahl für den Gehalt eines Weines an Schwefliger Säure ist bisher nicht aufgestellt worden; es muß daher den Gerichten überlassen bleiben, von Fall zu Fall über dessen Zulässigkeit zu entscheiden. Eine Beanstandung kann nur erfolgen, wenn eine

---

[1]) Über Weinkrankheiten vergl. Barth, Zeitschr. f. anal. Chemie, **31,** 154.

[2]) 9. Jahresversammlung in Erlangen 1890.

gesundheitsschädliche Beschaffenheit des Weines besteht. Die bisher vorliegenden Erfahrungen berechtigen noch nicht zur Aufstellung allgemein gültiger Werte für die als gesundheitsschädlich zu erachtende Menge freier Schwefliger Säure im Wein; noch schwieriger ist zurzeit die Beurteilung des in gebundenem Zustande vorhandenen Teiles der Schwefligen Säure[1]).

Der Chemiker beschränke sich daher auch hier darauf anzugeben, wieviel freie bezw. Aldehydschweflige Säure ein untersuchter Wein enthält, und überlasse die Beurteilung der Gesundheitsschädlichkeit der gefundenen Mengen dem ärztlichen Sachverständigen. Für eine Beanstandung kommen die §§ 12, Ziff. 1, und 14 des Nahrungsmittelgesetzes in Betracht.

Metalle. Blei, Zinn, Zink, Kupfer können durch die bei der Weinbereitung und -aufbewahrung benutzten Gefäße und Geräte in den Wein gelangen. Verschiedene derselben sind nach dem Gesetze vom 25. Juni 1887, betr. den Verkehr mit blei- und zinkhaltigen Gegenständen, von der Verwendung ausgeschlossen. So dürfen nach § 2 Abs. 3 dieses Gesetzes zu Leitungen für Bier, Wein oder Essig bleihaltige Kautschukschläuche nicht verwendet werden. Und nach § 3 Abs. 2 dürfen zur Aufbewahrung von Getränken Gefäße nicht verwendet werden, in welchen sich Rückstände von bleihaltigem Schrote befinden.

Kupfer soll auch durch die Kupfervitriolbehandlung der Weinstöcke in geringen Mengen in den Wein gelangen.

Blei wurde in früherer Zeit dem Weine in Form von Bleizucker zugesetzt.

Sobald im Wein das Vorkommen eines dieser Metalle festgestellt ist, muß dessen Menge bestimmt werden. Ob diese dann als gesundheitsschädlich zu betrachten ist oder nicht, hat der medizinische Sachverständige zu beurteilen.

Es sei noch darauf hingewiesen, daß auch Arsen in den Wein gelangen kann, und zwar durch arsenhaltigen Schwefel beim Schwefeln der Fässer; ebenso durch stark arsenhaltige Schwefelsäure, mit der die Fässer gereinigt werden.

Auch der Zusatz von Oxalsäure zum Wein wurde schon beobachtet.

Bei diesen und allen anderen Giften, die durch Zufall oder Absicht in den Wein hineingeraten, genügt der Nachweis zur Beanstandung.

Außer den in § 7 verbotenen Konservierungsmitteln gelangen bisweilen auch andere zur Anwendung, deren gesundheitliche Wirkung noch unbekannt oder zum mindesten sehr zweifelhaft ist (z. B. Ameisensäure).

---

[1]) Vergl. dazu die Arbeiten von W. Kerp über die Schweflige Säure im Wein usw., ferner die Arbeiten von G. Sonntag, Fr. Franz, E. Rost u. Fr. Franz; Arbeiten a. d. Kais. Gesundheitsamte, 1904, **21.** Referate darüber finden sich Zeitschr. f. Unters. d. Nahr-. u. Genußm. 1904, **8,** 209 ff.

Wenn solche gefunden werden, ermittele man ihre Menge und lasse den Arzt über ihre Zulässigkeit in gesundheitlicher Beziehung entscheiden.

Selbstverständlich kann auch unter Umständen in dem Zusatze derartiger, nicht zum Wesen des Weines gehörender Stoffe eine Verfälschung erblickt werden. Für den Sachverständigen genügt in solchen Fällen der einfache Hinweis.

Süd- und Süßweine [1]).

Die Süd- und Süßweine unterscheiden sich von den gewöhnlichen Weiß- und Rotweinen durch einen höheren Alkoholgehalt, durch einen geringeren Gehalt an Gesamtsäure, einen höheren Gehalt an flüchtiger Säure und einen zum Teil sehr erheblichen Gehalt an unvergorenem Zucker.

Untereinander gliedern sich diese Weine in folgende beiden, allerdings nicht scharf voneinander abgegrenzten Gruppen:

I. Trockene oder fast trockene Südweine, mit einem (4 g in 100 ccm meist nicht übersteigenden) geringen Gehalt an Zucker; hierher gehören die Weine von dem Charakter des Sherry, Madeira und Marsala.

Bei den trockenen Südweinen findet immer ein Zusatz von Alkohol statt.

II. Süßweine. Sie weisen einen erheblichen, oft recht hohen Gehalt an Zucker auf. Je nach der Herstellungsart unterscheidet man:

a) Konzentrierte Süßweine. Diese werden aus konzentriertem Traubensafte so hergestellt, daß sowohl der Alkohol als auch der noch vorhandene Zucker nur aus der Traube stammt.

b) Alkoholisierte Weine (Dessertweine). Vor oder bald nach Beginn der Gärung werden die Moste durch Zusatz von Alkohol stumm gemacht, so daß wohl der Zucker, aber nur ein oft recht kleiner Teil des Alkohols dem Traubensaft entstammt.

Die unter a und b angeführten Herstellungsarten werden auch miteinander kombiniert, wodurch verschiedenerlei Zwischenstufen entstehen.

c) Gezuckerte Süßweine. Sie werden durch Zusatz von Zucker zu einem herben Weine oder Moste hergestellt, so daß wohl der Alkohol, aber nicht der Zucker aus dem Traubensafte stammt.

Zur Herstellung der konzentrierten Süßweine kann der Traubensaft auf verschiedene Weise konzentriert werden; entweder durch Verwendung von Trockenbeeren — stocksüße Zibeben (Ungarweine),

---

[1]) Diesen Ausführungen liegt das von W. Fresenius auf der 16. Jahresversammlung der Freien Vereinigung bayerischer Vertreter der angewandten Chemie im Auftrage der Kommission für die Beurteilung der Süd- und Süßweine erstattete Referat zugrunde. Siehe Forschungsberichte 1897, **4**, 291; vergl. auch Borgmann-Fresenius, l. c. S. 193.

künstlich getrocknete reife Trauben (Strohweine; griechische, klein-
asiatische, spanische Süßweine), edelfaule Trauben (rheinische Ausbruch-
weine) — oder durch künstliche Konzentration der Moste durch Einkochen oder Eindicken im luftverdünnten Raume (Malaga, Malvasia).
Die Verwendung aller dieser Stoffe bei der Herstellung von Getränken,
welche als Dessertweine (Süd-, Süßweine) ausländischen Ursprunges in
den Verkehr kommen, ist nach § 3 Nr. 3 des Weingesetzes gestattet.

Durch die Konzentration findet in diesen Weinen eine Anreicherung
an den im Traubensaft gelösten, nicht vergärbaren Bestandteilen statt;
sie zeigen infolgedessen einen verhältnismäßig hohen Gehalt an zuckerfreiem Extrakt und an Mineralstoffen, besonders an Phosphorsäure. In
der Steigerung dieser Bestandteile liegt das hauptsächliche Unterscheidungsmerkmal der konzentrierten Süßweine gegenüber den bei Beginn der Gärung durch Alkoholzusatz stumm gemachten und den gezuckerten Süßweinen.

Die alkoholisierten Weine (sog. Dessertweine) haben bei
hohem Alkohol- einen verhältnismäßig niedrigen Extraktgehalt; insbesondere enthalten sie nur wenig Glyzerin und Phosphorsäure. Sie
sind meist arm an fixer und reich an flüchtiger Säure. Abgesehen von
ihrem Zucker- und Alkoholgehalte stehen diese Weine in ihrer Zusammensetzung den gewöhnlichen Weinen nahe.

Die durch Zuckerzusatz zum vergorenen Wein hergestellten gezuckerten Süßweine enthalten einen normalen, dem durch Gärung
entstandenen Alkoholgehalte entsprechenden Gehalt an Glyzerin. Ihr
Gehalt an zuckerfreiem Extrakt, an fixen und in der Regel auch an
flüchtigen Säuren ist nicht größer als bei gewöhnlichen nichtsüßen
Weinen. Während unvergorener Rohrzucker leicht nachweisbar ist, solange er nicht invertiert ist, läßt sich ein vor oder während der Gärung
geschehener Zusatz von Rohrzucker im Weine nicht erkennen. Unter
Umständen kann die getrennte Bestimmung von Dextrose und Lävulose
über die Herstellungsweise eines süßen Weines Aufschluß geben. Enthält ein solcher mehr Lävulose als Dextrose, so ist der Wein wahrscheinlich durch Gärung gewonnen worden; überwiegt dagegen die
Dextrose bedeutend, so hat wahrscheinlich keine Gärung stattgefunden.
Ein annähernd gleicher Gehalt von Dextrose und Lävulose wird sich bei
sehr früh gespriteten, kaum vergorenen Süßweinen sowie bei solchen
finden, die aus vergorenen Weinen durch Ausziehen von Trockenbeeren
gewonnen wurden. Ausnahmsweise kommen auch Weine vor, in denen
die Dextrose überwiegt (alter Tokaier, Rheinweine usw.).

Ein sehr niedriger Stickstoffgehalt bei hohem Zuckergehalt deutet
ebenfalls auf Rohrzuckerzusatz zum Most oder Wein.

Da in südlichen Gegenden der süße Traubensaft mindestens ebenso
billig ist wie Zucker, so kommen mit Zucker gesüßte Weine, abgesehen
von Kunstsüßweinen, wohl nur in Ungarn vor.

Ein Zuckerzusatz ist deshalb bei einem als südlichen Süßwein bezeichneten Wein zu beanstanden.

Bei den Ungarweinen muß dagegen der Maßstab des Ungarischen Weingesetzes angelegt werden. Dieses verbietet einen Zusatz von Zucker nur bei Weinen, die als Szamarodni-, Tokaier- und Hegyaljaerweine in den Handel kommen, gestattet dagegen, daß mit Alkohol und Zucker versetzte oder mit ausländischen Trockenbeeren bereitete Weine nicht nur mit allgemeinen Namen, wie ungarischer Süßwein, sondern auch mit Bezeichnungen, wie Ausbruchwein, sowie mit dem Namen bestimmter Gegenden, z. B. Ruster usw., belegt werden dürfen, wenn sie dem allgemeinen Charakter der Weine jener Produktionsgebiete entsprechen.

Falls also in einem der erstgenannten, eine besondere Bezeichnung tragenden Ungarweinen (Tokaier usw.) ein Zuckerzusatz nachgewiesen wird, ist dieser zu beanstanden, während man Produkte, die nach dem Ungarischen Gesetz noch erlaubt, aber mit Hilfe von Zuckerzusatz hergestellt sind, unbeanstandet läßt, im Gutachten aber als „gezuckert" bezeichnet.

Mit Zucker versetzter Süßwein darf nicht als reiner Wein verkauft werden, wenn der Zuckerzusatz im Ursprungslande des Weines auch erlaubt ist und solcher Wein dort als reiner gilt[1]).

Bei der Begutachtung von Ungarweinen muß hervorgehoben werden, ob konzentrierte oder nichtkonzentrierte Weine vorliegen. Echte konzentrierte Ungarweine, auch solche, die mit ausländischen Trockenbeeren bereitet sind, zeigen im Vergleich zu anderen Süßweinen relativ niedrigen Alkoholgehalt, einen zum Alkohol in normalem Verhältnis stehenden Glyzeringehalt und einen hohen Gehalt an Mineralstoffen, Phosphorsäure und zuckerfreiem Extrakt.

Ein Alkoholzusatz irgend erheblicher Art ist bei den an sich ja im Vergleich zu den südlichen Süßweinen relativ alkoholarmen ungarischen Weinen, wenn sie als Tokaier usw. bezeichnet werden, zu beanstanden[2]).

Bei Sherry- und Marsalaweinen ist das Gipsen nicht zu beanstanden; solche Weine sind reich an Schwefelsäure. Bei den übrigen südlichen Weinen ist das Gipsen nicht üblich. Die im § 8 Abs. 2 des Weingesetzes ausgesprochene Beschränkung des Schwefelsäuregehaltes findet auf solche Rotweine nicht Anwendung, welche als Dessertweine (Süd-, Süßweine) ausländischen Ursprunges in den Verkehr kommen. Immerhin bleibt bei der Beurteilung eines Schwefelsäuregehaltes dieser Weine das Nahrungsmittelgesetz maßgebend.

Die Freie Vereinigung bayerischer Vertreter der angewandten Chemie hat über die Beurteilung der Süd und Süßweine folgende Beschlüsse gefaßt[3]):

1. Die Begutachtung der Süßweine hat sich in erster Linie darüber

---

[1]) R.G. Urt. v. 6. April 1903.
[2]) Vergl. W. Fresenius, l. c. S. 294.
[3]) Forschungsberichte 1897, **4,** 300.

auszusprechen, ob ein konzentrierter Süßwein vorliegt oder nicht. Sie hat ferner auf Grund der analytischen Daten eine Charakterisierung der Herstellungsart zu geben. Wenn die auf diese Weise erkannte Herstellungsart mit der in dem Ursprungslande, aus dem der betreffende Wein seiner Benennung nach stammen soll, üblichen und erlaubten in Widerspruch steht, so hat Beanstandung einzutreten.

2. Als charakteristische Kennzeichen konzentrierter Süßweine sind hohes zuckerfreies Extrakt und hoher Gehalt an Phosphorsäure anzusehen. Für konzentrierte Süßweine in 100 ccm ist mindestens zu fordern 3 g zuckerfreies Extrakt[1]) (bei Ungarsüßweinen 3,5) und 0,3 g Phosphorsäure (bei Ungarsüßweinen 0,055).

3. Diese Kennzeichen sind nur in Verbindung mit der Gesamtanalyse zu benutzen.

4. Bei der Beurteilung der Süßweine ist der Glyzeringehalt von wesentlicher Bedeutung, um einen Schluß auf den Grad der Vergärung des Weines zu gestatten. Ein nicht sehr früh gespriteter Süßwein soll mindestens 6 g Mostgärungsalkohol in 100 ccm enthalten.

5. Die Bezeichnung Medizinalsüßwein hat keine wissenschaftliche Berechtigung; wenn sie aber gebraucht wird, so ist zu verlangen, daß ein konzentrierter Süßwein vorliege.

6. Die bevorzugte Stellung der Xeres(Sherry-)weine im deutschen Arzneibuche ist nicht gerechtfertigt; Marsala, Port, Madeira, Goldmalaga und Kapweine (als Trockenweine) können die Xeresweine vollkommen ersetzen.

Wie sich auch schon aus Punkt 3 ergibt, muß der Beurteilung eine möglichst eingehende Untersuchung der Süßweine zugrunde gelegt werden. Es genügt keinesfalls, nur die vereinbarten Grenzzahlen als Maßstab zu nehmen und einen Wein für echt oder verfälscht zu erklären, je nachdem diese Zahlen erreicht sind oder nicht. Besondere Beachtung verdienen solche Zusätze, die den Gehalt an zuckerfreiem Extrakt und an Phosphorsäure zu erhöhen vermögen. Ersteres wird durch Zusätze von Glyzerin, Gummi, Dextrin und ähnlichen Stoffen erreicht, letzteres durch Zusatz von Kaliumphosphat. Für den Nachweis der den Extrakt erhöhenden Stoffe gilt das zu § 3 Nr. 6 Gesagte. Ein Zusatz von Kaliumphosphat wird sich durch eine Bestimmung der einzelnen Mineralbestandteile nachweisen lassen.

Die vorstehenden Ausführungen lassen die wichtigsten Gesichtspunkte erkennen, welche für die Beurteilung der Süd- und Süßweine maßgebend sind. Im allgemeinen ist jedoch unsere Kenntnis dieser je nach Herkunft und Herstellungsweise untereinander so ungemein verschiedenen Weine noch zu gering, als daß sich jetzt schon feste Normen für ihre

---

[1]) Indirektes Extrakt nach Halenke-Möslinger, Zucker als Invertzucker.

Beurteilung aufstellen ließen. Für besondere Fälle muß auf die Spezialliteratur verwiesen werden [1]).

Soweit die Verhältnisse der Süd- und Süßweine nicht im Weingesetze berührt sind, erfolgt ihre Beurteilung nach Maßgabe des Nahrungsmittelgesetzes vom 14. Mai 1879.

Façonweine, künstliche Likörweine, Gewürzweine.

Im Anschluß an die Süßweine wäre noch jener Nachmachungen zu gedenken, die unter den Bezeichnungen Façonweine, künstliche Likörweine, Gewürzweine bekannt sind und die mit wirklichen Weinen nur den Namen gemein haben. Es sind vollständige Kunstprodukte, Gemische von Wasser, Zucker, Sprit (Rum, Arrak u. dergl.), Glyzerin, Weinsäure, künstlichen Moststoffen, Essenzen usw. mit oder ohne Zusatz von Wein oder den Gärungsprodukten von Feigen, Datteln usw. Durch geschickte Mischung solcher Stoffe lassen sich Erzeugnisse herstellen, die in ihrer Beschaffenheit eine mehr oder weniger große Ähnlichkeit mit den Süßweinen besitzen. Chemisch unterscheiden sie sich gewöhnlich von diesen durch das Mißverhältnis zwischen zuckerfreiem Extrakt, Mineralbestandteilen und Stickstoffsubstanzen; ebenso läßt das Verhältnis zwischen Alkohol und Glyzerin wie auch dasjenige zwischen Lävulose und Dextrose meistens erkennen, daß keine vollen Gärungserzeugnisse vorliegen.

Ebenso wie für die Süd- und Süßweine, finden sich im Weingesetze vom 24. Mai 1901 auch für ihre Nachahmungen, die Façon- und künstlichen Likörweine, keine Vorschriften darüber, was bei ihrer Herstellung zulässig ist. Diese sind daher nach dem Nahrungsmittelgesetze zu beurteilen, d. h. sie dürfen in erster Linie nicht unter Bezeichnungen in den Verkehr gebracht werden, welche die Annahme hervorzurufen vermögen, daß wirkliche Traubenweine vorliegen.

Die sogen. Gewürzweine, wie künstlicher Muskat-, künstlicher Malaga u. dergl., sind Getränke eigener Art, die durch ihren gewürzhaften Geschmack und Geruch kenntlich sind und in der Regel mit Wein nicht verwechselt werden können. Gewürzweine und Medizinalweine, die unter den hierfür gebräuchlichen Bezeichnungen (Wermutwein, Maiwein, Pepsinwein, Chinawein u. dergl.) in den Verkehr kommen, sind vom Verbote der in § 3 Nr. 5 des Weingesetzes angeführten Stoffe befreit.

Inwieweit die Façonweine als Gewürzweine im Sinne des Gesetzes und nicht als Nachahmungen von Traubenweinen gelten können, hängt wesentlich davon ab, ob diese Getränke ihrem Geschmack und Geruch nach nicht mit Traubenweinen zu verwechseln und nicht geeignet sind, bei den Konsumenten die irrtümliche Meinung zu erwecken, daß sie Traubenweine darstellen. Selbstverständlich müssen sie auch an ihrer

---

[1]) Siehe H. Röttger, Lehrbuch d. Nahrungsmittelchemie, 2. Aufl. S. 513.

Bezeichnung unzweifelhaft erkennen lassen, daß Kunstprodukte vorliegen.

Schaumwein.

Text des Gesetzes vom 24. Mai 1901.

§ 5. Die Vorschriften des § 3 Abs. 1 Nr. 1—4, Abs. 2 finden auch auf
Schaumwein Anwendung.

§ 6. Schaumwein, der gewerbsmäßig verkauft oder feilgehalten wird,
muß eine Bezeichnung tragen, welche das Land und erforderlichenfalls den
Ort erkennbar macht, in welchem er auf Flaschen gefüllt worden ist. Schaum-
wein, der aus Fruchtwein (Obst- oder Beerenwein) hergestellt ist, muß eine
Bezeichnung tragen, welche die Verwendung von Fruchtwein erkennen läßt.
Die näheren Vorschriften trifft der Bundesrat.

Die vom Bundesrate vorgeschriebenen Bezeichnungen sind auch in die
Preislisten und Weinkarten sowie in die sonstigen im geschäftlichen Verkehr
üblichen Angebote mitaufzunehmen.

Die in § 6 vorgeschriebene Kennzeichnung von Schaumwein wird
durch die Ausführungsbestimmungen vom **2. Juli 1901** geregelt.

S c h a u m w e i n e sind ihrer Herstellungsweise nach Kunsterzeugnisse.
Da man sowohl aus Traubenwein wie aus Obst- oder Beerenwein Schaumweine herstellen kann [1]), so zählen diese zu den weinhaltigen bzw.
fruchtweinhaltigen (weinähnlichen) Getränken, auf welche sich die Vorschriften des § 7 des Weingesetzes beziehen. In jedem Falle unterliegen sie den Bestimmungen der §§ 5 und 6.

Nach § 5 darf Schaumwein nicht gewerbsmäßig hergestellt werden
unter Verwendung von:

> Tresterwein,
> Hefenwein,
> getrockneten Früchten oder eingedickten Moststoffen
> (Rosinenwein),
> unerlaubten Süßstoffen,
> Wein, der in unzulässiger Weise gezuckert (über-
> streckt) ist.

Ferner darf ihm keiner der in § 7 bezeichneten Stoffe zugesetzt
werden.

§ 3 Abs. 2 richtet sich gegen die Verwendung eines Zusatzes, der nach
§ 2 Nr. 4 nicht gestattet ist. Die Bestimmung des § 2 bezieht sich aber nur
auf W e i n im Sinne des § 1 des Gesetzes, nicht auf Schaumwein. Ein nach
§ 2 Nr. 4 nicht gestatteter Zusatz kann also nur dann als gegeben angenommen
werden, wenn eine unzulässige Zuckerung von W e i n stattgefunden hat, infolge deren das Produkt als gefälscht im Sinne des Nahrungsmittelgesetzes anzusehen ist. Das Verbot des Weingesetzes bezieht sich also nicht auf den
Zusatz von Zuckerwasser bei der Verwandlung des stillen Weines in Schaumwein [2]).

---

[1]) Vergl. § 1 des Schaumweinsteuergesetzes vom 9. Mai 1902.
[2]) R.G. I. Urt. v. 22. September, 6. Oktober 1904.

In den § 5 sind die Nr. 5 und 6 des § 3 nicht einbezogen. Immerhin ist damit nicht gesagt, daß der Zusatz der in diesen Nummern angeführten Stoffe zu Schaumwein ohne weiteres zulässig sei; ein solcher ist vielmehr nach dem Nahrungsmittelgesetz zu beurteilen. So wird z. B. die Verwendung von Obst- oder Beerenwein bei der Bereitung von Trauben-Schaumwein ohne Kennzeichnung als Verfälschung im Sinne des § 10 des letztgenannten Gesetzes zu gelten haben.

Die Zusammensetzung der Schaumweine ist ihrer mannigfaltigen Herstellungsweise entsprechend sehr verschieden; bestimmte Angaben lassen sich darüber nicht machen. Je nach dem Zuckergehalte der bei der sogenannten Dosierung dem Schaumwein zugesetzten Liköre unterscheidet man zwischen trockenen Champagnern (dry, extra dry Champagne, Champagne sec, extra sec oder brut usw.), welche nur einen geringen Zuckergehalt besitzen — 0,05—2,00 g bei 1,61—4,00 g Extrakt in 100 ccm Wein —, und süßen Champagnern mit 4,0—17,5 g Zucker bei 5,9—19,8 g Extrakt in 100 ccm Wein[1]).

Entsprechend der durch ihren Charakter als Kunsterzeugnisse bedingten verschiedenartigen Zusammensetzung der Schaumweine ist es meist schwierig, Überschreitungen der Vorschriften des § 5 festzustellen. Abgesehen vom Nachweise künstlicher Süßstoffe wird dies an den fertigen Schaumweinen überhaupt kaum möglich sein; aber auch bei der Beurteilung der zu deren Herstellung dienenden Rohweine ergeben sich Schwierigkeiten. So wird der zur Schaumweinbereitung besonders geeignete Chlaretwein nur aus dem Safte des Beerenfleisches (ohne Kerne und Hülsen) gewonnen und bleibt daher in seinem Gehalte an Extrakt- und Mineralstoffen hinter der gesetzlichen Grenze für Wein zurück. Ferner kann der Gehalt an Mineralstoffen und, bei den trockenen Schaumweinen, auch an Extrakt unter der gesetzlichen Grenze liegen, ohne daß die verwendeten Jungweine überstreckt waren. Diese Verhältnisse müssen bei der Beurteilung der Rohweine wie auch der Schaumweine selbst in Betracht gezogen werden.

Obst- und Beerenweine.

Für die Beurteilung der Obst- und Beerenweine ist es wesentlich, ob man sie als weinähnliche Getränke ansehen soll oder nicht. Allgemeine Grundsätze sind dafür gesetzlich nicht aufgestellt. Die Frage wird vielmehr von Fall zu Fall entschieden werden müssen.

In einer Entscheidung des Reichsgerichts[2]) heißt es: „Denn, ob ein solches (Getränk) als weinähnlich sich betrachten läßt, bemißt sich im einzelnen Falle nach seinem Aussehen, der Art seiner Zusammensetzung, seinem Geschmack."

---

[1]) Vergl. J. König, Chemie d. menschl. Nahrungs- u. Genußmittel, Berlin 1904, Bd. II, S. 1321.
[2]) R.G. I. Urt. v. 9. Juni 1904.

Sofern ein Obstwein als weinähnlich zu erachten ist, wird er von §§ 7 und 8 des Weingesetzes vom 24. Mai 1901 betroffen, d. h. er darf die im ersteren Paragraphen aufgezählten Stoffe nicht enthalten.

Im übrigen sind die Obstweine nur aus dem Nahrungsmittelgesetze zu beurteilen.

Obst- und Beerenweine sind Getränke eigener Art. Zu ihnen zählen Apfel- und Birnenwein, Stachelbeer-, Johannisbeer-, Brombeer-, Erdbeer-, Heidelbeer- und Kirschwein. Alle werden sie durch alkoholische Gärung aus dem Fruchtsafte hergestellt. Allerdings ist meist eine Korrektur des natürlichen Säure- und Zuckergehaltes notwendig, um die resultierenden Getränke wohlschmeckend und haltbar zu machen. Die meisten Obstsäfte, besonders die Beerenobstsäfte, sind für den Zweck der Obstweinbereitung zu reich an Säure und zu arm an Zucker; sie werden deshalb zur Herabminderung der ersteren mit Wasser verdünnt, zugleich aber mit genügend viel Zucker versetzt, um den gewünschten Wohlgeschmack und die zur Haltbarkeit des Obstweins notwendige Menge Alkohol zu erhalten.

Die Größe des Wasserzusatzes bei der Herstellung der Obstweine richtet sich ausschließlich nach dem Säuregehalt der Früchte und nicht nach der Stärke des zu erzielenden Weines. Äpfel- und Birnensäfte brauchen für gewöhnlich keinen Wasserzusatz; ja der Säuregehalt der Birnen ist oft so gering, daß der Birnenmost notwendigerweise mit dem Most saurer Äpfel verschnitten werden muß, um nicht nach der Gärung ein zu fades Getränk zu liefern[1]). Da nach dem ersten Abpressen in den Trestern noch verwertbare Fruchtbestandteile in beträchtlicher Menge zurückbleiben, so werden die Preßrückstände gewöhnlich mit Wasser angemaischt und dann nochmals abgepreßt. Selbstverständlich ist das so erzielte zweite Produkt geringerwertig als das aus dem unverdünnten Obstsafte der ersten Pressung gewonnene; um diesen Wertunterschied zum Ausdruck zu bringen, bezeichnet man in einigen Gegenden das Erzeugnis aus dem reinen Äpfelsafte Äpfelwein, das aus den angemaischten Trestern gewonnene Äpfelmost. Vielfach werden jedoch die verschiedenen Preßsäfte vereinigt und gemeinsam der Gärung ausgesetzt.

Der Saft von Beerenfrüchten kann wegen seines hohen Säure- und geringen Zuckergehaltes gewöhnlich von selbst nicht zum Vergären gebracht werden. Um ein gutschmeckendes und haltbares Getränk zu erzielen, muß daher der Säuregehalt des Mostes auf 0,5—0,7 % durch Verdünnung mit Wasser herabgesetzt werden. Der Zuckerzusatz richtet sich danach, ob man einen mehr oder weniger alkoholhaltigen, einen saueren oder süßen Wein herstellen will.

Zusammensetzung. Der Hauptunterschied der Obstweine vom Traubenwein besteht darin, daß sie alle frei von Weinsteinsäure und

---

[1]) Vergl. M. Barth, Die Obstweinbereitung, Stuttgart 1889, S. 21.

deren Salzen sind. Auch in der chemischen Zusammensetzung zeigen sich zwischen den einzelnen Obstweinarten und dem Traubenwein gewisse Unterschiede; so ist z. B. der Äpfelwein durchschnittlich ärmer an Alkohol (selten über 6 Gewichtsprozent), dagegen reicher an säurefreiem Extrakt, Asche und an Pektinstoffen (durch Alkohol fällbar) als die Traubenweine.

Der Zucker ist in den Obstweinen der Hauptmenge nach als Invertzucker, zum geringeren Teile auch als Rohrzucker vorhanden. Die freie Säure besteht fast ausschließlich aus Äpfelsäure, gelegentlich auch zu geringen Mengen aus anderer Fruchtsäure, wie Zitronensäure, nie aber aus Weinsteinsäure. Manchmal finden sich als natürliche Bestandteile der Obstsäfte auch Spuren von Salizylsäure, Benzoesäure und Borsäure.

Die Obstweine besitzen einen besonderen, meist sehr ausgesprochenen, von Traubenwein durchaus verschiedenen Geschmack und Geruch.

Verfälschungen. Für Obst- und Beerenweine kann nicht, wie für Traubenweine, der gesetzliche Grundsatz aufgestellt werden: Wein sei vergorener Fruchtsaft. Der ohne Zusätze vergorene Obstsaft würde, namentlich bei Beerenobst, in vielen Fällen ein ungenießbares Getränk liefern. Wasser- und Zuckerzusatz (und für Exportlikörweine ein beschränkter Weingeistzusatz) müssen hier gestattet werden. Aber speziell der Wasserzusatz hat seine Grenze durch den natürlichen Säuregehalt des Saftes. Letzterer darf nicht weniger verdünnt werden, als bis die Mischung 5—6 $^o/oo$ Säure enthält. Ein größerer Wasserzusatz und Ergänzung der fehlenden Säure durch Zusatz von anderen Fruchtsäuren (Zitronensäure u. dergl.) ist unstatthaft[1]). Der Verkauf eines so hergestellten Getränkes ohne Kennzeichnung der Zusätze kann eine Verfälschung im Sinne des § 10 N.M.G. sein. Die Schwierigkeit bei der Beurteilung läßt sich hier nicht verhehlen.

Beim Äpfelwein läßt ein geringer Aschengehalt, unter 0,20 %, Wasserzusatz vermuten[2]). Der Zusatz von Weinsteinsäure zu Obstweinen dürfte als Verfälschung zu erachten sein, da diese ein dem letzteren fremdartiger Bestandteil ist.

Es kommen auch nachgemachte Produkte in den Handel. So enthielt ein „Ungarischer Äpfelwein" 6,8 % Extrakt (zum größten Teil aus Zucker bestehend) und nur 0,044 % Mineralbestandteile; dabei zeigte er süßsäuerlichen, apfelähnlichen Geschmack und Geruch, der von Äpfeläther herrührte. Hier lag eine mit Essenz aromatisierte, künstlich gelbgefärbte Zuckerlösung vor, die nur den Schein, nicht aber das Wesen des Äpfelweins besaß.

Zur Parfümierung derartiger Erzeugnisse dient meist der sogenannte künstliche Apfeläther (Valeriansäureamylester), eine durchdringend nach Äpfeln riechende, bei 196 ^{o} siedende Flüssigkeit.

---

[1]) Vergl. M. Barth l. c.
[2]) Vergl. Röttger, Lehrbuch d. Nahrungsmittelchemie, S. 504.

Verdorbene Obstweine. Die Obstweine werden von verschiedenen Krankheiten befallen. In erster Linie ist der Essigstich zu nennen, für den besonders die roten Beerenobstweine, wie Heidelbeer-, Brombeer-, Erdbeer- und Himbeerweine, leicht empfänglich sind. Bei zu warmen Gärräumen stellt sich oft der Milchsäurestich ein. Ferner können die Obstweine durch Infektion mit Mikroorganismen trüb und braun, schwarz, zäh und schleimig werden. Gelingt es nicht, diese Fehler zu beseitigen, so müssen die Getränke als verdorben betrachtet werden.

Gesundheitsschädliche Eigenschaften können die Obstweine unter Umständen durch den Zusatz von Konservierungsmitteln annehmen. Hier ist die in neuerer Zeit als solches Eingang findende Ameisensäure zu nennen. Inwieweit jedoch in einem besonderen Falle die Gefahr einer Gesundheitsschädigung durch Konservierungsmittel gegeben ist, wird von der Menge der letzteren abhängen; die Beurteilung ist Sache des Arztes. Durch den Zusatz gesundheitsschädlicher Stoffe werden die Obstweine auch in ihrer normalen Beschaffenheit verschlechtert, d. h. verfälscht.

Begutachtung.

Die Beurteilung und Begutachtung eines Weines auf Grund der Ergebnisse der chemischen Untersuchung gehören in vielen Fällen zu den schwierigsten Aufgaben, die an den Nahrungsmittelchemiker herantreten. Durch die in den Ausführungsbestimmungen zum Weingesetze niedergelegten Grenzzahlen ist für ihn ja allerdings insofern eine große Erleichterung geschaffen, als er darnach beurteilen kann, ob der Wein den gesetzlichen Anforderungen entspricht oder nicht. Zu diesem Zweck genügt meist die Ausführnng der sogenannten kleinen oder Handelsanalyse, die sich auf die Bestimmung folgender Eigenschaften und Bestandteile erstrekt: spezifisches Gewicht, Alkohol, Extrakt, Mineralbestandteile (Schwefelsäure bei Rotweinen), Freie Säuren (Gesamtsäuren), flüchtige und nichtflüchtige Säuren, Glyzerin, Zucker, Polarisation, fremde Farbstoffe bei Rotweinen. Auch der Nachweis der in §§ 7 und 8 verbotenen Stoffe erledigt sich leicht. Handelt es sich jedoch darum festzustellen, ob ein vorliegender Wein ohne Zusätze aus reinem Traubensaft hergestellt ist oder nicht, so muß die Untersuchung noch auf verschiedene andere Bestandteile ausgedehnt werden. Denn ein Wein kann den Anforderungen des Weingesetzes entsprechen, kann „analysenfest" sein, zugleich jedoch Zusätze von Stoffen erhalten haben, die zwar auch in normalen Weinen vorkommen, die aber nicht aus dem Traubensaft stammen. Und hier setzen die Schwierigkeiten für die Beurteilung ein. Wir dürfen uns nicht verhehlen, daß Hefenweine, Tresterweine, Rosinenweine, besonders aber überstreckte Weine usw. von sachkundigen Fälschern so geschickt hergestellt werden können und auch massenhaft hergestellt werden, daß ihr Nachweis, zumal wenn sie noch mit reinem Wein verschnitten sind, auf chemischem Wege schlechterdings unmöglich ist.

Der Chemiker sei daher vorsichtig bei der Begutachtung der Weine. Er sage in seinem Gutachten nie positiv „der Wein ist rein". Wenn ein Wein nach dem Ergebnisse der eingehenden Untersuchung tatsächlich in seiner Zusammensetzung in allem die Verhältnisse der seiner Bezeichnung entsprechenden Weinsorte (Lage, Jahrgang) aufweist, auch in seinem Geschmack nicht zu beanstanden ist, so spreche man sich etwa dahin aus, „daß die chemische Zusammensetzung des Weines eine solche ist, wie man sie bei reinem Naturwein trifft". Bei einem einwandfreien Ausfall der sogenannten kleinen Analyse bezeuge man dagegen nur, „daß der Wein in seiner chemischen Zusammensetzung den Anforderungen des Gesetzes vom 24. Mai 1901 entspreche".

Anmerkung. Die Bezeichnung eines Weines mit einem Namen, der eine bessere Qualität annehmen läßt, durch Anbringung von entsprechenden Etiketten auf den Flaschen wird durch das Weingesetz nicht getroffen. Ebensowenig ist sie nach dem Nahrungsmittelgesetz zu beanstanden; denn es heißt in der Entscheidung des Reichsgerichts vom 2. November 1886:

„Eine Verfälschung des Weines kann darin allein nicht gefunden werden, daß ihm durch bloßes Aufkleben einer Etikette auf die Flasche, in welcher der Wein zum Verkauf gelangen soll, der Schein der besseren Beschaffenheit verliehen wird; denn die Verfälschung ist ein Akt, der an der Sache selbst vorgenommen sein muß."

Derartige auf Täuschung berechnete Manipulationen werden, je nach Lage der Dinge, als Betrug oder unlauterer Wettbewerb zu beurteilen sein. Im Gutachten genügt ein kurzer Hinweis hierauf.

Die Arten der Weinfälschung sind zahllos, sie können in der mannigfaltigsten Weise variiert werden. Es ist daher nicht möglich, hier alle vorkommenden Fälle zu berücksichtigen; in folgendem sollen typische Beispiele einiger der hauptsächlichen Fälschungsformen und Abweichungen vom Normalen besprochen werden.

Beispiele.

1. Gespriteter Rotwein[1]).

Ein spanischer Rotwein („Benicarlo") hatte folgende Zusammensetzung:

Spezifisches Gewicht bei 15° C . .	1,0032
Alkohol	9,940 g in 100 cm
Extrakt	5,010 „
Mineralstoffe . . , ...	0,270 „
Gesamtsäure (als Weinsäure) . . .	0,550 „
Flüchtige Säuren (als Essigsäure) . .	0,109 „
Nichtflüchtige Säure (als Weinsäure) .	0,410 „
Zucker (als Invertzucker)	0,810 „
Rohrzucker	0
Glyzerin	0,522 „

---

[1]) A. Beythien, Jahresbericht d. Untersuchungsamtes Dresden 1904, S. 45.

Phosphorsäure . . . . 0,020 g
Alkohol : Glyzerin . . . . 100 : 5,25
Polarisation . . . . $\pm$ 0

Die im Vergleich mit dem hohen Extraktgehalt viel zu geringe Glyzerinmenge und das infolgedessen viel zu niedrige Alkohol-Glyzerin-Verhältnis beweisen, daß dieser Wein einen erheblichen Alkoholzusatz erhalten hat. Seine sonstige Zusammensetzung ist normal.

Gutachten. Bei dem hier bestehenden Mißverhältnis zwischen dem hohen Alkoholgehalt und dem niedrigen Glyzeringehalt muß ein künstlicher Zusatz von Alkohol angenommen werden. Der vorliegende Wein ist demnach als stark gespritet zu bezeichnen.

Eine Beanstandung kann jedoch auf Grund des Spritzusatzes in diesem Falle nicht erfolgen. Denn hier liegt kein Wein im Sinne des § 1 des Weingesetzes vor, sondern ein Getränk, welches im Hinblick auf seine Herkunft (Spanien) zu den Südweinen gerechnet werden muß, auf welche die in § 2 Nr. 1 des Gesetzes vom 24. Mai 1901, betreffend den Verkehr mit Wein usw., ausgesprochene Beschränkung des Alkoholzusatzes keine Anwendung zu finden hat. Allerdings ist es nicht statthaft, einen derartigen gespriteten Südwein als „naturrein" zu bezeichnen.

Im übrigen entspricht diese Weinprobe in ihrer chemischen Zusammensetzung normalen Verhältnissen.

2. Übermäßig gallisierter Weißwein mit Zusatz von künstlichen Bukettstoffen.

Geschmack: Auf Grund der Zungenprobe gab der Weinsachverständige X. sein Gutachten dahin ab, daß der Wein überstreckt und mit künstlichen Bukettstoffen parfümiert sei.

Die chemische Untersuchung ergab:

Spezifisches Gewicht bei 15 °   0,9916
Alkohol . . . .   8,460 g in 100 ccm.
Extrakt . . . .   1,362 „
Mineralbestandteile . . . .   0,111 „
Freie Säuren (Gesamtsäure) . . . .   0,505 „
Flüchtige Säuren . . . .   0,099 „
Nichtflüchtige Säuren . . . .   0,382 „
Gesamt-Weinsteinsäure . . . .   0,113 „
Glyzerin . . . .   0,495 „
Phosphorsäure . . . .   0,011 „
Zucker . . . .   0,100 „
Polarisation . . . . $\pm$ 0
Alkohol : Glyzerin . . . .   100 : 5,85.

Wir haben hier das Bild eines übermäßig gallisierten Weines, in welchem der Gehalt an sämtlichen in Betracht kommenden Bestandteilen erheblich herabgesetzt worden ist. Nach den Ausführungs-

bestimmungen zum Weingesetz darf durch den Zusatz wässeriger Zuckerlösung bei inländischen Weißweinen der Gesamtgehalt an Extraktstoffen
nicht unter 1,6 g, an Mineralbestandteilen nicht unter 0,13 g in 100 ccm
herabgesetzt sein; in vorliegender Probe betragen diese Mengen aber
nur 1,362 bzw. 0,111 g. Ebenso bleiben die nach Abzug der nichtflüchtigen Säuren wie der Gesamtsäure verbleibenden Extraktgehalte
weit hinter den gesetzlichen Grenzen zurück: ersterer beträgt nur 0,98
statt 1,1 g, letzterer nur 0,857 statt 1,0 g. Ein weiterer Beweis für die starke
Überstreckung des Weines wird durch die Berechnung des totalen Extraktrestes (Differenz zwischen zuckerfreiem Extrakt und der Summe von
Gesamtsäure, Glyzerin und Mineralstoffen) erbracht: er liegt mit 0,151
weit unter der erfahrungsmäßigen Grenze von 0,20.

Durch die Zungenprobe des Weinsachverständigen wurde festgestellt,
daß dieser überstreckte Wein einen Zusatz von künstlichen Bukettstoffen
erhalten hat.

Gutachten: Nach diesem Untersuchungsergebnisse entspricht
die Zusammensetzung der vorliegenden Weinprobe in keiner Weise den
Anforderungen der Ausführungsbestimmungen zum Gesetz vom 24. Mai
1901 betreffend den Verkehr mit Wein usw. (Bekanntmachung des
Bundesrates vom 2. Juli 1901), welche für Weißweine einen Gesamtgehalt an Extraktstoffen von mindestens 1,6 g und einen Gehalt an Mineralbestandteilen von mindestens 0,13 g in 100 ccm Wein vorschreiben.
Ebenso beträgt der nach Abzug der nichtflüchtigen Säuren verbleibende
Extraktgehalt nur 0,98 statt, wie gesetzlich vorgeschrieben, 1,1 g und
der nach Abzug der Gesamtsäure verbleibende Extraktgehalt nur 0,857
statt 1 g in 100 ccm. Diese in vorliegendem Weine festgestellten viel
zu niedrigen Zahlen für diese Bestandteile können nur die Folge übermäßigen Zusatzes wässeriger Zuckerlösung zum Weine sein. Der Wein
entspricht daher nicht der nach § 2 Nr. 4 des genannten Gesetzes zugelassenen Behandlung. Denn der Zusatz von Zucker in wässeriger
Lösung ist hier nicht erfolgt, um den Wein zu verbessern, sondern er
geschah, um die Weinmenge erheblich zu vermehren. Durch diese erhebliche Vermehrung (übermäßige Gallisierung) ist der Wein in seiner
Beschaffenheit verschlechtert worden.

Nach § 3 Abs. 2 des genannten Weingesetzes darf ein derart überstreckter Wein weder feilgehalten noch verkauft werden.

Weiter wurde durch die Geschmacksprobe des Weinsachverständigen X. festgestellt, daß dem Weine künstliche Bukettstoffe zugesetzt
worden sind. Dieser Zusatz kann nur zu dem Zwecke geschehen
sein, um die Verdünnung des Weines für den Geschmack zu verdecken,
dem Wein also den Schein besserer Beschaffenheit zu verleihen; er ist
nach § 3 Nr. 5 des Weingesetzes verboten.

3. Tresterwein. (Weißwein).

Geschmack: herbe und leer.

Spezifisches Gewicht bei 15° C 0,9984

100 ccm Wein enthielten:

Alkohol	6,800 g
Extrakt	1,510 „
Mineralbestandteile . , ...	0,236 „
Alkalität der Mineralstoffe	2,23 ccm Normallauge
Freie Säuren (Gesamtsäure)	0,440 g
Flüchtige Säuren	0,060 „
Nichtflüchtige Säure	0,370 „
Gesamt-Weinsteinsäure	0,292 „
Freie Weinsteinsäure	0
Säurerest nach Möslinger	0,22
Gerbstoff	0,030 „
Glyzerin	0,460 „
Zucker	0,050 „
Alkohol : Glyzerin	100 : 6,76.

In dem vorstehenden Analysenbefunde fällt zunächst auf, daß der Extraktgehalt mit 1,51 g in 100 ccm hinter dem für Weißwein gesetzlich vorgeschriebenen Gehalte (1,60) zurückbleibt, während der vorschriftsmäßige Mindestgehalt für die Mineralstoffe (0,13 g) nicht nur erreicht, sondern ganz bedeutend überschritten wird (0,236 g). Dieser sowie die ebenfalls über der vorgeschriebenen untersten Grenze liegenden Extraktreste nach Abzug der nichtflüchtigen Säuren (1,14 g) und nach Abzug der Gesamtsäuren (1,07 g) lassen erkennen, daß eine übermäßige Gallisierung bei diesem Weine nicht stattgefunden hat. Dagegen lassen der im Verhältnis zum Extraktgehalte außerordentlich hohe Gehalt an Mineralbestandteilen und der ebenfalls sehr hohe Gerbstoffgehalt darauf schließen, daß hier ein Tresterwein vorliegt.

Nach M. Barth[1]) sind Weine, welche nach Abzug der fünffachen Menge des Gerbstoffgehaltes vom Gesamtextrakt weniger als 1,5 g Extraktrest zeigen, Tresterweine oder Verschnitte von Wein mit Tresterweinen oder übermäßig verlängerte über Trestern vergorene Weine. Im vorliegenden Falle beträgt diese Differenz 1,36 g; da, wie oben ausgeführt, ein übermäßig verlängerter Wein hier kaum vorliegt, so ist anzunehmen, daß wir es hier mit einem Tresterwein oder dem Verschnitte eines solchen mit Wein zu tun haben. Eine Bestätigung findet diese Annahme noch in dem sich berechnenden niedrigen Säurerest, welcher weit hinter der von Möslinger aufgestellten Mindestzahl von 0,28 zurückbleibt.

Die Zusammensetzung dieses Weines bietet also alle charakteristischen Kennzeichen der Tresterweine: niedriges Extrakt, im Verhältnis dazu abnorm hoher Aschen- und Gerbstoffgehalt, wenig Gesamtsäure, zu niedriger Säurerest.

Gutachten. Das aus diesem Analysenbefunde sich ergebende abnorme Verhältnis zwischen dem überaus hohen Gehalte an Mineralbestandteilen und dem unter der gesetzlich vorgeschriebenen Grenze

---

[1]) Zeitschr. f. Unters. d. Nahr.- u. Genußm. 1899, **2**, 115.

liegenden Gesamtgehalte an Extraktstoffen, ferner der verhältnismäßig hohe Gerbstoffgehalt, die geringe Menge von Gesamtsäure und der sich berechnende zu niedrige Säurerest in Verbindung mit dem Geschmacke dieser Weinprobe berechtigen zu dem Schlusse, daß hier ein durch Aufguß von Zuckerwasser auf Trauben, Traubenmaische oder ganz oder teilweise entmostete Trauben hergestellter Wein, ein sogenannter Tresterwein oder der Verschnitt eines solchen mit Wein vorliegt.

Die gewerbsmäßige Herstellung von Tresterweinen ist nach § 3 Abs. 1 Nr. 1 des Gesetzes vom 24. Mai 1901, betreffend den Verkehr mit Wein usw., verboten. Der Verschnitt (die Vermischung) von Wein mit Tresterwein (der nicht Wein im Sinne des Weingesetzes ist) stellt eine Verschlechterung des ersteren, also eine Verfälschung im Sinne des § 10 des Gesetzes von 14. Mai 1879, betreffend den Verkehr mit Nahrungsmitteln usw., dar. Auf Grund dieser Bestimmungen ist der vorliegende Wein zu beanstanden.

4. Mit Wasser und Sprit verschnittener (mouillierter), künstlich aufgefärbter Rotwein.

Künstlicher Farbstoff: vorhanden (Teerfarbstoff).
Geschmack: spritig.
Spezifisches Gewicht bei 15 ⁰ C 0,9901

100 ccm Wein enthielten:

Alkohol	9,80 g
Extrakt	1,514 „
Mineralstoffe	0,174 „
Freie Säure (Gesamtsäure)	0,395 „
Flüchtige Säure	0,060 „
Nichtflüchtige Säure	0,320 „
Gesamt-Weinsteinsäure	0,130 „
Glyzerin	0,480 „
Phosphorsäure	0,015 „
Alkohol : Glyzerin	100 : 4,9.

Der Gehalt an Gesamtextrakt liegt hier unter der für Rotweine gesetzlich vorgeschriebenen Grenze (1,7 g); ebenso sind die anderen Bestandteile des Weines, besonders Glyzerin, Gesamtsäure, Weinsteinsäure, Phosphorsäure, stark herabgemindert. Diese allgemeine Verdünnung des Weines spricht für einen Zusatz von Wasser. Verhältnismäßig hoch ist dagegen der Gehalt an Alkohol (9,8 g); infolgedessen zeigt dieser Wein auch das abnorme Alkohol-Glyzerinverhältnis 100 : 4,9. Es hat demnach ein Zusatz von Weingeist (Sprit) stattgefunden, da einem Gehalt von 0,48 g Glyzerin ein solcher von höchstens 6,87 g Alkohol entspricht.

Der Wein ist mit Hilfe eines roten Teerfarbstoffes künstlich aufgefärbt worden.

Gutachten: Die in der vorliegenden Probe sich aussprechende Herabminderung fast aller Bestandteile läßt auf eine Verdünnung des

Weines mit Wasser schließen. Der im Verhältnis zum Glyzerin viel zu hohe Gehalt an Alkohol läßt ferner erkennen, daß der Wein einen über den Rahmen des § 2 Nr. 1 des Weingesetzes vom 24. Mai 1901 hinausgehenden Alkoholzusatz erfahren hat, daß er gespritet ist. Außerdem ist der Wein mit einem Teerfarbstoffe anfgefärbt worden.

Jedes Wasser, das nicht als natürlicher Bestandteil dem Wein innewohnt, sondern nachträglich beigemengt ist, ist ein ihm fremder Körper. Demnach bedeutet die Verdünnung mit Wasser eine substanzielle Verschlechterung des Weines. Zur Korrektur des durch die Verdünnung abgeschwächten Geschmacks hat der Wein einen Spritzusatz erhalten; zur Herstellung der normalen Farbe wurde ihm ein roter Teerfarbstoff beigemischt. Beide Zusätze sind also geschehen, um dem verdünnten Weine den Schein der normalen, also hier der besseren Beschaffenheit zu verleihen; sie stellen daher, ebenso wie die Wässerung, eine Verfälschung des Weines im Sinne des § 10 des Gesetzes vom 14. Mai 1879, betreffend den Verkehr mit Nahrungsmitteln usw., dar. Der Zusatz von Teerfarbstoffen zu Wein und weinhaltigen Getränken ist außerdem nach § 7 des Gesetzes vom 14. Mai 1901, betreffend den Verkehr mit Wein usw., verboten. Nach § 8 Abs. 1 dieses Gesetzes darf mit Teerfarbstoffen versetzter Wein nicht in den Verkehr gebracht werden.

5. Überstreckter Weißwein mit Glyzerinzusatz.

Spezifisches Gewicht bei 15°	0,9983

100 ccm Wein enthalten:

Alkohol	6,500 g
Extrakt	1,820 „
Mineralstoffe	0,120 „
Glyzerin	0,930 „
Zucker	0,140 „
Gesamtsäure	0,480 „
Flüchtige Säure	0,096 „
Nichtflüchtige Säure	0,360 „
Gesamt-Weinsteinsäure	0,228 „
Freie Weinsteinsäure	0
Säurerest (nach Möslinger)	0,24
Alkohol : Glyzerin	100 : 14,30.

Salpetersäure: nachweisbar (Diphenylamin).

In diesem Analysenbilde stehen einem niedrigen Gehalte an Alkohol, Mineralstoffen und Gesamtsäure ein scheinbar normaler Extraktgehalt und ein sehr hoher Glyzeringehalt gegenüber. Die Menge der Mineralbestandteile bleibt hinter der untersten Grenze des Weingesetzes (für Weißwein 0,13 g in 100 ccm) zurück, während der Extraktgehalt auch nach Abzug der nicht flüchtigen und der Gesamt-Säuren den gesetzlichen Anforderungen genügt.

Auffallend ist indessen das hohe Alkohol-Glyzerinverhältnis, welches nach den vorliegenden Erfahrungen nur ganz ausnahmsweise höher als

100 : 14 zu sein pflegt. Dazu kommt, daß in Weinen, die nicht mindestens 1,8 g zuckerfreies Extrakt enthalten, auf 100 Teile Alkohol nie mehr als 10,5 Teile Glyzerin treffen. Aus dem hier festgestellten Alkohol-Glyzerinverhältnis muß unter Berücksichtigung des verhältnismäßig geringen Gehaltes an zuckerfreiem Extrakt demnach auf einen künstlichen Zusatz von Glyzerin geschlossen werden, zumal da auch der nach Abzug des Glyzerins vom zuckerfreien Extrakt verbleibende Rest nicht mindestens 1 g in 100 ccm, sondern nur 0,85 g beträgt.

Zieht man die 0,5 g des Gesamtglyzeringehaltes übersteigende Menge (0,43 g) vom zuckerfreien Extrakt ab, so bleiben nur 1,35 g Extrakt übrig. Diese deuten in Verbindung mit dem zu niedrigen Gehalt an Mineralstoffen und dem unter 0,28 liegenden Möslingerschen Säurerest darauf hin, daß dem untersuchten Produkt ein überstreckter Wein zugrunde liegt. Durch den qualitativen Nachweis von Nitraten wird der Zusatz von (salpetersäurehaltigem) Wasser bestätigt.

Gutachten: Unter kurzer Andeutung der erläuterten Verhältnisse — wobei man jedoch im allgemeinen vermeide, zu weit auf die Einzelheiten einzugehen — fasse man das Resultat dieser Untersuchung dahin zusammen, daß die vorliegende Probe einen übermäßig gallisierten, überstreckten Wein vorstelle, dem nachträglich Glyzerin zugesetzt worden ist.

Durch die übermäßige Gallisierung ist die Menge des Weines erheblich vermehrt worden, und zwar so stark, daß dieser den Anforderungen der Ausführungsbestimmungen vom 2. Juli 1901 zu § 2 Nr. 4 des Gesetzes über den Verkehr mit Wein usw. vom 24. Mai 1901 nicht mehr entspricht. Nach § 3 Abs. 2 des genannten Gesetzes darf solcher Wein weder feilgehalten noch verkauft werden.

Zur Verdeckung dieser Überstreckung wurde dem Wein Glyzerin zugesetzt. Dieser Zusatz bezweckt, die weitgehende Verdünnung des Weines im Geschmacke zu korrigieren, indem das Glyzerin den Wein körperreicher, vollmundiger erscheinen läßt und ihm so den Schein der besseren Beschaffenheit verleiht. Das Glyzerin ist allerdings ein bei der alkoholischen Gärung entstehender, natürlicher Bestandteil des Weines, seine Menge ist auch erheblichen Schwankungen unterworfen, sie steht aber in bestimmten Beziehungen zum Alkoholgehalte. Im vorliegenden Falle ergibt sich nun aus dem Alkohol-Glyzerinverhältnis ein künstlicher Zusatz von Glyzerin zum Wein, und ein solcher ist nach § 7 des Weingesetzes verboten.

6. Gegipster Rotwein.

Ein als „Bordeaux" verkaufter Rotwein hatte folgende Zusammensetzung:

Äußere Beschaffenheit: trübe, beträchtlicher Bodensatz.

Geschmack: normal.

Mikroskopischer Befund: die Trübung und der Bodensatz

rührten von ausgeschiedenem Weinstein bzw. Calciumtartrat und Weinfarbstoff her.

100 ccm Wein enthielten:

Alkohol	9,16	g
Extrakt	2,88	„
Mineralstoffe	0,306	„
Zucker	0,060	„
Gesamtsäure	0,682	„
Flüchtige Säure	0,070	„
Nichtflüchtige Säure	0,595	„
Gesamt-Weinsteinsäure	0,055	„
Freie Weinsteinsäure	0	
Schwefelsäure	0,1058	„
entsprechend K_2SO_4	0,2301	„
Polarisation	$\pm\,0$	

Dieser Rotwein ist offenbar gegipst worden; sein Gehalt an Schwefelsäure übersteigt die gesetzlich zulässige Grenze.

Im übrigen ist seine Zusammensetzung normal. Die Ausscheidung von Weinstein bzw. Calciumtartrat wird bei gegipsten Rotweinen gewöhnlich beobachtet.

G u t a c h t e n. Der vorliegende Rotwein enthält nach diesem Befunde 0,1058 g Schwefelsäure in 100 ccm; dies entspricht 2,301 g neutralem schwefelsauren Kalium im Liter. Der Wein ist demnach stark gegipst. Hierauf deutet auch die Ausscheidung von Calciumtartrat.

Das sogenannte Gipsen, welches in Deutschland überhaupt nicht üblich ist, geschieht in Frankreich und Südeuropa zur Haltbarmachung und Farbenverbesserung besonders der Rotweine und kann auch in diesen Ländern als zur anerkannten Kellerbehandlung gehörend angesehen werden. Durch den Zusatz von Gips (schwefelsaurem Kalk) wird der Schwefelsäuregehalt des Weines erheblich erhöht. In § 8 Abs. 2 des Gesetzes betreffend den Verkehr mit Wein usw., vom 24. Mai 1901, ist die zulässige Maximalgrenze für den Schwefelsäuregehalt des Rotweines festgelegt; darnach darf der Gehalt an Schwefelsäure in einem Liter Flüssigkeit nicht mehr betragen, als sich in 2 g neutralem schwefelsauren Kalium vorfindet.

Allerdings findet diese Bestimmung auf solche Rotweine nicht Anwendung, welche als Dessertweine (Süd-, Süßweine) ausländischen Ursprungs in den Verkehr kommen. Zu dieser Kategorie ist jedoch der verhältnismäßig alkoholarme Bordeaux-Wein nicht zu rechnen.

Da im vorliegenden Rotwein demnach die in § 8 Abs. 2 aufgestellte Grenze hier beträchtlich überschritten ist, darf der Wein weder feilgehalten, noch verkauft, noch sonst in Verkehr gebracht werden.

7. Rotwein mit Essigstich.

Ein deutscher Rotwein gab folgendes Untersuchungsresultat:
Beschaffenheit: trübe.

Geschmack: sehr sauer, ausgesprochen nach Essig.

Geruch: nach Essigäther.

Mikroskopischer Befund: die Trübung wird von massenhaft vorhandener Mycoderma aceti (Pilz der Essiggärung) verursacht.

Spezifisches Gewicht bei 15° C 0,9941

100 ccm Wein enthielten:

Alkohol . . . . 8,850 g

Extrakt . . . . 1,766 „

Mineralstoffe . . . . 0,268 „

Gesamtsäure . . . . 0,847 „

Flüchtige Säure . . . . 0,316 „

Nichtflüchtige Säure . . . . 0,452 „

Trotzdem hier der Extraktgehalt die festgesetzte gesetzliche Mindestmenge (1,70) für Rotwein übersteigt, entspricht der Wein doch nicht den gesetzlichen Vorschriften; denn die Gesamtsäure ist so hoch, daß nach deren Abzug vom Extrakt nicht mehr der erforderliche Rest, 1,2 g, sondern nur 0,919 g übrig bleibt. Der Grund für diese abnorme Erscheinung ist natürlich in dem überaus hohen Gehalte an flüchtiger Säure zu suchen, welcher den Wein so wie so essigstichig und total verdorben erscheinen läßt.

Gutachten: Der Wein ist als stark essigstichig und deshalb verdorben im Sinne des § 10 des Nahrungsmittelgesetzes zu beanstanden.

8. Künstlicher Südwein.

Ein als Madeira verkaufter Wein hatte folgende Zusammensetzung:

Spezifisches Gewicht bei 15° 0,9858

100 ccm enthielten:

Alkohol . . . . 10,061 g

Extrakt . . . . 11,952 „

Mineralstoffe . . . . 0,118 „

Phosphorsäure . . . . 0,020 „

Glyzerin . . . . 0,160 „

Invertzucker . . . . 10,325 „

Rohrzucker 0

Gesamtsäure . . . . 0,195 „

Flüchtige Säure . . . . 0,020 „

Nichtflüchtige Säure . . . . 0,170 „

Zuckerfreies Extrakt . . . . 1,627 „

Alkohol: Glyzerin . . . . 100 : 1,59.

Dieser Analyse nach haben wir es hier überhaupt nicht mit einem Südwein, sondern mit einem völligen Kunstprodukt zu tun, welches im wesentlichen aus Wasser, Zucker und Spiritus und geringen sonstigen Zusätzen hergestellt wurde.

Gutachten. Nach dem Ergebnisse der Untersuchung liegt hier kein Südwein (Madeira) vor, sondern ein Kunstprodukt, bestehend aus Wasser, Zucker, 10 % Alkohol und einigen geringen Zusätzen (Glyzerin usw.). Durch die Bezeichnung „Madeira" auf den Flaschenetiketten soll bei den Käufern die Meinung hervorgerufen werden, daß es sich hier tatsächlich um Wein, und zwar um einen Südwein handele; die genannte Bezeichnung ist deshalb zur Täuschung in Handel und Verkehr geeignet.

Der sogenannte Madeira ist demnach für nachgemacht im Sinne des § 10 Ziff. 2 des Nahrungsmittelgesetzes zu erklären.

9. Façon-Wein.

Das Getränk war auf den Etiketten als „Roussillon-Façon" bezeichnet; der Preis der Flasche betrug 80 Pfennige.

Geschmack: sehr süß, gewürzhaft, nicht an Wein erinnernd.
Geruch: gewürzhaft.

Spezifisches Gewicht	1,0548

100 ccm enthielten:

Alkohol	12,95	g
Extrakt	17,58	„
Mineralstoffe	0,056	„
Phosphorsäure	0,004	„
Invertzucker	16,76	„
Rohrzucker	0	
Gesamtsäure	0,180	„
Stickstoffsubstanz	0,025	„
Zuckerfreies Extrakt	0,82	„

Gutachten: Hier handelt es sich überhaupt weder um einen Traubenwein im Sinne des § 1 des Weingesetzes noch um die Nachahmung eines solchen, sondern um ein Getränk eigener Art, welches nach Geschmack und Geruch mit Wein nicht verwechselt werden kann, um einen sogenannten Gewürzwein, also ein weinähnliches Getränk, Hierauf deutet nicht nur die Bezeichnung „Façon" auf den Etiketten der Flaschen hin, es geht auch aus dem Geschmack und der chemischen Zusammensetzung des Produktes hervor.

Solche Getränke werden aus Wasser, Weingeist und Zucker unter Zusatz von Wein, Obstwein, Rum oder Fruchtsaft, Weinsäure, Zuckercouleur, Holunderblüte, Gewürzen usw. hergestellt. Sie gelangen unter der Bezeichnung „Gewürz-, Likör- oder Façonweine" in den Handel und können bei ihrem ausgesprochenen Gewürzgeschmacke beim Konsumenten schwerlich die irrtümliche Meinung erwecken, daß hier ein Traubenwein vorliege, zumal auch der Preis sehr niedrig zu sein pflegt.

Nach § 3 Ziff. 5 des Weingesetzes vom 24. Mai 1901 finden die Bestimmungen dieses Paragraphen keine Anwendung bei den landesüblichen Gewürzgetränken. Derartige Getränke können nur in übertragenem Sinne als Wein bezeichnet werden, tatsächlich sind sie, wie bereits bemerkt, bloß „weinhaltige oder weinähnliche Getränke", die als solche ohnedies vom Verbote des § 3 Ziff. 5 nicht getroffen werden. Daß die Bestimmungen des § 3 auf Getränke von der Art des vorliegenden keine Anwendung finden, geht übrigens auch aus den Ausführungen hervor, die sich im Kommissionsberichte über das Weingesetz in erster und zweiter Lesung niedergelegt finden.

Bei dieser Sachlage besteht gegen die Herstellung und den Verkauf solcher Gewürzgetränke kein gesetzliches Hindernis, wofern sie nur unter Bezeichnungen in den Verkehr gebracht werden, die eine Täuschung der Käufer im Sinne des § 10 des Nahrungsmittelgesetzes ausschließen. Als eine solche Bezeichnung muß aber die hier gewählte „Roussillon-Façon" erachtet werden, weshalb gegen den Verkauf dieses Getränkes unter diesem Namen keine Bedenken erhoben werden können.

10. Rotweinpunschessenz mit Stärkezucker und Teerfarbstoff.

Zwei „Rotweinpunschessenzen" zeigten folgende Verhältnisse:

	I.	II.
Polarisation nach der Inversion im 200 mm-Rohr .	+ 22,0	+ 68,2 Skalenteile.
Alkoholfällung (Dextrin) .	starke, klebrig - milchige Fällung.	
Färbung	künstlich, Teerfarbstoffe nachweisbar.	

Gutachten: Nach diesem Befunde liegen hier zwei unter Zusatz großer Mengen Stärkezucker hergestellte, mit Teerfarbstoff künstlich gefärbte Getränke vor. Zudem beweist der hohe Dextringehalt (Alkoholfällung), daß hier nicht der technisch reine Stärkezucker, sondern der unreine Verwendung gefunden hat.

Unter „Rotweinpunschessenz" ist, wie der Name sagt, eine mit Zusatz von Rotwein bereitete Punschessenz zu verstehen, ein Getränk, welches Rotwein als wesentlichen Bestandteil enthält. Die Rotweinpunschessenz ist demnach zu den weinhaltigen Getränken zu zählen.

Nach § 7 des Weingesetzes vom 24. Mai 1901 dürfen aber unreiner Stärkezucker und Teerfarbstoffe oder Gemische, welche einen dieser Stoffe enthalten, weinhaltigen Getränken, welche bestimmt sind, anderen als Nahrungs- oder Genußmittel zu dienen, bei oder nach der Herstellung nicht zugesetzt werden.

Da beides hier geschehen ist, darf die vorliegende Rotweinpunschessenz nach § 8 Abs. 1 genannten Gesetzes weder feilgehalten, noch verkauft, noch sonst in den Verkehr gebracht werden.

21. Kapitel.

Branntweine und Liköre.

Begriff.

Die Branntweine sind alkoholische Getränke von weit höherem Alkoholgehalte als Bier oder Wein. Dieser hohe Alkoholgehalt ist ihr gemeinsames Kennzeichen; im übrigen sind sie sowohl nach der Art der Gewinnung wie nach ihrer Zusammensetzung und Beschaffenheit untereinander außerordentlich verschieden.

Man kann die Branntweine in drei große Gruppen teilen: die eigentlichen Branntweine, die diätetischen Spirituosen und die Liköre.

Die eigentlichen Branntweine sind durch hohen Alkoholgehalt bei geringen Extraktmengen ausgezeichnet. Zu ihnen zählen in erster Linie die sogenannten natürlichen Branntweine, die in früherer Zeit überhaupt die einzigen Repräsentanten dieser Gruppe waren. Diese werden aus alkoholhaltigen Flüssigkeiten (Trauben- und Obstwein) oder aus zuckerhaltigen Maischen nach alkoholischer Gärung durch Destillation gewonnen. Zur Bereitung der Maischen dienen entweder direkt zuckerhaltige Stoffe (Obstteile usw.) oder stärkehaltige, in denen erst die Stärke durch Fermente oder dergl. in Zucker überführt wird (Kartoffeln, keimende Getreidearten u. dergl.).

Der größte Teil der im Verkehr befindlichen Branntweine wird jedoch jetzt durch Verdünnen von Rohspiritus oder Sprit mit Wasser unter Zusatz würzender Stoffe verschiedenster Art hergestellt. Auf diese Weise werden die natürlichen Branntweine nachgemacht oder auch mit solchen Nachmachungen verschnitten.

Die eigentlichen Branntweine zerfallen in zwei Hauptgruppen: die gewöhnlichen Trinkbranntweine und die Edelbranntweine.

Die gewöhnlichen Trinkbranntweine enthalten zwischen 25 und 45 Vol.-Proz. Alkohol und nur sehr geringe Extraktmengen. Hierher gehören die Kornbranntweine — Nordhäuser, Münsterländer, Steinhäger usw., Korn aus Roggen, Whisky aus Gerste oder Roggen und Malz —, die übrigen Getreidebranntweine und der Kartoffelbranntwein. Durch den Zusatz von Abtrieben oder Auszügen gewisser Vegetabilien, wie Kümmel, Fenchel, Anis, Wachholder, Calmus usw., oder von ätherischen Ölen und Essenzen oder sonstigen würzenden Zutaten werden Trinkbranntweine mit besonderem Geschmacke dargestellt; die Zahl derartiger Getränke ist endlos.

Die Edelbranntweine zeichnen sich vor den gewöhnlichen Trinkbranntweinen durch besondere Aroma- und Bukettstoffe aus, die durch die Art der verwendeten Rohstoffe und der Bereitung bedingt sind. Eine scharfe Unterscheidung ist jedoch zwischen beiden Branntweinsorten nicht möglich, da es zahlreiche Übergänge gibt. Zu den Edelbranntweinen zählen Kognak, Rum, Arrak, die Branntweine aus Obst und Beerenobst, insbesondere Kirsch- und Zwetschgenbranntwein, die Branntweine aus Obst- und Beerenwein, aus Trestern und Hefen von Weinen aller Art usw. [1]).

Die **diätetischen Spirituosen** sind zuckerfreie oder nur wenig Zucker enthaltende Mischungen von Sprit und Wasser, denen Stoffe (meist alkoholische Pflanzenauszüge) beigemischt sind, welchen eine besondere physiologische Wirkung (meistens inbezug auf die Verdauung) zugeschrieben wird. Hierzu zählen die sogenannten **Bitter** (Chinabitter u. dergl.).

Die **Liköre** sind Gemische von Weingeist mit Pflanzenextrakten, aromatischen Ölen usw. mannigfachster Art und einem Gehalt von mindestens 10 % Zucker.

Zusammensetzung.

Entsprechend der Verschiedenheit ihrer Herstellungsweise ist die Zusammensetzung der Branntweine und Liköre von einer unbegrenzten Mannigfaltigkeit, sowohl inbezug auf die Art wie auf die Zahl ihrer Bestandteile. Die chemische Untersuchung muß sich deshalb auch im allgemeinen auf die Feststellung schädlicher oder verbotener Stoffe bei diesen Getränken beschränken.

Nur bei jenen natürlichen Branntweinen, die als **Edelbranntwein** bezeichnet zu werden pflegen, ergibt sich öfter die Frage, ob „echte" Produkte vorliegen. Die Beantwortung ist manchmal schwierig, da schon der Begriff der Echtheit nicht bei allen Edelbranntweinen klar definiert ist.

Inbezug auf **Rum** und **Arrak** sagt K. Windisch[2]): „da die Angaben über die Herstellung dieser Branntweine einander vielfach widersprechen, wir auch keinen Einfluß auf die Herstellungsverfahren ausüben können, wird man bis auf weiteres alle Rum- und Arrakproben als ,echt' bezeichnen müssen, die aus dem Erzeugungsland bei uns eingeführt und in ihrem ursprünglichen Zustande belassen worden sind; ein Wasserzusatz zur Herabsetzung der Alkoholstärke auf den bei Trinkbranntweinen üblichen Grad dürfte als zulässig zu erachten sein." Die Berechtigung des letzten Satzes gilt jedoch nur bedingungsweise. (Siehe dazu das Urteil des Landgerichtes I in Berlin unter „Verfälschungen".)

Eine befriedigende Definition des Begriffes „**Kognak**" zu geben, ist bei der gegenwärtig herrschenden maßlosen Verwirrung auf dem Gebiete des Kognakhandels fast unmöglich. Ursprünglich bezeichnete man als „Kognak" einen in der Stadt Cognac oder deren Umgebung aus Wein destillierten Trinkbranntwein. Gegenwärtig besteht der Kognak des Handels nur ausnahmsweise aus reinem Weindestillat, sondern bildet fast immer einen Verschnitt von Weindestillat mit Sprit. Viele Kognake

---

[1]) Vergl. K. Windisch, Beiträge zur Kenntnis der Edelbranntweine, Zeitschr. f. Unters. d. Nahr.- u. Genußm. 1904, **8**, 465; dortselbst auch weitere Literaturangaben.

[2]) Zeitschr. f. Unters. d. Nahr.- u. Genußmittel 1904, **8**, 491.

sind auch reine Kunstprodukte aus Sprit, Wasser und Essenzen, die meist Bukett, Farbe, Zucker bzw. Südwein enthalten. Während man also ursprünglich unter „Kognak" nur ein Weindestillat verstand, bezeichnet dieser Begriff heute ein „Erzeugnis der Weindestillation" [1].)

Unter Berücksichtigung der gegenwärtigen Verhältnisse des Handels wurde in einer Vereinbarung zwischen dem Verbande selbständiger öffentlicher Chemiker uud dem Verbande deutscher Kognakbrenner [2] im Jahre 1901 u. a. folgender Leitsatz aufgestellt: „Kognak ist ein mit Hilfe von Weindestillat hergestellter Trinkbranntwein." Diese Begriffserklärung ist wenig glücklich gewählt und öffnet allen Mißbräuchen Tür und Tor, zumal das „Weindestillat" darin nur nebensächlich behandelt und für seine Menge keine unterste Grenze festgesetzt ist. Letzteres wurde allerdings dadurch erklärt, daß es unmöglich sei, die Menge zugesetzten Weindestillates in einem Branntwein zu bestimmen.

Da mit der erwähnten Begriffserklärung dem Kognak der Charakter als reines Weindestillat überhaupt genommen wurde, war es notwendig, den aus reinem Weindestillat bestehenden Branntwein durch eine besondere Bezeichnung zu beschützen. In die genannte Vereinbarung wurde daher noch folgender Satz aufgenommen: „Kognak, welcher unter einer Bezeichnung in den Verkehr gebracht wird, die den Anschein erwecken muß, daß es sich um reines Weindestillat handelt, darf seinen Alkoholgehalt nur dem Destillat aus Wein oder Tresterwein verdanken. Die Versammlung erklärt, daß sie den Namen ‚Kognak-Weinbrand' als eine geeignete Bezeichnung für einen derartigen Kognak ansieht." Wie allerdings der Wein beschaffen sein muß, der den „Weinbrand" liefert, ob er überstreckt, gespritet usw. sein darf und wie dies eventuell nachzuweisen ist, wird in jenen Beschlüssen nicht weiter ausgeführt.

Im Gegensatze zu diesen Grundsätzen für die Beurteilung von Kognak, welche von den genannten beiden Verbänden aufgestellt wurden, stehen die Entscheidungen der Gerichte, so dasjenige der 15. Kammer für Handelssachen am Landgerichte I in Berlin [3] des Landgerichtes Darmstadt [4] und des Reichsgerichtes [5] Sie stellen sich auf den Standpunkt, daß als „Kognak" ausschließlich Weindestillat, als „Französischer Kognak" ausschließlich französisches Weindestillat anzusehen sei, welches höchstens mit Wasser auf die erforderliche Stärke verdünnt werden darf. Nach einem Urteil der Strafkammer am Landgericht Düsseldorf darf eine mit wesentlichen Mengen Sprit versetzte Ware nicht als echter französischer Kognak gelten [6].

Viel einfacher liegen die Verhältnisse bei den übrigen Edelbranntweinen, von denen nur Kirsch- und Zwetschgenbranntwein,

---

[1] Vergl. J. König, Chemie d. menschl. Nahrungs- u. Genußmittel, 4. Aufl., Berlin 1904, Bd. II, S. 1347.
[2] Zeitschr. f. öffentl. Chem. 1901, 7, 393.
[3] Urt. v. 22. Februar 1904.
[4] Urt. v. 18. Dezember 1902.
[5] Urt. v. 29. Juni 1903.
[6] Vergl. A. Beythien, Jahresbericht d. Untersuchungsamtes Dresden 1904, S. 37.

vielleicht auch noch T r e s t e r - und H e f e n b r a n n t w e i n e eine größere
Bedeutung haben. Diese Branntweine entsprechen gewöhnlich genau
ihrer Bezeichnung; irgendwelche Zusätze, abgesehen etwa von einem
Wasserzusatz zur Herabsetzung des Alkoholgehaltes auf Trinkstärke,
sind nicht üblich. Jedenfalls soll Kirschbranntwein das reine Destillat
vergorener Kirschenmaische ohne jeden Zusatz sein, sei es von Zucker
zur Maische, sei es von Sprit zum Destillat; Kirschbranntweine, die
Alkohol enthalten, der nicht aus dem Zucker der Kirschen entstammt,
sind als Kirschbranntwein - Verschnitte zu bezeichnen [1]). Das gleiche
gilt von den übrigen Fruchtbranntweinen dieser Art.

Was nun die Kennzeichen der E c h t h e i t d e r E d e l b r a n n t -
w e i n e anbelangt, so muß zugestanden werden, daß zu deren Beurteilung beim gegenwärtigen Stande unserer Kenntnis mit der chemischen
Analyse nicht viel auszurichten ist. Schon der Alkoholgehalt (Äthylalkohol)
schwankt in weiten Grenzen, beim Kognak bewegen sich die Angaben
zwischen 35 und 70 Volumprozenten. Bei der Beurteilung ist zu unterscheiden zwischen den Destillaten und den konsumfertigen Edelbranntweinen. Erstere enthalten nur Spuren von Extrakt und Mineralstoffen
als zufällige Verunreinigungen; letztere erhalten allerhand Zusätze. So
werden dem Kognak, auch dem Weinbrand, jetzt ganz allgemein Zusätze
von Zuckersirup, Süßweinen (Samos, Sherry, Tokayer), Rosinenauszügen
oder dergl. gegeben, auch wird er meist mit gebranntem Zucker gefärbt.
Dieser Brauch muß ebenso als zulässig anerkannt werden, wie der Wasserzusatz zur Herabsetzung eines zu hohen Alkoholgehaltes auf Trinkstärke
(K. W i n d i s c h).

Der Zuckerzusatz zum Kognak erfolgt, um den spitzen, scharfen
Geschmack des jungen, mit fremdem Spiritus hergestellten Kognaks zu
verdecken. Die 12. Jahresversammlung der Freien Vereinigung bayerischer
Vertreter der angewandten Chemie nahm hierzu folgende Resolution an [2]):

Der Verkauf von v e r s ü ß t e m K o g n a k soll je nach den betreffenden
Kaufsbedingungen zu gestatten sein. Als versüßter Kognak soll ein solcher
angesehen werden, welcher mehr als 0,8 g Fehlingsche Lösung reduzierende
Körper (berechnet als Invertzucker) in 100 g enthält.

Die erwähnte Vereinbarung zwischen dem Verbande selbständiger
öffentlicher Chemiker und dem Verbande deutscher Kognakbrenner enthält den Leitsatz:

Kognak muß wenigstens 38 Volumprozent Alkohol und darf nicht mehr
als 2 g Zucker, als Invertzucker bestimmt, und nicht mehr als 1,5 g zuckerfreies Extrakt in 100 ccm enthalten. Der Zusatz von Glyzerin zum Kognak
als Süßungsmittel ist nicht gestattet. Als Farbstoff ist zulässig, was durch die
natürliche Faßlagerung und durch Zusatz von gebranntem Zucker in den
Kognak gelangt.

Nach K. W i n d i s c h [3]) kann man sich hiermit einverstanden er-

---

[1]) Vergl. K. W i n d i s c h, l. c. 494.
[2]) Forschungsberichte 1894, 101.
[3]) l. c. 495.

klären. Das gleiche gilt von dem Färben des Rums mit gebranntem Zucker.

Die natürlichen Branntweine, namentlich die Edelbranntweine, enthalten einen oft minimalen Gehalt an gewissen Bestandteilen, die unter Umständen für ihre Beurteilung ausschlaggebend sind. In erster Linie sind hier die Fuselöle zu nennen, die schon in sehr geringen Mengen durch den Geschmack und Geruch erkannt werden. Der Gehalt der Branntweine an Fuselöl, d. h. an höheren Alkoholen, schwankt innerhalb weiter Grenzen; je nachdem zu ihrer Herstellung gereinigter oder unreiner Sprit verwendet wurde, beträgt er 0—0,5 Volumprozent. Kognak enthält meist 0,1—0,25, Rum 0—0,15, Arrak 0—0,1, Kirschbranntwein 0,03—0,15, Zwetschgenbranntwein 0,1—0,3, Tresterbranntwein 0,3—0,4 Volumprozent Fuselöl[1]). Während ein verhältnismäßig hoher Gehalt an Fuselöl unangenehm empfunden wird (was besonders beim Kartoffelsprit hervortritt), verleihen kleinere Mengen in Verbindung mit anderen Stoffen den natürlichen Branntweinen ihr geschätztes typisches Aroma. Diese Stoffe, welche sich zum Teil bei längerer Lagerung der Branntweine bilden, sind Säuren, Säureester, Aldehyde, Furfurol und Basen; mit den höheren Alkoholen (Fuselöl) faßt man sie alle zusammen unter der Bezeichnung „alkoholische Verunreinigungen". Die Summe dieser letzteren, ausgedrückt in Milligramm und berechnet auf 100 ccm wasserfreien Alkohol, wird der Verunreinigungskoeffizient genannt.

Für diesen Verunreinigungskoeffizienten sind von französischen Chemikern [Ch. Girard, X. Roques, L. Cuniasse, F. Lusson u. a.[2])] Grenzzahlen aufgestellt worden, an denen es möglich sein soll, die reinen Weindestillate von den mit Sprit versetzten zu unterscheiden. Nach H. Mastbaum[3]) kann indessen diesen Grenzzahlen nur für die französischen Weinbranntweine des Bezirks Cognac eine maßgebende Bedeutung zugestanden werden, weshalb sich auch K. Windisch veranlaßt sieht, vor der schablonenhaften Anwendung der von den französischen Chemikern aufgestellten Grenzwerte für den Verunreinigungskoeffizienten zu warnen.

Andrerseits kann zugegeben werden, daß es nicht selten möglich ist, durch eine eingehende Analyse festzustellen, daß ein Branntwein wahrscheinlich kein reines Destillat ist. Der Hauptwert ist dabei auf die Bestimmung der Ester und namentlich der höheren Alkohole zu legen. In der Regel handelt es sich bei Edelbranntweinen des Handels, die nicht aus reinen Destillaten bestehen, entweder um Verschnitte mit reinem Sprit oder um Zusätze von künstlichen Essenzen, die nur selten reich an Estern sind. Durch den Verschnitt mit Feinsprit, der nur Spuren von Estern und in der Regel kein Fuselöl enthält, werden alle „Verunreinigungen" der Destillate in ihrer Menge herabgesetzt. Die

---

[1]) Vereinbarungen, Heft II, S. 124.
[2]) Vergl. K. Windisch, l. c. 496; dort auch nähere Literaturangaben.
[3]) Zeitschr. f. Unters. d. Nahr.- u. Genußm. 1903, 6, 97.

aus Steinobst hergestellten Edelbranntweine (Kirsch- und
Zwetschgenbranntwein usw.) enthalten gewöhnlich Blausäure und Benzaldehyd, oder die Verbindung beider, sowie meist Benzoesäureäther. Bei
der analytischen Bewertung dieser Tatsachen ist jedoch Vorsicht geboten.
Denn einerseits kann z. B. die Blausäure mit der Zeit ganz verschwinden,
andererseits können den Branntweinen Präparate zugesetzt werden, die
Blausäure und Benzaldehyd enthalten (Bittermandelwasser, Kirschlorbeer).
Die Gegenwart von Blausäure und Benzaldehyd in einem Branntweine
ist daher keineswegs ein Beweis dafür, daß dieser aus Steinobst hergestellt sei.

Wenn auch unsere Kenntnis der Branntweine, besonders der Edelbranntweine, in der letzten Zeit gute Fortschritte zu verzeichnen hat,
und wenn auch in besonderen Fällen die chemische Untersuchung für
die Begutachtung von Branntweinen nicht unterschätzt werden darf, so
ermöglicht doch in den meisten Fällen die Prüfung des Geruches und
Geschmackes durch wirklich sachverständige Fachleute (Zungenprobe)
eine sicherere Beurteilung, als sie mit Hilfe der chemischen Analyse
gewonnen werden kann [1]).

Anmerkung. Ein als Medizinalkognak bezeichneter Kognak kann
ohne weiteres beanstandet werden, wenn sein Alkoholgehalt unter der vom
Arzneibuch vorgeschriebenen Grenze liegt. Entspricht aber der Alkoholgehalt
den Vorschriften, so kann man höchstens sagen, es liege ein alkoholisches Getränk vor, das inbezug auf den Alkoholgehalt den Anforderungen genügt,
welche das Arzneibuch an Kognak stellt; die Frage jedoch, ob es wirklich
Kognak sei, läßt sich auf Grund der chemischen Untersuchung nicht entscheiden [2]).

Verfälschungen.

1. Wässerung.

Der Wasserzusatz kommt als Verfälschung meistens nur bei den
natürlichen Branntweinen in Betracht. Soweit er jedoch nur erfolgt,
um einen für den Genuß viel zu hohen Alkoholgehalt, wie er bei den
natürlichen Branntweinen oft vorkommt (bis zu 80 %), auf die sogen.
Trinkstärke (etwa 40—50 %) herabzusetzen, muß er im allgemeinen als
erlaubt und handelsüblich angesehen werden [3]). Für die Beurteilung wird
dabei maßgebend sein, ob das Publikum nach der Bezeichnung des
Branntweins einen Wasserzusatz erwarten kann oder nicht. Branntweine,
die in der Bezeichnung den Hinweis auf ein bestimmtes Produktionsland
tragen, dürfen nur aus dem betreffenden Lande importierte, im Originalzustande belassene Produkte sein. In diesem Sinne wurde es vom Landgerichte I in Berlin (5. Strafkammer [4])) als eine Verfälschung erachtet,
daß ein ursprünglich 72—73 % Alkohol enthaltender Rum, dessen Be-

---

[1]) Vergl. Vereinbarungen, Heft II, S. 132.

[2]) Grünhut, Zeitschr. f. öffentl. Chem. 1899, 262.

[3]) Vergl. K. Windisch, l. c.; auch F. Elsner, Praxis d. Chemikers
1895, S. 429.

[4]) Urt. v. 2. November 1906.

zeichnung unveränderten Jamaika-Rum erwarten ließ, durch Wasserzusatz in seinem Alkoholgehalt auf etwa 45 % herabgesetzt wurde. Es heißt in der Begründung u. a.:

Der Wortlaut der ganz in englischer Sprache abgefaßten Etikette, namentlich die Bezeichnung des Rums als „English" deuten auf dessen Herkunft aus England, und die Abbildung der Insel Jamaika besagt im Verein mit den Worten „The Star of Jamaica", daß in Jamaika der Produktionsort dieses Rums zu suchen ist. Das deutsche Publikum durfte unter dieser Etikette ein natürliches Produkt der Destillation von Rohrzuckermelasse, wie es in Jamaika gewonnen wird und über England nach Deutschland importiert wird, erwarten, d. h. Rum mit einem Alkoholgehalt von 72—75 % und entsprechendem Aroma.

Wenn zur Verdünnung natürlicher Branntweine gewöhnliches Brunnenwasser benutzt wurde, so werden sich auch dessen Salze in den Aschebestandteilen nachweisen lassen; ebenso gibt die Diphenylaminreaktion auf Salpetersäure unter Umständen einen Anhaltspunkt.

Auch die besonders geschätzten teureren Liköre (Chartreuse, Benediktiner usw.) werden manchmal durch Wasserzusatz verfälscht; bei dem hohen Preise dieser Getränke ist diese Fälschung schon in verhältnismäßig geringem Umfange sehr gewinnbringend. Hier erfolgt der Nachweis durch den Vergleich mit einer zweifellos authentischen Probe.

2. Künstliche Färbung.

Die Färbung von Spirituosen und Likören mit unschädlichen Farbstoffen ist nicht zu beanstanden, wenn nur dem koloristischen, weder Wesen noch Wert des Likörs berührenden Geschmack des Publikums Rechnung getragen wird; sie ist dagegen als Verfälschung zu beanstanden, wenn dadurch schlechter Ware der Anschein guter Ware gegeben werden soll, oder wenn die spezielle Bezeichnung des Likörs, die Etikette usw. eine solche Färbung ausschließt oder die Gegenwart ganz bestimmter Pflanzenfarbstoffe voraussetzen läßt [1]).

So wurde ein im übrigen normaler. mit Fuchsin gefärbter Himbeerlikör als nicht verfälscht erachtet, weil die Qualität des Likörs vom Gehalt an Fruchtsaft nicht allein bestimmt wird und die Färbung nicht bezweckt, dem Likör den Anschein einer besseren Beschaffenheit zu geben [2]).

Hingegen kann eine Fälschung angenommen werden, wenn schlecht hergestelltem Himbeerlikör durch Zusatz von Fuchsin oder Fruchtäther der Schein normalmäßig fabrizierten Himbeerlikörs verliehen wird [3]).

Von den Edelbranntweinen werden, wie schon erwähnt, Rum in Deutschland immer, Kognak meistens mit Karamel gefärbt, so daß man mit diesem eingebürgerten Brauch rechnen muß. Beim Kognak wird die Färbung zweifellos eigentlich zur Hervorrufung des Scheins einer besseren Beschaffenheit ausgeführt, um den Kognak älter erscheinen zu lassen, weil mit dem Alter einesteils die Güte, andernteils die Farbe

---

[1]) Vergl. L. Medicus, Forschungsberichte 1894, 99.
[2]) R.G. II. Urt. v. 26. Mai 1882; vergl. M. Stenglein, Strafrechtl. Nebengesetze, S. 346.
[3]) R.G. Urt. v. 24. Februar 1882.

zunimmt. Vom theoretischen Standpunkte aus müßte man demnach die künstliche Färbung des Kognaks beanstanden. Da jedoch beim Lagern die Art des Holzes den Farbenton beeinflußt, andererseits die Definition des Kognaks als reines Weindestillat nicht mehr aufrecht zu halten ist, so muß die Färbung mit Karamel als eine relativ unschädliche und in den allermeisten Fällen geübte angesehen werden, deren Beanstandung praktisch völlig undurchführbar sein dürfte[1].

3. Zusatz von denaturiertem Spiritus.

Branntwein, welcher zu gewerblichen Zwecken, zur Essigbereitung oder zu Putz-, Heizungs-, Koch- oder Beleuchtungszwecken verwendet wird, ist von der gesetzlichen Verbrauchsabgabe befreit[2]. Um derartigen Branntwein zum Genuß untauglich zu machen, wird er amtlich denaturiert. Als allgemeines Denaturierungsmittel dient gewöhnlich ein Gemisch von 4 Teilen Holzgeist und 1 Teil Pyridinbasen; hiervon werden 2,5 l auf 100 l Alkohol verwandt. Der Nachweis in Trinkbranntweinen erfolgt nach der amtlichen Anleitung[3].

Ein auf solche Weise denaturierter Branntwein ist als Genußmittel verdorben im Sinne des Nahrungsmittelgesetzes. Durch seinen Zusatz zu Trinkbranntweinen oder Likören werden diese verfälscht; zugleich bildet dieser Zusatz eine Steuerhinterziehung. Hierauf muß im Gutachten hingewiesen werden, ebenso wie auch beim Charakter der genannten Beimischungen die Frage der Gesundheitsschädlichkeit in Betracht kommt.

4. Zusatz von sogen. Branntweinschärfen und Säuren.

Branntweinschärfen oder Verstärkungsessenzen sind fuselölhaltige, mit Essigester und ätherischen Ölen aromatisierte Essenzen oder scharf schmeckende alkoholische Pflanzenauszüge von Pfeffer, Paprika, Paradieskörnern und anderen Capsicum-Arten, welche den Trinkbranntweinen zugesetzt werden, um diesen einen scharfen, brennenden Geschmack zu verleihen, der von den Trinkern erfahrungsgemäß auf einen höheren Alkoholgehalt zurückgeführt wird. Dem gleichen Zwecke dienen Mineralsäuren. Über den Nachweis cf. Vereinbarungen, Heft II, 129[4].

Dieses Verfahren bildet eine Vortäuschung besserer Beschaffenheit und somit eine Verfälschung im Sinne des Nahrungsmittelgesetzes. In diesem Sinne erfolgte auch eine Entscheidung des Hanseatischen Oberlandesgerichtes in Hamburg[5].

5. Zusatz künstlicher Süßstoffe.

Der Zusatz von Saccharin, Dulcin und anderen künstlichen Süß-

---

[1] Vergl. W. Fresenius, Forschungsberichte 1894, 101.

[2] Gesetz, betr. die Besteuerung des Branntweins, vom 24. Juni 1887, nebst der Abänderung vom 16. Juni 1895.

[3] Vergl. Zeitschr. f. Unters. d. Nahr.- u. Genußm. 1906, **12**, 765.

[4] Näheres darüber bei E. Polenske, Arbeiten a. d. Kais. Gesundheitsamte 1897, **13**, 301 und 1898, **14**, 684.

[5] Urt. v. 22. Dezember 1905.

Neufeld. 29

stoffen zu Likören ist nach dem Süßstoffgesetz vom 7. Juli 1902 verboten.

6. Zusatz sonstiger fremdartiger Stoffe.

Sonstige fremdartige Stoffe, die geeignet sind eine bessere Beschaffenheit vorzutäuschen und die vom Publikum nicht vermutet oder erwartet werden, dürfen den Trinkbranntweinen und Likören nicht zugesetzt werden; so ist z. B. der Zusatz von Glyzerin zum Kognak als Süßungsmittel nicht gestattet[1]). Ebenso ist der Ersatz eines normalen Bestandteiles durch einen minderwertigen eine Verfälschung, z. B. der Ersatz des echten Blattgoldes in Danziger Goldwasser durch unechtes (Bronze).

An dieser Stelle muß des Eierkognaks gedacht werden. Nach den übereinstimmenden Anschauungen der Konsumenten und Fabrikanten sind unter Eierkognak nur Produkte zu verstehen, die aus Kognak, Eigelb und Zucker, zum Teil unter Zusatz von Gewürzstoffen (z. B. Vanilleauszug) bestehen[2]). An Stelle des Eigelbs, welches diesem Getränk seine charakteristische dickflüssige Konsistenz verleiht, werden dem Eierkognak allerhand Verdickungsmittel zugesetzt, wie Stärke, Stärkesirup, Sahne, Tragant,. Dextrin, Eiweiß, Gelatine usw. Alle diese Stoffe sind dem Eigelb gegenüber minderwertig, sie sind kein normaler Bestandteil des Eierkognaks, ihr Zusatz bildet also einerseits eine Verschlechterung des normalen Produktes, andererseits täuscht er auch einen nicht vorhandenen oder einen höheren als vorhandenen Gehalt an Eigelb vor, er bildet also eine Verfälschung im Sinne des Nahrungsmittelgesetzes. Die künstliche Gelbfärbung des Eierkognaks mit unschädlichen Farbstoffen wird vielfach nur insoweit als zulässig erachtet, als sie bloß die Ausgleichung kleiner Farbendifferenzen bei unverfälschten Produkten bezweckt. Ohne gleichzeitigen Zusatz von Verdickungsmitteln ist es auch kaum möglich, mit gelbem Farbstoff erhebliche Eigelbmengen vorzutäuschen, zumal da die Konsistenz einer derartigen Ware in keinem Verhältnis zur Farbe stehen würde, und dem Zuckergehalt mit Rücksicht auf den Geschmack naturgemäß gewisse Grenzen gesteckt sind. In Verbindung mit den erwähnten Verdickungsmitteln hingegen bezweckt die künstliche Färbung die Vortäuschung eines höheren Eigelbgehaltes[3]). Der Nachweis von Surrogaten und die Berechnung der vorhandenen Menge Eigelb geschieht in der von A. Juckenack[4]) vorgeschlagenen Weise.

Nachmachungen.

Ein großer, wenn nicht der größte Teil der im Handel befindlichen Trinkbranntweine besteht aus Mischungen von Rohspiritus oder Sprit

---

[1]) Beschlüsse d. Verbandes selbständ. öffentl. Chemiker; Zeitschr. f. öffentl. Chemie 1901, **7**, 393.

[2]) Vergl. A. Juckenack, Zeitschr. f. Unters. d. Nahr.- u. Genußm. 1903, **6**, 830; siehe auch Deutsches Nahrungsmittelbuch, S. 85.

[3]) Vergl. R.G. Urt. v. 12. November 1900.

[4]) Zeitschr. f. Unters. d. Nahr.- u. Genußm. 1903, **6**, 827.

und Wasser, denen künstliche Essenzen, Ätherarten, ätherische Öle, Würzen, Extrakte und mit ähnlichen Namen bezeichnete Flüssigkeiten zugesetzt worden sind. Auf diese Weise werden die natürlichen Branntweine nachgemacht oder auch mit solchen Nachahmungen verschnitten.

Branntweine, bei denen derartige Zusätze Verwendung gefunden haben, dürfen nur unter Bezeichnungen in den Verkehr gebracht werden, die das künstliche ihrer Herstellung kenntlich machen, z. B. Kunst-Kognak, Kunst-Rum, Façon-Rum, mit Rumzusatz, oder eine ähnliche den Zusatz angebende Kennzeichnung[1]). Der Preis der Produkte kommt dabei nicht in Frage, da einerseits dieser schon unter den unverfälschten Branntweinsorten sehr großen Schwankungen unterworfen ist, andererseits bei dem kaufenden Publikum in dieser Beziehung kein richtiges Urteil vorausgesetzt werden kann.

Das Reichsgericht[2]) entschied, daß eine Nachmachung von Kognak vorliege in einem Falle, in welchem eine als Kognak verkaufte Flüssigkeit keinen Kognak, sondern ein geringwertiges Gemisch von fuseligem Sprit, Rumessenz, Zucker, Farbstoff, Gerbsäure und Rußtinktur enthielt.

Nach anderen gerichtlichen Entscheidungen[3]) ist für kognakähnliche Gemische von Spiritus, Wasser und Essenzen nur die Bezeichnung „Kunstkognak" zulässig.

Was nun den Nachweis solcher Nachahmungen anbelangt, so läßt sich beim heutigen Stande der Wissenschaft auf chemischem Wege an den fertigen Getränken die Art der Herstellung meistens nicht feststellen. Dies gilt insbesondere für Kognak, wenn zwar Destillate, aber nicht reine Weindestillate vorliegen. Eher gelingt der Nachweis bei den durch einfache Mischung von Wasser und Sprit mit Essenzen, Äthern, Tinkturen und Extrakten hergestellten Erzeugnissen; bei diesen gibt ihr erhöhter Gehalt an Extrakt und Salzen, die Beschaffenheit des Extraktes usw. oft schon gewisse Anhaltspunkte für ihre Erkennung. Meist sind die Kunst- oder Façon-Edelbranntweine auch arm an Säuren, Estern und höheren Alkoholen[4]).

Auch bei der Beurteilung von nachgemachten Trinkbranntweinen wird in vielen Fällen die Zungenprobe ausschlaggebend sein.

Gesundheitsschädliche Branntweine.

Branntweine und Liköre können durch verschiedenerlei Bestandteile gesundheitsschädliche Eigenschaften erhalten.

Bei den natürlichen Branntweinen kann dies durch einen übermäßigen Gehalt an höheren Alkoholen (Fuselöl) der Fall sein; sonst kommen bei ihnen keine gesundheitsschädlichen Stoffe vor.

Solche finden sich dagegen unter den Substanzen, welche Trink-

---

[1]) Vergl. Deutsches Nahrungsmittelbuch, S. 83.
[2]) R.G. Urt. v. 18. Mai 1888.
[3]) Vergl. Beythien, Jahresber. d. Untersuchungsamtes Dresden 1903, S. 21.
[4]) Vergl. K. Windisch, l. c. 501.

branntweinen und Likören künstlich zugesetzt werden. In erster Linie sind hier die oben erwähnten Auszüge von Pfeffer- und Capsicumarten zu nennen, die unter dem Namen Branntweinschärfen oder Verstärkungsessenzen bekannt sind; das gleiche gilt von dem öfter beobachteten Zusatze freier Mineralsäuren (Schwefelsäure). Auch der denaturierte Branntwein ist wegen seines Gehaltes an Methylalkohol und Pyridinbasen nicht unbedenklich.

Zur Herstellung der diätetischen Spirituosen, der sogen. Bitter, gelangen manchmal gesundheitsschädliche oder drastisch wirkende Stoffe zur Anwendung, wie Aloe, Sennesblätter, Lärchenschwamm, Rhabarber u. dergl. Der Nachweis erfolgt im Extrakte.

An Stelle des Bittermandelöls aus den Kernen des Steinobstes kommt das ähnlich schmeckende und riechende, aber ausgesprochen giftige Nitrobenzol zur Verwendung.

Bei der Benutzung konservierten Eigelbs zur Herstellung von Eierkognak gelangt in diesen öfter Borsäure. Hierauf ist bei der Untersuchung Rücksicht zu nehmen und vorkommendenfalls die Menge dieses Konservierungsmittels zu bestimmen.

Die Färbung von Likören und Spirituosen mit schädlichen, giftigen Farben ist selbstverständlich zu beanstanden; zur Beurteilung kommen in Betracht das Gesetz, betr. den Verkehr mit gesundheitsschädlichen Farben, vom 5. Juli 1887, und § 12 Ziff. 1 des Nahrungsmittelgesetzes.

Die Frage, ob ein Branntwein oder Likör wegen eines Bestandteiles geeignet ist, die menschliche Gesundheit zu beschädigen, obliegt der Beurteilung des ärztlichen Sachverständigen.

Begutachtung.
Beispiel.
Verfälschter Eierkognak[1]).

100 ccm enthielten:

Alkohol	15,19 g
Wasser	18,96 „
Trockensubstanz	65,85 „
Rohfett	1,42 „
Stickstoffsubstanz	2,04 „
Lecithinphosphorsäure	0,045 „
Asche	0,248 „
Luteine	vorhanden
Fremde Farbstoffe	„
Borsäure	„
Stärke und Tragant	0

---

[1]) Nach A. Juckenack, Zeitschr. f. Unters. d. Nahr.- u. Genußm. 1903, **6,** 829.

Polarisation der koagulierten Flüssigkeit im 200 mm-Rohr:

    a) vor der Inversion . . . . $+$ 99,50°
    b) nach der Inversion . . . . . $+$ 29,00°

Untersuchung des Fettes:

    Reichert-Meißl-Zahl   0,60
    Verseifungszahl   191,30
    Jodzahl nach Hübl   74,80
    Refraktion bei 40°   55,20

Eigelbgehalt berechnet:

    a) aus Rohfett . . . .   4,26 g
    b) aus Stickstoffsubstanz . . . . .   12,24 „
    c) aus Lecithinphosphorsäure . . . .   5,49 „

Demnach sind vorhanden:

    Eigelbgehalt im Mittel . . . . . .   4,88 g
    Surrogate von Eigelb . . . . . .   7,36 „

Dieser „Eierkognak" enthält neben einer verhältnismäßig geringen Menge Eigelb (4,88 g) erhebliche Mengen von Surrogaten (Verdickungsmitteln), wie dies aus dem hohen Gehalte an Trockensubstanz (65,85 g) schon hervorgeht. Was nun die Art der hier als Verdickungsmittel zugesetzten Stoffe anbelangt, so läßt die starke Rechtsdrehung vor und nach der Inversion einen Zusatz von Stärkesirup erkennen, der verhältnismäßig hohe Aschengehalt weist auf Hühnereiweiß hin, während Stärke und Tragant nicht anwesend sind. Die Untersuchung des Fettes ergibt, daß als solches ausschließlich Eieröl vorhanden ist, fremde Fette, z. B. Sahne, also fehlen. Die Anwesenheit von Borsäure dürfte auf die Verwendung konservierten Eigelbs zurückzuführen sein. Die Masse ist mit einem fremden Farbstoffe künstlich gefärbt.

Gutachten: Unter Eierkognak sind nach den allgemeinen Verkehrsanschauungen, wie auch nach den Erwartungen der Konsumenten Produkte zu verstehen, die aus Kognak, Eigelb und Zucker unter Zusatz von würzenden Zutaten hergestellt worden sind. Dieser Anforderung entspricht die vorliegende Probe nicht, indem sie, wie aus der Analyse hervorgeht, neben wenig Eigelb erhebliche Mengen Hühnereiweiß und Stärkesirup als Verdickungsmittel enthält und außerdem mit einem fremden Farbstoff gefärbt ist.

Die Verdickungsmittel als solche sind als eine Verfälschung des Eierkognaks anzusehen; sie stellen nicht nur als minderwertige und dem normalen Eierkognak fremde Stoffe eine Verschlechterung des letzteren dar, sondern sie täuschen auch — in Verbindung mit der künstlichen Färbung — einen höheren als tatsächlich vorhandenen Gehalt an wertvollem Eigelb vor. Denn der Konsument von Eierkognak legt bei der Beurteilung des Produktes mit Recht der Konsistenz eine besondere Bedeutung bei, weil sie in erster Linie vom Eigelbgehalt abhängig ist.

In dem teilweisen Ersatz des letzteren durch die erwähnten Surrogate und in dem Zusatz eines gelben Farbstoffs ist demnach eine Verfälschung im Sinne des § 10 des Gesetzes vom 14. Mai 1879 zu erblicken.

Der Borsäuregehalt des Produktes deutet darauf hin, daß hier konserviertes Eigelb Verwendung fand. Ob ein solcher geeignet ist, die Gesundheit zu beschädigen, muß dem ärztlichen Gutachten überlassen bleiben. Es sei jedoch darauf hingewiesen, daß z. B. zu Wein und zu Fleischwaren der Zusatz von Borsäure aus gesundheitlichen Gründen gesetzlich verboten ist. Jedenfalls erwartet der Konsument von eigelbhaltigen Nahrungs- und Genußmitteln in diesen keine gesundheitsschädlichen Konservierungsmittel; er würde derartige Lebensmittel wahrscheinlich zurückweisen, wenn er wüßte, daß sie unbekannte Mengen solcher Stoffe enthalten. Nach der Rechtsprechung des Reichsgerichtes bedingt der Zusatz derartiger Stoffe, die nicht zu den normalen Bestandteilen des betreffenden Nahrungsmittels gehören, eine Verschlechterung des letzteren, also eine Verfälschung.

---

22. Kapitel.

Gebrauchsgegenstände.

Allgemeines.

Das Gesetz vom 14. Mai 1879 erstreckt sich auch auf den Verkehr mit gewissen Gebrauchsgegenständen; es sagt hierüber:

§ 12.

Mit usw. wird bestraft:

1. —
2. wer vorsätzlich **Bekleidungsgegenstände, Spielwaren, Tapeten, Eß-, Trink- oder Kochgeschirr oder Petroleum** derart herstellt, daß der bestimmungsgemäße oder vorauszusehende Gebrauch dieser Gegenstände die menschliche Gesundheit zu beschädigen geeignet ist, ingleichen wer wissentlich solche Gegenstände verkauft, feilhält oder sonst in Verkehr bringt. Der Versuch ist strafbar.

Als Gebrauchsgegenstände im Sinne dieses Gesetzes kommen demnach besonders in Betracht: Spielwaren, Eß-, Trink- und Kochgeschirre, Farben und damit gefärbte Gebrauchsgegenstände, Petroleum.

Für die meisten dieser Gebrauchsgegenstände sind besondere gesetzliche Bestimmungen ergangen, welche die Verwendung gewisser Stoffe bei ihrer Herstellung verbieten. Soweit dies jedoch nicht der Fall ist, unterliegt die Beurteilung eines Gebrauchsgegenstandes der angeführten Bestimmung des § 12 Ziff. 2 N.M.G.

Die technische Untersuchung des Nahrungsmittelchemikers kann darauf beschränkt werden, ob die Zusammensetzung eines Gebrauchs-

gegenstandes den Verdacht zu erregen geeignet ist, daß sein bestimmungsgemäßer oder vorauszusehender Gebrauch die menschliche Gesundheit zu
beschädigen vermag.

I. Spielwaren.

Nach der Begründung des Gesetzes betreffend den Verkehr mit
Nahrungsmitteln usw., vom 14. Mai 1879, sind unter Spielwaren Kinder-
spielwaren zu verstehen, z. B. Bleisoldaten, Holz- und Kautschukspiel-
sachen, Tuschkästen, Bilderbücher, Bilderbogen usw.

Spezialgesetze.

1. **Gesetz, betreffend den Verkehr mit blei- und zinkhaltigen
Gegenständen, vom 25. Juni 1887.**

§ 2 Abs. 2. Zur Herstellung von Trinkbechern und von Spielwaren,
mit Ausnahme der massiven Bälle, darf bleihaltiger Kautschuk nicht verwendet sein.

§ 7. Die Vorschriften des Gesetzes, betreffend den Verkehr mit Nahrungsmitteln usw., vom 14. Mai 1879 bleiben unberührt . . .

2. **Gesetz, betreffend die Verwendung gesundheitsschädlicher
Farben bei der Herstellung von Nahrungsmitteln, Genußmitteln und Gebrauchsgegenständen, vom 5. Juli 1887.**

§ 4. Zur Herstellung von zum Verkauf bestimmten Spielwaren (ein-
schließlich der Bilderbogen, Bilderbücher und Tuschfarben für
Kinder), Blumentopfgittern und künstlichen Christbäumen dürfen die im § 1
Absatz 2 bezeichneten Farben[1]) nicht verwendet werden.

Auf die in § 2 Absatz 2 bezeichneten Stoffe[2]) sowie auf Schwefelantimon
und Schwefelkadmium als Färbemittel der Gummimasse:

> Bleioxyd in Firnis,
>
> Bleiweiß als Bestandteil des sogenannten Wachsgusses, jedoch nur,
> sofern dasselbe nicht ein Gewichtsteil in 100 Gewichtsteilen der
> Masse übersteigt,
>
> chromsaures Blei (für sich oder in Verbindung mit schwefelsaurem
> Blei) als Öl- oder Lackfarbe, oder mit Lack- oder Firnisüberzug,
> die in Wasser unlöslichen Zinkverbindungen, bei Gummispielwaren
> jedoch nur, soweit sie als Färbemittel der Gummimasse, als Öl-
> oder Lackfarben oder mit Lack- oder Firnisüberzug verwendet
> werden,
>
> alle in Glasuren eingebrannten Farben

findet diese Bestimmung nicht Anwendung.

Soweit zur Herstellung von Spielwaren die in den §§ 7 und 8 bezeich-

---

[1]) Antimon, Arsen, Baryum, Blei, Kadmium, Chrom, Kupfer, Quecksilber,
Uran, Zink, Zinn, Gummigutti, Korallin, Pikrinsäure.

[2]) Schwefelsaures Baryum (Schwerspat, blanc fixe); Barytfarblacke, welche
von kohlensaurem Baryum frei sind; Chromoxyd; Kupfer, Zinn, Zink und
deren Legierungen als Metallfarben; Zinnober; Zinnoxyd; Schwefelzinn als
Musivgold; sowie auf alle in Glasmassen, Glasuren oder Emails eingebrannte
Farben und auf den äußeren Anstrich von Gefäßen aus wasserdichten Stoffen.

neten Gegenstände[1]) verwendet werden, finden auf letztere lediglich die Vorschriften der §§ 7 und 8 Anwendung.

§ 6. Tuschfarben jeder Art dürfen als frei von gesundheitsschädlichen Stoffen bzw. giftfrei nicht verkauft oder feilgehalten werden, wenn sie den Vorschriften im § 4 Absatz 1 und 2 nicht entsprechen.

Für die Spielwaren aus Metall (Bleisoldaten, Kindertrompeten, Schreihähne, Puppengeschirre aus Zinn oder Metallegierungen u. dergl. mehr) bestehen zurzeit keine besonderen reichsgesetzlichen Bestimmungen. Doch sind für den Verkehr mit einigen solcher Gegenstände in einzelnen Bundesstaaten Anweisungen an die überwachenden Behörden ergangen.[2])

Bei nachgewiesener Gesundheitsschädlichkeit derartiger Spielwaren aus Metall kommt der § 12 Ziff. 2 des Nahrungsmittelgesetzes für die Beurteilung in Frage.

Insoweit Pfeifen mit mehr als 10 % Bleigehalt als Signalinstrumente oder zu ähnlichen wirtschaftlichen Zwecken dienen, ist ein unmittelbares Einschreiten nicht angängig, weil weder das Nahrungsmittelgesetz noch das Gesetz über den Verkehr mit blei- und zinkhaltigen Gegenständen zutrifft (Preußische Ministerialverfügung vom 8. April 1898).

Nach einem Rundschreiben des Kaiserlichen Gesundheitsamtes[3]) ist auf Zinnfiguren und Bleisoldaten die Bestimmung in § 12 Ziff. 2 des Nahrungsmittelgesetzes nicht anwendbar.

Zur Herstellung von Abziehbildern werden häufig bleihaltige Farben verwendet. Nach der Ansicht des Kaiserlichen Gesundheitsamtes sind die Abziehbilder als Bilderbogen im Sinne des § 4 Abs. 1 des Gesetzes vom 5. Juli 1887 zu betrachten. Für die in diesem Paragraphen aufgezählten Gegenstände ist die Verwendung aller bleihaltigen Farben bei der Herstellung verboten; die in § 4 Abs. 2 a. a. O. zugelassenen Ausnahmen treffen für die Abziehbilder im allgemeinen nicht zu. Die Verwendung von Bleifarben (auch als Deckmittel) bei der Herstellung solcher Abziehbilder bildet daher eine Verletzung des Gesetzes betreffend die Verwendung gesundheitsschädlicher Farben usw., vom 5. Juli 1887.

Auf Grund der erwähnten Stellung des Kaiserlichen Gesundheitsamtes sind in einzelnen Bundesstaaten Erlasse ergangen, die auf die Unzulässigkeit der Verwendung von Bleifarben bei Abziehbildern hinweisen[4]).

Für Abziehbilder, die nicht als Spielwaren, sondern zu technischen Zwecken dienen (Einbrennen auf Glas, Porzellan u. dergl.), gilt die Bestimmung des § 4 des angeführten Gesetzes natürlich nicht.

---

[1]) Tapeten, Möbelstoffe, Teppiche, Stoffe zu Vorhängen oder Bekleidungsgegenständen, Masken, Kerzen, künstliche Blätter, Blumen und Früchte; ferner Schreibmaterialien, Lampen- und Lichtschirme sowie Lichtmanschetten.

[2]) Vereinbarungen, Heft III, S. 117.

[3]) Zeitschr. f. öffentl. Chemie 1899, 503.

[4]) Sachsen: Minist.-Erlaß v. 16. August 1905; Sachsen-Meiningen, Bekanntmachung d. Staatsministeriums, Abt. d. Inneren, v. 25. Mai 1905.

Die Tuschfarben usw. werden im Abschnitt III 6 eigens besprochen.

II. Eß-, Trink- und Kochgeschirre.

Zu den Eß-, Trink- und Kochgeschirren gehören auch diejenigen Werkzeuge und Einrichtungen, mit welchen die zum Essen oder Trinken bestimmten Gegenstände bei deren Zubereitung, Aufbewahrung oder Zuführung zum Zwecke des Verzehrens in Berührung gebracht werden.

Spezialgesetze.

1. **Gesetz, betreffend den Verkehr mit blei- und zinkhaltigen Gegenständen, vom 25. Juni 1887.**

§ 1. Eß-, Trink- und Kochgeschirre sowie Flüssigkeitsmaße dürfen nicht:

1. ganz oder teilweise aus Blei oder einer in 100 Gewichtsteilen mehr als 10 Gewichtsteile Blei enthaltenden Metallegierung hergestellt,
2. an der Innenseite mit einer in 100 Gewichtsteilen mehr als einen Gewichtsteil Blei enthaltenden Metallegierung verzinnt oder mit einer in 100 Gewichtsteilen mehr als 10 Gewichtsteile Blei enthaltenden Metalllegierung gelötet,
3. mit Email oder Glasur versehen sein, welche bei halbstündigem Kochen mit einem in 100 Gewichtsteilen 4 Gewichtsteile Essigsäure enthaltenden Essig an den letzteren Blei abgeben.

Auf Geschirre und Flüssigkeitsmaße aus bleifreiem Britanniametall findet die Vorschrift in Ziffer 2 betreffs des Lotes nicht Anwendung.

Zur Herstellung von Druckvorrichtungen zum Ausschank von Bier sowie von Siphons für kohlensäurehaltige Getränke und von Metallteilen für Kindersaugflaschen dürfen nur Metallegierungen verwendet werden, welche in 100 Gewichtsteilen nicht mehr als einen Gewichtsteil Blei enthalten.

§ 2. Zur Herstellung von Mundstücken für Saugflaschen, Saugringen und Warzenhütchen darf blei- oder zinkhaltiger Kautschuk nicht verwendet sein.

Zur Herstellung von Trinkbechern . . . darf bleihaltiger Kautschuk nicht verwendet sein

Zu Leitungen für Bier, Wein oder Essig dürfen bleihaltige Kautschukschläuche nicht verwendet werden.

§ 3. Geschirre und Gefäße zur Verfertigung von Getränken und Fruchtsäften dürfen in denjenigen Teilen, welche bei dem bestimmungsgemäßen oder vorauszusehenden Gebrauche mit dem Inhalt in unmittelbare Berührung kommen, nicht den Vorschriften des § 1 zuwider hergestellt sein.

Konservenbüchsen müssen auf der Innenseite den Bedingungen des § 1 entsprechend hergestellt sein. Zur Aufbewahrung von Getränken dürfen Gefäße nicht verwendet sein, in welchen sich Rückstände von bleihaltigem Schrote befinden. Zur Packung von Schnupf- und Kautabak sowie Käse dürfen Metallfolien nicht verwendet sein, welche in 100 Gewichtsteilen mehr als 1 Gewichtsteil Blei enthalten.

§ 4. . . . .

§ 5. Gleiche Strafe trifft denjenigen, welcher zur Verfertigung von Nahrungs- oder Genußmitteln bestimmte Mühlsteine unter Verwendung von Blei oder bleihaltigen Stoffen an der Mahlfläche herstellt oder derartig hergestellte Mühlsteine zur Verfertigung von Nahrungs- oder Genußmitteln verwendet.

Zur Herstellung von Eß-, Trink- und Kochgeschirren dienen die verschiedensten Stoffe: Metalle, mit und ohne Emailleüberzug, Steingut, Ton, Porzellan, Glas usw. Besondere Erwähnung verdienen davon die Kupfergeschirre. Deren Verwendung ist ganz unbedenklich, wenn sie immer sofort nach dem Gebrauch gut gereinigt und trocken aufbewahrt werden. Gefährlich ist es aber, in solchen Geschirren Speisen, namentlich solche mit saurer Reaktion, stehen zu lassen, da hierbei leicht gesundheitsschädliche Kupfermengen in jene übergehen können. Es ist daher rätlich, Kupfergefäße zu verwenden, die auf der Innenseite gut verzinnt sind; allerdings darf die Verzinnung nicht schadhaft sein, weil bei gleichzeitiger Berührung von Kupfer und Zinn die Auflösung des ersteren durch saure Flüssigkeiten beschleunigt wird.

Für den Verkehr mit Kupfergeschirren sind in einzelnen Verwaltungsbezirken eigene Vorschriften ergangen. So heißt es z. B. in der Oberpolizeilichen Vorschrift für den Regierungsbezirk Schwaben und Neuburg vom 29. Juni 1892: Kupferne und messingene Geschirre müssen, wenn sie zur Zubereitung von Eßwaren oder Getränken bestimmt sind, innen vollkommen blank und, wenn sie zur Aufbewahrung derselben dienen, gut verzinnt sein.

Verzinkte Gefäße werden von den Hygienikern wegen der nachgewiesenen Giftigkeit der Zinkverbindungen zur Herstellung und Aufbewahrung von Nahrungs- und Genußmitteln für bedenklich gehalten. In Österreich ist deren Verwendung durch eine Ministerialverordnung vom Jahre 1897 untersagt.

Wenn Eß-, Trink- oder Kochgeschirre von einer in dem erwähnten Gesetze nicht angeführten Beschaffenheit auf Grund der chemischen Untersuchung gesundheitlich verdächtig erscheinen, so ist die Begutachtung dem Hygieniker oder Arzte anheimzustellen. Außer nach den Bestimmungen des oben angeführten Gesetzes vom 25. Juni 1887 kann eine Beanstandung solcher Geschirre nach § 12 Ziff. 2 des Nahrungsmittelgesetzes erfolgen, wenn ihr bestimmungsgemäßer oder vorauszusehender Gebrauch geeignet ist, die menschliche Gesundheit zu beschädigen.

Die Bestimmung des § 1 Abs. 1 des Gesetzes, betreffend den Verkehr mit blei- und zinkhaltigen Gegenständen, bezieht sich nicht nur auf diejenigen Teile der Trinkgeschirre, die mit deren Inhalt in Berührung kommen, sondern sie erstreckt sich auf die ganzen Gefäße; denn es heißt in der angeführten Gesetzesstelle: Trinkgeschirre . . . dürfen weder ganz noch teilweise . . . aus einer Metallegierung hergestellt sein, die in 100 Gewichtsteilen mehr als 10 Gewichtsteile Blei enthält. Dieser Auffassung wurde bei den Reichstagsverhandlungen über den Entwurf des Gesetzes[1]) von verschiedenen Seiten Ausdruck gegeben; sie wurde auch durch die Rechtsprechung[2]) bestätigt. Um alle Zweifel zu beheben, wurde in verschiedenen Bundesstaaten[3]) eine Verordnung erlassen, wonach sämtliche T r i n k g e f ä ß - B e s c h l ä g e dem Verbot des § 1 Abs. 1 a. a. O. unterliegen. Bei B i e r k r u g d e c k e l n dürfen demnach nicht bloß der Deckel selbst, sondern auch der Anguß (Scharnier, Krücke, Gewinde) nur aus einer Legierung von nicht mehr als 10 % Bleigehalt hergestellt sein.

Es wurde schon öfter die Frage aufgeworfen, ob K i n d e r k o c h g e s c h i r r und P u p p e n s e r v i c e, die mehr als 10 % Blei enthalten, als Eß-, Trink- oder Kochgeschirre im Sinne des § 1 des Gesetzes vom 25. Juni 1887 anzusehen seien. Von verschiedenen Gerichten wurde diese Frage verneint; so haben z. B. die Breslauer Gerichte[4]) in mehreren Instanzen entschieden, daß Kinderkochgeschirr als S p i e l z e u g und n i c h t a l s K o c h g e s c h i r r anzusehen sei, demnach auch nicht unter das Gesetz vom 25. Juni 1887 falle. In gleichem Sinne entschied auch das Hanseatische Oberlandesgericht zu Hamburg[5]); es heißt in dessen Urteilsbegründung u. a.:

„Das Gesetz vom 25. Juni 1887 erwähnt die Spielwaren nur im § 2 Absatz 2, wo sie neben Trinkbechern genannt werden. Schon darnach kann angenommen werden, daß die übrigen Bestimmungen des Gesetzes, insbesondere auch soweit sie im § 1 nur von Eß-, Trink- und Kochgeschirren sprechen, a u f S p i e l w a r e n k e i n e A n w e n d u n g finden . . ."

Verschiedene Autoren, wie A. G ä r t n e r[6]), C. F r a e n k e l[7]) u. a. rechnen die Puppengeschirre ebenfalls nicht zu den Eß-, Trink- und Kochgeschirren im Sinne des angeführten Gesetzes; sie erachten auch eine Verfolgung solcher Geschirre mit höherem Bleigehalt als 10 % auf Grund des Nahrungsmittelgesetzes für nicht geboten, da diesen eine gesundheitswidrige Beschaffenheit im Sinne der §§ 12, 13, 14 dieses Gesetzes nicht zukomme. Jedenfalls haben K ä m m e r e r[8]), S t o c k - m e i e r[9]), wie auch B e y t h i e n[10]) nachgewiesen, daß derartige Gegenstände mit 30—40 % Bleigehalt bei zweistündigem ununterbrochenem Aufenthalte im Munde selbst bei Anwesenheit stark saurer Speisen und Getränke kein Blei in löslicher Form abgeben.

---

[1]) Vergl. Stenographischer Bericht über die VII Legislaturperiode, 1. Session 1887, Bd. 1, S. 482.
[2]) R.G. IV. Urt. v. 14. Oktober 1904.
[3]) Preußen: Ministerial-Erlaß v. 10. Juni 1901; Bayern: Ministerial-Verordnung v. 28. Mai 1901 usw.
[4]) Jahresbericht d. Untersuchungsamtes Breslau 1895/96, S. 50.
[5]) Urt. v. 15. März 1900.
[6]) Vierteljahresschr. f. gerichtl. Med. u. öffentl. Sanitätswesen 1899, 18, 340.
[7]) Dortselbst 1900, 19, 319.
[8]) Jahresbericht d. Untersuchungsamtes Nürnberg, 1895.
[9]) Zeitschr. f. Unters. d. Nahr.- u. Genußm. 1899, 2, 961.
[10]) Dortselbst 1900, 3, 221.

In der Novelle zum Österreichischen Gesetz über die Erzeugung oder Zurichtung von Eß- und Trinkgeschirren usw.[1]) heißt es hingegen: § 1. Koch-, Eß- und Trinkgeschirre, Flüssigkeitsmaße, als Kinderspielzeug dienende Eßgeräte dürfen nicht: 1. ganz oder teilweise aus Blei oder aus einer in 100 Gewichtsteilen mehr als 10 Gewichtsteile Blei enthaltenden Legierung hergestellt . . . sein.

Backtröge dürften als Eßgeschirre im Sinne des Gesetzes vom 25. Juni 1887 aufzufassen sein. Die Metallplatten (Zinkblech, Weiß-blech usw.), mit denen sie innen oft ausgeschlagen sind, müssen daher den Anforderungen des § 1 Abs. 1 und 2 dieses Gesetzes genügen. Diese Bedingung war z. B. nicht erfüllt in einem von Forster[2]) mit-geteilten Falle, wo das die Platten eines Backtroges verbindende Lot 60 % Blei enthielt.

Auch Konservenbüchsen sind Eß- bzw. Kochgeschirre; sie müssen nach § 3 Abs. 2 auf der Innenseite den Bedingungen des § 1 entsprechend hergestellt sein, d. h. sie müssen hinsichtlich ihres im Innern verwendeten Lotes den gesetzlichen Bedingungen entsprechen; für das zur Außenlötung benutzte Lot gilt diese Beschränkung nicht. Wenn bei der Außenlötung solcher Büchsen mit einer Legierung, welche mehr Blei enthält, als für die Innenlötung zulässig ist, kleine Teile der Lötmasse an einer zufällig durchlässigen Stelle in das Innere der Büchsen eindringen, so ist nach einem Gutachten des Kaiserlichen Gesundheits-amtes eine ernstliche Gefährdung der menschlichen Gesundheit durch den Inhalt solcher Büchsen nicht gegeben; in der Herstellung und dem Vertriebe solcher Büchsen kann auch kein Verstoß gegen das Gesetz betreffend den Verkehr mit blei- und zinkhaltigen Gegenständen erblickt werden. Dieser Auffassung des Gesundheitsamtes sind mehrere Bundes-staaten in eigenen Erlassen[3]) beigetreten; sie wurde auch vom Hansea-tischen Oberlandesgerichte in Hamburg im Jahre 1899[4]) geteilt.

Töpfer- und Emaillegeschirre dürfen nicht mit einer Glasur oder Emaillierung versehen sein, welche bei halbstündigem Kochen mit einem 4 Gewichtsteile Essigsäure in 100 Gewichtsteilen enthaltenden Essig an diesen Blei abgeben. Töpfergeschirre, die dieser Bedingung nicht entsprechen, kommen auch jetzt noch vielfach vor; früher bildeten sie in manchen Gegenden die Regel, so berichtete R. Sendtner[5]) im Jahre 1893, daß von 1200 an der K. Untersuchungsanstalt zu München untersuchten Töpferwaren bis 900 wegen ihres Gehaltes an

---

[1]) Verordnung d. Ministerien d. Inneren, der Justiz u. des Handels v. 29. Juni 1906.

[2]) Zeitschr. f. öffentl. Chemie 1902, **8,** 412.

[3]) Preußen: Minist.-Erlaß v. 27. Dezember 1899; Sachsen: Bekannt-machung d. Ministeriums d. Inneren v. 29. November 1899.

[4]) Vergl. Zeitschr. f. öffentl. Chemie 1900, **6,** 14.

[5]) Forschungsberichte 1894, 98.

löslichen Bleiverbindungen zu beanstanden waren. Dabei gehen oft ganz enorme Bleimengen in Lösung, welche die schwersten Gesundheitsschädigungen hervorzurufen geeignet sind. Durch zweckmäßige Glasierungsverfahren werden jetzt die Töpfergeschirre in den meisten Gegenden so gebrannt, daß sie den gesetzlichen Anforderungen entsprechen. Sehr bewährt hat sich das u. a. von H. Stockmeier[1] vorgeschlagene Verfahren, bei dem durch Verwendung von Infusorienerde eine vollständige chemische Vereinigung von Bleioxyd und Kieselsäure erreicht wird.

Die Essigauskochung bei diesen Geschirren ist eventuell auch auf Kupfer, Zinn, Zink, Borsäure, Fluorverbindungen und Arsen zu prüfen. Sind diese Stoffe vorhanden, so ist die quantitative Bestimmung ihrer in Lösung gegangenen Mengen erforderlich. Die Begutachtung der Gesundheitsschädlichkeit in solchen Fällen ist natürlich Sache des Arztes; eine Beanstandung erfolgt eventuell auf Grund des Nahrungsmittelgesetzes (§ 12 Ziff. 2). R. Sendtner (l. c.) teilte mit, daß ein innen grün glasiertes Geschirr an die essigsaure Lösung 0,5 g Kupfer pro Liter abgab.

Es sei noch darauf hingewiesen, daß die Verschlüsse an Gefäßen mit stark saurem Inhalte häufig aus Metallegierungen hergestellt sind, die große Mengen Blei enthalten. Solche werden allerdings von dem Gesetze vom 25. Juni 1887 nicht getroffen, es kommt jedoch dabei vor, daß das Blei durch die Säure korrodiert wird und sich in mehr oder minder großen Mengen dem Inhalte des Gefäßes mitteilt. Derartiges wurde z. B. bei Senftöpfchen beobachtet, die mit Stanniolkapseln von 50 % und mehr Bleigehalt verschlossen waren. Selbstverständlich kann ein auf diese Weise bleihaltig gewordenes Nahrungs- oder Genußmittel auf Grund des Gesetzes vom 14. Mai 1879 beanstandet werden.

Zu Mundstücken für Saugflaschen, Saugringe und Warzenhütchen darf blei- oder zinkhaltiger Kautschuk, und zur Herstellung von Trinkbechern, zu Leitungen von Bier, Wein oder Essig darf bleihaltiger Kautschuk nicht verwendet werden. Als Färbemittel der Kautschukmasse sind Schwefelantimon und Schwefelkadmium unzulässig.

Auf zinkhaltige Schläuche und bleihaltige Kautschukringe, welche zum Dichten von Konservenbüchsen Verwendung finden, und für die keine besonderen Bestimmungen bestehen, ist besondere Aufmerksamkeit zu richten und vorkommendenfalls die Beurteilung dieser Gegenstände auf Gesundheitsschädlichkeit durch ärztliche Sachverständige herbeizuführen (Vereinbarungen).

Mundstücke von Saugflaschen (sog. Gummisauger), die ihre rote Farbe einem Gehalte an Quecksilber verdanken, können nicht beanstandet werden, da für derartige Erzeugnisse nur die Verwendung von blei- und zinkhaltigem Kautschuk verboten ist, der Gebrauch des Zinnobers für

---

[1] Forschungsberichte 1894, 91.

verwandte Gruppen von Gebrauchsgegenständen, wie Gummibälle und andere Spielwaren, aber ausdrücklich erlaubt ist.[1]

Nach § 3 Abs. 2 dürfen zur Aufbewahrung von Getränken keine Gefäße benutzt werden, in welchen sich Rückstände von bleihaltigem Schrote befinden. Letzteres tritt sehr leicht bei der Verwendung von Bleischrot zum Reinigen von Flaschen ein. Obwohl also außerordentlich bedenklich, ist diese Verwendung doch nicht direkt durch das Gesetz verboten.

Über die Verwendung von Blei in Getreidemühlen, insbesondere zur Ausbesserung der Mühlsteine, sind in verschiedenen Bundesstaaten besondere Erlasse ergangen[2].

III. Farben.

Nach Absicht des Gesetzgebers unterliegt nicht die Herstellung der Farben der Überwachung durch das Nahrungsmittelgesetz, sondern nur die Verwendung der Farben bei solchen Gegenständen, die wegen ihrer Berührung mit dem menschlichen Organismus einen gesundheitsgefährlichen Einfluß haben können[3].

Spezialgesetz.

Gesetz, betreffend die Verwendung gesundheitsschädlicher Farben bei der Herstellung von Nahrungsmitteln, Genußmitteln und Gebrauchsgegenständen, vom 5. Juli 1887.

§ 1. Gesundheitsschädliche Farben dürfen zur Herstellung von Nahrungs- und Genußmitteln, welche zum Verkauf bestimmt sind, nicht verwendet werden.

Gesundheitsschädliche Farben im Sinne dieser Bestimmung sind diejenigen Farbstoffe und Farbzubereitungen, welche Antimon, Arsen, Baryum, Blei, Kadmium, Chrom, Kupfer, Quecksilber, Uran, Zink, Zinn, Gummigutti, Korallin, Pikrinsäure enthalten.

Auch andere, als die hier aufgezählten Farben, denen gesundheitsschädliche Eigenschaften innewohnen, dürfen bei der Herstellung von Nahrungs- und Genußmitteln sowie Gebrauchsgegenständen nach § 12 des Nahrungsmittelgesetzes nicht verwendet werden. Die Entscheidung erfolgt von Fall zu Fall auf Grund eines ärztlichen Gutachtens.

Sofern bei der Herstellung von Nahrungs- und Genußmitteln die Verwendung von Farben zur Vortäuschung einer besseren Beschaffenheit oder zur Verdeckung vorhandener Mängel geschieht, kommt der § 10 des Nahrungsmittelgesetzes in Betracht. Außerdem ist für gewisse Nahrungs- und Genußmittel der Gebrauch von Farben durch besondere gesetzliche

---

[1] Vergl. Beythien, Jahresbericht d. Untersuchungsamtes Dresden 1902, 33.

[2] Sachsen: Verordnung v. 8. Juli 1896; Preußen: Erlaß v. 31. Juni 1897 usw.

[3] Vereinbarungen, Heft III, S. 121.

Bestimmungen überhaupt verboten, so durch das Gesetz, betreffend den Verkehr mit Wein usw., vom 24. Mai 1901, und durch das Gesetz, betreffend die Schlachtvieh- und Fleischbeschau, vom 3. Juni 1900.

1. **Farben für Gefäße, Umhüllungen oder Schutzbedeckungen zur Aufbewahrung oder Verpackung von Nahrungs- und Genußmitteln.**

Gesetzliche Anforderungen.

§ 2. Zur Aufbewahrung oder Verpackung von Nahrungs- und Genußmitteln, welche zum Verkaufe bestimmt sind, dürfen Gefäße, Umhüllungen oder Schutzbedeckungen, zu deren Herstellung Farben der im § 1 Absatz 2 bezeichneten Art verwendet sind, nicht benutzt werden.

Auf die Verwendung von:

schwefelsaurem Baryum (Schwerspat, blanc fixe),

Barytfarblacken, welche von kohlensaurem Baryum frei sind,

Chromoxyd,

Kupfer, Zinn, Zink und deren Legierungen als Metallfarben,

Zinnober,

Zinnoxyd,

Schwefelzinn als Musivgold

sowie auf alle in Glasmassen, Glasuren oder Emails eingebrannte Farben und auf den äußeren Anstrich von Gefäßen aus wasserdichten Stoffen

findet diese Bestimmung nicht Anwendung.

2. **Farben zur Herstellung von Buch- und Steindruck auf Gefäße, Umhüllungen oder Schutzbedeckungen für Nahrungs- und Genußmittel, auf kosmetischen Mitteln und auf Spielwaren usw.**

Gesetzliche Anforderung.

§ 5. Zur Herstellung von Buch- und Steindruck auf den in den §§ 2, 3 und 4 bezeichneten Gegenständen dürfen nur solche Farben nicht verwendet werden, welche Arsen enthalten.

3. **Farben für Tapeten, Möbelstoffe, Teppiche, Stoffe zu Vorhängen oder Bekleidungsgegenständen, Masken, Kerzen, künstliche Blätter, Blumen und Früchte, ferner für Schreibmaterialien, Lampen- und Lichtschirmen, sowie Lichtmanschetten.**

Gesetzliche Anforderungen.

§ 7. Zur Herstellung von zum Verkauf bestimmten Tapeten, Möbelstoffen, Teppichen, Stoffen zu Vorhängen oder Bekleidungsgegenständen, Masken, Kerzen sowie künstlichen Blättern, Blumen und Früchten dürfen Farben, welche Arsen enthalten, nicht verwendet werden.

Auf die Verwendung arsenhaltiger Beizen oder Fixierungsmittel zum Zweck des Färbens oder Bedruckens von Gespinsten oder Geweben findet diese Bestimmung nicht Anwendung. Doch dürfen derartig bearbeitete Gespinste oder Gewebe zur Herstellung der im Absatz 1 bezeichneten Gegenstände nicht verwendet werden, wenn sie das Arsen in wasserlöslicher Form oder in solcher Menge enthalten, daß sich in 100 qcm des fertigen Gegenstandes mehr als 2 mg Arsen vorfinden. Der Reichskanzler ist ermächtigt, nähere Vorschriften über das bei der Feststellung des Arsengehaltes anzuwendende Verfahren zu erlassen.

§ 8. Die Vorschriften des § 7 finden auch auf die Herstellung von zum Verkauf bestimmten Schreibmaterialien, Lampen- und Lichtschirmen sowie Lichtmanschetten Anwendung.

. . . .

§ 11. Auf die Färbung von Pelzwaren finden die Vorschriften dieses Gesetzes nicht Anwendung.

Zu den Bekleidungsgegenständen im Sinne dieser Vorschrift gehören alle auch im weiteren Sinne zur Bekleidung dienlichen Gegenstände (Schlipse, Gürtel, Strumpfbänder. Hutleder usw.)[1]).

Im Handel finden sich Kerzen, die mit Zinnober rot gefärbt sind und bei deren Brennen Schweflige Säure und Quecksilberdämpfe entstehen. Diese werden aber durch das vorstehende Gesetz ebensowenig getroffen wie durch den § 12 des Nahrungsmittelgesetzes. Da die Verwendung derartiger Kerzen zweifellos geeignet ist, bei bestimmungsgemäßem und vorauszusehendem Gebrauche die menschliche Gesundheit zu beschädigen, so besteht hier eine Lücke in den gesetzlichen Bestimmungen.

Zu den Schreibmaterialien im Sinne des § 8 zählen auch die Buntpapiere, zu deren Herstellung früher vielfach arsenhaltige Farben benutzt wurden.

Für den Verkehr mit arsenhaltigem Fliegenpapier sind eigene landespolizeiliche Vorschriften in den einzelnen Bundesstaaten ergangen.

4. **Wasser- oder Leimfarben zur Herstellung des Anstrichs von Fußböden, Decken, Wänden, Türen, Fenstern der Wohn- oder Geschäftsräume, von Roll-, Zug- oder Klappläden oder Vorhängen, von Möbeln und sonstigen häuslichen Gebrauchsgegenständen.**

§ 9. Arsenhaltige Wasser- oder Leimfarben dürfen zur Herstellung des Anstrichs von Fußböden usw. (folgen die vorstehend genannten Gebrauchsgegenstände) . . . nicht verwendet werden.

5. **Oblaten.**

Gesetzliche Anforderung.

§ 8 Abs. 2. Die Herstellung der Oblaten unterliegt den Bestimmungen im § 1, jedoch sofern sie nicht zum Genusse bestimmt sind, mit der Maßgabe, daß die Verwendung von schwefelsaurem Baryum (Schwerspat, blanc fixe), Chromoxyd und Zinnober gestattet ist.

---

[1]) Vereinbarungen, Heft III, S. 128.

Die Verwendung künstlichen Süßstoffes bei der Herstellung von Speise-Oblaten ist durch das Süßstoffgesetz vom 7. Juli 1902 verboten.

6. Tuschfarben, Farbkreiden, Farbstifte.

Gesetzliche Anforderungen.

§ 4. Zur Herstellung von zum Verkauf bestimmten Spielwaren (einschließlich der . . . Tuschfarben für Kinder) . . . dürfen die im § 1 Absatz 2 bezeichneten Stoffe nicht verwendet werden.

Auf die im § 2 Absatz 2 bezeichneten Stoffe sowie auf . . . (vergl. unter Spielwaren) . . . findet diese Bestimmung nicht Anwendung.

§ 6. Tuschfarben jeder Art dürfen als frei von gesundheitsschädlichen Stoffen bzw. giftfrei nicht verkauft oder feilgeboten werden, wenn sie den Vorschriften im § 4 Absatz 1 und 2 nicht entsprechen.

Die Bestimmungen des § 4 treffen nur Tuschfarben, die als Spielwaren für Kinder dienen sollen. Dagegen müssen nach § 6 solche Tuschfarben, die zu künstlerischen oder Unterrichtszwecken u. dergl. bestimmt sind, nur jenen Anforderungen genügen, wenn sie ausdrücklich als „frei von gesundheitsschädlichen Stoffen" oder als „giftfrei" verkauft werden.

Da wiederholt Tuschfarben für Kinder wegen eines Gehaltes an Zinnober (Quecksilbersulfid) beanstandet worden sein sollen[1]), so sei darauf hingewiesen, daß nach § 4 Absatz 2 die Bestimmung des § 4 Absatz 1 auf die in § 2 Absatz 2 bezeichneten Stoffe keine Anwendung findet; unter den letzteren findet sich auch Zinnober angeführt. Demnach ist die Verwendung von Zinnober zur Herstellung von Tuschfarben für Kinder zulässig.

Nach Untersuchungen, die im Kaiserlichen Gesundheitsamt ausgeführt worden sind, enthalten die für Unterrichts- und Demonstrationszwecke vielfach benutzten Farbkreiden (Zeichenkreiden, dermatographische Kreiden) nicht selten einen erheblichen Gehalt an Verbindungen des Bleies oder Arsens; dies ist besonders bei den gelb, braun und violett gefärbten Kreiden zu beobachten. Da nun solche Farbkreiden bei ihrer Verwendung meist unmittelbar mit den Fingern angefaßt werden, so besteht bei ihrer leichten Abreibbarkeit die Gefahr, daß die in ihnen enthaltenen Blei- und Arsenfarben Gesundheitsschädigungen hervorrufen; solche sind nach der Mitteilung des Kaiserlichen Gesundheitsamtes auch in der Tat beobachtet worden. Aus diesem Grunde wurde in verschiedenen Bundesstaaten durch Ministerialerlasse[2]) vor dem Gebrauche derartiger arsen- oder bleihaltiger gesundheitsschädlicher Farbkreiden gewarnt.

Für die sogenannten Pastellstifte (Blau- und Rotstifte usw.), bei denen Bleifarben mit Pastellkreide gemischt in einer Wachsmasse

---

[1]) Vergl. Deutsch. Nahrungsmittelbuch, S. 162.
[2]) Z. B. in Bayern durch die Ministerialentschließung v. 2. Dezember 1902.

Neufeld. 30

eingebettet zu Stiften geformt und diese wie bei den Bleistiften von einem Holzmantel umgeben sind, besteht beim bestimmungsgemäßen Gebrauch die Gefahr einer Gesundheitsschädigung nicht[1]).

IV. Kosmetische Mittel.

Zu den kosmetischen Mitteln, die zur Reinigung, Pflege oder Färbung der Haut, des Haares oder der Mundhöhle dienen, zählen die **Haar- und Lippenpomaden, Toiletteseifen, Haaröle, Puder, Schminken, Schönheitswässer, Zahnwässer, Zahnpulver, Zahnseifen und Haarfärbemittel.**

Spezialgesetz.

Gesetz, betreffend die Verwendung gesundheitsschädlicher Farben bei der Herstellung von Nahrungsmitteln, Genußmitteln und Gebrauchsgegenständen, vom 5. Juli 1887.

§ 3. Zur Herstellung von kosmetischen Mitteln (Mitteln zur Reinigung, Pflege oder Färbung der Haut, des Haares oder der Mundhöhle), welche zum Verkauf bestimmt sind, dürfen die im § 1 Absatz 3 bezeichneten Stoffe[2]) nicht verwendet werden.

Auf schwefelsaures Baryum (Schwerspat, blanc fixe), Schwefelkadmium, Chromoxyd, Zinnober, Zinkoxyd, Zinnoxyd, Schwefelzink sowie auf Kupfer, Zinn, Zink und deren Legierungen in Form von Puder findet diese Bestimmung nicht Anwendung.

Unter den hier aufgezählten gesundheitsschädlichen Stoffen sind die Silbersalze nicht aufgenommen, welche vielfach als Haarfärbemittel Verwendung finden. Ihre Benutzung zu dem genannten Zweck ist nur in Bayern verboten, wo sie, mit Ausnahme des Chlorsilbers. nach der Kgl. Allerhöchsten Verordnung vom 16. Juni 1895, betreffend den Verkehr mit Giften, als Gifte zu betrachten sind.

Es ist überhaupt nicht ausgeschlossen, daß Stoffe, besonders organische Verbindungen, zur Herstellung von kosmetischen Mitteln herangezogen werden, die im genannten Gesetze nicht aufgezählt sind und doch gesundheitsschädigende Eigenschaften besitzen. So wird in neuerer Zeit unter allerhand Phantasienamen als Haarfärbemittel vielfach eine Lösung von p-Phenylendiamin in den Handel gebracht, worauf zuerst R. Sendtner[3]) aufmerksam machte. Dieses Mittel ist von ausgesprochener Giftigkeit, seine Anwendung hat die Bildung von Ekzemen, Haarausfall usw. zur Folge. Aus diesem Grunde wurde auch das Paraphenylendiamin nachträglich in die Bayerische Allerhöchste Verordnung betreffend den Verkehr mit Giften aufgenommen.

---

[1]) Vergl. hierzu die Ausführungen im Deutschen Nahrungsmittelbuch, S. 165.
[2]) Antimon, Arsen, Baryum, Blei, Kadmium, Chrom, Kupfer, Quecksilber, Uran, Zink, Zinn, Gummigutti, Korallin, Pikrinsäure.
[3]) Forschungsberichte 1897, 301.

Anmerkung zu den Ausführungen über Spielwaren, Farben und kosmetische Mittel. Für die Anwendung des Gesetzes, betreffend die Verwendung gesundheitsschädlicher Farben usw., vom 5. Juli 1887, sei noch auf die §§ 10 und 14 dieses Gesetzes hingewiesen. Diese lauten:

§ 10. Auf die Verwendung von Farben, welche die im § 1 Absatz 2 bezeichneten Stoffe nicht als konstituierende Bestandteile, sondern nur als Verunreinigungen, und zwar höchstens in einer Menge enthalten, welche sich bei den in der Technik gebräuchlichen Darstellungsverfahren nicht vermeiden läßt, finden die Bestimmungen der §§ 2 bis 9 nicht Anwendung.

§ 14. Die Vorschriften des Gesetzes, betreffend den Verkehr mit Nahrungsmitteln, Genußmitteln und Gebrauchsgegenständen vom 14. Mai 1879 bleiben unberührt.

Die Vorschriften in den §§ 16, 17 desselben finden auch bei Zuwiderhandlungen gegen die Vorschriften des gegenwärtigen Gesetzes Anwendung.

V. Petroleum.

Spezialgesetz.

Kaiserliche Verordnung über das gewerbsmäßige Verkaufen und Feilhalten von Petroleum, vom 24. Februar 1882.

§ 1. Das gewerbsmäßige Verkaufen und Feilhalten von Petroleum, welches, unter einem Barometerstande von 760 mm schon bei einer Erwärmung auf weniger als 21° des hundertteiligen Thermometers entflammbare Dämpfe entweichen läßt, ist nur in solchen Gefäßen gestattet, welche an in die Augen fallender Stelle auf rotem Grunde in deutlichen Buchstaben die nichtverwischbare Inschrift „Feuergefährlich" tragen. Wird derartiges Petroleum gewerbsmäßig zur Abgabe in Mengen von weniger als 50 kg feilgehalten oder in solchen geringen Mengen verkauft, so muß die Inschrift in gleicher Weise noch die Worte „Nur mit besonderen Vorschriftsmaßregeln zu Brennzwecken verwendbar" enthalten.

. . . .

§ 3. Diese Verordnung findet auf das Verkaufen und Feilhalten von Petroleum in den Apotheken zu Heilzwecken nicht Anwendung.

§ 4. Als Petroleum im Sinne dieser Verordnung gelten das Rohpetroleum und dessen Destillationsprodukte.

Die Untersuchung des Petroleums erfolgt nach der Anweisung für die Untersuchung des Petroleums auf seine Entflammbarkeit mittels des Abelschen Petroleumprobers vom 20. April 1882.

Der Entflammungspunkt gibt nur Aufschluß über die Explosions- und Feuergefährlichkeit des Petroleums. Für seine Beurteilung als Leuchtmittel geben allgemeine Anhaltspunkte: die fraktionierte Destillation, die Ermittelung des Erstarrungspunktes der Paraffine und photometrische Messungen.

Die Zusammensetzung eines Petroleums wird am besten nach dem Ergebnis der fraktionierten Destillation beurteilt; die Anforderungen der einzelnen Autoren sind verschieden. Beilstein[1]) stellt an ein gutes

---

[1]) Zeitschr. f. analyt. Chemie 1883, 309.

Petroleum die Anforderung, daß sein Gehalt an leichten Ölen oder Essenzen (Fraktion bis zu 150 °) 5 %, sein Gehalt an schweren Ölen oder Schmierölen (Fraktion über 270 °) 15 % nicht übersteige. Engler[1]) dehnt die Fraktion der Leucht- oder Brennöle (Kerosine) auf 150—300 ° aus und fordert, daß ein Petroleum als Maximum einen Gehalt von 15 Vol.-Proz. über 300 ° siedender Öle enthalte; eine Grenze für die leichten Öle unter 150 ° festzusetzen, hält er für überflüssig, da diese durch den Entflammungspunkt geregelt werde. Thörner[2]) verlangt als Grenzzahlen ein Maximum von 6 Vol.-Proz. Destillat unter 140 ° und 8 Vol.-Proz. Destillat über 310 °. C. A. Neufeld[3]) gelangt zu der Anforderung, daß ein zu Leuchtzwecken taugliches Petroleum einen Gehalt von mindestens 55 % an Brennölen (Fraktion 150—270 °) haben soll: der Gehalt an schweren Ölen soll 25 %, der an leichten 20 % auf keinen Fall übersteigen.

Mit dem Gehalte eines Leuchtöles an schweren Ölen steigt sein Erstarrungspunkt, wie auch der Leuchtwert eines Petroleums durch einen hohen Gehalt an schweren Ölen beeinträchtigt wird. Bei den von Neufeld[4]) untersuchten Petroleumsorten des Handels entsprach z. B. einem Gehalt von 30 % schweren Ölen bereits ein Erstarrungspunkt von — 12 ° C, einem Gehalt von 37 % schweren Ölen ein Erstarrungspunkt von — 8,5 ° C. Diese Tatsache ist für die Verwendung von Petroleum zur Beleuchtung im Freien sehr wichtig, da solche Temperaturen in unserem Klima oft erreicht werden, und dann das Leuchtöl im Behälter einfriert; einen derartigen Fall hat R. Sendtner[5]) mitgeteilt.

Die Freie Vereinigung bayerischer Vertreter der angewandten Chemie nahm auf ihrer 14. Jahresversammlung folgende Resolutionen an[6]): 1. Die bisher durch Kaiserliche Verordnung vorgeschriebene Art der Petroleumprüfung durch Bestimmung des Entflammungspunktes ist nach dem heutigen Stande der Beschaffenheit des Leuchtpetroleums durchaus ungenügend, weil durch eine absichtliche Vermehrung des Gehaltes an höheren Fraktionen der Entflammungspunkt trotz großer Mengen leichter Öle beliebig erhöht werden kann. 2. Es möge angestrebt werden, daß neben dem Entflammungspunkt auch noch die Bestimmung und Festlegung der Erstarrungstemperatur gesetzlich geregelt werden soll. 3. Von einem zu Leuchtzwecken benutzbaren Petroleum ist zu verlangen, daß dasselbe neben dem verordnungsmäßigen Entflammungspunkte eine Erstarrungstemperatur von nicht über — 14 ° besitze.

Es muß allerdings darauf hingewiesen werden, daß diese Forderungen mehr die technische Beurteilung des Petroleums betreffen. Für dessen gesundheitliche Beurteilung ist neben der erwähnten Kaiserlichen Ver-

---

[1]) Chem.-Zeitg. 1886, 1238.
[2]) Dortselbst 1886, 528.
[3]) Forschungsberichte 1895, 323.
[4]) l. c.
[5]) Dortselbst 320.
[6]) Dortselbst 328.

ordnung der § 12 Abs. 2 des Nahrungsmittelgesetzes maßgebend. Voraussetzung ist dabei der Nachweis, daß ein Petroleum seiner Beschaffenheit nach bei dem bestimmungsgemäßen oder vorauszusehenden Gebrauch die menschliche Gesundheit zu beschädigen geeignet ist.

Begutachtung.

Die Begutachtung aller hier besprochenen Gebrauchsgegenstände gestaltet sich im allgemeinen deshalb sehr einfach, als der Nahrungsmittelchemiker auf Grund seines Befundes nur zu konstatieren hat, ob ein solcher Gegenstand den an ihn in den erwähnten Spezialgesetzen gestellten Anforderungen genügt oder nicht. Wo derartige präzise gesetzliche Anforderungen bestehen, scheidet die Erörterung der Frage der Gesundheitsschädlichkeit von selbst aus. Letztere wird nur aufgeworfen, wenn solche spezialgesetzliche Bestimmungen fehlen. In diesen Fällen ist die Frage, ob ein Gegenstand bei bestimmungsgemäßem oder vorauszusehendem Gebrauche die menschliche Gesundheit zu beschädigen geeignet ist, einem ärztlichen Sachverständigen zur Beantwortung vorzulegen.

Sachregister.